시스템엔지니어링 관리

Systems Engineering Management

머리말

대한민국의 반만년 역사 속에서 지난 반세기는 참으로 비약적인 발전을 거듭해 왔다. 70년대 초반에 완성된 4차선 경부고속도로는 이미 8차선으로 확장되었고 그 길을 따라 우리는 자동차, 철도, 선박, 반도체, 철강, 통신, 정유, 발전설비 등 눈부신 성장을 거듭해 왔다. 그리고 무역 5천억 불을 달성하는 글로벌 국가로 변천되었다. 돌이켜 보면 국방방위산업과 중화학공업을 육성시키던 때가 바로 엊그제 같은데 벌써 반세기가 지났다. 이는 국가 대형 프로젝트를 국가경제 성장력의 원동력으로 추진한 결과이다. 그동안 수많은 사고도 있었고 초기 예상했던 것보다 비용도 초과하고 사업기간도 수 없이 연장되었다. 지금도 국책 및 민간사업의 기간연장 및 비용초과 현상이 발생되고 있어 이를 극복하기 위한 길을 찾아야 한다.

특히 오늘날 과거 하드웨어 중심의 시스템은 소프트웨어를 동반한 테크놀로지 중심으로 전환되고 있어 산업면에서 일대 전환기를 맞이하고 있다. 따라서 대상시스템은 더욱 복잡해지고 대형화되고 있어 우리는 보다 효율적이고 효과적인 제품을 요구하고 있다. 이제 이를 충족하기 위하여 연관된 모든 엔지니어링 기술을 통합적으로 관리하지 않으면 성장의 한계에 봉착할 수밖에 없다. 우리나라 속담에 '모로 가도 서울만 가면 된다.'는 속담이 있다. 이는 과정을 무시하고 결과만 좋으면 된다는 사고이다. 오늘날 우리 사회가 겪고 있는 것은 이러한 결과주의에 집착되어 있기 때문이다. 더 이상 바른 길, 곧 과정을 반듯하게 하지 않고서는 결코 좋은 결과를 가져올 수 없는 글로벌 시대에 직면하고 있다.

이 길이 바로 시스템엔지니어링(Systems Engineering)이다. 여기에는 그 길을 반듯하게 만드는 프로세스와 그 프로세스를 효과적이고 효율적으로 갈 수 있도록 관리하는 엔지니어링 관리활동이 필요하다. 바로 본 책은 프로젝트를 엔지니어링 중심으로 관리하는 기본 틀을 제시함에 그 초점을 두고 있다. 오랜 역사를 가진 프로젝트 관리는 20세기 들어와 발전된 시스템엔지니어링 관리와의 상호 밀접한 관계로 발전되어 왔다.

제1부에서는 프로젝트 관리와 시스템엔지니어링 관리 상호간의 관계와 차이점을 제시하고, 제2부에서는 시스템 아키텍처와 운용 아키텍처를, 제3부에서는 보다 효율적이고 효과적인 시스템을 구현시키기 위한 시스템 분석 및 통제 활동에 대한 관리를, 제4부에서는 이를 수행하기 위한 시스템엔지니어링 검토, 검증 및 확인 활동에 대한 관리를, 제5부에서는 시스템엔지니어링 관련 활동을 수행하기 위한 조직, 인력 및 계약관리와 함께 이러한 모든 프로세스를 함께 관리하는 통합 활동을 기술하였다. 보다 실무적으로 적용할 수 있는 세부적인 검토항목을 부록으로 제시함으로써, 대학 및 대학원 교재 또는 산업실무현장에 이를 그대로 적용할 수 있도록 수록하였다.

최종적으로 시스템엔지니어링 관련 용어설명, 약어 그리고 각 연관된 분야별 참고문헌을 수록함으로써 보다 더 깊은 내용을 손쉽게 안내할 수 있는 지침을 제시하였다. 특히 한국시스템엔지니어링협회와 국제 시스템엔지니어링협회 상호간에 긴밀한 협력 체제를 통해 글로벌시스템 엔지니어 활동에 본 책이 하나의 초석이 되기를 바란다.

저자 민성기

차 례

표 목차

그림 목차

제1부

프로젝트 및
시스템엔지니어링 관리

제1장 시스템 정의

1.1 시스템

시스템, 제품 및 용역을 위한 분석, 설계 및 개발은 다음과 같은 몇 가지 기본적인 질문을 가지고 있다.

- 무슨 시스템인가.
- 시스템 영역 내에 무엇이 포함되어 있는가.
- 사용자 조직 내에서 그 시스템은 무슨 역할을 수행해야 하는가.
- 그 시스템은 무슨 임무를 수행해야 하는가.
- 그 시스템은 무슨 산출물 중심의 결과를 나타내야 하는가.

이와 같은 기본적인 사항을 실제로 답하기란 그리 쉬운 일이 아니다. 만일 그 시스템이 무엇인지를 분명하고 명확하게 표현할 수 없다면, 우선 이 문제를 해결해야 한다.

이제 이를 답하기 위해 동일한 문제점을 함께 해결하려는 그룹 요원들이 일치되고 수렴된 의견을 가져오기 위해 복합된 요소를 추가하도록 하라. 바로 이것이 사용자, 획득자, 및 시스템 개발자 그리고 동일한 조직부서 내에서까지 공통된 문제점이다. 본 장에서 바로 이 점을 함께 해결하고자 한다. 무슨 시스템인가에 대한 답을 해보자. 무슨 시스템인지를 정의함에서 시작하여 정의된 내용에서 구조적인 내용의 의미를 설명해야 한다. 정의된 내용을 근거로 시스템의 다양한 영역을 제시하고 시스템, 제품 및 툴 상호간의 차이점을 기술한다. 시스템에 대하여 잘 알려진 개념과 잘 알지 못하는 시스템 개념을 제시토록 한다. 최종적으로 그 시스템의 분석적 및 그래픽 내용으로 제시해야 한다. 이를 통해 다음과 같은 사항을 알 수 있다.

- 무슨 시스템인지를 알 수 있다.
- 시스템 형태에 대한 무슨 사례가 있는지를 알 수 있다..
- 시스템, 제품 및 툴에 대한 차이점을 알 수 있다.
- 시스템에 대하여 잘 알려진 개념과 잘 알지 못하는 개념의 차이점을 알 수 있다
- 시스템을 분석적으로 알 수 있는 방법을 알 수 있다.

1.1.1 시스템 정의

"시스템"이라는 단어의 어원은 "함께 있다"라는 의미를 나타내는 그리스어 "systema"에서 비롯된다. 다양한 비즈니스 및 엔지니어링 도메인에 시스템에 대한 정의가 되어 있다. 여기서 시스템이란 다음과 같이 정의하고자 한다.

- 시스템이란 상호작용하는 각 요소가 사용자로 하여금 특정 산출물과 성공 확률로 제시된 운용환경에서 임무 중심의 운용 필요성을 충족할 수 있는 부가 가치를 상승 활동으로 나타내는 외적으로 특화되어 주어진 능력을 지닌 요소들의 통합체를 말한다.

보다 분명하게 이를 이해하기 위하여 정의된 내용의 각 부분을 세부적으로 설명해 보도록 하자. 여기에는 시스템을 나타내는 여러 가지의 주요한 포인트를 지니고 있다.

- "통합체"란 시스템은 물리적 요소, 실체 또는 컴포넌트로 구성된 계층구조로 되어 있다고 정의하고 있다.
- "상호작용 요소"란 시스템 구조에 대한 각 요소는 형식, 적합 및 기능면에서 서로 조화를 이루어야 한다는 의미이다. 예를 들면, 시스템 요소에는 장비(하드웨어, 소프트웨어, 인력, 설비, 운용제약사항, 지원), 유지보수, 공급, 예비부품, 교육훈련, 자원, 절차상의 데이터, 외부시스템, 및 임무수행을 위한 기타 요소를 포함하고 있다.

다양한 시스템에 대한 정의가 국가 및 국제기구 또는 상이한 저자에 따라 달리 표현하고 있다. 이를 비교분석해 보면 서로 상이한 경험과 지식에 따라 상이한 관점을 볼 수 있다. 더구나 유의해야 할 점은 "하나의 정의로 모든 것을 충족할 수 있다"는 표준기구의 수렴과 상호동의란 여러 관점에서 불충분하고 부적합한 요소를 내포하고 있다는 점이다. 이러한 정의를 가지고 있는 기구는 다음과 같다.

- 국제시스템엔지니어링협회(INCOSE)
- 전기전자공학회(IEEE)
- 미국국가표준협회(ANSI)/전자산업연합(EIA)
- 국제표준기구(ISO)
- 미국 국방부(DoD)
- 미국국가항공 및 우주국(NASA)
- 미국 연방 항공국(FAA)

요약해 보면, 이러한 기관의 시스템 정의를 통하여 우리의 지식을 넓히는 계기가 되고 각자 적용하기에 가장 적합한 내용을 선택하여 사용하면 된다. 각자의 관점과 필요성에 따라 다르겠지만 앞서 정의한 시스템이 가장 적합한 정의라고 생각한다.

1.1.2 시스템 형태

시스템은 구성내용, 계층구조, 및 거동에 따라 여러 가지 다양한 형태로 나타난다. 다음 <표 1.1>에 있는 예를 생각해 보자. 만일 이러한 시스템을 분석한다면, 이는 제품, 연관제품, 또는 용역의 복합적인 요소로 구성되어 있다는 것을 고려해야 한다. 보다 심층 분석을 하게 될 경우, 이는 하나 이상의 클래스로 구성되어 있다는 사실을 알게 된다. 예를 들면, 개인 대 조직; 공식 대 비공식; 지상, 해상, 항공, 우주 또는 복합; HITL 인간 루프 시스템, 오픈 루프 대 폐쇄 루프; 그리고 고정, 작동 및 운송 가능한 시스템 등을 볼 수 있다.

<표 1.1> 시스템 형태 사례

• 경제시스템	• 통신시스템
• 교육시스템	• 오락시스템
• 재정시스템	• 정부시스템
• 환경시스템	• 입법시스템
• 의료시스템	• 재판시스템
• 기업시스템	• 세금시스템
• 보험시스템	• 인허가시스템
• 종교시스템	• 국방시스템
• 사회시스템	• 복지시스템
• 심리시스템	• 공공안전시스템
• 문화시스템	• 공원 및 유흥시스템
• 음식배달시스템	• 환경시스템
• 수송시스템	• 국세청세입시스템

1.1.3 분석적 시스템

대부분의 인공시스템은 시간이 지나면서 진화해 간다. 새로 진화된 신규시스템은 신기술 또는 선도 기술, 방법, 툴, 기법, 등에 의해 이전 시스템 능력을 확장하고 연장해 간다. 그러나 한편 시스템 운용환경이나 필요성 측면에서 알지 못하는 새로운 미지의 도전을 시도해야 할 경우가 있다. 이를 가리켜 이미 인지된 시스템과 알지 못하는 미지의 시스템이라고 부른다. 대부분 인지 면에서 법률시스템과 이와 연관된 인지사항으로 생각하지만, 물리적 시스템, 제품 및 용역에도 인지된 시스템이 존재한다. 시스템을 흔히 상징적으로 <그림 5.1>에 나타난 바와 같이 사각형 박스로 단순한 실체를 표현한다.

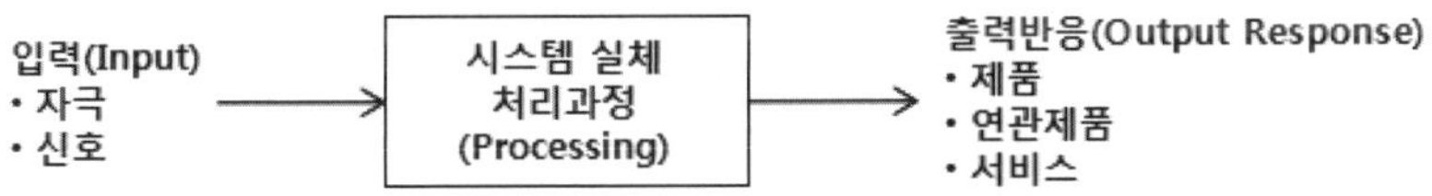

<그림 1.1> 기본적인 시스템 실체 구성

일반적으로 자극(stimuli)과 신호(cues)와 같은 입력사항은 시스템에 입력되고 시스템은 입력사항을 처리하여 출력으로 반응된다. 결론적으로 이러한 심벌은 수용 가능하지만 그 시스템이 무엇을(What)을 수행해야 하는지를 외관상으로 식별할 수 있는 어휘가 필요하다. 바로 이것이 시스템에는 출력을 내기 위하여 입력에 대한 가치를 추가해야 한다는 점이다.

입력사항에 가치를 추가하는 전이 프로세스를 통해 능력으로 출력을 가져온다. 가끔 일부 사람들이 이를 가리켜 시스템의 기능성(Functionality)라고 부르지만 이는 부분적으로 맞다. 기능성이란 수행될 활동(ACTION)으로만 나타난다. 그러나 얼마나 잘(How well) 수행 되는가라는 성능(Performance)은 나타나지 않는다는 점이다. 여기서 능력이란 운용 사항으로써 시스템의 기능성과 성능을 함께 표현하고 있다.

<그림 1.1>에 나타난 단순한 도표는 시스템을 보여준다. 그러나 분석 관점에서 이 도표는 여러 가지의 주요 정보를 놓치고 있다. 이는 시스템 운용방법과 수행되는 운용환경이다. 따라서 이러한 놓친 부분을 식별할 수 있는 도표로 그리는데 그 결과가 <그림 1.2>이다.

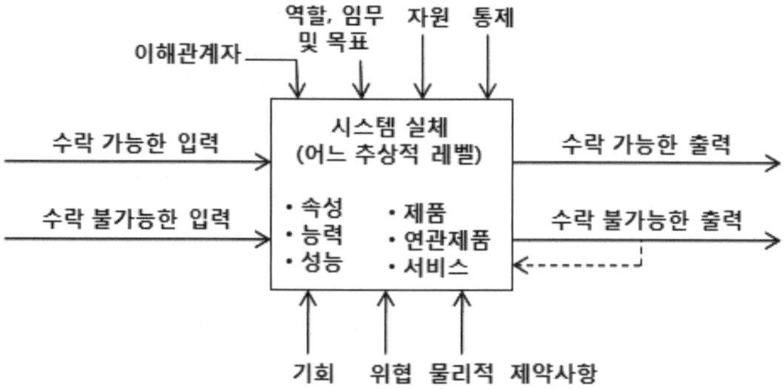

<그림 1.2> 분석적 시스템 실체 구성

이는 시스템을 규정하고, 설계하며 개발함에 있어서 필요한 모든 요소들을 주요 체크리스트로 점검하는 모든 속성을 나타낸다. 원하는, 원하지 않는 모든 입력사항, 이해관계자, 및 원하는, 원하지 않는 모든 출력사항을 포함한다.

앞서 여러 가지 다양한 시스템 사례를 살펴보았다. 이러한 몇 가지 시스템 사례는 학교, 병원, 은행 및 공장과 같은 시스템, 제품 또는 용역을 나타내는 업무흐름에 연관된 시스템이 있다. 이와 같은 경우, 통찰력, 효과성 및 효율성이 있는 조직구조, 지원 자산, 및 상호협력적인 요소를 요구한다.

또 다른 시스템은 공공적인 시스템 안전, 보건, 웰빙과 환경 및 엔지니어링에 영향을 주는 특정구조, 복합 작용, 및 성능 모니터링을 분석하고, 설계하며 개발하는 경우이다. 두 가지 경우 다 분석, 설계 및 개발을 위해 무슨(What) 사항이 요구되는지를 조사함으로써 공통적인 개념, 원칙 및 적용사례를 함께 공유할 수 있음을 알게 된다. 예를 들어 비즈니스 시스템의 경우, 수익성, 투자효과(ROI), 최적대기라인 또는 기상조건을 결정하기 위한 비즈니스 모델과 성과모델을 개발한다. 이를 위해 다양한 분석과 수학적 원칙을 적용한다. 고도 복합 시스템의 경우는 고도의 분석, 수학, 및 과학적 원칙이 적용되어야 한다. 이를 가리켜 시스템에 대한 엔지니어링이라고 하며, 이는 체계공학(System Engineering), 전기공학, 기계공학, 및 소프트웨어 공학과 같은 다양한 엔지니어링 분야를 혼합 적용해야 한다. 이러한 분야의 엔지니어링은 시스템, 제품, 또는 용역을 분석, 설계 및 개발하는 다양한 단계에 요구된다.

여기서 모든 시스템 형태의 분석, 설계 및 개발에 적용되는 개념, 원칙 및 적용사례를 살펴본다. 근본적으로 이상 두 가지 시스템 형태를 살펴보면 하나는 엔지니어링이 필요하고 다른 하나는 엔지니어링이 필요 없는 경우이다. 따라서 시스템에 대한 엔지니어링 필요성 여부를 어떻게 알 수 있는가. 실제로 이러한 두 가지 시스템은 그 결과물이 종이 몇 장으로 나오는 시스템에서부터 항공기나 NASA의 우주선처럼 복합시스템을 개발해야 하는 시스템에 이르기까지 시스템, 제품 및 용역의 상이한 결과를 볼 수 있다. 이에 대한 가장 현명한 질문이 시스템엔지니어링이란 무엇인가에 달려있다고 본다.

1.1.4 시스템, 제품 및 툴의 묘사

대부분의 사람들은 시스템, 제품 및 툴에 대한 개념을 잘 못 알고 있다 여기서는 이를 다음과 같이 분명하게 제시하고자 한다.

시스템 콘텍스트(Context)

앞에서 시스템에 대한 정의를 살펴보았다. 시스템은 둘 또는 그 이상의 복합-상승-목적을 지닌 요소들의 통합체라고 정의했다. 이 때 시스템의 임무와 목적을 달성할 때, 각각의 요소는 개별적으로 가장 효과적이거나 효율적이진 못하다. 이러한 시스템은 사람, 제품, 및 정도를 달리하는 툴로 구성된다. 일반적으로 인공시스템은 계획수립, 운용, 지원을 위한 인적 자원을 요구하고 있다.

제품 콘텍스트

어떤 시스템은 다른 시스템에 의해 파생제품(work product)으로 생성될 수 있다. 제품을 미리 정의해 보자. 대형 시스템의 작동요소로서의 제품은 특정레벨 성능으로 특정 능력(형태, 적합 및 기능)을 지닌 전형적인 물리적 기기 또는 실체이다.

제품은 흔히 사람의 도움이 없이는 스스로 작동할 수 있는 능력(인공지능)을 갖지 못하고 있다. 제품은 어떤 형태의 사람의 간섭이 없이는 상위레벨의 시스템 임무목표를 달성할 수가 없다. 간단하게 보면, 벤더나 카탈로그 주문을 통해 조달할 수 있는 품목으로서의 장비 중심의 제품으로 생각할 수 있다. 그러나 정황으로 보면 제품이란 사용자의 상위레벨시스템으로 통합되는 벤더의 "시스템"으로 볼 수 있다. 결과적으로 복합시스템(System of systems)으로 볼 수 있다.

예를 들면, 망치는 형태, 치수, 및 기능을 지니고 있지만 스스로 못을 박거나 뺄 수 없다. 시스템과 벤더 품목으로 구성된 제트 항공기는 항공 시스템으로 통합되어 주어진 조건에서 조종사가 비행하기 위한 프로그램으로 시동할 때 그 능력이 나타나게 된다.

툴 콘텍스트

어떤 시스템이나 제품은 상위레벨 시스템의 툴로서 이용되기도 한다. 툴을 정의하면, 사용자나 시스템의 개별 능력을 넘어서는 임무목표를 보다 효율적이고 효과적으로 성능과 능력을 수행할 수 있도록 도와주는 지원제품을 말한다.

예를 들면, 툴로서의 간단한 fulcrum이나 pivot은 바위를 옮기려고 할 때, 사람이 할 수 없는 일을 사람의 힘을 이러한 제품을 지렛대로 활용하여 쉽게 옮기도록 한다. 지원 툴로서의 통계적인 소프트웨어 적용은 대량의 데이터와 편차를 효율적으로 분석할 수 있는 역량을 가져다준다.

1.2 시스템엔지니어링

시스템엔지니어링이란 외형상 시스템에 대한 다분야 엔지니어링을 말한다. 그러나 어떻게 정의하더라도 추가적인 질문이 없는 분명한 반응이 있어야 한다. 대신에 시스템에 대한 엔지니어링은 두 가지 추가적인 질문을 가지고 있다. 엔지니어링이란 무엇인가와 시스템이란 무엇인가이다. 이러한 선상에서 본 질문에 대한 답을 찾아가 보자.

주요 요소의 정의

엔지니어링이란 단어의 어원은 "생성(to create)"의 의미를 가진 라틴어 "ingenerare"로부터 시작된다. 오늘날 미국 대학의 엔지니어링 수준을 평가하는 엔지니어링 및 기술평가위원회(ABET)에서는 엔지니어링을 다음과 같이 정의하고 있다.

- 엔지니어링이란 학업, 경험 및 적용사례를 통해 습득된 수학 및 자연과학의 지식이 인류의 유익을 위해 자재와 힘을 경제적으로 이용할 수 있는 방법을 개발하는 활동을 말한다.[1)]

시스템엔지니어링을 정의하는 길은 수없이 많다. 이는 개인 또는 각 기관의 목적과 경험 등에 따른다. 시스템엔지니어링은 상이한 사람이 서로 다르게 정의하고 있다. 당신도 자신의 입장에서 정의할 수 있으며 시간이 지남에 따라 진화해 간다. 이와 같이 다양하게 정의되고 있다면 과연 어떻게 해야 할까. 가장 중요한 것은 당신과 프로그램 팀 그리고 관련조직이다. 따라서 다음 사항을 유의해서 정의토록 한다.

첫째, 상호 동의된 정의로 설정한다.
둘째, 모든 사람에게 지침으로 사용될 수 있도록 조직이나 프로그램 지휘체제에서 정의된 내용을 문서화한다.

간단하고 상위레벨 정의를 선호하는 사람에게 주요 SE 활동을 다음과 같이 정의한다.

- SE란 수용할 수 있는 리스크 범위 내에서 사용자 운용요구를 충족시키며 이해관계자의 관심사항을 균형화 할 수 있는 개발 및 수명주기 비용을 최소화하기 위한 솔루션을 형성, 선정, 및 개발하기 위해 분석적, 수학적, 및 과학적 원칙을 다분야에 걸쳐 적용하는 활동을 말한다.
- 이러한 원칙은 "시스템엔지니어링은 사용자와 더불어 시작하고 종결짓는다."는 주요 원칙에서 비롯된다.

지금까지 살펴본 바와 같이 시스템 엔지니어가 무엇을(What) 수행할 것인지를 단순하게 정의했다면 이에 더하여 시스템 엔지니어로부터 누가(Who)/무슨(What) 이득을 얻고 있는지를 식별해야 한다. 예를 들어 ABET의 엔지니어링 정의에 따르면 주요 목표가 "인류의 유익을 위해 자재와 힘을 경제적으로 이용"하기 위함에 있다.

이를 동일하게 시스템엔지니어링에 적용하면, 시스템, 제품 및 용역의 사용자는 인류를 대상

---

1) 소스: ABET(Accreditation Board for Engineering and Technology), 미국

으로 하고 있다는 점이다. 그러나 인류의 생존은 종족번영을 유지하는 생활환경에 극히 의존하고 있다. 따라서 SE는 상호 희생이 없이 인류와 생활환경 사이에 균형을 이루어야 한다.

1.3 시스템 속성, 성질 및 특성

1.3.1 개요

시스템엔지니어링은 시스템, 제품 또는 용역을 고유의 속성, 성질과 특성으로 나타내는 방법을 이해하는데 매우 중요한 기반을 개발하도록 요구하고 있다. 여기서는 자연 및 인공시스템에 공통적인 시스템 속성을 살펴본다. 획득자가 시스템 규격에 대한 체크리스트로써 사용하고 시스템개발자/용역제공자가 그 규격서의 적합성을 평가할 수 있는 프레임워크로 이러한 속성을 제시한다. 여기에는 첫째, 어떻게 생각할 것인지, 둘째, 시스템을 체계화하며, 셋째, 시스템 특성을 나타내는 방법을 알아보는데 그 목적이 있다. 이러한 지식은 기본적으로 SE를 갖추고 시스템분석을 다루는 두 가지 방법이 있다. 첫째, 규격을 평가하고 분석할 때, 일상적으로 사용해 오던 속성, 성질 및 특성에 대한 체크리스트는 실제 현상을 검토하고 규격요구사항에 누락된 부분이 없는지를 식별함에 있다. 둘째, 규격을 개발할 때, 주요 능력과 성능레벨을 체계화하고 규격화하기 위한 참조 체크리스 트를 제공함에 있다. 이를 위해 본 장에서 살펴보아야 할 내용은 다음과 같다.

- 시스템 속성은 무엇인가.
- 시스템 성질은 무엇인가.
- 시스템 특성은 무엇인가.
- 시스템, 제품, 또는 용역에 대한 고유성은 무엇인가.
- 시스템, 제품, 또는 용역 성능을 이해
- 시스템 성질을 나타내는 형태란 무엇인가.
- 시스템의 평형 상태는 무엇으로 구성되는가.

먼저 몇 가지 주요 용어에 대한 정의를 살펴보자.

- 능력(Capability): 외부적인 지시, 종료시간 또는 자원고갈에 의해 종료될 때 까지 특정 성능 수준에서의 기능(활동)을 수행하기 위해 외부 자극에 의해 발생되거나 활성화된 고유 특성
- 적합(Fit): 어떠한 간섭 없이 편리하게 기술된 한계범위 내에서 어느 한 품목이 다른 품목과 인터페이스상의 적합성
- 형체(Form): 하나 또는 그 이상의 인터페이스 영역에서 주어진 목적을 지원하기 위한 어느 품목의 형태
- 형체, 적합, 및 기능(Form, Fit, Function): 형상관리에서, 형상이란 하나의 실체로서의 품목의 물리적 및 기능적 특성을 나타내는 것이지 그 품목을 생산하는데 필요한 요소 특성은 포함하지 않는다.
- 기능(Function): 이는 주어진 성능한계 내에서 특정 목적을 달성하기 위해 시스템 요소에

의해 수행될 작동, 활동, 프로세스 또는 행위를 말한다. 기능은 거리를 두고 힘을 전달하고, 정보를 분석 및 처리하며, 에너지나 물리적 성질로 이전하고, 상호간 커뮤니케이션을 수행하며, 다른 운용환경에 놓여있는 시스템과 상호 운용하는 활동을 포함하고 있다.

- 기능적 속성(Functional Attributes): 신뢰성, 유지보수성 및 안전성과 같이 측정 가능한 성능 파라미터를 말한다.[2)]
- 성능 레벨(Level of Performance): 가정된 시나리오, 초기상태, 및 운용 상태 기준으로 기능을 수행하기 위한 시스템 능력을 나타내는 측정 가능한 목표 파라미터를 말한다. 예를 들면, 시스템 효과도, 인력요소 수행정도, 및 시스템 효율성을 말한다.
- 성능(Performance): 작동이나 기능을 실행하기 위해 물리적 또는 기능적 속성을 특성화한 계량적 측정치를 말한다.[3)] 성능 속성 사례로서, 수량(개수 또는 량), 품질(얼마나), 영역(면적, 얼마나 멀리), 시간적 반응(반응방법, 얼마나 자주), 및 준비성(강요성, 임무/운용준비도)을 들 수 있다.
- 물리적 속성(Physical Attributes): 함유량, 크기, 마감정도, 형체, 적합, 및 각각의 허용오차와 같은 자재 특성을 정량적 및 정성적으로 표현한 것을 말한다.

1.3.2 속성, 성질 및 특성 정의

가끔 시스템에 대한 속성, 성징 및 특성에 대한 예기를 한다. 사전적 의미는 서로가 맞물려 있어 분명하게 해석하기가 어려워 여기에 다음과 같은 차이점을 예시하고자 한다.

- 속성(Attributes)은 시스템의 기능적 또는 물리적 형태로 분류한다. 예를 들면, 성별, 단위비용, 국적, 거주지, 운동형태, 조직의 매니저 위치, 및 고정익과 회전익 항공기 등을 들 수 있다.
- 성질(Properties)이란 시스템의 양적 성질을 들 수 있다. 예를 들면, 함유량, 중량, 밀도, 및 길이, 넓이 또는 높이와 같은 사이즈를 들 수 있다.
- 특성(Characteristics)이란 각 시스템에 고유적으로 식별되는 거동과 물리적인 질적 사항을 말한다. 거동특성의 예는 예측성과 반응성을 포함한다. 물리적 특성의 예는 장비 예열, 및 안정화 프로파일, 장비의 열량 표시, 항공레이더 인식범위, 자동차 가속성능, 핸들링, 정차거리 등을 들 수 있다.

속성, 성질 및 특성을 합한 시스템은 다른 시스템과 고유하게 상이한 점을 분명하게 식별하고 분별토록 해 준다. 이러한 고유성을 나타내기 위하여 대부분의 시스템에서 공통적으로 적용되는 몇 가지 요소를 알아보자.

1.3.3 시스템 고유성

모든 자연 및 인공시스템은 예를 들면, 동일한 종류 속에서도 역할, 거동 패턴, 기질, 및 시현 면에서 고유 특성을 지니고 있다. 일반적으로 주요 고유 속성을 나타내는 시스템을 분류한 경우를 <표 1.2>에 보여주고 있다.

---

2) 소스: ANSI/EIA-649-1988, 제3.0절, p.5
3) 소스: ANSI/IEEE-649-1988 제3.0절, p.5

<표 1.2> 시스템 속성, 성질 및 특성 분류표

	속성	세부내용
1	시스템 기부자	모든 시스템은 본 제품, 연관제품 또는 용역을 통한 거동으로 이익을 보는 하나 이상의 소유자, 관리자, 운용자, 및 유지보수자 등의 기부자를 가지고 있다.
2	수명주기	모든 시스템, 제품, 및 용역은 성숙레벨을 나타내는 수명주기를 지니고 있다.
3	시스템 운용 도메인	모든 시스템은 운용 도메인이나 운용영역, 운용효과를 나타내는 영향영역을 가지고 있다. 사람은 특정시스템으로 거리를 증폭시켜 영향영역을 넓힌 경험을 가지고 있다. 예를 들면, 항공기는 연료, 하중, 및 기상 등의 운용조건 내에서의 운용거리를 지니고 있다. 연료탱크와 정비시설을 보완함으로써 비행거리를 연장할 수 있다.
4	시스템 참조 프레임	어느 주어진 시간에 모든 시스템은 영구 또는 임시적으로 운용되는 참조 프레임을 지니고 있다. 1) 운용 도메인에서의 운용 기지, 2) 항법기준. 예를 들면, 항공기는 운용 센터로 사용하는 영구적인 홈 기지를 지정해도 좋다. 항공기는 유럽 기지로부터 특정(임시) 임무를 수행하도록 지시해도 좋다. 아폴로 우주 프로그램은 케네디 우주센터와 지구를 참조 프레임으로 이용한다.
5	상위레벨 시스템	모든 시스템은 1) 운용과 성능을 관리, 지시, 제약, 또는 통제하는 상위 레벨 시스템의 일부분으로 운용된다. 2) 임무수행을 위한 자원을 제공한다.
6	목표기준역할	복합시스템(SOS)을 볼 때, 모든 자연 및 인공시스템은 획득자 또는 시스템 소유자에 의해 본 시스템에 따른 유익한 역할을 수행하게 된다.
7	시스템 임무	모든 시스템은 소유자와 사용자에 의해 설정된 산출물 기준으로 성능 목표를 달성하기 위한 임무를 수행한다.
8	임무목표 및 성능목표	각 시스템은 임무목표와 성능목표를 특성화하여 문서화해야 한다. 각 목표는 기본적으로 계획된 다양한 임무수행과 ROI 기대치에 근거한 시스템 소유자와 이해관계자의 자원 투자기준을 제시한다. 각 임무목표는 하나 이상의 정량적이고 측정가능하며 시험 및 검증 가능한 성능 목표로 나타난다.
9	운용제약 및 상태	임무수행 시, 모든 시스템은 상위레벨 시스템에 의해 통제되는 운용 제약사항과 상태를 지니고 있다.
10	시스템 유틸리티	모든 시스템은 사용자에게 물리적, 심리적, 사회적, 재정적 및 경제적 유익을 가져대 주는 유틸리티를 제공해야 한다. 여기에는 사용편이성, 유용성 등이 있다.
11	시스템 적합성	모든 시스템은 적용계획대로 사용자 조직 시스템으로 통합되어 사용자로 하여금 적합한 운용수준을 지녀야 한다. 예를 들면, 가스를 이용하는 잔디 깎는 칼은 나무와 꽃이 피어있는 정원 주위의 잔디를 깎기에 적합하다. 그러나 잔디 깎는 기계를 가지고 있지 않으면 잔디밭을 깎기에 부적합하다.
12	성공 판단기준	시스템 소유자와 이해관계자는 각 시스템과 임무가 무슨(What) 목표 판단기준으로 임무 대 목표 그리고 결과중심의 목표를 성공적으로 달성했는지를 동의할 수 있는 근거를 요구한다.
13	임무 신뢰성	모든 시스템은 특정임무기간과 운용환경조건 및 시나리오에 대한 임무목표를 달성함에 있어서 성공확률을 특성화해야 한다.
14	시스템 효과도	모든 시스템은 단위 비용 당 잠재 성공률로 시스템 달성과 연관된 비용 및 기술효과 수준을 나타내어야 한다. 예를 들면, 교육시스템과 건강증진 시스템의 효과도를 생각해 보라. 무슨 이해관계자의 관점에서의 효과도인지 구상해 보라.
15	시스템 효율성	모든 시스템은 원자재, 정보, 자극, 신호 등을 처리함에 있어서 효율 정도를 지녀야 한다. 엔지니어로서 알려진 입력 양으로 나타날 출력량의 비율을 제공하는 효율을 측정해야 한다.
16	시스템 통합성	모든 시스템은 운용 제약사항과 상태에도 요구하는 시스템, 제품 및 용역을 제공할 수 있는 통합레벨을 지녀야 한다.
17	시스템 유지	주어진 임무를 성공적으로 달성함에 있어서 모든 시스템, 제품 및 용역은 인력, 자금, 소모성, 확장성; 예방 및 수시정비; 그리고 예비부품, 공급품목 및 교육훈련과 같은 자원이 필요하다.
18	시스템 광고	비즈니스 차원에서 시스템은 세일즈, 데모, 광고 등을 수행하게 된다. 광고활동은 보호와 보안을 요구한다. 예를 들면, 출판사가 특정 일자에 시리즈로 새로운 책을 시판하려 한다. 광고를 하고 서점 소유자의 판매 제약사항과 상태를 점검한다. 서점 주인은 공식적으로 판매할 시점에서 24시간동안 철저한 보안대책을 강구한다.

19	시스템 위협	모든 시스템과 그 임무는 아군 또는 적군입장에서의 운용환경에서 경쟁자의 위협을 받는다.
20	시스템 은폐	취약성이나 경이적 요소 때문에 대상시스템은 그 정체성을 변경하거나 숨길 필요가 있다.
21	시스템 보호	모든 시스템은 외부 위협에 대한 취약성을 최소화하기 위하여 보호수준을 지녀야 한다.
22	시스템 보안	인공시스템은 물리적 보안, 통신보안, 운용보안, 및 정보보안과 같은 보안수준을 유지해야 한다.
23	시스템 아키텍처	모든 시스템은 형체, 적합 및 기능으로 도니 프레임워크를 제공하기 위하여 다양한 레벨의 논리적(기능적) 및 물리적 구조 또는 아키텍처로 나타내어야 한다.
24	시스템 능력	모든 시스템은 정의에 따라 원자재, 정보, 및 자극과 같은 입력사항을 처리하고, 거동 형식, 제품 및 연관제품 형태로 반응하기 위해 처리, 강도, 전이기능과 같은 고유의 능력을 지니고 있다. 운용 도메인에서의 시스템 능력은 툴이나 기타 시스템을 사용하여 확장될 수 있다.
25	시스템 운용개념	모든 시스템은 시스템 소유자, 개발자, 유지보수자에 따른 운용개념을 가지고 있다. ConOps는 운용 공간, 시스템 능력, 인터페이스 및 운용환경을 구속하는 내용을 제공한다.
26	운용단계 모드상태	각 시스템/제품 수명주기단계에 대하여 모든 시스템, 제품 및 용역은 주기적이거나 일회적인 운용 시, 일련의 단계, 모드 및 상태를 통해 진화한다.
27	운용법칙 표준	모든 시스템은 운용, 도덕, 윤리 및 관용을 다스리는 법칙과 표준을 적용하고 있다.
28	시스템 기술	모든 시스템은 아키텍처, 연관요소, 인터페이스 등과 같은 시스템 특성기술을 지니고 있다. 이러한 특성은 시스템성능규격(SPS)에 요구사항으로 제시되는 시스템 능력과 엔지니어링 성능 파라미터로 제시된다.
29	운용제약 및 조건	모든 시스템은 국제, 정부, 환경, 사회, 경제, 재정, 심리 등 상위요소에 따라 물리적인 운용 제약사항과 조건을 지니고 있다.
30	시스템 센서	모든 자연 및 인공시스템은 외부 자극과 신호를 발견할 수 있는 센서 형태를 지니고 있다.
31	시스템 거동형태	모든 시스템은 거동형태에 따라 고유 특성이 나타난다.
32	반응 및 민감도	모든 시스템은 원자재와 자극을 입력하여 반응을 제공하는 능력을 특성 짓는 업무처리량과 같은 성능 기반의 거동 특성을 지니고 있다. 이를 반응속도라 부른다. 예를 들면, 가속 보드는 컴퓨터 프로세서의 반응시간을 향상시켜 준다.
33	인터페이스	모든 시스템은 자체 내부 그리고 운용환경을 상호작용하기 위한 내부 및 외부 인터페이스를 지니고 있다.
34	시스템 이력	모든 시스템은 선행적인 시스템 설계, 기술, 및 결함이나 결핍사항에 대한 향상 등의 과거 이력을 가지고 있다.
35	임무자원 (입력)	모든 시스템은 동기, 작동, 처리, 출력거동 및 물리적 반응을 자극하기 위하여 업무부과, 확장, 소모, 및 운용자 활동과 같은 입력을 요구한다.
36	제품용역 연관제품	모든 시스템은 1) 부가가치 제품을 생산하고 이해관계자에게 유익을 주는 용역을 수행한다. 2) 시스템 성능과 운용환경에 영향을 주는 연관제품을 생산한다. 예를 들면, 연관제품은 열, 폐기제품- 쓰레기, 고갈, 열량, 착색 등을 포함한다.
37	절차 데이터	모든 인공시스템은 장비, 용역, 운용 인터페이스 및 외부시스템 인터페이스와 연관된 안전 운용절차를 기술한 절차 데이터를 요구하고 있다
38	시스템 치명도	공격 및 방어 시스템은 손해, 무능, 정화, 또는 다른 위협 손실을 가져오는 치명적 요인을 특성화해야 한다.
39	시스템 취약성	모든 시스템은 거동 및 물리적 특성의 불확실성을 가져오는 몇 가지 취약성을 지니고 있다. 취약성은 물리적, 심리적, 사회적, 경제적, 안보적, 개인적, 및 기타 요소를 포함하고 있다. 예를 들면, 군사적인 전차는 직접 탄 공격을 최소화하기 위하여 추가적인 방탄판재를 사용해야 한다. 인터넷 사이트는 컴퓨터 해커의 공격을 차단해야 한다.
40	시스템 생존성	모든 시스템은 내부 또는 외부 고장으로 인해 성능의 저하수준에서 운용될 때, 임무를 수행하고 임무목표를 달성하기 위한 결함 허용정도를 지니고 있다.

41	시스템 가용성	수요 측면에서 임무를 수행하기 위한 시스템의 운용준비상태를 말한다. 가용성은 시스템의 신뢰성과 유지보수성에 연관된 기능이다.
42	시스템 미학	모든 시스템은 감각으로 나타나거나 또는 미학적으로 이해관계자를 충족시키는 심리적 또는 외관 특성을 지니고 있다.
43	시스템 결점	모든 시스템은 고유의 개발특성을 지니고 있다. 여기에는 설계결함과 에러, 업무의 질적 수행 및 자재 결함, 불완전성 등을 포함하고 있다. 이는 시스템 성능이나 외관상 가치를 저하 시키는 요인이 된다.
44	리스크	모든 시스템, 제품, 또는 용역은 1) 발생확률, 2) 결함결과를 포함한 임무 운용 및 운용환경과 연관된 리스크 요소를 지니고 있다.
45	환경안전 건강	다양한 시스템/제품 수명주기 단계에서 모든 인공시스템은 운용자, 유지보수자, 개인 및 공공자산, 환경 등에 종사하는 인력에게 환경, 안전, 또는 보건 차원에서의 리스크를 지니고 있다.
46	시스템 강건상태	모든 시스템은 사용자 임무 수행 또는 지원현재 준비상태를 나타낸 운용 적합 상태를 지니고 있다.
47	총 소유 비용	모든 인공시스템은 비 반복 및 반복 개발 운용비용을 포함하는 수명주기 전반에 걸친 총 소유 비용을 가지고 있다.

다음 목표성능 파라미터 사례를 <표 1.3>에 열거하고 있다.

<표 1.3> 목표성능 사례

• 시간	• 비용	• 마력	• 온도
• 거리	• 전압	• 점성	• 압력
• 사이즈	• 전류	• 주파수	• 습도
• 길이	• 각도	• 강도	• 에러 개수
• 깊이	• 배기량	• 파장	• 관심영역
• 두께	• 속도	• 유지보수성	• 해상도
• 무게	• 가속도	• 신뢰성	• 결함
• 부피	• 추력	• 생산성	
• 밀도	• 경도	• 효과도	
• 물리적 상태	• 연성	• 효율성	

주관적 성능

주관적 성능은 계량화와 특성화가 상대적으로 어렵다. 흥미롭게도 측정 가능하고, 자료조사와 인터뷰를 통해 시험 및 검증 가능한 주관적 성능 파라미터에 대하여 임의로 정량화를 부여할 수 있다. 그러나 자료조사 또는 인터뷰 참여자가 당신의 기호정도, 동의 및 측정 방법과 함께 유사 동의를 나타내기 위하여 질의할 때, 여전히 반응은 해석, 가치판단, 의견 등을 요청하고 있다. 따라서 그 반응은 지금까지의 경험이나 교훈에 바탕을 두고 있다. 주관적 성능 파라미터 사례는 다음과 같다.

- 품질: 분명, 외관 및 색상
- 친근감
- 호감도
- 오피니언
- 부드러움
- 만족도: 기쁨과 맛깔

1.3.4 시스템 특성

시스템을 특별히 마케팅이나 분석을 위해 특성화할 때, 고려해야 할 네 가지 기본 요소가 있다. 1) 일반특성, 2) 운용 또는 거동 특성, 3) 물리적 특성, 4) 시스템 미적 특성을 들 수 있다.

일반특성

시스템의 상위레벨 형태를 가리켜 일반특성이라고 부른다. 가끔 일반특성은 고객이나 클라이언트에게 관심을 보여주는 제품 카탈로그에 기재된 특성을 말한다. 일반특성은 다양한 샘플이나 시스템 모델에서의 동질성을 지니고 있다. 예를 들면 다음과 같다.

- 2-도어 또는 4-도어; 세단 또는 무개차; 에어 콘 공조; 독립현가; 자동차 모델의 일반특성; 색상 유리; 시내 22mpg, 고속도로 30mpg연비 등을 가진 자동차 일반특성
- 제트추진, 승객 수 50명, 2 천마일 항속거리, IFR성능 등을 지닌 항공기 일반특성
- 고용인력 200명; 20명 박사, 50명 석사, 및 30명 학사로 구성된 인력; 년 간 매출 5억 불을 목표로 하는 회사의 일반특성
- 클라이언트-서버 아키텍처; PC 및 Unix 프렛 폼; 방호벽 보안; 원격 다이얼 접근; 에델네트 백본; NFS 네트워크 파일 구조를 가진 네트워크 일반특성

운용 또는 거동 특성

일반특성 하부레벨에서 시스템은 사용가능성, 생존성, 및 기존의 운용환경에서 기술된 성능과 연계된 시스템 형태를 나타낸 운용특성을 지니고 있다. 예를 들면 다음과 같다.

- 회전반경 18피트; 0에서 60mph까지 가속능력 6초 등을 나타낸 자동차 운용특성
- 전천후 운항, 속도 등을 나타낸 항공기 운용특성
- 인증기관, 접근시간, 잠복 등을 나타낸 네트워크 운용특성

물리적 특성

모든 시스템은 크기, 중량, 색상, 용양, 및 인터페이스 속성과 같은 비기능적 속성을 나타낸 물리적 특성을 가지고 있다. 예를 들면, 다음과 같다.

- 2천 파운드 공차중량, 14.0 cubic ft 카고 체적, 전방 레그 룸 최대43.1인치, 연료용량 17.1갈론, 6,250rpm에서 240마력 엔진, 터보, 색상 10가지로 나타낸 자동차 물리적 특성
- 5,000 sq ft 사무실 면적, 15개 네트워크 컴퓨터, 10만 sq ft 창고 등을 나타낸 회사 물리적 특성
- 1.0 Mb 에델네트 백본, 토포그래피, 라우터, 게이트웨이 등을 지닌 네트워크 물리적 특성

시스템 미적 특성

일반, 운용, 물리적 특성은 객관적인 성능 파라미터이다. 그러면 주관적 특성이란 무엇인가? 이를 미적 특성이라고 하는데 왜냐하면 이는 "시각과 감각"을 나타내기 때문이다. 명백하게 이는 사용자, 획득자 또는 소유자 기호에 관한 심리적, 사회적, 문화적 의미를 가지고 있다. 따라서 어떤 구매자는 다른 구매자가 협력관계, 이미지, 및 유사한 관점에서 외부 시스템에 영향을 받지만, 전혀 다른 의사결정을 할 수 있다.

1.3.5 시스템 평형상태

모든 자연 및 인공시스템은 운용환경면에서 평형상태를 유지하려고 한다. 일반적으로 이를 "힘의 균형"이라고도 부른다. 평형상태란 1) 우월 수준, 2) 타 시스템에 존속을 통해 한 시스템이 어떻게 존속하느냐에 달려있다. 시간적용 시, 전형적으로 조건, 정적, 동적, 장점, 단점, 또는 안정과 같은 "초기상태"와 거동, 제품, 연관제품, 또는 힘의 균형에 의해 조정된 요역 중심으로 형성된 "최종상태"로 기술된다.

사전 조건

시스템 성능의 안정성, 통합성 및 일치성은 시스템 단계, 운용 및 업무 상호간 전이를 통해 모호함이 없는 완전한 전이가 이루어지도록 요구되고 있다. 따라서 시스템은 설계자에 의해 다음단계, 운용, 또는 업무로 진입하기 전에 수행되어야 할 사전 또는 초기조건 또는 판단기준을 제시하도록 요구하고 있다. 정의에 따르면, 시스템은 여러 요소를 통합한 것으로서 시스템의 모든 요소가 화합하고 동기화하는 것이 매우 중요하다.

초기 운용 조건 및 상태

시스템의 초기운용조건은 시스템 임무단계, 운용 또는 업무 시작 시점에 시스템과 주변 운용환경의 물리적 및 운용 상태로 구성된다. 가끔 분석을 통해 가정을 정리할 수 있는 출발점으로 시스템 단계, 운용 또는 업무 초기 조건을 조사하여 기본 가정 사항을 설정하도록 요구하고 있다. 예를 들면 다음과 같다.

- 항공기는 35노트의 역풍에서 이륙하였다. 이른 아침 출근시간에 그 지역을 통과하는 30mph 강풍이 시작되었다.

정적상태

시스템을 분석할 때, 분석의 주요 초점은 주어진 시간대에서의 시스템 물리적 상태를 말한다. 정적상태란 대형 시스템 내에서의 상태 벡터나 오리엔테이션과 같은 시스템의 현재 오리엔테이션을 특성화하기 위해 사용된다. 전반적인 시스템 관점에서 순항 중에 있는 항공기, 도로에서 주행하고 있는 자동차, 메시지 트래픽이 없는 네트워크 컴퓨터 시스템, 및 On 및 Off 상태에 있는 조명시스템, 이 모든 시스템은 정적상태에 있다고 말한다. 반대로 시스템이 동적 상태에 놓여 있을 때, 하위레벨 시스템 컴포넌트는 정적 상태에 있을 수 있다.

동적임무

모든 자연 및 인공시스템은 동적, 물리적 상태의 형태로 운용환경에서 임무를 수행하고 있다. 동적이란 주어진 운용환경에서 정의된 시간을 넘는 시스템의 정적 시간 중심 특성을 말한다. 동적 특성은 산에서 돌이 굴러 떨어지는 저속 변화, 온도변화와 같은 중속변화 또는 급격한 변화를 가져오는 지진이나 화산을 들 수 있다. 동적 상태는 지역이나 글로벌 환경에서 힘의 균형이 불규칙적으로 발생하는 상태이다. 인류는 항상 동적연구와 지구, 기후, 해양, 주식시장, 및 인간의 거동 패턴의 영향에 따라 살아왔다. 특별히 경제적 또는 안전에 손실을 초래할 수 있는 동적 거동을 예측해 왔다. 이와 같이 기술과 사례를 미리 예측하는 활동이 큰 비즈니스로 발전해 왔다. 왜냐 하면, 시스템이 특정의 동적 운용환경에서 어떻게 행동하고 수행할 것인지를 신뢰성 있게 예측할 필요가 있기 때문이다.

시스템 안정화

모든 자연 및 인공시스템은 오래 생존하기 위해서 안정 레벨을 유지해야 한다. 그렇지 않으면, 그 시스템은 불안정하게 되어 그 자체 시스템과 주변 시스템에 잠재적인 위협을 가져오게 된다. 따라서 시스템은 동적인 외부 자극에 대한 반응을 통제하고 안정시킬 수 있는 고유의 설계특성을 지니고 있다. 안정화는 궁극적으로 안전하고 의존적이며 신뢰할 수 있는 참조 형태에 의존하게 된다. 인공시스템에 대하여 안정화는 항법 자이로스콥, 글로벌 위치 위성 (GPS), 전자시계에 대한 수정 크리스탈, 전압 레귤레이터에 대한 참조 다이오드와 같은 기기를 사용함으로써 달성 가능하다. 각 경우에 대하여 시스템 안정화는 현재 자유 동적 보다 알려진 산정된 참조 소스로 비교; 편차를 보정하기 위하여 시스템 피드백 통제활동을 시작함으로써 달성된다.

힘의 균형

상기 모든 요소를 종합해 볼 때, 시스템의 존재와 생존은 1) 정적 및 동적 운용환경과 부딪히고, 2) 주변 시스템과 조화를 이루는 능력레벨과 안정화를 견지하여 힘의 균형 또는 평형상태 유지능력에 따라 결정된다.

1.4 문제풀이

1) 당신의 시스템 정의를 말해보라. 본 장에서 설명한 "시스템"에 대한 정의를 근거로 제시해 보라.
    - 정의에 대한 당신의 관점을 식별해 보라.
    - 당신의 정의가 앞서 정의된 내용을 잘 극복하고 있다는 이유를 설명해 보라.
    - 역사적인 관점에서 무지의 시스템을 대체했던 세 가지 인지 시스템을 예로 들어보라.
2) 당신과 당신이 속한 조직은 시스템을 어떻게 정의하고 있는가.
3) 당신과 당신 부서는 시스템에 대한 정의를 지니고 있는가? 만일 아니라면, 동료들에게 각자별로 시스템을 정의하도록 하라. 개인별로 이를 설명한 다음 그 결과를 요약하라. 종합된 결과를 논의한 다음 동의된 시스템 정의를 제시하라. 이를 수업시간에 제시해 보라. 어떠한 다양한 의견이 있는지를 관찰해 보라. 동의를 얻기까지 무슨 개념이나 전통적인 장애가 있었고 어떻게 극복했는지를 말해 보라.
4) 당신 조직에서 생산하는 시스템, 제품 또는 용역에 대하여 이를 생성하거나 지원하기 위해 필요한 제품과 툴(예, 외부 시스템)을 식별하고 다음사항을 설명해 보라.
    a) 선정된 시스템의 고유 정체성에 대한 예제와 시스템 임무, 목표, 및 목적
    b) 임무 운용 속성의 형태
    c) 일반, 운용, 물리적, 및 시스템 미학적 속성
5) 시스템이나 제품 설계에 영향을 주는 (1) 조직, (2) 고객, (3) 비즈니스 도메인 상에서 관찰된 패러다임을 식별해 보라. 각 패러다임에서 이해관계자는 어떠한 용어를 사용하고 있는지 그리고 스스로 그 패러다임을 신뢰하고 있는가를 말해 보라.
6) 당시의 조직이 시스템엔지니어링에 대한 관심과 정의는 어떻게 하고 있는가.
7) 당신의 경험에 비추어 본 장에서 정의된 SE정의를 어떻게 생각하는가.
8) SE에 직면한 당신의 조직이나 프로그램은 어떠한 도전과 패러다임을 제시하고 있는가.
9) 당신의 (a) 비즈니스 조직과 (b) 시스템, 제품, 또는 용역에 대한 참조 프레임과 운용 도메인은 무엇인가?
10) 당신의 조직에서 제공하는 시스템, 제품, 용역을 사용하여 그 제품에 대한 인간시스템 역할이 무엇인가를 식별하라.

제2장 프로젝트 관리

2.1 프로젝트 및 프로젝트 관리

프로젝트 관리란 프로젝트를 구조적으로 관리하기 위한 접근방법이다. 최근 기업, 정부 및 산업 프로젝트를 계획하고 통제하는 기법들이 많이 있다. 그 중에 프로젝트계획수립기법, PMI(Project Management Institute)의 PMBOK(Body of Knowledge), APM(Association of Project Manager)의 지식기반체계를 들 수 있다. 프로젝트라는 단어가 널리 확산되고 퍼져감에 따라 수많은 관리자들이 프로젝트 관리 영역으로 들어오고 있다. 그들이 성공적인 프로젝트를 수행하려면 대량의 데이터를 계획, 조종 및 통제하고, 보다 신속하고 정확하게 문제해결 및 의사결정을 할 수 있는 완전한 통합정보와 통제시스템을 개발할 수 있는 능력에 달려있다. 이러한 목표를 달성하기 위하여 사업 책임자는 활용 가능한 도구를 가져야 한다. 마치 배관공이 연장이 필요하듯이 프로젝트 매니저는 컴퓨터를 응용한 조직 차트, 업무분해구조(WBS), 바 차트, 자원관련도표, 현금재무표 등이 필요하다. 프로젝트는 전통적으로 조직구조면에서 기능계층구조로 관리되어 왔다.

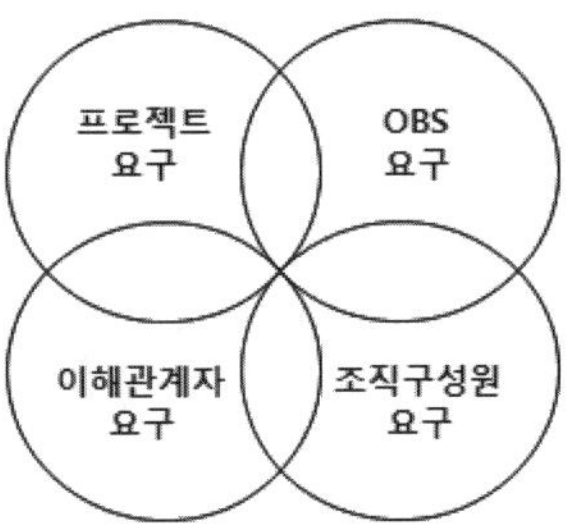

<그림 2.1> 상호요구관계

최근 들어 다학문 분야, 다부서 조직, 여러 회사 및 국가가 연계되어 있어 프로젝트와 이를 수행하는 팀과 매트릭스 조직구조를 관리하는 단계로 전환되고 있다. 프로젝트 매니저는 책임 면에서 한 사람에게 집중되어 있다. 그리고 관리 구조도 <그림 2.1>에서와 같이 프로젝트 요구를 충족해야 할 뿐만 아니라 조직분해구조(OBS) 요구, 이해관계자 요구 및 조직구성원 요구를 함께 충족시켜야 한다.

2.1.1 프로젝트 정의

프로젝트 관리와 일반적인 관리의 차이는 프로젝트의 정의와 연관된다. 또한 프로젝트 수행결과로 고객과 이해관계자에게 제공해야 할 대상과 관련이 있다. PMBOK는 프로젝트를 "고유의 제품 또는 서비스를 생성하기 위해 필요한 일시적인 노력"으로 정의한다. 일시적이란 말은 모든 프로젝트는 끝이 나는 종료점이 있다는 것이다. 고유란 말은 신규제품이나 서비스가 모든 유사제품이나 서비스와 어떠한 점에서 분명한 차이가 있다는 것이다. 한편 Turner는 프로젝트를 "사람(또는 기계), 원자재 및 재정적 자원이 적절히 투입되어 제약된 비용과 기간에 양적이고 질적인 목표와 규격으로 나타내기 위하여 고유의 업무수행을 통한 이익 창출 노력"으로 정의한다.

전통적으로 이러한 프로젝트는 토목건설 사업이나 국방사업에서 유래되어 왔으나 오늘날 대부분의 회사는 수행하고 있는 모든 업무를 프로젝트라고 부르며 성공적으로 이를 수행하기 위해 수많은 프로젝트기법을 사용하고 있다.

이러한 프로젝트는 규모, 범위, 비용 및 기간에 따라 대형국제 프로젝트에서부터 불과 몇 시간에 끝나는 소형국내 프로젝트에 이르기까지 매우 다양하다. 그 예는 다음과 같다.

- 직업개발 프로젝트(교육 및 훈련과정개발)
- 수정 변경 시, 이를 전환하는 프로젝트
- 빌딩, 집 또는 요트를 설계하고 건축하는 프로젝트
- 새로운 제품을 홍보하는 프로젝트(광고 및 마케팅 프로젝트)
- 새로운 컴퓨터 시스템을 적용하는 프로젝트(IT 프로젝트 또는 향상 프로젝트)
- 새로운 조직구조를 구상하고 적용하는 프로젝트(인적자원 프로젝트)
- 감사절차를 계획하고 수행하는 프로젝트(품질관리 프로젝트)
- 주어진 기간 내에 생산성을 향상시키는 프로젝트
- 재난극복 프로젝트(화재, 홍수 또는 각종 안전사고 등)
- 올림픽 또는 동계스포츠 프로젝트(스포츠 프로젝트)
- 세계관광 프로젝트(유흥 및 오락 프로젝트)
- 집을 이사하거나 주말에 여행하는 프로젝트(국내 프로젝트)

이러한 프로젝트가 지니고 있는 몇 가지 특성을 살펴보면 다음과 같다.

- 시작과 종료가 있다. 이를 정의하기는 힘들지만 일반적으로 일정기간으로 결정되는 시기는 시작이고 서서히 사업이 끝나가는 시기는 종료이다.
- 수명주기가 있다. 프로젝트의 시작과 종료, 그 사이에 여러 단계가 있다.
- 현금과 연관된 예산이 투입된다.
- 자원이 사용된다. 상이한 부서 및 협조가 필요하다.
- 책임의 집중, 예를 들면, 사업 책임자
- 신속한 출시, 경쟁자보다 빨리 시장에 출시해야 한다.
- 팀의 역할과 관계, 팀을 정의하고 형성하고 만들고 바꾸는 활동

사업관리에서 다루는 콘텍스트는 고객 또는 이해관계자가 요구하고 기대하는 사항을 충족시키는 제품을 제공하기 위하여 필요한 업무범위를 계획하고 통제하기 위해 특별한 프로젝트 관리기법을 사용하여 이득을 창출함에 그 영역을 두고 있다.

2.1.2 프로젝트 관리

PMBOK에서 정의하고 있는 프로젝트 관리란 “이해관계자가 프로젝트로부터 기대하고 요구하는 사항을 충족시키기 위해 프로젝트 활동에 지식, 기술, 도구 및 기법을 적용”함을 말한다. 다른 말로 하면 사업 책임자는 프로젝트에서 발생되는 모든 업무를 수행해야 한다는 것이다. 하지만 그 누구도 이와 같이 광범위한 일을 할 수 없다는 것이다.

분명한 정의는 프로젝트의 목적이 고객의 요구와 기대를 충족시킴에 있다. 따라서 사업 책임자가 수행해야 할 기본적인 요구사항은 고객 이외의 이해관계자를 식별하고, 필요성과 기대를 프로젝트의 수행목적, 업무범위 및 목표에 따라 분석해야 한다. 바로 이러한 업무를 가리켜 프로젝트의 타당성분석이라고 한다.

프로젝트 관리에서 다루어야 할 요소는 <그림 2.2>와 같이 PMBOK에서 아홉 가지로 정의하고 있다. 즉 프로젝트 통합, 프로젝트 범주 관리, 프로젝트 수행기간 관리, 프로젝트 비용관리, 프로젝트 품질관리, 프로젝트 인적자원관리, 프로젝트 커뮤니케이션관리, 프로젝트 위험관리, 프로젝트 조달관리로 구성된다.

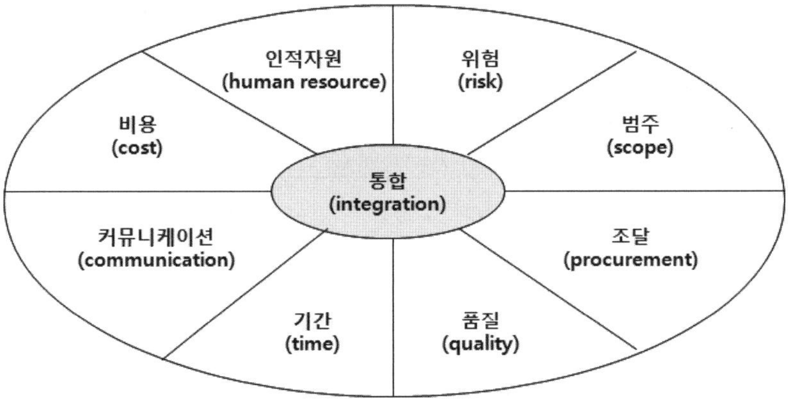

<그림 2.2> 프로젝트 관리 요소

영국의 APM BOK에서는 프로젝트 관리를 "다음과 같은 요소에 의해 변화를 가져오는 가장 효율적인 방법"으로 정의하고 있다.

- 일반적으로 기간, 비용, 및 다양한 기술 및 품질 파라메타로 수행되어야 할 일을 정의
- 달성계획수립, 업무수행, 목표에 따라 진도를 관리
- 계획, 조종 및 업무진도파악을 위한 프로젝트 관리기법과 도구를 활용
- 성공적인 업무수행과 이에 대한 책임을 질 사업 책임자를 포함하여 프로젝트 관리에 숙련된 요원을 확보

프로젝트를 수행하는 기관은 수행 프로젝트를 보다 좋은 관리통제를 위해 일반적으로 여러 단계로 분류한다. 이러한 단계를 프로젝트 수명주기라고 부른다. 이러한 프로젝트 수명주기에 따라 프로젝트 관리와 연관된 업무분해구조(WBS), 획득가치, CPM, 형상통제, 자원관리 등과 같은 기법을 사용하고 있다.

수많은 조직은 프로젝트를 통해 그들의 비즈니스를 달성해 가고 있다. 이러한 프로젝트 수행에 따른 관리적 접근방법이 엔지니어링, 건축, 항공 및 국방에 사용되어 오고 있다. 오늘날 더 나아가 제약, 의료, 통신, 소프트웨어 개발, 시스템 개발, 에너지, 제조, 교육 및 서비스 조

직에 다양하게 적용되고 있다. 이러한 관리기법은 다음과 같은 장점을 지니고 있다.

- 융통성 있는 조직
- 분산된 관리 책임
- 전체적인 관점에서 문제 진단
- 목적에 입각한 문제해결 프로세스

이러한 프로젝트 관리 기술은 일반적 관리 기술과 기술적 관리 기술과 서로 연동되어 있다. 성공적인 사업 책임자는 상기 아홉 가지 프로젝트 관리에 부가하여 광범위한 일반적 관리에도 유능해야 한다. 예를 들면, 직원채용, 경제, 컴퓨터시스템, 법적 계약, 인력관리, 판매, 회계 등을 말한다. 프로젝트 매니저가 이러한 모든 분야에 전문가일 수는 없다. 그러나 프로젝트가 성공적으로 수행되려면 전반적인 책임을 지고 있는 사업 책임자가 이를 통제할 수 있는 능력을 지녀야 한다.

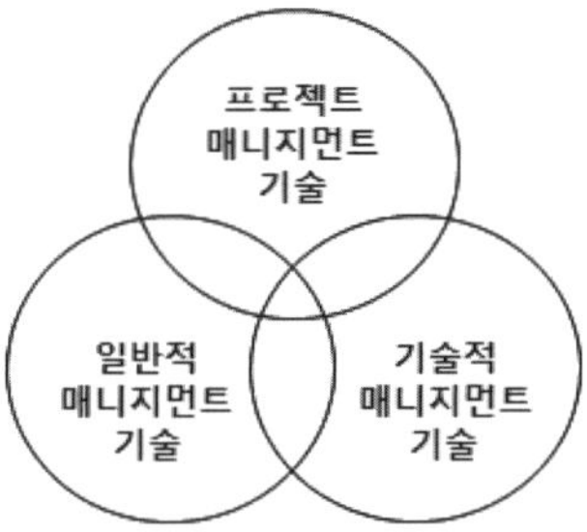

<그림 2.3> 관리요소의 중복성

<그림 2.3>에서와 같이 서로 연관되어 있는 관리요소를 조종하고 통제하여야 한다. 또한 프로젝트의 기술적인 사항이 관리되어야 한다. 소규모 프로젝트의 경우에는 사업 책임자가 관리자인 동시에 기술적인 전문가일 수 있다. 사실상 기술전문가가 보다 빠른 시기에 사업 책임자로 발탁될 가능성이 더 높다. <그림 1.3>에서와 같이 프로젝트 관리와 기술관리 그리고 일반관리 사이에 중복성이 존재한다.

프로젝트는 프로젝트 관리 환경에 많은 영향을 받고 있다. 예를 들면, 이해관계자와 여러 가지 쟁점의 영향을 받게 된다. 몇 가지 예를 들면 다음과 같다.

- 모든 언관된 이해관계자
- 고객 및 스폰서의 요구사항
- 회사조직구조
- 시장 요구사항
- 경쟁자
- 신기술
- 제도 및 규정(건강 및 안전)
- 정치(내부 또는 외부)
- 경제 사이클

사업 책임자가 효율적으로 프로젝트를 수행하려면, 목표를 좌지우지하는 프로젝트 환경을 철저하게 이해해야 한다. 프로젝트 환경은 프로젝트에 입력사항을 제기하거나 영향을 주는 여러 사람과 이해관계자로 구성된다. 프로젝트에 영향을 주는 어떠한 한 사람이라도 간과해서는 안 된다. 타당성분석에서 이해관계자 분석을 살펴보도록 하자.

2.1.3 프로젝트 관리 적용이득

프로젝트 관리를 수행하면서 얻는 이득은 프로젝트 필요성에 대한 내용과 연관된다. 사업 책임자는 기 설정된 목표를 달성하기 위해 통제하고 추적할 수 있는 계획을 개발할 책임이 있다. 이를 보다 효율적으로 수행하기 위해 사업 책임자는 보다 정확하고 시의 적절한 정보를 요구한다. 이러한 정보는 최초계획의 업무범위와 성과를 측정할 수 있도록 계획을 수립하고 통제할 수 있는 시스템을 제공해야 한다. 이러한 계획수립 및 통제시스템을 만들기 위해서는 추가적인 관리비용이 들어가지만 잘못된 관리로 인한 의사결정, 재 보수 및 비용초과에 비하면 오히려 더 비용 효과적이다. 이와 같이 마련된 계획과 통제시스템에 따라 발생하는 이득은 다음과 같다.

- 고객: 사업 책임자는 고객(또는 이해관계자)에게 회사를 대표하여 프로젝트에 대한 전적인 책임을 진다. 이들과 만날 때 수립된 계획 및 통제시스템은 프로젝트 전반에 관한 정보를 제공해 준다. 고객은 프로젝트를 대표하는 한 사람 사업 책임자와 상대하면 된다. 이로 인해 고객에게 신뢰감을 줄 수 있고 문제점이 협의되어 적기에 프로젝트를 마칠 수 있다.
- 전적인 책임: 전 프로젝트에 대하여 사업 책임자가 책임을 지기 때문에 업무내용이 생략되거나 중복될 우려가 없다.
- 추정: 추정은 프로젝트 계획의 기초를 이룬다. 만일 이를 추정하거나 측정할 수 없다면 어떻게 이를 관리할 수 있는가.
- CPM: CPM을 사용하여 언제 시작하는지, 언제 끝나는지 그리고 얼마만큼 여유기간이 있는지를 알 수 있다. 전혀 여유기간이 없는 일정이 바로 최단 경로이다. 따라서 프로젝트의 지연을 적기에 확인할 수 있다.
- 신속한 추적: 경쟁자가 출시하기 전에 신제품을 시장에 제시
- 일정계획: 무엇을, 언제, 어디서, 누가 수행하는지를 협의할 수 있다.
- 프로젝트 통합: 모든 프로젝트 관련자와 협의 및 통합이 가능하다.
- 보고 인터페이스: 수립된 계획과 통제시스템의 데이터베이스는 프로젝트 보고를 위한 업무분해구조(WBS)와 상호협조보고를 위한 조직분해구조(OBS)로 구성될 수 있다. 이러한 두 가지 보고에 대한 통합이 없이는 업무와 조직이 서로 분리해서 독립적으로 추진된다.
- 반응시간: 프로젝트 성과에 대한 적기 반응이 효율적인 프로젝트 통제의 필수적인 요소가 된다. 프로젝트 계획과 통제시스템이 프로젝트 요구사항의 내용과 피드백 주기를 조절할 수 있다. 회계부상의 예를 살펴보자. 4-6주 이상의 차이가 매월 재무보고에서 발생되고 있다.
- 경향: 프로젝트는 시간, 비용 및 성과에 대한 진도경향을 모니터링하면서 통제한다. 만일 이 경향이 수많은 상이한 기능 소스와 협의 안 된 정보일 경우, 프로젝트 매니저에게 별로 도움이 되질 않는다.
- 데이터 획득: 프로젝트 진도보고가 기능부서에서 제공된 정보라면 프로젝트 매니저는 이를 정확하게 통제할 수가 없다. 만일 제공된 정보가 부정확할 경우, 프로젝트가 끝난 다음에 이를 알게 된다면, 이를 수정하는 시기가 늦을 뿐만 아니라 프로젝트 통제를 위한 데이터 획득이 매우 어렵기 때문에 적기에 이를 반영해 줄 수가 없다.
- 절차: 계획과 통제시스템은 사업 책임자로 하여금 특정 프로젝트 요구에 알맞은 절차와 업무지침서를 적용할 수 있다.

- 프로젝트 사무실: 더 좋은 결과를 얻기 위해 프로젝트 관리 센터로 사용한다.
- 사업결과보고: 현재 프로젝트 성과는 미래 프로젝트의 추정 데이터베이스를 제공하게 된다. 만일 이러한 데이터가 계획 및 통제시스템에서 마련되지 않을 경우, 이를 다시 만들 수가 없을 뿐만 아니라 또 다시 반복하는 우를 범하게 된다. 최종사업보고는 잘 못된 부분의 효율적인 메커니즘을 제공하고 지속적인 성능향상 기회를 제공하게 된다.
- 마케팅: 협력업체는 자신의 프로젝트 관리 시스템을 마케팅에 의해 구별할 수 있다. 만일 두 업체가 동일한 유사가격으로 제품을 제공할 수 있다면 당연히 프로젝트를 효율적으로 관리하는 업체를 선정하게 된다.

프로젝트 관리 기법을 사용함에 따라 여러 가지 이득을 가져오지만 회사 내의 프로젝트 관리에 대한 정서가 형성되지 못한 경우 이에 대한 저항으로 말미암아 프로젝트를 지연시킬 수 있다는 사실을 유념해야 한다.

2.1.4 사업 책임자의 역할

프로젝트 성패의 가장 중요한 요인은 어떠한 사업 책임자를 선정하느냐에 달려 있다. 프로젝트 매니저는 사업의 전적인 책임을 지고 프로젝트를 성공적으로 수행하기 위한 지침을 세우고 이를 모든 관련자와 함께 협력하고 통합해야 한다. 따라서 사업 책임자의 속성은 프로젝트의 목적에 맞추어 프로젝트의 역할에 적합하게 다음과 같이 주어진다.

- 프로젝트 수행초기에 운영팀을 만들고 이에 적합한 사람을 선정하는 능력
- 리더십과 관리 능력
- 문제를 찾아내고 해결하고 의사를 결정할 수 있는 능력
- 프로젝트와 연관된 이해관계자를 통합할 수 있는 능력
- 융통성 있는 운영
- 계획, 적용 및 성과를 종합할 수 있는 능력
- 협상과 설득을 할 수 있는 능력
- 프로젝트를 관리하기 위한 환경 숙지 능력
- 검토 및 통제 능력
- 업무범위 및 변경, 계약행정 수행능력
- 지속적인 변화 아래 관리할 수 있는 능력
- 고객을 편안하게 할 수 있는 능력

전통적인 관리로부터 프로젝트 관리로 조용하게 혁신하며 전환해 갈 수 있어야 한다. 이제 경영전문가가 아니라 프로젝트 관리 전문가가 필요한 시기이다.

2.2 프로젝트 관리 발전과정

프로젝트 관리의 역사는 이집트의 거대한 피라미드와 중국의 만리장성 건설로 거슬러 올라간다. 이러한 프로젝트는 수많은 사람을 동원하여 높은 표준과 필요한 시험시기에 맞추어 세워진 엄청나게 크고 복잡한 구조의 프로젝트이다. 그러나 관련 문서도 없이 대개 어림짐작에 기초하여 만들어진 프로젝트이다. 고고학자의 주장에 따르면, 이러한 거대한 역사에 종사하는 노동자들은 노예가 아니라 임금을 지불해야 했기 때문에 나일강이 범람할 때 마다 이들은 피라미드 공사를 중단하고 자신의 농장으로 돌아가도록 했다고 한다.

현대의 프로젝트 관리는 1900년대 헨리 간트가 제안한 바(bar) 차트에서 비롯된다. 그리고 특수한 관리 기법이 1950년 및 60년대 미국과 영국의 군사 및 항공 프로젝트에서 발전되기 시작했다. 이러한 과정을 통해 프로젝트 관리 기법과 도구가 발전되고 지식기반이 조성되었다. 전통적으로 프로젝트의 관리는 과학보다 예술에 가까웠다. 수많은 프로젝트 관리 기관, 협회 및 학회가 만들어지면서 과학적인 실습과 훈련이 뒷받침하기 시작했다. 오늘날 급격하게 변하는 기술여건과 치열한 경쟁 및 강력한 로비 환경에 따라 회사의 관리 방법이 죽느냐 사느냐에 영향을 주기 시작했다. 이에 따라 프로젝트에 의한 관리가 발전되기 시작했다.

2.2.1 1950 및 60년대의 프로젝트 관리

프로젝트 관리의 대부분의 특수기법은 1950년 및 60년대 미국의 국방 및 우주항공국의 항공 프로젝트를 항공회사에서 수행하면서 개발되었다. 예를 들면, 프로그램평가 및 검토기법(PERT), 획득가치, 형상관리(CM), 가치공학, 업무분해구조(WBS)등을 들 수 있다. 한편 건설회사에서 기여한 내용은 CPM, 네트워크 도표와 자원관리기법을 사용하는 PDM 등이 있는데 이는 긴박한 일정관리와 엔지니어링 관리에 따라 발전하게 된 기법이다. 이 기간 중에 수행된 대형 프로젝트는 환경적, 사회적, 생태학적 문제로부터 효과적으로 보호되었다. 대표적인 프로젝트는 아폴로 우주프로그램과 원자력발전소이다. 주요 프로젝트 관리 발전과정을 정리해 보면 다음과 같다.

- 1950년 초: PERT와 CPM기법개발
- 1950년 말: 전 사업에 대한 한 사람의 책임 집중개념에 따라 프로젝트 팀과 매트릭스 조직구조에 따라 자원분배
- 1960: NASA 매트릭스 조직 시도
- 1962: NASA가 비용통제를 위한 PERT적용 및 WBS개발
- 1963: 미공군 획득가치(EV) 및 프로젝트 수명주기 개념적용
- 1963: 영국 Polaris프로젝트에 협력업체 사전 프로젝트 관리 시스템계약에 적용
- 1964: NASA에서 문서변경 및 통제를 위한 형상관리(CM) 적용
- 1965: NASA에서 비용추가계약에서 인센티브적용계약방식으로 발전, 확정계약 또는 비용추가 인센티브계약
- 1965: TSR-2폭탄 프로젝트에서 설계가 끝나기 전에 개발 및 생산을 추진함에 따라 비용초과 및 일정지연뿐만 아니라 프로젝트 실패-동시(concurrency)개발 문제점발생

- 1966: 프로젝트 수명주기의 초기단계에 프로젝트정의 및 준비시간 부족으로 비용 및 일정 관리문제와 설계변경문제점에 관한 보고서 나타남.
- 1967: 국제프로젝트 관리 협회(IRMA) 창립 및 20여 개국 참여
- 1969: PMI(Project Management Institute)형성, 자격제도 및 PMBOK(1987, 96, 2000)

2.2.2 1970년대 프로젝트 관리

월남전, OPEC 석유봉쇄 및 환경단체 압력이 1970년대에 수많은 기업과 산업에 영향을 미치기 시작했다. 특히 석유오염, 원전폐기물, 콩코드 소음공해, 도로의 대기오염 등의 환경오염이 매우 심각하게 대두되기 시작했다. 프로젝트 관리는 다양한 전문분야와 함께 각종도구와 기법으로 발전되어 갔다. 국방 및 건설회사 이외의 고도기술을 지닌 대형업체들이 설계목표비용을 효과적으로 달성할 수 있도록 프로젝트 관리 시스템을 적용하기 시작했다.

이 시기는 분명한 도구와 기법을 적용하여 문제를 보다 정교하게 다루는 시기였다고 볼 수 있다. 이 기간 중에 공공 프로젝트는 매우 높은 실패를 거듭하게 되었다. 이는 부족한 프로젝트 정의(범주 관리면), 잘 정의되지 못한 프로젝트 조직구조(매트릭스 구조), 및 외부적인 영향을 고려하지 못한데서 비롯된 실패(이해관계자 식별문제)였다. 미국과 영국에 있는 프로젝트 관리 협회인 PMI와 APM은 프로젝트에 대한 경험이 증가함에 따라 프로젝트 개념을 보완하고 도구와 기법을 보다 정교하게 향상시키면서 프로젝트 관리를 전문분야로 발전시키기 시작했다.

2.2.3 1980년대의 프로젝트 관리

1980년대에 들어서면서 그린 환경이나 CND와 같은 외부 이해관계자의 영향이 매우 커지기 시작했다. 이로 인해 설계자는 모든 이해관계자를 충족시켜야 하는 엄청난 스트레스를 받기 시작했다. 60년대 수많은 프로젝트 관리 도구와 기법이 개발되었고 70년대는 이를 보다 정교하게 보완하게 되었다.

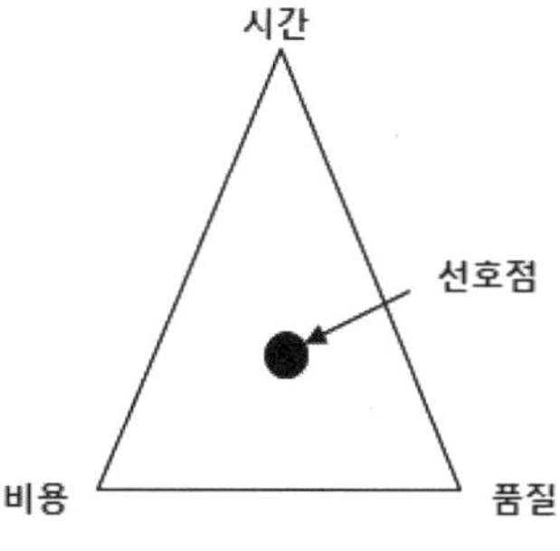

<그림 2.4> 시간, 비용 및 품질 통합

80년대에는 이를 통합하면서 실무에 적합성을 높이기 시작했다. 뿐만 아니라 기간과 비용과 품질을 통합하여 요구사항을 균형화하기 시작했다. <그림 2.4>에서와 같이 한 요소의 변경은 다른 요소에 영향을 주었다. 이후에 업무범위와 OBS조직구조가 추가되면서 조직구조에 따른 업무수행변경을 통제할 수 있게 되었다. 여기에 프로젝트의 외부환경요소를 고려하여 활동이 증가되기 시작했다.

1960 및 70년대의 프로젝트 관리 도구 및 기법은 프로젝트 수명주기를 적용하는 단계였다. 1980년대에는 이러한 적용에 대한 많은 노력을 뛰어 넘어 프로젝트의 부가가치창출이 높은 프로젝트 초기에 이를 더 많이 적용하도록 전환하는 시기였다. 이해관계자의 요구분석과 타당

성분석이 수행되며, 위험과 불확실성이 평가되고 난 다음에 제품이나 설비가 설계되도록 하는 시기였다. 이러한 접근방법을 적용하지 않을 경우, 설계변경이나 고객요구사항변경에 따른 비용영향이 초기분석비용에 비해 엄청나게 크다는 사실을 더욱 더 강조하기 시작했다. 제품의 수명주기는 설계자로 하여금 먼저 큰 그림을 그려 본 다음 생산비용과 운용유지비용간의 절충을 하도록 함에 그 목적이 있다. 나아가 제품품질향상, 확장 및 폐기 등에 관한 단계도 함께 고려될 수 있다. 또한 이 시기는 개인용 컴퓨터가 발전되기 시작하여 소프트웨어를 비즈니스와 프로젝트 관리에 다양하게 활용할 수 있게 되었다. 프로젝트 매니저는 나아가 컴퓨터를 활용하여 관리를 더 빨리 더 다양하게 수행할 수 있게 되었다. 1987년에는 프로젝트 관리의 기본개념, 표준 및 인증에 관한 전문적인 PMBOK가 개발되기 시작했다. 이는 개별적인 도구나 기법이 아니라 통합되고 구조화된 접근방법으로 발전되었다.

2.2.4 1990년대 및 2000년대 프로젝트 관리

1990년대에 들어서면서 미국은 일본의 신속하고 단순한 조직구조로 보다 더 효율적이고 융통성 있는 프로젝트 관리에 따라 치열한 국제경쟁을 만나게 되었다. 이에 따라 대형업체는 프로젝트에 의한 관리(management-by-project) 접근방법을 적용하기 시작했다. 이는 프로젝트를 수행하는 적은 단위의 프로젝트 팀을 구성하여 보다 빠른 기술혁신, 새로운 아이디어 및 시장 경쟁력을 감당할 수 있고 생동감 있는 소그룹경영회사의 기업정신을 활용할 수 있게 되었다. 또한 규정적용을 완화하고 GATT협의서, 낮아진 무역장벽, IT 기술의 무제한적 적용으로 인터넷 경영이 폭발적으로 증가하게 되었다.

품질관리 면에서 TQM이 프로젝트 관리와 접목하면서 고객, 지속적인 향상, 팀워크, 프로젝트 수명주기적 관리가 더욱 강조되었다. 프로젝트 관리 내에 TQM을 적용하는 것은 매우 느리게 반영되고 있었지만 ISO9000 품질관리시스템을 소개하면서 TQM을 받아들이게 되었다. 1990년대에 더욱 주목할 점은 프로젝트 팀은 프로젝트를 수행할 뿐만 아니라 회사 내 프로젝트 관리 문화를 정착해 가는 센터로서의 역할을 증가해 가고 있다는 것이다.

2.2.5 프로젝트 관리 컴퓨팅의 발전

초기 일정관리 바 차트, 네트워크 도표 및 기타 프로젝트 관리 도구는 매뉴얼 연산으로 되어 있었다. 이러한 도구는 60 및 70년대에 미니 또는 주컴퓨터를 사용하도록 발전되어 왔지만 개인용 컴퓨터(PC)의 발전이야 말로 이러한 도구의 폭발적인 소프트웨어 도구로 발전되었다. 몇 가지 중요한 발전과정을 보면 다음과 같다.

- 1977: Apple II 첫 번째 PC 등장
- 1979: 첫 번째 스프레드시트 Visi Calc 등장, Lotus와 Excel이 몇 년 사이에 출시
- 1981: IBM PC가 시장표준으로 등장
- 1983: 첫 번째 계획 소프트웨어 패키지로 Harvard Project Manager 등장
- 1990년대: Window, Networks, Internet 및 E-mail 등장

- 2000년대: 지구상 어디에서나 통화할 수 있는 Mobile통신 등장, Web Site 개발, B2B 상거래, 실시간 진도보고

70년대 말 Apple과 1981년 IBM PC의 등장으로 비즈니스 프로젝트 계획 소프트웨어로 프로젝트 관리 기법이 발전되기 시작했다. PC에 기초한 프로젝트 관리 컴퓨팅은 1983년 Harvard Project Manager로 거슬러 올라간다. 이는 비록 고립된 하나의 소프트웨어였지만 그 당시 프로젝트 관리의 광범위한 발전의 계기를 마련하였다.

이러한 발전은 무엇보다 먼저 프로젝트 관리 기법이 개발된 다음 하드웨어와 소프트웨어로 발전되기 시작했다. 그러나 최근 들어 컴퓨터 기법이 프로젝트 관리 기법을 선도하면서 그 순서는 바뀌어 가고 있다. 예를 들면 B2B는 조달관리방법을 변경시키고 있다. 이제 제약 요소는 오히려 프로젝트 관리 교육과 훈련이다. 최근 프로젝트 관리 기법을 성공적으로 적용하는 것이 매우 중요한 요소로 대두되고 있다.

2.3 프로젝트 관리와 시스템엔지니어링 관리

2.3.1 적용환경

많은 프로젝트 환경에서 국제시스템엔지니어링협회(INCOSE)의 시스템엔지니어링과 미국 PMI의 프로젝트 관리는 각각의 고유한 전문 영역에만 집중하여 행해지고 있다. INCOSE의 시스템엔지니어링은 시스템적인 사고를 바탕으로 프로젝트의 기술적인 측면을 중심으로 수행하거나 기술적인 부분을 지향하는 것을 우위에 두고 있으며, PMI의 프로젝트 관리는 프로젝트의 비용과 일정관리와 같은 프로젝트의 사업적인 수행 차원에 우위를 두고 있다.

따라서 자칫 잘못하면 시스템 엔지니어링과 프로젝트 관리 사이에 갈등이 나타날 수 있다. 그러나 실제 프로젝트를 수행함에 있어서 그 역할과 기능면에서 이러한 갈등은 전혀 일어나지 않고 있다. 그러나 이를 수행하는 당사자끼리 문제가 발생할 수는 있다. 이러한 갈등은 시스템 엔지니어와 프로젝트 매니저의 역할과 책임에 종종 혼선을 초래하게 되고, 그 결과 프로젝트는 사기 저하, 낮은 생산성 및 저 품질의 제품을 만드는 어려움을 겪게 되고 만다. 따라서 개발 프로젝트는 시스템 엔지니어링과 프로젝트 관리, 두 전문 분야가 함께 어우러져 고객이 원하는 제품을 적기에 더 싸게 만들어 내는 시너지 효과를 가져와야 한다. 이를 위해 시스템 엔지니어링 전문 분야의 표준서인 IEEE 1220 및 EIA 632, INCOSE의SEBOK와 PMI의 PMBOK 내용을 중심으로 시스템엔지니어링과 프로젝트 관리를 각각의 전문지식영역에서 비교해 보자.

2.3.2 지식 영역의 비교

INCOSE의 SEBOK는 다양하고 광범위한 목적을 달성하기 위하여 시스템엔지니어링의 방대한 적용범위를 쉽게 이해하고 통일된 수단을 제공하는 종합지침서이다. 이러한 지침서를 사용하는 목적은 유능한 시스템 엔지니어가 필요한 전문분야정보와 특정영역을 수행하는 타 분야

정보를 함께 얻도록 함에 있다. 이 지침서는 시스템 엔지니어링의 개념, 프로세스, 필요한 분야기술과 수행능력에 대한 정보를 광범위하게 정의하고 있다. 일반적으로 시스템엔지니어링은 다른 엔지니어링과 마찬가지로 연관된 과학적 지식을 실용화하는데 관심을 두고 있다. 고객 또는 이해관계자에 의해 정의된 요구사항을 달성하기 위한 지식을 창출하는 프로세스이다. 고객과 이해당사자의 필요성을 시스템 수명주기에 걸쳐 요구품질을 충족시키는 제품과 연관제품을 주어진 비용과 일정범위 내에서 수행하는 다분야 엔지니어링 프로세스이다. 이는 전체적(holistic)인 입장에서 분석되고 효과적이고 효율적인 프로세스로 이루어진다. 반면에 PMI의 PMBOK는 프로젝트 관리와 관련하여 일반적으로 인정된 지식체계를 분류하여 기술한 지침서이다. 기술된 지식과 실무내용이 대부분의 프로젝트에 적용 가능하다는 점과 이에 따른 가치와 유용성에 대해 널리 공감하고 있다는 점에서 일반적으로 인정되고 있다. 그러나 모든 프로젝트에 모든 내용이 동일하게 적용될 수 있다는 것은 아니다. 각 프로젝트의 환경에 알맞게 이해하고 이를 적용해야 한다.

프로젝트 관리에서 다루어야 할 PMBOK 요소는 앞서 <그림 1.2>와 같이 아홉 가지로 정의하고 있다. 즉, 프로젝트의 통합, 프로젝트 범주관리, 프로젝트 수행기간관리, 프로젝트 비용관리, 프로젝트 품질관리, 프로젝트 인적자원관리, 프로젝트 커뮤니케이션관리, 프로젝트 위험관리, 프로젝트 조달관리로 구성된다. 프로젝트 관리의 유기적이고 복잡하게 얽혀있는 각 프로젝트 영역별 요소를 체계적으로 파악할 수 있다. 또한 프로젝트 관리 요소의 상호관계를 용이하게 이해할 수 있다. 즉, 9가지 영역은 서로 독립적으로 존재하는 것이 아니라 유기적이고 통합적으로 상호 작용한다. 예를 들어, 범주가 변하면 비용과 일정도 영향을 받는다. 따라서 9가지 영역 중 어느 한 요소에 변화가 일어 날 경우, 나머지 다른 영역에 어떠한 영향을 미치는가를 분석하여 통합 프로젝트 관리를 할 수 있다. 통합영역은 이러한 8가지 요소를 통합하는 프로세스 영역이다.

Kauffman[4]은 프로젝트 관리와 시스템엔지니어링 전문분야의 표준과 지침서를 서로 비교하여 상위 수준의 지식 영역에서 지배적인 특성영역을 정리하고 상호관계를 강조하였다. 즉, PMI의 PMBOK에서 정의한 9개항의 프로젝트 관리 지식 영역과 두 가지의 시스템엔지니어링 표준 IEEE 1220 및 EIA 632에서 정의한 주요 프로세스를 비교하여 이 두 전문 분야 간에 연관성을 분석한 것이다. 이를 정리하면, <표 2.1>과 같다.

여기서 IEEE 1220 및 EIA 632 프로세스는 거시적인 수준에서 PMI의 PMBOK의 범위, 품질 및 위험에 대한 지식영역에 관련되어 있다고 분석했다. 또한 통합, 일정 및 의사소통 관리 영역과도 연관되어 있다고 분석했다. IEEE 1220 및 EIA 632 활동은 PMI의 PMBOK의 나머지 세 가지 영역인 비용, 인적자원 및 구매 관리와는 전혀 연관성이 없다고 분석하였다.

그러나 상위레벨에서 하위레벨로 절충하는 과정에 대한 분석을 하게 되면 이러한 세 가지 영역 즉, 비용, 인적자원 및 구매 관리 또한 상호연관이 나타난다. 또한 이러한 사항은 시스템엔지니어링 관리 활동에서 나타난다. 특히 비용은 요구사항 할당에 매우 중요한 요소이다. 비용자료 없이 시스

4) Donald C. Kauffman, "Project Management and Systems Engineering: Where the Professions Intersect - Generate Synergy Not Conflict", Proceedings of the Eighth Annual International Symposium, INCOSE, 1998, pp.195-201.

템의 절충 분석이 이루어 질 수 없다. 또한 하드웨어 형상품목(HWCI)이나 소프트웨어 형상품목(CSCI)은 물리적 아키텍처에서 나타나는데 이에 대한 세부분류가 구매단위를 구성하는 주요 요소이기 때문에 구매 관리가 함께 고려되어야 한다. 인적자원은 요구사항을 할당할 때 하드웨어와 소프트웨어와 함께 고려해야 할 매우 중요한 요소일 뿐만 아니라 개발인력, 운용인력 및 유지보수인력을 할당하는데 기본적인 자원이다. 또한 소요인력뿐만 아니라 인력의 질을 나타내는 기술등급이 주어져야 한다. 따라서 이러한 분석은 표준서의 용어상의 비교에 국한되어 있었기 때문이다.

<표 2.1> PMBOK와 SEBOK 비교(Kauffman)

PMBOK / *IEEE 1220*	통합	범위	일정	비용	품질	인적자원	의사소통	위험	구매
요구분석		■							
요구기준검증					■				
기능분석		■							
기능검증					■				
설계조합		■							
물리적 검증		■			■				
시스템분석		■						■	
통제	■		■		■		■	■	
EIA 632									
요구분석		■			■				
기능분석 및 할당		■			■				
설계조합		■			■				
시스템분석 및 통제	■	■	■		■		■	■	

2.3.3 프로세스의 비교

PMI의 PMBOK의 프로젝트 관리 지식영역은 '무엇을 관리할 것인가'에 대한 문제라면, 프로젝트 관리 프로세스는 프로젝트 관리의 각 영역을 '어떻게 관리 할 것인가'에 대한 문제라고 할 수 있다. 프로젝트 관리 프로세스는 <그림 2.5>와 같이 각각 하나 또는 그 이상의 프로세스를 가지고 있으며 프로젝트 착수(initiating), 계획(planning), 실행 (executing), 통제(controling), 종료(closing) 프로세스로 구성된다.

- 착수: 프로젝트나 단계 시작을 인식하고 그렇게 행하는 프로세스 그룹
- 계획: 프로젝트에서 하기로 약속된 사업요구를 달성하기 위하여 작업 가능한 계획을 고안하고 지속하는 프로세스 그룹
- 실행: 계획을 실행하기 위해 인력과 자원을 조정하는 프로세스 그룹
- 통제: 모니터링에 의해 프로젝트의 목표를 충족시키는 것을 보장하고 진도를 측정하여 필요할 때 시정 조치하는 프로세스 그룹
- 종료: 프로젝트나 단계의 승인을 공식화하고, 정연하게 끝내는 프로세스 그룹

상기 프로세스 사이의 전후관계는 선행 프로세스의 출력이 후행 프로세스의 입력이 된다는 것을 의미한다. 또한, 다른 단계와 프로세스를 고려할 경우에 실제 프로젝트를 수행할 때 반복적으로 수행된다. 예를 들면, 계획 프로세스는 프로젝트의 현 단계를 성공적으로 수행하기 위한 업무를 세부적으로 제공해야 할 뿐만 아니라, 다음 단계에서 수행될 업무에 대 해서 예비적인 내용을 제공해야 한다. 이와 같이 진행하는 세부적인 프로젝트 계획을 가끔 '반복계획수립'이라고 부르고 있다.

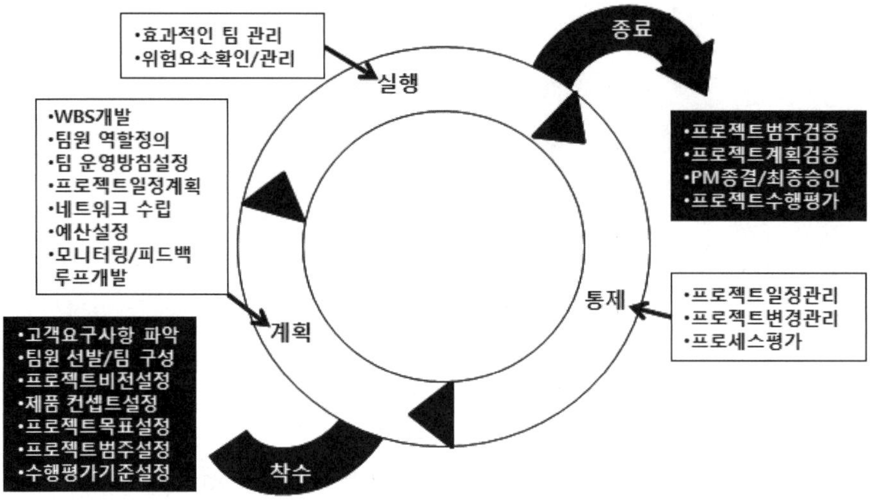

<그림 2.5> 프로젝트 관리 프로세스

모든 관리영역은 한 가지 이상의 계획 프로세스를 지니고 있다. 이는 계획 프로세스가 매우 중요하다는 것을 의미한다. 실제로 PMBOK의 39개 프로세스 중 21개의 프로세스가 계획 프로세스이다. 통제 프로세스는 계획 프로세스와 실행 프로세스로 피드백 된다. 피드백은 프로젝트의 진도 및 성과 면에서 계획 대비 차이가 발생할 경우에 일어난다. 관리대상은 프로젝트의 목표달성 영역과 목표달성을 위한 수단영역으로 나누어진다. 예를 들면, 비용, 일정, 범위가 목표달성을 위한 영역이며 이는 핵심 프로세스에 속한다. 프로젝트 목표영역인 비용, 일정, 범위를 달성하기 위한 수단 영역은 품질, 인적 자원, 의사소통, 위험, 구매영역으로서 이는 프로젝트를 촉진시키는 프로세스이다. 제품중심 프로세스는 프로젝트 출력 제품을 기반으로 상세하게 기술한다. 일반적으로 프로젝트 수명주기로 정의되며, 프로젝트 유형이나 적용분야에 따라 다르게 나타난다. 그러나 프로젝트 관리 프로세스는 제품에 관계없이 공통적으로 적용된다. 즉, 국방, 건설, 신규약품, 소프트웨어 등 각각 독특한 수명주기는 있지만 프로젝트 관리 프로세스는 동일하게 적용된다. 프로젝트 관리 프로세스와 제품기반 프로세스는 프로젝트가 진행되는 동안 중복적으로 상호작용 한다. 또 프로젝트의 각 단계 안에서 일어나는 프로젝트 관리 프로세스는 반복적으로 수행된다.

Kauffman은 <그림 2.6>과 같이 나름대로 앞서 서술한 시스템엔지니어링과 프로젝트 관리의 상위레벨 지식영역에 많은 프로세스가 상호간에 포함되어 있음을 확인할 수 있었다고 주장하였다. 상관관계가 있는 PMI의 PMBOK의 통합, 범위, 일정, 품질, 위험, 의사소통 등 6가지 영역의 프로세스와 시스템 엔지니어링 표준 IEEE 1220 및 EIA 632의 프로세스를 상관관계가 있는 프로세스를 중심으로 비교 분석하여 그 결과를 제시하였다.

시스템엔지니어링은 여러 사람에 의해 수행되는 프로세스 집합체이다. 시스템엔지니어링의 기본 프로세스는 (1) 문제 이해 (2) 대안 검토 (3) 선택된 해결책 검증 등의 상식적인 과정을 적용해 가는 반복 프로세스이다. 시스템엔지니어링 프로세스는 기본적으로 기술 관리, 획득 및 공급, 시스템 설계, 제품솔루션, 각 시스템레벨에서 기술평가로 구성되어 있다. 시스템 레벨에서 먼저 시스템 솔루션을 도출하기 위해 일련의 프로세스를 거친 다음 각 서브시스템 레벨로 내려가는 반복 프로세스이다. 이러한 프로세스는 INCOSE의 SEBOK에서 소개하고 있는 SIMILAR(각 활동의 머리글자를 땀) 시스템엔지니어링 프로세스이다. 이 프로세스는 7가지의 시스템엔지니어링 활동으로 구성되어 있으며, 각 활동은 시스템엔지니어링의 기본적인 요소이다. 시스템엔지니어링 프로세스의 기본적인 단계는 다음과 같다.

1) 시스템 목적 정의(사용자의 필요성)
2) 기능설정(기능분석)
3) 요구사항 설정(요구분석)
4) 설계 및 운용개념 설정(아키텍처 종합)
5) 베이스라인 선택 (비용/이익 분석)
6) 베이스라인이 요구사항에 부합여부 검증(사용자의 필요성)
7) 하위레벨 조정을 통한 프로세스 반복(분해)

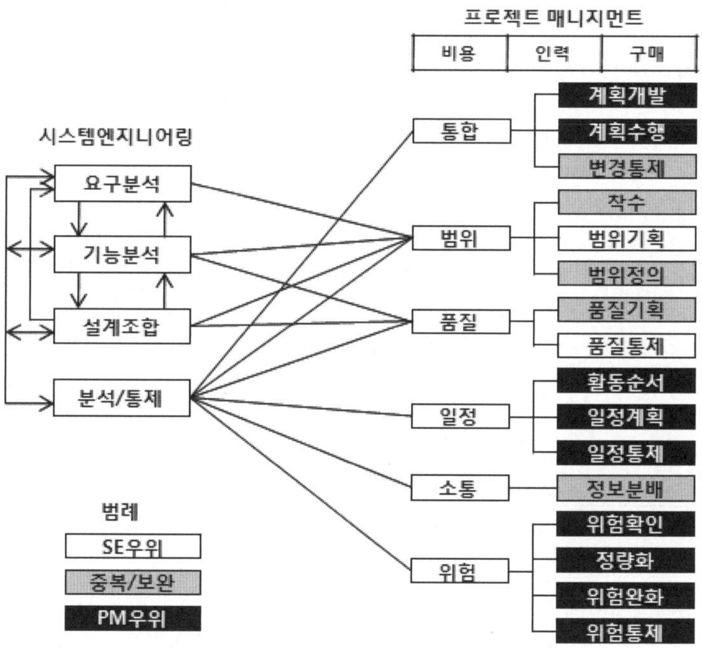

<그림 2.6> SE와 PM 프로세스 비교

2.3.4 엔지니어링 관리와의 비교

프로젝트 관리는 관리에 필요한 모든 요소를 엔지니어링 부서에서 제공받는다. 예를 들면 각 부서에서 WBS를 제시하면 이를 종합하여 통합 WBS를 제시한다. 마찬가지로 일정, 수행 네트워크, 프로젝트 계획 및 비용추정도 엔지니어링부서에서 제안하고 프로젝트 관리 관리팀에서 이를 종합토록 한다. 계획단계 상호관계는 <그림 2.7>을 참조하라.

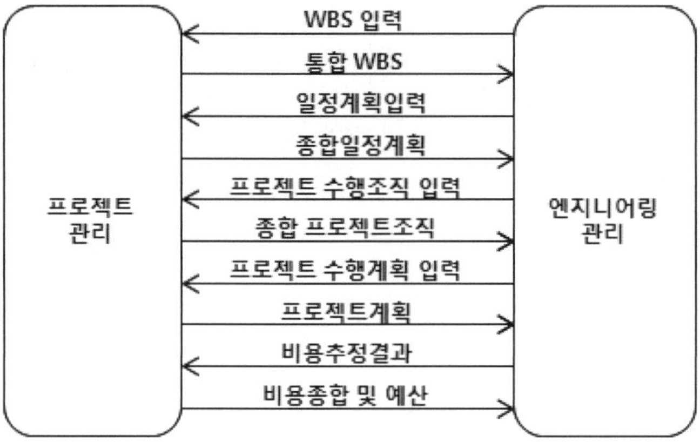

<그림 2.7> 계획단계 엔지니어링 관리와 프로젝트 관리

이와 같이 일정, 비용, 수행조직에 대한 계획을 수립하는 활동뿐만 아니라 사업진도를 파악하기 위한 비용회계, 진도에 따른 획득가치, 계약 및 계약수정활동, 위험계획 및 통제 그리고 위험감소계획등도 엔지니어링 부서에서 세부내용을 수집하고 분석한 다음 이를 프로젝트 관리 팀에서 종합하고 판단한다. 사업단계 상호관계는 <그림 2.8>을 참조하라.

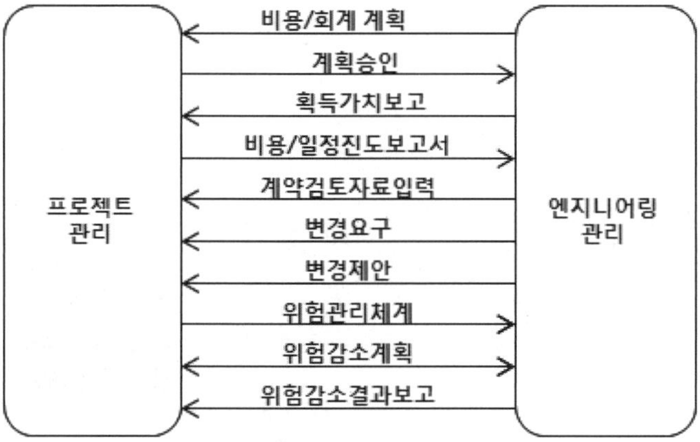

<그림 2.8> 사업단계 엔지니어링 관리와 프로젝트 관리

다음 품질관리절차에서 계약자의 독립적인 품질보증기능수행을 위해 엔지니어링 부서는 시스템엔지니어링 절차에 따라 품질계획을 입력하고 프로젝트 시험계획을 수립한다. 그리고 시험결과에 따라 감사 및 결함보고와 품질계획을 보완한다. 모든 품질 엔지니어링 통제와 품질보증은 엔지니어링 부서에서 수행한다. <그림 2.9>를 참조하라.

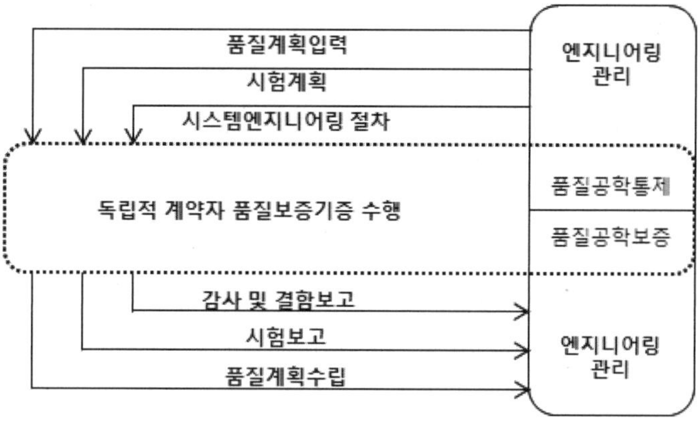

<그림 2.9> 엔지니어링 관리와 품질관리절차

이러한 모든 절차가 세부적인 시스템엔지니어링 프로세스를 따르고 있다. 사용자 요구사항, 지원요구사항, 프로세스 요구사항, 품질보증 요구사항 및 COTS 요구사항을 시스템엔지니어링 부서에서 종합하여 제품규격서, 지원규격서, 프로세스 규격서, 품질보증규격서를 제시하게 된다. <그림 2.10>을 참조하라.

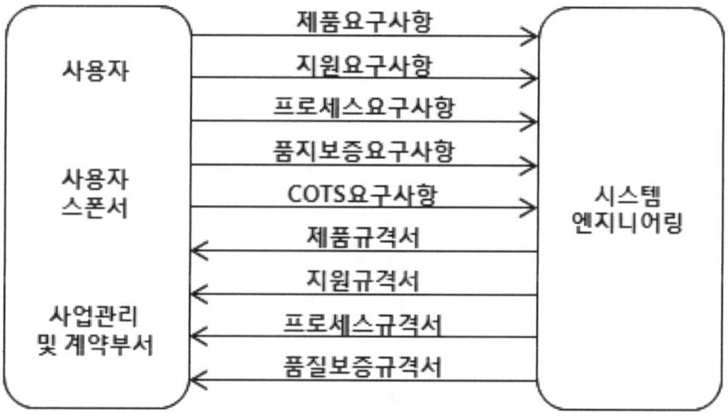

<그림 2.10> 사용자의 시스템엔지니어링 문서작성절차

결국 프로젝트 관리를 통해 시스템엔지니어링과 사용자와의 관계가 정립되어진다. 협의적 개념의 시스템엔지니어링은 고객 또는 사용자의 요구사항을 하드웨어, 소프트웨어, 시험담당자, 생산자, 로지스틱스 담당자, 인력담당자, 프로그램 관리자, 신뢰성 및 안전성 엔지니어, 교육훈련 담당자 등과 함께 규격서로 전환하는 활동을 말한다. 바로 이러한 과정만 보더라도 시스템 엔지니어는 프로젝트 매니저와 함께 이를 수행해야 한다.

2.3.5 PMBOK[5)]와 SEBOK[6)]

일반적으로, INCOSE의 시스템엔지니어링은 '시스템적 사고'를 근간으로 프로젝트의 '기술적 성과'를 지향하며, PMI의 프로젝트 관리는 프로젝트의 비용 및 일정관리 같은 프로젝트의 '비즈니스 성과'를 지향하고 있다. 또한, 기술 도전적인 프로젝트에서 대부분의 시스템 엔지니어나 프로젝트 관리자는 개인의 경험으로부터 나오는 임기응변적이고 체계적이지 못한 행동으로 프로젝트에 참여함으로써 부적절하게 대응하는 경우가 많이 발생된다. 기술적인 고려사항은 비즈니스 사항과 기술적 사항이 서로 맞물리지 않으면 성공적인 프로젝트를 수행할 수가 없다. 이러한 점에서 시스템엔지니어링은 하나의 사고방법일 뿐만 아니라 비즈니스를 수행하는 방법이기도 하다.

INCOSE의 시스템 엔지니어링과 PMI의 프로젝트 관리 두 전문 분야의 지식 영역 및 프로세스의 비교 분석을 통해 각각의 전문영역과 공통영역을 확인할 수 있었다. 이는 각각 우위에 있는 두 분야의 전문 영역의 장점은 그대로 유지하면서 공통영역은 함께 수행하여 상호보완적으로 통합해야 한다. 이러한 시스템엔지니어링과 프로젝트 관리의 관계에서 두 분야 상호간 접목을 시도하려는 노력은 프로젝트 이해관계자들이 프로젝트를 계획할 때 중복 또는 충돌되는 노력을 피하고 상호간에 이익이 되는 의사 결정을 내릴 수 있도록 하는데 큰 도움이 될 것이다. 이는 시스템 엔지니어나 프로젝트 관리자가 시스템엔지니어링과 프로젝트 관리 두 분야에 대한 지식과 이해의 정도를 서로 높이고, 또한 두 분야에서 각 분야별 주된 부분보다는 상호 연관된 부분을 잘 고려함으로써 시스템 엔지니어나 프로젝트 관리자가 보다 좋은 시스템을 개발하기 위해 실질적인 적용이 이루어 질 수 있도록 노력해야 한다. 산업 및 기업에 이를 실제적으로 적용함에 있어서 시스템엔지니어링과 프로젝트 관리는 서로 독립된 분야가 아니라 <그림 2.11>에서와 같이 기술관리 및 비즈니스관리를 조합함으로써 성공적인 프로젝트 문화를 구축하고 유지할 수 있도록 노력해야 한다.

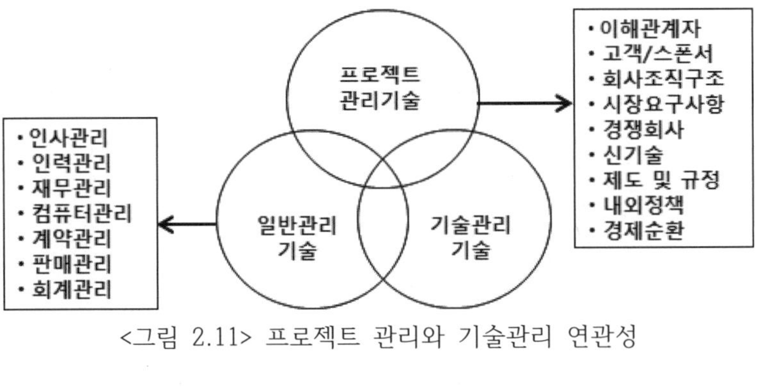

<그림 2.11> 프로젝트 관리와 기술관리 연관성

5) PMI - A Guide to the Project Management Body of Knowledge (PMBOK, 2000)
6) INCOSE - A Guide to the Systems Engineering Body of Knowledge (SEBOK)

2.4 문제풀이

- Henry Gantt가 1900년대 초에 Bar chart를 개발했다.
- 오늘날 우리가 사용하고 있는 대부분의 프로젝트계획 및 통제관련 기법이 미 국방 및 항공 프로젝트를 통해 1950년대 및 60년대에 개발된 것이다.
- 개인용 컴퓨터(PC)가 프로젝트 관리 소프트웨어에 엄청난 변화를 가져왔다.
- 프로젝트 관리 기법은 미국의 국방 프로젝트에 1950 및 60년대에 널리 적용되어 오다가 그 후 상용 민간 프로젝트에 이를 적용하기 시작했다. 다음 질문을 답해 보라

1) 프로젝트 관리란 무엇인가. 이는 다른 형태의 관리와 어떻게 다른가.
2) 프로젝트 관리가 귀 회사에 어떻게 적용될 수 있는가.
3) 전문 프로젝트 관리의 경향을 설명해 보라.
4) 사업 책임자의 역할을 설명해 보라.
5) 프로젝트 관리 시스템을 개발할 수 있는 소형 파이로트 프로젝트를 제시해 보라.
6) 프로젝트 관리가 어떻게 당신회사에 소개되고 있는가.
7) 프로젝트 관리 컴퓨터 시스템이 어떻게 소개되고 있는가.
8) 바 차트와 관리 프로세스가 당신 프로젝트에 어떻게 적용되고 향상되고 잇는가.
9) 시간, 비용 및 품질의 절충이 이루어져야 한다. 프로젝트의 적용사례를 예기해 보라.
10) 프로젝트 환경모델이 큰 그림으로 그려져야 한다. 외부 이해관계자가 영향을 준 사례를 들어 보라.

제3장 시스템엔지니어링 관리

3.1 시스템엔지니어링

일반적으로 시스템엔지니어링은 자신의 경험과 학문적 배경에 따라 조금씩 다르게 정의되어 왔다. 가장 앞서가고 있는 미국 국제시스템엔지니어링협회(INCOSE)에서도 시스템엔지니어링을 매우 다양한 내용으로 정의하고 있다. 그러나 그 내용을 간추려 보면, 하향식 프로세스, 수명주기 중심 프로세스 그리고 기능, 활동 및 조직 통합 프로세스라는 측면에서 공통적인 견해를 두고 있다.

널리 알려진 시스템엔지니어링이란 "성공적인 시스템을 개발하기 위한 다분야의 종합적인 접근방법과 수단"이라고 INCOSE에서 정의하고 있다. 보다 광범위하게 이를 정의해 보면, 시스템엔지니어링이란 "시스템운용 필요성을 요구분석, 기능분석 및 할당, 설계조합, 시험평가 및 확인의 하향적 반복활동을 통해 정의된 시스템형상으로 전환하기 위하여 과학적이고 효과적인 엔지니어링을 적용"하는 활동을 말한다. 이는 <그림 3.1>과 같다.

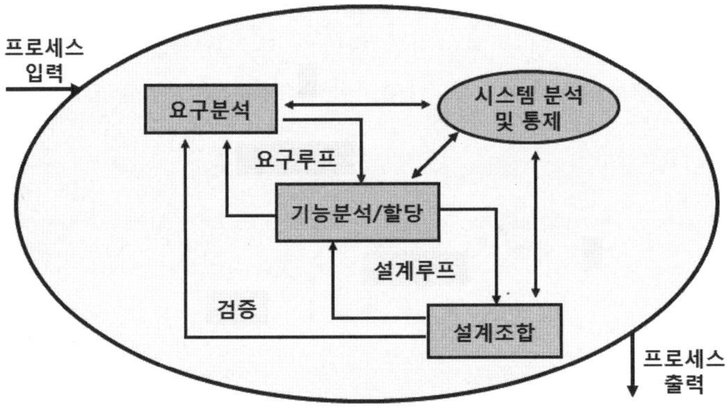

<그림 3.1> 시스템엔지니어링 프로세스

시스템엔지니어링 프로세스는 기능적 세부사항과 설계요구사항을 전개함에 있어서 운용(예를 들면 성능), 비용, 및 로지스틱스 요소간 적절한 균형을 달성하는데 그 목적을 두고 있다. 시스템엔지니어링 프로세스를 정의해 보면 다음과 같다.

- 운용필요성과 모든 수명주기(예를 들면, 개발, 제조, 시험평가, 검증, 배치, 운용, 지원, 교육훈련 및 폐기)에 걸쳐 필요한 요구사항을 동시적으로 고려하여 시스템 통합설계 솔루션으로 전환
- 모든 기능 및 물리적 인터페이스에 대한 적합성, 통합성 및 호환성을 확인하고 시스템정의 및 설계가 모든 시스템 요소(예를 들면, 하드웨어, 소프트웨어, 설비, 인력, 데이터)에 대한 요구사항을 반영하고 있는지를 확인
- 기술적 위험을 식별하고 분류하며 이를 관리한다. 이를 달성하기 위하여 수행되어야 할 주요활동은 요구분석, 기능분석 및 할당, 설계조합 및 검증, 그리고 시스템분석 및 통제

시스템엔지니어링의 "하향/상향식 접근방법"은 <그림 3.2> VEE 모델과 같다. 본 교재에서 다루는 분야는 하향식 접근분야이며 주로 요구사항 분석활동에 관련된다.

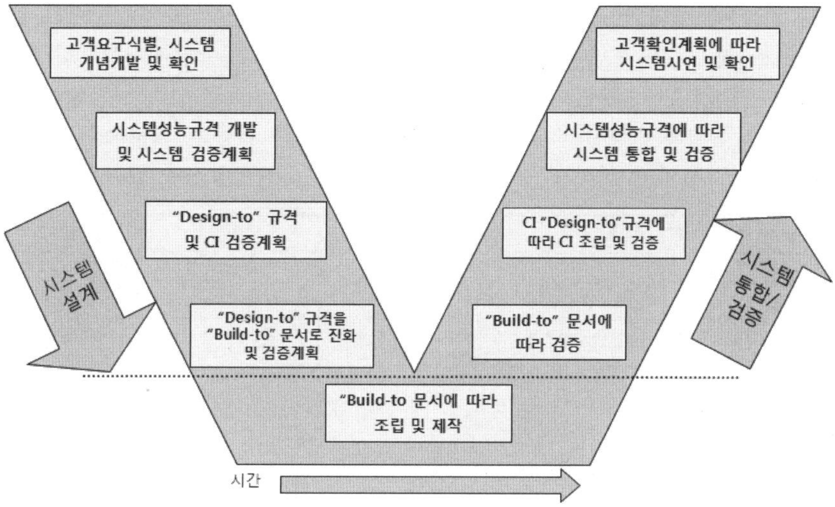

<그림 3.2> 시스템개발 프로세스의 상향 및 하향 VEE 모델

기본적으로 시스템엔지니어링은 다음과 같은 몇 가지 엔지니어링 적용원칙과 분야를 강조하면서 제시된 프로세스이다.

- 시스템을 전체적인 관점에서 바라보는 하향식 접근방법을 적용한다. 과거 엔지니어링 활동은 다양한 시스템 컴포넌트를 적절하게 설계에 치중함으로 이러한 컴포넌트가 어떻게 효과적으로 서로 연계되어야 하는지를 이해하기에는 부족했다.
- 시스템설계 및 개발, 생산, 분배, 운용, 정비지원유지, 및 폐기단계에 걸친 총 수명주기 관점에서 출발해야 한다. 과거에는 주로 설계에 대한 활동에 치중되어 왔다. 따라서 생산, 운용, 및 로지스틱스 지원에는 소홀했다.
- 시스템요구사항을 초기에 보다 완전하게 식별하는 것이 바람직하다. 이러한 요구사항은 특정설계목표, 적합한 설계기준개발, 설계프로세스 초기에 효과적인 의사결정을 하기 위한 시스템분석을 위해 필요하다. 과거 이러한 초기분석노력이 신규 개발사업의 경우에 미흡했다. 그 결과 프로세스의 후기단계에서 더 큰 설계노력이 필요했으며 대부분의 활동이 다른 설계활동과 잘 통합되지 않았으며 이후에 많은 수정활동이 일어났다.
- 시스템설계 및 개발 프로세스로 팀 접근방법인 다분야 학문을 적용하여 모든 설계목적이 효과적인 방법으로 달성할 수 있도록 해야 한다. 이는 특히 대형 프로젝트의 경우, 다양한 설계 엔지니어링과 그 상호관계를 완전하게 숙지해야 한다.

3.1.1 수명주기단계와 시스템엔지니어링

통상적으로 개발초기에 요구사항이 잘 도출되지 않음으로써 최종 통합 및 시험 단계에 수많은 노력과 비용낭비가 발생하고 있다. <그림 3.3>은 기본적인 수명주기의 각 단계에서 일어나고 있는 전형적인 활동을 도식하고 있다. 이는 시스템엔지니어링 프로세스 <그림 2.1>을 초기 필요성 식별에서부터 완전한 운용시스템을 개발할 때까지 형성되는 형상 베이스라인을 나타내고 있다. 그림에 나타난 정보는 매우 복잡하지만, 그 목적은 이를 내부 프로세스로 이해함에 있다. 신규로 필요성이 도출될 경우, 개념설계, 예비설계 어는 단계에서부터 시작해야 하는지를 보여준다. 여전히 최소자원으로 이를 해결하는 길은 시스템레벨의 설계활동요구에서 하향식으로 적용하는 길임을 보여주고 있다. 그 목적은 단계별 활동을 프로세스 안에서 찾아내고 정의레벨에서 다음레벨까지 설계가 진행되는 베이스라인을 식별하는데 있다.

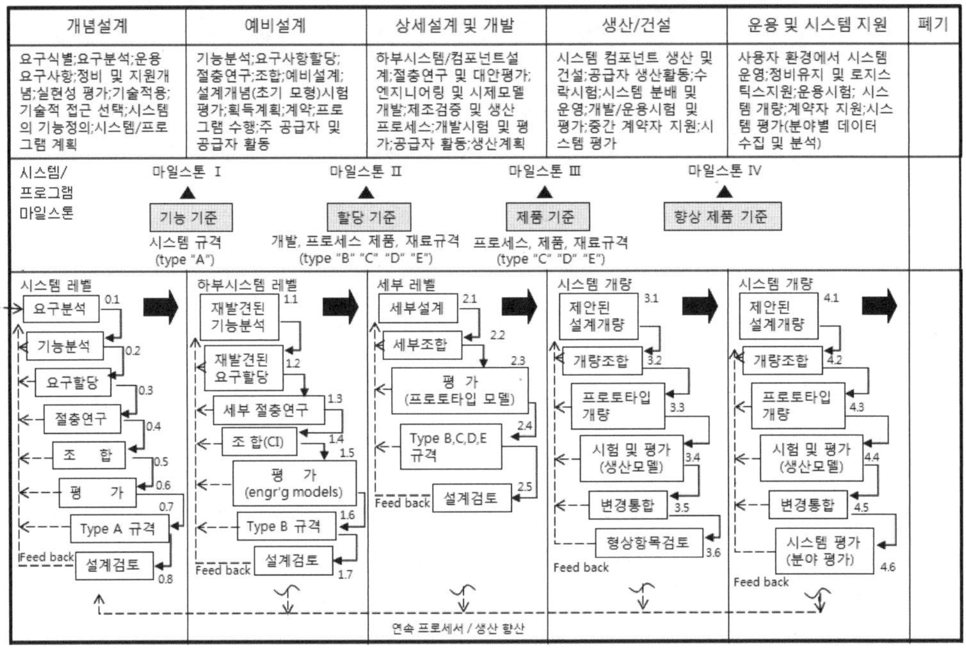

<그림 3.3> 수명주기 프로세스에 따른 시스템엔지니어링

대상시스템은 <그림 3.3>에 나타난 활동을 수행하는 것이 시스템 엔지니어링 프로세스 적용의 지름길이다. 각 단계에서의 시스템엔지니어링 프로세스는 <그림 2.3> 블록 0.1, 0.2, 0.3 등으로 표시된 요구분석, 기능분석, 요구할당, 설계최적화 및 절충 분석, 설계조합, 평가 등이 기본 단계로 되어 있다. 이러한 단계는 시스템, 서브시스템, 컴포넌트에 이르기까지 반복된다. 더구나 이러한 과정은 순차적으로 수행될 필요가 없다. 그러나 프로세스의 각 단계에서 적절한 피드백이 이루어져야 한다. 프로그램에 따라 이러한 활동은 차이가 있지만 본 그림은 하나의 기본을 이해하는데 근본 목적이 있다. <그림 2.3>의 블록 0.2 기능분석에서 하드웨어, 소프트웨어, 인력, 설비, 데이터, 등에 대한 자원을 식별하게 된다. 기능분석은 요구사항으로부터 무엇을 해야 하는지에 대한 “WHAT"을 도출하게 되고 나아가 기능을 수행하는 "HOW"를 기술하기 위하여 절충 분석을 하게 된다. 하드웨어, 소프트웨어, 및 요구인력을 기능분석을 통해 도출하게 된다. 그리고 하위 수명주기단계에서의 자원을 개발해 나간다. 시스템엔지니어링의 목적 중 하나는 하향식 접근방법을 통해 이러한 자원요구사항을 판단하는 활동이다. 그리고 다양한 설계활동을 통해 이를 세분화하고 완전한 통합시스템으로 개발적합성을 확인하게 된다.

<그림 3.4>는 다른 각도에서 시스템엔지니어링 접근방법을 제시하고 있다. 수명주기단계에 따라 시스템레벨에서부터 컴포넌트레벨에 이르기까지 요구사항에 대한 추적성이 제공되어야 한다. 예를 들면, 시스템의 기술성능측정(TPM)이나 이에 상응한 측정요소가 제시되어야 하고, 이를 다음 레벨로 할당하거나 지정해 나가야 한다. 그리고 적절한 설계기준이 식별되고 이를 하위레벨로 반영해야 한다. 나아가 설계 프로세스에서 전반적인 시스템 목표가 달성되었는지를 확인하기 위하여 적절한 방법과 도구가 사용되어야 한다. 시스템엔지니어링 프로세스에서 추적성이 제공되어야 하고 개발 프로세스를 효과적이고 효율적으로 적용하기 위한 적절한 기법/방법/도구에 대한 통합이 이루어져야 한다.

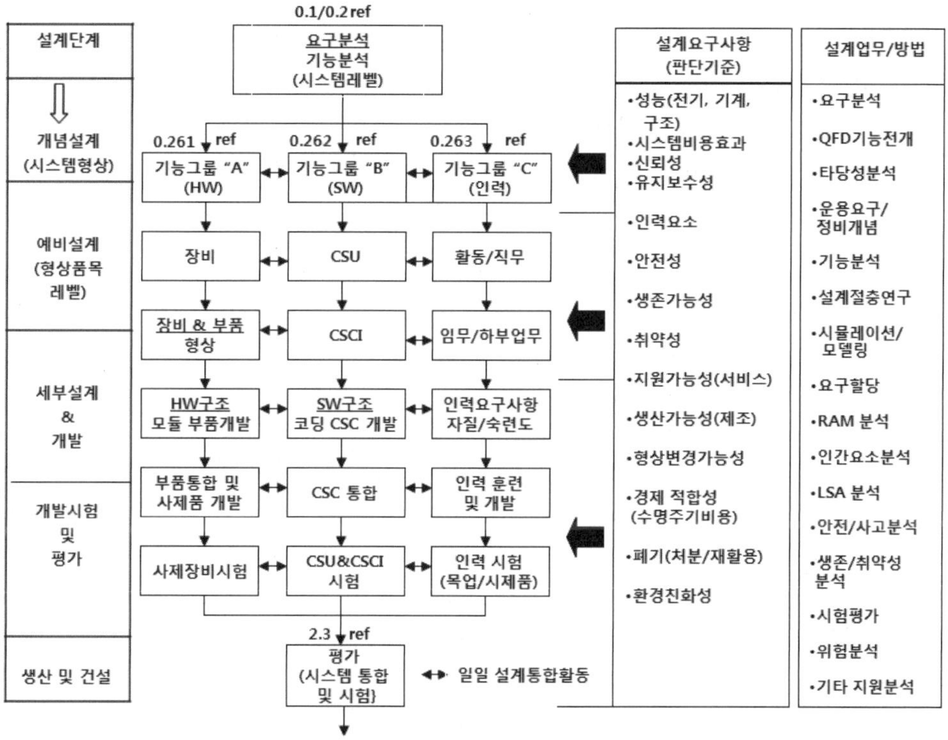

<그림 3.4> 요구사항의 하향식 추적

요약해 보면, 시스템엔지니어링 프로세스는 요구하는 목표를 수렴하기 위하여 필요한 피드백 활동을 통한 지속적이고 반복적이고 협동적인 프로세스이다. 이는 시스템 레벨에서 적용하여 하부시스템, 컴포넌트에 이르기까지 <그림 3.3>과 같은 각각의 프로세스에 피드백 하는 방법을 제시하고 있다. 시스템엔지니어링이란 토목공학, 기계공학, 신뢰성공학, 또는 다른 어떠한 특수설계분야와 그 궤를 달리하고 있다. 실제로 시스템엔지니어링은 처음 필요성이 식별된 시기로부터 생산하고 이를 고객에게 사용하도록 할 때까지 시스템을 형성하는 전반적인 설계 및 개발 프로세스에 포함된 노력을 말한다. 그 목적은 고객의 요구사항을 효율적이고 효과적으로 충족시켜 나가는 활동을 말한다. 마지막으로 시스템엔지니어링과 연관된 개념과 원칙은 전혀 새로운 것이 아니다. 1950년대 또는 1960년대의 관련 서적을 보면 그 내용이 현재에도 동일하게 적용된다. 그러나 문제는 많은 사업에서 시스템엔지니어링 프로세스가 잘 적용되지 못했

다는 사실이다. 지금 이 순간에도 이러한 개념을 그 어느 때보다 더 잘 적용해야 한다고 강조하고 싶다. 오늘날 수많은 고도기술과 복합시스템이 생산되고 사용되고 있지만 시스템엔지니어링 프로세스를 잘 적용하지 못하고 있다는 사실을 유념하기 바란다.

3.1.2 시스템엔지니어링 발전과정

이러한 시스템 엔지니어링 접근방법은 하루아침에 이루어진 것이 아니다. 이는 19세기 산업혁명과 2차 세계대전을 거치면서 1950년대 기존시스템의 최적화와 시스템을 분석하기 위해 시작된 운용분석 활동에서 비롯된다. 1960년대에 들어와 시스템의 효율적인 개발관리방법으로 분업화와 전문화가 도입 되었다. 이와 함께 효과적인 개발관리방법으로 수석 엔지니어제도를 적용하면서 드디어 고전적 시스템엔지니어링 방법이 태동되었다. 그 결과로 시스템 일반이론, 시스템적 접근방법론, 시스템개발 프로세스 및 업무분담구조(WBS)체계가 발전되기 시작했다. 이와 함께 1970년대 우주항공 산업을 중심으로 한 대규모 시스템개발을 통해 소수의 전문 시스템 엔지니어가 배출되기 시작했고, 이와 더불어 시스템엔지니어링관리기법, 대형시스템의 복잡도, 계층구조분석 기법이 발전되었다. 그러나 1980년대 우주항공 산업 축소와 함께 이에 종사하던 많은 시스템 엔지니어가 중소기업체로 옮겨 갔다. 이들은 소규모 제품 및 사업에 시스템엔지니어링 기법을 적용함으로써 다양한 여러 분야의 시스템 엔지니어가 배출되기 시작했다. 시간이 지남에 따라 이들은 자기가 하고 있는 방법이 최적의 방법인지 아닌지 궁금하게 되었다. 그 결과 각종 표준, 아키텍팅, 의사결정시스템 및 지식기반관리 시스템이 구축되었다. 이러한 기법을 널리 전 산업분야에 확산하고 그 적용사례를 함께 공유하기 위하여 시스템 엔지니어 모임을 조직하게 되었다. 1992년 범세계적 시스템엔지니어링 표준을 제정한 후 미국 국내의 시스템 엔지니어 전문가 모임으로 NCOSE를 조직하였고 1995년에 이를 국제적인 모임으로 INCOSE를 설립하게 되었다.

21세기로 접어들면서 시스템엔지니어링은 시스템 형태별 모델로 발전되기 시작했다. 그리고 여러 가지 시스템엔지니어링 컴퓨터 지원도구, CASE를 이에 적용함으로써 모델기반 시스템엔지니어링(MBSE)기법이 태동되기 시작했다. 나아가 모델기반 획득MBA)기법, 모델링 및 시뮬레이션 기법, 그리고 동시공학, 제품 및 프로세스 통합개발(IPPD)기법으로 발전되면서 시스템 제품개발기간 단축과 비용절감과 함께 설계변경이나 제품하자 발생을 획기적으로 감소시키고 있다. 날이 갈수록 보다 좋은 제품을 보다 빨리. 보다 싸게 개발하게 되었다. 이에 힘입어 우리나라도 산업전반에 이를 적용하고 확산하기 위하여 2002년 한국시스템엔지니어링협회(KCOSE)를 설립하였다.

3.1.3 시스템 엔지니어

실무적인 면에서 시스템엔지니어링 활동은 팀워크로 이루어진다. 이러한 활동을 수행하는 시스템 전문가를 우리는 시스템 엔지니어라고 부른다. 이들은 시스템 엔지니어링 활동을 수행하는 자들로서 시스템 엔지니어링 업무와 연동되어 있다. 이러한 업무를 정형화해 둔 것은 없다. 그러나 1996년 INCOSE 총회에서 Sarah A. Sheard가 발표된 내용을 참조해 보면 다음과 같이 12가지 분야 업무로 대별되어 있다.

- 요구사항관리자(RO: Requirement Owner): 고객 필요성을 구체적이고 세부적인 요구사항으로 도출하고 시스템과 하부시스템 아키텍처와 설계단계에서 요구관리 업무수행
- 시스템설계자(SD: System Designer): 대상시스템의 상위레벨 아키텍처 설계, 주요 컴포넌트설계 및 선정, 시스템통합방법설계, 시스템요건 검증, 및 하위레벨설계 업무수행
- 시스템분석가(SA: System Analyst): 설계시스템의 요구사항 일치여부를 확인하는 활동으로서 모델링 기법을 사용하여 시스템 형태에 따라 분석의 심도를 달리 적용하면서 업무수행
- 검증 및 확인담당자(V&V: Validation & Verification Engineer): 시스템검증 및 확인을 위하여 프로그램을 기획, 설계, 집행하여 요구사항 일치 여부를 확인하는 업무수행
- 로지스틱스 및 운영자(LO: Logistics & Operations Engineer): 시스템 생산 이후 시스템 운영 및 유지보수 활동을 위해 필요한 사항을 미리 도출하여 반영하는 업무수행
- 하부시스템 조종자(G: Glue among subsystem): 폭 넓은 경험과 전문분야 지식으로 시스템 내부 및 하부 인터페이스 유지여부를 감독하고 확인하여 문제해결 업무수행
- 고객 인터페이스 조종자(CI: Customer Interface): 프로젝트 수행 시 고객관점이 제대로 반영되는지 고객 측 기술 및 인터페이스 창구역할 업무수행
- 기술 관리자(TM: Technical Manager): 프로젝트의 비용통제, 예산배분 및 재무, 형상관리 등의 지원활동 업무수행, 생산관리자 또는 생산기술자로 불리기도 함.
- 정보 관리자(IM: Information Manager): 형상관리, 자료관리, 자산관리 업무까지 포함된 전사적인 정보시스템을 관리하는 업무수행
- 프로세스관리자(PE: Process Engineer): 시스템엔지니어링 프로세스를 문서화하고 이를 이행하며 관리, 개선, 척도 정의 및 측정 업무수행, 리엔지니어링 업무에 참여
- 사업조종자(CO: Coordinator): 사업그룹 상호간의 조종을 통해서 시스템 문제해결 및 합의도출 또는 권고방안을 모색하는 업무수행
- 컴퓨터 전문가(CA: Classified Ads SE): 이는 신문 구직광고란에 나타난 시스템 엔지니어로서 대부분 컴퓨터 시스템기술자를 말하며 컴퓨터 소프트웨어 업무수행

통상 상기 업무들이 서로 조합하여 시스템 엔지니어링 활동을 수행하게 된다. INCOSE에서는 시스템 수명주기 업무통합과 시스템엔지니어링을 조종, 추적, 통제하는 업무를 대상영역으로 하고 있다. 따라서 요구사항관리자(RO), 시스템설계자(SD), 시스템 검증 및 확인담당자(VV), 로지스틱스 및 운영자(LO)를 순차적으로 수행하는 업무수행자를 말한다. 한편, 미 국방부의 DSMC는 시스템 엔지니어링을 사업관리 위주로 기술함으로써 기술관리자(TM), 하부시스템조종자(G), 정보관리자(IM), 사업조종자(CO), 고객 인터페이스 조종자(CI)의 업무를 주로 대상으로 하고 있다.

시스템엔지니어링은 매우 광범위한 업무이다. 한 사람이 상기 12가지 업무를 모두 수행할 수 없다. 또한 평생을 열심히 해도 모든 업무를 경험할 수 없다. 모든 사람이 상기 업무 전부가 시스템 엔지니어가 수행해야 할 업무라는 사실에 동의하진 않지만 이러한 업무의 중요성에 대해서는 모두 함께 인정하고 있다. 대형 프로젝트의 경우에는 이러한 업무가 모든 엔지니어에게 분할된다. 어떤 시스템 엔지니어라고 지정된 사람은 하부시스템이나 소프트웨어 컴포넌트를 다루는 경우도 있다. 또는 하부시스템 상호간의 조종자 역할을 담당하는 경우도 있다. 또는 성능분석을 수행하면서 시스템분석가(SA)업무를 수행하는 경우도 있다. 시스템 아키텍처 업무를 전담하는 고급 시스템 엔지니어도 있다. 이러한 업무의 우선순위는 프로젝트의 형태나 성격에 따라 다르

게 나타난다. 따라서 업무수행자도 다르게 나타나는 것이 당연하다.

이와 같이 복잡한 업무를 분해하여 수행한다는 것은 어떻게 보면 예술(arts)이라고 할 수 있다. 시스템 엔지니어링 업무를 고유특성이나 업무간 의사소통을 고려하여 설정했다 할지라도 업무 인터페이스에 따른 간섭이 일어나기 마련이다. 몇 가지 사례를 살펴보면, 위험도(Risk)업무의 경우, 위험분석은 시스템분석가(SA), 위험도 도출은 하부시스템 조종자(G), 위험도 관리는 기술관리자(TM) 상호간에 이루어진다. 또한 설계검토업무는 설계검토 항목설정은 기술관리자(TM), 외부설계검토는 고객 인터페이스 조종자(CI), 이해관계자 관점에서의 검토는 하부시스템조종자(G)가 서로 연계되어 있다. 프로세스 척도를 관리하는 업무는 프로세스 척도도출 및 측정방법설정은 프로세스 기술자(PE), 이를 의사결정에 반영하는 업무는 기술관리자(TM), 척도를 측정하는 업무는 시스템 기술자가 수행하게 된다. 또한 고객 인터페이스 업무는 고객위주의 융통성 및 적합성 확인업무는 로지스틱스 및 운용자(LO), 설계 및 구축 시스템의 고객 필요성확인은 요구사항관리자(RO), 프로젝트 전 과정에 고객 인터페이스 확인은 고객 인터페이스 조종자(CI)가 함께 수행해야 한다.

INCOSE에서 발표된 여러 가지 논문들을 비교 분석해 본 결과, 시스템 엔지니어링의 업무는 기본적으로 컴퓨터분야의 불특정 업무(CA)를 제외하고 크게 시스템 엔지니어링 프로세스(Process) 업무와 시스템 엔지니어링 관리업무로 대별된다. 시스템 엔지니어링 관리업무는 주로 로지스틱스 및 운영자(LO), 고객 인터페이스 조종자(CI), 기술관리자(TM), 정보관리자(IM), 프로세스 관리자(PE), 사업조종자(CO) 6가지 업무로 구성되어 있다. 반면에 시스템 엔지니어링 프로세스에 관한 업무는 요구사항관리자(RO), 시스템설계자(SD), 시스템분석가(SA), 시스템 검증 및 확인담당자(VV) 및 하부시스템 조종자(G) 5가지 업무로 구성된다.

3.2 엔지니어링 관리 원칙

정부, 기관 및 기업을 성공적으로 운영하는 것은 주어진 목표를 향해 꾸준하게 노력하여 원하는 결과를 달성함에 있다. 관리는 이러한 목적을 달성하기 위해 두 가지 중요한 업무를 수행한다. 첫째는 분명한 목적과 기본정책을 개발함에 있고, 둘째는 그 목표를 이루기 위한 방법에 관한 것이다. 두 가지 다 창조적 사고와 실제적인 능력을 요구하고 있다. 이를 효율적으로 달성하려면 모든 엔지니어링 프로젝트는 유능한 관리를 요구하게 된다. 이와 같은 관리는 각 분야별로 창의적인 사고와 실무적으로 유능한 엔지니어들로부터 수행되어야 가능하다.

프로젝트를 가장 효과적으로 관리하는 엔지니어링 관리는 프로젝트 초기부터 마지막까지 하나의 중심에서 관리 통제가 되어야 한다. 또한 모든 엔지니어링 서비스에 대한 인력, 재무 및 책임이 그 중심에 부과되어야 한다. 성공적인 엔지니어가 되려면 그들이 지닌 전문분야의 기술능력뿐만 아니라 다양한 관리 기술을 함께 지녀야 한다. 한편 대부분의 엔지니어링 프로젝트의 특성은 각각의 프로젝트가 유일하다는 것이다. 즉, 특정 목적을 위해 디자인되어 있다는 것이다. 대부분이 자체의 문제점을 가지고 어는 특정지역에서 수행되고 엔지니어링 기업이 서로 달라 서로 다른 관리 기법을 사용하고 있다. 일정 생산이 끝나고 나면 반복성이 없기 때문에 인력도 바뀌고 생산 공정도 바뀌게 된다. 또한 연구개발범주도 달라진다. 따라서 한 프로젝트에서 성공적으로 적용된 관리 방법이 다른 엔지니어링 프로젝트에 세부적으로 똑같이 적용되지 못한다.

엔지니어링 관리는 능력을 갖춘 내부 전문 인력과 업무수행의 효율성에 주로 달려있다. 이들은 신속하고 실질적인 계획수립과 필요한 설비와 시설을 제공하고 빠른 시일 안에 필요한 인력을 채용하고 소요자재를 적기에 공급하며 그 일에 필요한 자금을 적기에 투입할 수 있어야 한다. 요약하면 고급 엔지니어란 차원 높은 관리능력을 지녀야 한다. 좋은 엔지니어링 관리란 하나의 예술이다. 한 조직구성원을 창의적으로 사용하여 원하는 목적을 달성해 내는 것이다. 그러나 이는 과학적인 원칙에 의해 이루어져야 한다. 따라서 성공적인 엔지니어-관리자를 얻으려면 훈련을 해야 한다. 바로 이러한 엔지니어-관리자가 좋은 엔지니어이다.

유능한 엔지니어는 업무에 대한 열정과 헌신을 지녀야 한다. 그들은 다양한 전문분야에서 훈련되어야 한다. 또한 그들의 능력을 향상시키기 위해서 여러 분야에서 다양한 업무경험을 해야 한다. 그들은 자신 스스로 신뢰감을 가지고 책임을 두려워하지 않는 야심을 지녀야 한다. 또한 현장에 있는 기능공, 사무원, 구매요원, 회계요원 등의 문제를 파악하고 그들에게서 지식과 정보를 얻거나 그 문제를 해결하는데 능동적으로 일해야 한다. 또한 적응과 행정을 통해 리더십을 발휘해야 한다. 배우는 것만큼 가르쳐야 하고 듣는 것만큼 말해야 한다. 이러한 길을 걸어가야 성공적인 엔지니어링 관리를 수행할 수 있다.

3.2.1 엔지니어링 관리의 목적

이상 관리를 정의하기란 어렵지만 관리의 목적은 분명하다. 관리의 목적이란 분명하게 정의된 목표를 달성하기 위해 될 수 있는 한 효율적으로 이를 수행함에 있다. 목표를 분명하게 정의하는 일이 무엇보다 성공적인 엔지니어링 관리를 달성하는 길이다. 모든 엔지니어링 프로젝트는 다음과 같은 목표를 지니고 있다.

- 주어진 비용과 일정 내에서 프로젝트를 수행
- 높은 품질과 효율적인 성과를 달성
- 모든 종사자로 하여금 안전하고 만족한 업무수행
- 실무자에게 자신 있게 의사결정권한을 위임
- 종사자로 하여금 정신적 신체적 능력 내에서 최선을 다 할 수 있도록 지적 인간관계를 형성
- 개인이 아니라 팀으로 운영하는 조직운영

이러한 엔지니어링 프로젝트는 관리와 행정업무에 많은 비용을 지출하게 된다. 이러한 업무는 1) 계획 2) 조직 3) 인력 4) 지휘 5) 통제 6) 협조 와 같은 여섯 가지 관리 기능으로 구성된다. 이러한 방법을 통해 효과적이고 효율적인 성과를 달성할 수 있다. 관리자란 스스로 이를 달성하기 위해 노력할 뿐만 아니라 다른 사람으로 하여금 이를 효과적으로 수행할 수 있도록 동기를 부여해 주어야

한다. 그 어떠한 프로젝트도 동일하지 않기 때문에 이러한 업무를 수행하기 위해 엔지니어링 관리는 융통성 있게 적용해야 한다. 각각의 업무를 수행함에 있어서 업무를 행동으로 옮겨야 할 뿐만 아니라 수많은 의사결정을 해야 한다. 기술적인 문제와 마찬가지로 관리 문제도 논리적이고 과학적인 방법으로 접근해야 한다. 이러한 관리를 해결하는 원칙은 다음과 같다

- 필요한 필수적인 데이터가 관찰되고 제공되어야 한다.
- 모든 데이터는 분류되고 목적에 따라 분석되어야 한다.
- 모든 가설이 그 데이터로부터 개발되고 실험적으로 시험하거나 지난 경험을 바탕으로 확인되어야 한다.
- 신뢰할 수 있는 예측을 하기 위해 일반적인 원칙이 제공되어야 한다.

이러한 원칙을 바탕으로 관리 예측을 하고 의사결정을 하게 된다. 정확한 의사결정만이 관리의 목적을 달성할 수 있다.

3.2.2 엔지니어링 관리 통제절차

이상으로 관리란 데이터를 평가하고 의사결정을 수행하는 것 이상으로 그 결과를 어떻게 적용하는가 하는 문제이다. 기본절차는 관리자가 그 모든 관련정보를 고려하여 관리 계획을 수립하여 발생 가능한 위험을 안고 그 목표를 달성할 수 있는 업무를 수행하는 프로세스를 말한다. 관리란 <그림 3.5>에서와 같이 식별된 목표를 달성할 수 있는 절차를 만들고 통제하며 수정해 가는 프로세스를 수립하는 전략을 말한다.

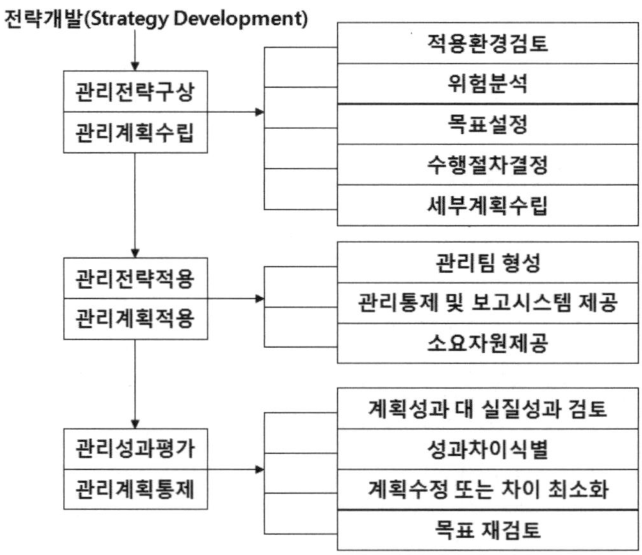

<그림 3.5> 관리 전략개발

이와 같이 수립된 전략과 프로세스 아래 분명한 절차를 제공하기 위해 <그림 3.6>과 같은 관리 통제과정이 적용된다.

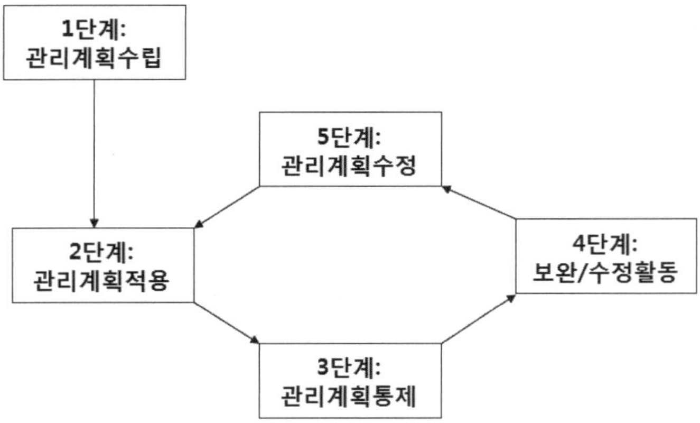

<그림 3.6> 관리 통제과정

- 관리의 첫 번째 통제절차는 관리 계획을 수립하는 일이다. 관리 계획은 모든 사실과 가능한 대안을 고려하여 작성된다. 그리고 그 프로젝트에 할당된 제약자원으로 요구목표를 효과적이고 효율적으로 달성하기 위해 업무와 목표를 수립하는 일이다. 통상적으로 분명하게 주어진 목표의 하나는 시간과 비용 면에서 자원을 최소화함에 있다. 관리 계획을 수립하는 것은 어떠한 계획 프로세스를 적용하는가에 달려 있다.
- 다음 단계는 수립된 계획을 적용하는 단계이다. 이는 결정된 관리계획에 따라 필요한 자원을 투입하고 팀을 조직하고 이를 효과적이고 효율적으로 수행하는 단계이다.
- 다음 세 번째 단계는 관리 프로세스를 통제하고 관리하는 단계이다. 이는 관리계획에 따라 진행된 성과를 측정하여 성과를 평가한다. 가장 좋은 계획과 의사결정은 달리 수립된 계획을 적용하지 않는 한 그 결과가 계획된 대로 얻어지는 경우이다. 그러나 이러한 경우는 그리 많지 않다. 그래서 진도를 관리하고 수립된 계획과의 차질을 발견하여 그 차이를 극복해 가야 한다.
- 네 번째 단계는 수립된 관리계획에 따라 적용하면서 발생하고 있는 프로젝트의 차질을 보완하고 수정하는 활동을 하는 것이다. 만일에 비용초과 또는 일정지연 사례가 발생할 경우, 실제비용과 일정의 차질현상을 파악한 다음 이를 극복할 수 있는 창의적인 방법과 효과적인 문제해결방안을 모색해야 한다. 효과적인 관리란 계획대로 잘 수행되었느냐는 것이 아니라 목표성과를 잘 달성했느냐에 달려 있다.
- 다섯 번째 단계는 필요 시 최초계획을 수정하는 단계를 말한다. 만일 수정해야 할 일이 발생된다면 이에 적합한 최적비용으로 설계를 변경하고 초과된 비용을 마련해야 한다. 만일 일정에 차질이 발생할 경우, 이를 극복할 수 있는 자원이나 인력을 투입하고 이로 인한 비용을 공급해야 한다. 그럼에도 불구하고 일정을 변경해야 한다면 최적일정을 고려하여 수정해야 한다. 관리 의사결정이란 이와 같이 일정과 비용을 수정해야 할 경우, 초기계획을 변경하는 결심을 내려야 한다.

관리통제절차는 관리자로 하여금 관리 계획을 수립하고, 그 계획을 적용하며, 계획을 통제하면서 계획대로 수행하기 위한 수정 및 보완 처방을 해야 한다. 만일 초기계획에 보다 좋은 정보와 방법이 발생할 경우, 이를 수용해야 한다. 그러나 이러한 과정이라 할지라도 계획 대 실제를 비교하기 위해 관리통제절차를 따라야 한다.

3.2.3 관리 계획수립

계획수립(Planning)

계획수립이란 모든 관리 기능의 출발점이다. 계획단계로부터 조직과 인력이 나오고 인력으로부터 지휘, 통제 및 협조가 나온다.

- 계획수립의 첫 번째 단계는 실제목표(objectives)를 결정하면서 시작된다. 다양한 대안을 비교하면서 요구사항에 대한 상대적 중요도와 우선순위를 결정하게 된다. 장차 모든 의사결정이 초기목표와 관련되어 있기 때문에 이를 얼마나 잘 수립해야 한다는 사실은 몇 번이나 강조해도 지나치지 않는다. 목표를 수립하는 일은 미래예측에서 비롯된다. 따라서 목적과 목표를 형성하는 활동은 최상위 관리자에게 그 책임이 있다. 중요한 것은 이와 연관된 모든 회사나 조직의 정보가 잘 반영되고 있는가 하는 문제이다.
- 두 번째 단계는 그 목표를 달성하기 위한 실제적인 정책을 수립함에 있다. 이러한 정책으로부터 세부절차와 특정한 활동계획이 수립된다. 계획이란 정책을 수립하는 것이지 실제적인 적용과 연관되어 있지 않다. 수립된 목표를 달성하기 위한 방법을 제시하는 것이다. 바람직한 행정 프로세스가 이룩되려면, 관리를 수행할 수 있는 실질적인 기법이 요구된다. 이러한 관점에서 CPM이나 이와 유사한 계획기법이 적용된다.

계획의 가장 중요한 장점은 실무적인 경험뿐만 아니라 창의적 사고와 상상을 할 수 있어야 한다는 점이다. 주어진 목표의 모든 사항은 요구된 결과를 얻기 위해 분명한 정책과 적합한 방법이 있는지를 확인하고 검토해야 한다. 계획수립의 각 단계에서 원하는 목표를 달성하기 위해 이를 수립하는 요원들로 하여금 적절한 환경을 제공해야 한다. 본 계획에는 조직구조와 업무수행 위임사항까지 포함하고 있다. 따라서 이를 수행할 수 있는 계획요원은 그 업무를 만족하게 수행할 수 있는 자신감과 우월성을 지니고 있어야 한다.

조직구성(Organizing)

둘 이상의 사람이 업무를 수행할 경우, 각자 별로 업무를 독립적으로 수행하는 것보다 함께 수행해야 더 좋은 결과를 얻을 수 있다. 함께 업무를 지혜롭게 수행하기 위해서 실질적인 성과를 통제해야 할 필요가 발생한다. 이러한 업무의 분할이 조직구조를 만들게 된다. 엔지니어-관리자가 이러한 업무를 분할하고 팀 운영관리를 계획하게 된다. 이를 위해 필요한 인력과 인력관리에 대한 지식이 제공되어야 한다. 엔지니어-관리자는 연관되어 있는 사람이나 전문가와 충분한 교류를 통해 이러한 업무를 수행해야 한다. 엔지니어링 조직을 구성함에 있어서 상호 경쟁적인 관계에서 다루어야 하기 때문에 예상하지 못할 위험과 산업인력의 변화, 지속적인 엔지니어링 환경변화를 고려해야 한다. 더 높은 효율성과 정확성을 기하기 위해 특정한 영역의 특수전문가들이 필요하다. 아무리 적은 프로젝트라 할지라도 1) 엔지니어링 디자인, 2) 비용추정 및 계획, 3) 재료공급 및 획득, 4) 감독, 5) 일반 및 비용회계, 6) 인력관리 여섯 가지 분야의 전문가가 필요하다.

대형 프로젝트나 엔지니어링 개발의 경우, 이러한 업무는 더욱 세부적으로 분할된다. 각각의 부서에서는 부서임무와 직책과 관련하여 전문가의 의견을 수렴한다. 이를 조직하는 사람이 원만하게 임무를 수행하지 못할 경우, 관리에 지장을 초래하게 된다. 따라서 관리는 함께 일하는 사람의 권위와 책임을 북돋우어 주어야 하고 중간 책임자는 상급자로 하여금 신뢰를 받을 수 있도록 노력해야 한다. 더 젊은 엔지니어를 엔지니어-관리자로 양성해 가는 훈련을 소홀히 해서는 안 된다. 일차적인 업무분할과 조직이 구상되면 이를 다양한 여러 사람에게 제시해야 한다. 네 가지 중요 조직형태는 다음과 같다.

1) 라인 조직: 모든 종사자가 한 사람의 책임과 권한 아래 있는 조직:

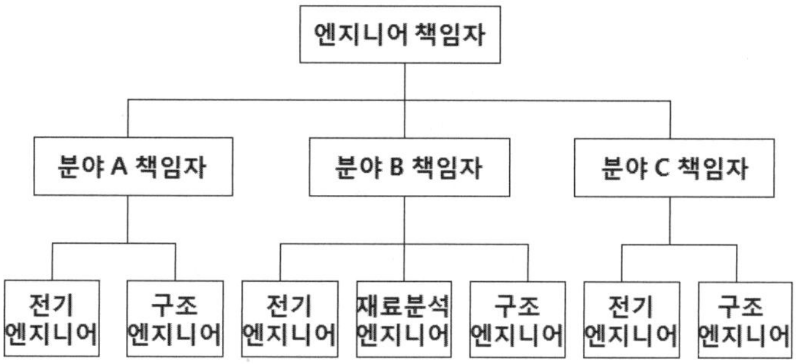

<그림 3.7> 라인 조직

2) 기능 또는 참모조직: 각각의 전문가가 맡은 분야의 종사자를 통제하는 조직:

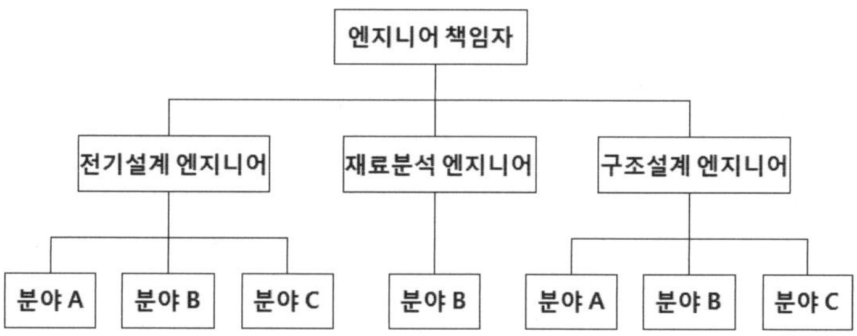

<그림 3.8> 기능 또는 참모조직

3) 라인 및 참모조직: 라인 및 참모조직의 장점을 고려한 조직:

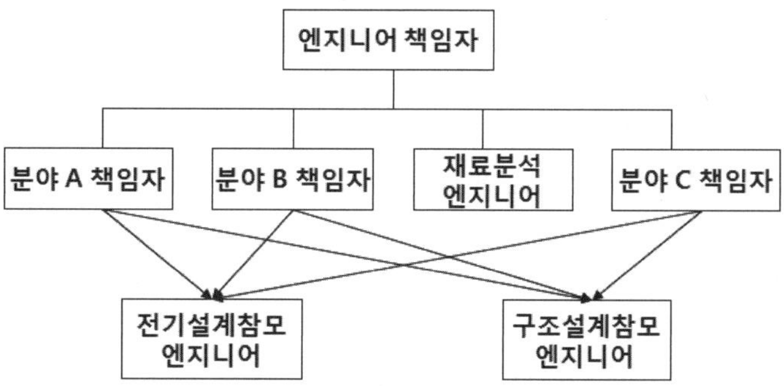

<그림 3.9> 라인 및 참모조직

4) 매트릭스 조직: 주요 프로젝트에 많이 사용되는 라인 및 참모조직의 매트릭스 기능조직

보고계통

책임 엔지니어	전기설계 엔지니어	재료분석 엔지니어	기계설계 엔지니어	구조설계 엔지니어
분야 A 책임자	●			●
분야 B 책임자	●	●	●	●
분야 C 책임자	●		●	

보고계통 / 기능책임

성과책임

<그림 3.10> 매트릭스 조직

이러한 조직의 선택은 프로젝트의 규모나 복잡도에 달려 있다. 라인 조직은 단순하다는 장점이 있다. 그리고 개인별 임무와 역할이 분명하다. 모든 종사자의 업무가 최상위 책임자에게 모두 몰려 있기 때문에 상위 관리자는 과중한 업무를 수행해야 하는 단점이 있다. 프로젝트 단위가 커져 감에 따라 업무중심의 매트릭스 형태로 발전하게 된다. 이는 프로젝트-팀 접근 방법을 사용하게 된다. 엔지니어-관리자는 계획수립, 일정 및 비용통제, 프로젝트 조직을 구상해야 하고 기능별 관리자는 기술계획 및 요원의 훈련계획을 담당한다. 성과 관리자는 주어진 기간 내에 수행해야 할 직접적인 책임을 져야 한다.

조직차트는 조직원 상호간의 공식적 관계를 나타내고 있다. 그러나 매일 일어나는 활동에는 비공식적인 관계가 많이 발생하고 있다. 만일 통제라인에서 벗어 난 비공식적 활동은 부서 상호간의 협력을 증진하거나 지연된 일정을 극복함에는 아무런 도움을 주지 못한다. 조직 내에서의 의사소통이 매우 중요하다. 조직계선을 무시하지 말고 서로 협의하고 직접적인 대화를 하는 것이 무엇보다 중요하다. 분명히 관리 레벨 단계가 많으면 많을수록 어려운 일이 더 많이 발생된다. 효율적인 조직은 적절한 의사소통의 속도와 보고 단계를 신중하게 고려하여 구상해야 한다. 일반적으로 수행조직은 레벨 층이 얕을수록 더욱 좋다.

인력구성(staffing)

조직이란 수행업무를 분할하여 부서와 과를 나누고 수행 인력을 그 자리에 채워야 한다. 프로젝트 엔지니어링은 고급인력을 획득하기 위하여 치열한 경쟁이 있기 마련이다. 결과적으로 적절한 보상과 서로 마음이 잘 맞는 환경이 각각의 자리에 적합한 인력을 확보하는데 필수적인 요소이다. 엔지니어-관리자는 인력을 선정하는 능력을 지녀야 한다. 모든 엔지니어-관리자는 이러한 인력을 확보하기 위한 인터뷰의 자질을 갖추어야 한다. 후부자의 소망과 포부, 관심, 기대, 및 친구관계를 잘 살펴보아야 한다. 또한 후보자의 능력을 충분히 발휘할 수 있도록 그 회사의 장래 비전과 전망을 설명해 주어야 한다. 부가하여 기술 및 관리 교육훈련, 승진기회 등에 대한 설명도 해 주어야 한다.

엔지니어링 분야에 요구되는 인력은 전문분야에서 유능해야 할 뿐만 아니라 팀의 일원으로 일할 수 있는 팀워 정신이 있어야 한다. 나아가 관리 기술을 개발할 수 있는 능력도 지니고

있어야 한다. 관리는 개인별로 자기 업무에 대한 만족할 수 있고 스스로 발전할 수 있는 역량을 지원해야 한다. 이러한 업무는 세밀한 관찰과 평가에 의해 이루어져야 한다. 만일 최대한의 역량을 발휘하지 못할 경우에 그 원인을 분석하여 처방해 주어야 한다. 다양한 임무와 책임, 교육훈련, 적절한 평가를 통해 개인의 목적을 달성할 수 있는 기회를 부여한다. 엔지니어 자신의 기술, 사회성 및 감정 면에서 만족할 수 있도록 모든 레벨에서 지나친 스트레스를 받지 않는 관리가 필요하다.

3.3 시스템엔지니어링 관리

앞서 논의된 엔지니어링 관리의 원칙에 입각하여 <그림 2..1>에 주어진 시스템엔지니어링 프로세스에 의해 이루어지는 관리활동을 시스템엔지니어링 관리라고 한다. 이는 시스템엔지니어링의 개념과 원칙을 성공적으로 적용하려면 기술적인 문제뿐만 아니라 관리에 관한 문제를 함께 다루어야 한다. <그림 3.11>에서와 같이 이러한 두 가지 스펙트럼을 적용해야 한다. 이는 상호간에 서로 의존되어 있다. 이러한 프로세스를 가장 잘 적용할 수 있는 엔지니어링 관리 방법이 시스템엔지니어링 프로세스이다. 그러나 적절한 조직 환경과 효과적인 관리 구조가 적용되지 않는다면 결코 성공적인 프로젝트를 수행할 수 없다.

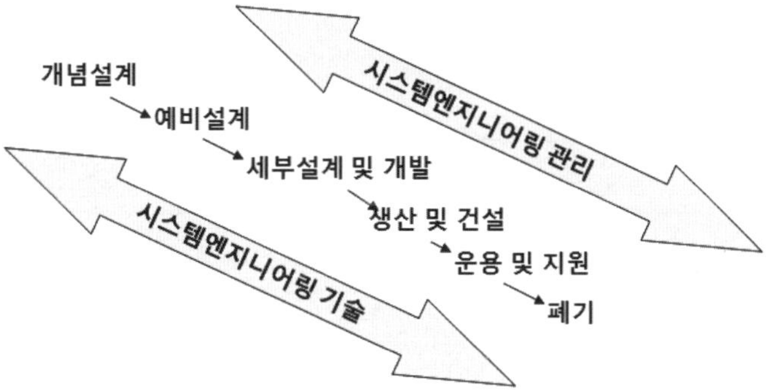

<그림 3.11> 시스템엔지니어링 기술과 관리

상부 관리는 내부 프로젝트에 시스템엔지니어링 방법을 적용할 수 있는 필요한 지원을 먼저 믿고 제공해야 한다. 특정목표가 정의되고, 정책과 절차가 개발되고, 효과적인 보상구조가 마련되어야 한다. 프로그램 상호간에 다소 차이는 있지만 <그림 3.12>는 하나의 베이스라인을 제공해 준다. 주요 프로그램 단계와 마일스톤이 나타나 있으며, 시스템엔지니어링 관점에서 주요활동과 이벤트가 나타나 있다. 이를 요약해 보면 다음과 같다.

- 개념설계 초기단계에서 생산자와 고객 상호간에 좋은 커뮤니케이션이 처음부터 이루어져야 한다는 사실이 필수적이다. 꼭 필요한 사실을 정의하고 타당성분석을 수행하며 운용요구사항과 정비개념을 개발하고 시스템레벨에서 양적 질적 특정요구사항을 식별하는 것이 무엇보다 중요하다. 이러한 요구사항은 시스템규격서 "A"에 잘 작성되고 준비되어야 한다. 상위레벨 시스템 규격서는 가장 중요한 시스템기술문서로서 나아가 하위레벨 규격서로 발전되어 간다. 초기에

그 기초가 잘 이루어지지 않으면 이에 따른 하위레벨 요구사항은 매우 모호해 진다.

- 개념설계단계 말에 잘 협조되고 통합될 수 있는 프로그램을 적용하기 위해 시스템엔지니어링관리계획서(SEMP)가 마련되어야 한다. 이는 상위 프로그램 관리 계획서에서 비롯되며 모든 하위레벨 계획을 통합하는 문서이다. 이는 매일 수행되는 디자인 관련 업무와 동시공학을 적용하는 방법을 나타내고 연관된 조직체를 통합하는 팀 접근방법을 제시해 주고 있다. SEMP는 시스템규격서 "A"의 요구사항을 관리 관점에서 직접적으로 지원하며 이 두 가지 문서는 서로 주고받아야 한다.

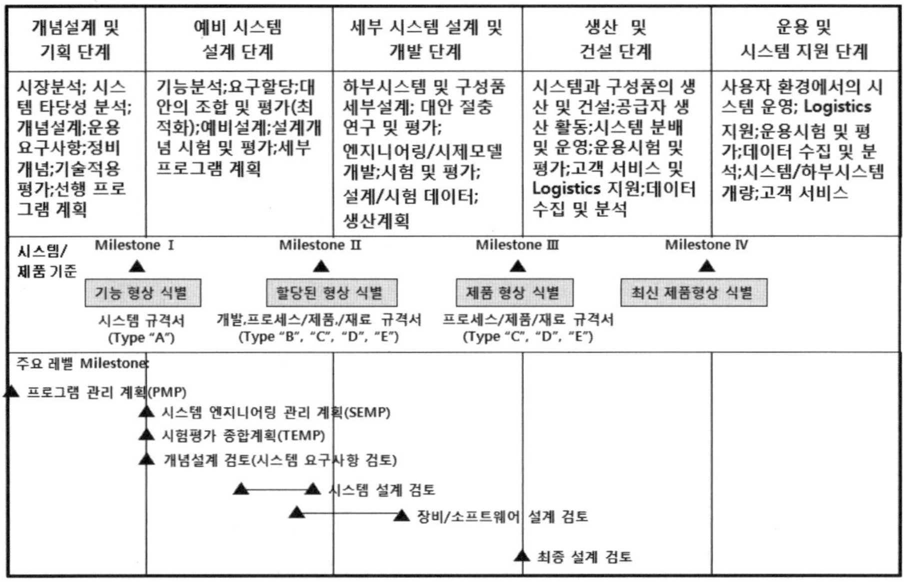

<그림 3.12> 시스템 획득 프로세스와 주요 마일스톤

- 개념설계단계 말에 제품을 평가하고 궁극적인 확인을 위해 시험평가 종합계획서(TEMP)가 마련되어야 한다. 일차적으로 시스템 요구사항이 시스템 규격서에 명시되고 이를 수행하기 위한 각종 관리계획을 시스템엔지니어링 관리계획서에 수립하였다. 이제 이러한 요구사항을 충족시키고 있는지를 측정하고 평가하기 위한 방법을 기술해야 한다. 바로 이 계획서가 통합된 시험평가활동을 나타내는데 시뮬레이션, 기타분석도구, 목업, 실험실 모델, 프로토타입 모델을 활용하게 된다.
- 시스템설계와 개발이 진행되어감에 따라 한 레벨에서 다른 레벨로 진행되면서 개념, 시스템, 장비 및 소프트웨어, 최종설계검토와 같은 공식설계검토가 이루어진다. 이러한 검토의 목적은 다음 단계로 진행되기 전 요구사항의 충족여부를 확인함에 있다. 또한 서로 다른 부서간의 커뮤니케이션이 계선조직을 따라 잘 수행되고 있는지를 확인함에 있다.
- 세부설계 후속단계인 생산단계, 운용유지단계를 통해 후속 시스템평가 및 확인활동이 필요하다. 그 목적은 고객요구사항이 충족되고 있는지를 검증함에 있다. 그리고 벤치마킹의 베이스라인을 제공하고 지속적인 프로세스 향상활동을 수행함에 있다. 설계변경이 특정한 결함에 따라 수정하도록 이루어진다.

성공적인 시스템엔지니어링 원칙을 적용하는 것은 <그림 3.13>에 나타난 간략한 프로세스를 관리하는데 연관된 활동으로 요약된다. 이 프로세스에 담겨 있는 내용은 요구분석, 기능분석 및 할당, 설계조합, 설계최적화 및 확인절차를 수용하기 위한 다양한 기술을 적용함에 있다.

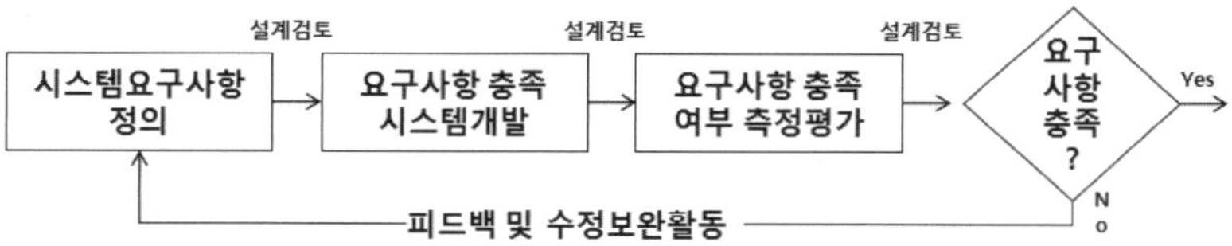

<그림 3.13> 시스템엔지니어링 관리 기본 프로세스

이를 간단히 요약하면 시스템요구사항을 정의하고 이에 대한 설계검토를 수행한다. 그리고 요구사항충족시스템을 개발하기 위하여 프로세스를 적용하고 각 단계마다 적합성 여부를 측정하여 평가한다. 결과적으로 최초 요구사항 충족성 여부를 판단하고 이를 충족하게 되면 생산으로 연결하고 그렇지 못하면 충족시킬 때까지 이를 피드백한 다음 수정보완 활동을 하게 된다. 이는 앞서 엔지니어링 관리 원칙에 알맞은 시스템엔지니어링 프로세스를 적용한 관리절차를 나타내고 있다.

3.3.1 시스템엔지니어링 관리활동

시스템엔지니어링 관리활동은 다음 <그림 3.14>에서와 같이 세 가지 주요활동으로 구성된다. 첫째, 설계 프로세스를 통제하고 설계활동 조종기준을 단계별로 제시하는 개발단계화 관리활동이다. 둘째, 설계활동을 통해 문제점을 해결하고 요구사항 흐름을 추적하기 위한 구조를 제공하는 시스템엔지니어링 프로세스 관리활동이다. 세 번째, 설계과정에 고객을 참여시키고 제품의 전수명주기를 통하여 개발대상 시스템의 실현가능성을 수명주기적으로 통합하는 관리활동이다.

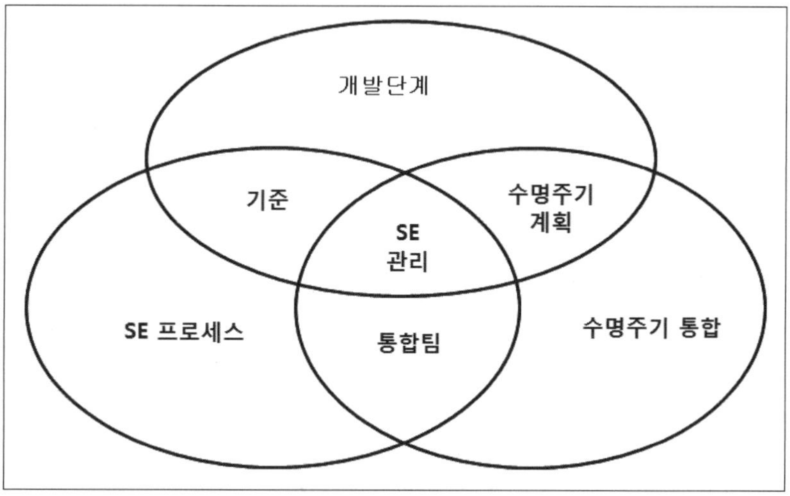

<그림 3.14> 시스템엔지니어링 관리활동

이러한 활동은 개발활동을 효율적으로 관리하기 위하여 필요하다. 개발단계화는 두 가지 목적을 지니고 있다. 첫째, 설계활동을 통제하고 기술관리 활동과 전반적인 시스템 획득활동을 서로 연계시키는데 있다. 이를 위해 개발 각 단계를 주관하는 설계기준을 개발하여 설계활동을 통제하게 된다. 둘째, 개발 프로세스에서 제품 실현 가능성을 평가할 수 있는 주요 이벤트를 제공함으로써 획득관리 활동과 연계시키는데 있다. 획득관리의 주요 마일스톤에서 설정된 기준의 달성 가능성을 확인하고, 이를 다음 단계의 입력사항으로 제공토록 한다. 이와 같이 기술개발 단계화와 획득일정 상호간에 유기적인 사항을 통제함으로써 성공적인 획득 프로그램을 유지 관리 할 수 있다.

시스템엔지니어링 프로세스는 시스템엔지니어링의 심장부분과 같다. 이는 시스템 요구사항을 시스템규격서, 아키텍처 및 형상기준으로 전환하는 체계적이고 구조적인 프로세스이다. 이는 고객요구사항과 솔루션을 연계시키는 추적성과 통제성을 제공하고 있다. 따라서 고객요구사항을 충족시킬 때까지 개발 단계별로 한 번 이상 여러 번 반복적으로 적용토록 한다. 다음 수명주기 통합활동은 설계 솔루션이 시스템 수명주기 동안 실현 가능성을 보장하기 위하여 수행하는 활동이다. 일반적으로 다양한 기능요소를 설계 및 엔지니어링 프로세스로 통합할 뿐만 아니라 제품과 프로세스를 개발과 후속 수명주기 활동과 통합해야 한다. 이와 같은 방법으로 제품개발기간을 단축시키며 개발 후 재설계 및 재보수 활동을 현저하게 감소시킬 수 있다. 이러한 시스템엔지니어링 프로세스와 관리를 통하여 효율적이고 효과적인 제품 최적화를 이루어 간다.

3.3.2 시스템개발 단계화

시스템엔지니어링 프로세스는 일반적으로 형상기준이라고 부르는 기술서(description)를 만들기 위하여 시스템 개발단계 및 시스템레벨 한 단계씩 적용해 가는 프로세스이다. 따라서 각각의 개발레벨과 이와 연관된 형상기준을 설정해 간다. 예를 들어, 이러한 형상기준을 살펴보면 <그림 3.15>와 같다. 이러한 형상기준은 시스템 기획을 수립하기 위한 개념연구단계에서 정의된 시스템레벨 규격을 기술한 개념설계 기능기준, 예비시스템 설계단계에서 하부시스템과 구성품의 성능을 기술한 할당기준, 그리고 하부시스템과 구성품의 상세규격을 기술하기 위해 정의된 제품기준으로 점진적으로 시스템이 구체화 되어간다.

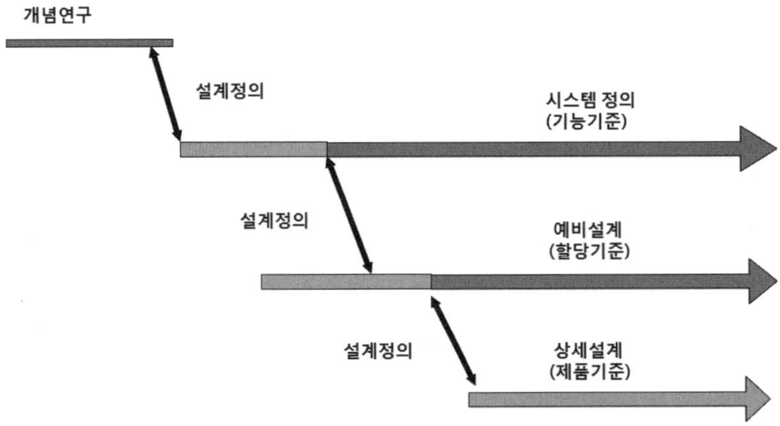

<그림 3.15> 시스템 개발단계화에 따른 형상기준

그러면 이러한 시스템을 개발하기 위해 어떠한 개발단계를 거쳐야 하며 실제 적용되고 있는 개발모델은 어떠한 종류가 있는지 살펴보자. 일반적으로 시스템개발 단계화는 세 가지의 분명한 레벨 또는 단계를 거쳐 진행되고 있다.

- 개념연구를 통하여 시스템 개념을 기술하는 개념레벨의 시스템 기획단계
- 시스템 성능에 대한 요건항목으로 나타낸 시스템 레벨단계
- 하부시스템과 구성품의 제품성능을 기술하고 생산단계에서의 제품상세규격을 설정하는 하부시스템/컴포넌트 레벨단계

이러한 기준 상호간에 기본적인 관계를 나타내기 위하여 <그림 3.16>과 같은 획득수명주기 프로세스를 사용하고 있다. 그림에서 삼각형은 각종 기준을 통제하기 위하여 기준통제 의사결정 점을 나타내며, 의사결정수단은 기술검토(technical review) 및 감사(audit)활동을 통해 검증된다. 시스템 계층구조 레벨에 따라 개발하려면 상위레벨 형상기준이 설정된 다음 후속 개발이 이루어져야 한다. 기술검토와 감사활동은 기준면에서 다음 단계 개발준비 완료 여부를 확인하기 위해 사용되는 절차이다. 이러한 검토 및 감사 프로세스는 시스템의 성숙도를 평가하는 활동으로서 각종 의사결정 프로세스를 지원하는데 중요한 역할을 한다.

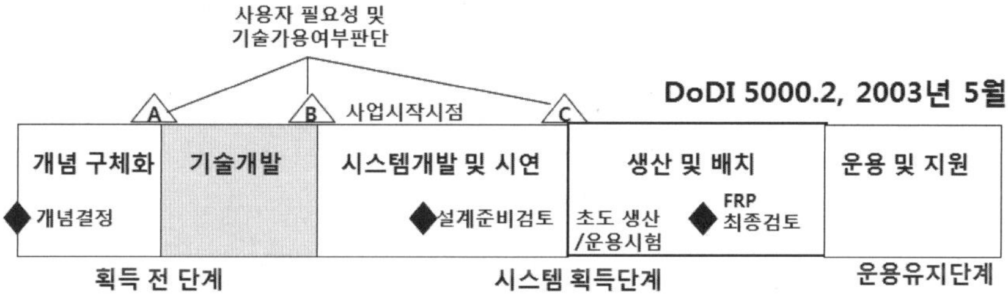

<그림 3.16> 시스템 획득수명주기

3.3.3 시스템 개발모델

획득수명주기 프로세스를 모델화한 것이 곧, 시스템 개발모델이다. 일반적으로 1980년대 후반부터 소프트웨어 개발비중이 높아져 감에 따라 요구사항이 미리 정의되어 적용되는 폭포수 빅뱅모델은 초기 불명확한 요구사항을 단계를 진행해 가면서 정의해 가는 나선형식 모델로 변화되기 시작했다. 그 사이에 점진적으로 개발해 가는 점진적 모델과 진화적 모델이 있다, 또한 개발단계 중복여부와 중간 산출물(예를 들면, 시제품) 실제 적용여부를 각 모델에 따라 비교한 내용은 <표 3.1>과 같다.

<표 3.1> 수명주기 개발모델 비교

모델명	요구정의 후 시작	단계 중복개발	중간산출물적용
빅뱅(Big Bang)	yes	no	no
점진적(Incremental)	yes	yes	maybe
진화적(Evolutionary)	no	yes	yes
나선형(Spiral)	maybe	maybe	maybe

이를 좀 더 상세히 살펴보면 폭포수 모델, 즉 빅뱅모델은 요구사항이 안정되고 개발위험이 낮고 복합된 기술을 사용할 경우에 <그림 3.17>과 같은 순차적인 모델을 적용한다.

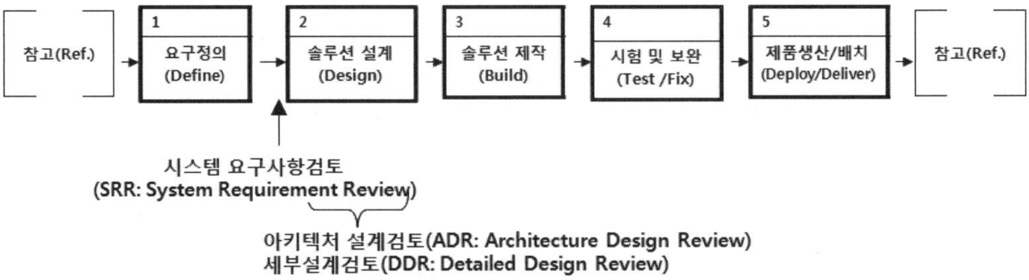

<그림 3.17> 빅뱅 폭포수 모델(1981)

반면에 요구사항은 비교적 안정되어 있으나 개발위험이 상대적으로 중간 또는 높은 위험도일 경우에 <그림 3.18>과 같은 점진적인 개발모델을 사용한다. 요구사항을 충족시킬 때까지 자동차, 가전제품, 통신장비 등 시제품을 만들어 설계, 제작, 및 시험을 수행하는 경우이다.

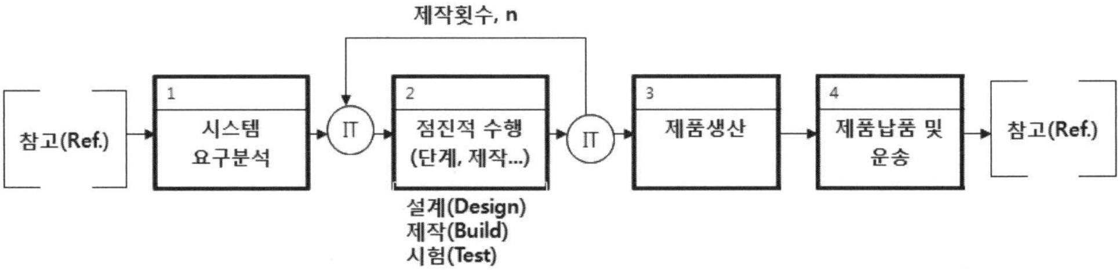

<그림 3.18> 점진적 개발모델(1980s)

또한 제기된 요건변경이 어렵거나 성능향상이 요구되는 요건일 경우 <그림 3.19>와 같은 진화적 모델을 사용한다. 이때 이미 잘 알고 있거나 알 수 있는 요건을 획득하지 못한 경우와 혼돈해서는 안 된다. 이는 선박, 건물, 발전소 등 1호기를 건설한 다음 추가 보완사항을 반영하여 2호기를 추가해 가는 플랜트 건설 사례를 들 수 있다.

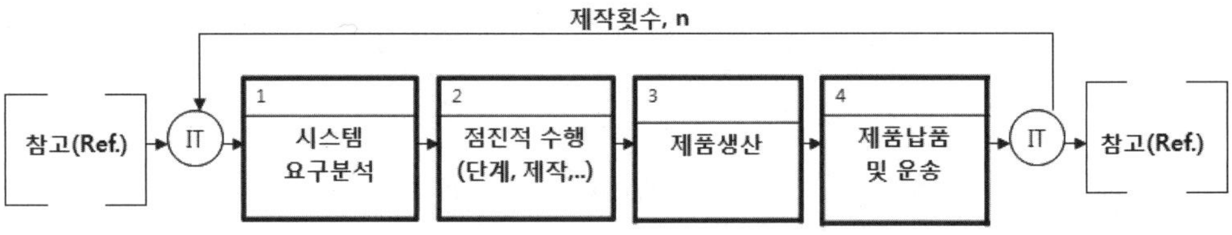

<그림 3.19> 진화적 개발모델(1980s)

다음은 <그림 3.20>에서와 같이 초기요구사항정의가 힘들고 중간에 산출되는 결과물적용이나 개발단계를 중복해서 하는 활동이 애매한 경우에 사용하는 나선형식 개발이 있다. 이는 단계별로 위험사항을 주도해가는 개발전략을 적용하는 방법으로서 주로 복잡한 소프트웨어 시스템개발에 많이 적용된다. 특히 1990년대 초 소프트웨어 개발이 활성화 되어감에 따라 초기 식별이 어려운 경우에 주로 사용되어 오고 있다. 이는 4상한으로 나누어 위험주도의 단계별 제품개발방식

을 사용하고 있다. 먼저 제1상한 형식화 단계에서 각 단계별 목표를 결정하고 단계별로 목적을 수행하는 대안을 제시하며 위험레벨도 평가한다. 제2상한 분석단계에서는 위험분야별로 해결솔루션 개발시제품이나 시뮬레이션, 분석모델과 가용한 도구를 활용한다. 제3상한 1차 해석단계에서는 세부설계 및 시험 수행으로 초기요건을 검증하는 활동을 수행한다. 그리고 그 결과를 종합하여 다음 단계목표를 설정하는 제4상한 2차 해석단계로 넘어간다. 이러한 과정에서 위험수준이 낮은 경우가 되면 폭포수 개발모델로 전이하게 되며 위험수준이 중간 또는 높을 경우 신규 나선형식 개발모델을 계속해서 수행하게 된다. 따라서 주어진 목표를 충족시킬 때까지 한 단계(stage), 한 단계(stage)씩 위험레벨을 고려하여 개발을 주도하는 나선형식 모델로 부르게 되었다. 특히 소프트웨어 개발 분야에 많이 활용되고 있는 개발모델이다.

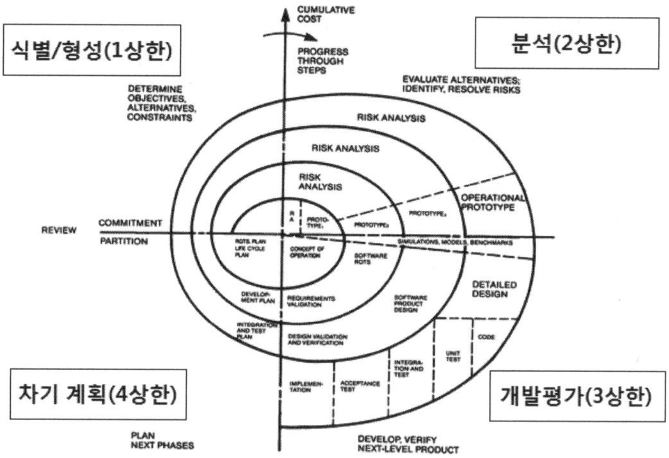

<그림 3.20> 나선형식 개발모델 (1990년대 초)

1990년대 초에 시스템 개발방법에 있어서 하향식 개발과 상향식 통합을 반영한 개발모델로서 "VEE" 모델이 제기되었다. 왼쪽 라인에서는 개념설계, 예비시스템설계, 상세설계 등 시스템 개발단계를 나타내고 오른쪽에는 컴포넌트, 하부시스템 및 시스템 레벨로의 통합과 시험 및 검증활동을 나타내고 있다. 특히 시스템과 소프트웨어 하부시스템 간에 인터페이스를 고려한 B. G. Downward의 VEE모델이다.

지난 수십 년 동안 이외에도 여러 가지 다양한 시스템 설계 및 개발 모델이 제시되어 왔다. 그러나 대부분이 시스템획득모델에 치중되어 있거나 소프트웨어와 같이 특정분야에 관한 것으로서 전반적인 시스템 설계나 개발과 관련된 종합 모델은 그렇게 흔하지 않다. 따라서 전반적인 시스템엔지니어링 프로세스를 적용할 수 있는 개발 모델을 제시하기가 그렇게 쉬운 일은 아니다. 향후 이러한 모델을 지속적으로 개발해 나가야 할 것이다.

3.4 연관된 관리 용어 및 기법

이상에서 언급된 시스템엔지니어링 관리와 연관된 용어 및 기법을 소개해 보면 다음과 같다. 후속되는 장에서 추가적인 기법과 개념을 소개하겠지만 먼저 몇 가지 시스템엔지니어링과 연관된 내용을 소개하고자 한다.

3.4.1 컨커런트 엔지니어링(Concurrent Engineering)

국방 분야에서 정의된 컨커런트 엔지니어링이란 "제품과 이와 연관된 프로세스를 동시에 통합적으로 제조 및 지원을 포함하여 설계하기 위한 체계적인 접근방법이다. 이러한 접근방법은 개발자로 하여금 품질, 비용, 일정 및 사용자 요구사항을 포함한 모든 요소를 제품수명주기의 폐기단계까지 개념단계에서 고려하는 방법이다." 시스템 엔지니어링과 마찬가지로 컨커런트 엔지니어링도 수명주기 전반에 걸쳐 함께 수행되고 있다. 즉, 디자인은 제조프로세스, 정비 및 지원 프로세스를 포함한 주요 시스템요소를 통합하고 동시적 기반에서 수행되어야 한다. 따라서 컨커런트 엔지니어링은 시스템엔지니어링 프로세스 내에서 수행된다.

3.4.2 제품. 프로세스 통합개발(IPPD)

시스템설계 및 획득을 향상시키기 위한 목표를 달성하기 위해 미국방은 IPPD개념을 1990년대 중반에 제시하였다. 그 개념은 "설계, 제조 및 지원성의 최적화를 이루기 위하여 다분야 요원들로 구성된 팀을 사용하여 모든 필수적인 획득활동 동시에 통합하는 관리기법이다. IPPD는 생산 및 운용지원을 포함하여 제품개념단계에서 설정된 비용과 성능목표를 충족시키려고 하는 활동이다." IPPD 스펙트럼에는 선정된 많은 통합제품팀(IPT)이 포함되어 있다. 이 팀은 성공적인 프로그램을 수행하기 위하여 함께 일하는 모든 기능부서 대표로 구성된다. 그리고 고객으로 하여금 가장 효과적이고 효율적인 제품을 설계하고 개발하여 사용하도록 함에 그 목적이 있다. 이들 요원은 마케팅, 엔지니어링, 제조, 로지스틱스, 고객서비스, 및 고객 등으로 구성된다. IPPD/IPT의 원칙은 설계통합과 일상적인 커뮤니케이션을 위한 시스템엔지니어링 요구사항을 직접적으로 지원하는데 있다.

3.4.3 전사적 품질관리(TQM)

전사적 품질관리는 제품수명주기 전 기간에 걸친 시스템 및 제품의 품질과 전반적인 시스템계층구조의 각 레벨에서의 품질을 대상으로 하는 전체적으로 통합된 품질관리활동을 말한다. 이는 사전적(before-the-fact) 의미의 제조 및 생산, 정비 및 지원, 이와 연관된 기능과 시스템설계 및 개발활동에 관한 품질을 제공하는 것을 말한다. TQM은 인간의 능력을 엔지니어링, 생산, 및 지원 프로세스에 연결시키는 통일된 매커니즘을 말한다. 두말 할 나위 없이 총체적인 고객만족에 강조를 두고 있다. 따라서 전 조직의 통합된 접근방법이며 지속적으로 품질을 향상시키기 위하여 반복적으로 수행하는 활동이다. 초기 시스템 설계 및 개발활동 면에서 볼 때, 첫째, 시스템의 컴포넌트를 생산하고 제조하기 위해 사용되는 설계 프로세스를 고려해야 한다. 그리고 둘째로 계획된 수명주기에 따라 해당 시스템의 정비유지를 제공하기 위한 지원 인프라구조 설계를 고려해야 한다. 이러한 관점에서 TQM의 원칙은 시스템엔지니어링 프로세스에 포함되어야 한다.

3.4.4 형상관리(CM)

형상관리는 수명주기 초기단계에서 대상항목의 기능적 물리적 특성을 식별하고 이러한 특성의 변경을 통제하며 변경에 대한 보고와 기록을 유지하는 관리방법을 말한다. CM은 이러한 관점에서 다음과 같은 네 가지 사항을 포함하고 있다. (1) 형상식별, (2) 형상통제, (3) 형상현황유지, (4) 형상감사가 포함되어 있다. CM은 베이스라인 관리의 개념이다. 이는 <그림 2.3>에 있는 기능 베이스라인, 할당 베이스라인, 제품 베이스라인을 말한다. 성공적으로 시스템엔지니어링을 적용하려면 이러한 베이스라인 관리를 잘 수행해야 한다.

3.4.5 통합 시스템 유지 및 지원

유지 및 지원에 대한 수명주기가 설계 프로세스에서 결여되어 왔기 때문에 통합 로지스틱스 지원(ILS)개념을 도입하게 되었다. ILS란 고객으로 하여금 요구 성능을 충족시키는 제품을 제공할 뿐만 아니라 운용유지 단계에서 경제적이고 실질적으로 지원가능 하도록 하기 위해 초기계획, 예산투자 및 조종 통제하는 관리 기능이다. 주요 ILS 목표는 다양한 지원요소를 통합하는 활동이다. 즉, 인력, 훈련 및 교육지원, 예비부품, 수리부품 및 설비, 시험 및 지원 장비, 정비설비, 수송 및 취급장비, 컴퓨터 자원, 및 기술 자료를 통합한다. 보다 특정한 입장에서 이를 정의해 보면 ILS란 "다음 기술 및 관리 활동에 필요한 훈련되고 통일되고 반복적인 접근방법이다. (1) 시스템 및 장비설계를 위해 필요한 지원요소를 통합, (2) 목표를 준비하고 디자인하는데 필요한 지원 요구사항을 개발, (3) 요구 지원 사항을 획득, (4) 운용단계에서 최소비용으로 요구 지원 사항을 제공하는 활동이다. ILS개념에는 유지가능성에 대한 설계요소가 포함된다. 예를 들면, 신뢰성, 유지보수성, 인간공학요소, 안전성, 생산성, 폐기성, 및 설계에 연관된 특성을 들 수 있다. 이와 같이 조직적 관섬에서 ILS활동과 시스템엔지니어링 사이에는 매우 밀접한 관계가 있다.

민수산업분야에서의 유지지원활동은 최근 총 생산적 정비(TPM)개념에서 비롯된다. 이는 일본에서 개발된 개념으로서 생산성을 극대화하기 위해 정비유지의 통합적, 하향적, 시스템 기반, 수명주기 접근방법으로 발전된 개념이다. TPM은 다음과 같은 민수제조환경에 적합하도록 되어 있다.

- 공장 설비를 효율적이고 효과적으로 가동하도록 향상시킨다. 설계의 신뢰성과 유지보수성을 적합하게 보장하기 위하여 예방정비(MP)와 정비향상(MI)활동을 수행한다.
- 수명주기 판단기준에 맞추어 공장설비의 완전한 예방정비 프로그램을 설정한다. 이는 예방정비 요구사항을 형성할 때 사용된 신뢰성 기준 정비(RCM) 접근방법과 유사하다.
- 엔지니어링, 생산운용, 및 정비를 포함한 다양한 분야 요원으로 구성된 팀으로 적용한다.
- 상위관리자로부터 공장 노동자에 이르기까지 전 종업원이 함께 참여한다. 장비 운용자는 운용하는 장비에 대한 정비 및 유지에 대한 책임을 지도록 한다.

• 장비의 정비 및 유지활동에 있어서 자율적인 소그룹 활동으로 동기를 부여하고 예방정비 활동을 장려한다.

모든 종업원에 의해 적용되는 생산적 정비개념은 상위관리자로부터 장비 운용자에 이르기까지 모든 조직에서 장비향상이 이루어져야 한다는 원칙에 기초하고 있다. 이러한 목적은 장비고장, 가공속도지연, 순간정지 등의 요인을 제거하는데 있다. 이를 통해 무결함 생산, 즉응생산(JIT), 및 자동화를 달성할 수 있다. TPM 개념은 지속적으로 정비유지를 향상시킬 수 있다. TPM과 연동하여 총 자산관리(TAM: Total Asset Management)개념을 운용하고 있다. 이는 치열한 국제경쟁 환경 아래 부족한 가용자원과 제약된 예산을 극복하기 위한 정부 및 기업의 관리전략이다. TAM은 엄청난 자산을 지닌 시스템으로 운용되며 자원관리에 총체적인 수명주기 접근방법을 적용하고 있다.

3.4.6 총 시스템가치

시스템은 고객에게 총합적인 가치로 측정하여 제시되어야 한다. 이를 위해 운용특성을 나타내는 기술요소와 시스템비용과 이익을 나타내는 경제요소로 나누어 균형을 나타낸다. 개념설계단계 초기에 적절한 기술성과측정(TPM)요소가 도출되고 시스템의 여러 요소에 할당되어야 한다. 그리고 하향 및 상향으로 요구사항을 추적해야 한다. 시스템엔지니어링 도메인에서 가장 관심 있는 요소는 수명주기비용이다. 수명주기비용은 시스템 수명주기와 연관된 비용을 말하며 세부적인 요소는 <그림 3.21>과 같다.

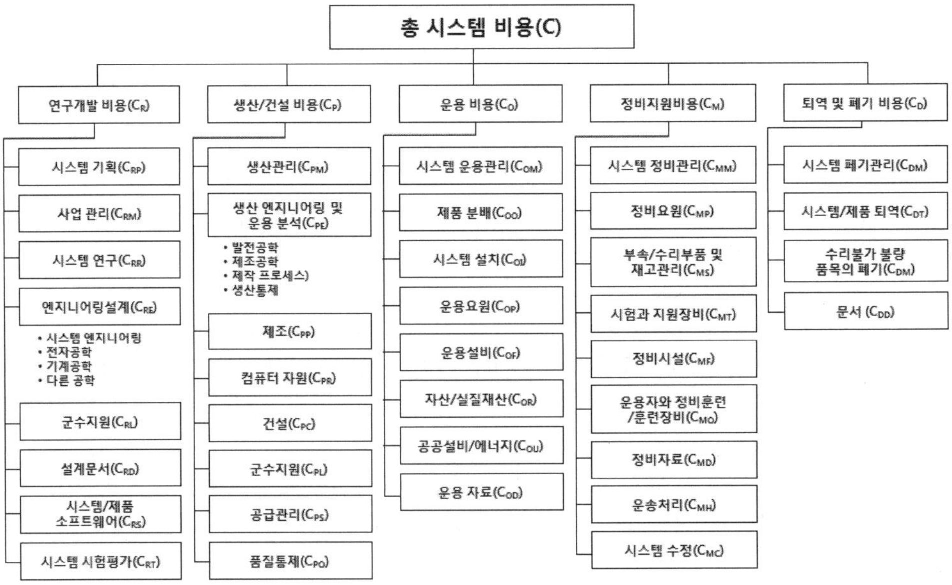

<그림 3.21> 총 수명주기비용

- 연구개발비용: 타당성분석비용, 운용 및 정비개념 요구사항 도출비용, 시스템분석 비용, 세부설계 및 개발비용, 제작 및 조립비용, 엔지니어링 모델시험비용, 초기 시스템시험평가비용, 각종 연관된 문서화 비용
- 생산 및 제조비용: 제작 및 조립비용, 운용시스템(생산모델) 시험비용, 운용 및 정비유지비용, 제작지원비용, 설비비용, 초기시스템지원능력비용(시험지원 장비, 예비/수리부품비용, 기술 자료비용 등)
- 운용 및 정비비용: 시스템 운용비용, 계획된 시스템 수명주기에 따라 정비유지 및 지원비용(인력, 예비 및 수리부품, 연관된 저장, 시험 및 지원 장비, 수송 및 취급, 설비, 소프트웨어, 수정보완, 기술자료 등)
- 시스템 폐기 및 처분비용: 시스템을 폐기하기 위한 시스템 및 부품비용, 향후 재사용비용, 원자재 폐기 및 재사용비용 등

수명주기비용은 여러 가지 다양한 방법으로 제시될 수 있다. 예를 들면, 시스템형태별, 비용효과적인 측정민감도를 포함한 파라메트릭 측정, 유추적인 측정 및 엔지니어링 측정 및 실제 값 측정방법 등이 있다. 이러한 목적은 시스템총비용을 추정하고 분석하며 수명주기 전반에 걸쳐 비용을 관리함으로써 비용초과를 예방하고 다음 프로젝트의 비용 데이터베이스를 제공함에 있다.

<그림 3.22>에 획득사업의 전형적인 프로그램에 따라 비용추정방법을 제시하고 있다. 기획단계에는 주로 유사사업의 비용을 유추적으로 추정하거나 기존에 형성된 사업비용의 지식기반을 이용한 파라메트릭 추정방법을 사용하게 된다. 계획 및 예산단계에서는 기 추정된 파라메트릭 비용을 절충 분석과정을 통해 관리하며 설계가 진행됨에 따라 집행단계에서는 세부적인 형상품목에 대한 비용이 산출되면 이에 대한 엔지니어링 비용을 산출하게 된다. 그리고 실제 값을 생산 및 운영단계에서 활용하게 되며 이에 대한 데이터베이스를 구축하게 된다.

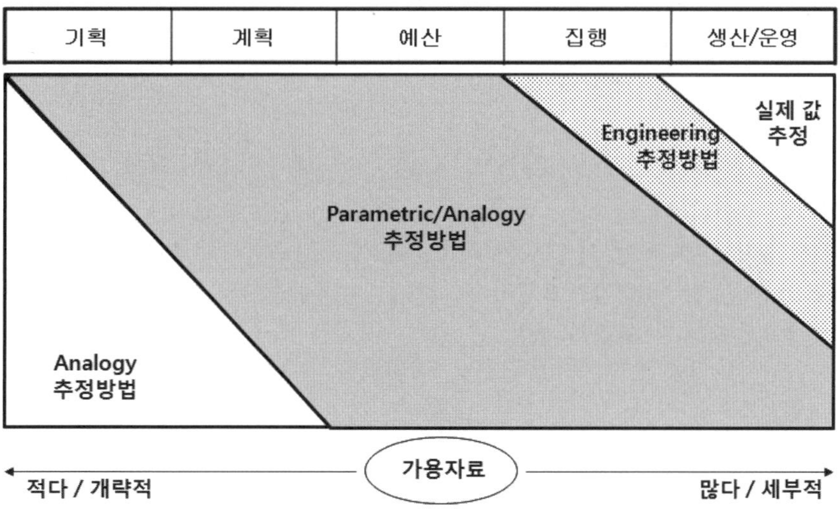

<그림 3.22> 프로그램 단계별 비용추정방법

최근 개발되고 있는 시스템은 수명주기비용은 증가하는 반면에 시스템 효과는 오히려 감소하는 현상을 보여주고 있다. 따라서 시스템 효과도를 분석해야 한다. 획득자 입장에서의 효과도 분석목적은 시스템 속성 면에서 사용자와 고객이 원하는 시스템 효과요소의 우선순위를 분명하게 제시하기를 원한다. 또한 공급자 입장에서도 고객만족에 대한 기준 및 그 우선순위를 보다 명확하게 제시하여 시스템개발을 수행하려고 한다. 획득자나 공급자나 기능, 성능, 품질요소, 비용 및 일정에 대한 판단기준을 분명하게 제시할 수 있는 모델이나 일련의 모델 세트를 생성하기를 원한다. 이를 위해 일반적으로 시스템은 고객에게 시스템의 총 가치를 측정하여 제시해야 한다. 이는 기술적 요소와 경제적 요소를 함께 고려한 균형적인 시스템 개발가치를 말한다.

3.5 문제풀이

1) 시스템엔지니어링이란 무엇인가? 어떠한 내용이 포함되어 있으며 왜 중요한가?
2) 시스템엔지니어링과 기계공학, 토목공학, 전기공학 등 전문공학과는 어떻게 다른가? 어떠한 유사성이 있는가? 또한 동시공학과의 관계는?
3) 소프트웨어 엔지니어링과 시스템엔지니어링과의 관계는 어떠한가?
4) 시스템엔지니어링과 피드백 프로세스는 어떠한 관계가 있는가?
5) 시스템 엔지니어란 누구를 말하는가?
6) 엔지니어링 관리란 무엇이며 이를 수행하는 엔지니어-관리자의 특성을 기술해 보라. 엔지니어링 프로젝트의 목표는 무엇이며, 이를 해결하는 원칙을 제시하라.
7) 관리란 식별된 목표를 달성할 수 있는 절차를 만들고 통제하며 수정해 가는 프로세스를 수립하는 전략을 말한다. 엔지니어링 관리 통제절차 5단계를 기술해 보라.
8) 엔지니어링 업무를 수행하기 위해서는 조직이 필요하다. 이러한 조직의 형태를 분류하고 각 형태별 장단점을 제시해 보라.
9) 엔지니어링 프로세스를 성공적으로 적용하려면 기술적인 관점과 관리적 관점을 동시에 수행해야 한다. 그 이유를 설명해 보라. 그리고 한 요소가 다른 요소에 영향을 주는 사례를 제시해 보라.
10) 컨커런트 엔지니어링이란 무엇인가? 왜 이는 시스템엔지니어링에서 중요한가?
11) 형상관리란 무엇인가? 왜 이는 시스템엔지니어링에서 중요한가?
12) ILS는 왜 중요한가? 이는 시스템엔지니어링과 어떠한 관계가 있는가?
13) 수명주기비용이란 무엇인가? 포함되는 내용을 설명해 보라. 의사를 결정함에 있어서 이 비용이 중요한 이유를 설명해 보라.
14) 폭포수 모델, 나선형 모델, VEE 모델의 차이점을 기술해 보라. 그리고 어떠한 차이점을 가지고 있는가?

제4장 시스템엔지니어링 계획

4.1 시스템엔지니어링 관리계획

4.1.1 엔지니어링 계획수립

시스템엔지니어링 계획이란 획득계획수립에 영향을 주는 요소를 미리 발견하여 획득목표와 획득목적을 달성할 수 있는 실현 가능한 방법과 의사결정에 직접적인 영향을 주는 방법을 모색하기 위하여 연관된 시스템엔지니어링 프로그램 계획을 수립하는 활동이다. 이러한 시스템엔지니어링 계획은 다음과 같은 활동을 수행하기 위해 필요하다.

- 모든 기술 활동을 식별하고 관리할 수 있도록 보증하는 활동
- 광범위한 개발팀 상호간의 의사를 소통하기 위한 기술적 접근방법을 제시
- 의사결정과 기술 실행을 입증하는 활동
- 고객 및 관리적 요구사항 충족여부를 판단하기 위한 시스템 개발활동기준 수립

따라서 시스템엔지니어링 계획 활동은 <그림 4.1>에 나타난 시스템 관리 활동의 일환으로 시스템 개발에 꼭 필요한 기술 활동 관점을 다루고 있다.

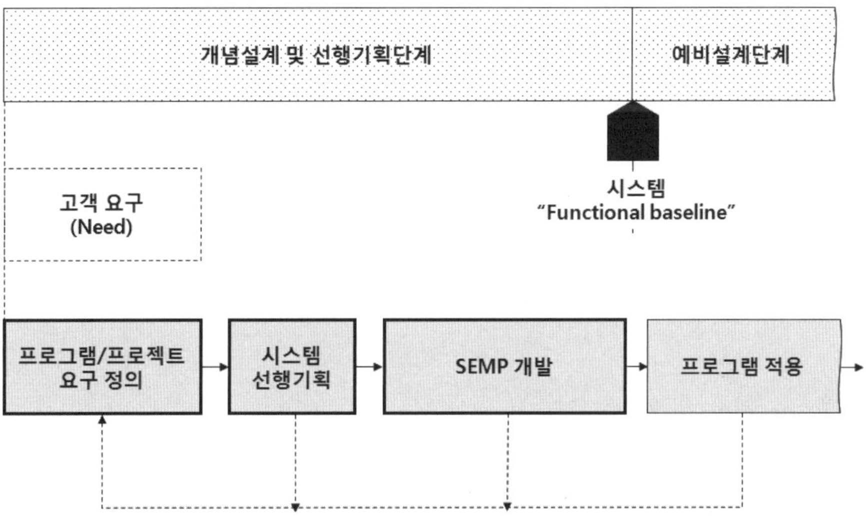

<그림 4.1> 시스템엔지니어링 계획

시스템엔지니어링 계획의 첫 번째 활동은 프로그램의 요구사항을 정의함으로부터 시작된다. 모든 프로그램이 상이하기 때문에 시스템엔지니어링 활동요구사항 또한 프로그램에 따라 달라져야 한다. 시스템엔지니어링의 기본 개념과 방법은 동일하지만 적용방법과 그 정도는 프로젝트에 따라 테일러링 된다. 즉, "누가, 무엇을, 언제" 수행해야 하는지에 대한 기본적 문제를 다룬다. 최소한 기술계획을 수립함으로써 무엇을 달성해야 하는지, 시스템엔지니어링

활동내용 및 수행방법을 제시하고 수행예정활동에 필요한 자원을 계획하며 시스템엔지니어링 활동이 어떻게 관리되고 통제되어야 하는지를 계획해야 한다. 이러한 계획 활동은 수명주기 전반에 걸친 기술관리 접근방법을 포함하여 시스템엔지니어링 프로그램 요구사항을 수행하기 위한 관리문서인 시스템엔지니어링관리계획서(SEMP)로 작성되어야 한다. 이는 <그림 4.2>에 나타나 있다. 정부 프로젝트의 경우, 시스템엔지니어링 계획은 시스템 레벨의 정부문서와 보다 세부적인 하부시스템레벨의 계약업체 문서로 시행된다.

<그림 4.2> 시스템엔지니어링 관리계획서

4.1.2 시스템엔지니어링관리계획서(SEMP)

시스템엔지니어링 관리계획은 크게 세 부분으로 구성된다. 첫 번째 부분은 기술프로그램 계획활동이다. 기술관리 계획은 엔지니어링 관리계획 또는 광범위하게 통합된 프로그램 관리계획으로 별도로 작성해도 좋다. 이러한 계획은 초기 요구분석활동 기간에 프로젝트 또는 프로그램 착수를 위한 활동계획초안으로 작성된다. 요구분석활동과 기술계획 활동은 내부적으로 서로 연관되어 있다. 왜냐하면 요구분석활동이란 무엇을 미리 준비해야 하는지에 대한 사항을 설정하고 있기 때문이다. 이러한 사항은 세부계획수립에 기본적인 요소로써 다음과 같다.

- 서론
- 프로그램 요구사항/SOW 업무기술서
- 조직(프로젝트조직, 기능조직의 책임과 권한, 상호연관관계, 공급자관계 및 통제)
- 프로그램 계획(규격서 트리, WBS 업무분해구조, 프로그램 일정 및 마일스톤 차트)
- 기술 인터페이스 관리(조직내부연관도, 공급자 및 하부계약자 관리)
- TPM 측정(TPM 식별 및 추적)
- 프로그램 비용(추정 및 관리)
- 설계검토 및 기술 감사(내부검토, 공식검토, 공급자 및 하부계약자 검토)
- 기술적 커뮤니케이션(프로그램 보고 및 문서화, 모니터링 및 통제)
- 형상관리
- 위험관리(위험식별, 위험평가 및 감소활동)

두 번째 부분은 시스템엔지니어링 계획수립 활동이다. 이는 시스템엔지니어링 프로세스에 의해 수행해야 할 활동을 계획한 것이다. 실제로 시스템엔지니어링 계획은 주기적으로 보완할 수 있어야 한다. 관리자로 하여금 의사결정을 지원하기 위하여 최신주요자료를 주요 마일스톤 의사결정관리 바로 직전에 최소한 통제할 수 있어야 한다. 그러나 최신자료화는 상호 마일스톤 사이에 정보, 커뮤니케이션 및 문서화 목적을 달성하기 위하여 계획에 따라 필요한 만큼 미리 수행되어야 한다.

- 시스템 필요성분석 및 타당성분석
- 시스템 운용요구사항
- 유지보수개념
- 기능분석
- 요구할당
- 시스템 통합, 분석 및 절충연구
- 설계통합 및 지원
- 시스템 시험평가
- 생산지원
- 시스템 폐기 및 재활용
- 시스템 품질개선

세 번째 부분은 RAMS를 포함한 특수엔지니어링을 식별하고 이를 시스템엔지니어링 계획에 통합하는 활동을 말한다.

- 특수 엔지니어링(주요 특수엔지니어링 식별, 시스템엔지니어링 프로세스 통합방법 및 상관관계)
- 개별 특수엔지니어링 기술(목적, 조직, 업무기술, 일정 등)
  - 기능 엔지니어링
  - 신뢰성 엔지니어링
  - 유지보수성 엔지니어링
  - 인간요소 및 안전 엔지니어링
  - 로지스틱스 엔지니어링
  - 소프트웨어 엔지니어링
  - 품질 엔지니어링
  - 가치/비용 엔지니어링
  - 생산성
  - 폐기성
  - 기타 엔지니어링 분야

4.1.2.1 기술계획

기술계획서에는 시스템엔지니어링 활동의 목적과 방법을 문서화하기 위해 충분한 정보를 포함해야 한다. 본 계획서는 다음과 같은 사항을 포함해야 한다.

- 엔지니어링 활동 목적과 개발시스템을 기술하고 있는 서론 부분
- 엔지니어링 활동을 보다 상위 레벨의 관리계획에 결합하는 기술전략 부분
- 기술전략에 언급된 목표를 달성하기 위하여 구조화된 시스템엔지니어링 프로세스를 테일러링하여 기술
- 엔지니어링 목표를 달성할 수 있는 조직구조를 기술한 조직계획서
- 기술전략을 달성하기 위해 추정된 예산과 일정을 구체화한 자원계획서

서론

서론부분은 다음과 같은 사항을 포함해야 한다.

- 범주: 계획수립범위는 본 계획과 연관된 큰 그림(big picture)중 어느 부분에 관한 것인지에 대한 정보를 제공해야 한다. 예를 들면, 정부사업관리조직의 계획이라면, 보다 상위 레벨 요구사항통제, 시스템 정의(기능기준) 및 시스템 개발에 필요한 모든 활동을 다루어야 한다. 반면에 계약업체의 계획이라면, 하위 레벨 요구사항통제, 시스템 및 세부 설계(할당 및 제품기준) 및 계약서에 의해 요구되고 제한된 활동을 강조해야 한다.
- 작성내용 기술: 시스템은 다음과 같이 기술되어야 한다.
  - 시스템 고유특성을 요약 기술하도록 제한해야 한다.
  - 시스템 운용기능에 대한 일반적 사항을 포함해야 한다.
  - "그 시스템이 무엇인지 그리고 무엇을 수행해야 하는지"에 대한 내용을 기술한다.
- 중점목표: 개발 접근방법에 대한 관리적 비전을 분명히 제시하기 위해 모든 활동에 대한 중점목표를 제공해야 한다. 예를 들면, 이러한 중점목표는 가장 낮은 비용으로 요구사항충족, 주어진 예산범위 내에서 가장 높은 성능달성, 최소 로지스틱스를 지원하기 위한 최대 표준화, 비용을 절감하기 위한 개방형 시스템 접근방법 최대 사용 등이다. 이러한 중점목표를 제시하기 위한 고려사항은 다음과 같다.
  - 혼돈을 피하기 위해 단일 목표를 제시해야 한다.
  - 잘 못 해석하지 않도록 단순하게 기술되어야 한다.
  - 상위 레벨 지원이 있어야 한다.
- 목적: 엔지니어링 활동의 목적은 일반적으로 요구되는 최종제품과 수명주기 연관제품과 같은 산출물로 기술되어야 한다. 이러한 "엔지니어링 활동을 통해 무엇을 얻으려고 하는가." 라는 질문에 답변할 수 있는 목적을 명시해야 한다.

기술전략

기술전략의 기본 목적은 개발 프로세스와 획득 프로세스 또는 계약관리 프로세스를 함께 연결함에 있다. 기술전략 활동은 다음과 같은 사항을 포함해야 한다.

- 개발 단계화 및 이와 연관된 기준 개발
- 위험관리와 비즈니스 관리 마일스톤을 지원하기 위한 주요 엔지니어링 마일스톤
- 병행 개발 또는 제품향상과 연관된 고려사항
- 엔지니어링 개발에 영향을 주는 고 위험활동 또는 관리대상인 기타 제약사항

1) 개발 단계화와 마일스톤: 개발단계화와 기준설정은 시스템 엔지니어링 기본 프로세스에 따라 테일러링한 관련 엔지니어링 활동의 단계화 방법을 기술해야 한다. 주요 마일스톤은 일반적으로 기술검토 프로세스와 병행해서 수행되지만, 비즈니스 관리 마일스톤과 프로젝트/프로그램의 개발단계를 지원하기에 적합하도록 테일러링해야 한다. 또한 전략적 고려사항은 설계와 검증이 어떻게 생산 및 배치 단계로 전이되는가에 대한 내용을 포함해야 한다. 이 부분은 생산 활동(제한된 소량 초도 생산 및 장납기 품목구매 포함)이 어떻게 단계화 되어야 하는지를 구체화하고, 또한 초기지원 고려사항으로 사용자와 획득담당자 사이의 충분한 협조가 이루어져야 한다.
2) 병행 개발과 제품 성능개량: 사업 목적을 달성하기 위해 시스템에 필요한 병행 개발 프로그램을 식별하고, 활동 상호간의 연관성을 설명해야 한다. 어떤 제품 개발전략이라도 반드시 구체화되어야 한다. 진화적 개발과 기 계획 제품 성능개량과 같은 고려사항은 전반적인 활동에서 어떻게 단계화되는지를 보여주기 위해 충분히 상세하게 설명되어야 한다.

전략에 미치는 영향

전략에 영향을 미치는 모든 조건이나 제약사항을 구체화하고 이에 대한 영향을 평가해야 한다. 중점적으로 고려해야 할 사항은 다음과 같다.

- 치명적인 기술 개발
- 비용의 독립변수화(CAIV)
- 중대한 영향을 주는 전략적 제약사항이나 활동을 통제하는 비즈니스관리

1) 치명적 기술: 치명적인 주요 기술은 다음과 같은 사항을 검토해야 한다.
   - 치명적인 기술 개발과 연관된 위험 및 전략에 미치는 영향
   - 기준개발과의 연관관계
   - 전반적 개발활동에 잠재되어 있는 영향
2) 비용의 독립변수화: CAIV적용방법 및 전략에 미치는 영향 등에 대한 전략적 요소가 고려되어야 한다. 단위생산비용, 개발비용, 수명주기비용 및 총비용이 시스템 개발에 미치는 상호관계를 고려해야 한다. 비용이 어떻게 균형을 이루고 통제되며, 전략과 설계방법에 어떠한 영향을 주고 있는지를 검토해야 한다.
3) 관리적인 쟁점사항: 개발전략에서 중요한 관심을 지니고 있는 관리적인 쟁점사항은 가능한 요소에 대해 광범위하게 다뤄질 수 있다. 일반적으로 엔지니어링 전략적 쟁점사항으로 정의된 관리적 쟁점사항은 관리전략을 지원하기 위한 능력에 영향을 주고 있다. 그 예를 들면 다음과 같다.

   - 관리상의 일정변경 또는 자원감소에 따라 개발단계 통합 필요성 제기
   - 빠듯한 일정 또는 제한된 예산에 따른 위험
   - 기술위험을 증가시키는 계약형태
   - 기타 유사한 경우

관리목적으로 적용된 모델링 및 시뮬레이션, 개방형 시스템, IPPD 등과 같은 기술 활동은 관리적 기대사항을 충족시키기 위해 전반적 시스템엔지니어링 전략에 영향을 미치지 않을 경우, 이를 전략적 쟁점사항으로 포함할 필요가 없다. 따라서 관련된 모든 계획서는 관리전략과의 연관성과 관리지침이 전략에 미치는 영향을 전략적으로 검토하여 제시해야 한다.

4.1.2.2 시스템엔지니어링 프로세스 계획

시스템엔지니어링 프로세스가 어떻게 기술전략을 지원하기 위해 설계될 것인가에 중점을 두고 계획을 수립해야 한다. 시스템엔지니어링 프로세스 적용에 포함해야 할 사항은 다음과 같다.

- 시스템엔지니어링 프로세스 수행단계와 루프에 사용되는 특정 방법과 기법
- 수행단계와 루프 활동을 지원하기 위해 사용되는 특정 시스템 분석과 통제 도구
- 엔지니어링 활동에 통합되는 특정 설계 고려사항

1) 단계와 루프: 시스템엔지니어링 프로세스 수행방법은 다음 내용을 보장하는 특정 절차와 제품을 제시해야 한다.
  - 요구사항은 하부 시스템으로 할당하거나 분할되기 전에 분명하게 이해되어야 한다.
  - 설계단계 전에 기능기술서가 먼저 설정되어야 한다.
  - 설계단계에서 요구사항을 추적할 수 있도록 설정되어야 한다.
  - 이전 단계를 재검토할 수 있는 방법이 있어야 한다.
  - 검증 프로세스는 설계 솔루션의 요구사항충족 여부를 인증할 수 있어야 한다.

본 계획은 각각의 개발단계에 대한 단계와 루프를 다루어야 한다. 검증방법을 설정하고 단계별 특정 도구(기능흐름 블록선도, 시계열 분석표 등)를 정의해야 한다. 모든 검증활동, 공식적 개발시험평가 활동관계, 독립적인 시험활동(예, 운용시험활동)에 대한 내용을 식별해야 한다. 특정 기술 분야 표준과 업무를 수행하는 사용자, 연구기관 또는 계약업체의 엔지니어링 프로세스는 계획수립활동에 큰 영향을 미친다. 그러나 어떠한 절차, 기법, 분석도구나 모델을 사용하든지 기본적으로 시스템엔지니어링 관리원칙을 벗어나서는 안 된다. 이 분야에서 나타나는 쟁점사항중 하나의 활동은 시스템 정의단계에서 수행되는 요구분석활동이다. 요구분석활동은 시스템 후속 개발단계보다 시스템 정의단계에 보다 더 치명적이고 중요하다. 개발활동을 시작하기 전에 고객 요구사항을 올바르게 이해하는 것은 적합한 개발을 수행함에 있어서 필수적인 전제조건이다. 따라서 시스템 정의단계에서의 요구분석은 보다 확실한 통제와 설계활동 준비 및 도출 요구사항을 검증하기 위한 검토가 초기에 충분히 이루어져야 한다. 시스템 정의단계에 필요한 통제와 검증 프로세스는 전반적 요구분석 프로세스와 절차에 의해 상세하게 기술되어야 한다.

2) 분석과 통제: 본 활동계획은 대안의 접근방법을 평가하고, 효과도 분석과 평가 및 성능, 기능 및 설계요구사항을 선정하기 위한 정량적 기반을 제공해야 한다. 이러한 프로세스에는 절충연구, 시장조사, 품질기능전개 (QFD), 실험계획법 등을 포함한다. 모든 계획은 통제와 피드백을 설정하고 유지할 수 있도록 그 방법을 식별하여 수립해야 한다. 주요통제방

법은 이벤트를 기반으로 성능기반 측정을 일정에 의해 수행되어야 한다. 이벤트 기반 마일스톤에 대한 진입 및 종료기준은 적절한 개발진도 종료여부를 충분히 확인할 수 있도록 미리 설정되어 있어야 한다. 이벤트 기반 일정과 종료기준은 본 장 후반부에 좀 더 자세히 다루어진다. 피드백과 통제를 유지하는 방법은 종료기준 충족여부를 확인하기 위해 진도관리와 함께 개발되어야 한다. 일반적인 방법은 앞 서 측정기준, 위험관리, 형상관리 및 기술검토에서 이미 다루었다.

3) 설계 고려사항: 모든 시스템 개발에 있어서 통상 특별한 관심을 요구하는 기술 활동이 있다. 이는 관리적 고려사항, 법적 또는 강제조항, 사회적 쟁점사항, 또는 조직적 주도권으로부터 나온다. 예를 들면, 국방 사업관리활동은 개발활동에 통합되어야 할 다양한 기술 활동목록을 국방획득 규정으로부터 수립해야 한다. 국방 프로젝트계획은 본 규정의 프로그램 설계 분야에 나타난 모든 사항을 구체적으로 다루어야 한다.

계약업체의 경우, 계약 당시 제시되었거나, 제안서에 약속하였거나 기술 활동을 통해 수행해야 할 관리적 쟁점사항이 있을 수 있다. 시스템엔지니어링 계획서는 이러한 쟁점사항을 각각 어떻게 개발활동에 통합해야 할 것인지를 포함하여 기술해야 한다.

조직

시스템엔지니어링 관리계획 수립 활동은 시스템 개발을 위한 기본 구조를 식별하여 수행되어야 한다. 이러한 조직계획은 여러 기술 전문가와 주요 기능 관리자 및 다양한 이해관계자가 함께 시스템을 개발하기 위한 조직이 어떻게 통합되어야 하는지를 다루어야 한다. 본 계획에는 각 전문분야에 연관된 다분야 학문팀이 어떻게 업무를 추진하고 조직되며 훈련되어야 하는지를 포함해야 한다. 먼저 시스템 레벨 설계팀은 이러한 활동을 지원하기 위해 사업초기에 조직되어야 하며 시스템 레벨 설계팀의 기본적인 역할, 권한 및 책임사항을 구체적으로 제시해야 한다. 설계조직을 구성하는 것은 시스템 레벨 설계팀의 초기 업무사항중의 하나다. 이러한 시스템 레벨 활동을 수행하기 위한 기본직 조직은 계획서에 기술되어야 한다. 조직에 대한 더 자세한 내용은 다음 장에서 다루기로 한다.

자원

기술 개발에 필요한 예산을 구체적으로 계획서에 반영해야 한다. 필요한 자금은 이벤트 기반 일정과 전략을 월력에 기초하여 측정할 수 있도록 기준화해야 한다. 자금은 높은 레벨에서 추정된 지출 프로필과 연관되어 기본적으로 개발 시계열 분석표를 수립해야 한다. 자금부족이나 기간압박은 자금증가, 일정연장 또는 요구사항변경에 의해 해결되어야 한다. 장차 개발진도는 계획단계에서 제시된 예산을 기반으로 분석된다는 사실을 명심해야 한다.

4.1.2.3 통합 계획

시스템엔지니어링 관리계획은 다음과 같은 인터페이스 활동을 조정하여 수립해야 한다.

- 획득전략계획서는 기술계획서를 기반으로 획득전략에 반영된 의사를 결정하도록 보증되어야 한다. 만일 상충된 내용이 있을 경우, 이를 조기에 식별하여 해결해야 한다.
- 재정계획서는 기술계획서에 반영된 자원요구사항을 충족할 수 있도록 보증되어야 한다. 만일 상충된 경우가 발생할 경우, 이를 조기에 식별하여 해결해야 한다.
- 시험평가종합계획서는 검증방법을 보증해야 한다. 시험평가 종합계획서는 설계 형상이 고객 요구사항을 충족한다는 사실을 입증하기 위해 통합된 접근방법을 제공해야 한다. 이러한 방법은 시스템엔지니어링 계획서에서 나타난 검증방법과 일치해야 한다.
- 형상관리계획서는 시스템 기준을 유지하고, 기준변경사항을 통제할 수 있어야 한다.
- 설계계획서(예; 전기적, 기계적, 구조적 등)는 구체적인 통합제품팀 구성방법과 조화를 이루어야 한다.
- ILS계획서와 LSA 지원 분석은 전체적인 시스템 지원계획과 조화를 이루어야 한다.
- 생산/제조계획서는 설계 생산성과 후속생산에 관한 활동을 조정하도록 계획되어야 한다.
- 품질관리계획서는 품질 엔지니어링 활동과 품질관리 기능이 시스템엔지니어링 계획서에 포함된다는 사실을 강조해야 한다.
- 위험관리계획서는 전체 프로그램의 위험관리를 지원하기 위해 기술 위험관리 계획을 수립하고 조정해야 한다.
- 상호운용계획서는 시스템엔지니어링 계획서와 조화를 이룰 수 있도록 상호운용성(상호운용성은 의사소통이나 정보체계와 같은 결정적 요건임으로 개별 통합팀과 조정, 통제와는 별도 사항으로 다루어져야 함)에 따른 적합성을 쟁점사항으로 계획해야 한다.
- 이 밖에 모델링 및 시뮬레이션, 소프트웨어 개발계획, 인간공학 통합계획, 환경, 안전 및 건강, 인터페이스 계획 등이 통합되어야 한다.

개발된 기술관리 계획서에는 다음과 같은 내용을 포함해야 한다.

- 사용자에게 기대되는 이익을 제시
- 시스템엔지니어링 접근방법을 사용하여 전반적인 시스템개발 달성방법을 제시
- 기술계획서에 획득 또는 관리계획 보충 및 지원방법 제시
- 점진적인 검토로 개발진도 유지방법 보증
- 비용감소 및 통제방법 제시
- 기술 활동의 필요성과 기술 활동 수행자를 제시
- 기술 활동업무 달성방법과 일정계획 제시
- 시스템 형상 및 위험통제방법 제시
- 시스템 통합 달성방법 제시
- 수명주기 주요 8대 기능 고려 및 충족여부 확인방법제시
- 반드시 이행하거나 구조적인 요구사항 달성방법 제시
- 주어진 기술, 일정 및 비용으로 계획 및 집행 가능한 실행계획 제시

4.1.3 시스템엔지니어링 관리계획서 표준양식 사례

SEMP는 대상시스템의 요구사항, 프로그램 크기, 시스템 복잡도, 조달 또는 획득 프로세스에 따라 다르게 작성되어야 한다. 최초 SEMP는 개념 및 선행기획단계에서 작성되어야 하며, 그 당시에 판단된 모든 시스템엔지니어링 활동을 포함토록 한다. 시스템개발 프로세스가 진행됨에 따라 SEMP는 새로운 프로그램 요구사항과 변경사항을 반영하여 보완해야 한다. SEMP에 포함되어야 할 사항을 나타낸 두 가지 양식을 살펴보면 <표 4.1>(표준 MIL-STD-499A 및 DSMC 시스템엔지니어링 관리지침서)과 <표 4.2>(표준EIA-632)가 있다. 이 두 가지 양식은 내용면에서 차이가 없다.

<표 4.1> 보완된 시스템엔지니어링 관리계획 서식(MIL-STD-499A)

SEMP 시스템엔지니어링 관리계획서	
1장	개요
2장	목적 및 범위
3장	적용문서
4장	기술 프로그램 계획, 적용 및 통제(Part I) 4.1 서론 4.2 프로그램 요건/SOW업무기술서 4.3 조직(프로젝트조직, 기능조직, 책임 및 권한, 조직간 상호관계 및 커뮤니케이션 공급관련조직 및 통제) 4.4 프로그램계획(규격서 트리, WBS업무분해구조, 프로그램일정 및 마일스톤 차트 4.5 기술 인터페이스 관리(내부조직개체상호간 관계, 공급자 및 하부계약자 관계) 4.6 TPM 기술성능측정관리(TPM 식별, 추적관리) 4.7 프로그램 비용(추정/보고) 4.8 설계검토 및 기술감사(내부검토, 공식검토, 공급자/하부계약자 검토) 4.9 기술 커뮤니케이션(프로그램 보고 및 문서화, 모니터링 및 통제) 4.10 형상관리 4.11 위험관리(위험식별, 위험평가, 및 위험감소계획)
5장	시스템엔지니어링 프로세스(Part II) 5.1 시스템 필요성분석 및 타당성분석 5.2 시스템 운용요구사항 5.3 유지보수개념 5.4 기능분석 5.5 요구사항 할당 5.6 시스템 조합, 분석, 및 절충연구 5.7 설계통합 및 지원 5.8 시스템 시험평가 5.9 생산/건설지원 5.10 장비폐기 및 재활용 5.11 시스템 보완("변경" 적용 및 통제)
6장	특수엔지니어링 통합(Part III) 6.1 특수 엔지니어링(주요 특수엔지니어링 식별, 시스템엔지니어링 프로세스에 적용방법, 특수 엔지니어링 상호간 관계) 6.2 특수 엔지니어링 기술(개별 엔지니어링에 대한 목표, 조직, 업무기술, 일정 등)
7장	참고사항(규격서, 표준, 계획서 및 기타 참고문서/문서화)

6.2항의 개별 특수 엔지니어링의 세부사항은 다음과 같다.

- 6.2.1 기능성 엔지니어링
- 6.2.2 신뢰성 엔지니어링
- 6.2.3 유지보수성 엔지니어링
- 6.2.4 인간요소 및 안전성 엔지니어링
- 6.2.5 로지스틱스 엔지니어링
- 6.2.6 소프트웨어 엔지니어링
- 6.2.7 품질 엔지니어링
- 6.2.8 가치/비용 엔지니어링
- 6.2.9 생산성 엔지니어링
- 6.2.10 폐기성
- 6.2.11 기타 엔지니어링 분야

<표 4.2> 시스템엔지니어링 관리계획 서식(EIA/IS-632)

SEMP 시스템엔지니어링 관리계획서	
1장	제목, 내용목록, 적용문서
2장	시스템엔지니어링 프로세스 2.1 시스템엔지니어링 프로세스 계획: 주요제품 및 프로세스, 프로세스 입력, 기술목표, WBS, 교육훈련, 표준 및 절차, 자원할당, 제약사항, 업무책임, 검증계획, 하부계약자/공급자 기술 활동 2.2 요구분석: 신뢰성 및 유지보수성, 생존가능성, 전자기 특성, 인간공학, 안전성, 보안성, 생산성, 제품지원가능성, 시험평가, 통합진단장비, 수송가능성, 인프라 지원, 기타 기능성 분야 2.3 기능분석 및 할당: 접근방법, 절차 및 도구 2.4 설계조합: 요소에 따른 접근방법, 기존 제품사용(COTS/NDI, 개방시스템 아키텍처, 재사용) 2.5 시스템 분석 및 통제: 접근방법, 절차 및 도구(절충연구, 시스템비용효과분석, 위험관리, 형상관리, 인터페이스 관리, 데이터 관리, SE 일정계획, TPM관리, 하부계약자/공급자 관리, 요구사항추적)
3장	치명적인 기술이전: 기술선정 및 기술이전을 위한 활동, 위험, 및 판단기준 및
4장	시스템엔지니어링활동 통합: 설계분야 및 연관활동조직 및 통합(동시공학)
5장	적용업무: 기술검증, 프로세스 입증, 제조 엔지니어링 시험항목, 개발시험 및 평가, 소프트웨어 생성 및 재사용, 유지관리 엔지니어링 및 문제솔루션 지원, 기타 시스템엔지니어링 적용업무
6장	추가 시스템엔지니어링 활동: 장납기 품목, 엔지니어링 도구, 설계목표비용, 가치공학, 시스템 통합, 기타 방법 및 통제
7장	주기 및 부록

4.1.4 시스템엔지니어링 일정계획(SEMS)

이벤트를 기반으로 한 일정계획은 때때로 시스템엔지니어링 종합일정(SEMS)계획 또는 통합일정(IMS)계획으로 부른다. 이는 주로 제품이나 프로세스 개발과 연관된 기술적 이벤트중심(시간중심이 아님)계획임을 염두에 두어야 한다. 각종 기술검토 단계별 종료기준에 대한 활동 내용을 <표 4.3>에 제시하고 있다.

<표 4.3> 기술검토 단계별 수행업무 활동

시스템 요구사항검토(SRR)	시스템기능검토/소프트웨어 규격검토 (SFR/SSR)	예비시스템설계검토(PDR)
• 임무분석 종료 • 지원전략정의 • 시스템 대안결정 종료 • 설계용도정의 • 운용성능요구사항 정의 • 인력민감도분석 종료 • 가용 운용아키텍처 및 검토	• 설치환경 정의 • 유지보수개념 정의 • 예비시스템설계 기준설정 • 예비시스템설계 마진설정 • 인터페이스 정의 및 예비인터페이스 규격결정 • 소프트웨어 및 소프트웨어 • 지원 요구사항 종료 • 기준지원 및 자원요구사항정의 • 지원 장비능력 정의 • 기술 아키텍처 준비 • 시스템정의 및 달성 가능한 요구사항정의	• 설계분석 및 정의 종료 • 자재/부품특성 종료 • 설계 유지보수성분석 종료/지원요구사항정의 • 예비생산계획서 종료 • 자체제작/외주구매 결정 • Breadboard 검증 완료 • 쿠폰 시험 종료 • 설계 마진 종료 • 예비 FMECA 분석 종료 • 소프트웨어기능, 아키텍처 및 지원사항정의 • 유지보수업무 절충 분석 종료 • 지원 장비 개발규격 종료

최종설계검토/시험준비검토 (CDR/TRR)	시스템검증검토/기능형상감사 (SVR/FCA)	물리적 형상감사 (PCA)
• 부품, 재료, 공정 선정 • 개발시험 완료 • 검사항목/기준 설정 • 컴포넌트 레벨 FMECA 완료 • 수리레벨 분석 완료 • 설비요구사항 정의 • 소프트웨어 시험규격서 완료 • 하드웨어와 소프트웨어 • 위험분석 완료 • 펌 웨어 규격 완성 • 소프트웨어 프로그램 • 매뉴얼 작성 완료 • 내구성 시험 완료 • 유지보수분석 완료 • 품질시험절차 승인 • 생산성 분석 완료	• 제반 검증업무 완료 • 내구성 시험 완료 • 장기소요 구매품목 정의 • 전자공학 분야 사업관리자에 대한 운용교육 • 훈련 완료 • 기술매뉴얼 작성 완료 • 비행시험 계획 승인 • 유지보수지원 및 교육 장비 개발 • 배치분석 완료 • 예비 데이터 검증	• 품질보증 시험 완료 • 품질보증 항목 확정 • 제조공정요구사항 및 문서화 확정 • 제품 조립규격 확정 • 유지보수지원 및 교육장비 품질보증 완료 • 인증시험 요구사항 확정 • 수명주기 관리계획 수립 • 시스템 지원 및 성능 데모 • 사후 생산지원 분석 완료 • 소프트웨어 규격서 및 사용자 매뉴얼 최종안 완성

SEMS는 일정계획통제와 프로세스측정에 대한 기반을 수립하고 엔지니어링 관리 이벤트 및 업무분해구조(WBS)와 연관되어 있다. 이러한 이벤트는 진입 및 종료 이벤트(예를 들면, 예비시스템설계검토 시작 및 종료), 또는 각 이벤트에 대한 이벤트 진입 및 종료기준에 대한 모든 포맷을 식별한다. 기술검토 단계별 체크리스트는 부록 I 에 있다. 사업관리부서는 전반적 개발활동과 연계된 이벤트를 기반으로 한 일정계획을 개발한다. 이러한 일정계획은 일반적으로 획득 마일스톤 의사결정 프로세스를 지원하기 위한 이벤트 종료에 초점을 두어야 한다. 이벤트 기반 일정계획은 계약수립 이벤트 이전에 요구되는 진도를 맞추어 완성해야 하며 수행활동을 제대로 완료할 수 있도록 계약업체에 의해 개발되어야 한다. 계약업체는 각종 이벤트와 산출물뿐만 아니라 특히 계약업체에 의해 판단해야 할 제반 수락기준을 포함하여 준비해야 한다. 사업관리부서는 계약업체에 관한 자원선정, 프로세스 조정, 기술 및 기타사항 검토, 의사결정준비, 동기부여 및 제반 보상 결정, 계약지불과정 결정 그리고 기타 유사활동 등 여러 가지 목적을 계약사항과 일치시키기 위해 계약자 이벤트 기반 일정계획을 활용할 수 있다.

이벤트 기반 일정계획은 개발 프로그램의 진도를 결정하기 위해 선정된 주요 파라미터를 고려하여 수립되어야 한다. 이러한 이벤트 기반 일정계획은 위험관리계획, 시험평가계획 및 세부 프로그램 관리계획뿐만 아니라 시스템엔지니어링 관리계획, IMS, 통합 주요 계획을 통제하고 인터페이스를 관리해야 한다. 일정표 또는 세부일정계획은 이러한 이벤트 기반의 제반 활동이 어떻게 구체화된 과업과 이벤트를 지원할 것인가를 보여주는 시간 기반 일정계획이다. 세부일정계획은 각각의 주요 산출물이 달성되어야 할 시기를 나타내기 위해 과업과 시간을 함께 조정해야 한다. 세부일정계획은 획득가치 측정기준을 개발하기 위한 필수 요소이다. 일정표는 일반적으로 세부일정계획 또는 시스템엔지니어링 세부일정계획(SEDS)이라 부른다. 계약업체는 일반적으로 계약에 의해 요구된 활동을 이벤트와 일정표간의 상호관계를 유지하면서 업무를 수행하게 된다. <그림 4.3>은 시스템 요구사항, WBS, 계약요구사항, 이벤트 기반 일정계획 및 세부일정 간의 상호관계를 보여주고 있다.

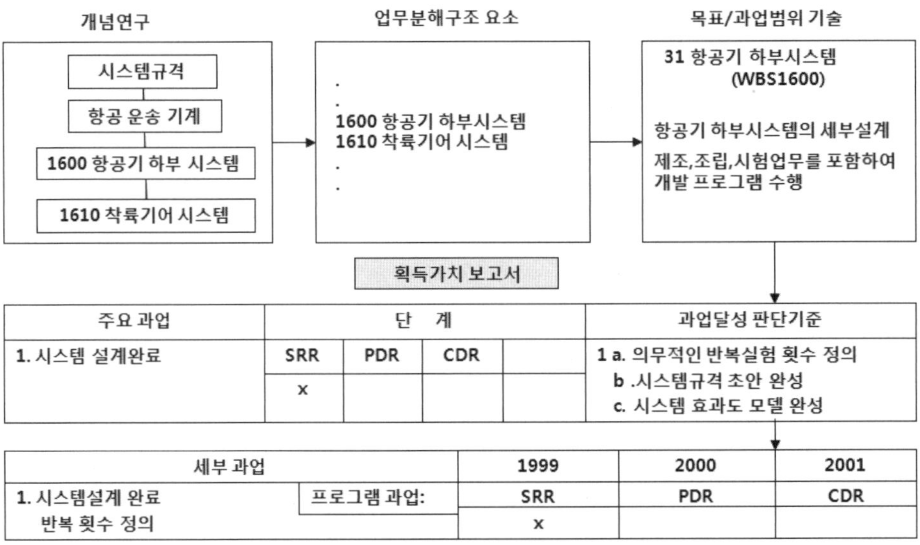

<그림 4.3> 기술검토 단계 및 세부일정 연관도

일정계획 요약

이벤트 기반 일정계획은 기대되는 주요한 과업과 산출물을 수립하는 활동이다. 이벤트 기반 일정계획은 월력을 기반으로 한 세부 일정표를 작성하는 기반을 수립하는 유효한 활동이다. 이러한 일정계획을 수립하는 기법으로는 바 차트, 마일스톤 차트, 바 차트와 마일스톤 차트를 복합한 계획이 있다. 그림 15.5에 일반적으로 많이 사용되고 있는 시스템엔지니어링 활동과 마일스톤에 대한 복합일정계획을 볼 수 있다. 이는 나아가 자원소요와 개발비용을 함께 통제할 수 있다. 이를 가리켜 시스템엔지니어링 주요일정계획(SEMS)이라 부른다.

4.2 시스템엔지니어링 업무활동

4.2.1 시스템엔지니어링 기능 및 업무 정의

시스템엔지니어링 활동은 매우 폭 넓게 정의되고 있다. 심지어 시스템 엔지니어나 시스템엔지니어링 수행조직에서 모든 일을 수행하는 것처럼 정의하기도 한다. 정의하기가 어렵겠지만, 실제 시스템엔지니어링 수행목표는 직간접적으로 거의 모든 프로그램 연관활동에 요구되고 있다. 따라서 전반적인 시스템을 하나의 개체로 보고 이에 필요한 모든 기능(또는 업무)을 식별하고 이를 성공적으로 종료하였을 때 긍정적인 영향으로 연관되어 있거나 종속된 업무를 제시해야 한다. 이와 같은 시스템엔지니어링의 주요업무를 식별하여 선정하기 위하여 다음과 같은 시스템엔지니어링 수행목표를 참조하는 것이 바람직하다.

- 첫째, 시스템 설계, 개발, 시험평가, 생산, 운용 및 지원에 필요한 모든 요구사항이 반복적인 요구분석활동을 통해 하향적으로 적기에 잘 도출되고 있는지를 확인
- 둘째, 시스템 설계 대안의 모든 요구특성이 적절하게 평가할 수 있도록 꼭 필요한 요소를 계량적으로 판단할 수 있는 준비가 잘 되어 있는지를 확인: 예를 들면, 성능요소, 효과요소, 신뢰성 및 유지보수성, 인간공학 및 안전요소, 지원가능성 및 수명주기비용 특성
- 셋째, 모든 설계적용분야 및 이와 연관된 특수 엔지니어링 분야가 전반적인 엔지니어링 활동과 시의 적절하게 효과적으로 잘 통합되어 있는지를 확인
- 넷째, 전반적인 시스템개발활동이 설정된 형상기준, 공식설계검토 및 설계의사결정을 위해 적합한 문서가 잘 준비되어 있는지 또한 수정보완활동에 필요한 규정을 논리적으로 잘 설정하고 있는지를 확인
- 다섯째, 시스템의 다양한 요소(컴포넌트) 상호간 및 요구된 기능을 효과적으로 효율적으로 수행할 수 있도록 잘 연계되어 있는지를 확인

이제 이러한 다섯 가지 사항을 충족시키기 위하여 구체적으로 수행되어야 할 활동은 무엇인지를 생각해보자. 개별 프로그램마다 서로 다른 활동이 잘 조정되어야 하지만, 일반적으로 수행되어야 할 시스템엔지니어링 주요업무는 <표 4.4>에 나타난 11가지 활동이며 이를 보다 세부적으로 설명하면 다음과 같다.

<표 4.4> 주요 시스템엔지니어링 업무

SE 활동	입력사항	출력사항
1. 소요분석 및 타당성 분석 수행	고객요구사항문서, 적용기술정보보고서, 관련연구보고서, 설계지원절충연구보고서	타당성분석결과서, 시스템레벨의사결정을 위한 절충분석보고서
2. 운용요구사항 및 정비지원개념정의	고객요구사항문서, 고객규격 및 표준서, 타당성분석보고서, 설계지원절충연구보고서	시스템요구사항문서(운용요구사항 및 정비지원개념), 시스템레벨의사결정 절충분석보고서, TPM 우선순위목록서, 시스템레벨 기능분석
3. 시스템A형 규격서 준비	적용기술정보보고서, 타당성분석보고서, 시스템요구사항문서(운용요구사항 및 정비지원개념), 시스템레벨의사결정 절충분석보고서, TPM 우선순위목록서, 시스템레벨 기능분석	시스템A형 규격서
4. 시험평가종합계획(TEMP) 작성	시스템A형 규격서, 고객시험규격 및 표준, 시험요구사항목록서(개별분야시험요구사항)	시험평가종합계획서(TEMP)
5. SE관리계획서(SEMP)준비	고객요구사항문서, 고객프로그램규격 및 표준, 시스템요구사항문서(운용요구사항 및 정비지원개념), 시스템A형 규격서, TEMP, 시스템개발계획, 사업계획서(PMP)	시스템엔지니어링 관리계획서(SEMP)
6. 기능분석 및 요구사항 할당 수행	시스템요구사항문서(운용요구사항 및 정비지원개념), 시스템 규격서, 시스템레벨의사결정 절충분석보고서,	기능분석보고서-FFBD(운용 및 정비기능), 시계열 분석표, 요구사항할당표(RAS), 절충분석보고서, 시험요구사항도표, 설계기준서
7. 시스템분석, 조합 및 통합 수행	시스템요구사항문서, 고객규격 및 표준, 기능분석결과서, 시스템A형 규격서, SEMP, TEMP, 개별설계요구사항 프로그램기획	설계데이터, 시스템통합보고서, 공급자데이터, 절충분석보고서, 개별설계보고서(예측/분석)
8. 공식설계검토회의 계획 및 수행	PMP, SEMP, 관련설계데이터(도면, 부품/재료목록, 데이터베이스), 절충분석보고서, 개별설계보고서(예측, 분석 등)	설계검토회의보고서, 조치사항목록 및 책임자, 설계데이터 및 지원문서 승인
9. 시험평가 수행검토	TEMP, SEMP, 개별시험데이터 및 보고서	시스템시험평가보고서
10. 설계 변경 수행 및 통제	형상관리데이터 및 보고서(설계기준기술), 엔지니어링 변경제안, 요구사항 및 활동변경통제	시행계획변경, 검증자료변경/보고
11. 생산/공급요원/고객서비스관리	시스템설계자료, 생산요구사항, 설계변경승인, 시스템운용지원절차, 고객운용/시스템활용요구사항, 운용데이터/결함보고	운용데이터/결함보고서, 운용 중 고객서비스 보고서

1) 소요분석과 타당성분석: 본 활동은 사업초기에 전반적으로 대상시스템을 분석하고 시스템요구사항을 정의하는 기본 업무로써, 이는 시스템엔지니어링 부서에서 분석해야 한다.
2) 시스템운용요구사항, 시스템정비개념, 기술성능측정(TPM)요소 정의: 본 활동은 전반적인 시스템레벨 요구사항을 정의하기 위한 활동으로써, 이는 나아가 하향식 시스템 설계 기반을 형성하게 된다.
3) 시스템 A형 규격서 준비: 본 활동은 최상위 시스템설계기술문서를 작성하는 활동이다. 시스템엔지니어링 수행목적은 본 규격서의 완전성과 이해도에 달려있다. B, C, D, E 규격서는 A규격서의 요구사항을 기초로 작성되는 문서이다.
4) 종합시험평가계획(TEMP)준비: 본 문서는 초기에 정의된 요구사항 충족여부를 확인하기 위한 전반적인 시험평가내용, 방법과 절차를 포함하고 있다. 이러한 시험평가방법으로 다양한 여러 가지 요소가 있지만 결과적으로 시스템을 전체적으로 평가하기 위한 자료를 제공해야 한다.
5) 시스템엔지니어링 관리계획서(SEMP) 준비: 본 활동은 관련된 모든 시스템엔지니어링 프로그램 관리업무를 계획하여 시스템엔지니어링 관리계획서를 작성하는 활동이다.
6) 기능분석 및 요구사항 할당 활동: 본 활동은 시스템레벨 요구사항을 세부설계기준으로 전환하기 위하여 기능을 분석하고 요구사항을 할당하는 활동이다. 이는 다양한 설계분야의 개발기준을 제공하게 되고, 할당 프로세스는 상이한 시스템 컴포넌트 개발을 위한 기초자료를 제공하게 된다. 따라서 공급자로부터 공급받을 것인지 아니면 구매할 것인지를 결정하는 활동이다. 어느 경우에도 기능적인 면에서 시스템을 통합해야 하기 때문에 공통적인 시스템 기준에 따라 분명한 기능분석과 할당이 이루어져야 한다.

7) 시스템 분석, 조합 및 시스템 통합 활동: 본 활동은 전반적인 시스템 설계 및 개발 프로세스를 통해 일어나는 활동이다. 시스템 통합은 장비, 소프트웨어, 인력, 설비 등의 물리적 및 기능적 인터페이스를 기술적으로 관리하고, 조직상의 인터페이스를 관리적으로 다루기 위한 활동을 반복적으로 수행해야 한다. 관리적인 측면에서 본 활동은 (1) 설계와 연관된 모든 기능과 업무가 정의되어야 한다. (2) 적절한 책임과 업무수행절차가 형성되어야 한다. (3) 조직과 커뮤니케이션 절차가 식별되어야 한다. (4) 프로그램 요구사항이 적절하게 완료되어야 한다. 시스템엔지니어링 수행조직은 적절한 커뮤니케이션 레벨, 협조 및 통합이 다양한 설계조직과 함께 이루어져야 한다. 다양한 특수 분야로서는 신뢰성, 유지보수성, 인간공학, 안전공학, 로지스틱스 지원, 소프트웨어, 생산성, 품질, 가치/비용, 환경 엔지니어링 등으로 구분된다.
8) 공식설계검토회의 계획, 수행 및 통제: 공식설계검토에는 개념설계검토, 시스템설계검토, 제품/소프트웨어 설계검토 및 최종설계검토 등이 있다. 시스템엔지니어링 담당부서는 계획대로 공식검토회의가 이루어지고 있는지를 확인할 책임이 있다. 이는 주기적인 계획에 따라 점검되어야 한다. 회의는 책임 있는 요원에 의해 편향되지 않게 이루어져야 하고 전반적으로 시스템레벨 설계목표 충족여부를 관리해야 한다.
9) 시험평가활동 통제 및 검토: 이는 개별시험결과를 분석하고 통합하는 활동으로부터 시스템 전반적인 평가까지 시스템엔지니어링 담당부서가 연관되어 활동해야 한다.
10) 설계변경 계획 및 통제: 이러한 설계변경제안은 일상검토 또는 공식검토 활동에서 나타난다. 시스템엔지니어링 담당부서는 설계 및 개발 프로세스에 따라 시스템 기준을 설정하고 통제해야 한다. 이러한 기준으로서는 기능기준, 할당기준, 제품기준 등이 있다. 시스템엔지니어링 담당부서는 계획된 수명주기 프로그램에 따라 시스템 진화 전반에 걸친 형상관리활동에 책임을 져야한다.
11) 생산요원, 공급자 및 고객서비스 관리: 시스템 형상이 설계 및 개발단계, 생산단계 및 운용단계로 진전되어감에 따라 이에 적합한 엔지니어링 지원활동이 이루어져야 한다. 본 활동의 목적은 시스템 설계를 잘 이해하고 훈련을 통해 습득하며, 시스템의 엔지니어링 변경사항과 생산고나련 자료를 관리하고, 운용 중인 제품의 고객활동을 지원함에 있다. 시스템엔지니어링 담당부서는 계획된 수명주기활동에 따라 시스템을 추적할 수 있도록 관리하여야 한다.

이상 11가지 시스템엔지니어링 활동은 앞서 다섯 가지 시스템엔지니어링 수행목적에 적합하도록 수행해야 하는 업무이다. 이는 초기 시스템 요구사항을 반듯하게 식별하는 활동에서부터 다루어져야 할 체계적 접근방법을 제시하고 있다. 설계가 진전됨에 따라 요구특성에 적합한 시스템 형상을 개발하여야 하고 최종적으로 시스템 요구사항에 적합한 제품인지를 검증하여야 한다. 이를 요약하여 제시한 도표가 <표 4.4>로써 각 활동에 대하여 어떠한 사항을 입력하고 출력하느냐를 제시하고 있다.

좀 더 세부적으로 알아보아야 할 대상은 여섯째 기능분석 및 할당업무이다. 기능분석이란 시스템레벨 요구사항을 세부설계판단기준으로 전환하는 프로세스로써 전반적인 시스템 수행기능을 제품형상으로 정의하는 과정이다. 주로 기능흐름선도(FFBD)를 활용한다. 이러한 기능흐름선도로부터 시스템 엔지니어는 수행되는 기능이 순차적으로 또는 병행적으로 어떻게 일어나는지를 판단하고 수행기간에 필요한 자원 요구사항을 식별하게 된다. 시스템 엔지니어는 사업 책임자에게 특정 기능요구사항을 시계열 분석표(TAS), 요구사항 할당표(RAS), 절충 분석보고서, 시험요구사항 도표(TRS), 설계 기준서(DCS) 등을 통해 제시한다. 이러한 기능분석 및 할당 업무를 통한 결과물은 대상시스템의 구조나 형태, 설계 및 개발단계에 따라 다르게 나타난다. 다양한 인터페이스를 내포하고 있는 대형 시스템의 경우에 나타나는 모든 결과물의 상호관계는 <그림 4.4>와 같다. 한편, 복잡도 측면에서 보다 상대적으로 단순한 시스템에 대해서는 상기 모든 결과물이 다 제시될 필요는 없다. 특히 여기서 시계열 분석표와 요구사항 할당표를 좀 더 자세히 살펴보자.

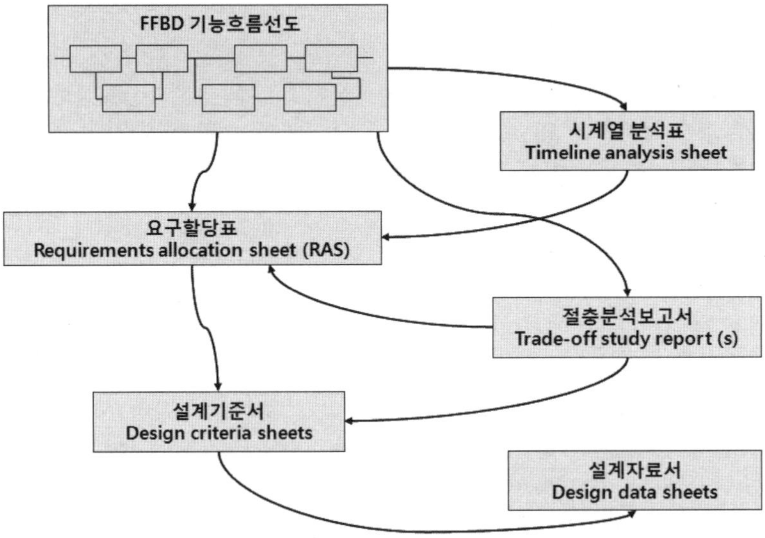

<그림 4.4> 기능분석 및 할당 시스템엔지니어링 문서

- 첫째, 시계열 분석표: 일반적인 기능흐름은 순차적 기능 또는 병행적 기능으로 나타내고 있지만 이러한 요구사항은 시계열 분석을 통해 이루어진다. 시계열 분석을 통해 다양한 시스템 기능을 세부적인 기간으로 나누어 분석할 수 있고 순차적, 병행적 또는 반복적으로 일어나는 기능 및 업무를 제시할 수 있다. 또한 시간에 민감한 기능, 예를 들면 시스템 가용성, 운용시간 및 정비시간에 크게 영향을 주는 기능을 미리 식별할 수 있다.
- 둘째, 요구할당표(RAS): 요구할당표는 기능분석결과에 따라 특정설계요구사항을 식별한 주요사항을 기술한 문서이다. RAS는 FFBD의 각각의 기능 블록에 대하여 작성된다. 성능 요구사항은 1) 기능수행의 목적, 2) 그 기능이 수행해야 할 세부성능 특성, 3) 그 기능의 치명도, 4) 적용해야 할 설계제약사항에 대하여 기술한 것이다. 성능 요구사항은 크기, 중량, 출력, 신뢰도, 정비도, 인간공학요소, 안전도, 지원가능성, 경제요소 등의 설계특성을 포함하고 있다. 기능분석을 통한 질적 양적 성능 요구사항이 <표 4.5>와 같이 RAS에 의해 식별된다. 이러한 요구사항은 각각의 기능특성을 충족시킬 수 있는 대안을 평가하고 조합하기 위하여 충분하게 세부적인 항목, 즉, 장비, 인력, 소프트웨어, 설비 등으로 제시되어야 한다.

<표 4.5> 요구할당표

시스템:	하부시스템:		요구사항내용기술:								
FFBD 소스	기능번호	위치									
기능적 성능 및 설계요구사항 (Functional Performance)		인력 요구사항				장비 요구사항		소프트웨어 요구사항		설비 요구사항	
		업무	요구 시기	수행능력 요건	교육 훈련	장비 내용	장비규격	S/W 내용	규격	설비 내용	규격

4.2.2 규격서 및 문서화 트리

일반적으로 규격서는 품목을 획득할 때 주로 사용된다. 또한 신규 품목에 대한 설계 및 개발, 상용품목(COTS) 획득, 제품에 대한 시험 및 검증, 신규설비건설, 제품생산 등에 대한 분야별 계약을 수행할 때 사용된다. 이러한 규격서는 계약사항으로 적용되며 제품과 용역을 제공하는 주계약자, 하부계약자, 공급자에게 제시하는 문서이다. 그 내용은 요구사항 및 요구성능 중심이어야 한다. 어떻게 수행해야 하는지를 나타내는 것이 아니라 무엇을 해야 하는지를 나타내는 문서이다. 따라서 분명하고 명료하게 작성되어야 한다. 요구문장에서 모호하거나 중복되거나 불분명한 언어는 배제되어야 한다. 요구사항은 계량적으로 검증 가능해야 한다. 추가적인 해석을 요구해서도 안 된다. 따라서 "최상의 설계방법" 또는 "매우 좋은 일솜씨" 등의 추상적인 용어는 배제되어야 한다. 규격서는 설계와 성능특성의 요구사항으로 표현되어야 한다. 관리정보, 업무기술, 업무수행자료, 일정 및 비용예측은 포함되지 않는다.

이를 적용하는 환경에 따라, (1) 일반 규격, (2) 프로그램관련 규격, (3) 군사규격 및 표준, (4) 산업표준, (5) 특정회사표준, (6) 국제규격 및 표준 등이 있다. 산업표준은 대상기관에 따라 다르다. 예를 들면, 국가표준, 국제표준, 학회 및 협회 표준 등이 있다. 표준규격서가 아닌 경우는 주로 프로그램 고유규격이나 특정 프로그램 요구사항 또는 특정 시스템 컴포넌트에 적용된다. 추가적으로 독립적인 컴포넌트, 자재 및 프로세스에 대한 별도규격 및 표준도 있다. 한편 지나치게 자세하거나 낮은 계층 레벨까지 규격을 제시할 경우 너무 제약될 수도 있다. 따라서 절충가능성을 줄여 창의력을 제한하지 않도록 해야 할 뿐만 아니라 "과도한 규격"으로 지나친 지출이 발생되지 않도록 해야 한다. 또한 상용 컴포넌트로 가능함에도 불구하고 별도의 세부규격을 제시함으로써 과도설계를 유도할 뿐만 아니라 컴포넌트에 대한 지나친 비용초과를 초래하게 된다. 특히 국방관련 컴포넌트에 이러한 경우가 발생하기 쉽다.

관련규격을 너무 많이 제시할 경우, 상호충돌이 발생하기 쉽다. 경험적으로 이러한 경우가 일반규격과 표준적용 시 자주 일어난다. 이러한 문서는 통상 다른 사람이 서로 다른 입장에서 제시하게 됨으로써 실제 세부 요구사항과 상호 일치하지 않는 경우가 발생하기 때문이다. 가끔 프로그램 요구사항 개발단계에서 업무기술서(SOW)에 첨부된 대량의 규격 및 표준을 그대로 가져오기 쉽다. 예를 들면, "계약자는 프로그램 요구사항을 충족시키기 위하여 첨부된 규격과 표준을 적용해야 한다."는 조항을 사전에 제시하는 경우이다. 이러한 조항이야말로 컴포넌트 및 부품선정, 제작 프로세스 선정, 시험평가요소 등에 충돌을 일으키기가 쉽다. 이러한 경우에 어느 규격을 먼저 적용해야 하는지 문제가 발생된다. 이러한 충돌을 제거하기 위하여 <그림 4.2>와 같은 "규격서 계층구조" 또는 "문서화 계층구조"를 활용하는 것이 바람직하다. 이는 시스템 계층구조를 지원하기 위한 규격 및 문서 구조를 나타냄으로써 충돌 발생 시 어느 것이 우선적으로 적용되어야 하는지를 제시해 준다. 이는 업무분해구조(WBS)의 업무요소와 상호 연계되어 있다.

<그림 4.2>에서 계층은 시스템규격서 A에서 시작하여 하향식으로 개발된다. 따라서 시스템 계층구조에 따라 추가적인 규격이 개발된다. 단계가 진행됨에 따라 규격서는 <그림 4.2>의 WBS 업무 요구사항과 일치해야 한다. 나아가 이는 주계약자, 하부계약자 및 공급자 상호간의 계약관계와 일치해야 한다. 규격화함에 있어서 가장 중요한 활동은 대상시스템에 따라 주어진 규격을 테일러링하는 일이다. 비록 설계 요구사항이 특정 상용제품을 활용할 수 있을지라도 본 제품을 특정 시스템에 적용하기 위한 규격은 유사 시스템과 판이하게 다를 수 있다. 따라서 대상 시스템의 주요 컴포넌트에 따라 <그림 4.5>에서와 같이 개발규격, 제품규격, 프로세스 규격을 프로그램 규격서로 기술한다.

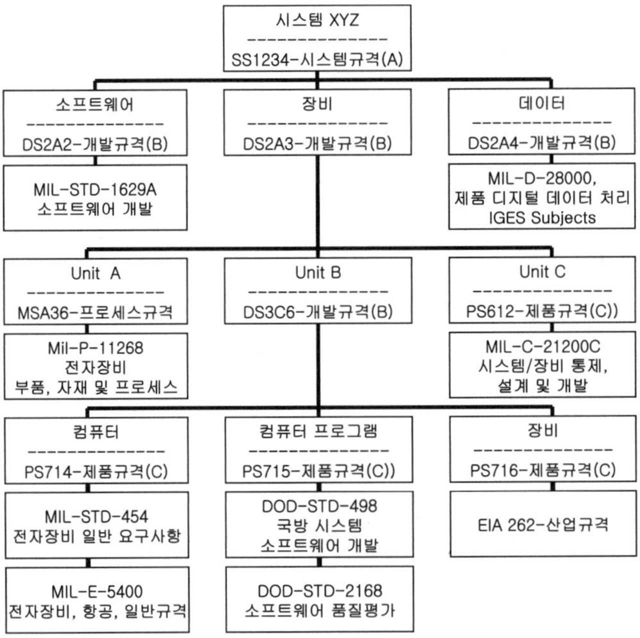

<그림 4.5> 규격 및 문서 계층구조 사례

이보다 하위레벨에서는 시스템 설계의 전반적인 요구사항을 지원하기 위하여 일반규격을 사용하는 것이 바람직하다. 만일 동일한 시스템 컴포넌트에 수많은 상이한 규격과 표준이 적용될 경우, 이는 상호간에 보완적이고 지원 가능해야 한다. 만일 방침이나 중요도 면에서 상호간에 충돌이 발생할 경우, 규격서 계층구조에 어느 문서가 선행되어야 하는지를 제시해야 한다. 하향식으로 설계 요구사항을 개발하는 것은 시스템엔지니어링 수행목적을 달성하는데 매우 중요하다. 따

라서 초기에 규격서와 표준을 식별하는 일은 매우 조심스럽게 수행되어야 한다. 이러한 업무는 상대적으로 사소한 일 같지만 자칫 잘 못 규격과 표준을 선정했을 경우 이에 대한 손실은 매우 크게 나타난다. 규격변경 또는 충돌에 따라 계약을 변경할 경우 이는 매우 성가신 업무가 될 것이다. 따라서 시스템엔지니어링 관리계획서에 보다 완전한 규격계층구조를 제시하게 된다면 나중에 잠재되어 있는 문제점을 제거하는데 많은 도움을 주게 될 것이다.

4.2.3 기술성능측정(TPM)

시스템 TPM은 운용 요구사항과 유지보수개념을 설정할 때 식별되고 이에 대한 품질기능을 전개하는 품질기능전개(QFD) 기법에 의해 그 우선순위가 정해진다. QFD 기법은 상위 세 가지를 충족시키기 위한 설계특성과 기준을 개발할 수 있도록 지원해 준다. 시스템 개발이 진행되어 감에 따라 주기적인 설계검토활동이 수행된다. 그 당시에 알려진 설계형상은 TPM 우선순위에 따라 평가된다. 이를 평가하기 위하여 설계검토 체크리스트를 활용해도 좋다. 설계 파라미터와 TPM을 측정하여 이를 공식설계검토 단계별로 추적하여 관리해야 한다. 이는 지속적으로 관리되어야 하며 그 결과는 항상 사업관리검토 프로세스에 제시되어야 한다. 우선순위가 높은 치명적인 TPM은 검토 및 평가 프로세스에서 항상 우선적으로 검토되어야 한다. 목표 TPM 량을 달성하지 못할 경우 이에 대한 수정조치 및 보완방법을 제시해야 한다. 이는 사업관리 정보에 내재되어 있는 사항으로써 현재 상태를 분석하고 미래를 예측한 다음 특별한 조치가 따르지 않을 때 발생 가능한 위험을 분석해야 한다. 결과적으로 TPM은 정상적인 사업관리와 통제 프로세스로 다루어져야 하며 TPM우선순위는 위험관리계획의 주요 입력사항으로 다루어야 한다.

4.2.4 프로그램 비용 산정

비용통제업무를 잘 수행하는 일이 모든 조직의 크기에 관계없이 매우 중요하다. 특히 자원이 한정되어 있고 경쟁이 치열한 환경에서는 더욱 더 중요하다. 비용통제활동은 주어진 프로그램의 초기비용 추정에서 시작된다. 그리고 추정비용을 추적통제하며 관련 자료를 분석하고 너무 늦기 전에 수정 및 보완 조치하는 활동을 말한다. 비용통제는 비용추정, 비용회계, 비용추적, 비용분석, 보고 및 필요한 통제기능을 포함한 전반적인 비용관리 활동을 말한다. 보다 구체적인 활동은 다음과 같다.

- 업무요소 정의: 앞서 기술된 요구사항에 따라 업무기술서(SOW)를 개발한다. 세부적인 프로젝트 업무가 정의되고 업무일정계획이 수립된다. 시스템엔지니어링 업무가 <표 4.1>에서와 같이 식별된다.
- 업무를 업무분해구조(WBS)로 통합: 프로젝트 업무를 업무 패키지로 연계시켜 모든 업무요소를 업무분해구조로 통합한다. 업무 패키지는 각 WBS 블록의 하나하나로 나타난다. 이러한 패키지와 WBS 블록은 조직의 그룹, 부서, 과, 공급자 등으로 연계된다. WBS는 프로젝트 비용이 초기에 할당되고 각각의 블록별로 수집할 수 있도록 구조화하여 코드화 한다. 비용은 업무의 다양한 영역별로 요약하기 위하여 수직적으로 또는 수평적으로 합산될 수 있다. 이러한 WBS 목적과 요구사항은 부록 III에 나타나 있으며 시스템엔지니어링 WBS 사례는 부록의 <그림 III.1>에 나타나 있다.

- 개별 프로젝트 업무에 대한 비용추정: 개별 프로젝트 업무에 대하여 비용 산정방식과 적절한 비용회계방식을 개발하여 그 결과를 WBS 요소에 연계시킨다.
- 비용자료수집 및 보고: 프로젝트 비용분류 및 수집 등 비용회계 방식과 자료 분석 및 관리 정보를 위한 비용자료 보고절차를 개발한다. 비용초과 및 고위험 비용 드라이버 등 주요 영역을 식별한다.
- 평가 및 수정조치활동 절차 개발: 비용통제를 위해 내재된 전반적인 요구사항은 피드백과 수정조치에 관한 절차이다. 취약점 또는 잠재위험요소가 발견되면 프로젝트 관리는 과감한 방법으로 필요한 조치를 수행해야 한다.

훌륭한 비용통제능력을 개발하는 첫 번째 단계는 비용 산정방법과 비용을 추정하는 활동이다. 개별 업무가 하부 업무로 분해되고 기타 세부업무요소로 세분화해야 한다. 그리고 인력추정이 월간 단위로 추정되어야 한다. <표 4.6>에 대형 프로젝트에 대한 설계 및 개발 단계의 선정된 활동을 식별하고 있다. 이 경우는 12개월 설계기간을 가정하여 그 업무를 종료하기 위하여 월간 단위로 필요한 연구 인력을 계획한 것이다. 예를 들면, 3개월 째 시스템엔지니어링 활동은 4명의 책임 급 시스템 엔지니어가 요구된다. 본 도표에는 세부적으로 나타나 있지 않지만 연관된 모든 직종을 모두 포함해야 한다. 예를 들면, 수석연구원, 책임연구원, 선임연구원, 연구원, 기술원, 분석가, 도안자, 자료분석가, 기능사원 등이다. 이러한 인력자원은 각 프로젝트 업무에 할당되고 WBS와 연계된다. 부록 III을 참조하라.

<표 4.6> 프로젝트 소요인력 추정(man-months)

프로그램	WBS 번호	비용 회계	설계 추정인력 (months)												총계
			1	2	3	4	5	6	7	8	9	10	11	12	
프로젝트 관리	2A1000	2000	1	1	2	3	4	4	4	4	4	4	3	3	37
시스템 엔지니어링	3B1100	3000	-	-	-	-	-	-	-	-	-	-	-	-	
◈ 수석연구원			1	1	1	1	1	1	1	1	1	1	1	1	12
◈ 책임연구원			2	3	4	4	4	3	2	2	2	2	2	2	32
설계 엔지니어링	3B1200	7000	-	-	-	-	-	-	-	-	-	-	-	-	
◈ 수석연구원			2	3	3	3	3	2	2	2	2	2	2	2	28
◈ 책임연구원			3	6	8	8	8	7	6	5	5	4	4	3	67
◈ 선임연구원			5	7	10	15	17	20	20	20	20	17	16	9	176
◈ 연구원			3	4	5	6	10	10	10	10	15	15	20	20	128
◈ 기술원			1	1	1	5	7	7	8	9	10	10	12	15	86
설계 데이터	2I1200	4000	2	2	3	5	5	10	15	15	20	25	25	25	152
시스템 S/W	2E1000	8000	1	1	2	2	3	3	5	7	7	10	12	15	68
설계 지원	3B1300	5000	2	2	5	5	5	10	10	25	30	30	30	25	179
ILS	3B1400	6000	2	3	3	3	5	6	6	10	10	15	15	15	93
시스템 시험평가	2J1000	9000	1	1	1	1	1	1	5	5	10	15	15	20	76
총계			26	35	48	61	73	84	94	115	136	150	157	155	1134

각 직급별로 추정된 소요인력을 근거로 다음 단계는 월 단위로 이를 비용요소로 전환하는 활동이다. 대부분의 조직은 환산된 봉급기준으로 업무를 분장토록 하고 있다. 이러한 요소는 미래에 예측된 활동에 필요한 직접 인건비를 추정하는데 사용된다. 추가적으로 재료비는 월

단위로 추정되고 인건비와 함께 적절한 인플레이션 요소를 적용토록 한다. 그 결과는 직접 인건비와 재료비를 예측하고 미래 불확실성을 고려하여 제시된다. 이러한 추정은 모든 프로그램 수행을 위한 업무와 이를 추진하는 일정에 반영되어야 한다. 개별 프로젝트 활동이 비용추정 활동을 통해 보다 더 세분화되며 이러한 활동은 WBS의 특정 블록에 연계될 뿐만 아니라 결과적으로 특정 비용회계에 부과되어야 한다. 한 프로젝트의 부분적인 분해구조 사례가 <그림 4.6>에 제시되어 있다. 이러한 목적은 다양한 프로젝트 비용회계를 계층구조로 나타내며 본 구조는 차후에 비용회계와 보고절차를 수립하는데 활용된다. 비용추정은 어느 때든지 시스템 수명주기 어느 단계에서 수행되어도 좋다.

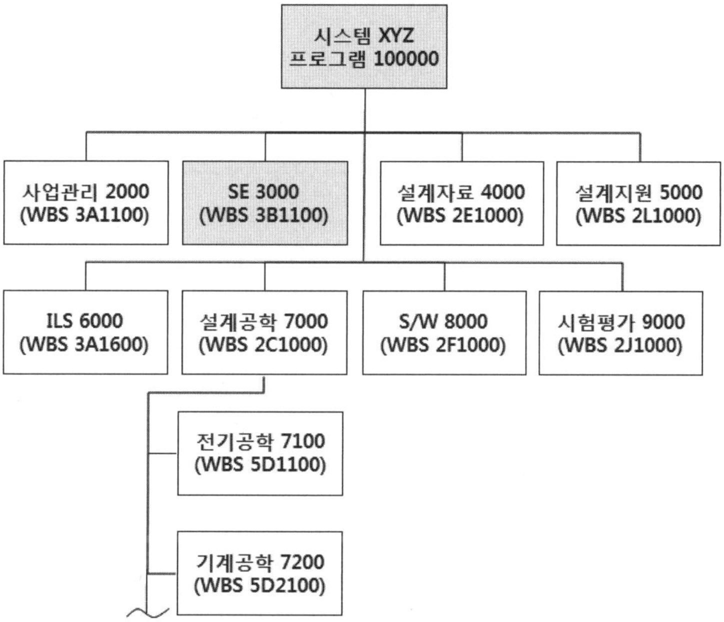

<그림 4.6> 부분적인 비용회계 코드 분해구조

초기 개념형성 또는 예비시스템설계 단계에서 비용을 추정할 경우, 엔지니어링 데이터 미흡으로 추정결과는 "개략추정자료"로써 실제 약 +30%에서 -30%의 오차를 나타낸다. 개별 업무에 대한 비용 산정을 종료한 다음, 이를 <그림 4.7>과 같이 전반적인 프로젝트 비용결과로 제시된다.

회귀분석, 선형 또는 비선형 추정관계, 학습곡선, 파라메트릭 분석 또는 상기 방법의 복합 분석 등을 사용하여 비용 FOM 개발에 도움을 주고 있다. 나중에 엔지니어링 경험이 획득됨에 따라 추정방법도 보다 간결해진다. 계획서, 규격서, 설계 데이터, 공급자 비용제안서, 목표 종료비용 보고서 등이 가용해진다. 비용유추방법을 활용한 데이터 개발 또는 실제 엔지니어링 데이터를 활용한 비용추정결과는 +5%에서 -5% 확률까지 추정된다. 초기 모든 직접인건비가 추정되면 간접인건비가 이에 더해진다. 직접재료비가 결정되고 인건비와 재료비에 연계된 활동에 부가적인 간접비용을 적용하기 위한 일반관리비가 부과된다. 그 결과로 모든 직접 및 간접비용을 포함한 프로젝트 총비용이 추정된다.

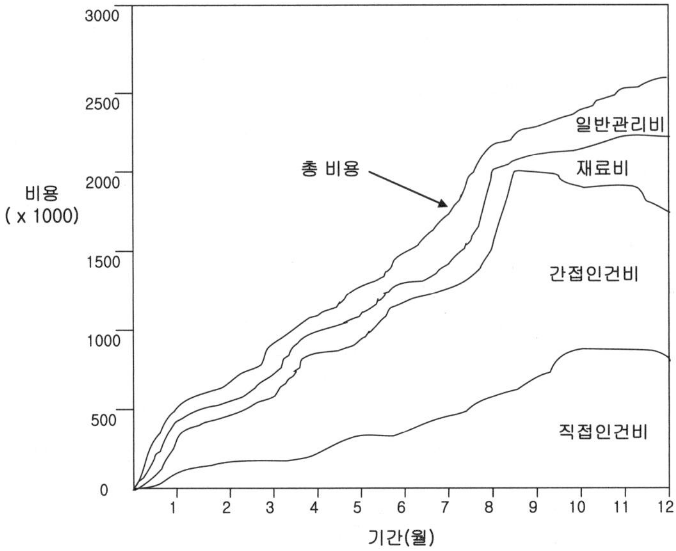

<그림 4.7> 프로젝트 비용곡선

4.2.5 프로젝트 설계검토

기술검토활동은 시스템엔지니어링 프로세스의 통합절차 중의 하나다. 이 검토절차는 공식설계검토에서 특정 프로젝트 활동이나 WBS의 부분적인 업무요소와 연관된 비공식 설계검토활동으로 대별된다. 이러한 검토는 기존 시스템설계형상의 기술적 적합성을 결정하거나 초기에 제기된 시스템 요구사항을 충족하지 못하는 사항을 파악함에 그 목적이 있다. 나아가 설계 개발 노력이 진행됨에 따라 검토활동은 보다 세분화되고 결정적인 요소로 반영된다.

주어진 프로그램에서 수행되는 공식설계검토의 유형, 횟수 및 기본목적은 개발 시스템의 복잡도, 조직구조 및 계약형태에 따라 다르다. 일반적으로 수행될 공식설계검토는 개념, 시스템, 장비/소프트웨어, 최종 검토 네 가지가 있다. 이는 대부분의 프로그램에 대표적으로 수행되는 기본적인 검토형태이다. 한편 대형국방 프로젝트의 경우, 공식설계검토 형태가 더 많이 수행된다. 예를 들면, 시스템 요구사항검토(SRR), 시스템기능검토(SFR), 시스템설계검토(SDR), 예비설계검토(PDR), 소프트웨어 규격검토(SSR), 소프트웨어 검증검토(SVR), 최종설계검토(CDR), 시험준비검토(TRR), 생산준비검토(PRR) 등이 있다. 수많은 설계검토활동을 계획할지라도 이를 실제 적용하기 위한 일정계획이 아니라면 아무런 의미도 없다는 사실을 유념해야 한다. 이와 같은 검토활동은 관련요원의 투입시간과 필요한 자원 등으로 인해 매우 값비싼 절차이다. 이러한 기술적인 공식검토뿐만 아니라 프로젝트 관리측면에서의 수많은 공식적인 사업관리 검토회의가 필요하다. 가끔 설계검토회의가 여러 엔지니어링 특수 분야의 엔지니어와 엔지니어링 중심으로 수행되기가 쉽다. 이에 따라 프로그램 관리에 꼭 반영되어야 할 경우, 주요 관리자가 불참하게 되면 전반적인 프로그램에 미치는 영향이 크게 나타난다. 다른 한편 주기적으로 모이는 관리 회의에 가끔 성능, 비용 및 일정에 관한 논의가 이루어질 경우, 설계에 미치는 영향이 큰 의사결정이 이루어진다. 이러한 경우 관리와 기술적 설계검토 두 가지 회의가 유기적으로 잘 운영될 수 있는 방안을 모색해야 한다. 양 쪽 회의에서 논의되는 사항이 상호간에 잘 연계될 수 있도록 검토일정을 조정하고 통제하여 상호간에 커뮤니케이션이 잘 이루어질 수 있도록 하는 것이 시스템엔지니어링의 수행 목표중의 하나다.

4.2.6 프로그램 진도보고 요구사항

프로그램 초기에 기술적 사항과 관리 사항을 함께 설정할 수 있도록 프로그램 기획이 이루어져야 한다. 부가하여 시스템설계 및 개발이 진행되어 감에 따라 주기적으로 상호 통합적으로 프로그램을 검토하여야 한다. 문제가 생기면 필요한 수정조치 활동이 이루어질 수 있도록 절차가 형성되어 있어야 한다. 비용, 일정 및 성능과 연관된 현황과 진도를 파악할 수 있는 관리정보시스템(MIS)이 마련되어야 한다. 일정과 비용정보는 앞서 논의된 6절과 7절의 절차에 따른다. 계획과 진도를 평가하기 위한 목적으로 주기적인 보고절차가 있어야 한다. 보고 횟수는 전반적인 프로젝트 일정과 다양한 설계활동 위험요소와 연계된 기능이다. 비교절차는 다음과 같은 질문으로 나타난다. 프로젝트가 정상적으로 추진되고 있는지 또는 프로그램 비용이 주어진 범위 내에서 잘 지출되고 있는지 등이다. 또한 현재인력투입을 계속할 경우 6개월 째 될 때 비용초과가 발생할 수 있는 업무는 무엇인지를 알아야 한다. 이러한 문제가 프로젝트를 진행하면서 지속적으로 문의하고 이를 답해야 한다. <그림 4.8>은 일정과 비용 데이터를 나타내는 보고내용 중의 하나다. 일정정보는 전형적인 PERT/CPM 네트워크로부터 산출된다.

프로젝트: 시스템 XYZ				계약번호: 6BSB-1002					보고일자: 3/15/06			
품목/식별				일정현황					비용현황			
WBS 번호	비용 회계	시작 이벤트	종료 이벤트	Te (주)	최단 종료일 De	최장 종료일 Dl	여유 Dl-De (주)	실제 종료일	추정 비용 (만원)	실제 비용	최종 보완 비용	초과 (잔여)
4A1210	3310	8	9	4.2	3/4/06	4/11/06	11.6	4/4/06	2500	2250	2250	(250)
4A1230	3762	R100	R102	3.0	5/15/06	4/28/06	-3.3		4500	4650	5000	500
5A1224	3521	9	9	20.0	6/20/06	8/3/06	0		6750	6750	6750	0

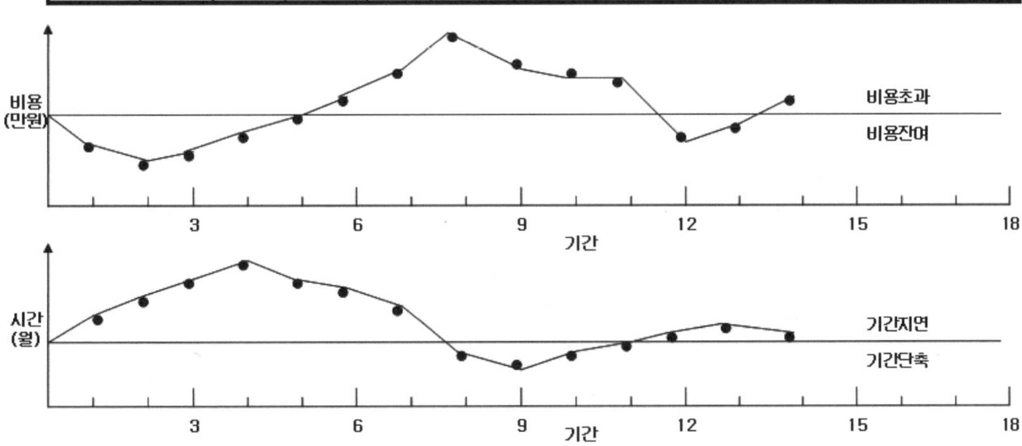

<그림 4.8> 프로그램 비용-일정 보고사례

성능과 관련한 기술성능측정요소(TPM)가 시스템규격서에서 식별되고 주기적으로 수행되는 검토활동에서 보고된다. 여기에는 거리, 정확도, 중량, 크기, 신뢰성(MTBF/MTBM), 유지보수성(Mct, MLH/OH), 가용성, 비용, 동력, 프로세스 기간 및 개발시스템의 임무와 직접적으로 연관된 요소로 구성된다. TPM 평가요소는 공식설계검토와 연계하여 측정, 평가 및 통제 활동을 주기적으로 보고해야 한다.

프로그램이 진행되면서 최초계획과 차질을 발생할 수 있는 잠재되어 있는 문제점과 함께 기존의 문제점을 수록한 관리정보시스템(MIS)을 운용해야 한다. 이러한 문제점을 시정하기 위하여 다음과 같은 절차에 따라 조치해야 한다.

- 잠재되어 있는 분야를 포함한 문제점을 식별하고 이를 중요도에 따라 분류토록 한다. 그 순위는 시스템 기능의 치명도를 고려하여 처리해야 한다.
- 그 우선순위에 따라 문제점을 평가한다. 가장 중요한 문제점을 맨 먼저 분석한다. 시정조치 대안은 (a) 프로그램의 일정과 비용영향도, (b) 시스템성능과 효과에 미치는 영향도, (c) 시정조치사항에 대한 의사결정과 관련된 위험도 등을 고려해야 한다. 이에 따라 가장 최적 대안을 식별해야 한다.
- 주어진 시정조치방안에 대한 그 문제점을 해결하기 위한 계획을 수립한다. 그 내용은 시스템 형상변경, 관리정책변화, 계약변경, 또는 조직변경 등이 있을 수 있다.
- 시정조치가 이루어진 다음 후속조치가 따라야 한다. (a) 실제 적용된 변경사항이 해당 문제점을 완전하게 해결했는지 확인한다. (b) 이러한 변경에 따라 추가적인 문제점이 발생하지 않았는지를 확인하기 위하여 프로그램의 다른 관점을 평가한다.

문제점의 순위를 제시하기 위하여 파레토 분석기법을 가시적으로 매우 유용하게 사용한다. <그림 4.9>에 가장 높은 항목이 가장 높은 관리 초점을 나타내고 있다.

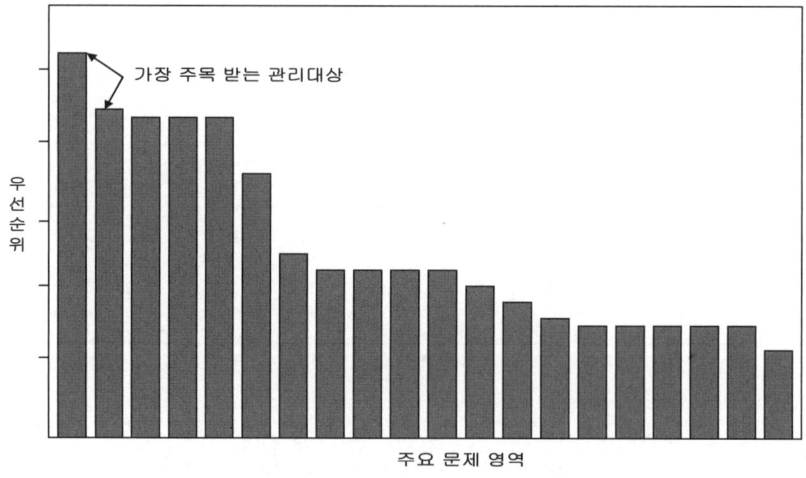

<그림 4.9> 문제 영역을 식별하기 위한 파레토 도표

4.2.7 프로그램 평가방안

계획 활동의 일환으로 다음과 같은 절차를 활용한다. 첫째, 조직과 제품 및 프로세스에 대한 현재 상태를 평가해야 한다. 둘째, 다른 대상과 비교해야 한다. 셋째, 미래를 향한 특정 목적과 목표를 수립해야 한다. 예를 들면, 지금 우리가 어디에 위치하고 있는지, 제품과 조직의 경쟁대상과 비교해야 한 다음 미래에 우리가 겨냥해야 할 목표를 수립해야 한다. 결과적으로 기존 시스템과 제품 형상의 기술적 특성과 시스템과 제품을 개발하고 생산에 적용할 조직과 프로세스에 관한 이슈 사항을 분석해야 한다. 이는 벤치마킹 설정 및 능력측정 및 평가모델을 적용함으로써 가능하다.

벤치마킹 기법

벤치마킹은 개인별로 자신의 경험과 배경에 따라 다른 방법으로 정의될 수 있다. Webster 사전에서 보면 "측정을 해야 하는 방법의 참고 점; 다른 경우의 측정표준으로 사용되는 것"으로 정의되어 있다. 이러한 정의는 주로 조사자의 참고 점이나 표식으로 나타나지만, 그 의미는 제품특성과 조직성과에 관한 측정표준을 마련하는데 사용된다. 1970년 초기 제록스 회사는 벤치마킹을 "비즈니스 프락티스"로 정의했다. "벤치마킹이란 해당분야 리더로 인식된 회사 또는 치열한 경쟁자의 제품, 서비스 및 프락티스를 지속적으로 측정하는 프로세스"로 정의하고 있다. 벤치마킹이란 "가장 잘 알려진 유사활동에 대하여 타당한 기간에 가장 최고의 수준으로 남기 위하여 보다 효과적으로 적용하기 위한 실무적인 활동과 목표를 달성할 수 있도록 자신의 프로세스, 제품 또는 서비스를 계속해서 비교하는 활동"으로 정의하고 있다. 이는 상호 경쟁적으로 향상하기 위해 중요한 시간 요소를 포함하고 있다.

시스템엔지니어링과 연관된 수많은 벤치마킹 활동이 있다. 시스템엔지니어링 개념과 원칙을 적용하는 몇 개의 회사가 내부적으로 벤치마킹 기법을 적극적으로 활용하고 있다. 이러한 대부분의 사례에서 보면 매일 일어나는 기능에 따른 조직과 프로세스에 이를 적용해 오고 있다. 이는 적절한 방법이지만 제품 산출물에 대한 회사 목표를 설정함에 주의를 기울여야 한다. 그리고 전반적인 제품 목표를 달성하기 위하여 필수적으로 고려해야 할 조직 특성을 제시해야 한다. 가끔 조직효과를 평가하기 위하여 궁극적인 목적에 상응한 요소를 측정하여 초기 적합한 목표를 정의하지 않음에 따라 부정적인 결과를 가져올 경우 변경을 시도하기도 한다. <그림 4.10>에 일반적인 벤치마킹 접근방법이 적용계획을 개발하면서 시작된다. 이는 제품목표를 얻기 위해 조직의 목적을 정의함에 기초하고 있다. 제품목표는 주어진 시스템의 TPM항목 또는 하나 또는 그 이상의 제품에 대한 동등한 측정항목으로 제시된다.

둘째 열에 나타난 정량적인 요구사항은 현재 상태를 나타내고 세 번째 열의 요구사항이 원하는 목표를 제시하고 있다. 따라서 현재 목표에서 미래 목표를 달성하기 위한 방법을 강구해야 한다. 이러한 단계는 제품 목표와 연관된 요소를 지원하기 위하여 조직구조와 프로세스와 연계되어 있다. 바로 여기에 시스템엔지니어링 기능과 활동이 연계되어 있다는 사실을 유념해야 한다.<그림 4.10>의 블록 3에서 시스템엔지니어링 요소를 식별하고 제품목표달성에 필요한 개념과 원칙을 적용하기 위하여 어떠한 활동이 수행되어야 하는지를 정의해야 한다. 이는 평가 프로세스를 위해 질의서나 체크 리스트를 사용하기도 한다. 현재 프로세스를 평가하고 가능한 문제점을 인식하며 프로세스와 제품향상을 위한 추천을 블록 4에서 수행하게 된다. 그리고 블록 5에서 이러한 제안에 미치는 영향을 분석 평가한다. 가능하다면 적절한 수정활동이 적용되어도 좋다. 주어진 성과레벨을 달성할 때까지 반복적으로 수행되어도 좋다.

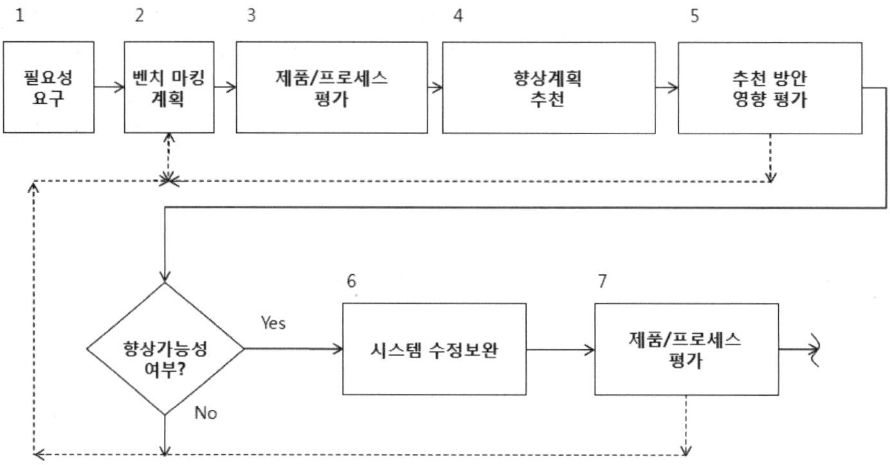

<그림 4.10> 벤치마킹 프로세스

<그림 4.11>은 성과레벨, 주요경쟁현황, 및 원하는 목적에 따른 현재 상태를 나타내는 벤치마킹 계획을 보여주고 있다. 경쟁자가 벤치마킹 활동에 나타나 더 높은 레벨 목표를 설정하게 된다. 따라서 대상 시스템이나 제품에 경로 C-D 대신에 경로 A-B를 따라가는 계획을 개발하게 된다.

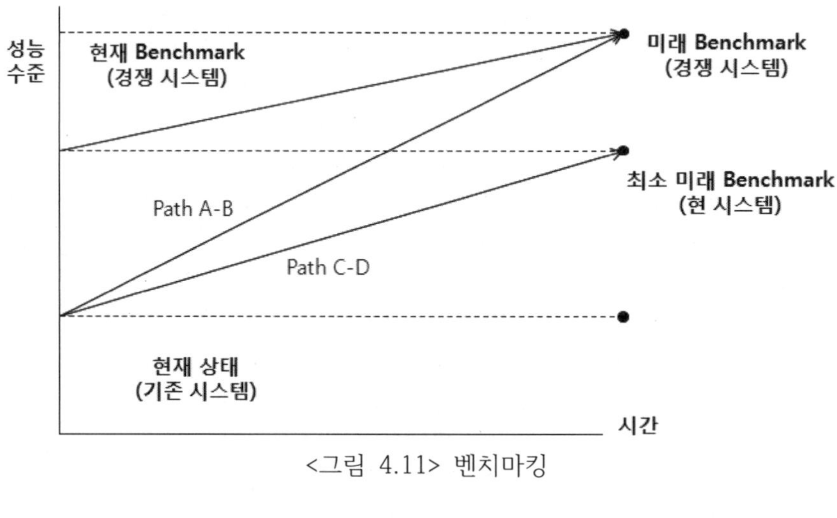

<그림 4.11> 벤치마킹

시스템엔지니어링 능력성숙도 모델(SE-CMM)

회사 또는 기관의 설정된 목표에 따라 다음 수행해야 할 단계는 대상 기관이 이를 달성할 수 있는 능력을 발견해야 한다. 즉, 대상기관의 성과요구레벨을 충족시킬 수 있는 조직능력을 측정하는 단계를 말한다. 주어진 시스템엔지니어링 목표와 수행해야 할 추천업무를 수행함에 있어서 어는 정도까지 효과적이고 효율적으로 수행할 수 있는지를 측정해야 한다. 또한 해당 조직의 관리자와 경영자가 시스템엔지니어링을 어느 정도까지 이해하고 있는지가 중요하다. 시스템엔지니어링 프로세스를 적용하기 위하여 하향적인 원칙을 제시하고 있는지도 중요하다. 그렇다면 지금 어떠한 활동을 적용하고 있는지 나아가 시스템엔지니어링 목표를 성공적으로 달성하기 위하여 적절한 표준과 측정목표 및 프로세스를 설정하고 있는지를 알아야 한다. 여러 가지 질문을 해 보고 결국 해당조직의 성숙도 레벨을 결정해야 한다. 그리하여 어디에 문제점이 있는지 또 다른 조직과 비교하여 유사분야 어는 부분에 계층구조에 해당하는지를 평가해야 한다. 요약하면 벤치마킹 방법은 특정 목표를 제시하는데 도움을 주고 있지만 조직의 현재 능력을 평가하기 위한 모델을 개발해야 한다.

이러한 목적으로 개발된 것이 조직평가모델이다. 적용 정도에 따라 여러 가지 모델이 있지만 두 가지 특정모델을 소개하려고 한다. Carnegie Melon 대학의 주도 아래 산학연이 함께 참가하여 1994년에 SE-CMM이 개발되었다. 그리고 다른 모델은 1994년에 INCOSE 협회에서 개발한 SECAM)이 있다. 두 가지 모델 모두 적용에 효과적이지만 조직평가 방법으로 널리 알려진 SE-CMM을 살펴보자. 조직을 평가하기 위해 상기 18가지 프로세스 영역에 대한 개별적인 현황을 측정하고 분석해야 한다. 각 영역에 대한 특정 질문을 포함한 질의서가 개발되어야 한다. 계량적인 기준단계에 일치하도록 개별 요소에 대한 점수를 측정한다. 18가지 개별 요소에 대한 측정치를 종합한 결과에 따라 <그림 4.12>에서와 같은 6가지 성숙레벨에 대한 조직평가를 제공하게 된다. 아무런 시스템엔지니어링 활동을 적용한 근거가 없는 "레벨 0" 단계로부터 모든 시스템엔지니어링 활동이 효과적으로 적용되고 있고 나아가 지속적인 프로세스 향상 활동이 수행되고 있는 "레벨 5" 단계가 있다.

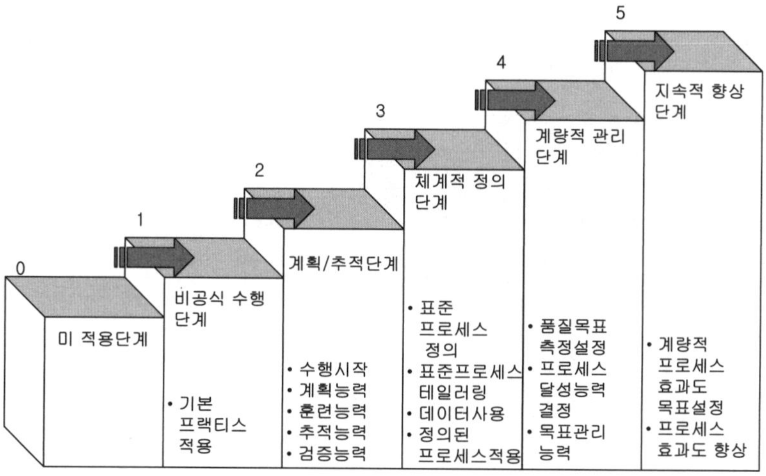

<그림 4.12> 프로세스 능력 성숙도

SE-CMM은 시스템엔지니어링 수행조직으로 하여금 시스템엔지니어링 원칙과 프랙티스를 잘 적용하기 위한 필수 요소를 기술한 모델을 말한다. 이 모델은 특정 프로세스나 순차적인 활동내용을 기술한 것이 아니라 적용해야 할 필수 요소의 실제시스템엔지니어링 프랙티스를

상호 비교하기 위한 참조사항을 제시하고 있다. 이러한 필수 요소로서는 평가대상 업체의 18가지 프로세스 영역으로 나누어진다. 그 내용은 다음과 같다.

1) 필요성에 입각한 대안 솔루션을 분석하고 있는가.
2) 요구사항을 도출하여 할당하고 있는가.
3) 시스템 아키텍처를 활용하고 있는가.
4) 설계기법을 통합하고 있는가.
5) 시스템 요소를 통합하고 있는가.
6) 고객/소비자의 필요성과 기대를 이해하고 있는가.
7) 시스템을 검증하고 확인하고 있는가.
8) 품질확인을 하고 있는가.
9) 형상을 관리하고 있는가.
10) 위험을 관리하고 있는가.
11) 기술사항을 통제하고 관리하고 있는가.
12) 기술 활동을 계획하고 있는가.
13) 시스템엔지니어링 프로세스와 활동을 정의하고 있는가.
14) 시스템엔지니어링 프로세스를 향상시키고 있는가.
15) 생산라인을 관리하고 있는가.
16) 시스템엔지니어링 지원환경을 관리하고 있는가.
17) 기술 및 지식현황을 제공하고 있는가.
18) 공급자 협조 및 협력사항을 제공하고 있는가.

<그림 4.13>은 각 프로세스 영역에 대한 순위를 제시하고 능력이 부족한 영역을 쉽게 찾아내고 프로세스 향상 방안을 제시해 주고 있다.

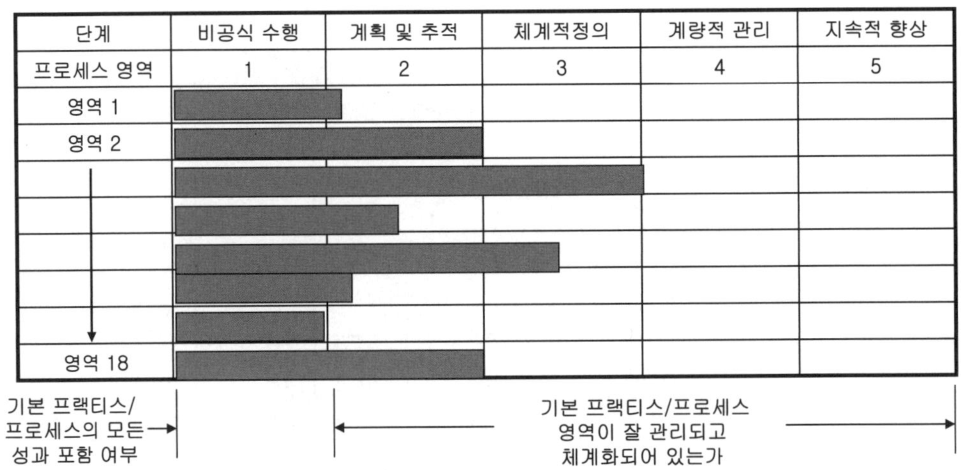

<그림 4.13> 프로세스 영역별 능력 결정

5개 분야, 29개 영역, 59개 KPA 및 201개 실무영역에 대한 보다 구체적인 CMMI 개발능력 평가 자료는 부록 II를 참조하라.7)

7) CMMI v1.1 Continuous Representation; CMMI Dev v1.2 (2006년) 5개 분야, 29개 영역, 59개 KPA 및 201개 실무영역

4.3 문제풀이

- 시스템엔지니어링 계획은 엔지니어링 목적을 달성하기 위한 조직구조를 수립해야 한다.
- 본 계획은 이벤트 일정 계획을 포함하고, 피드백과 통제 방법을 포함해야 한다.
- 본 계획은 엔지니어링 활동을 수행하는데 필요한 중요한 계획과 통제문서로 사용된다.
- 본 계획은 기술전략을 달성하기 위해 필요한 추정예산과 세부일정을 구체화해야 한다.
- 시스템엔지니어링 계획은 획득과 기술 프로세스 사이에 적절한 관계를 유지해야 한다.

1) 시스템엔지니어링 계획은 프로그램 초기에 전반적인 프로그램 요구사항을 정의함으로써 시작된다. 왜 이와 같은 계획 활동이 될 수 있는 한 빨리 수행되는 것이 바람직한가? 만일 늦어질 경우 어떠한 문제가 발생가능한가?
2) 시스템규격서(A)와 시스템엔지니어링관리계획(SEMP)은 어떻게 연계되어 있는가?
3) SEMP 작성 책임은 누구인가? 고객, 생산자, 계약자, 하부계약자, 또는 공급자의 SEMP는 어떻게 다른가? 작성자에 따라 상호간의 제약조건과 인터페이스를 설명해 보라.
4) 한 대상시스템을 선정하여 획득 프로세스를 기술하고, 개략적인 SEMP를 구상해 보라.
5) 시스템엔지니어링과 특수엔지니어링(RAMS, ILS, 소프트웨어 엔지니어링, 가치/비용, 품질, 생산성, 폐기성 등)과의 기능적인 관계를 기술해 보라.
6) 하나의 대상시스템을 선정한 다음, 대상시스템에 대한 시스템엔지니어링 업무를 기술해 보라. 이 때 주요 시스템 인터페이스를 식별해 보라.
7) 문제 1)에서 식별된 업무에 대하여 (a) 프로그램 네트워크 형태로 세부일정계획을 수립해 보라. (b) 본 활동에 대한 일정과 비용을 제시해 보라.
8) PERT/COST를 적용할 때 비용-시간에 대한 대안이 필요하다. 비용-시간에 대한 옵션을 무엇을 의미하며 이는 최장 경로에 어떠한 영향을 가져다주는가?
9) WBS의 목적은 무엇인가? WBS, SWBS 및 CWBS와의 차이점은 무엇인가? 업무 패키지와 WBS는 어떠한 관계인가? 선정된 대상 시스템의 WBS를 제시해 보라.
10) WBS와 비용회계 분해구조와의 관계를 설명해 보라.
11) 시계열 분석표의 목적은 무엇인가? 그리고 요구할당표(RAS)는? 설계기준서는? 이는 시스템 기능분석과 어떻게 연관되어 있는가?
12) 왜 비용/일정/성능 측정, 평가, 및 통제활동이 중요한가? 무슨 속성이 상호 연계되어 있는가?
13) 당신이 시스템엔지니어링 조직의 책임자라면, 시스템엔지니어링 목적이 달성될 수 있는지 여부를 확인하기 위하여 어떠한 프로그램/프로젝트 보고사항을 포함할 것인가?
14) SEMP와 TEMP사이에 좋은 커뮤니케이션이 이루어져야 한다. 이는 왜 중요한가? 그리고 형상관리계획은? ILSP는? 생산/제조계획은? 총 품질관리계획(TQMP)은?
15) 위험관리계획을 수립하는 것이 왜 중요한가? 무슨 사항이 포함되어야 하나?
16) 기술성능측정(TPM)은 시스템엔지니어링 계획 프로세스에 어떻게 적용되는가? TPM의 중요성은 무엇인가?
17) 시스템엔지니어링 프로세스를 적용하기 위해 사용되는 방법/도구를 기술해 보라.
18) 시스템엔지니어링 부서장으로 임명되었다고 하자. 당신 조직의 현 실태(성숙도 레벨 등)를 평가하기 위해 적용할 프로세스를 설명해 보라. 향상(성숙도 레벨향상)을 위해 어떠한 단계로 추진해야 하는가?

제2부

시스템 아키텍처 및 운용 아키텍처

제5장 시스템 이해관계자와 수락

5.1 시스템 역할과 이해관계자

우주공간에 있는 모든 시스템은 목적이나 임무를 지니고 있다. 다른 말로 하면, 모든 시스템은 다른 시스템과 마찬가지로 존재해야 할 이유를 가지고 있다. 대부분의 인공시스템은 “소유자” 조직의 역할, 임무, 및 목표를 달성하고 기여하기 위해 존재한다. 각 시스템은 소유자 시스템의 전반적인 역할 중의 한 역할을 수행한다. 이 장에서는 시스템의 역할과 이해관계자에 대한 개념을 소개하고자 한다. 시스템, 제품 및 용역을 사용하는 조직의 역할과 물리적 시스템, 즉, 자산을 가지고 어떻게 조직의 역할, 임무, 및 목표를 이행할 것인지를 알아보자. 조직 내에서 성공적으로 이행할 수 있는 인공시스템의 충족여부는 얼마나 잘(How well) 시스템이 명시되고, 설계, 개발, 통합, 검증, 확인, 운용, 및 지원되는지에 달려있다. 이는 임무수행 결과의 운용효과, 달성된 성능, 및 시스템 임무 및 목표에 대한 산출물로 직접 또는 간접적으로 사람에게 유익을 주도록 요구하고 있다. 이러한 개인들을 가리켜 이해관계자라고 부른다. 본 장에서는 일차적인 시스템 이해관계자의 역할과 그들의 기여도를 제시하고자 한다. 이는 시스템 임무 성능 및 결과물에 긍정적이거나 부정적인 면이 함께 나타난다. 조직에서의 시스템을 이해하기 위하여 다음과 같은 사항을 살펴보아야 한다.

- 시스템의 역할이 무엇인가.
- 임무 시스템이란 무엇인가.
- 지원 시스템이란 무엇인가.
- 이해관계자는 누구인가.
- 다양한 이해관계자는 누구인가.

주요 용어의 정의

- 최종 사용자: 시스템, 제품 또는 용역의 결과 또는 산출물로 직접적인 이익을 보는 개인이나 기관
- 이해관계자: 주어진 임무를 수행하는 시스템에 의해 생산된 산출물로 귀속되는 유익(예, 우호자, 경쟁자 또는 피해자)을 가진 개인 또는 기관
- 시스템 사용자: 임무 중심의 목표 또는 업무를 수행할 목적으로 시스템, 제품, 또는 용역이나 연관제품을 사용하는 개인이나 기관, 예를 들면, 도시교통시스템은 한 지점으로부터 다른 지점으로 승객을 운송하는 버스 운전사와 버스를 사용한다. 이 때 버스 운전사와 승객을 사용자로 분류한다.

조직에서 운영하고 있는 시스템은 그들의 비즈니스 도메인에서 주어진 임무와 목표를 반영한 역할을 수행한다. <표 5.1>은 시스템 역할과 임무를 제시하고 있다.

<표 5.1> 시스템 임무 및 역할 사례

역할	역할에 따른 임무
입법	사회적으로 일치되는 지침과 제약사항을 개인, 조직 또는 시 또는 도와 같은 정부를 다스리는 법, 법령, 규정, 조력, 정책 등으로 설정하라.
재판	설정된 법, 법력, 규정, 조령, 정책 등에 따라 개인, 조직 또는 기업을 판결하라.
군사	국가의 안위를 책임지고 헌법, 안보 및 주권을 보호하는 협력, 위기, 평화유지, 전쟁 억지, 전시 역할을 수행하라.
교통	한 지점으로부터 다른 지점으로 육상, 해상, 항공, 또는 우주 또는 복합수단으로 안전하고 효율적으로 고객과 화물을 운반하기 위한 교통 서비스를 제공하라.
공민	한 조직의 목적과 목표를 촉진시키는 공공 서비스를 수행하라.
교육	사회구성원의 일원으로 활동하기 위하여 기술 숙련과 특정 분야 지식을 획득할 수 있는 교육 기회를 제공하라.
자원	ROI를 기대하는 개인 조직 또는 기업의 임무, 목표, 및 목적을 지원하기 위하여 성능과 리스크를 감안한 자원(시간, 돈, 연료, 전기 등)을 제공하라.
감시/통제	다른 시스템의 성능을 감시하고, 설정된 표준에 다른 성능을 평가하며, 증거자료를 기록하라. 그리고 성능이나 기타 시스템을 통제하라.
연구개발	시스템에 신규기술 적용이나 연구 및 개발, 생산 활동을 탐색하라.
생산자	시장의 요구사항과 표준을 사용하여 시스템 설계에 따라 제품을 생산하라.
건설	사용자로 하여금 시스템을 배치, 운용, 지원, 교육훈련, 및 폐기할 수 있도록 시스템 개발자가 설비, 기지 등을 하는 건설 서비스를 제공하라.
농업	사람과 가축의 안전한 소비와 환경에 안전하게 시장에 영양식품과 농업 제품과 연관 제품을 제공하라.
소매/도매	소비제와 서비스를 시장에 공급하라.
의료	의료진단 및 처방 서비스를 제공하라.

5.1.1 시스템 역할 콘텍스트

모든 인공시스템은 고객, 사용자 및 이해관계자를 지원하기 위하여 특정 성능을 가진 목표와 산출물을 이행하기 위한 임무 중심의 운용 및 업무를 수행한다. 이러한 임무를 수행하기 위해서 두 가지 형태의 운용 역할: 임무 시스템과 지원 시스템을 요구하고 있다.

대상시스템(SOI)

만일 인공시스템을 분석한다면, 모든 시스템은 두 가지 콘텍스트 역할을 동시에 수행한다는 사실을 이해해야 한다. 1) 임무 시스템 역할, 2) 지원 시스템 역할. 이제 이에 대한 정의를 알아보자.

임무 시스템 역할

임무 시스템 역할이란 성능을 지닌 산출물을 나타내는 제품과 용역을 제공하기 위하여 특정 업무를 주어진 시스템에 의해 수행되는 것을 말한다. 예를 들면, NASA의 우주선은 다양한 과학적 모표를 달성하기 위하여 우주에서 임무를 수행하는 시스템이다.

지원 시스템 역할

지원 시스템 역할이란 다른 임무 시스템이 주어진 업무를 수행하고 지원하며, 후속정비와 교육훈련을 이행할 수 있는 시스템 임무가 수행될 수 있도록 운용 준비가 되어 있는 상태를 말한다.

예를 들면, 항공사의 임무 시스템은 도시간 승객과 화물을 안전하게 운송하기 위하여 항공기와 승무원으로 구성되어 있다. 항공기의 지원 시스템은 화물취급, 수리요원, 설비, 지상 지원장비(GSE), 그리고 안전한 항공기 운항 준비, 소모품과 지원품 충전, 화물과 승객 짐승/하차 지원을 준비하여 임무 시스템역할을 이행하는 기타 사항으로 구성되어 있다. NASA의 우주선은 다양한 과학적 모표를 달성하기 위하여 우주에서 임무를 수행하는 시스템이다. 국제우주정거장(ISS)에 대한 지원 시스템으로 우주선은 케네디 우주센터와 ISS 간에 우주인과 화물을 나라다 준다.

조직의 역할과 시스템엔지니어링과의 연계성

조직의 역할과 시스템엔지니어링과 어떻게 연관이 되어 있는지를 알아보자. 하드웨어, 소프트웨어와 같은 물리적 시스템은 상위레벨 조직에서 사용자와 같은 요원이 주어진 예산 비용과 일정 범위 내에서 조직의 운용 목표, 임무와 목적을 달성하기 위하여 물리적 시스템 능력을 활용하게 된다. 시스템엔지니어링을 적용함으로써, 조직의 목표, 목적 및 임무를 달성하기 위하여 주어진 운용환경에서 어떻게 사용자가 시스템을 배치하여 활용할 것인지를 완전하게 이해할 수가 있다. 예를 들면, 본 지침이 조직의 운송역할과 어떠한 관련이 있는가를 생각해보자. 항공 비즈니스를 하는 회사라고 하면, 예약 및 항공권 구매 서비스, 체크 인 및 화물 서비스, 항공기, 게이트 설비, 스피드 서비스, 또는 보안에 곤한 활동을 지원해야 한다. 이러한 모든 활동이 조직의 역할을 이행하기 위해 필요한 하드웨어와 소프트웨어로 구성된 물리적 시스템을 요구하고 있다. 조직은 다음과 같은 활동을 수행하게 된다.

- 시스템, 제품 또는 용역을 개발.
- 다른 벤더로부터 시스템, 제품 또는 용역을 획득.
- 시스템이나 용역을 위하여 계약이나 임대를 통한 아웃소싱

어느 경우든, 각 시스템은 조직의 운송 역할을 달성하기 위하여 기여하는 목표, 목적, 임무 또는 성능 요구사항을 할당하게 된다. 항공사와 같은 조직이 운용을 시작할 때, 수많은 사람이 기획, 적용 및 운용활동에 참여하게 된다. 각 이해관계자는 조직의 역할과 내장된 시스템의 산출물과 결과에 대한 이익을 기대하고 있다. 이는 다음 시스템 이해관계자의 역할을 이해하는데 도움을 준다.

5.1.2 시스템 이해관계자 역할

개념단계에서부터 폐기단계까지 인공시스템은 직접 및 간접적으로 사람의 지원이 요구된다. 시스템, 제품, 용역으로부터 이익을 가져오는 사람은 개념형성, 투자, 조달, 설계, 개발, 통합, 운용, 지원, 및 폐기에 걸친 모든 활동에 기여하고 있다. 이러한 사람들을 가리켜 이해관계자라고 부른다. 사용자에게 리스크와 중요성을 포함하여 시스템 규모와 복잡도에 따라 이해관계자 역할은 개인, 조직 또는 기업, 정부 또는 국가와 같은 상위레벨 기관에 의해 수행되어진다. 이해관계자는 시스템과 산출물로부터 이익을 차지하는 사람 또는 조직을 말한다. 누가 이해관계자인지는 그들의 역할에 달려있다. 모든 인공시스템은 수명주기간 시스템 성능과 전체적인 운용에 기여하는 상이한 목적과 내용에 따라 사란의 노력에 의해 지원된다. <표 5.2>에 이러한 이해관계자의 역할을 기술해 두고 있다.

시스템 이해관계자 역할을 이해

이해관계자 역할에 대한 콘텍스트는 대상시스템(SOI)에 초점을 두고 있다. 이러한 역할을 수행하는 개인, 조직 또는 기관이 다른 시스템의 이해관계자이어도 좋다는 사실을 인지하라. 사실상 이해관계자 역할은 시스템에 따라 다르다.

<표 5.2> 이해관계자 역할 정의

역할	임무내용
제안자	시스템 필요성에 대한 원인, 임무, 또는 요구를 표현하는 개인, 조직 또는 기업으로서 이를 통해 시스템 지원으로부터 유무형 이익을 가져오거나 상위레벨에 유익을 가져다준다.
이해관계요원	직간접적으로, 시스템과 개발, 운용, 제품 및 연관제품 전부 또는 일부를 소유하는 개인, 조직 또는 기관을 말한다.
소유자	시스템, 개발, 운용, 제품, 연관제품, 및 산출물과 폐기에 대하여 법적으로나 행정적으로 책임이 있는 개인, 조직 또는 기관을 말한다.
사용자	시스템, 제품, 용역 또는 연관제품으로부터 직접적인 이익을 보는 개인, 조직 또는 기관을 말한다. 사용자는 물리적으로 시스템을 운용하거나 시스템에 데이터, 원자재, 반제품 등을 입력하여 제품, 용역, 또는 정보와 같은 형태로 부가적인 가치를 유발하는 결과를 제공한다.
아키텍트	시스템, 시스템개념, 임무, 목표, 및 목적을 형성하고 개념적으로 나타내는 개인, 조직 또는 기관을 말한다. SE는 다분야 학문이기 때문에 시스템 아키텍트 역할 또한 하드웨어 아키텍트, 소프트웨어 아키텍트 지침 아키텍트 등으로 나타나게 된다.
획득요원	사용자에 의해 다음과 같은 기술 활동의 대표로 지칭된 대리인을 말한다. 시스템 규격화/시스템개발자 또는 용역제공자 선정/지수지원제공/계약이행감독 및 검증 확인된 시스템을 사용자에게 제공
개발자	운용능력과 시스템성능규격(SPS)에 맞는 검증된 시스템 솔루션을 개발책임을 진 개인, 조직 또는 기관을 말한다.
용역제공자	시스템 운용이나 운용 시 지원요역을 제공하기 위해 계약된 개인, 조직 또는 기관을 말한다.
독립시험기관	시스템이 의도 및 기술된 운용환경에 대하여 사용자의 문서화된 운용임무 필요성을 충족시키는 시스템을 검증 확인하는 개인, 조직 또는 기관을 말한다.
행정요원	시스템에 대한 일반적인 운용, 형상, 접근 및 유지보수에 책임을 진 개인, 조직 또는 기관을 말한다.
임무기획요원	강도, 단점, 기회, 및 위협(SWOT)에 대한 상황분석, 시스템 능력 및 성능에 기준하여 세부계획을 수립하고, 임무와 목적을 성공적으로 달성하기 위해 활동, 대응책, 및 요구자원을 개발하는 개인, 조직 또는 기관을 말한다.
분석요원	임무계획자, 시스템 운용자, 및 유지보수자에게 의사결정에 필요한 데이터를 제공하기 위하여 분석방법과 기법(과학적, 수학적, 통계적, 재정적, 정치적, 사회적, 문화적 등)을 적용하는 개인 또는 조직을 말한다.
지원요원	시스템의 임무와 목적을 성공적으로 수행하는 유지차원에서의 시스템, 능력, 및 성능에 대한 지원책임을 지는 개인, 조직 또는 기관을 말한다. 시스템 지원에는 유지보수, 교육훈련, 데이터, 기술 매뉴얼, 자원 및 관리를 포함한다.
유지보수요원	장비 시스템요소가 수시정비, 예방정비 및 시스템 업그레이드를 통해 적절하게 유지되도록 책임을 지는 개인, 조직 또는 기관을 말한다.
교육요원	시스템 임무 및 목적을 달성함에 있어서 성능 표준 수준을 능숙하게 구현할 수 있도록 인적시스템 요소의 모든 요원들을 훈련시키는 개인 또는 조직을 말한다.
평가요원	주어진 임무, 목표 및 목적을 비용효과적으로, 가치 창출 수단으로 이행하기 위하여 시스템 부족사항을 알리기 위해 그리고 시스템 평가가 시스템 보호수단으로 다른 시스템에 위협을 준다고 믿기 위해 경쟁자, 상대자를 가지고 있는 개인, 조직 또는 기관을 말한다.
경쟁자	개인, 조직 또는 기관의 임무, 목표 및 목적을 유사 임무 산출물과 경쟁하는 요소를 말한다. 예를 들면, 시장 점유율, 물리적 공간 등을 들 수 있다.
상대자	관심, 이상, 목표 및 목적이 1) 다른 시스템의 임무, 목표, 및 목적을 불러일으키고, 2) 거동패턴과 위협을 가져다주는 활동을 나타내는 상대방, 조직 또는 기관을 말한다.
위협	다른 시스템의 임무, 목표, 및 목적을 불러일으키는 임무, 목표, 및 목적을 계획하고 이행하는 경쟁자, 상대자, 조직, 또는 기관을 말한다.

예를 들면, 당신 시스템의 시스템 제안자는 다양한 시스템의 소유자이기도 하다. 사용자는 그들 자신의 임무목표와 목적을 달성하기 위하여 여러 다른 시스템을 지니고 있어도 좋다. 시스템 개발자 또한 여러 다양한 시스템 개발자 및 다른 시스템의 시스템 유지보수자이어도 좋다.

5.1.3 요점

여기서 우리는 시스템 이해관계자의 역할을 살펴보았다. 각 이해관계자는 시스템, 제품 또는 용역에 대한 산출물과 성공 요소의 부분적인 관심을 가지고 있다. 이러한 관심에 대하여 시스템 이해관계자는 시스템 요구사항의 주요 소스가 된다. 궁극적으로 시스템 성능에 대한 이해관계자 충족은 시스템 수락을 결정하는 주요 요소가 된다.

5.2 시스템 수락

5.2.1 개요

인공시스템 및 궁극적인 그 시스템의 임무를 충족시키는 성취정도는 다음사항에 달려있다.

- 시장진입여부-운용 필요성이 시장에 기회로 주어진 경우
- 시스템에 대한 운용 용이성, 적합성 및 가용성에 대한 사용자의 이해
- 시스템에 대한 사용자 임무 달성 능력-시스템 효과
- 시스템에 대한 운용과 유지보수에 필요한 자원과 비교한 투자효과-비용효과

대부분의 사람들은 고객 충족도 콘텍스트에서 시스템 수락을 다루고 있다. 엔지니어는 시스템 또는 제품이 시장에 출현, 분배 이후 고객 충족도를 조사하여 그 정도를 측정할 수 있는 요소로 나타내려고 한다. 이와 같이 출시 후 조사된 결과에 따라 다음과 같은 사항이 발견되면, 시스템이나 제품향상을 하게 된다.

1) 사용자가 결함 발생 시, 계약에 의해 검증되지 못한 결함이라고 간주하고 이를 다른 계약을 통해 보완하려 할 경우
2) 장기간 이익을 내다봤을 때, 내부투자가 더 효과가 크다고 판단될 경우

출시 후 자료조사라기 보다 시스템 개발 이전에 사용자 운용 필요성을 다시 한 번 살펴보아야 한다.

1) 사용자가 시스템이나 제품을 운용하는 방법
2) 성공여부를 무슨 기준으로 측정했는지 확인
3) 사용자 결함 또는 성공정도에 대한 결과나 경향

이러한 토픽은 많은 교과서에서 잘 다루어지지 않고 있다. 이야말로 엔지니어들이 다루어야 할 거의 마지막 단계라고 본다. 이는 가장 중요한 개념 중의 하나다. 만일 시스템 개발자가 사용자 수락에 대한 성공기준을 모른다고 한다면, 정교한 모든 설계라 할지라도 이는 가치가 없다. 따라서 이 토픽이 시스템 속성 개념의 하나로 다루어져야 한다. 제시된 상기 네 가지 성공요소가 동시적으로 최적화되기는 어렵다. 거의 동등하게 나타난다 할지라도 심리적으로 주관적인 사항(2번 요소인 운용 이용성, 적합성 및 가용성)이 시스템 성공에 대한 객관적인 사항(3번 요소인 시스템 효과와 4번 요소인 비용효과)을 모호하게 만든다.

- 동료들 상호간의 주관적인 외관, 느낌 및 견해 또는 투자 소스 요소에 따라 부분적으로 충족된 시스템에 대하여 사용자는 그 수락 정도를 모호하게 만들게 한다.
- 역으로 동일한 주관적인 이유로 사용자는 객관적으로 성취된 시스템을 거부하게 된다. 궁극적으로 현실적으로 몇 가지 이벤트가 발생된다. 시스템에 계속되는 결정사항은 결함을 수정하기 위한 업그레이드 또는 시스템을 폐기하든가 신규 시스템으로 교체하게 된다. 운용 이용성, 적합성, 가용성 및 효과성은 SE가 개념단계에서 폐기단계까지 전반적인 시스템 개발을 통합하는 프로세스임을 확신시켜 주는 요소임을 알게 해 준다. 이러한 요소는 시장에서 공통적인 전문용어로 알려져 있으나, 이를 적용 시 계량화하기가 매우 어렵다. 이를 적용하기 위해서는 전형적으로 주요 의사결정자로 하여금 실질적이고 쉽게 표현할 수 있는 정보로 계량화하고 나타낼 수 있도록 전반적인 경험을 지닌 특수 전문가를 요구하고 있다.

여기에서 얻고자 하는 구체적 내용은 다음과 같다.

- 사용자에게 무슨 요소가 시스템 수락성에 영향을 주고 있는가.
- 시스템 개요, 타당성, 및 수용성은 왜 중요한가.
- 시스템의 운용 이용성은 무엇을 의미하는가.
- 시스템의 운용 적합성은 무엇을 의미하는가.
- 운용 가용성은 무엇을 의미하는가.
- 시스템은 운용 효과성은 무엇을 의미하는가.
- 시스템의 비용효과는 무엇을 의미하는가.
- 시스템 검증이란 무엇인가.
- 시스템 확인이란 무엇인가.
- 시스템 검증과 확인은 사용자, 회득자, 및 시스템 개발자에게 왜 중요한가.

주요 용어의 정의

- 효과도 척도(MOE: Measure of Effectiveness): 모델이나 시뮬레이션에서 측정된 정량적이거나 정성적인 성능정도 또는 업무 수행정도, 운용목표 또는 특정 상태에서의 요구사항충족 정도를 나타내는 특성[8])을 말한다.
- 성능척도(MOP: Measure of Performance): 효과도 척도 (MOE)의 하부세트로서 가장 낮

8) DoD 5000.59-M, Modeling & Simulation (M&S) Glossary, Part II, Glossary A-318, p.134

은 성능레벨에 대한 척도[9]로써, 예를 들면, 속도, 탄두중량, 사거리, 도착시간, 빈도, 또는 기타 분명하게 측정 가능한 척도를 말한다.

- 적합성 척도 (MOS: Measure of Suitability); 시스템에 대한 조직체계 및 임무 적용 시, 운용 적합성을 평가하는 사용자의 주관적 판단 기준을 객관적으로 성과를 측정할 수 있는 척도를 말한다.
- 운용효과도: 조직, 교리, 전술, 생존, 취약점, 및 위협(대전자전, 초기 핵무기효과, 화생방)을 고려한 시스템 운용 시, 계획 대 예상 환경(예, 자연, 전자, 위협)에서 위임한 요원에 의해 사용될 때 전반적인 시스템 임무달성 정도를 측정하는 운용시험 및 평가에 나타난 척도를 말한다. 기술적인 노력으로 사용자에게 제공된 운용 시스템은 OT&E 시험기관에 의해 운용효과를 평가하게 된다.[10]
- 운용 적합성: 시스템이 야전에서 운용 시, 가용성, 일치성, 수송가능성, 상호운용성, 신뢰성, 사용율, 유지보수성, 안전성, 인간요소, 인력지원가능성, 로지스틱스 지원가능성, 자연환경영향 및 효과, 문서화, 및 교육훈련 요구사항을 만족하게 충족시킬 수 있는 정도를 말한다.[11]
- 시스템 효과도: 시스템이 고객의 필요성과 요구사항을 만족하게 충족시킬 수 있는 정도를 계량적으로 측정한 값을 말한다. 시스템 효과도는 적합성, 의존성, RAM, 및 능력의 함수로 나타난다.[12]

사용자 수락을 위한 주요 노력사항

시스템, 제품, 또는 용역에 대한 수락 여부는 시스템 개발 전 분석을 통해 질의사항 답변으로 나타나거나 시스템 개발 이후 사용자 피드백과 실질적으로 나타난 결과로 개발된다. 이에 대한 질문사항은 다음과 같다.

1) 신규 시스템 출현이 시기적으로 적합한가? 시스템, 제품, 또는 용역이 운용필요성에 맞추어 "정신적으로 감정적으로 준비"된 시장으로 형성되어 있는가?
2) 사용자/개발자 투자가 향후 투자효과(ROI)를 보장할 수 있도록 충분하게 시스템 타당성이 보장되어 있는가?
3) 제안 시스템이 조직 임무와 목표에 맞추어 사용자에게 운용상의 유틸리티를 보장하고 있는가?
4) 제안 시스템이 주어진 어플리케이션으로 모든 이해관계자에게 운용적합성을 보장하고 있는가?
5) 제안 시스템이 임무 수행 시, 운용 가용성을 보장하고 있는가?
6) 그 시스템이 주어진 임무 어플리케이션과 목표를 위해 비용과 기술성능 측면에서 운용 효과도를 보장하고 있는가?

상기 모든 질문사항에 대한 기본적인 기초는 시스템의 사용자와 이해관계자의 인식에 달려 있다. 이는 "인식은 실제"라는 격언을 상기해야 한다. 물리적으로 그 시스템이 성공했음에도 불구하고 그 시스템이 주어진 임무와 목표를 사실에 입각하여 목표대비 기술적 충족여부가 인식되어야 한다. 여기서는 1) 시장출시 시기, 2) 시스템 가용성, 3) 시스템 운용 유틸리티, 적합성, 및 시스템 효과도, 및 4) 시스템 검증 및 확인을 다루고 있다.

---

9) DSMC-Test & Evaluation Management Guide, Appendix B, Glossary of Test Terminology
10) INCOSE Handbook, Section 12, Appendix Glossary, p.36
11) DoD Glossary, Defense Acquisition Acronyms and Terms
12) INCOSE Handbook, Section 12, Appendix Glossary, P. 43

5.2.2 시스템 타당성 및 예산수용성

신규시스템, 제품 및 용역을 개발하기 위한 선행적 의사결정을 위해 다음과 같은 세 가지 질문사항을 점검해야 한다.

1) 상품 환경면에서 시장/사용자에게 신규 시스템 개발이 시기적으로 적합한가.
2) 제약된 예산과 현재 가용한 기술로 경제적인 면에서 신규 시스템 개발이 타당한가.
3) 만일 경제성이 있다면, 사용자가 그 시스템의 주어진 수명주기에 걸쳐 운용 및 유지보수 비용 충당에 대한 수용성이 있는가.

시스템 출시시기 문제

시스템이나 제품이 시장에 너무 일찍이 또는 너무 늦게 출시되었던 제품출시와 연관된 이력을 조사해 본다. 가장 좋은 신규 품목이나 전자 품목을 개발할 수 있으나, 그 장치에 대한 시장 사용 준비가 덜 성숙해 있으면 그러한 투자나 노력은 수포로 돌아가게 된다. 따라서 출시 시기가 사용자 수락에 결정적 요인이 된다. 동일하게 신규 시스템이나 능력을 사용자에게 제안하는 일도 동일하다. 충분한 투자 없이 새로운 시스템을 원하거나 필요로 할 경우가 있다. 또 다른 경우에는 시스템 정의나 시스템 요구사항에 대한 이해가 부족하여 합의가 되지 않아 투자가 중단되어 있을 수 있다. 이러한 연고로 대부분의 기관은 성숙된 비즈니스 기회를 부여하고 투자시기를 점진적으로 증가시켜 나가기 위해 의사결정 점으로 "게이트"를 활용한다. 적합한 시기에 적합한 시스템/제품 솔루션을 적합한 가격으로 출시할 때 소비자는 이를 구입하게 된다. 따라서 대상기관은 시스템 출시시기가 적합한지에 대한 내용을 사용자와 함께 풀어 나가야 한다. 이를 해결한 후, 다음 단계인 사용자 시스템/제품 타당성과 수용성을 분석하게 된다.

시스템 타당성 및 수용성

만일 시스템., 제품 도는 용역에 대한 출시시기가 적합하다고 주어지면, 다음 단계로써 현재까지 제시된 시스템이 사용자 또는 획득자가 허용할 수 있는 위험 수준의 수명주기 예산으로 주어진 계획기간 내에 기존 기술로 개발 및 생산 타당성을 결정해야 한다. 시스템 타당성은 궁극적으로 다음 네 가지 주요 질문사항에 초점을 두고 있다.

1) 사용자가 과연 무엇을 원하고 있는가.
2) 사용자가 무엇을 필요로 하는가.
3) 사용자가 어느 정도까지 수용가능한가.
4) 사용자가 지불할 수 있는 범위가 어디까지인가.

시스템 엔지니어로써 신규 시스템이나 제품획득에 종사하는 비즈니스 개발팀에게 기술지원을 해야 할 임무가 있다. 그렇지 않다면 시스템 엔지니어를 지원해도 좋다. 기술적인 관점에서 다분야 SE 팀은 위에서 언급된 시스템 타당성 질의사항을 충족하기 위해 기술적인 솔루션을 개념화, 성숙화 및 제안해 주기를 기대하고 있다. 만일 이와 같은 비즈니스 개발 지원을 피하고 있다면, 조직 내에 속한 다른 요원이 위험하거나 원하지 않는 솔루션이나 개념을 잠재적으로 형성하고 있어 나중에 문제점을 가져오게 된다. 거꾸로 엔지니어링 지원을 무시하게 되면 시스템 엔지니어 자신에게 그 결과가 되돌아오는 문제를 가져오게 된다. 따라서 비즈니스 개발활동과 의사결정에 대한 지원과 기술적인 영향을 적극적으로 대처하는 길이 이해관계자 상호간에 윈-윈 하는 길이 된다.

5.2.3 운용 유틸리티 및 적합성

만일 시장 출시시기가 적합하고 사용자가 시스템/제품 수용성이 긍정적이라면, 다음은 운용 유틸리티와 운용 적합성을 살펴보아야 한다.

운용 유틸리티

사용자는 운용임무를 수행가능하고 목표와 목적을 달성할 수 있는 운용 유틸리티 정도를 가진 시스템과 제품을 기대한다. 실제 운용 유틸리티를 지닌 제품이나 시스템은 다음 사항 중 하나이다.

1) 목적에 부합된 시스템, 제품 또는 서비스를 달성할 수 있을 때
2) 운용자 또는 사람에게 수용할 수 없는 안전, 환경, 또는 육체에 지장이나 위험을 나타내지 않을 때

운용 적합성

운용 적합성이란 얼마나 시스템이나 제품이 잘 작동하는 지를 말한다.

1) 주어진 운용환경에 사용자의 특정 어플리케이션이 적합한지
2) 사용자의 기존 시스템 내에서 통합되어 수행되는지

몇몇 시스템과 제품은 어느 어플리케이션에 대하여 중요한 운용 유틸리티를 나타내지만 특정 사용자가 의도하는 어플리케이션과 운용 환경에 적합하게 운용되지 않는 경우가 있다. 예를 들면, 운송관점에서 자동차와 같은 운반수단은 사용자에게 운용 유틸리티를 제공해 준다. 그러나 사용자가 이 차량을 험난한 야지에서 주행하려고 한다면, 어느 특정 차량만 이 어플리케이션에 적합하게 운용할 수 있다. 만일 사용자가 무거운 짐을 운송하려고 한다면, 특정 트럭 유형 이러한 어플리케이션에 적합할 것이다.

운용 가용성

운용 가용성이란 시스템, 제품 또는 서비스가 원하는 시기에 원하는 임무를 수행할 준비가 되어 있을 때를 의미한다. 운용 가용성은 임무수행 준비정도를 나타내는 척도로 나타낸다. 따라서 가용성은 신뢰성과 유지보수성의 함수로 나타난다. 예를 들면, 911 전화번호는 위기와 재난에 대처하기 위하여 경찰, 소방서 및 응급의료기관의 시스템 가용성(인력과 장비)을 시험하는 다이얼이다.

운용 효과도

만일 사용자가 시스템이나 제품으로 1) 운용 유틸리티, 2) 어플리케이션에 대한 운용 적합성, 3) 임무수행을 위한 운용 가용성을 확인하고 나면, 그 다음은 그 시스템의 운용효과에 대한 척도를 결정하게 된다. 사용자와 조직은 특정 목표, 임무, 및 목적을 달성하고자 한다. 만일 시스템, 제품 또는 서비스의 운용효과가 미달되거나 겨우 충족될 경우, 사용자에게 아무러한 유익 또는 제한된 가치를 주게 된다.

운용 효과요소

시스템, 제품 또는 서비스는 사용자 임무를 조직의 목표와 목적을 달성하기 위한 운용 효과로써 예를 들면, 성능, 비용, 일정 및 위험 요소로써 사용자 임무달성정도를 나타낸다. 예를 들면, 무기체계의 경우, 시스템 효과는 운용조직, 교리, 그리고 전술, 생존성, 취약성, 및 위협 특성과 같은 환경요소에 달려있다.[13] 운용효과를 분석하려면 다음 두 가지 요소를 고려해야 한다.

- 시스템이 얼마나 잘 임무목적을 잘 수행하고 있는지: 운용효과
- 시스템이 얼마나 잘 사용자 운용구조와 운용환경 내에서 임무를 통합하여 수행하고 있는지: 운용적합성

따라서 운용 산출물을 분석, 예측 및 측정할 수 있는 척도를 설정할 필요가 있다. 여기에는 효과도 척도인 MOE와 적합성 척도인 MOS 두 가지가 있다.

MOE

MOE는 첫 번째 목표인 그 시스템이 얼마나 잘 임무목적을 수행하고 있는지를 평가함에 있다. MOE는 성능에 치명적인 영향을 끼치는 요소를 나타내는 척도로써 다음과 같은 임무 달성정도를 예로 들 수 있다. 재정 목표를 달성가능한가? 얼마나 멀리 요구목표를 달성가능한가. 생산목표를 충족할 수 있는가. 생산 공정을 제대로 제 때에 맞추어 줄 수 있는가. MOE는 시스템 성능 및 품목개발규격에 나타난 요구사항으로부터 성능척도인 MOP를 도출하는데 기초가 된다.

---

13) DSMC, Systems Engineering Fundamentals, Chapter 14, Measures of Effectiveness and Suitability, p. 125

MOS

MOS는 두 번째 목표인 그 시스템이 얼마나 잘 사용자 조직구조, 임무 어플리케이션, 및 운용 환경에 통합될 수 있는지를 평가함에 있다. MOS는 지원가능성, 사람과의 인터페이스 일치성, 및 유지보수성과 같은 요소를 계량화하여 나타낸 통합 척도를 말한다. 예를 들면 다음과 같다. 1) 그 시스템을 특정 성능 수준으로 유지하고 운용하기 위해 필요한 기술, 도구, 및 장비는 어떠한 것이 있는가. 2) 컨트롤 패널이 운용자 피로를 최소화하도록 설계되고 생태적인 기기를 사용하고 있는가. MOS는 시스템 규격에 요구사항으로 제시된 성능척도 요소로 나타난다.

5.2.4 비용효과

궁극적인 시스템 목적에 대한 성공척도는 비용효과에 달려있다. 조직관점에서 볼 때, 그 시스템은 지속적인 사용을 정당화할 수 있는 투자효과 지수인 ROI를 제공할 수 있는 산출물에 대한 성능과 결과를 제시하고 있는가를 말한다. 기술적인 배경을 가진 엔지니어의 경우, 시스템 효과는 비교적 용이한데, 반면에 비용효과에 관한 개념에 어려움을 가질 수 있다. 실제적으로 시스템 수명주기 운용비용과 시스템 어플리케이션에 따른 이익이 조직의사결정에 지배적이다. 시스템 효과면에서 가장 좋은 시스템, 제품 또는 서비스를 창출할 수 있다. 그러나 반복적인 운용 및 지원비용이 사용자에게 부담을 주게 되면 상용화 환경에서 시스템 납품에 결정적인 요인이 된다. 이러한 비용효과 척도는 1) 수명주기비용, 2) 시스템 효과 두 가지 요소 척도이다.

시스템 효과

목표에 근거한 요소로서의 시스템 효과는 산출물에 근거한 성능과 결과에 대한 물리적으로 나타난 실제 현상을 말한다. 산출물에 근거한 성능과 결과는 성능에 대한 계획치와 달성치 두 가지 형태로 나타난다. 시스템 개발이 시작되면, 시스템 개발자는 시스템 수행 정도를 예측하기 위하여 분석, 모델 및 시뮬레이션을 통해 기술적 통찰력을 제공해 준다. 이러한 데이터는 다음과 같이 사용된다. 1) 시스템이나 하위 품목에 대한 영역과 특정요소를 제공해 준다. 2) 성능에 대한 계획과 실제 또는 기대치를 비교해 준다. 신속생산, 개념 시제 검증, 및 기술데모와 같은 다양한 기법이 시스템 성능을 예측하기 위하여 모델링 및 시뮬레이션으로 확인하고 위험을 감소하기 위하여 적용된다. 이는 시스템이나 시스템 일부가 기대한 만큼 수행되는지 신뢰수준을 일찍이 확보하기 위하여 실제적인 증거를 수집함에 그 목적이 있다. 그리고 예측 결과를 검증하고 확인하게 된다. 실제 시스템이 야전 시험 준비가 완료되면 실제 성능 데이터는 다음 사항을 수집하게 된다. 1) 요구사항 달성정도를 검증, 2) 시스템이 성공적으로 사용자 사용의도에 따라 수행될 수 있는 모델여부를 확인, 시스템 효과는 신뢰성, 유지보수성, 및 성능과 같은 요소를 함께 포함하여야 한다.

시스템 효과 계량화

비용효과와 시스템 효과 개념이 흥미롭긴 하지만, 실제로는 그 개념이 비교적 쉽게 이해할 수 있도록 단순하고 물적인 실제로 전환할 수 있도록 도전해야 한다. 이를 위해 효과 달성에 요구되는 성능수준과 시스템 효과를 분석적으로 계량화한 척도로 전환해야 한다. 시스템 효과 척도로써, MOP로 구성된 MOE와 MOS를 사용하되, 여기서 MOP는 규격에 기술성능 요소인 TPP로 나타낸다. MOE와 MOS는 운용효과에 근거한 척도이다. 운용효과란 "전반적인 운용환경에 임무를 성공적으로 달성하기 위한 전체적인 시스템 능력정도"로 정의된다.[14] MOE와 MOS는 "시스템 레벨의 임무를 충족하기 위한 가장 치명적인 요구사항을 식별하고, 운용요구서에 주요 운용요구를 반영"한 것이다.[15]

5.2.5 실무검토

지금까지 논의된 내용은 그런대로 좋지만 그러면 실제 이를 어떻게 구현할 것이지가 중요하다. 통념적으로 대부분의 기관은 획득 패키지를 개발하여 사용하고 비용 모델은 시스템 개발에 있어서 개략추정방법인 ROM을 사용해 오고 있다. 사실상 획득자는 특정 능력에 대하여 한 가지 솔루션을 지향해 왔다. 비용추정모델이 일반적으로 유용했지만, 놀라운 일이 발생되어 왔다. 만일 앞서 예산으로 반영된 초기계획에 비용이 초과하면, 획득자와 사용자는 다시 한 번 입찰에 붙인다. 일반적으로 시스템에 대한 계약 가격이 협상으로 주어지지만, 대부분 능력을 축소하여 예산 가용성을 수용하게 된다.

획득자와 사용자가 얻고자 하는 것은 "시스템 목표 또는 요구사항의 특정 세트로 획득 가능한 능력의 범위와 혼합, 그리고 성능수준을 기술한-시스템/비용효과- 제안서를 요구"함에 있다. 개념적으로 이는 단위 수명주기 비용당 획득 가능한 시스템효과가 얼마인지를 조정하는 비용효과에 초점을 두고 있다. 보다 공식적인 용어로서는 독립비용변수인 CAIV 개념이 적용되고 있다. 그 결과, 시스템 개발자 제안서는 수평선에 시스템 성능 옵션을 제시하고 수직선에 비용을 제시한 그래픽 분석을 제시하도록 요구하고 있다. 이는 <그림 5.1>에 나타나 있다. 오늘날 사회는 우발적인 투자를 해야 하는 조직을 뒷받침하기 위해 새로운 계약방법을 지속적으로 만들어 가고 있다. 신규 시스템에 대한 획득, 개발, 운용, 및 지원비용 때문에 조직은 시스템개발 투자비용 부담을 계약당사자에게 전가하기도 한다. 이러한 의도는 예산 필요성 때문에 서비스 차원에서 획득하는 개념이다. 그 결과로 이와 같은 조직과의 계약은 사용자가 그 시스템을 필요로 할 때 운용 면에서 가용한 시스템을 획득한다는 시스템 가용성 조항을 설정한다. 최악의 경우, 시스템이 운용 면에서 가용하지 않을 경우, 계약자에게 지불하지 않는다는 것이다. 따라서 개인 또는 조직의 목표와 목적을 달성할 수 있는 시스템, 제품 또는 서비스를 충족하는 의미에서의 시스템 수락판단기준의 가장 중요항목으로 시스템 가용성을 다루고 있다.

---

14) DSMC, Systems Engineering Fundamentals, Dec. 2000, para. 14.1, p.125
15) DSMC, Systems Engineering Fundamentals, Dec. 2000, para. 14.1, p.125

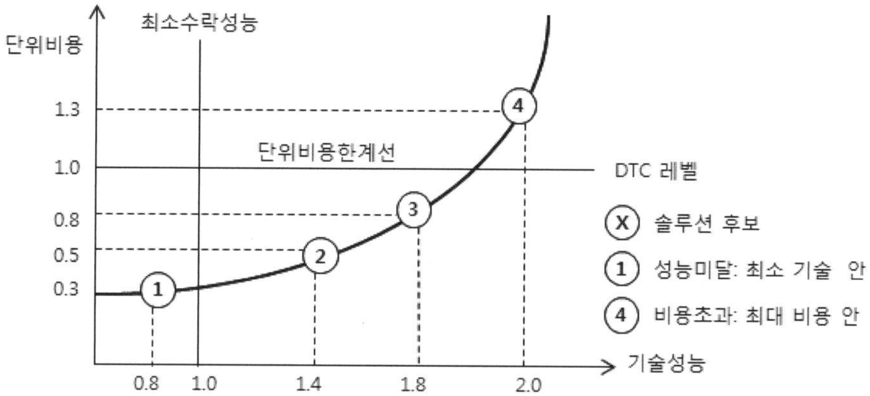

<그림 5.1> 비용-능력 의사결정을 위한 CAIV 곡선

비용효과와 시스템 효과분석은 쉽게 할 수 있는 분석인가? 그렇지 않다. 둘 다 실제로 계량화하고 이를 측정하기란 매우 어렵다. 이를 세부적으로 적용하는 것은 대상기관과 프로그램에 따라서 다르다. 군사기관의 경우, 야전운용에 따른 생존성을 평가하는 특정분야 기술분야 전문요소인 SME를 사용하고 있다. 만일 시스템 효과와 성공요소에 대한 계획이 잘 못되면, 이는 곧 조직과 임무달성에 위험요소로 작용하게 된다. 이러한 개념은 WWW로 비즈니스를 하고 있는 소형 소매 회사에도 중요할까? 특별히 사용자 인터페이스, 보안 및 대금 지불 관점에서 생각해 보라! 시스템 효과는 교육 및 훈련 시스템에서 매우 중요하다.

5.2.6 시스템 검증 및 확인(V&V)

시스템 수락이란 매우 추상적이라서 여러 사람에 따라 해석하기가 어려운 내용이다. 한 사용자가 수락하고 있는 사항이라 할지라도 다른 사용자에게 수락되지 않을 수 있기 때문이다. 앞서 논의했던 운용 유틸리티, 적합성 및 효과는 궁극적으로 대상 시스템이 운요요구를 충족하고 있는지에 대한 사용자 결정에 영향을 가져다준다. 주어진 시스템 어플리케이션에 대한 충족도는 원하는 바로 그 시스템을 획득했는가라는 이해의 정도를 말하고 있다. 이를 가리켜 시스템 확인이라고 한다. 시스템 확인은 이러한 관점에서 몇 가지 의문을 주고 있는데, 이는 사용자가 그들이 무엇을 원하고 있는지를 제시하고 있다면, 다음과 같은 내용을 어떻게 제시하고 있느냐가 중요하다.

- 요구하고 있는 시스템을 획득하기 위한 규격을 어떻게 나타내고 있는지.
- 납품된 시스템, 제품 또는 서비스가 원하는 바로 그 시스템인지에 대한 신뢰 수준을 가지고 있는가.
- 그 시스템을 지속적으로 동일하게 생산가능한가.

1) 첫째 질문은 "시스템에 대한 엔지니어링(engineering of system)"을 요구하고 있다.
2) 둘째 질문은 소스 요구사항이 납품될 시스템, 제품, 또는 서비스에 대한 설계에 분명하게 반영되고 납품될 시스템의 충족여부를 보여줄 수 있도록 "시스템에 대한 엔지니어링"이 제작으로 발전하여 통합될 것을 요구하고 있다. 이를 가리켜 시스템 검증이라고 한다.

3) 셋째 질문은 "시스템에 대한 엔지니어링"을 통해 훈련된 노동자가 주어진 특정 성능 제약 내에서 시스템, 제품 또는 서비스를 믿고 예측 가능하게 재생산 할 수 있도록 고도의 문서화와 공정 표준화가 이루어지기를 요구하고 있다.

이제 시스템 검증과 확인을 좀 더 자세히 알아보자. <그림 5.2>는 이를 쉽게 이해할 수 있도록 시스템 검증과 확인 사례를 보여주고 있다.

운용요구

<그림 5.2> 상단 좌측에 사용자는 부여된 조직체계와 시스템 체계 임무와 연계된 운용요구를 나타내고 있다. 이는 문제영역과 솔루션영역에 관한 내용에서 세부적으로 설명된다. 운용요구를 충족하기 위해서 사용자는 운용요구사항을 충족할 수 있는 법적 조달 규격으로 전환해야 한다. 규격을 제정하려면 시스템엔지니어링의 특정분야 전문가(SME)가 요구된다. 일반적으로 사용자 조직은 이러한 전문가를 가지고 있지 않다. 그렇기 때문에 사용자는 획득조직 부서의 기술 및 계약 전문가의 지원을 받게 된다.

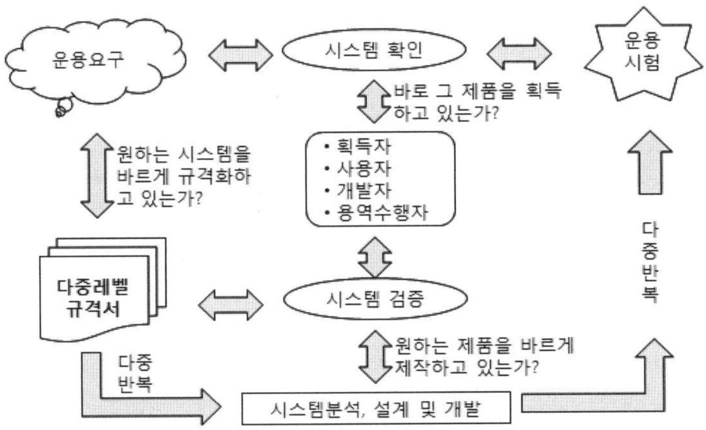

<그림 5.2> 검증 및 확인(V&V) 기본개념

시스템 검증

다중레벨의 규격서 개발을 통해 획득자와 사용자는 다음과 같은 질문을 체크해야 한다. 우리가 개발한 규격서가 시용자의 운용요구를 충족시키는 바로 그 시스템으로 도어 있는가? 이는 운용요구사항이 조달활동을 시작함에 있어서 충분하게 성숙될 때까지 준비되었는지 여러 번의 반복활동을 통해 획득자-사용자 검토과정이 수행된다. 이후 조달 활동이 시작하게 되면, 그 시스템에 대한 사업제안을 요청하는 RFP 절차를 통해 시스템 목적과 기술 관점에서 올바른 시스템을 제공하고자 하는 시스템 개발자 제안서와 같은 추가적인 사항을 검토할 수 있다. 공식적인 RFP 절차는 시스템 개발 또는 조달 계약을 통해 이루어진다. 만일 계약이 성사되면, 다음과 같은 질문을 담해야 한다. 계약 규격서에 따라 원하는 제품을 어떻게 바르게 제작할 수 있는가? 이를 보다 정확하게 할 수 있는지를 검토한다. 획득자, 사용자, 및 시스템개발자는 일련의 기술검토, 기술데모, 시스템개발 계약과정에서 일어날 수 있는 위험평가를 통해 이 질문에 대하여 검토해야 한다. 그 결과로써 사업관리 팀은 시스템 설계 솔루션이 규격서 요구사항과 일치하고 있는지를 진화적으로 평가해야 한다. 시스템 설계 솔루션을 개발형상과 시스템 개발기간 중 개발시험평가(DT&E) 활동을 통해 진화해 가야한다. 궁극적으로 시스템이나 제품개발이 완료될 때, 시스템 수락과정에서 다음과 같은 질문을 책임 있게 답해야 한다. 규격서 요구사항에 따라 바로 그 제품을 획득하고 있는가? 이는 통상 이미 기술된 검증방법에 따라 개별 규격 요구사항에 대한 시험결과를 문서화한 시스템검증시험(SVT)으로 답해야 한다.

시스템 확인

이제 규격서 요구사항을 충족여부에 대한 시스템 검증이 수행되고 나면, 획득자와 사용자가 답해야 할 다음 질문은 다음과 같다. 우리는 바로 그 시스템을 획득하고 있는가? 이는 획득자가 사용자와 협력하여 얼마나 잘 수행했는지를 시험하는 절차이다. 이를 위해 획득자는 조달 규격에 기술적으로 기술되고 영역으로 구속된 솔루션 영역으로 앞서 제기된 문제영역을 가리키는 운용요구를 분할 적용한 선행 절차를 수행하였다.

이를 좀 더 쉽게 설명해보자. 이제 논의하고자 하는 사항은 완성 시스템에 대한 시스템 확인 절차이다. 시스템 확인 활동은 계약에서 공식 시스템 수락까지 수행되는 시스템 개발과정에서 일어난다. 논리적으로 시스템 검증과 확인은 사용자, 획득자, 시스템 개발자, 연관조직부서의 개인을 포함한 하부계약자와 벤더를 포함한 공급 체인(예를 들면, 고객-공급자)에 따라 각 단계마다 수행된다. 시스템 확인활동에서는 사용자 또는 독립적인 시험기관, ITA(Independent Test Agency)이 시스템, 제품 또는 서비스가 잘 훈련된 시스템 운용자와 유지보수자를 활용해서 실 운용조건에 적합한지를 확인한다. 운용요구에 대한 실무적인 기기나 부속사항을 활용해서 전반적인 시스템 책임성과 효과성을 공식적으로 평가한다. 이 때 운용요구 충족을 보기 위해 운용자와 유지보수자 활동도 포함한다. 이를 가리켜 시스템 개발단계에서의 운용시험평가(OT&E)라고 한다. 계약 요구사항에 따르면 OT&E 결과가 설계 솔루션의 개발형상에 대한 수정보완활동이라고 부르고 있다.

계약요구사항에 의하면, OT&E활동을 완료하려면, 획득자와 시스템 개발자는 기능적 형상을 감사하는 FCA와 물리적 형상을 감사하는 PCA를 수행해야 한다. FCA는 SVT 결과가 규격서 요구사항과 완전하게 일치하고 있는지를 검증하고, PCA는 검증되고 확인된 시스템이 컴포넌트 별로 설계된 요구사항(도면, 각종 다이아그람 등)과 완전하게 일치하고 있는지를 검증한다. 이러한 FCA와 PCA 결과가 시스템 납품 및 수락 이전에 시스템 검증검토, SVR로 입증되어야 한다. SVR의 한 부분으로 시스템 생산과 연계된 제품 베이스라인이 설정된다. 생산품목에 대한 제작비용과 재 보수 활동을 줄이기 위해 제품 베이스라인이 시스템 양산 시 치명적인 요소가 된다. 제품 베이스라인은 개발형상의 물리적 현상으로 나타난다. 이는 생산에 대한 낮은 비용으로 달성 가능한 설계를 의미하지 않는다. 반복적인 생산비용을 줄이려면, 추가적인 보완활동이 이루어져야 한다. 이와 같이 설계 솔루션이 완숙해 질 때, 제품 베이스라인이 설정되었다고 말한다.

운용요구와 활동내용은 시스템 개발 이전에 반드시 문서화해야 한다. 이는 시스템 확인 이후 시스템 납품 이후에 작성되어서는 안 된다. 시스템 개발 이후에 이러한 요구사항을 문서화하게 되면 확인된 사용자 요구사항으로부터 도출된 시스템 요구사항을 문서화하는 규격서 작성 과정과 부합되지 않는다. 사용자는 시스템 개발과정 중 언제든지 자신이 요구한 내용을 변경할 수 있다는 자세와 그 권한을 보유하고 있다. 그러나 이는 운용요구를 기초로 이행된 계약 요구사항을 수정한다는 의미로써, 엔지니어링 변경제안서(ECP)를 통해 이루어져야 한다. 시스템엔지니어링 활동의 하나로써 "우리는 무엇을 원하고 있는지를 모르지만, 그것을 보게 되면 알 수 있다"라고 말하는 고객에게 특별히 사용자 운용요구를 규격 요구사항으로 전환할 수 있다는 것이다. 이를 통해 시스템 엔지니어는 그들이 무엇을 원하는지를 미리 확인, 문서화, 및 영역을 나타낼 수 있어야 한다. 그렇지 않을 경우, 계약부서는 획득자와 함께 비용추가 계약을 할 수 밖에 없다. 이는 사용자가 그들이 원하는 것이 무엇인지를 식별할 때까지 운용요구에 대한 탐색, 정의, 및 보완활동을 수행해야 한다.

시스템 확인은 공식적인 계약요구사항을 수행하든지 또는 시스템 납품 이전에 시스템개발자로 하여금 비공식적으로 수행하든지 아니면 시스템 납품계약 이후에 사용자에 의해 수행되어야 한다. 시스템 확인은 대량 물량을 조달하기 위하여 계획된 시스템 개발계약에 포함되는 경우가 있다. 획득자나 사용자로써 사용자 요구를 충족하지 못하는 시스템을 대량으로 조달하는데 많은 돈을 투자하기를 원하지 않는다. 소량이라 할지라도 그 시스템과 사람과의 통합, HSI(Human Systems Integration)를 요구하는 사례를 볼 수 있다.

5.2.7 적용 지침안내

앞서 이러한 사항을 이행하기 위해 시스템 수락과 연관된 몇 가지 지침을 제시하면 다음과 같다. 첫째 원칙은 시스템 수락은 사용자 충족에 달려있다는 것이다. 이는 다음 다섯 가지 사용자 판단기준에 의해 결정된다.

- 운용 유틸리티를 나타내는 가치를 제시하라.
- 운용 적합성을 나타내는 사용자 시스템과 임무에 대한 어플리케이션을 알맞게 제시하라.
- 운용 가용성을 나타내는 임무수행이 가능토록 제시하라.
- 운용효과를 나타내는 효과 목표를 제시하라.
- 비용효과를 나타내는 예산 수용성을 제시하라.

둘째 원칙은 가장 기술적으로 창의적이고 예리한 시스템엔지니어링 설계 솔루션이라 할지라도 시스템, 제품 또는 서비스에 대한 사용자의 관심은 실제적인 능력달성에 있다는 것이다.

5.2.8 요점

시스템 수락활동을 알아보기 위해 이 목적을 달성하기 위해 필요한 다음 아홉 가지 요소를 식별, 정의, 그리고 사례를 제시하였다. 1) 시스템 효과, 2) 시스템 수용성, 3) 시스템 타당성, 4) 운용유틸리티, 5) 운용적합성, 6) 운용가용성, 7) 운용효과, 8) 비용효과 및 9) 시스템 효과

여기서 이러한 개념을 소개하는 목적은 성공적인 시스템을 결정함에 있어서 결정적인 요소를 제시함에 있다. 이러한 사항은 시스템엔지니어링 관련 책이나 저자들이 간과하기 쉬운 내용이다. 따라서 여기서 이러한 개념을 미리 강조함으로써 비즈니스 개발 고객조사가 시스템, 제품 또는 서비스가 야전 배치된 이후에 수행되는 일이 없도록 함에 그 목적이 있다.

시스템 엔지니어는 성능과 성공기준이 이러한 판단기준으로 측정되는 단순한 박스로 시스템 속성을 나타내어야 한다. 왜냐하면 몇 엔지니어는 사용자로부터 기대하는 시스템이 무엇인지를 깊이 이해하기 전에 수학이나 과학적 세부사항에 몰입하는 경우가 종종 있어왔다. 이러한 엔지니어는 시스템 요소가 전반적인 시스템 능력과 성능에 어떻게 기여하는지를 보다 빨리 이해할 수 있는 시스템 수락요소에 대한 기초적인 지식을 간과하고 있다. 시스템 엔지니어는 시스템 수락에 대한 기준을 분명하게 알고 접근함으로써 대상 시스템의 모든 계층구조 요소의 규격화, 설계, 시험, 검증 및 확인 활동을 명백하게 수행하게 된다.

5.3 문제풀이

1) 앞 장에서 식별된 시스템 목록 기준을 참조하여 제시된 시스템이나 신규 시스템을 선정하여 본 장에서 제시된 내용을 적용해 보라.
   a) 무슨 임무 시스템과 지원 시스템 역할을 그 시스템이 수행하고 잇는가?
   b) 각 시스템의 이해관계자는 누구인가?
   c) 각 시스템에 대한 이해관계자의 수락기준을 식별하라.
2) 당신 조직 내에서 계약 프로그램을 식별하라. 시스템 역할과 이해관계자를 식별하기 위하여 프로그램 및 기술이사를 만나보라. 이때 <표 2>의 체크리스트를 사용하라.
3) 통신, 회계, 또는 계약과 같은 당신 조직의 서비스 그룹을 식별하라. 서비스 시스템에 대한 역할과 이해관계자를 식별하라. 이때 <표 2>의 체크리스트를 사용하라.
4) 당신 조직에서 제공하는 어떠한 시스템, 제품, 또는 용역을 사용할 때, 그 제품이 지원하는 인적 시스템 역할을 식별하라.
5) 시장에서 실패했거나, 반송되거나 수락하지 못하여 사용자에 의해 불평이 되고 있는 세 가지 사례를 제시해 보라.
6) 시장에서 성공적으로 수락되어 사용자 만족을 가져다 준 세 가지 사례를 제시해 보라.
7) 예를 들면, 검증활동에서 당신이 원하는 규격을 만족하였으나 확인활동에서 충족되지 못한 세 가지 시스템 사례를 제시해 보라.
8) 당신이 적용하고 있는 시스템 예제를 식별해 보라. 여기서 시스템 효과와 비용효과를 어떻게 계량화 했는지를 제시하라.
9) 당신이 속한 조직은 시스템 수락활동과 연관되어 어떠한 지침을 적용하고 있는가?
10) 당신 조직에서 계약된 프로그램을 중심으로 다음 사항을 알아보기 위해 프로그램 국장 및 기술담당 국장을 인터뷰해 보라.
    a) 사용자는 어떠한 성공판단기준을 설정하고 있는가?
    b) 이러한 기준은 어떻게 문서화되어 있으며 구격에 적용되고 있는가?

제6장 시스템 수명주기 및 아키텍처

6.1 시스템 및 제품 수명주기

시스템/제품 수명주기란 자연 및 인공시스템이 순서적인 수명주기단계의 진행에 따라 어떻게 진화되어 가는지를 이해함에 있어서 기본적인 로드맵이다. 인공시스템에 대한 로드맵은 위협과 기회를 가져다주는 새로운 임무를 수행할 신규 시스템을 정의, 조달, 및 개발 필요성을 기존 시스템 능력과 성능을 평가하여 제안함에 있어서 기초가 되는 자료를 제공해 준다. 본장은 인공시스템에 대한 상위레벨 수명주기 구조와 시스템 수명주기 개념을 소개한다. 최종 시스템 속성 시리즈에서 시스템, 제품 또는 서비스에 대한 개념에서 폐기까지의 특성을 제시한다. 여기에서 알고자 하는 내용은 다음과 같다.

- 시스템/제품 수명주기란 무엇인가?
- 시스템 정의단계는 무엇인가? 언제 시작하고 언제 끝나는가?
- 시스템 조달단계란 무엇인가? 언제 시작하고 언제 끝나는가?
- 시스템 개발단계란 무엇인가? 언제 시작하고 언제 끝나는가?
- 시스템 생산단계란 무엇인가? 언제 시작하고 언제 끝나는가?
- 시스템 운용 및 지원단계란 무엇인가? 언제 시작하고 언제 끝나는가?
- 시스템 폐기단계란 무엇인가? 언제 시작하고 언제 끝나는가?
- 시스템 수명주기 내에서의 수명주기란 무엇인가?
- 신규 시스템의 요구사항을 설정하기 위하여 사용되는 기존 시스템의 수명주기에는 어떠한 단계가 있는가?

6.1.1 시스템 수명주기 개요

인류가 알고 있거나 만들어 본 시스템의 진화는 개념단계에서 시작하고 폐기단계에서 종료된다. 이러한 과정을 가리켜 시스템 수명주기라고 부른다. 시스템 수명주기가 구조적으로 시스템 개발의 기초를 만들어 준다. 인공 시스템은 이러한 구조를 사용하여 개념형성, 계획수립, 체계화, 일정수립, 추정, 조달, 배치, 운용 및 지원, 그리고 폐기하는 단계를 밟는다. 자연 시스템 또한 유사한 과정을 밟고 있다. 시스템, 제품 또는 서비스의 수명주기는 시스템개념으로 시작하여 최종 폐기에 이르기까지 연속적인 일련의 단계로 구성된다. 인공시스템의 경우, 각 단계의 시작과 종료는 기술검토에서 주요 결정 또는 다음 단계로 진입하기 위한 결심을 나타내는 이벤트와 같은 매우 주요한 통제점이나 단계별 이벤트로 되어있다. 시스템 수명주기 정의에는 여러 가지 경우가 있다. 열 명이면 열 가지 이상의 그래프를 그릴 수 있다. 당신은 당신 조직과 기업 특성에 걸맞은 수명주기 하나를 선택한다. 전형적인 시스템 수명주기는 <그림 6.1>에 나타낸 일련의 단계로 구성되어 있다. 그 단계를 보면 다음과 같다.

1) 시스템 정의단계
2) 시스템 조달단계
3) 시스템 개발단계
4) 시스템 생산단계
5) 시스템 운용 및 지원(O&S)단계
6) 시스템 폐기단계

시스템/제품 수명주기					
정의단계	조달단계	개발단계	생산단계	운용유지단계	폐기단계

<그림 6.1> 시스템/제품 수명주기

본 장은 하나의 시스템, 제품 또는 서비스에 대한 사용자 운용요구를 개념단계 "비전"으로부터 폐기까지 진화하기 위해 요구된 내부 단계 상위레벨 구조로 시스템/제품 수명주기를 나타낸다. 각 단계는 특정 프로그램 목표와 연관제품에 초점을 둔 활동을 종합적으로 수집하고 있다. 곧 알게 되겠지만, 이러한 단계는 주요 마일스톤으로 표시된 잘 정의된 종료 단계를 지니고 있다. 반면에 어느 단계는 중첩되어 하나에서 다른 단계로 전환되어 간다.

6.1.2 시스템 수명주기단계 정의

시스템정의단계

시스템 정의단계는 신규 시스템이나 기존 시스템 업그레이드를 통해 운용요구를 충족시키는 시스템, 제품 또는 서비스가 요구된다는 사실을 인식하는 그 시점부터 시작된다. 운용요구는 1) 임무기회, 2) 위협, 3) 시스템 성능과 능력 면에서 결핍이나 차이를 예상할 경우에 도출된다. 신규 시스템을 정의해야 할 시기는 사용자가 기존 시스템을 분석하여 새로운 시스템, 제품 또는 서비스에 대한 요구사항을 정의하면서 시작된다. 이러한 경우에 사용자는 시스템을 개발하고 조달하기 위하여 획득자의 서비스를 요청하고 사용자의 기술 및 계약 부서로 하여금 이를 이행하도록 한다. 획득자는 그 요구를 생성한 기회 또는 문제영역을 분석할 수 있도록 사용자를 돕는다. 사용자와 협동으로 획득자는 시스템 요구사항을 시스템 개발 계약의 기초로 삼기 위해 솔루션 영역을 형성한다. 시스템 정의단계가 충분하게 성숙되었을 때, 획득자는 시스템 조달단계로 넘어간다.

시스템조달단계

시스템 조달단계는 신규 시스템이나 기존 시스템 업그레이드를 통해 획득하기 위해 요구된 활동으로 구성된다. 이러한 활동은 다음과 같다. 선정된 벤더는 시스템 개발자 또는 서비스 제공업체가 된다.

1) 자격 있는 대상 시스템, 제품 또는 서비스 벤더를 조사
2) 자격 벤더로부터 사업제안서 제안
3) 최적 벤더 선정
4) 시스템, 제품 또는 서비스를 개발하기 위한 벤더와 계약

시스템개발단계

시스템개발단계는 계약 시스템 규격을 물리적 시스템 솔루션으로 전환하기 위해 요구된 활동으로 구성된다. 주요 시스템 개발단계 활동은 다음과 같다.

1) 시스템 엔지니어링 설계
2) 컴포넌트 조달 및 개발
3) 시스템 통합, 시험 및 평가 (SITE: System Integration, Test, and Evaluation)
4) 시스템 베이스라인 설정
5) 운용시험 및 평가 (OT&E)

이 단계를 통해 다중레벨 시스템 설계 솔루션은 성숙된 단계로 진행하면서 진화해 간다. 전형적인 성숙단계는 분석, 시제, 및 기술데모에 의해 지원되는 입구 및 출구 기준을 가진 주요 기술설계검토 활동으로 구성된다. 이러한 검토활동은 개발형상을 진화해가는 내용을 나타낸 설계 베이스라인으로 발전해 간다. 시스템엔지니어링 설계가 공식적으로 승인될 때, 개발형상은 컴포넌트 획득 및 개발 의 기초를 제공해 준다. 초기 시스템을 가리켜 개발형상을 지닌 초도 시제품이라고 부른다. 개발 및 획득된 컴포넌트는 다양한 통합레벨에서 설계 요구사항과 성능규격에 맞추어 검사, 통합, 및 검증된다. 검증활동은 규격 요구사항에 따라 "원하는 시스템을 정확하게 개발 했는가"라는 질문에 답해야 한다. 통합 활동은 시스템, 제품, 또는 서비스가 온전하게 계약 시스템 성능 규격(SPS)과 일치되고 있는지를 시스템검증시험(SVT)을 통해 이루어진다. 시스템개발단계는 SVT를 통한 계약활동에서 시스템, 제품 또는 서비스 생성에 초점을 두고 있기 때문에 이를 가리켜 개발시험 및 평가(DT&E)라고 부른다. 개발형상을 지닌 초도 시제품이 SPS요구사항으로 검증되었다면, 계약 요구사항에 따라 두 가지 옵션 중 하나로 나타난다. 그 시스템은 다음과 같이 진행된다.

1) 사용자 요구에 따라 사용자 또는 별도시험기관(ITA)에 의해 수행될 확인시험 수행 장소
2) 설치, 검토, 및 최종수락을 위해 사용자가 지정한 필드 사이트

운용시험 및 평가(OT&E)로 부르는 확인시험은 사용자가 그들의 운용요구에 적합한 바로 그 시스템인지 여부를 결정함에 있다. 결함이 발생할 경우, 계약상의 조건인 T&C(Terms and Conditions)에 따라 보완이 이루어진다. 야전에서 결함과 결점을 수정하고 시스템 운용 확인 데이터를 수집하기 위한 초기 시스템 운용 시기 이후, 시스템생산단계로 진입하게 된다. 만일 사용자가 시스템이나 제품이 생산단계로 갈 경우가 없다면, 획득자와 사용자는 공식적으로 본 납품을 수락하고, 시스템 운용 및 지원(O&S) 단계로 진입한다.

시스템생산단계

시스템 생산단계는 소량에서 대량까지 시스템을 생산하기 위해 요구된 활동으로 구성되어 있다. 초도생산은 전형적으로 다음 사항을 검증하기 위하여 소수 물량을 초도생산(LRIP)하는 활동으로 구성된다.

1) 생상도면과 제조공정을 성숙시킨다.
2) 설계 에러, 설계결점, 또는 낮은 일솜씨와 같은 잠재결함을 제거한다.

생산 공정이 시스템 양산물량 중 샘플에 대한 야전시험을 근거로 검증과 확인이 이루어질 때, 생산이 시작되어도 좋다. 시스템과 생산 엔지니어링 설계가 이미 검증되었기 때문에 개별 시스템은 다음과 같은 활동을 수행하게 된다.

1) 검사
2) 주요 시스템 성능규격 요구사항 검증
3) 운용 및 지원활동을 위해 사용자가 지정한 야전 사이트에 배치

시스템운용 및 지원 단계

시스템 운용 및 지원 단계는 시스템의 운용 임무를 수행하기 위하여 사용자를 위한 교육훈련을 포함하여 시스템을 운용, 유지보수 및 지원하기 위해 요구되는 사용자 활동으로 구성되어 있다. 만일 시스템이 다음 임무 수행을 위해 물리적이거나 지영적인 위치를 변경해야 한다면, 시스템은 재배치되어야 한다. 배치 시, 시스템, 제품 또는 서비스가 즉각 임무를 수행해야 한다. 시스템의 운용수명 기간 중 운용조직의 임무지원에 있어서 보다 나은 시스템 능력과 성능을 향상하기 위하여 보완된 업그레이드가 이루어진다. 초도 납품 및 수락을 가리켜 초기운용능력, IOC(Initial Operational Capability)라 부른다. 점진적인 진화를 통한 업그레이드 시스템은 그 시스템이 완전운용능력, FOC(Full Operational Capability)단계로 성숙될 때까지 배치된 시스템이나 제품으로 발전되어 간다. 대부분의 시스템이 예정된 운용 서비스 수명이라 할지라도, 기존 시스템을 새로운 기술로 업그레이드하기 위한 능력과 업그레이드 시스템의 유지보수비용을 살펴보면 항상 비용 효과적이진 않다. 그 결과로 사용자는 기존 시스템을 대체하기 위하여 신규시스템, 제품 또는 서비스를 획득하려고 노력한다. 이러한 경우에 신규 시스템 수명주기가 기존시스템이 운용되고 있다 할지라도 적용된다. 신규시스템의 초도품이 실제로 운용되기 시작하면, 야전에서 기존시스템과 신규시스템이 동시에 운용됨에 따라 전환기간이 필요하다. 궁극적으로 기존 시스템에 대한 운용중단에 대한 결심이 요구된다. 만일 시스템 중단이 결정되면, 기존시스템에 대한 폐기단계가 시작된다.

시스템 폐기단계

시스템 폐기단계는 기존시스템의 실제 운용으로부터 중지하는 과정에 요구되는 활동으로 구성된다. 개별 시스템 또는 로트 단위 시스템은 매각, 대여, 저장 또는 폐기 절차를 밟아 간다. 폐기절차에 대한 여러 가지 대안은 미래에 재 임무수행, 해체, 파괴, 화장 또는 매장 등을 포함하고 있다. 시스템 폐기는 시스템의 야전 사이트 또는 폐기지역을 자연 상태로 회복하는 환경적인 절차가 요구된다.

6.1.3 조직 내에서의 수명주기

시스템 수명주기를 조직관점에서 이해하는 것은 매우 중요하다. 모든 시스템, 제품 또는 서비스는 시스템 수명주기를 지닌 상위레벨 조직에서의 자산을 가지고 있다. 동일한 시스템과 제품은 시스템 수명주기를 지닌 하위레벨 시스템이나 제품을 포함ㄴ하고 있다. 따라서 상위레벨 시스템 수명주기 내에서 다중 레벨 시스템 수명주기를 가지고 있다. 어느 사용자가 다양한 버전으로 구성된 여러 시스템이나 제품 물량을 가지고 있다고 하자. 어느 시점에서 그 사용자는 특정 제품이나 제품 그룹을 교체해도 좋다. 예를 들면, 어느 항공사가 특정 항공기나 주어진 기간에 따라 일련의 항공기 그룹을 교체할 수 있다. 자체 시스템 수명주기를 가진 각 항공기는 또 다른 자체 수명주기를 지닌 항공기 그룹과 같은 보다 큰 시스템의 부분이 된다. 이를 이해하기 위해 <그림 6.2>를 참조하라.

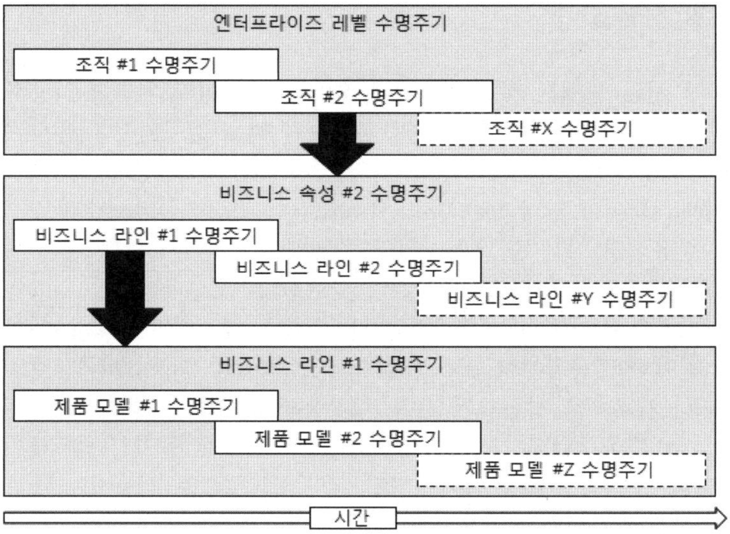

<그림 6.2> 조직 내에서의 시스템 수명주기

예를 들어, 수십 년의 역사를 가진 한 회사를 생각해 보자. 처음 시작할 때 조직 #1으로 시작하여 회사가 커짐에 따라 조직 #2 그리고 더 나아가 조지 #X로 발전해 왔다고 하자. 여기서 조직 #2에 대한 수명주기를 살펴보면, 이 조직은 여러 개의 비즈니스 라인으로 확장해 왔다. 비즈니스 라인 #1, #2, #Y 등으로 말이다. 각 비즈니스 라인은 중심 되는 제품 모델로 구성된 제품라인을 가지고 있다. 제품 모델 #1, #2, #Z 등으로 구성된다. 수명주기 면에서 제품 모델 #1, #2 는 서로 중첩되는 요소가 함께 있다. 이러한 제품 라인의 진화는 조직에서 제품이나 비즈니스 라인을 없애기로 결정할 때까지 지속된다. 이와 같은 개념이 실제 사회에서 어떻게 적용될 것인가를 생각해 보자.

시스템 수명주기 적용 사례를 생각해 보자. 어느 소형 엔진 개발회사에서의 시스템 수명주기 내에서의 시스템 수명주기 개념을 알아보자. 수명주기를 지닌 조직은 중소기업, 비즈니스 등으로 여러 수명주기 회사 형태로 발전된다. 조직 #2 수명주기에서 2기통 엔진, 4기통 엔진, 등의 비즈니스 라인을 가지고 소형 트랙터, 잔디 청소 기계, 절단기 등에 사용될 엔진 시장 기회를 지원하게 된다. 그 회사의 4 기통 엔진 비즈니스 라인은 제품 모델 #1, #2 및 #Z를 통해 진화해 간다. 각 제품 모델은 시장요구를 충족할 수 있는 능력과 성능을 향상시키기 위해 후속 모델을 개발한다. 앞서 논의된 경우는 시스템이나 제품 공급자 시스템 수명주기를 초점을 두었다. 동일한 케이스가 시스템, 제품 또는 서비스를 사용하는 운용자에게도 적용된다. 이러한 조직 또한 유사 수명주기를 통해 진화한다. 제품 모델이 다음과 같은 경우에 그 차이가 발생된다.

1) 실패한 경우
2) 유지보수비용이 비싼 경우
3) 시스템 위협에 취약하게 나타나는 경우
4) 향후 운용요구를 충족하기 위해 요구되는 능력이나 성능 수준에 미달될 경우

시스템엔지니어링 적용하기 위해 다음과 같은 시스템 엔지니어를 고려토록 한다.

1) 사용자가 속해 있는 비즈니스 라인
2) 비즈니스 라인의 일부로서의 사용자가 제기하는 문제점, 기화 또는 쟁점: 이를 가리켜 기회 영역, 기회목표인 TOO(Targets of Opportunity)로서 특정 목표를 나타낸다.
3) 사용자가 비즈니스 라인을 지원하여 수행될 임무: 이를 가리켜 솔루션 영역이라 한다.
4) 솔루션 영역의 임무를 달성하기 위해 현재 및 미래에 요구되는 능력
5) 사용자가 제공할 기존 시스템, 제품 또는 서비스
6) 현재 시스템, 제품, 또는 서비스에 존재하고 있는 결함 또는 기회: 새로운 기술, 시스템, 제품 또는 서비스로 이러한 결함을 비용 효과적으로 제거할 수 있는 방법

이와 같은 지식과 기회를 바탕으로 문제해결사-솔루션 개발을 하는 시스템 엔지니어의 역할은 대단히 중요하다. 시스템 엔지니어가 사용자와 획득자와 함께 수행해야 할 방법은 다음과 같다.

1) 하나 또는 그 이상의 솔루션 영역으로 기회 영역을 협조적으로 식별 및 구분
2) 솔루션 영역을 시스템, 제품 및 서비스를 획득하기 위하여 법적으로 충분한 능력과 성능 요구사항으로 기술하고 기술적으로 구분
3) 신규 시스템이 주어진 요구사항과 일치하는 지를 검증
4) 개발된 시스템이 사용자의 초기 운용요구를 충족하고 있는지를 확인

수명주기의 진화

앞서 설명한 내용은 분명하게 제시되었지만 사실상 매우 복잡하고 그 요구사항이 잘 알려져 있을 때에도 매우 복잡한 시스템인 경우가 많다. 그러면 잘 모르는 요구사항을 가진 시스템은 어떻게 해야 하는가라는 질문이 남는다. 이러한 경우에 시스템, 제품 또는 서비스 요구사항은 시장을 시험해 보는 일련의 반복적인 시스템 개발주기로 시도해야 한다. 계획된 제품의 시스템 수명주기는 여러 시제품이나 기술데모 수명주기를 포함한 시스템 개발단계를 지니

고 있다. 다음과 같은 예를 살펴보자. 한 회사가 한 시스템에 대한 분석, 시제품, 및 기술데모로 개발하기 위한 일련의 계약을 했다고 하자. 각 계약의 주요 연관제품은 최종제품을 개발하기 위해 사용될 요구사항 도출 수단으로 이전 계약의 시스템, 제품 또는 서비스 요구사항을 보완해 간다. 나선형 식 개발이라고 불리는 이러한 접근방법은 예측이 어렵고 고도로 복잡한 시스템, 신기술, 잘 못 정의된 요구사항 등을 다룰 때 시스템 개발 위험을 줄이기 위한 방법으로 사용된다. 사용자가 새로운 시스템을 획득하는 방법을 보다 잘 이해하고 현재 시스템을 폐기하기 위해 기본적인 전략을 생각해 보자.

6.1.4 시스템 전환 방법과 순서

<그림 6.3>에 나타난 시스템 #1의 운용 및 지원 단계 동안에 의사결정 이벤트 (1)이 시스템 #1을 대체하기 위하여 진행된다. 획득방법은 신규시스템 2를 “온라인”으로 가져 오거나 초도제품 야전배치 (5) 이벤트에 나타난 서비스를 가져온다.

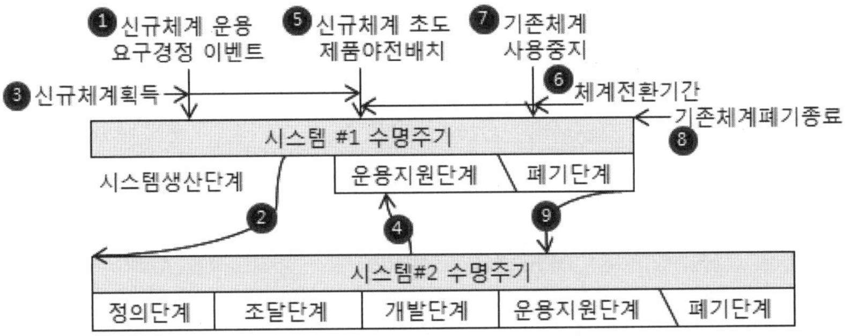

<그림 6.3> 신규 시스템 획득과 기존 시스템의 사용중단

시스템 #2를 상위레벨 시스템으로 통합 및 검토를 위한 시스템 전환기간 (6) 후에, 기존시스템 사용중단 (7)이 진행된다. 그 때에 시스템 #2가 주 시스템이 되고 시스템 #1은 수명주기의 시스템 폐기단계로 들어간다. 그 이후 기간에 시스템 #1의 폐기가 기존시스템폐기종료 (8)단계로 표시되어 있다. 따라서 조직 운영의 지장 없이 계획된 신규시스템 초도제품야전배치 (5) 이벤트에 시스템 #2를 어떻게 실 운용이 가능하게 할 수 있는가? 바로 이 관점을 생각해 보자. 신규시스템 운용요구 의사결정 (1) 이벤트가 형성될 때, 조달활동 (2)가 시스템 #2의 수명주기를 시작하게 된다. 따라서 시스템 #2의 시스템 정의단계가 시작된다. 시스템 #2의 시스템 개발단계는 (4)를 종료하고 신규시스템의 초도제품야전배치 (5) 이벤트에 의해 야전에 통합운영 된다. 그 때 시스템 #2는 수명주기 운용 및 지원 단계로 진입한다. 기존시스템의 사용중지 (7) 이벤트가 시작되면, 시스템 #2는 “온라인”상태이어야 하며, 실제 운영체계로 진입한다. 그 결과, 시스템 #1은 전환을 마친 기존시스템 폐기종료 (8)에서 그 수명주기를 마감하게 된다.

6.2 시스템 아키텍처

6.2.1 개요

모든 인공 및 자연 시스템은 시스템의 능력과 임무를 수행하기 위하여 요소를 통합한 시스템을 지원하는 구조로 되어있다. 이와 같이 통합된 구조를 가리켜 시스템 아키텍처라고 부른다. 본 장은 시스템 아키텍처 개념을 소개한다. 이를 위해 두 가지 주요 속성을 설명하고자 한다. 1) 대상시스템 SOI, 2) 이 시스템의 운용환경

각 속성은 하위 레벨로 분해된다. SOI는 하나 또는 그 이상의 임무 시스템(역할)과 지원시스템(역할)으로 구성된다. 운용환경은 1) 상위레벨 시스템 도메인과 2) 물리적 환경 도메인으로 구성된다. 이러한 각 도메인의 시스템 요소를 개념적으로 "블록형성"한 내용을 살펴보자. 여기에서 얻고자 하는 내용은 다음과 같다.

- 무슨 시스템이 대상 시스템(SOI)이라고 불리는가?
- 시스템의 운용환경이란 무엇인가?
- 시스템요소로써 임무시스템과 지원시스템은 무엇인가?
- 임무시스템과 지원시스템은 어떻게 다른가?
- 상위레벨 시스템 도메인 요소를 식별해 보라
- 물리적 환경 도메인 요소를 식별해 보라.

주요 용어 정의

- 추상적 개념(Abstraction): 세부하위레벨 요소가 합성되어 특정목적을 나타내는 실체를 분석적으로 시현하는 것을 의미한다. 예를 들어, "가족"이란 아버지, 어머니, 및 자녀와 같은 하위레벨 실체로 구성된 추상적 개념을 말한다.
- 실체(Entity): 논리적이거나 물리적인 시스템 실체를 명사로 표현된 사람, 장소, 또는 가상대상(Object)을 말한다.
- 실체관계(Entity Relationship): 다중 레벨 논리적 및 물리적 시스템 요소 상호간 계층구조적인 관계 및 상호작용을 말한다.
- 환경(Environment): "제품설계와 제품 수명주기 프로세스를 제약하는 자연적 요소(기후, 기상, 해양, 지형, 초목, 먼지, 등)와 파생요소(전자기, 간섭, 열, 진동 등)의 상태를 말한다."[16)]
- 계층구조적인 상호작용(Hierarchical Interactions): 임무 시스템과 지원 시스템의 활동과 거동을 선도, 지시, 영향, 또는 제약하는 권위적인 지휘 및 통제 시스템 활동을 말한다.
- 논리적 실체관계(logical Entity Relationship): 물리적인 관계없이 두 개의 시스템 실체 상호간 존재하는 상위레벨 기능적인 관계를 말한다.
- 대상(Object): 실체를 참조하라.
- 물리적 실체관계(Physical Entity Relationship): 한 방향 또는 양 방향으로 연관된 둘 또

16) Kossiakoff and Sweet, Systems Engineering, p. 448

는 그 이상의 실체 상호간 물리적인 점(point)과의 일대일 인터페이스를 말한다.

- 시스템 요소(System Element): 임무시스템/지원시스템, 상위레벨시스템, 또는 물리적 환경 도메인으로 구성된 실체의 클래스로 적용된 라벨을 말한다. 관행적으로 특정시스템요소 이름은 아래에 기술된 예와 같이 사용용도의 콘텍스트를 식별하는 텍스트를 통해 대문자로 나타낸다.
- 대상시스템(SOI: System of Interest): 특정 조직적 임무를 수행할 임무시스템과 지원시스템으로 구성된 시스템을 말하며, 이는 특정 시간 계획 내에서 성능에 근거한 목적을 달성한다.
- 분류(Taxonomy): "하나의 분류 시스템으로써 식별, 검색, 연구목적을 위해 대상을 분류하여 제공하는 기반을 말한다."[17]

6.2.2 시스템 아키텍처 형성 개요

모든 인공 및 자연시스템은 그 시스템의 운용환경에 알맞게 추상적인 개념 내에서 존재한다. 궁극적으로 운용환경 내에서 수많은 시스템에 대한 생존은 물리적 성질, 특성, 방법, 전기, 보안, 시기, 및 운명과 같은 시스템 능력에 달려있다. 만일 어떻게 적응하고 생존하고 있는지를 이해하기 위해 이러한 시스템과 거동형태를 관찰하고 분석한다면, 그들의 운용환경에 연관된 시스템을 기술하는 공통 관점-템플릿을 쉽게 발견할 수 있다. <그림 6.4>는 이러한 형성 관계를 그래프로 보여주고 있다. 이는 모든 시스템의 기초를 형성하게 된다.

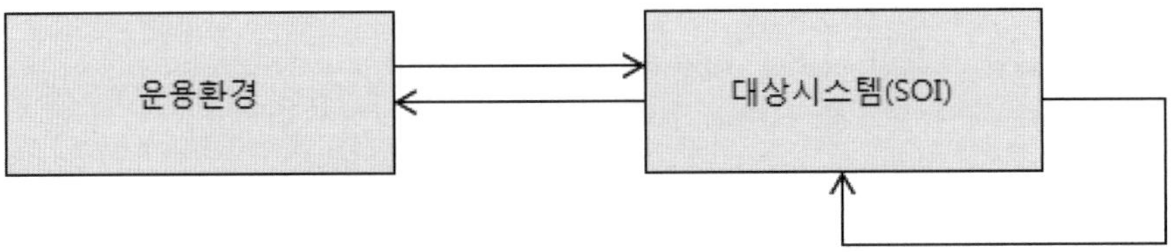

<그림 6.4> 상위레벨 시스템 아키텍처 형성

시스템이 운용환경과 상호 연계될 때, 다음 두 가지 형태의 거동 형태를 나타낸다.

- 시스템은 운용환경과 동적 반응과 함께 연계되어 있다. 이러한 연계는 공격, 약탈, 양호, 및 방어 또는 복합 등과 같은 거동 패턴에 근거한 일대일 관계를 형성한다.
- 거동, 제품, 파생제품 또는 서비스와 같은 시스템 반응과 시스템의 임무나 생존에 위험을 가져다주는 불안정, 손해, 성능저하, 등과 같은 시스템에 나쁜 영향이나 천재지변 영향으로 나타나는 내부적인 손실을 볼 수 있다.

대상시스템과 운용환경의 연계성을 분석할 때, 두 가지 기본적인 거동형태를 볼 수 있다.

- 계층구조적인 상호관계(예를 들면, 상위레벨 시스템의 지휘 및 통제 하에 수직적인 관계)
- 동일 레벨 상호관계

17) MORS Report, October 27, 1989. 소스는 DoD 5000.59, Glossary A-Item 505, p. 163을 참조

임무시스템이 운용환경과 연계될 때 다음과 같은 활동을 하게 된다.

- 상위레벨 지휘계통의 의사결정 지시에 따라 설정된 임무활동을 수행한다.
- 외부시스템(예를 들면, 임무수행기간 중에 인공시스템, 자연환경, 및 이에 파생된 운용환경)과 상호 연계된다.

대상시스템, SOI는 다음 두 가지 형태 1) 상위레벨 시스템, 2) 물리적 환경의 실체로 운용환경과 상호작용하고 있다. 운용환경 도메인 식별은 <그림 6.4>에 나타난 시스템 아키텍처 형성을 확장하게 된다. 그 결과는 <그림 6.5>와 같다.

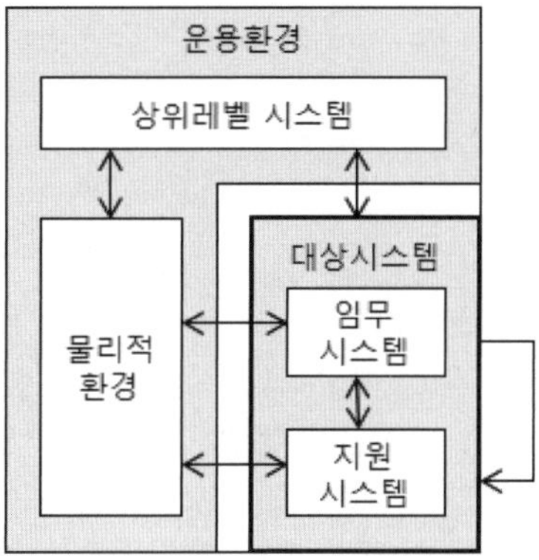

<그림 6.5> 상위레벨 시스템 환경 형성

<그림 6.5>는 세밀하게 구분되어 있지 않아 아직도 분명치 않은 특성을 보여주고 있다. 물리적 환경은 왼쪽에, 대상시스템 SOI는 오른쪽에 있다. 대부분의 엔지니어링 환경은 보기에 편리하도록 표기하는 표준과 규칙이 있다. 예를 들면, 그래픽은 왼쪽에서 오른쪽으로 그리고 위에서 아래로 읽어 간다. 일반적으로 데이터 프로세싱과 업무흐름은 왼쪽에서 오른쪽으로 나타낸다. 만일 SOI를 왼쪽에 나타내고 환경을 오른쪽에 나타낸다면, 마치 SOI가 운용환경을 도출하는 것처럼 잘 못된 인식을 가지게 한다. 대상시스템이 운용환경 넘어 제한된 통제를 하고 영향을 준다고 할지라도, 실제 운용환경은 거동에 대한 반응을 불러오는 활동을 하게 된다. 실제적으로 본 장에서는 왼쪽에서 오른쪽 방향의 업무흐름을 유지토록 한다.

6.2.3 시스템 요소 개요

추상적인 개념으로 대상시스템, SOI는 임무시스템과 지원시스템으로 구성되어 SOI의 운용환경 내에서 상위레벨 시스템 및 물리적 환경과 연계되어 있다. 이러한 개념은 분석적으로 형성된 블록인 시스템 요소로 나타난다. 아키텍처 구조로 통합될 때, 시스템 요소는 시스템 분석 및 설계를 위해 주요 부분으로 구성된 시스템 아키텍처를 형성한다. 시스템 요소 정의에 따라 SOI 및 운용환경과 연관된 각 요소를 식별하고 정의한다. 시스템 요소를 도출하기 위해, 대상시스템과 운용환경을 추상적 개념 또는 클래스의 하위레벨로 분해하거나 확장토록 한다. <표 6.1>은 해당하는 목록을 제시하고 있다. 각 시스템 요소를 보다 자세하게 제시해 가도록 하자.

<표 6.1> 도메인별 시스템 요소 클래스 식별

도메인	시스템 요소 클래스	적용분야
대상시스템, SOI	• 개인 • 설비 • 장비 • 임무 자원 • 절차 데이터 • 시스템 반응	• 임무 시스템 역할 • 지원 시스템 역할
운용환경	• 역할 및 임무 • 조직구조 • 운용제약사항 • 자원 • 인공시스템 • 자연환경 • 파생환경	• 상위레벨 시스템 • 물리적 환경

시스템 요소 개념의 중요성

시스템 요소 개념은 세 가지 이유로 중요하다. 첫째, 시스템 요소는 시스템 실체에 대한 추상적인 개념과 상호작용을 체계화, 분류, 및 형성해 주고 있다. 즉, 시스템에 무엇이 포함되고 무엇이 필요하지 않는지를 구분해 준다. 둘째, 시스템 요소 아키텍처는 논리적 및 물리적 시스템 아키텍처를 개발함에 있어서 시스템 계층구조 내에서 각 실체에 대한 공통적인 구조를 형성해 준다. 셋째, 시스템 요소는 다중 레벨 성능규격 요구사항 할당의 시작점으로 사용된다는 점이다. 전문적인 기술 및 분석적 능력을 지닌 엔지니어라 할지라도 가끔 부족한 정보로 잘못된 시스템 요소를 구성할 수 있다.

이는 아주 기본적인 시스템 엔지니어링에 문제를 불러오게 된다. 그 문제를 미리 이해하고 구조로 제시하는 정도는 솔루션의 50%에 불과하다. 시스템 요소 아키텍처 개념의 조직 구조는 시스템과 그 영역을 정의하는 구조를 제공해 준다. 시스템 개발 및 엔지니어링 문제점을 분석하고 해결하는 길은 이에 상응하는 문제점 요소(예를 들면, 목적, 초기조건, 가정 등)를 식별, 체계화, 정의 및 구상함으로써 가능하다. 이는 이해하기 쉽게 솔루션 방법을 개념화하고 형성하기 위한 지혜를 가져야 한다. 표준 분석 구조를 형성하려면, 시스템 아키텍처에 수학 및 과학적인 원칙과 훈련된 엔지니어링 중심을 적용하는 길이다.

문제 해결방안으로서 복잡도를 줄이는 것이 바람직하다. 시스템 분석과 엔지니어링은 대형 복합적인 문제를 쉽게 해결할 수 있는 문제점으로 분해하는 분석적 개념에 그 뿌리를 가지고 있다. 불행하게도 수많은 엔지니어는 시스템 문제점을 시스템 요소로 체계화, 구조, 및 분석하는 훈련이 부족하다. 실무적으로 문제점에 상응하는 부분으로 구체화, 구조화하는 기초로 이 개념을 이해해야 한다. 그러나 주의할 점은 전문적인 정밀조사 없이 미리 상응한 시스템 요소를 테일러링하는 유혹을 피해야 한다. 이러한 경우, 시스템 설계 시기에 더 많은 실수를 범하게 된다. 이제 시스템 요소 개념에 남은 주요한 한 가지는 실체관계(ER; Entity relationship)이다.

6.2.4 시스템 요소의 실체관계 이해

아키텍처 개념은 <표 6.1>에 제시된 각 시스템 요소 상호간에 실체관계(ER)를 기술하고 있다. 이를 논의하기 전에 이러한 요소 사이에 존재하는 관계 유형을 알아보자. 시스템 요소 상관관계는 두 가지 유형, 논리적 및 물리적 관계로 특성화 된다. 이러한 논리적 및 물리적 관계를 잘 이해하기 위해 하나씩 먼저 알아보고 이를 통합하는 개념으로 살펴보자.

논리적 실체관계

논리적 실체관계를 식별하는 첫 번째 단계는 연합의 형체가 연역적인 이유로 존재하고 있음을 단순하게 인식함에 있다. 세부적인 물리적 관계가 어떠한지를 몰라도 좋다. 즉 어떻게 연결되어 있는지를 몰라도 되지만 연결 관계가 있거나 존재하고 있다는 사실은 알아야 한다. 그래픽으로 이러한 관계를 두 실체 상호간에 단순한 선으로 그리게 된다. 두 번째 단계는 논리적인 기능으로 논리적 관계를 나타내어야 한다. 즉 그들 사이에 무슨 연계성이 있는지를 알고 두 개의 실체가 서로 연합되어 있음을 제시해야 한다. 이러한 관계를 그래픽으로 기술한 구조로 논리적 실체를 조합할 때, 이를 가리켜 논리적 아키텍처 도표로 부른다. 예를 들어, <그림 6.5>에서 사무실 내에 있는 단순한 전구를 생각해 보자. 룸 조명-논리적 아키텍처 실체관계를 나타내면 <그림 6.6>과 같다. 상위 부분은 사람(실체)이 룸의 빛의 소스(실체)를 조절하기 위해 구성된 단순한 룸 조명 시스템을 보여주고 있다.

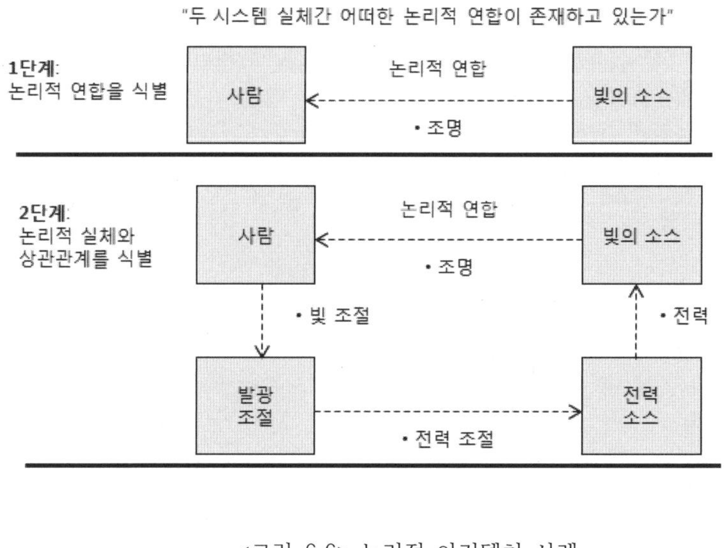

<그림 6.6> 논리적 아키텍처 사례

논리적 제시로써 사람(실체)과 빛의 소스(실체)간 그 관계를 보기 위하여 선을 긋는다. 이리하여 사람(실체)는 빛의 소스와 논리적 연합 또는 실체 관계를 지닌다. 논리적 관계에 대한 요구인 능력을 단순하게 설정하는데 관심이 있다는 사실을 관찰하라. 능력 요구는 무엇을 얼마나 조명해야 되는지에 대한 규격서 요구사항의 기초를 제시하고 있다. 이러한 논리적 실체

관계가 어떻게 물리적으로 설계와 컴포넌트에 따라 적용되고 있는지가 수학과 과학적 원칙에 따라 엔지니어링 분석과 설계에 기조를 이룬다. 다음 빛의 소스(논리적 실체)에 대한 통제 메카니즘을 요구한다. 이는 전력소스(논리적 실체)로부터 에너지를 공급한다. 사람(논리적 실체)과 발광조절(논리적 실체)과 연결한다. 발광조절은 전력소스로부터 빛의 소스로 전류를 흐르게 한다. 전류가 흐르면 빛의 소스는 룸과 사람에게 조명을 제공해 준다. 이와 같은 사실로부터 다음 사항이 어떻게 제외되어 있는지를 주목해야 한다.

1) 사람(논리적 실체)과 발광조절(논리적 실체)과의 인터페이스 방법
2) 발광조절(논리적 실체)과 전력소스(논리적 실체)와의 통제방법
3) 전력소스(논리적 실체)에서 빛의 소스(논리적 실체)로 전류 제공방법
4) 빛의 소스(논리적 실체)로부터 사람(논리적 실체)에게 빛을 비추는 방법

도표는 단순하게 연합된 관계를 문서화 하고 있다. 부가적으로 발광조절, 전력소스, 또는 빛의 소스를 위해 무슨 메카니즘을 사용하고 있는지를 제외하고 있다. 이는 다음 토픽에서 다루어진다. 이러한 논리적 제시에 기초하여 룸 조명 시스템에 대한 물리적 적용을 살펴보자.

물리적 실체관계

시스템 요소 인터페이스에 대한 물리적 적용은 보다 신중한 분석과 의사결정이 필요하다. 왜냐하면, 전형적으로 비용, 일정, 기술, 지원 및 위험 요소가 실제 적용에 있어서 균형을 이루어야 하는 주요 인자이기 때문이다. 상호작용을 적용 가능한 여러 옵션이 존재하기 때문에 가장 좋은 대안과 물리적 컴포넌트 형상을 선택해야 한다. 그래픽으로 보면 물리적 요소로 물리적인 인터페이스 적용을 시도한다. 동선, 전기 스위치, 조명기구 등의 컴포넌트를 선정함에 따라 이를 시스템블록선도, SBD와 물리적 관계를 나타내는 전기 구상도를 형상으로 나타낸다. 이러한 도표가 물리적 시스템 아키텍처의 기초자료가 된다. 물리적 실체관계를 나타내는 물리적 아키텍처 사례를 계속해서 살펴보자.

룸 조명-물리적 아키텍처 실체관계: 몇 가지 분석 후에 룸 조명 시스템에 대한 물리적 구조나 물리적 시스템 아키텍처는 <그림 6.7>과 같다.

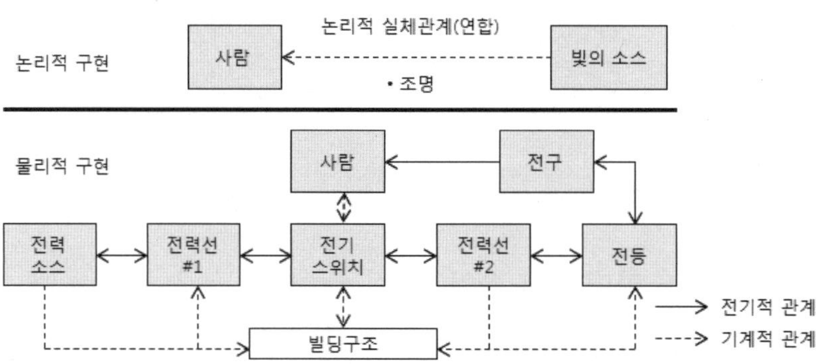

<그림 6.7> 논리적-물리적 구현

그림에서 나타난바와 같이 시스템은 전력소스, 전선 1, 전선 2, 전기 스위치, 빌딩구조, 사람 및 전구를 포함한 전등 등의 물리적 실체로 구성된다. 실선은 전기 인터페이스를 나타내고 점선은 기계적 인터페이스를 나타낸다. 물리적 항목으로 빌딩구조는 전기스위치, 전선 1, 전선 2 및 전구를 포함한 전등을 기계적으로 지지하는 역할 울 한다. 사람(물리적 실체)이 전기 스위치(물리적 실체)를 On 상태로 할 때, AC 전류(물리적 실체)가 전선 1(물리적 실체)을 통해 전력 소스(물리적 실체)로부터 전기 스위치(물리적 실체)로 흐르게 된다. AC 전류(물리적 실체)는 전기 스위치(물리적 실체)로부터 전선 2를 통해 전등(물리적 실체)과 전구로 흐르게 도니다. 볼 수 있는 빛은 전기 스위치가 OFF 상태로 되거나, 전구가 타거나 전력원이 끊어질 때까지 사람에게 비추게 된다.

논리적 및 물리적 아키텍처로의 접근

앞서 순차적인 과정을 통해 시스템, 제품 또는 서비스의 기초적인 개발방식을 제공해 준다. 인간의 거동을 관찰하고 분석할 경우, 인간은 특성적으로 무슨 결정을 내고, 그러한 결정을 내기 위한 과정을 결심하기가 그리 쉽지 않다. 실제 수많은 정보를 원하지만 단독 의사결정에 이와 연계된 다중 레벨 의사결정 솔루션에 이르기까지 개인 또는 팀 레벨에서 모든 데이터를 분석할 수가 없다. 그 결과, 의사결정 과정의 모호함이 시스템의 크기와 복잡도에 따라 기하급수적으로 증폭하게 된다. 주어진 특성에 따라 인간은 단순하고 상위레벨 의사결정에서부터 이에 근거한 하위레벨 세부결정에 이르기까지 의사결정 과정을 점진적으로 수행해 가게 된다. 논리적 실체[에서 물리적 실체관계까지의 흐름은 복잡도를 점진적으로 분해토록 한다. 여러 예제를 통해 논리적 관계가 단순한 존재 인식으로부터 어떻게 물리적으로 적용되었는지에 대한 세부적인 의사결정 관계로 진행되었는지를 알 수 있게 해준다. <그림 6.7>은 룸 조명 시스템에 대한 추상적 개념인 논리적 아키텍처에서 세부적인 물리적 아키텍처로 진화하고 있는지를 보여주고 있다. 이 점이 매우 중요하다. 이는 시스템 솔루션 도메인 개념을 나타내는 기초가 되기 때문이다. 이러한 도메인 솔루션은 1) 요구사항 도메인 솔루션, 2) 운용 도메인 솔루션, 3) 거동 도메인 솔루션, 4) 물리적 도메인 솔루션을 포함하고 있다.

6.2.5 기본원칙 요약

지금까지 시스템에 대한 아키텍처를 형성하는 기본적인 과정을 살펴보았다. 이제 세 가지 원칙을 요약해 보면 다음과 같다.

- 시스템은 시스템 운용환경과 자체가 외부적인 실체와 상호 연계되어 있다.
- 모든 시스템은 그 시스템과 운용을 넘어선 상태를 나타내는 상위레벨에서의 인공 및 자연 시스템을 구현하고 있다.
- 모든 시스템은 더 큰 시스템의 한 시스템, SOS(System of Systems)로 되어 있다.

6.3 추상적인 시스템 레벨과 어휘

6.3.1 개요

모든 인공 및 자연 시스템은 더 높은 순위 시스템의 한 부분이다. 예를 들어 우주란 시스템 계층구조로 나타낼 수 있다. 이러한 계층구조 내에 속한 어느 시스템도 더 낮은 레벨의 시스템으로 구성될 수 있다. 이러한 의미에서 SoS(System of Systems) 복합시스템이라 할 수 있다. 그 계층구보 내에서의 시스템은 사람의 생각과 지식을 초월하는 대형 복합시스템으로부터 가장 적은 물리적 입자에 이르기까지 걸쳐있다. 시스템 분석가 및 시스템 엔지니어가 시스템 계층구조 내에서 시스템을 구상할 때에 그들의 관점과 부여하는 의미가 중요한 이슈 사항이 된다. 영어가 언어적으로 매우 광범위하게 표현하고 있을지라도 이를 시스템 엔지니어링에 적용함에 있어서 한계가 있다. 따라서 수많은 시스템 레벨에 제한된 의미로 시도할 때, 혼란을 초래하기가 쉽다. 엔지니어링 개발조직으로부터 나오는 일상적인 코멘트는 "당신은 누구의 시스템을 구상하고 있는가?"라는 질문이다. 이러한 질문은 사용자, 획득자 및 개발자가 모여서 서로 토의할 때 종종 발생한다. 엔지니어링 부서는 시스템에 대한 각 개인의 의미와 관점을 이해하려고 노력해야 한다. 이러한 문제는 1) OJT, 2) 개인적인 노력, 3) 팜플렛, 4) 공교육으로부터 얻어진 어휘의 차이 때문에 시스템 엔지니어와 대화 시 더 증폭되게 된다. 여기서 참고사항을 조성하는 어휘에 관한 추상적 시스템 레벨 개념을 소개한다. 이를 위해 각 추상적 레벨에 대한 콘텍스트를 정의한다. 시스템 규모와 복잡도는 시스템에 따라 다르지만, 이러한 레벨을 대상시스템, SOI로 짜 맞추는 방법을 제시한다. 이를 통해 시스템 분해와 통합을 다루는 지침을 알아본다. 여기에서 얻고자 하는 내용은 다음과 같다.

- 추상적이란 의미는 무엇인가?
- 6차 레벨 시스템의 경우, 추상적 레벨이란 무엇인가?
- 구상하고 있는 시스템에 추상적 레벨을 어떻게 짜 맞출 수 있는가?
- 레벨 0 또는 계층 0의 시스템 범위와 영역을 기술하는가?
- 레벨 1 또는 계층 1의 범위와 속성 관계를 기술하는가?
- 레벨 2 또는 계층 2의 범위와 속성 관계를 기술하는가?
- 레벨 3 또는 계층 3의 범위와 속성 관계를 기술하는가?
- 레벨 4 또는 계층 4의 범위와 속성 관계를 기술하는가?
- 레벨 5 또는 계층 5의 범위와 속성 관계를 기술하는가?
- 레벨 6 또는 계층 6의 범위와 속성 관계를 기술하는가?
- 레벨 7 또는 계층 7의 범위와 속성 관계를 기술하는가?
- 레벨 8 시스템에 대하여 다양한 추상적 레벨 상호간에 속성 관계를 식별하라. 8 레벨 시스템에 대하여 시스템 통합에 대한 속성 관계를 식별하라.

주요 용어 정의

- 제품구조(Product Structure): 분해 가능한 물리적 속성 관계를 나타내는 물리적 시스템의 계층구조를 말한다. 최상위 어셈블리 도면, 규격서 트리, 및 BOM(Bill of Materials)은 시스템 제품구조를 나타내는 가장 중요한 문서이다.

6.3.2 참조구조설정

시스템 분석가 또는 시스템 엔지니어로서 첫 번째 수행해야 할 일은 구상 중에 있는 대상 시스템의 참조구조를 설정하는 것이다. 대부분의 사람들이 시스템을 생각할 때, 그들이 일상적으로 접하는 관측자 입장에서의 참조구조로부터 시스템을 이해한다. 나아가 사용자, 획득자 및 시스템 개발자와 만나 예기하게 되면 한 사람의 시스템이 다른 사란의 하부시스템과 같다는 사실을 알게 된다.

시스템 콘텍스트와 통합관점

시스템이 납품될 때, 가장 중요한 이슈는 대상시스템이나 시스템 콘텍스트가 사용자의 운용 환경 내에 적합해야 한다는 것이다. 계층적 복합 SoS 시스템 콘텍스트로부터 시스템 개발자 계약납품 시스템은 시스템의 속성이 추상적 시스템 차상위 개념 내에 속해야 한다. 납품 시스템은 통합 포인트(IP)에서 통합되는 차상위 시스템 내에 위치해야 한다.

시스템 사용자

대상시스템을 정의함에 있어서 중요한 부분은 누가 사용자인가를 식별함에 있다. 대개 시스템은 직접 및 간접 사용자를 지니고 있다. 다음 예제를 생각해 보자. 컴퓨터는 다음과 같은 여러 사용자를 가지고 있다. 따라서 사용자를 위해 시스템을 개발한다고 하면 과연 이 중 누구를 위한 시스템인가?

- 컴퓨터 시스템에 대한 일상적인 운용자
- 유지보수자
- 컴퓨터 시스템에 의해 생성된 각종 매뉴얼을 받은 사람
- 운용자에게 사용지침을 제공해 주는 훈련생
- 전자 멜 수령자

문제점 해소방안

이러한 문제를 해결하는 방법 중의 하나는 시스템 엔지니어가 모든 연관분야 종사자로부터 공통언어를 사용할 수 있는 표준 용어집을 설정하는 길이다. 표준화 컨벤션을 설정할 필요가 있다. 한 번 이러한 토론장이 마련되면 각 조직부서 요원을 훈련시키는 조직의 정책과 절차를 나타내는 적절한 미디어를 업데이트해 나가야 한다.

6.3.3 추상적 개념 레벨의 이해

납품시스템 콘텍스트를 생각할 때, 내장되어 있는 추상적 레벨을 소통할 수 있는 표준 방법이 필요하다. 모든 시스템이 계층으로 이루어져 있기 때문에 사용자 시스템은 차상위 시스템의 지원요소가 된다. 여러 직접 및 간접 사용자가 주어지기 때문에 어떠한 방법으로 추상적 레벨을 소통할 수 있을 것인지 단순한 방법을 설정해야 한다. 일차적으로 그 내용을 살펴보자. 기초적으로 본 장에서의 논의는 학구적으로 접근해 보도록 하자. 실제로는 당신과 당신의 고객(사용자, 획득자 등) 그리고 벤더가 대상시스템이나 납품 시스템에서 해야 할 것과 하지 말아야 할 것을 분명하게 서로 의견의 일치를 보아야 한다. 당신의 계약 또는 동의내용이 납품시스템의 분명한 영역이 제시되어 있는가? 결국 시스템이 검증되고 확인되어질 때 납품 시스템에 포함되어 있는 할 것과 하지 말아야 할 것에 대한 어떠한 마찰도 없어야 한다. 계약용어로 목표기술서(SOO), 시스템성능규격서(SPS), 계약업무분해구조(CWBS), 및 기간과 조건(Ts&Cs)과 같은 문서가 주어진 영역 내에서 수행해야 할 일과 시스템 영역에 관한 양 부서 간에 상호이해 가능한 문서적 절차를 밟게 된다. 이렇게 할 때, 계획적이고 기술적인 이슈에 대한 참조구조를 제시할 수 있다. 일반적으로 시스템 영역에 대한 문서화되지 않은 의도와 가정은 수락곤란하다. 추상적이라는 용어가 구체적으로 나타난 예는 <그림 6.8>과 같다. <그림 6.8> 왼쪽 상단을 보면, 시스템, 제품 또는 서비스는 아이디어, 목표, 개념 및 부분(예를 들면, A에서 N까지)과 같은 서로 헐겁게 연결된 초기 속성 세트로 구성되어 있다. 만일 이러한 속성이나 대상을 분석할 경우, <그림 6.8>의 좌 하단에서와 같이 목표, 특성, 산출물 등의 세트로 구성된 다양한 그룹으로 제시하게 된다. 그 그룹은 다음과 같다.

- 속성 10은 속성 A와 E로 구성된다.
- 속성 20은 속성 C, F와 I로 구성된다.
- 속성 30은 속성 D, J, H와 M으로 구성된다.
- 속성 40은 속성 B, K, L, N과 O로 구성된다.

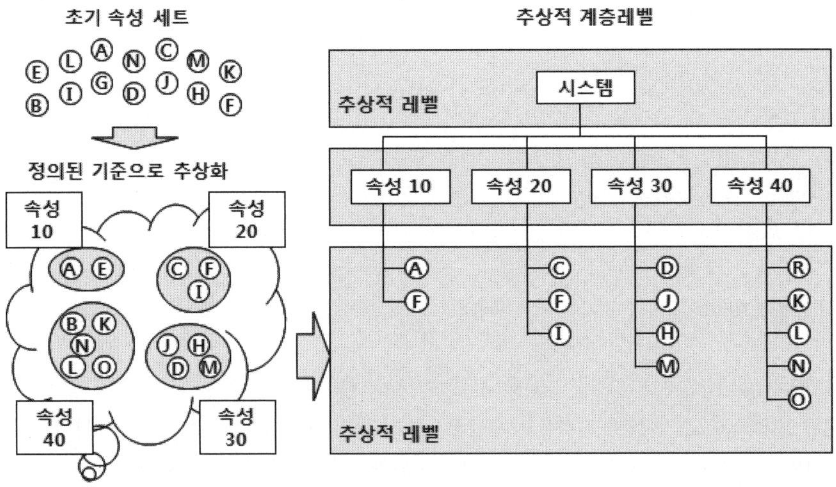

<그림 6.8> 추상에 대한 의미

각 속성은 대상이나 추상적 개념에 대한 부류를 나타낸다. 추상적 개념 또는 대상의 부류는 <그림 6.8>의 우측에서처럼 실질적인 계층구조 그룹을 세부적인 하위레벨로 나타낸다. 바로 이것이 시스템과 추상적 개념 레벨 요소에 대한 계층구조 또는 분류로 나타낸 구조이다. 추상적 레벨에 대한 계층적 개념은 단순 시스템에 대한 유용한 정보가 된다. 그러나 대형 복합시스템은 다중 복합 추상적 레벨로 구성된다. 어디에 이러한 경우가 있든지 상관없이 시스템 분석가와 시스템 엔지니어가 한 추상적 개념으로부터 하나의 추상적 레벨을 도출하는 방법을 알아야 한다. 기본적으로 이는 관측자의 참조 프레임을 설정함으로써 알 수 있다. 계약적 관점에서 계약사항이 그 관점을 제시해 준다.

참조 프레임 설정방법

대부분의 조직은 시스템 내에서 특정 속성에 대한 소통을 위하여 개념적인 참조 프레임을 설정한다. 이는 납품 시스템에 대한 참조 포인트를 지정하려는 의도에서 비롯된다. 하나의 예로써 <그림 6.9>에 나타난 레벨 0, 레벨 1, 레벨 2 및 하위레벨 등의 순으로 이루어진다.

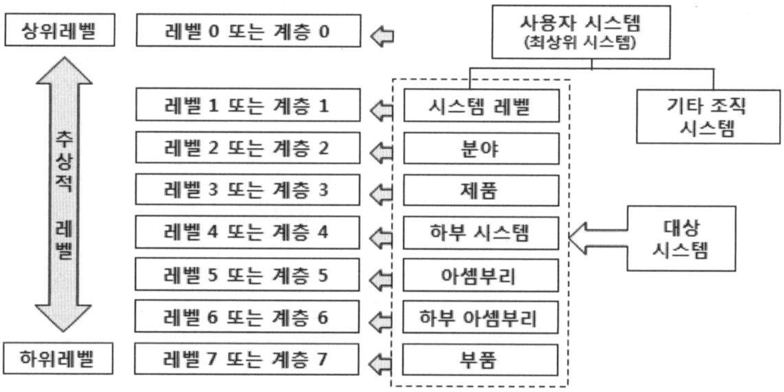

<그림 6.9> 시스템 레벨 추상적 개념

이를 이해하기 위해 표준 시스템 레벨을 보여주고 있는 <그림 6.10>을 참조하라. 왼쪽 그림은 표준시스템 레벨을, 오른쪽 그림은 대상조직에서 구상하는 시스템 레벨을 보여주고 있다. 이러한 경우에 사용자 체계, 체계, 하부체계, 어셈블리, 및 부품 레벨과 같은 구상을 하고 있다. 레벨 1, 레벨 2 등과 같은 참조 레벨 번호는 순차적으로 부여되어진다.

<그림 6.10> 체계레벨 추상적 개념과 적용사례

다른 예는 계층 1, 계층 2 및 하위 계층으로 이루어진다. 그러나 레벨 또는 계층 0에서 X까지 내용은 보다 분명하게 설명이 필요하다. <표 6.2>가 그 상세한 내용을 보여주고 있다. 주요 논의대상은 예를 들면, 레벨 0 또는 계층 0과 같이 사용자 시스템에 대한 상대적인 참조 프레임에 대한 공통적으로 소통할 수 있는 설명을 제시해야 한다. 시스템의 추상적 레벨을 이해한 상태에서 이를 어떻게 그래픽으로 나타낼 수 있는지를 알아보자. 지금까지 계층적 레벨 및 속성과 각 레벨 속성 관계를 살펴보았다. 시스템 레벨 추상적 개념과 시스템 아키텍처와의 관계는 시스템 설계 및 개발과 연관된 논리적 및 물리적 시스템 아키텍처를 정의함에 있어서 기초적인 구조를 보여주고 있다. 나아가 이러한 추상적 개념을 대형복합시스템에 어떻게 적용할 것인지 그 방법을 소개했다. 대상시스템이 8 레벨 이상 또는 이하 레벨에 관계없이, 추상적 체계 레벨 개념으로 적용하면 된다.

<표 6.2> 시스템의 추상적 레벨에 대한 세부기술

레벨	명칭	정의
0	사용자 체계레벨	당신이 구상하고 있는 대상시스템으로 내장된 사용자 비즈니스 환경을 나타낸 추상적 레벨로써 이를 레벨 0 또는 계층 0 체계라고 부른다.
1	체계 레벨	관측자 참조 프레임으로부터 대상시스템의 최상위 레벨을 나타내는 추상적 레벨로써 시스템레벨 아키텍처(예, 아키텍처 블록선도, ABD)는 운용환경에서 본 외부시스템 인터페이스 및 내장된 분야레벨 또는 제품레벨간의 인터페이스를 포함하고 있다. 이를 레벨 1 또는 계층 1 체계라고 부른다.
2	분야 레벨 (옵션)	이는 체계 레벨 아래로 분해된 첫 번째 레벨 속성이다. 분야레벨 속성 사례는 레벨 2 또는 계층 2 체계라고 부른다. 분야레벨 아키텍처는 다음사항을 포함하고 있다. 1) 레벨 3 또는 계층 3 제품 및 하위레벨 속성, 2) 내부제품레벨 관계, 3) 체계 내에 있는 외부속성과의 분야관계 및 체계영역 밖의 외부체계 관계 예) 통신시스템은 지상, 해상, 항공 및 우주 베이스의 한 분야(segment)
3	제품 레벨 (옵션)	이는 분야 레벨 아래로 분해된 첫 번째 레벨 속성이다. 제품레벨 속성 사례는 레벨 3 또는 계층 3 체계라고 부른다. 제품레벨 아키텍처는 다음사항을 포함하고 있다. 1) 레벨 4 또는 계층 하부체계 및 하위레벨 속성, 2) 내부하부체계레벨 관계, 3) 체계 내 외부속성과의 관계 및 체계영역 밖의 외부체계 관계
4	하부체계 레벨	이는 제품 레벨 아래로 분해된 첫 번째 레벨 속성이다. 하부체계레벨 속성 사례는 레벨 4 또는 계층 4 체계라고 부른다. 하부체계레벨 아키텍처는 다음사항을 포함하고 있다. 1) 레벨 5 또는 계층 5 어셈블리 및 하위레벨 속성, 2) 내부어셈블리레벨 관계, 3) 체계 내에 있는 외부속성 및 체계영역 밖의 외부체계 관계
5	어셈블리 레벨	이는 하부체계 레벨 아래로 분해된 첫 번째 레벨 속성이다. 어셈블리레벨 속성 사례는 레벨 5 또는 계층 5 체계라고 부른다. 어셈블리레벨 아키텍처는 다음사항을 포함하고 있다. 1) 레벨 6 또는 계층 6 하부어셈블리 및 하위레벨 속성, 2) 내부하부어셈블리레벨 관계, 3) 체계 내 외부속성 및 체계영역 외 외부체계 관계
6	하부 어셈블리 레벨	이는 어셈블리 레벨 아래로 분해된 첫 번째 레벨 속성이다. 하부어셈블리레벨 속성 사례는 레벨 6 또는 계층 6 체계라고 부른다. 하부어셈블리레벨 아키텍처는 다음사항을 포함하고 있다. 1) 레벨 7 또는 계층 7 부품 및 하위레벨 속성, 2) 내부부품레벨 관계, 3) 체계 내 외부속성 및 체계영역 밖의 외부체계 관계
7	부품레벨	체계의 최하위레벨 시스템분해요소이다. 부품 아키텍처는 요소별 도면, 모델 및 개념도 등이 있다. 모든 추상적 체계레벨에서 만들어지는 엔지니어링 도면은 두가지 형태로 구성된다. 1) 내부개발 개념도, 외부 획득 및 보완된 내부 품목, 및 치수도면 2) 외부획득품목에 대한 부품 파라미터와 특성을 가진 소스통제도면 소프트웨어 체계의 경우, 부품 레벨은 LOC의 소스(SLOC)와 동등하다.

6.3.4 시스템 분해 및 통합 설계 지침

SE 관점에서 시스템 체계 구조는 다음 두 가지 특성 이 있다. 첫째, 분석적 관점: 하향식 계층분해 또는 확산, 둘째, 물리적 관점: 상향식 속성의 수직 통합 세트이다. 시스템 분해 속성 관계(ER)는 분석적으로 계층체계를 복잡성을 관리 가능한 설계규모의 크기로 분해할 수 있다. <그림 6.11>은 <표 6.3>에 나타난 구조형성원칙에 따른 방법을 제공해 주고 있다.

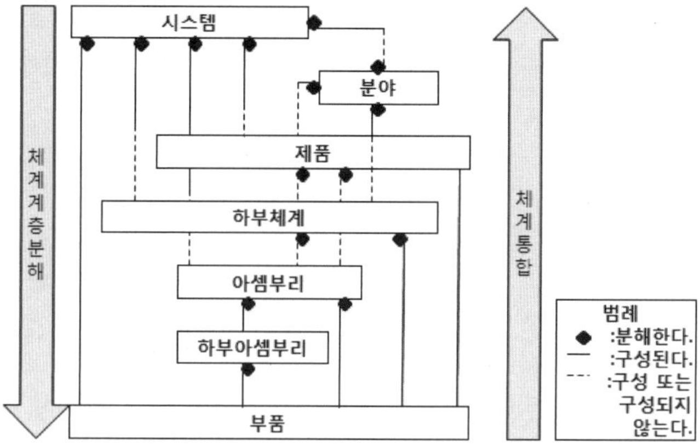

<그림 6.11> 체계분해 및 통합원칙

계층분해도 이와 동일한 절차를 밟는다. 최상위 레벨 품목만 유일하게 나타내는 경우를 회피토록 하라. 좋은 시스템이란 최소 2 또는 3 이상의 종속하부체계로 나누어진 체계를 말한다. 이러한 체계의 경우, 종속된 속성이 동일한 추상적 레벨로 있어야 함을 뜻하진 않는다. 예를 들어, 제품구조면에서 상위레벨 어셈블리에 대한 부품목록을 나타내는 BOM(Bill of Materials)이 하나 또는 그 이상의 하부체계, 하나 또는 그 이상의 어셈블리, 하나 또는 그 이상의 부품킷(예, 볼트 및 너트)으로 구성되어 있다. 만일 BOM을 부품 목록으로 사용한다면, 하부체계와 어셈블리로 통합하기 위해 부품을 기계적 및 전기적으로 조립하기 위해 부품 키트를 사용함으로써 하부체계와 어셈블리와 동일한 레벨의 추상적 개념으로 나타난다.

<표 6.3> 체계속성분해 및 통합 원칙

계층	속성	속성분해/통합원칙
0	사용자 레벨	사용자 체계는 조직 임무에 따라야 하고 운용환경 내에서의 임무달성에 필요한 시스템 요소로 구성된다.
1	체계 레벨	각 체계요소는 분야, 제품, 하부체계, 어셈블리, 하부어셈블리 또는 부품레벨 속성의 최소 둘 또는 그 이상으로 구성한다.
2	분야 레벨	분야레벨 추상적 개념 또는 클래스 적용 시, 각 분야레벨속성은 제품, 하부체계, 어셈블리, 하부어셈블리 또는 부품레벨 속성의 둘 또는 그 이상으로 구성한다.
3	제품 레벨	제품레벨 추상적 개념 또는 클래스 적용 시, 각 제품레벨속성은 하부체계, 어셈블리, 하부어셈블리 또는 부품레벨 속성의 둘 또는 그 이상으로 구성한다.
4	하부체계 레벨	하부체계레벨 추상적 개념 또는 클래스 적용 시, 각 하부체계레벨속성은 어셈블리, 하부어셈블리 또는 부품레벨 속성의 둘 또는 그 이상으로 구성한다.
5	어셈블리 레벨	어셈블리레벨 추상적 개념 또는 클래스 적용 시, 각 어셈블리레벨속성은 하부어셈블리 또는 부품레벨 속성의 둘 또는 그 이상으로 구성한다.
6	하부 어셈블리 레벨	하부어셈블리레벨 추상적 개념 또는 클래스 적용 시, 각 하부어셈블리레벨속성은 부품레벨 속성의 둘 또는 그 이상으로 구성한다.
7	부품레벨	부품레벨은 시스템의 최하위 레벨 분해요소이다.

6.3.5 요점

여기서 시스템 레벨의 추상적 개념과 그 의미를 살펴보았다. 이와 같은 계층구조는 시스템 엔지니어로 하여금 대상시스템(SOI)에 대한 분석과 소통을 표준화한다. 이와 같은 목적을 수행하는 의도는 시스템 개발팀, 획득자, 및 사용자가 복잡한 계층구조를 공통된 관점으로 볼 수 있는 기준을 제시해 준다. 이는 시스템 개발자로 하여금 레벨 0 또는 계층 0과 같은 기준을 사용함으로써 사용자의 대형시스템을 벤치마킹할 수 있는 메커니즘을 제공해 준다. 당신이 어떠한 시스템을 다루고 있든지, 이는 “누구의 시스템에 관한 것인가”에 대한 답변을 쉽게 할 수 있게 해준다.

6.4 문제풀이

1) 앞서 제시된 시스템 중 하나를 선정하여 여기서 논의된 내용을 한 번 적용해 보라.
   a) SOI의 운용환경을 식별하고 제시하라.
   b) 상위레벨 시스템, 물리적 시스템 환경, 임무시스템 및 지원시스템을 식별하고 제시해 보라.
   c) 선정된 물리적 체계에 대하여 다중레벨 속성으로 추상적 체계레벨개념을 제시해보라.
   d) 물리적 속성 관계를 식별할 수 있는 속성 관계 도표(ERD)를 개발해 보라.
2) 시스템 개발 프로그램을 통해 SOI가 어떻게 상위레벨 시스템, 물리적 시스템 환경, 및 지원시스템과 인터페이스를 이루고 있는지를 설명해 보라. 이러한 요소가 시스템 아키텍처 도표에 어떻게 나타나는지를 제시해 보라.
3) 추상적 개념 레벨을 식멸함에 있어서 당신 조직의 지휘계통매체에 관한 지침을 연구해 보라.
   a) 무슨 지침이 사용되고 있는가?
   b) 각 프로그램은 어떠한 지침을 설정하고 있는가?

제7장 대상시스템 및 운용환경 아키텍처

7.1 대상시스템 아키텍처

7.1.1 개요

어느 한 시스템을 개발 할 시, 주요하게 주목해야 할 포인트는 임무 체계와 지원 체계로 구성된 대상시스템(SOI)이다. 공급체계에서 모든 시스템은 임무 체계와 지원 체계의 두 가지 역할을 수행해야 함으로 각 역할은 아키텍처 구조를 구성하고 있는 시스템 요소의 일곱 가지 클래스로 구성되어 있다고 분석하고 있다.

본장은 SOI 시스템 요소의 개념을 소개한다. 시스템 요소를 식별하고 대상시스템의 운용환경과의 상호관계를 분석의 기조를 이루고 있는 시스템 요소 아키텍처를 기술한다. 각 요소 내용에 대한 범위와 연관관계를 기술한다. 여기에서 얻고자 하는 내용은 다음과 같다.

- SOI란 무엇인가?
- SOI의 주요 요소는 무엇인가?
- 외부 인터페이스를 포함한 SOI의 시스템 아키텍처를 그래프로 그려보라.
- 임무시스템의 주요 요소란 무엇인가?
- 외부 인터페이스를 포함한 임무체계의 시스템 아키텍처를 그래프로 그려보라.
- 인력, 장비, 임무자원, 절차 데이터, 시설 및 시스템 반응 요소 범위란 무엇인가?
- 장비요소의 주요 요소는 무엇인가?
- 소프트웨어 요소는 왜 장비요소로부터 별도로 분리하는가?
- 지원체계의 주요 요소는 무엇인가?
- 외부 인터페이스를 포함한 지원체계의 시스템 아키텍처를 그래프로 그려보라.
- 임무체계 아키텍처는 지원체계 아키텍처와 어떻게 다른가?
- 지원체계 장비요소의 주요 요소는 무엇인가?
- CSE와 PSE란 무엇인가?

7.1.2 시스템 요소 아키텍처 형성

모든 인공시스템은 시스템 요소 아키텍처(SEA)라 부르는 일반화된 구조로 구성되어 있다. SEA는 시스템 설계 및 분석에 대한 일반적인 구조나 템플릿으로 나타내는 시스템 요소의 논리적 구조이다. <그림 7.1>은 SEA을 그래픽으로 보여주고 있다. 그림을 보다 단순하게 나타내기 위하여 운용환경을 왼쪽에 한 유닛으로 표시하고 있다. 모든 시스템은 상위 시스템으로부터 주어진 일부분으로서의 임무시스템과 지원시스템 역할을 수행한다. 시스템 역할과 무관하게 각 시스템은 특정시스템과 임무목표에 따른 시스템의 복합 요소로 구성되어 있다.

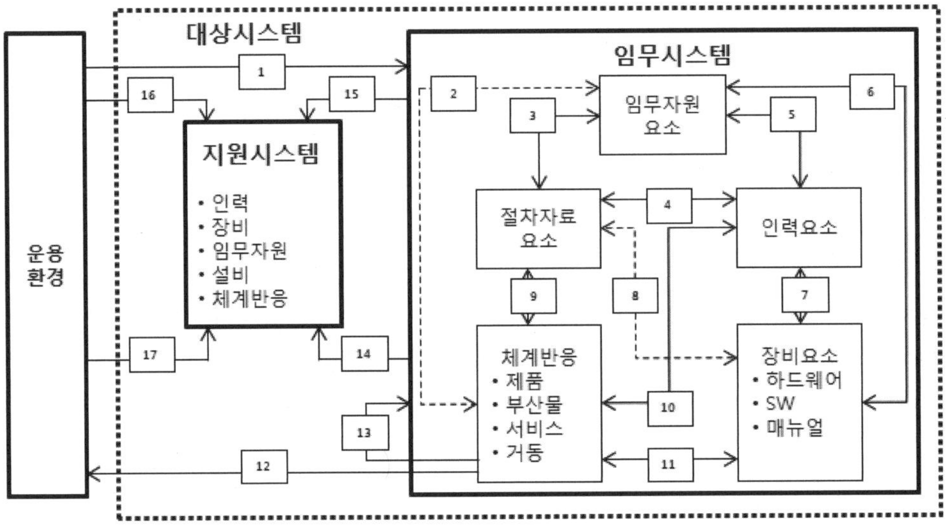

물리적 인터페이스 논리적 인터페이스 SW: 장비요소에 포함, 별도 표식경우도 있음

<그림 7.1> 대상시스템 아키텍처와 시스템 요소

임무시스템과 지원시스템 요소분할

각 임무시스템과 지원시스템은 그 시스템의 임무와 목표를 달성하기 위하여 여러 시스템 요소로 통합된 고유의 세트로 구성되어 있다. 임무 및 지원시스템 요소로서는 인력, 장비, 소프트웨어, 임무자원, 절차자료, 및 체계반응으로 구분된다. <표 7.1>은 각 요소가 임무시스템과 지원시스템의 역할에 어떻게 관련되어 있는지를 나타내고 있다.

<표 7.1> 임무시스템과 지원시스템 역할에 따른 시스템 요소

시스템 요소	임무시스템 역할	지원 시스템 역할
인력	o	o
장비	o	o
임무자원	o	o
절차자료	o	o
체계반응	o	o
설비		o

항공기, 자동차 등과 같은 임무시스템은 설비요소가 없다. 반대로 사람이 살고 있는 집이나 사무실과 같은 임무시스템은 설비를 가지고 있다.

대상시스템 아키텍처 요소

시스템 아키텍처 요소는 운용환경과 연계된 대상시스템 분석이 이루어져야 한다. SOI는 지원시스템과 인터페이스를 이루는 임무시스템으로 구성되어 있다.

예를 들면, 신규 자동차는 사용자를 위한 임무시스템 역할을 수행해야 한다. 자동차 구매 시, 신규

차량 딜러십의 일환으로 새 차를 가져다주는 운반차량은 임무시스템의 지원시스템 역할을 제공해야 한다. 운반차량을 소유하고 운용하는 회사의 경우, 운반차량은 그 회사의 임무시스템이 된다.

인력시스템 요소

인력요소는 첫째, 안전운용절차 및 훈련과 연관된 시스템 임무를 작동하기 위해 필요한 모든 사람의 역할을 나타내고, 둘째, 상위시스템에 의해 부여된 임무목적을 수행하기 위하여 전반적인 책임을 지니고 있어야 한다.

- 임무시스템과 연관된 인력의 역할은 임무시스템 작동에 요구되는 직접적인 인력을 포함한다. 일반적으로 이러한 인력은 전형적인 시스템 운용자를 가리킨다.
- 지원시스템과 연관된 인력의 역할은 유지보수, 공급지원, 발간, 보안, 및 기타활동을 수행하는 임무시스템 지원 요원을 말한다.

장비시스템 요소

장비시스템 요소는 필요 시, 하드웨어 요소와 소프트웨어 요소를 통합하기 위해 사용되는 물리적이고, 다중 레벨에서의 전자기 광학장비로 구성된다. 요소 통합이란 다음과 같다.

- 시스템 능력과 성능요구사항을 충족하기 위해 개발 또는 구매장비
- 시스템 운용 및 유지보수 장비
- 시스템 요구 에너지 발생 또는 저장을 위한 장비
- 시스템 폐기에 사용되는 장비

임무시스템의 성공적인 운영은 운용에 지장이 없는 장비요소가 있어야 하고, 시스템 임무를 충분히 지원 가능해야 하며, 안전하게 작동할 수 있는 인력을 요구하고 있다. 그 결과로, 신뢰성, 가용성, 유지보수성, 취약성, 안전성, 인간요소 등과 같은 특수 엔지니어링 분야가 장비요소의 주안점이 된다. 적용에 따라 장비는 고정, 이동 또는 운송되어도 된다.

하드웨어 시스템 요소

하드웨어 요소란 시스템 아키텍처에 따라 형상화된 기계, 전기/전자, 또는 소프트웨어가 아닌 광학품목으로 나타난 다중 레벨의 물리적 컴포넌트 세트를 말한다. 하드웨어 요소가 임무시스템과 지원시스템에 공히 사용되다 할지라도, 컴포넌트의 클래스가 다르다. 임무시스템 하드웨어 컴포넌트는 임무목표를 달성하기 위하여 필요한 요구능력을 제공하기 위하여 물리적으로 통합되어 있다. 지원시스템 하드웨어 컴포넌트는 임무시스템을 지원하고 유지보수하기 위한 툴로 구성되어 있다. 이러한 툴은 첫째, 공통지원장비(CSE)와 둘째, 특정지원장비(PCE)로 구성되어 있다.

- **CSE 공통지원장비:** 이는 시스템 임무달성을 위해 직접적인 성능에 연계되어 있진 않지만 시스템의 일부분이나 전체를 지원하고 유지보수하기 위해 필요한 품목으로 구성되어 있다. CSE 품목은 다른 시스템 지원을 위해 해당 조직의 창고에 보관하고 있다. CSE에는 다음 사항은 포함되어 있지 않다.

1) 업무분해구조의 고유적인 전반적인 기획, 관리 및 업무분석기능, 시스템엔지니어링 및 사업관리 활동
2) 획득자가 아닌 사용자에 의해 구매되어 창고 또는 상용구매 가능한 공통지원장비

- **특정지원장비(PSE):** MIL-HDBK-881에서 특정지원장비는 다음과 같이 정의되어 있다. "시스템이 직접적으로 임무수행성능에 연관되어 있지 않더라도 시스템 일부 또는 시스템을 지원하고 유지하기 위해 요구된 연관 소프트웨어와 파생 품목의 설계, 개발, 및 생산 그리고 공통지원장비가 아닌 경우를 말한다." PSE는 다음 사항을 포함하고 있다.

1) 연료, 서비스, 운송, 인양, 수리, 정비, 조립, 해체, 시험, 검사, 또는 기타 임무장비 유지보수에 사용되는 운반차량, 장비, 툴 등
2) 획득자가 시스템 유지보수 목적으로 납품되는 중복 또는 보완 시험이나 툴링 장비 생산. (공장시험 및 툴링 장비는 초기에 생산공정에 따라 계약자에 의해 사용되지만 획득자에게 납품될 후속장비는 생산품목 비용으로 지불된다.)
3) 시스템의 소프트웨어 부분을 보완하거나 수정할 때 필요한 추가 장비나 소프트웨어

- **CSE 및 PCE 컴포넌트:** CSE와 PCE는 첫째, 시험, 측정, 및 진단장비(TMDE), 둘째, 지원 및 취급장비로 구성된 두 가지 형태로 공통장비 분야를 형성하고 있다.

- **시험, 측정, 및 진단장비(TMDE):** MIL-HDBK-881은 시험, 측정, 및 진단 장비를 다음과 같이 정의하고 있다. "사용자, 중간창 또는 창 장비 지원 레벨에서의 특수진단, 스크린 또는 품질보증을 수행하기 위한 시스템 또는 장비 운용 상태를 평가하기 위하여 운용자나 유지보수 기능을 허용하는 특정 또는 고유의 시험 및 측정 장비로 구성되어 있다." 예를 들면, TMDE는 다음 사항을 포함하고 있다.

1) 모든 유지보수레벨에서 사용된 시험측정 및 진단장비, 정밀측정 장비, 자동시험장비, 매뉴얼시험장비, 자동시험시스템, 시험 프로그램세트, 적합연결기기, 자동부하모듈, 탭스, 및 연관 소프트웨어, 펌웨어 및 지원하드웨어 (전력공급 장비 등)
2) 자동 시험장비를 사용하여 진단되는 라인 또는 샵 교체품목, PCB 보드, 또는 유사품목을 사용하는 패키지

- **지원 및 취급 장비:** 지원 및 취급 장비는 임무시스템 지원에 사용되는 납품 툴과 취급장비로 구성되어 있다. 이는 다음 사항을 포함하고 있다. "지상지원장비(GSE), 운송지원 장비, 전력지원 장비, 비전력 지원 장비, 탄약재료 취급 장비(하드웨어 및 소프트웨어) 등"

소프트웨어 시스템 요소

소프트웨어 요소는 모든 소프트웨어 코드(소스, 대상, 등)와 장비요소 설치, 실행, 및 유지보수에 요구되는 문서로 구성된다. 어느 조직은 소프트웨어 요소를 장비요소와 별도로 분리하고 있는지 여부를 물어보아야 한다. 이러한 이유로서는 다음 몇 가지가 있다.

- 장비와 소프트웨어가 상이한 벤더로부터 별도 개발하거나 획득할 경우
- 소프트웨어는 기존 장비 설계가 적합하다고 가정하고 장비를 물리적으로 보완하지 않고 시스템 능력과 성능(의사결정, 거동 등)을 변경하는 융통성을 제공할 경우

장비요소는 종속 및 지원요소처럼 하드웨어와 소프트웨어 통합으로 구성되어 있다. 엔지니어는 장비 요구사항인 상위 레벨 의사결정 훨씬 전에 세부적인 하드웨어와 소프트웨어를 결정하는 경우가 많아 설계 성숙도가 매우 미흡하다. 장비 의사결정은 하위 레벨 하드웨어와 소프트웨어 유스 케이스와 의사결정으로 진행되어간다. 이러한 의사결정은 종국적으로 요구성능을 소프트웨어로 보완될 사항으로 할 것인지, 또는 하드웨어로 보완할 것인지를 다시 되묻게 되는 경우가 오게 된다.

시스템엔지니어링 논리는 하드웨어와 소프트웨어는 별도로 분리해서 발주해야 한다고 본다. 이와 같은 원리는 시스템 요소로서의 소프트웨어는 하드웨어 수정보완 없이 수정사항을 별도 분리할 수 있어야 한다는 것이다. 특정 소프트웨어 어플리케이션은 통제문서인 소프트웨어 요구규격서(SRS)가 품목개발에 적용되고 있는 한 시스템 내에서의 입장과 무관하게 독립품목으로 다루어질 수 있다. 특정 소프트웨어 어플리케이션에 대한 신규 버전이 발행되면, 사용자는 장비를 수정보완하지 않고 그 품목을 사용할 수 있다. 그러나 예외는 있다. 소프트웨어 요구사항과 우선순위에서 사용자로 하여금 컴퓨터 하드웨어 능력과 성능을 업그레이드 하도록 요구할 경우이다.

절차자료 시스템 요소

절차자료 요소는 어떻게 장비요소를 안전하게 운용하고, 유지보수하며, 배치하고 저장하는지 그 방법을 나타내는 모든 문서로 구성된다. 일반적으로 절차자료 요소는 운용절차에 기준하고 있다. 운용절차문서는 주어진 특정운용조건 아래 달성하고자 하는 성능레벨로 시스템을 안전하고 적합하게 운용하기 위해 요구된 요원 활동을 순서적으로 나타낸 것이다. 절차자료요소는 참조 매뉴얼, 운용가이드, 표준운용절차(SOPP), 및 체크리스트와 같은 사항을 포함하고 있다. 불행하게도 조직 프로세스에 연계된 많은 사람들은 체크리스트를 하나의 귀찮은 문서로 생각하고 있다. 그러나 체크리스트는 당신의 고민을 해결해 주는 하나의 교훈 및 가강 좋은 하나의 실무적인 예제로 생각해야 한다. 따라서 체크리스트는 당신이 무슨 일을 구상할 때 당신에게 “힘을 제공”해 주는 수단이거나 또는 무엇을 해야 할지를 생각나게 해주는 “동반자”로 사용된다는 사실을 유념하라. 하나의 예제로 항공기 조종사가 착륙하려고 할 때, 체크리스트에 “랜딩 기어를 착륙 위치로 돌리고 잠금쇠로 잠그라.”고 되어 있다면 당신은 랜딩 이전에 랜딩 기어 위치를 돌려 착륙준비를 하면 되지 않은가! 지시형태이든 아니든, 큰 사고를 불러오지 않는 것이 더욱 중요하지 않은가!

임무자원 시스템 요소

임무자원요소에는 시스템 임무를 지원하기 위한 수행단계에 필요한 모든 자료, 소비재, 및 소모품 등을 포함하고 있다. 이 요소는 다음 사항으로 구성된다.

- 장비 및 인력요소로 하여금 "지시된" 의사결정 사실에 입각한 임무를 성공적으로 계획하고 이행하기 위한 각종 자료
- 임무 수행기간 중 장비 및 인력 요소를 지원하기 위한 연료와 물과 같은 소비재
- 안전을 보장하고 임무를 수행할 인력 및 의존 체계 및 제품과 같은 소모품
- 임무수행 후 분석 및 평가를 위한 기록자료

다음 네 가지 임무자원 형태를 보다 세부적으로 알아보자.

- 임무자료 자원: 이는 특정 성공단계에서 임무수행에 필요한 전술계획, 임무수행시간계획(Mission Event Time-lines), 항법자료, 기상조건 및 자료, 상황평가, 전기통신, 원격측정. 및 동기화 시간과 같은 모든 실시간 또는 비 실시간 자료로 구성된다.
- 소비재 자원: 이는 임무작동 과정에서 사용, 중단, 배치, 망실, 또는 파괴되어 지는 물리적 요소로 구성된다.
- 소모품 자원: 물리적 상태를 변경하거나 시스템 전력을 연결하여 에너지 상태로 전환 또는 전이하기 위한 프로세서로 입력, 섭취, 삼키는 물리적 요소로 구성된다.

체계반응요소

자극을 주어 반응하는 모든 자연 및 인공 시스템은 운용환경에 내부적으로나 외부적인 영향을 주게 된다. 이에 대한 반응은 외적(보고서, 통신, 거동 등)이거나 내적(심리, 전략, 교훈, 거동 패턴 등)요인으로 나타난다. 체계반응은 임무 전, 임무수행, 및 임무 종료단계에 거동 패턴, 산출물, 서비스, 및 부산물 등 의 다양한 형태로 나타난다. 따라서 여기서 말하는 거동 패턴, 제품, 서비스 및 부산물은 구체적으로 무엇을 말하는가를 알아보자.

- 체계거동: 위협이나 기회처럼 활동계획, 물리적 자극 및 시청각 상태에 기초한 반응체계로 구성된다. 이러한 자극은 공격, 온화, 방어 그리고 중간상태로 분류된 체계 거동형태 또는 활동을 나타낸다.
- 체계 산출물: 계획적, 비계획적인 이벤트, 외적 상태 또는 자극에 대한 어떠한 형태든 물리적 출력, 특성, 또는 거동 반응을 나타낸다.
- 체계 부산물: 체계, 산출물 또는 서비스에 포함되지 않는 체계의 물리적 출력이나 거동 형태를 포함한다.
- 체계 서비스: 물리적 산출물을 제외하고, 임무 수행에 다른 요소를 보조하는 어느 형태든 물리적 체계거동의 형태를 말한다.

우리는 여기서 체계반응으로 불리는 “박스”와 “거동반응”을 구별하는 것이 단순한 분석적인 편리성 때문인지 실제로 중요한 것인지를 구분하는 것이 매우 중요하다. 대부분의 시스템요소 기술문서는 운용 유틸리티, 적합성, 가용성, 및 효과도와 같은 체계성능에 근거한 기대결과로써 이 박스가 무엇을 의미하고 있는지를 인식하기가 어렵다.

지원체계요소

지원체계는 임무시스템을 지원하기 위해 필요한 <표 1.1>에 나타난 체계요소 세트의 통합으로 구성된다. 지원체계와 이와 연관된 체계요소는 다음과 같은 사항을 포함한 임무체계지원활동을 수행한다. 이러한 활동을 보다 자세하게 기술해 보자.

- 의사결정 지원 활동
- 체계 유지보수 활동
- 인력 및 요원 활동
- 공급지원 활동
- 교육훈련지원 활동
- 기술자료 활동
- 컴퓨터 자원지원 활동
- 설비 활동
- 패키지, 취급, 저장, 및 운송(PHST) 활동
- 발간지원 활동

의사결정 지원 활동

임무 수행활동은 가끔 인간의 의사결정에 따른 심리적 여건을 초월하는 대량의 정보자료에 의한 치명적이고 순간적인 결정을 요구하고 있다. 의사결정 지원 활동은 의사결정자로 하여금 항상 제공된 자료로 의사결정을 지원하기 위한 진행된 체계임무 정보와 기존 정보를 즉시 접근가능토록 지원한다.

체계 유지보수 활동

체계유지보수 활동은 체계유지보수 개념과 인력 및 요원, 공급지원, 지원 및 시험장비, 기술자료, 교육훈련지원, 설비 및 패키지, 취급, 저장, 운송, 내부 계획수립을 위한 컴퓨터 자원 지원에 대한 요구사항을 포함하고 있다. 유지보수지원 활동은 시스템 운영 및 지원 단계에서의 일반체계활동과 특정임무 활동에 대한 지원활동을 말한다. 예를 들면, 소프트웨어 유지보수 개념, 사전 제품향상계획(P3I), 아웃소싱, 및 전이계획을 들 수 있다. 임무수행 중에 유지보수 요원은 정상적인 그 시스템에 대한 수시 및 예방정비 활동을 수행한다. 유지보수 활동은 야전에서 또는 중앙정비일 경우, 창 또는 정비시설, 또는 생산자 시설에서 수행해도 좋다. 일반적으로 유지보수 기간 중에는 실 운용으로부터 일시적으로 제외하는 것이 바람직하다. 정비형태는 다음과 같다.

- 체계 업그레이드, 성능향상 및 보수
- 체계자원 보충(연료, 훈련 등)
- 진단준비시험
- 목적달성을 위한 체계정보 백업

정비란 임무수행 이전, 중간 또는 이후에 비정상적인 운용조건으로부터 기인된 체계 현상을 조사하거나 기술적 문제점 확인을 통해 임무 또는 체계 정상화 방안을 조사하는 활동을 포함하고 있다. 유지보수 활동 종료 시, 그 체계는 운용준비 및 실 임무 또는 시스템 운용자나 훈련준비 상태로 환원된다.

인력 및 요원 활동

인력 및 요원 활동은 체계 수명주기 전 기간에 관리, 작동, 및 지원 활동에 필요한 모든 인원으로 구성된다. 인력 및 요원에 대한 고려요소는 내부 또는 외주 계약, 숙련정도 혼합여부, 인간-시스템 인터페이스 등이다. 시스템을 설계할 때, 시스템엔지니어링은 주어진 숙련 레벨에서 가용인력의 숙련정도, 교육훈련비용, 운용인력비용, 및 고장진단장비, 정보기술, 및 최선의 수명주기비용 절충과 같은 기술을 고려하여 구상되어야 한다.

교육훈련지원 활동

교육훈련지원 활동은 주 장비, 체계지원, 및 시험장비 지원에 필요한 모든 장비 및 부속품과 이러한 품목의 "공급라인"이 임무수행 전, 수행 중, 및 수행 이후에 지원할 수 있도록 충분히 훈련되고 지원되어야 한다. 인력훈련은 임무수행 전, 수행 중, 및 수행 이후에 지원할 수 있는 운용자, 유지보수 요원, 기타 지원 요원을 지원하기 위한 요구 인력을 준비해야 한다. 이러한 요원은 그들에게 주어진 임무 목표와 요구성능과 기대성능을 달성하기 위하여 특정 장비에 대한 적합한 기술을 교육해야 한다.

기술자료 활동

임무수행 전, 수행 중, 및 수행 이후 활동은 정확하고 간결하며 시기에 적합한 기술 자료를 요구하고 있다. 기술자료 활동은 임무목표, 성능레벨, 및 기대성능 달성에 적합한 사전계획에 따라 모든 의사결정이 수행될 수 있도록 요원과 컴퓨터 장비를 지원한다.

컴퓨터 자원 지원활동

수많은 시스템은 임무수행 전, 수행 중, 및 수행 이후 활동을 지원하기 위해 자료 정보와 정보처리를 제공하기 위한 컴퓨터 자원과 같은 가술에 의존하고 있다. 컴퓨터 자원 지원 활동은 시스템 신뢰성, 강요성 및 유지보수성(RAM) 요구사항이 비용효과적인 방법으로 수행될 수 있도록 계획수립, 조달, 업그레이드, 및 유지보수 지원활동을 포함하고 있다.

패키지, 취급, 저장, 및 운송 (PHST) 활동

시스템 납품, 조달, 및 저장 기간 중, 체계지원활동은 시스템과 이에 딸린 컴포넌트를 안전하게 그리고 틀림없이 운송하고 저장하기 위한 능력을 제공해야 한다. 운송과 저장이 그 어떠한 파손이나 해체가 되지 않도록 수행되어야 한다. PHST 활동은 환경조건과 특성을 분명하게 파악해야 한다. 이는 오랜 저장기간에 따른 영향과 운송 중 따르는 리스크를 유의해야 한다.

발간지원 활동

체계 유지보수 및 지원 관련 요원은 적합한 유지보수와 사용을 보장할 수 있는 시스템과 시스템 지원 장비에 대한 가장 최신 정보를 항상 접근할 수 있어야 한다. 기술발간 자료, 기술 매뉴얼 생산, 참조 가이드 및 유사자료를 포함한 발간지원 활동은 지원체계 요원교육 활동, 유지보수 활동, 및 임무수행 전, 수행 중, 및 수행 이후 지원활동을 가능하게 한다.

설비체계 요소

설비 요소는 이무체계 요소와 지원체계 요소를 지원하고 유지하는데 필요한 모든 설비 요소를 포함하고 있다. 임무수행 전, 수행 중, 및 수행 이후 활동을 위한 체계 지원은 운용자에게 필요한 설비와 최적의 작업환경에서 주어진 활동과 목표를 달성하기 위한 지원인력에게 요구되는 설비를 요구하고 있다. 체계 유형에 따라 이러한 시설 활동은 다음과 같은 형태로 구분된다.

- 임무 계획, 수행 및 통제
- 의사결정 지원 제공
- 브리핑 및 디브리핑 요원
- 물리적 시스템 또는 임무 기간 중 제품 저장
- 체계 능력과 자원 형상화 수리, 유지보수, 및 보충
- 임무수행 후 자료 분석

실제 설비요소는 임무수행 전, 수행 중, 및 수행 이후 활동 기간 중 임무체계와 인간 활동 지원에 요구되는 모든 필요 충분한 능력과 자원을 제공해야 한다. 설비는 소유, 리스, 대여, 또는 제한된 일회성으로 제공할 수 있다. 일반적으로 사람들은 설비를 쉘터, 난방, 및 보호를 제공해 주는 집기로 생각하고 있다. 이러한 사고는 임무시스템이라기 보다 편안하게 살도록 해 주는 요소로 생각하기 때문이다. 좀 우습게 예기하면 비행기란 빗속에 놓여있다고 생각해 본 적이 있는가? 대부분은 아니다. 그렇지만 지원체계 요원은 이러한 상태를 항상 염두에 두고 있다. 설비요소를 생각하기 위한 가장 좋은 길은 다음과 같이 질문해 보면 된다. 모든 임무 수행기간 중, 장비요소, 인력요소, 임무자료요소 및 자원요소와 같은 임무 체계요소를 지원하기 위해 필요한 어떠한 유형의 인터페이스가 필요한가? 설비요소는 지원체계 요소의 일부분을 수행한다. 임무체계와 이를 적용함에 있어서 설비요소는 이러한 상황에 적용 또는 안 되어도 좋다. 예를 들면, 임무체계로서의 비행기는 일차적인 임무를 달성하기 위한 설비는 요구되지 않는다. 그러나 주 임무 기간 사이에 설비는 다음 임무를 수행하기 위하여 정비하고 준비하기 위해 필요하다.

7.1.3 체계 요소 상호관계

<그림 7.2>는 대상시스템(SOI)에 대한 시스템 요소 아키텍처를 보여주고 있다. 시스템을 정의하고 각 시스템 요소의 물리적 사례를 식별할 때, 다음 단계는 각 인터페이스 간 발생하는 상호 연관관계 정도를 제시해야 한다. 계약업무분해구조(CWBS)는 장비와 같이 각 CWBS 에 포함된 물리적 품목의 범위를 문서화한 CWBS 사전을 포함해야 한다.

시스템 요소	인력	장비	자료	지원	반응	설비
1. 인력	1	2	3	4	5	6
2. 장비	7	8	9	10	11	12
3. 절차자료	13	14	15	16	17	18
4. 임무자원	19	20	21	22	23	24
5. 체계반응	25	26	27	28	29	30
6. 설비	31	32	33	34	35	36

이는 요소의 상관관계와 연관능력을 나타낸다.

<그림 7.2> 시스템 요소 상호관계 매트릭스

시스템 요소를 식별하고 범위를 정하여 상관관계를 나타내는 하나의 접근방법은 <그림 7.2>에 나타난 하나의 단순한 매트릭스를 만드는 것이다. 에를 들면, 시스템 요소 매트릭스의 하나의 셀은 줄과 행의 요소 사이에 상관관계를 보여주고 있다. 구상하고 있는 시스템에 시스템 아키텍처 기술 시, 상관관계 문서를 제시토록 한다. 그러면 시스템 요소를 결정하고 개발하는 팀 요원들로 하여금 상호 대화를 증진시키는 역할을 할 수 있는 기준서가 된다.

7.2 운용환경 아키텍처

7.2.1 개요

어는 시스템의 성공은 궁극적으로 다음과 같은 능력을 구비할 때 결정된다.

- 계획된 임무를 수행하고 성능임무목표를 달성할 때
- 연관된 운용환경 조건에서 취약성과 생존성과 같은 위협을 극복할 때

시스템이 이러한 목적을 달성하기 위하여 시스템엔지니어링은 다음 몇 가지 중요한 사항을 도전해야 한다.

- 사용자가 그 시스템이 계획된 달성해야 할 임무가 무엇인지를 이해하라.
- 그 임무에 기초하여 특정 시스템 운용환경을 제시해야 하라.
- 이러한 임무에 연관된 운용환경의 기회와 위협을 이해하라.
- 시스템 임무에 영향을 주는 발생 가능한 운용환경 기회와 위협 시나리오를 식별하라.

그 시스템이 운용환경은 임무기간 중 그리고 전체적인 수명기간 중 대처하기 위하여 준비해야 할 자연 및 인공 요소를 나타낸다. 시스템의 주요 수명예측 사항으로 성공적으로 그 임무를 1) 준비하고, 2) 수행하고, 3) 종료하는 시스템능력은 그 운용환경에 영향을 받게 된다. 여기에서 얻고자 하는 내용은 다음과 같다.

- 운용환경 도메인의 두 가지 클래스는 무엇인가?
- 시스템의 상위 시스템 도메인의 시스템 요소의 네 가지 클래스는 무엇인가?
- 시스템의 물리적 환경 도메인의 시스템 요소의 세 가지 클래스는 무엇인가?
- 자연환경 도메인을 나타내는 시스템의 네 가지 클래스는 무엇인가?
- 상위 시스템과 물리적 환경 도메인의 세부적인 상관관계를 포함한 운용환경 아키텍처를 그래프로 어떻게 나타내는가?

7.2.2 본 개념의 적용

주요 시스템엔지니어링 관점은 그 시스템의 운용환경을 완전하게 이해하고, 분석하며 상응한 부분을 영역으로 제시할 필요가 있음을 인식함에서 비롯된다. 왜냐하면, 시스템 분석가와 시스템 엔지니어는 다음과 같은 사항을 수행할 수 있어야 한다.

- 사용자의 시스템 임무, 목표, 및 많이 사용되는 유스 케이스 어플리케이션을 충분히 이해해야 한다.
- 가능한 문제영역과 솔루션 영역으로 임무와 연관된 운용환경을 분석적으로 조직화하고, 도출하며, 분해할 수 있어야 한다.

- 임무를 비용, 일정, 기술, 지원 및 리스크 요소의 제약범위 내에서 성공적으로 달성할 수 있는 시스템 솔루션을 개발할 수 있어야 한다.

엔지니어와 분석가는 한 시스템의 운용환경의 문제영역을 학문적으로 영원히 분석할 수 있다. 그러나 궁극적인 성공여부는 제한된 자원한계 내에서 수행하고, 계절적인 시스템 경험으로 설계하며, 좋은 상황 조건으로 판단하기가 쉽기 때문에 주요 요소에 근거하여 주어진 의사결정을 하느냐 여부에 달려있다. 가장 큰 복잡한 문제점은 이러한 문제를 해결하기 위하여 다분야에 숙련된 전문가필요로 한다는 사실로 도전해야 한다. 이와 같이 형성된 전문가 집단은 운용환경 관점에서 수렴하기보다 발산될 가능성이 큰 경우가 있다.

시스템 분석가 또는 시스템 엔지니어로써 시스템 운용환경 정의에서처럼 관점의 일치와 수렴을 가져올 수 있도록 해야 한다. 이러한 수렴과 일치는 다음 몇 가지 분야로 이루어진다.

- 운용환경 임무에 적합 또는 적합하지 않은 사항은 무엇인가?
- 중요도, 치명도 또는 영향도는 어느 정도인가?
- 중요도 항목의 발생 확율은 어느 정도인가?

그렇다면, 일치된 의사결정에 도달할 때까지 관점의 수렴을 어떻게 수행하는가?

리더로서의 시스템 분석가와 시스템 엔지니어는 운용환경에 수렴과 일치를 할 수 있도록 주요 이해관계자를 설득하고, 재빨리 조직화할 수 있도록 전략을 수립해야 한다. 이러한 전략이 없다면 혼돈과 의견의 발산이 발생하게 된다. 운용환경에 대한 의사결정을 위하여 구조를 설정하는 분석기술을 지니고 있어야 한다. 전문가로서 시스템을 운용할 때 사용자와 공중에게 안전, 보건, 및 웰빙을 자신과 조직 및 사회에 가져올 수 있도록 도덕적인 책무를 다해야 한다. 만일 인간생명과 자산에 영향을 주는 운용환경의 주요 속성을 간과하거나 무시한다면, 그 결과에 대한 책임과 벌과금을 물어야 한다. 따라서 시스템 능력과 성능에 영향을 주는 모든 운용환경 요소를 철저하게 식별하고 고려할 수 있도록 비즈니스에 적용할 수 있는 공통적인 분석 모델을 설정토록 하라.

7.2.3 운용환경 개요

분석적으로 시스템의 임무에 영향을 주는 운용환경은 여러 가지 다른 형태로 추정할 수 있다. 논의를 위해 운용환경은 두 가지 상위 레벨 도메인으로 구성되어 있음을 볼 수 있다. 1) 상의 시스템과 2) <그림 7.3>에 나타난 물리적 환경을 들 수 있다. 이제 이러한 시스템 요소를 보다 상세하게 다루어 보자.

상위시스템 도메인

모든 자연 및 인공시스템은 복합시스템의 계층구조 내에서 개별적인 대상시스템으로 기능을 수행한다. 개별 상위레벨 추상적 개념은 자체적인 범주와 운용영역을 가진 복합시스템 계층구조 내에서 상위 시스템으로 역할을 수행한다. 상위레벨 시스템은 다음 특성을 나타낸다.

- 운용목적 또는 임무
- 조직목표
- 조직구조
- 운용법칙, 정책, 및 절차와 같은 미디어 통제
- 자원할당
- 내장된 시스템 요소에 부과된 운용제약사항
- 수행된 부가가치 업무에 대한 목표 증거와 책임
- 시스템, 제품 및 서비스 납품

대부분의 인공시스템에 대하여 우리는 C3I(지휘, 통제, 통신 및 정보)처럼 개별 대상시스템과 상위레벨 시스템 상호간 수직적으로 연관시켜 나간다. 정보시대에는 여기에 추가해서 컴퓨터를 추가하여 C4I(지휘, 통제, 통신, 컴퓨터, 정보)로 나타낸다. 만일 상위레벨 시스템의 거동을 관찰하고 상호관계를 분석한다면, 다음 시스템 요소의 네 가지의 클래스를 도출할 수 있다. 1) 조직, 2) 역할과 임무, 3) 운용제약사항, 그리고 4) 자원이다.

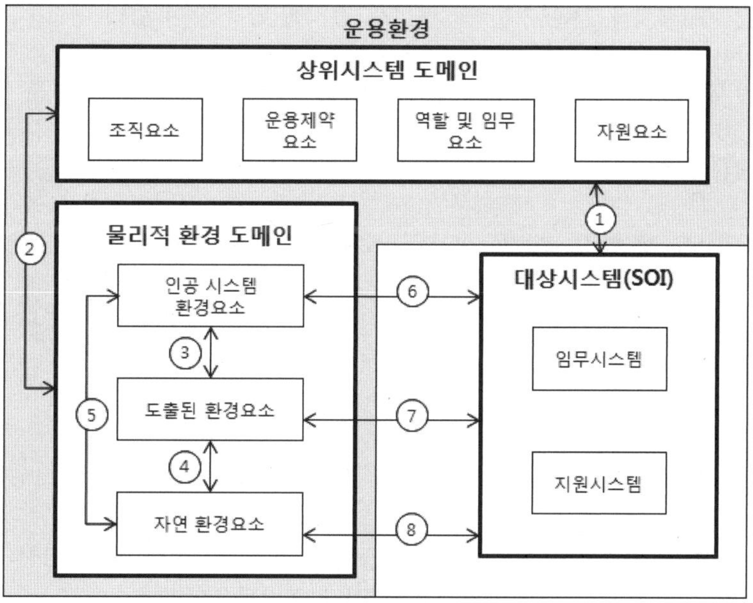

<그림 7.3> 상위레벨 운용환경 아키텍처 형성

1) 조직 요소: 이는 계층구조적 보고계통의 지휘 및 통제, 부서, 및 조직의 역할, 임무, 및 목표에 대한 책임구조를 말한다.
2) 역할 및 임무요소: 이는 상위레벨 시스템에 의해 수행되고 할당된 다양한 역할과 조직의 비전을 이행하기 위하여 역할과 목표와 연계된 임무를 말한다. 예를 들면, 전략, 전술적 계획, 역할, 및 임무목적과 목표를 들 수 있다.
3) 운용제약사항 요소: 이는 물리적 환경시스템과 대상시스템의 활동과 거동을 제약하거나 제

한하고 있는 물리적인 법과 원칙과 마찬가지로 국제적, 연방, 지자제의 규정, 법규, 정책 및 절차를 말한다. 예를 들면, 자산, 능력, 및 소비재, 기상조건, 도덕, 사회 및 문화적 고려요소 및 정신적이고 철학적인 요소를 들 수 있다.

4) 자원요소: 이는 배치, 운용, 지원 및 폐기와 같은 임무를 유지하기 위하여 물리적 시스템과 대상시스템에 할당된 자연적이고 물리적인 원자재, 투자, 및 자산을 말한다. 예를 들면, 시간, 돈, 및 전문성과 같은 자산을 들 수 있다.

상위레벨시스템의 콘텍스트

상위레벨 시스템은 두 가지 어플리케이션 콘텍스트를 가지고 있다. 1) 지휘 및 통제, 또는 사회구조와 같은 인공시스템, 그리고 2) 물리적이거나 자연적인 구조이다.

- 인공시스템 콘텍스트: 기관, 정부, 계층적 부서구조, 하위 시스템 계층을 지휘 및 통제와 기관의 지휘계통구조, 정책 및 절차, 및 임무수행을 위한 헌법, 법률, 및 규정, 공공수락 및 의견 등을 말한다.
- 물리적 또는 자연법 콘텍스트: 모든 시스템, 인공 및 자연 시스템은 생애주기, 물리적인 과학, 물리, 및 화학과 같은 자연 및 물리적 법칙에 따라 놓여 있다.

주어진 상위레벨 시스템 도메인의 구적적인 프레임에서 다음 물리적 환경을 생각해 보자.

물리적 환경 도메인

인공시스템은 물리적 환경 내에서 외부 시스템과 어느 정도의 상호 연관성을 가지고 있다. 일반적으로 이러한 상호관계는 친구, 협력, 적대, 반대 또는 위협관계를 볼 수 있다. 만일 우리가 물리적 환경을 관측하고 우리의 시스템과 상관관계를 분석한다면, 다음과 같은 시스템 요소별 클래스를 식별할 수 있다. <그림 7.3>에서와 같이 1) 자연환경, 2) 인공시스템, 및 3) 도출환경이 포함된다. 이를 간략하게 기술해 보자.

- 자연환경요소: 모든 인공이 아니고 지구와 천체를 포함한 살아있는 공기 및 지구환경적인 요소
- 인공시스템 요소: 임무수행 전, 임무수행 중, 및 임무수행 후에 항상 당신의 시스템과 연관되어 있는 사람에 의해 창출된 외부 조직이나 조립된 시스템
- 도출시스템 요소: 자연현상이 발생하거나 인공시스템이 자연시스템과 상호 작용할 때 일어나는 불연속, 동요, 또는 소란

운용환경 요소 정의에 대한 상위레벨 소개와 식별에 근거하여 이제 운용환경 아키텍처를 설정할 준비가 이루어졌다. 물리적 환경 도메인을 생각해 보자.

물리적 환경 도메인 구상레벨

물리적 환경은 세 가지 추상적인 개념 레벨로 구성된다. 1) 지역 환경, 2) 글로벌 환경, 3) 우주 환경이다. <그림 7.4>는 물리적 환경을 구성하고 있는 실체관계도(ERD: Entity Relationship Diagram)를 보여주고 있다. 추상적인 상위 개념 레벨에서 물리적 환경은 인공, 도출 및 자연 환경요소, 세 가지 시스템 요소 클래스로 되어 있다. 각 환경형태는 우주, 글로벌 또는 지역, 세 가지 추상적 개념으로 구성되어 있다. 당신은 그 일을 수행하기 위해 더 좋다고 생각하는 다른 추상적 개념 레벨의 아키텍처를 제시해도 좋다. 무엇보다 중요한 것은 복잡한 물리적 환경을 보다 단순하게 통제할 수 있는 부분으로 개념화할 수 있도록 당신 팀이 함께 접근하는 일이다. 이러한 "부분"은 당신의 문제점 및 솔루션 도메인에 관한 모든 상응한 관점을 확인하고 의미 있게 분석할 수 있도록 지원해야 한다. 분석영역이 파이를 6에서 8, 10 조각까지 자르는 것과 같은 사실임을 유념하라. 전체적인 측면을 고려하는 한 많은 추상적 개념을 합리적이고 실무적이도록 구상하되, 어디까지나 단순하게 유지해야 한다.

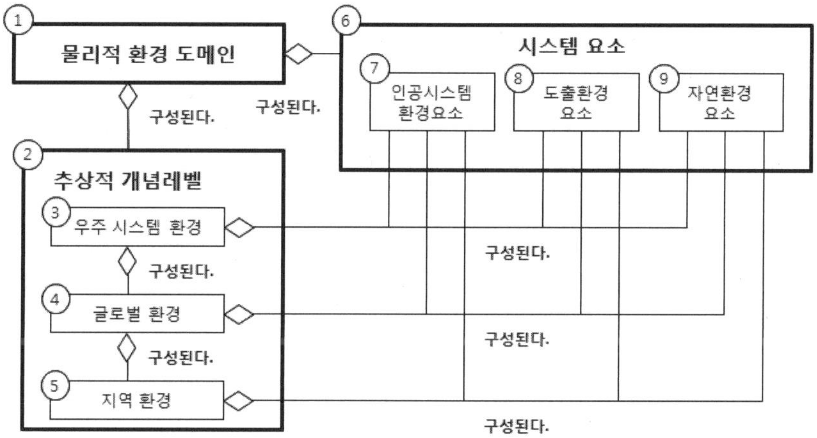

<그림 7.4> 물리적 환경 시스템 요소 실체관계

7.2.4 물리적 환경 도메인 체계요소

한 시스템의 물리적 환경은 체계 요소의 세 가지 클래스로 구성되어 있다. 여기에는 1) 인공시스템 요소, 2) 도출 환경 요소, 그리고 3) 자연환경 요소이다. 이를 하나씩 살펴보자.

자연환경 체계요소

자연환경 체계요소는 인공적이 아닌 모든 자연적으로 발생하는 실체를 포함하고 있다. 이러한 실체는 이미 존재하고 있는 힘의 균형 상태에서 함께 존재하는 환경 "시스템"을 말한다. 일반적으로 이러한 시스템은 지구 물리적 및 생명 형태 대상 클래스로 나타난다.

우주환경 추상적 개념 레벨

우주환경은 인류가 생각할 수 있는 전체적인 우주를 나타내는 추상적 개념이다. 분석적으로 우주환경은 무한의 글로벌 환경으로 구성된다. 당신은 왜 우주 환경이 시스템 엔지니어의 대상이 되는지를 물어보라. 우주공간은 우리가 살고 있는 태양계를 훨씬 넘는 영역을 가지고 있다. 운용환경을 제약하는 시스템 엔지니어와 물리학자는 우주공간에 속한 임무에 잠재적으로 영향을 주는 모든 글로벌 실체를 식별해 내어야 한다. 분명히 이러한 글로벌 실체는 주어진 임무 과정을 이탈할 수 없음을 이해해야 한다. 따라서 다음과 같은 사항을 시스템 엔지니어와 물리학자는 이해해야 한다.

1) 임무 수행 중에 어떠한 실체와 연관되어 있는지
2) 각 글로벌 실체의 성능 특성은 무엇인지
3) 이러한 실체 가운데 역방향이나 우주적 재해 없이 임무를 충족시키기 위한 해결방법은 무엇인지

글로벌 환경 추상적 개념 레벨

글로벌 환경은 우주 요소를 둘러싼 물리적 환경을 나타내는 추상적 개념이다. 여기에는 별, 행성 및 위성과 같은 실체를 포함하고 있다. 분석적으로 모든 우주 공간의 글로벌 환경은 무한대의 지역적 환경으로 구성되어 있다. 만일 당신이 항공기를 운항한다면, 그 항공기는 지구의 글로벌 환경 내에 잇는 지역 환경으로 둘러싸 있다. 예를 들어 NASA가 하나의 인공위성을 쏴 올리려면, 달, 지구, 태양을 포함한 글로벌 환경을 넘어 무한한 지역 환경을 극복해야 한다. 이러한 글로벌 환경이 중력과 대기권과 같은 여러 물리적 속성과 특성을 고려해야 하지만, 이를 극복했을 때 그 가치는 엄청나게 크게 나타난다. 그 결과로 운용환경 요구사항은 시스템 엔지니어로 하여금 글로벌 실체 스펙트럼을 넘어 가장 나쁜 경우의 파라미터 범주를 제약하는 사항을 요구해야 한다. 인간으로써 우리가 참조할 수 있는 한계는 지구촌이다. 따라서 일반적으로 지구환경이라고 불리는 지구와 성층권 부분으로 글로벌 실체를 이해하고 있다. 이를 화성에 비교해 보면 이는 화성의 글로벌 환경이라고 할 수 있다.

이제 도전적인 질문을 해보자. 시스템 엔지니어는 글로벌 환경에 영향을 주는 선을 어디까지 표시해야 하는가? 지구와 달의 운용환경 영향을 어디까지 고려해야 하는가? 우리는 어느 정도 그 중간에 그냥 그리고 말 것인가? 분명히 이는 과학적 원칙에 위배된다. 대안으로 지구와 달의 환경을 그 공간 사이에 잇는 사람이 살고 있지 않은 공간에서 선을 표시해야 할까? 또한 전자장, 공기층, 또는 중력층과 같은 영역을 어떻게 영역화하여야 하는가? 시스템엔지니어링 관점에서 하나의 접근방법은 두 가지 환경에 대하여 다음과 같은 질문을 통해 그 영역을 이해토록 한다. 임의적인 한계치 아래에 어떠한 특성이 대상시스템에 유일하거나 부정정적인 영향을 미치고 있는가? 만일 두 가지 또는 그 이상의 실체 영역조건이 중첩된다면, 영역조건에 대한 기준을 설정해야 한다. 시스템엔지니어 또는 분석자로써 후속으로 일어날 프로그램-기술적 영역에서 보면 기술적인 입장을 대변하게 된다. 따라서 당신은 이러한 입장에서 다음과 같은 의사결정 지원에 대한 기술적 책임을 다 해야 한다.

- 실제적이고 가용한 범위까지 실질 데이터와 목표
- 동료 및 이해관계자와 함께 유효한 가정 사항 설정
- 보다 유사한 운용 시나리오와 조건

당신이 여기서 선택한 분석대상은 당신의 시스템 설계, 비용, 신뢰성, 유지보수성, 취약성, 생존성, 안전성, 및 리스크 분석에 절대적인 영향을 가지고 있음을 기억하라. 이러한 결정사항은 인간생명, 자산, 및 환경에 악 영향을 가져다준다는 사실도 기억해야 한다. 분석적으로 글로벌 및 지역에 미치는 자연환경은 다음 네 가지 분야이다.

- 대기 시스템 환경
- 지구 시스템 환경
- 수력 시스템 환경
- 생물 시스템 환경

여기서 우리가 다루고 있는 문제는 물리과학적 내용은 포함되지 않는다. 우리의 관점은 어떻게 시스템 엔지니어가 자연환경 분석을 하기 위한 접근방법을 다룬다. 궁극적으로 당신의 대상 시스템에 적용되는 대상 환경의 부분을 식별하고 영역을 구분함에 목적이 있다. 당신 팀이 선정한 접근방법은 당신의 시스템 운용 도메인과 시스템 능력 및 성능레벨을 나타내는 요소를 분명하고 명확하게 제시해야 한다. 그러나 단신 팀에게 보다 정확하고 개념적인 환경을 제시해 줄 주요 이해관계자인 분야별 전문가(SME: Subject matter Experts)와 협의해야 한다.

1) 대기 시스템 환경: 대기 시스템 환경은 지구표면으로부터 선정된 고도에 이르기까지 성층권 내에서의 추상적 개념을 말한다.
2) 지구 시스템 환경: 지구과학 시스템 환경은 별, 달, 또는 행성이 미치는 전반적인 물리적 관계를 말한다. 지구과학적 관점으로부터 지구 시스템 환경은단단한 것으로부터 연약한 것에 이르기까지 지구의 지각 시스템 환경을 포함하고 있다. 일반적으로 지각에는 지구 상위 표면에 나타나는 섬, 산, 및 계곡을 포함하고 있다.
3) 수력 시스템 환경: 수력 시스템 환경은 성층권에 포함되지 않는 호수, 연못, 강, 개천, 폭포, 지하수, 대양, 파도, 및 빙하와 같은 액체 및 고체 수력 시스템을 포함하고 있다. 일반적으로 수력 시스템 환경 내에 속하는 주요 개념은 빗물, 지하수, 바닷물, 표면 물 등을 가리킨다.
4) 생물 시스템 환경: 생물 시스템 환경은 지구 표면에 서식하고 있는 모든 생명체로부터 받는 영향을 말한다. 일반적으로 이러한 생물은 대양과 함께 지구표면, 표면 하 및 표면 위에 살고 있는 생명체로 인한 환경을 말한다. 이와 같은 생명체는 땅과, 하늘과 중간 수력층에 서로 중복되어 살고 있다. 예를 들면, 식물, 동물, 곤충 등을 들 수 있다.
5) 지역 환경 레벨 추상적 개념: 지역 환경은 대상시스템의 현 위치에서 놓여있는 물리적 환경을 나타내는 추상적인 개념을 말한다. 예를 들면, 당신이 자동차를 운전하고 있다고 하면, 지영 환경은 자동차 주위에 영향을 미치는 운용환경 조건을 말한다. 따라서 지역 환경에는 운전 중인 당신의 자동차 주위에 놓여있는 다른 자동차와 운전자, 도로조건, 기후, 및 도로에 있는 다른 조건을 포함하고 있다. 시스템 엔지니어로써, 시스템 개발자를 선도

하기 위하여 다음 사항을 고려한다. 첫째, 지역 환경의 참조 프레임은 무엇인가. 둘째, 어느 순간에도 함께 미치는 지역 환경의 영역대상(초기 조건, 실체 등)은 무엇인가.

만일 당신이 물리 또는 화학자라면, 당신의 대상시스템에 밀접한 관계가 있는 분자로 구성된 네 번째 환경요소를 주로 다루게 될 것이다. 그렇다고 해서 이를 자연환경의 다섯 번째 환경요소로 다루진 않는다. 대신에 당신 시스템에 영향을 주는 물리적 환경 요소를 식별하기 위해 체크리스트 사항에 포함토록 한다. 그리고 이를 제시토록 한다.

인공 시스템 환경 요소

앞서 논의된 자연환경에 가장 결정적으로 빠져 잇는 요소가 사람이다. 시스템 엔지니어가 고려하고 있는 가장 중요한 요소는 시스템, 제품, 또는 서비스를 통해 사회에 유익을 가져다 줌에 있기 때문에 인공시스템 환경 요소에서 결정적인 사람을 별도로 분리해서 분석해야 한다. 인공 시스템은 지구력에 균형을 가져다주기 위하여 사람의 의사결정을 통제하고 영향을 미치는 하위 요소를 포함하고 있다.

만일 우리가 인공 시스템을 관찰하고 어떻게 이 시스템이 구성되어 있는지를 분석한다면, 다음 일곱 가지 요소를 고려해야 한다. 1) 역사적이고 유산적인 시스템, 2) 문화 시스템, 3) 도시 시스템, 4) 비즈니스 시스템, 5) 교육 시스템, 6) 운송 시스템, 그리고 7) 정부 시스템이다. 이제 이를 보다 구체적으로 알아보자.

역사적이고 유산적인 시스템

추상적 개념에서 본 역사적이고 유산적인 시스템은 전설 및 역사적 기록과 같은 과거 사림이 살고 있었던 지역, 전통, 역사적 유물을 포함한다. 당신은 왜 이러한 역사적이고 유산적인 시스템이 시스템 엔지니어에 속하고 있는지를 물어 보아야 한다. 예를 들면, 역사적으로 중요한 장소의 땅에 영향을 주는 빌딩과 같은 시스템을 개발한다고 가정하자. 이 빌딩 건축은 기존 문화와 다른 유산을 지니고 있기 때문에 시스템 위치적 물리적 관점에서 기술적 위사결정에 영향을 가져다준다. 하나의 사례는 기존 빌딩과 이 빌딩 사이에 적적한 이격거리를 통한 완충지대를 들 수 있다. 만일 이 건물이 박물관이라면 더 많은 빌딩 설계 요소가 고려되어야 한다. 다른 관점에서, 군사 전술 기획가가 임무달성을 위한 기획을 한다고 하면, 역사적으로 중요한 지점을 회피하게 될 것이다.

- 도시시스템: 도시시스템은 여러 레벨의 기관과 연계되고 커뮤니티 집단 속에서의 사람이 어떻게 살아가는지, 이에 연관된 모든 실체를 포함하고 있다. 예를 들면, 이웃, 시, 연방, 국가, 및 국제적인 관계를 말한다. 예를 들면, 도시 시스템은 운송 시스템, 공공시설, 쇼핑, 분배시스템, 통신 및 교육기관과 같은 비즈니스 시스템 환경을 지원하는 인프라구조를 포함하고 있다. 도시시스템 관점에서의 시스템엔지니어링은 어떠한 예측 형태든 효과를 주요 이슈로 다루고 있다. 성장과 확장을 미래에 수용할 수 있는 통찰력을 가지고 한정된 자원으로 도로를 가장 잘 건설할 것인가를 시스템 엔지니어는 항상 고려해야한다.

- 문화시스템: 문화 시스템은 사람과 생활의 다양한 정체성과 사람이 어떻게 연관, 소비, 재생산, 및 생존할 것인지를 기술한 여러 가지 속성을 포함한다. 예를 들면, 음악과 기타 유희를 연주하는 활동, 문화적 노력, 및 거동 패턴을 포함하고 있다. 시장이 있어야 하는 것처럼, 문화 시스템도 사회 시스템을 수락하기 위해서 절대적인 시스템이다.
- 비즈니스 시스템: 비즈니스 시스템은 어떻게 사람들이 경제적인 기업을 운영하고, 제품을 생산하며, 생존을 위해 서비스를 제공하는지, 이와 연관된 모든 실체를 포함한다. 여기에는 연구개발, 제작생산, 시장에서 사용되는 제품과 서비스를 포함하고 있다.
- 교육시스템: 교육 시스템은 공식 및 비공식 교육기관을 통해 사회를 향상시키고 교육을 수행하는 모든 기관을 포함하고 있다.
- 재정 시스템: 재정 시스템은 개인, 시장, 및 정부의 재정 흐름을 지원하는 은행 및 투자회사를 포함하고 있다.
- 정부시스템: 정부 시스템은 사람들을 국제, 연방, 도, 시, 구청 등의 단위로 사회적 통제와 서비스를 수행하는 모든 실체를 포함하고 있다.
- 의료시스템: 의료 시스템은 대중에게 건강검진 및 의료지원을 위해 운영되는 병원, 의사, 및 약국 등을 말한다.
- 운송시스템: 운송 시스템은 사람을 한 곳에서 다른 곳으로 안전하게, 경제적으로 그리고 효율적으로 운행하는 지상, 해상 및 항공 운송 시스템을 포함하고 있다.

도출 환경 요소

앞서 우리는 요소의 추상적 개념에서 자연환경과 인공 환경을 분리해서 살펴보았다. 이러한 두 가지 요소는 분석적으로 운용환경 속성을 나누어 제시하지만, 실제로는 서로 연관되어 있다. 사실상 인공시스템과 자연시스템은 서로 다른 시스템에 침입, 붕괴, 동요, 및 불연속을 발생한다. 이러한 상관관계 분석은 매우 복잡하다. 이를 가리켜 도출 환경이라는 제3의 물리적 환경요소를 유발하는 복잡성을 제시하게 된다. 도출 환경은 시스템 운용에 이러한 역할이 감소, 더 이상 불필요 또는 상응할 때까지 침입, 붕괴, 동요, 및 불연속을 나타내는 실체를 분리시킨다. 도출 환경 실체의 중요도는 일시, 영구 또는 변화적으로 나타난다.

7.2.5 운용환경 의사결정 방법

운용환경은 계획된 수명 스팬을 넘어 임무와 생존에 영향을 주는 대상시스템의 성능 수준과 능력에 다양한 요소와 제약사항을 부과한다. 따라서 시스템 엔지니어와 분석가의 책무는 다음과 같다.

- 모든 치명적인 운용환경 조건을 식별하고 분리해야 한다.
- 운용환경을 특정 짓는 기술 파라미터를 도출하여 기술한다.
- 이러한 기술서가 대상시스템을 획득하기 위해 사용될 시스템 성능 규격서(SPS)와 연계되어 있는지를 검토한다.

대상시스템의 운용환경 요구사항을 식별하는 프로세스는 <그림 7.5>에서 나타난 단순한 방법을 사용한다. 일반적으로 이 방법은 기술된 이전의 환경 클래스와 추상적 개념 물리적 환경 레벨에 반영된 로직을 따른다.

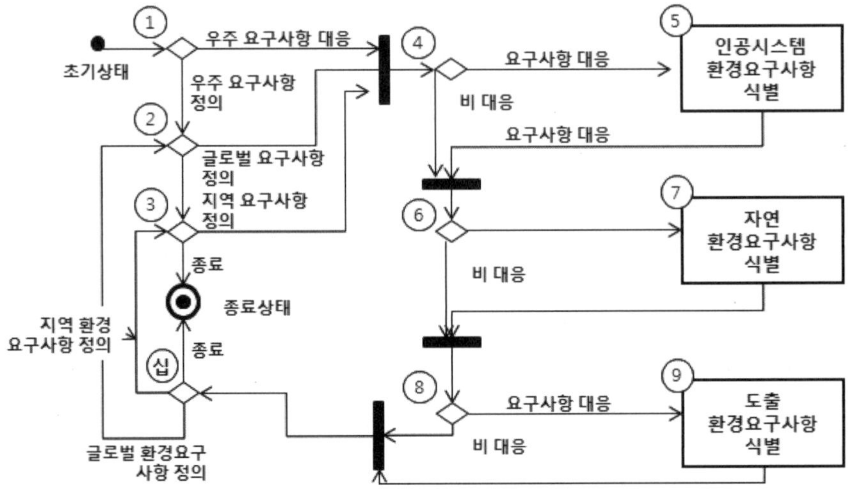

<그림 7.5> 환경 요구사항 식별

이러한 세 가지 반복적인 루프는 다음과 같다.

- 루프 1: 우주 레벨 요구사항(1)
- 루프 2: 글로벌 실체 레벨 요구사항(2)
- 지역 레벨 요구사항(3)

이러한 반복적인 세 가지 루프를 대상시스템에 적용할 때, 그 로직은 세 가지 환경 클래스, 즉, 인공시스템(4), 자연환경(6) 또는 도출환경(8)이 적용된 제4의 루프를 적용하게 된다. 적용 가능한 각 환경 형태에 대하여 그 형태와 연합된 요구사항-인공시스템(5), 자연환경(7) 및 도출환경(9)을 포함하게 된다. 제3의 루프가 환경의사결정 프로세스 형태를 완성할 때, 지역 레벨 요구사항(3)으로 종료되고 적합한 추상적 개념 레벨로 돌아오게 된다.

7.2.6 실체 운용환경 참조 프레임

앞서 논의 과정을 통하여 시스템의 참조 프레임으로부터 운용환경을 도출한다. 그러나 한 시스템의 하위레벨 추상적 개념은 통합 컴포넌트에 이미 포함된 시스템으로 정의한다. 운용환경은 <그림 7.6>에 나타난바와 같이 실체의 참조 프레임으로부터 전후 상황적으로 설정되어야 한다. 따라서 하나의 어셈블리의 운용환경은 무엇을 구성하고 있는가? 이는 다른 어셈블리, 하부어셈블리, 또는 제품과 같은 어셈블리 외부 영역에 관한 것일 수 있다. 다음 예제를 생각해 보자. 데스크 탑 컴퓨터 새시 내에 있는 프로세서 보드는 어미보드, 직접적으로 인터페이스 된 기타 보드, 공급선으로부터의 전자장 복사열, 스위치 기기 등으로 구성된 운용환경을 가지고 있다.

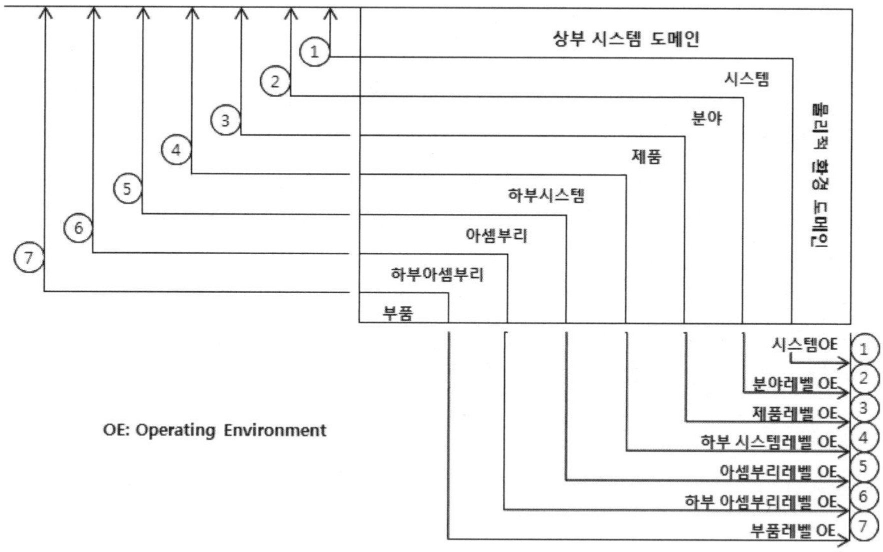

<그림 7.6> 관찰대상자의 추상적 개념 레벨에 따른 운용환경

7.2.7 요점

상위레벨 시스템 도메인은 물리적 환경 도메인의 부분인지를 질문해도 좋다. 이를 서로 토의해 보아라. <그림 7.3>은 이에 대한 직접적인 동일한 레벨 및 지휘 및 통제(C2) 상관관계에 초점을 둔 분석방법을 제시하고 있다. 하나의 대상시스템으로부터 인간 관리 대상 조직에 이를 대응시킨다. 따라서 상위레벨 시스템을 대상시스템의 인간이 통제 관리할 수 있는 부분으로 나타낸다. 상위레벨 인간 시스템은 물리적 환경 위에 존재하는가? 아니다. 우리는 물리적으로 그 영역 내에 종속되어 있다. 아직까지 우리는 글로벌 경고와 같은 현상에서, 우리가 수정해야 할 활동이 우리의 생명과 연관된 악 영향을 가져올 수 있다.

적용원칙: 요약해서 앞서 논의를 통해 우리는 시스템 운용환경 아키텍처를 제시하기 위하여, 몇 가지 원칙을 설정하는 기초를 제공하고 있다.

- 시스템 운용환경은 상위레벨 시스템과 물리적 환경, 두 가지 도메인 클래스로 되어 있다.
- 시스템 물리적 환경 도메인은 자영, 인공, 및 도출로 구성된 세 가지 시스템 요소 클래스로 되어있다. 자연 및 인공 환경 시스템은 상호 작용한다. 도출환경은 이러한 상호작용에 대한 시간적 의존 결과를 나타낸다.

7.3 문제풀이

1) 앞서 제시된 시스템 목록 중, 앞장의 일반예제 또는 신규시스템을 선정하여 이 장에서 이해된 요소를 적용해 보라.
   a) 각 시스템에 대하여 실제적인 컴포넌트에 체계요소를 대응해 보라.
   b) "시스템의 아키텍처 기술서"란 제목으로 페이퍼를 써 보라.
   c) 상위레벨 시스템 도메인과 이에 연관된 시스템 요소
   d) 물리적 환경 도메인, 이에 연관된 시스템 요소 및 추상적 개념 레벨
2) 당신 조직에서 개발 중에 있는 한 체계를 대상으로 다음 체계요소분야에 다라 대상시스템 아키텍처를 구성하고 이를 문서화 해보라.
   a) 임무시스템과 지원시스템
   b) 인력
   c) 임무자원
   d) 절차자료
   e) 장비
   f) 체계반응
   g) 설비
3) 당신 조직에 현재 추진 중에 있는 시스템 개발과제를 대상으로 대상시스템, 운용환경, 및 각각의 시스템 요소를 어떻게 분석하고 있는지를 알아보라. 이러한 분석이 대상 시스템 아키텍처에 어떻게 반영되고 있는가?
4) 상기 체계개발 프로그램에 대하여 기술관리 측면에서 무슨 교훈을 얻게 되었나요?

제8장 시스템 인터페이스

8.1 개요

성공적인 시스템을 개발하려면 가장 중요한 한 가지 요소를 들라면 무슨 내부적인 것과 외부적인 것의 인터페이스가 일어나고 있는가에 달려있다. 당신은 가장 멋있는 알고리즘과 방정식 및 의사결정 로직을 만들 수 있지만 만일 기 시스템이 그 인터페이스에서 요구기능을 수행하지 못한다면, 그 로직은 무가치한 것이다. 시스템 인터페이스 특성은 우호적인 외부 시스템의 협력적인 상호운용성으로부터 외부위협(환경, 적대적인 활동 등) 및 생존성 보장을 위한 구조적 통합 시의 취약점을 최소화하기 위한 보호 층에 이르기까지 걸쳐져 있다.

본 장은 시스템 인터페이스, 목적, 목표, 속성에 대한 콘텍스트와 이를 적용하는 방법론을 소개한다. 논의될 내용은 실패로부터 성공을 보장하기 위한 다양한 인터페이스 형태와 요소들을 살펴본다. 이러한 정보는 인터페이스 설계 및 통제를 제시할 다음 장의 기초를 제공해 준다. 여기에서 얻고자 하는 내용은 다음과 같다.

- 인터페이스란 무엇인가?
- 인터페이스의 목적은 무엇인가?
- 인터페이스의 유형은 어떠한 것이 있는가?
- 포인트 대 포인트 인터페이스는 무엇인가?
- 논리적 인터페이스란 무엇인가?
- 물리적 인터페이스란 무엇인가?
- 논리적 및 물리적 인터페이스는 어떻게 연관되어 있는가?
- 물리적 인터페이스의 일곱 가지 형태를 식별해 보라.
- 인터페이스 정의를 위한 단계적 방법론을 제시해 보라.
- 일반화된 인터페이스 솔루션은 무엇인가?
- 특수화된 인터페이스 솔루션은 무엇인가?
- 특수화된 솔루션에 일반화된 솔루션은 어떻게 연관되어 있는가?
- 일반화 및 특수화된 솔루션은 논리적 및 물리적 인터페이스와 어떻게 연관되어 있는가?
- 인터페이스에 제한된 접근방법은 어떠한 것이 있는가?
- 인터페이스 실패는 어떻게 구성되어 있는가?
- 인터페이스 실패 사례는 어떠한 것이 있는가?

주요 용어 정의

- **인간-기계 인터페이스:** 인간과 기타 시스템 컴포넌트 사이에 작용, 반작용 및 상관관계를 말한다. 이는 여러 스테이션, 여러 사람의 형상이나 시스템에도 함께 적용된다. 이 용어는 상관조건을 형성하고 있는 하드웨어, 소프트웨어 또는 장비의 속성을 정의하고 있다. (근거: MIL-HDBK-1908, p.21)
- **교환가능성(Interchangeability):** 제조, 유지보수 또는 운용에 연관된 장비 또는 부분에 아무러한 지장 없이 상호 교환 가능한 능력을 말한다. 이는 제품이 성능과 내구성과 동등한 기능과 물리적 특성을 지니고 있는 두 가지 또는 여러 품목으로 구성되어 있음을 말한다. 그리고 제품이 조정이나 설정 및 성능 통제활동을 제외하고 그 자체 품목이나 주변 품목의 변경 없이 다른 품목과 교환이 가능한 경우를 말한다. (근거: MIL-HDBK-470A, 부록 G, 용어정의 p. G-7)
- **인터페이스:** 임무능력을 제공할 수 있는 운용환경 영역 또는 시스템에 내제되어 있는 기능적/물리적 관계와 물리적 특성을 말한다. (근거: DSMC 용어정의)
- 인터페이스 통제: (1) 하나 또는 그 이상의 조직에서 제공되는 둘 또는 그 이상의 품목과 인터페이스하고 있는 모든 기능적이고 물리적인 특성을 기별, (2) 이러한 특성에 변경을 가져오는 사항을 평가하고 승인하기 위한 활동을 제공하는 프로세스를 말한다. (근거: MIL-STD-480B, 3.1.43절)
- **인터페이스 기기:** 자동시험장비(ATE)와 유닛 시험장비(UUT) 사이에 요구된 기계 및 전기 연결장치와 시그널 조절기를 제공하는 품목; 또한 인터페이스 시험 어답터 또는 인터페이스 어답터 유닛을 말한다. (근거: MIL-HDBK-470A, 부록 G, p. G7)
- 인터페이스 소유권: 인터페이스의 정의 규격, 개발, 통제, 운용, 및 지원에 관한 개인, 팀 또는 부서 책임을 제시
- **상호운용성:** 정보를 교환하고, 교환된 정보를 사용하기 위한 둘 또는 그 이상의 시스템이나 컴포넌트의 능력 (근거: IEEE610.12-1990)
- 동료 레벨에서의 상관관계: 운용환경에서의 외부 시스템과 함께 임무시스템과 지원시스템으로 구성된 대상시스템의 상관관계를 말한다. 분석목적으로 우리는 이러한 시스템을 물리적 환경 시스템 도메인에 관한 단일 체계 추상적 개념으로 시스템을 통합한다.
- **포인트 대 포인트:** 전형적인 수행 대 헌신도니 사항을 두 가지 점 사이에 직선으로 무리적인 연결을 특성 짓는 인터페이스 형상을 말한다. 예를 들면, 실내조명을 위한 스위치 연결을 들 수 있다.

8.2 인터페이스 정의

시스템엔지니어링의 초점은 다음 두 가지 사항에 초점을 두고 있다.

- 시스템 아키텍처 구성
- 각 구성요소는 상호간 그리고 운용환경에 어떻게 연관되어 있는가.

당신은 가장 창의적인 기기, 컴퓨터, 및 알고리즘을 개발할 수가 있다. 지금까지 이러한 새로운 알고리즘이 요구 운용환경과 연관 및 상호 연계될 수 없다면, 시스템 실체로서는 별 가치가 없다는 사실을 이해해야 한다. 장비, 인력 및 설비와 같은 둘 또는 그 이상의 시스템 요소나 추상적 개념 레벨에서의 시스템 요소 내에 있는 실체 간에는 인터페이스가 일어난다. 그러면 이러한 인터페이스의 목적은 무엇인가?

인터페이스 목적

인터페이스의 목적은 그 시스템의 운용환경 내에서 다른 컴포넌트에 대한 시스템, 제품, 하부시스템, 어셈블리, 하부어셈블리, 또는 부품 레벨을 물리적으로 연결하거나 연합함에 있다. 컴포넌트는 여러 컴포넌트와 연결되거나 연합해도 좋다. 그러나 각 연결 관계는 하나의 단일 인터페이스를 나타낸다. 만일 컴포넌트가 여러 인터페이스를 가지고 있다면, 그 인터페이스의 성과는 다른 인터페이스에 영향을 주게 된다. 위에서 말한 목적은 왜 이러한 인터페이스가 존재하는지를 넓은 의미로 제시해 주고 있다. 어떻게 이러한 인터페이스가 이를 형성할 수 있는가라는 질문을 할 수 있다. 하나의 인터페이스는 컴포넌트 적용에 따라 최소 하나 또는 그 이상의 목적을 지니고 있다. 전형적인 인터페이스의 목적은 다음과 같이 나타난다.

- 목적 1: 둘 또는 그 이상의 시스템 요소 또는 실체를 물리적으로 연결 또는 구속한다. 어느 시스템은 둘 또는 그 이상의 시스템 요소 또는 실체를 이웃하고 있는 인터페이스로 구속, 연장, 지원 또는 연합을 통해 물리적으로 연결 또는 묶어준다. [예제 8.1] 송수신탑은 치명적인 연결 포인트에서 그 탑의 안정을 위해 땅에 묶어주는 케이블을 사용하고 있다.
- 목적 2: 하나 또는 그 이상의 다른 시스템 요소 또는 실체를 적용한다. 장비와 인력과 같은 시스템 요소나 실체는 양립 가능하거나 상호교환 가능한 인터페이스를 가지고 있지 않아도 좋다. 그러나 양립가능 하도록 적용 될 수도 있다. <그림 8.1>은 Apollo -Soyuz 프로그램에 대한 아답터를 NASA에서 어떻게 개발했는지를 보여주고 있다. 재사용 가능한 모델을 가지고 있는 소프트웨어 적용은 외적 어플리케이션과 교신 가능한 모델이 되기 위해 모델 주변에 "wrapper"를 만들어도 좋다.
- 목적 3: 다른 시스템 요소의 영향을 완충한다. 자동차와 같은 시스템은 일반적으로 상호간에 의도적인 상관관계가 발생하지 않도록 해준다. 의도하지 않은 상관관계가 일어나는 곳에 상관관계에 따른 영향은 사용자의 안전과 건강에 영향을 최소화하도록 해야 한다. 다음 두 가지 경우를 생각해 보자. 첫째, 다른 자동차에 대한 영향은 완충장치와 차체 연결부위에서 나타날 수 있다. 둘째, 시스템 A는 시스템 B에 데이터를 송신토록 요구된다. 인터페이

스 컴포넌트의 제한된 속도로 인하여 시스템 A는 다른 업무를 수행하기 위하여 프로세서를 자유롭게 하는 송신 자료를 저장할 완충지역을 마련한다. 인터페이스의 다른 장소에서 시스템 B는 모든 입력 데이터를 즉시 프로세싱 할 수 없다. 이러한 시나리오를 회피하기 위하여 완충지역이 입력 데이터를 프로세서가 그 데이터를 처리할 때까지 저장하도록 생성된다. 이러한 목적을 위해 시스템 엔지니어는 시스템 요소나 실체 간 영역 또는 완충지역을 구성하기 위하여 타당한 측정과 인터페이스를 분석토록 한다. 이와 같이 시스템이나 환경 및 공중으로부터 운용자의 안전에 영향을 최소화하기 위한 완충지역을 구성한다.

- 목적 4: 인간능력을 수단으로 이용한다. 사람은 자신의 기술과 능력을 이용하기 위한 인터페이스 능력을 제공한다. 일찍이 인간은 단수한 기계와 같은 다양한 도구로 어려운 작업을 수행하기 위해 자신의 물리적 능력을 확장 또는 이용할 인터페이스를 사용해 왔다.
- 목적 5: 시스템 요소 또는 사용목적을 구속한다. 인터페이스는 시스템 요소에 대한 안전레벨을 확보하기 위한 억제요소로 서비스를 제공해 준다. 예를 들면, 안전체인이 트레일러를 이끌기 위해 자동차에 트레일러 헤치를 달아야 한다. 그리고 권한이 주어지지 않은 사람이 열지 못하도록 자물쇠를 채워야 한다.

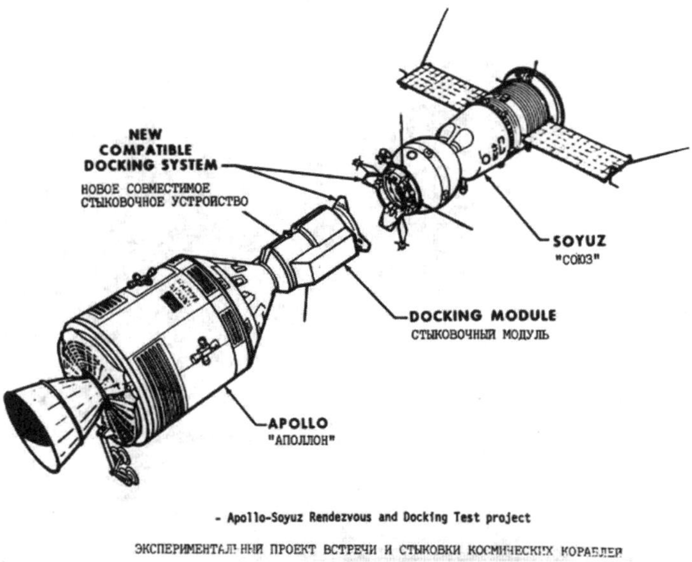

<그림 8.1> NASA 아폴로-소유즈 우주선 도킹 시스템

이와 같은 각각의 목적은 주어진 목적을 달성하기 위하여 인터페이스가 어떻게 적용되어야 할 것인지를 보여주고 있다. 시스템 어플리케이션에 의존하여 다른 목적이 추가될 수 있다.

상호운용성-궁극적인 인터페이스 도전

어느 인터페이스의 궁극적인 성패는 시스템 개발자에 의해 설계되고, 획득자에 의해 주어지며, 사용자에 의해 요구되는 의도적인 운용환경에 긍정적이고 부정적인 시스템에 연관된 능력으로 나타난다. 이를 상호운용성이라고 정의하고 있다.

8.3 인터페이스 유형

능동형 인터페이스

능동형 인터페이스는 우호적이고 온화하거나 협력적인 외부 시스템이나 컴포넌트와 상호관계를 말한다. 예를 들면, 능동적인 “on the air" 상태에 있는 라디오 방송국은 특정 방송지역 형태에 따라 지정된 주파수로 신호를 송신한다.

수동형 인터페이스

수동형 인터페이스는 응답 없이 데이터를 단순하게 수신하거나 수락하는 외부 컴포넌트와 상호관계를 말한다. 예를 들면, 라디오 방송 시스템에 연결된 자동차 라디오가 “On"상태인 경우, 조율된 주파수의 신호를 수동적으로 수신한다. 라디오는 정보를 보내고 자동차에 있는 연관된 컴포넌트에 능동적인 오디오 인터페이스를 제공한다.

능동/수동 복합 인터페이스

능동/수동 인터페이스는 송신기 또는 수신기의 통제아래 수행된다. 예를 들면, 양방향 워키-토키 라디오는 특정의 송신 범주와 조건 내에 동일 주파수로 듣고 있는 다른 사람에게 사용자가 방송 오디오 정보의 “Push to Talk" 버튼을 눌리면 능동적 인터페이스를 지니고 있다. “Push to Talk" 버튼을 ”Off"하면 그 기기는 사용자에 의해 조정할 수 있는 오디오 증폭과 프로세싱을 위한 입력 라디오 신호를 모니터링하는 수동적 인터페이스를 지니게 된다.

8.4 논리적 및 물리적 인터페이스 이해

일반적으로 반복되는 주제 중 하나는 하나 또는 그 이상의 관리 가능한 레벨로 복잡도를 분할할 필요가 있다는 것이다. 이를 위해 먼저 다음 몇 가지 질의를 통한 논리적 및 물리적 인터페이스를 식별해야 한다.

- 누가 누구와 연관되어 있는가?
- 무엇을 전이하고 전환하는가?
- 언제 전환이나 전이가 나타나는가?
- 무슨 상태아래에서 발생하는가?

그 다음 논리적/기능적 연계성을 어디에서 어떠한 인터페이스가 나타날 것인지를 보기 위한 물리적 인터페이스로 전환토록 한다. 분석적으로 시스템 인터페이스는 점대 점 연계성을 위한 메커니즘을 제공한다. 인터페이스 연계성에 대한 분석은 두 가지 레벨, 1) 논리적 및 2) 물리적 레벨로 수행한다.

논리적 인터페이스

이는 두 가지 개체 사이에 직접 또는 간접 연합이나 관계를 나타낸다. 논리적 인터페이스는 다음 사항을 설정해 준다.

- 누가(포인트 A) 누구(포인트 B)와 소통을 하고 있는지
- 무슨 시나리오와 조건아래 이러한 소통이 이루어지는지
- 언제 이러한 소통이 나타나는지

물리적 인터페이스

이는 두 가지 인터페이스 개체 사이에 물리적 상호관계를 나타낸다. 물리적 인터페이스는 포인트 A가 포인트 B와 소통하기 위해서 어떠한 기기나 컴포넌트 (박스, 와이어, 등)로 할 수 있는지를 나타낸 것이다. 물리적 인터페이스는 그 인터페이스를 구현하기 위하여 특정 메커니즘(전자, 광학, 등)에 의존하기 때문에 특화된 인터페이스로 나타낸다. 예를 들면, 인터넷은 사용자로 하여금 외부 웹 사이트와 소통하기 위하여 적합한 소프트웨어와 하드웨어로 갖추어진 컴퓨터와 같은 기기를 사용하는 메커니즘을 제공한다. 이러한 관점에서 논리적 인터페이스 또는 연합이 사용자와 웹 사이트 간에 이루어진다. 사용자가 웹 사이트를 연결할 때, 물리적 인터페이스가 설정된다.

앞서 논의된 토의의 중점은 연계성에 대한 두 가지 "레벨"을 말하고 있다. 이는 사람을 포함한 시스템 설계 관점에서 매우 중요하다. 엔지니어는 어느 누구가 무슨 인터페이스를 달성해야 하는지를 결정하기 전에 물리적 인터페이스를 미리 정의함으로써 단계적인 점프를 하는 경향이 매우 강하다. 따라서 다음 사항을 유의해야 한다.

- 어느 시스템 요소나 개체가 연합 또는 연계되어 있는지를 식별하라.
- 왜 이들은 "연결해야 할 필요서"이 있는지를 이해하라.
- 언제 이러한 연합이나 연계가 발생하고 있는지를 결정하라.

인터페이스 정의방법

앞서 우리는 기본적으로 시스템엔지니어링 프로세스를 적용하여 인터페이스를 식별하고 분석하는 방법을 논의해 보았다. 먼저 논리적 인터페이스를 식별해 보아라. 시스템을 설계할 때, 논리적 인터페이스는 연합이나 관계가 존재하고 있는지를 알 수 있게 해준다. 따라서 인터페이스는 무엇을 수행하기 위해 필요한 인터페이스인지를 알 수 있는 논리적 표현수단으로 나타난다. 다음으로 물리적 인터페이스를 식별하고 정의해 보라. 일반적이고 논리적인 인터페이스에 대한 물리적 적용은 기능, 기술, 비용, 일정, 및 위험 제약사항에 관한 솔루션 대안 법주로부터 선택을 요구하고 있다. 이 때 시스템엔지니어링은 가장 적합한 대안을 선정하는 절충 분석 프로세스를 사용하게 된다.

8.5 물리적 인터페이스의 유형

만일 우리가 인터페이스가 어떻게 물리적 도메인에 적용되고 있는지를 분석한다면, 분석결과는 인터페이스가 기계, 전기, 광학, 음향, 자연환경, 화학, 및 생물 형태와 그리고 이상 분야의 복합 형태로 나타나다는 사실을 알게 된다. 이러한 모든 물리적 인터페이스 유형에 대하여 특정 솔루션이 나타나게 된다. 이러한 인터페이스 솔루션의 특수 현상을 보다 잘 이해하기 위하여 각 유형별로 보다 세밀하게 살펴보자.

물리적 인터페이스

물리적 인터페이스는 두 개의 물리적 객체 사이에 존재하는 영역으로 구성되고 기능, 형태, 및 적합과 같은 특성을 포함하고 있다. 그 특성은 다음 사항을 포함하고 있다.

- 재료 속성; 분할
- 길이, 넓이 및 높이와 같은 크기에 대한 속성; 중량, 밀도 및 형상과 같은 질량 속성
- 구조 통합속성; 충격, 진동 등
- 항공 역학적 속성; 유체 흐름, 저항 등

전기적 인터페이스

전기적 인터페이스는 자유 공간에서의 전자기와 마찬가지로 직접적인 전자 또는 전기적인 연결로 되어있다. 속성과 특성으로서는 전압, 전류, 저항, 유도, 용량, 접지, 포장, 감쇠 및 전송지연을 포함하고 있다.

광학적 인터페이스

광학적 인터페이스는 전송, 가시 또는 불가시 빛의 파장으로 구성된다. 속성과 특성으로서는 강도, 주파수, 특수거리, 해상, 굴곡, 비교, 반사, 굴절, 여과, 모듈레이션, 수신, 감쇠 및 극성으로 되어있다.

음향적 인터페이스

음향적 인터페이스는 사람에게 가청 또는 비 가청으로 나타나는 창조, 전송, 및 주파수 수신으로 구성되어 있다. 속성 및 특성으로서는 부피, 빈도, 모듈레이션, 및 감쇠를 포함하고 있다.

자연환경 인터페이스

자연환경 인터페이스는 자연적인 현상 발생에 따른 요소들로 구성되어 있다. 속성 및 특성으로서는 온도, 습도, 압력, 고도, 바람, 비, 눈 및 얼음을 포함하고 있다.

화학적 인터페이스

화학적 인터페이스는 화학 물질이 다른 물질과 혼합되거나 목적이 있어 섞어질 때 또는 다른 인터페이스 유형과 혼합될 때 발생하는 연관관계로 되어있다. 속성 및 특성으로서는 열, 냉방, 폭발, 유독성, 및 물리적 상태 변경 등을 포함하고 있다.

생물학적 인터페이스

생물학적 인터페이스는 살아있는 생명체 사이의 인터페이스 또는 다른 형태의 인터페이스로 구성되어 있다. 속성과 특성으로서는 터치, 느낌, 냄새, 청력, 및 시력을 포함하고 있다.

표준화 대 전용 인터페이스

인터페이스는 시스템 요소 대 공통, 호환적인 영역 간 논리적이거나 물리적인 관계를 설정토록 해 준다. 만일 당신이 가장 일반적인 인터페이스 유형을 분석한다면, 다음 두 가지 기본적인 영역으로 나타난다. 1) 표준화된 모듈식 인터페이스, 2) 유일하고 전용적인 인터페이스로 구분된다. 각 영역에 대한 내용을 보다 자상하게 알아보자.

- 표준화된 모듈식 인터페이스: 시스템 개발자는 전형적으로 RS-232, Mil-Std-1553, Ethernet, 및 USB와 같은 표준화된 모듈식 상호교환 가능한 인터페이스 접근방법을 적용하도록 요구한다.
- 유일한 전용 인터페이스: 인터페이스의 고유성 때문에 표준 인터페이스가 가능하지 않은 경우에 시스템 설계 엔지니어는 다른 시스템 요소 또는 속성과 제한된 독자적인 목적으로 유일하고 전용 인터페이스 설계를 선택하게 된다. 이러한 예로서는 특정형태 요소 및 그 인터페이스를 유일하게 만드는 부호를 포함하고 있다.

전자 데이터 인터페이스

사용자의 논리적 인터페이스가 시스템이나 속성 아키텍처에 식별되어질 때 먼저 결정되어야 할 요소 중의 하나는 그 인터페이스가 어떻게 적용될 것인지를 결정하는 일이다. 다음과 같은 중요한 질문을 포함하고 있다.

- 각 인터페이스는 명확한 입력과 출력을 요구하고 있는가?
- 무슨 기능이 그 인터페이스로 수행되는가? 데이터 입력/출력, 이벤트 중심의 방해 등
- 그 데이터는 주기적인가? 동기화 또는 비동기화
- 전송 또는 수신될 데이터 량은 무엇인가?
- 그 데이터를 수신 또는 송신하기 위한 시간적 제약사항은 무엇인가?

전자 데이터 교신 메커니즘은 정보를 교신하기 위한 아날로그나 디지털 기법을 나타낸다.

아날로그 데이터 교신

아날로그 메커니즘은 AM(진폭 변조)와 전화기와 모뎀과 같은 I/O 기기에 근거한 스피커를 포함하고 있다.

디지털 데이터 교신

디지털 메커니즘은 인코딩된 정보내용을 송신하기 위하여 특별한 전송 프로토콜을 적용하는 동기 및 비동기 양극 신호를 포함하고 있다. 디지털 데이터 교신은 불연속, 순차 또는 연속 세 가지 형태의 데이터 포맷으로 구성되어 있다.

1) 불연속 데이터 교신: 불연속 데이터는 컴퓨터의 상태나 현황조건이나 활동을 원격조정에 의해 모니터링하는 것과 같이 정적인 ON 또는 OFF 독립적이고 연계되지 않은 데이터로 구성된다. 디지털 불연속 데이터는 ON/OFF, 초기, 완료 및 오픈/폐쇄와 같은 다양한 조건이나 상태에 대한 전자식 표기로 나타난다. 불연속 데이터 교신은 이벤트 중심의 교란을 포함하고 있다. 이를 적용할 경우, 유일하고 연계되지 않은 신호 라인이 특정 조건을 인지하는 외부 기기에 연결되어진다. 그 상태가 발견될 때, 그 기기는 조건부 이벤트가 발생되는 수신기를 인지하기 위해 불연속 신호 라인을 붙잡아 준다.
2) 병행 데이터 교신: 어떠한 시스템은 전자기기 상호간에 고속 교신을 요구한다. 이러할 경우, 병행 데이터 교신 메커니즘은 시스템 성능을 동기화된 데이터를 불연속 라인을 넘어 동시적으로 전송함으로써 향상하도록 사용되어도 좋다. 예를 들면, 출력기기가 ON/OFF 개별 외부 기기를 회전하기 위해 불연속 2진법 데이터 중 하나 또는 8 비트를 고정 사용할 수 있다. 병행 데이터 교신 메커니즘은 하드웨어 컴포넌트 계수, 개발 및 유닛 비용, 및 리스크를 증가할 수 있다. 이러한 경우에 성능은 비용과 리스크에 대한 절충을 해야 한다.병행 데이터 교신은 주기적으로 동기화 되거나 적용방법에 따라 비동기화가 될 수 있다.
3) 순차적인 데이터 교신: 어떠한 시스템은 순차적 데이터 교신 밴드 폭을 사용하여 달성할 수 있는 값을 가진 외부 시스템 내외까지 데이터 송신을 요구한다. 적용 시, 순차적 데이터 교신 접근방법은 PC 보드 레이아웃, 중량, 또는 복잡도에 영향을 주는 부품의 수량을 최소화한다. 순차적 데이터 교신 메커니즘은 적용방법에 따라 주기적으로 동기화하거나 비동기화해도 좋다 전형적인 순차적 데이터 교신은 RS-232, RS-422 및 Ethernet와 같은 여러 표준을 적용하고 있다.

제한된 시스템 인터페이스 접근

몇 가지 인터페이스는 승인된 사용자에 의해 접근 가능한 기기만을 사용토록 제한된다. 일반적으로 이러한 인터페이스는 접근을 위해 요금을 지불한 사용자, 알 필요성이 있는 보안 관리자, 의사결정을 위해 형상 자료를 관리하는 자 등으로 구성되어 있다. 이를 어떻게 달성할 것인가? 제한된 접근은 다음과 같은 여러 메커니즘을 통해 이루어진다. 1) 승인된 로그 온 계정, 2) 데이터 암호 및 기법, 3) 유동적인 접근 키, 4) 개인 ID 카드, 5) 개인 ID 스캐너, 및 6) 알 권리를 가진 레벨 등이다.

- 승인된 사용자 계정. 웹 사이트나 내부 컴퓨터 시스템 사용 시, 사용자 ID와 패스워드가 요구된다. 만일 사용자가 패스워드를 잊었다면, 어느 시스템은 사용자로 하여금 메모리를 되살릴 수 있는 패스워드 관련 질문사항을 기록해 두도록 한다. 이러한 계정은 개인적인 ID 정보를 통한 컴퓨터 시스템에 사용자가 수정할 수 있는 기회를 주기 위한 패스워드 재발급 조항을 마련해 두고 있다.
- 데이터 암호 방법 및 기법: 미승인자 접근을 차단하기 위하여 전송기간에 암호 및 해법에 관한 데이터를 활용한다. 이러한 기기는 접근제한하기 위하여 데이터 "키"를 사용토록 한다. 암호 사용은 데스크 탑 컴퓨터 교신으로부터 고도의 군사용이나 은행 시스템에 이르기까지 여러 가지 종류가 있다.
- 접근키의 유동성: 어느 주어진 시간대에 전체적인 사람 수의 하나의 부분적인 세트로써 동시적인 사용을 허용하는 네트워크에 적용하는 소프트웨어. 아떠한 조직도 사용하지 않은 라이선스에 돈 지불을 꺼려함으로 유동적인 라이선스는 절정의 시전에만 적용하는 방법이다. 사용자가 이를 로근 온할 때, 라이선스 키 중의 하나를 사용자 로그아웃 때까지 잠겨둔다. 어느 사용자가 로그아웃을 잊고 다른 사용자가 잠김 상태에서 접근하지 못할 때, 그 시스템은 자동적으로 다른 사용자에게 접근 가능하도록 로그아웃 상태를 해제토록 한다.
- 개인 ID 카드: 보안 지킴이를 통해 시설접근을 허용하거나 자석 카드 리더와 패스워드를 통해 잠김 상태의 시설에 접근 가능한 전자석으로 새겨진 ID 배지나 신용카드
- 개인 ID 스캐너: 사용자의 눈동자나 지문을 미리 각인한 다음 사용 시, 이를 스캔하여 대조할 수 있는 광학 스캐너로 인식하는 시스템
- 알 권리에 대한 레벨: 개인의 알 권리 기준에 따라 접근을 제한. 이러한 경우에 추가적인 인식기능이 요구된다. 이는 접근레벨에 따라 구분 관리토록 해야 한다.

8.6 인터페이스 성능과 통합성에 대한 이해

시스템의 일부분 또는 입력 포인트로서의 인터페이스는 내적 및 외적으로 위협과 결함에 매우 취약하다. 물리적 인터페이스 상관관계 및 이로 인한 손실 또는 결함의 정도에 따라 인터페이스 능력 또는 성능이 제한되거나 종료된다. 여기서 논의하는 초점은 인터페이스 설계 성능 및 통합성을 이해함에 있다. 먼저 인터페이스 결함에 대한 콘텍스트를 알아보자.

인터페이스 결함구성

실패율을 포함한 인터페이스 결함을 어떻게 나타낼 것인가에 대한 콘텍스트와 차별화해야 한다. 하나의 인터페이스는 전체 또는 부분적인 임무를 요구할 때 특정 성능레벨에서의 요구능력 제시가 되지 않는다면, 결함이라고 규정지을 수 있다. 인터페이스 결함은 시스템 임무달성에 영향을 주거나 주지 않을 수도 있다.

인터페이스 결함 결과

인터페이스 결함은 시스템 통제 및 데이터: 시스템 운용자, 자이, 재산 또는 환경에 물리적 손실을 가져올 때 발생된다. 그 결과로 임무달성, 시스템, 공공 또는 환경에 손실초래에 잠재적인 영향을 발생하는 시스템 인터페이스로써 동시에 수명 단축에 대하여 철저하게 분석해야 한다. 인 내적 또는 외적 인터페이스가 어떻게 손실을 주고 다른 컴포넌트에 영향을 가져다주는지를 이해해야 한다. 이제 인터페이스 결함이 어떻게 발생되는지를 알아보자.

인터페이스 결함

인터페이스는 여러 가지 형태로 결함이 발생된다. 일반적으로 물리적 인터페이스는 최소 네 가지 시나리오 유형으로 결함이 나타난다. 1) 두절, 2) 침입, 3) 스트레스 부하, 및 4) 물리적 파손으로 나타난다.

- 두절: 이는 자연, 컴포넌트 신뢰성, 품질저하 행위, 동물, 적절한 유지보수결핍, 및 파업 등으로 발생된다. 예를 들면, 1) 잘 못된 컴포넌트, 2) 케이블 단절, 3) 전력손실, 4) 잘 못된 데이터 송신, 5) 보안결핍, 6) 기계마모, 수축, 장력, 충격 및 진동, 7) 광학적 분산 및 희석 및 8) 신호차단을 들 수 있다.
- 침입: 이는 다음 사례를 들 수 있다. 1) 승인되지 않은 전자파 환경 영향, 2) 모니터링, 태핑, 또는 청취를 통한 데이터 포착, 3) 의심된 신호 주입 등이다. 침입의 소스는 전자 폭풍과 피난을 포함한다. 3) 침입 시현의 솔루션은 적절한 보호막, 접지 및 암호를 포함하고 있다.
- 스트레스 부하: 이는 "부하", 인터페이스의 질적 하락 또는 성능저하를 포함하고 있다.
- 물리적 공격: 이는 시스템 또는 그 성능의 하나에 대한 물리적 상해, 손실, 또는 파괴로 나타나는 외부 시스템에 의해 사고나 목적이 있는 활동에 따른 물리적 위협을 포함하고 있다.

인터페이스 취약성

인터페이스 통합은 내재된 설계결함, 에러, 흠집 또는 취약부위를 통해 발생될 수 있다. 인터페이스 통합과 취약성에 대한 이슈는 인터페이스 설계의 전기, 기계, 화학, 광학 및 환경요소와 연관되어 있다. 오늘날 대부분의 인터페이스 취약성에 대한 인지는 은성 및 데이터 송신 및 네트워크 방화벽에 초전을 두고 있는 경향이 있다. 취약성에 대한 솔루션은 음성 및 데이터 암호, 특정, 보호된 설비, 장갑 무장, 탱크의 부분 구별, 케이블 라우팅, 및 물리적 근절 및 운용전술 등을 포함하고 있다.

잠재된 인터페이스

잠재된 인터페이스는 특정 시간 내에 반응을 요구하는 하나의 인터페이스 요소가 있을 경우, 이는 어느 시스템의 치명적인 이슈가 된다. 시스템 엔지니어로써, 인터페이스 반응으로 나타날 시간적 제약사항을 결정하는 노력을 리드해 가야한다. 만일 시간적인 제약이 심각한 경우, 전반적인 시스템이 주어진 기간을 충족시키기 위해 요구되는 비용한계가 얼마인지를 아는 것이 중요하다.

인터페이스 결함 완화 및 보호

당신이 시스템 인터페이스를 설계할 때, 인터페이스 결함이나 결과를 완화할 수 있는 방법은 여러 가지가 있다. 일반적으로 솔루션에 대한 대안은 비용면에서 광범위하게 나타난다. 시스템 엔지니어는 인터페이스 설계 관점에서 하드웨어와 소프트웨어 관점에 절대적인 초점을 두고 있다. 자연적인 출발점으로 하드웨어 및 소프트웨어의 신뢰성, 가용성, 및 유지보수성(RAM), 고장모드 및 영향분석(FMECA)으로 복합된 활동이 수행되어야 한다.

시스템 운용은 인력, 장비, 및 지원 등 모든 시스템 요소를 포함하고 있다. 유의해야 할 점은 시스템 비용을 줄이기 위해 시스템 성능을 최적화하는 시스템 요소 활동이나 전술을 복합적으로 고려해야 한다는 점이다. 예를 들면, 자동차의 후미경은 운전자에게 매우 중요한 인터페이스를 준다. 운전자의 시선각도에 따라 거울의 “밴드”가 다른 자동차 또는 물체의 가까운 돌출부에서 자동차를 보호해 주는 역할 을 한다. 트럭과 같은 자동차는 광폭의 거울로 자동차로부터 멀리까지 볼 수 있도록 함으로써 상해 또는 파손을 미리 방지할 수 있도록 한다. 논리적으로 솔루션이란 상해로부터 보호해 줄 수 있는 외부 후미경을 설계함에 있다. 그러나 자동차가 전 후로 이동하게 되면, 그 후미경의 반사가 전진 시, 시야에 제한을 가져다 줄 수 있다. 부가적으로 이를 보완하기 위한 설계비용이 매우 비쌀 수가 있다. 저렴한 설계방법은 운전자로 하여금 잘 볼 수 있도록 훈련을 시키는 것이 바람직하다. 이와 같이 장비 비용을 최소화 하면서 시스템 성능을 유지하는 길을 찾는 것이다.

요점

지금까지 인터페이스의 주요 목적, 다양한 형태 식별, 및 시스템 인터페이스 통합의 중요성을 살펴보았다. 그리고 논리적이고 물리적 속성 관계를 정의하면서 시스템 요소가 다양한 레벨에서 어떻게 시스템 요소의 상관관계가 형성하는지를 기술할 수 있었다. 이러한 속성 관계는 아키텍처 구조 관계를 나타내게 해 준다. 의사결정 프로세스를 통해 논리적 속성 관계 또는 논리적 아키텍처를 통한 시스템 요소 상호간 협력을 설정하게 된다. 한 번 논리적 상관관계가 형성되고 나면, 다음 물리적 상관관계 또는 물리적 아키텍처에 대한 의사결정체계를 만들어 갈 수 있다.

8.7 문제풀이

1) 앞 장에서 선택된 시스템에 대하여 일반적인 질문이나 새로운 시스템 선정으로 본 장에서 논의된 주요 사항을 적용하여 설명해 보라. 여기에는 다음 사항을 포함토록 하라.
   a) 인터페이스 유형
   b) 특정 인터페이스 및 목적
   c) 각 인터페이스 유형에 대한 일반 및 특정 솔루션의 예

제3부

시스템엔지니어링 분석 및 통제관리

제9장 타당성분석 및 프로젝트 선정

9.1 시스템 타당성 분석

9.1.1 타당성 분석사업화

일반적으로 획득하고자 하는 요구시스템의 필요성을 충족시키기 위하여 과연 어떠한 타당한 방안으로 획득가능한지를 먼저 생각해 보아야 한다. 여러 가지 가능한 방안을 도출하고 이를 비교하여 검토 분석하는 활동을 시스템 타당성 분석이라고 한다. 이를 위해 특정 기능요구사항을 분석하고 이를 충족시킬 수 있는 여러 기술적 대안을 비교한다. 또는 상이한 여러 가지 설계방법을 고려하여 기술적 대안을 제시할 수도 있다. 예를 들면, 통신 시스템을 설계할 때, fiber-optics 기술, cellular 기술 또는 기존의 하드웨어 기술 중 어떠한 것을 선택하여 적용할 것인지, 또는 비행기를 설계할 때, 복합재료를 어느 범위까지 사용할 것인지, 또는 자동차를 설계할 때, 자동제어 시스템에 초고속전자회로를 통합하여 적용할 것인지 아니면 기존 전자기 기술을 그대로 적용할 것인지를 비교하여 시스템 기술적용타당성을 분석하는 경우를 말한다. 이러한 분석은 기본적으로 먼저 요구시스템이 수행해야 할 기능을 식별해야 한다. 시스템 요구사항을 도출하기 위하여 요구시스템의 문제 도메인을 정의한 다음 그 필요성을 분석함으로써 요구사항을 식별한다. 예를 들면, "A지점에서 B지점까지 제품 XYZ를 이동 한다."든지, "지점 D, E 및 F사이에 교신해야 한다."든지, "제품 Y를 Z시기까지 X물량을 생산한다."든지 하는 단순한 기능이 있는가 하면 1차적 기능과 2차적 기능이 복합되어 있는 다양한 기능도 있다. 좋은 시스템을 설계하려면, 먼저 필요한 모든 기능이 식별되어야 하고 시스템 레벨의 설계요구사항을 충족시키는 가장 타당한 기능을 선택해야 한다. 이를 위해 각종 아이디어, 요구사항 및 문제점을 여러 가지 방법으로 프로젝트에 반영해야 한다. 프로젝트를 형성하는 절차는 회사마다 다르고, 프로젝트 형태에 따라 다르다. 그러나 어떠한 방법으로 프로젝트를 개발하든지 대상 프로젝트가 타당한 프로젝트인지 아니면 주어진 자원으로 최대 효과를 얻을 수 있는지에 대한 타당성을 분석해야 한다.

타당성 분석사업 형성

프로젝트를 형성하려면 먼저 고객 관점에서 타당성을 분석해야 한다. 프로젝트 형성은 그 프로젝트의 목적과 달성해야 할 목표를 제시함으로써 이루어진다. 따라서 타당성분석은 다음과 같은 내용에 대한 요구사항, 영역 및 기대치를 제시해야 한다.

- 누가 책임을 질 것인지
- 분석대상 프로젝트의 요약
- 포함해야 할 사람은 누구인지
- 세부레벨 정도
- 타당성분석 예산
- 보고시기

지금 이러한 결정을 할 수 있는 사람은 상위 관리자이다. 실제 프로젝트로 적용되는 시기는 이러한 타당성분석이 이루어진 다음에 결정된다. 타당성분석을 위한 사업 책임자를 선정하는 일도 상위 관리자의 책임이다. 타당성분석 팀을 형성하는 것은 사업 책임자의 책임이다. 이때 가장 중요한 점은 분석 팀에 장차 이 시스템을 운용할 대표자를 반드시 포함해야 한다는 사실이다. 운용자를 포함함으로써 사업을 추진해 나가는데 매우 큰 힘과 용기를 가질 수 있다. 팀 요원으로 하여금 신규제품을 분석하는데 충분한 시간을 부여해야 한다. 이를 위해 현업에서부터 분리시키는 것이 바람직하다. 타당성분석 활동 또한 계획을 수립하고 기법을 통제하기 위해 하나의 미니 프로젝트로 수행하는 것이 바람직하다. 타당성분석 프로젝트 수명주기는 <그림 9.1>과 같이 개념, 설계, 분석 및 보고단계로 구분된다.

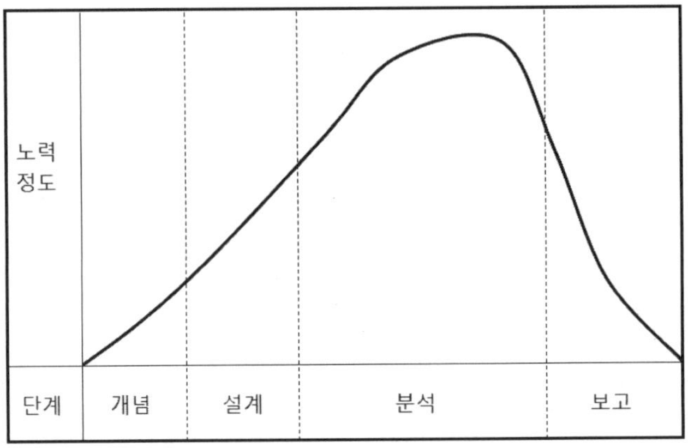

<그림 9.1> 타당성분석 프로젝트 수명주기

먼저 개념단계에서는 타당성분석 목적을 정의하고 설계단계에서 타당성분석 수행방법을 계획한다. 그리고 분석단계에서 타당성분석을 수행하며 보고단계에서 타당성분석 결과를 보고한 다음 프로젝트 수행여부를 확정하는 절차를 따른다. 사업 책임자는 이러한 단계를 포함하여 타당성분석 수행계획을 수립해야 한다.

이해관계자 분석

필요성 분석의 목적은 모든 이해관계자의 필요성과 기대사항을 확인함에 있다. 프로젝트의 이해관계자란 해당 프로젝트에 실질적으로 포함되어 있거나 적용될 프로젝트에 관심을 가지고 있는 사람 또는 내부 및 외부 조직을 말한다. 모든 이해관계자를 식별하고 그들의 요구 및 기대사항을 도출하는 책임은 사업 책임자에게 있다. 성공적인 프로젝트를 수행하기 위하여 필요성과 기대사항에 대한 요소별 영향과 균형을 이루도록 관리해야 한다. 사업 책임자는 프로젝트에 영향을 주는 이해관계자의 숙련된 지식을 기여할 수 있도록 그 환경을 조성해야 한다. 일반적으로 프로젝트에 연관된 이해관계자는 다음과 같다.

- 소요 제기자: 프로젝트를 제안한 사람
- 소유자: 프로젝트의 필요성을 창안하고 계획한 사람
- 스폰서: 프로젝트 자금을 투자하는 고객 또는 내부 고객이나 벤처 투자자
- 사용자: 프로제트 종료 시 소유자를 대신하여 해당제품을 운용하는 사람
- 고객: 그 제품으로부터 혜택을 보고 대가를 지불하는 사람, 예를 들면, 전기, 전화, 교통수

단 등이다. 일반적으로 고객은 생산기간이 짧고 상품회전이 빠른 제품을 선호
- 프로젝트 팀: 제약된 기간, 비용 및 품질로 그 제품을 개발하기 위하여 하부계약자 업무를 계획, 조직, 조종 및 통제하는 팀 요원
- 상부 관리자: 회사내부에서 프로젝트를 밀어주고 지원해 주는 사람
- 기능부서 관리자: 회사기능 부서에서 프로젝트를 기능적으로 지원해 주는 사람
- 상위 책임자: 업무환경, 각종 지원 및 보고를 관리하며 향후까지 영향을 미치는 사람
- 동료: 직접적으로 프로젝트에 함께 종사하지 않지만 좋은 정보와 심적 지원을 주는 사람, 역으로 업무에 스트레스를 주는 사람
- 하부계약자: 특정전문영역을 지원해 주는 외부회사 또는 전문가
- 공급자 및 거래상: 장비 및 물자를 공급해 주는 외부업체 또는 사람, 해당품목에 대한 높은 지식과 정보를 보유
- 지원자: 그 제품을 생산할 수 있도록 상품과 용역을 지원하는 사람, 예를 들면, 전화, 전기, 우편, 코너 숍 그리고 재정지원을 하는 은행 등
- 법적 요구자: 국가 또는 국제적으로 적용되고 있는 법 및 규정

이 외에도 프로제트에 직접적으로 연관되어 있지 않지만 제품에 영향을 주는 다음과 같은 외부 이해관계자도 있다.

- 법제정 당국: 건강 및 안전 관련법
- 무역단체
- 사회를 대변하는 이익단체, 예를 들면, 환경단체
- 로비 그룹
- 정부대행기관 및 미디어 매체
- 시민

이해관계자는 프로젝트의 결과물인 제품에 관심이 있는 사람과 오직 프로젝트 수행에만 관련되어 있는 사람으로 나누어진다. 시간이 지남에 따라 긍정적인 이해관계자와 부정적인 이해관계자로 구분된다. 이러한 경우에 긍정적인 그룹이 부정적인 그룹에게 어떠한 영향을 줄 수 있는지를 식별해야 한다. 실제 영향력을 행사하는 주요의사결정자가 식별되면 주로 그 사람의 필요성에 초점을 맞추게 된다. 이해관계자간에 이견이 발생되면 고객입장에서 이를 해결해야 한다. 그러나 다른 이해관계자 입장에 나설 필요는 없다. 프로젝트 수행에 도움을 주는 이해관계자가 있는가 하면 이를 반대하는 이해관계자도 있다. 이러한 경우에 프로젝트를 반대하는 이해관계자와 반드시 협의를 해야 한다. 특히 힘을 가지고 있는 이해관계자의 경우에는 프로젝트가 전혀 다른 방향으로 흘러갈 수 있기 때문이다. 그들이 주장이 분명하다면 이를 수용할 수 있는 융통성을 가져야 한다. 결론적으로 모든 이해관계자가 충족할 수 있는 경우란 있을 수가 없다는 사실을 이해하여야 한다. 이러한 대치상황에서 각각의 이해관계자의 필요성에 대하여 <표 9.1>과 같이 우선순위를 설정하고 의사를 조정하여 결정해야 한다.

<표 9.1> 이해관계자, 필요성 및 기대사항, 우선순위 도표

이해관계자	필요성 및 기대사항	우선순위

여러 이해관계자간에 연합을 형성하는 것 또한 사업 책임자의 책임이다. 바로 이것이 힘을 형성해 가는 방법이다. 사업 책임자는 내부 및 외부 관계자로부터 강한 프로젝트 팀을 조성할 수 있어야 프로젝트를 성공적으로 추진해 갈 수 있다.

고객 필요성 정의

프로젝트 형성의 출발점은 회사의 내적 및 외적 업무 기회 또는 대상시스템에 대한 문제점과 필요성을 제기함에서 비롯된다. 스폰서는 새로운 제품을 만들어 신규시장에 진출하기 위하여 프로젝트를 시작할 수 있다. 처음에 모호한 요구사항은 시간이 지남에 따라 보다 분명해지도록 사업계획을 수립하는 것 또한 사업 책임자의 역량이다. 제기되는 사업목표에 대한 사례는 다음과 같다.

- 제품은 설정된 목표성능으로 기능을 수행해야 한다.
- 제품은 특정 환경에서 작동되어야 한다.
- 제품은 수년간의 수명을 지녀야 한다.
- 프로젝트 예산은 정해진 규모를 초과해서는 안 된다.
- 프로젝트는 제시된 규격과 표준을 충족해야 한다.
- 제품은 주어진 평균고장기간(MTBF) 범위 내에서 신뢰성을 지녀야 한다.
- 제품은 자동차의 연비(MPG)와 같은 효율적인 에너지 요구사항을 충족해야 한다.
- 제품은 건강 및 안전 요구사항을 충족해야 한다.
- 인간공학은 최근에 수락된 기준을 충족해야 한다.
- 정비 및 수리가 편리하도록 제품이 설계되어야 한다.
- 설정된 시스템 고장회복 및 호환성이 달성되어야 한다.
- 운용요구사항이 설정된 인력레벨과 자동화로 달성되어야 한다.
- 제품이 설정된 생산성으로 제작되어야 한다.
- 제품이 미래에 향상할 수 있는 기회를 제공해야 한다.
- 프로젝트는 기 요구된 기간까지 종료되어야 한다.
- 제품은 인증된 공급자에 의해 제작해야만 한다. 필요 시 미리 감사해야 한다.
- 모든 공급자는 승인된 품질 관리 시스템을 적용해야 한다.
- 모든 공급자는 제조단계에 스폰서가 요구한 사항을 수용할 수 있어야 한다.
- 모든 공급자는 은행으로부터 보증된 재정적 안정을 보장해야 한다.
- 최종제품은 시장성이 있고 이익을 창출할 수 있어야 한다.

상기 모든 항목은 상호간에 서로 배타성을 지니고 있어 상호간에 절충할 수 있어야 한다. 예를 들면, 최소비용으로 정비할 수 있는 기계제품을 최소비용으로 생산할 수 없다. 이러한 충돌항목에 대한 설계기준을 만들어 프로젝트 초기에 절충해야 한다. 이러한 기준을 포함한 문서는 의사결정 감사 자료로 제시되어야 한다. 만일 프로젝트분야가 특수한 경우에 외부 전문가 또는 컨설턴트를 고용해야 한다. 그러나 소규모 프로젝트의 경우, 이는 사업 책임자가 수용해야 할 부분이다.

9.1.2 프로젝트 가능성검토

고객은 사업제안서에 대한 가능성을 검토하기 위해 외부 도움을 필요로 한다. 제품의 요구목적에 맞추어 기술적으로, 상업적으로 가능한 것인지를 검토해야 한다. 이는 고객의 타당성 분석 결과에 기초를 두고 실무전문가인 계약자가 다음 사항을 고려하여 수행해야 한다.

- 타당성분석 프로젝트와 연관된 지역적인 영향을 고려하라. 프로젝트와 향후 제품운용과 연관된 로지스틱스 요구사항이 기존의 항구나 도로로 운용가능한지를 분석하라. 전력발전소와 같은 대형 프로젝트의 경우, 기존도로로서는 인프라를 감당할 수 없을 것이다.
- 제품운용환경을 고려하라. 예를 들면 더운 지방의 호텔을 건립할 경우, 냉방장치가 필요할 것이다.
- 제품이 환경에 영향을 주는 경우를 고려하라. 예를 들면 제품이 오존층을 파괴하여 대기온도를 높이지 않는지를 검토해 보라.
- 최종제품의 물리적 최적 사이즈를 고려해 보라. 사이즈의 경제적 효과는 반드시 직선적이지 않다. 최적생산을 위한 경계를 통과해야 한다.
- 제품의 패션이 미적 스타일을 가지고 있는지 고려하라. 현대 오피스 빌딩이나 박물관은 외적 스타일도 중요하며 내부도 사람들에게 매력적이어야 한다.
- 시장 공격대상을 고려하라. 누가 이 제품을 살 것인지, 시장분석에서 계량화해야 한다.
- 시장수요 및 공급곡선을 평가하라. 그리고 현재수요와 미래수요를 예측해 보라.
- 시장경쟁대상을 분석해 보라. 시장 점유율을 고려하여 생산물량을 예측하라.

타당성 프로젝트를 종료할 때 이 모든 내용이 분명하지 않을 수 있다. 남아 있는 문제는 프로젝트를 보다 더 이해하고 위험을 감소하기 위해 더 많은 연구가 수행되어져야 한다.

프로젝트 제약사항 평가

프로젝트 달성 범위에 영향을 주는 내부 또는 외부 제약사항을 고려해야 한다. 다음과 같은 세 가지 제약사항으로 구분된다.

- 프로젝트 내부제약사항
- 회사조직 내부제약사항
- 외부제약사항

프로젝트 내부제약사항: 내부적인 프로젝트 제약사항은 프로젝트와 직접적으로 연관되어 있다. 이러한 제약사항은 다음과 같은 제품에 대한 질문사항을 통해 알 수 있다.

- 제품개발이 가능한가? 회사가 그 규격을 충족시킬 수 있는가? 1970년대 롤즈 로이스 회사를 파산으로 몰고 간 RB111 탄소 화이버 터빈 브래이드를 생각해 보라.
- 회사가 그 기술을 보유하고 있는가? 만일 없다면 그 기술을 이전 받을 수 있는가? 있다면 누구인가? 남아프리카의 경우, 해저가스유전을 발굴하는데 기술을 이전 받았다.
- 현재 기술로 프로젝트를 수행하거나 신규 및 더 좋은 기술을 확보할 때까지 기다릴 것인가? <그림 9.2>를 참조하라. 주어진 기술변화곡선의 어느 시점에서 설계를 확정하고 제품을 생산해야 한다.

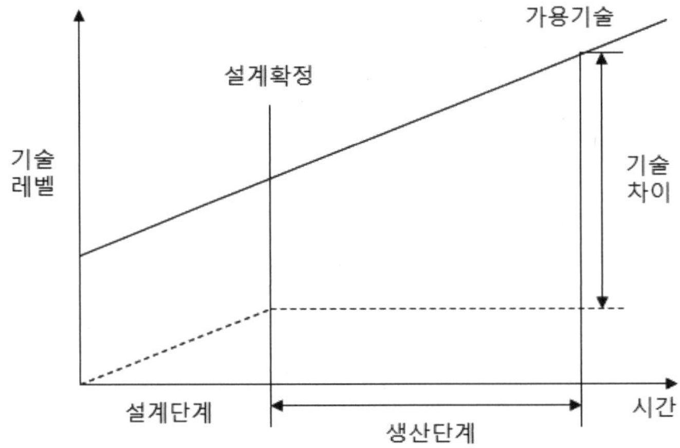

<그림 9.2> 시간에 따른 기술변화곡선

- 어느 개발 시점에서 설계를 확정해야 하는가? <그림 5.2>에서와 같이 바로 이 점이 프로젝트 종말에 기술차이를 나타내게 된다.
- 신기술 컴포넌트가 10%가 넘는가? 경험에 의하면 위험과 불확실성을 낮추기 위해 기술혁신을 10%미만으로 하는 것이 바람직하다.
- 인력자원은 요구능력수준으로 훈련되어 있는가? 아니면 외주업체로부터 그러한 기술요원을 확보할 수 있는가?
- 여러 프로젝트를 수행 시 다른 프로젝트에서 이러한 자원을 획득할 수 있는가?
- 특수설계 요구사항이 있는가?
- 특수기계와 장비가 요구되는가. 있다면 가용한 것인가?
- 특수이동수단이 필요한가? 제품을 요구 장소까지 수송할 수 있는지 아니면 반 조립 상태로 만들어 사이트에서 이를 재조립할 수 있는가?
- 만일 새로운 관리 시스템을 적용한다면 기존 시스템과 마찰은 없는가?
- 주어진 예산범위 내에서 프로젝트 수행이 가능한가?
- 품질보증 요구사항은 어떠한 것인지. 예를 들면 ISO9000인증이 요구되는가? 기존 품질관리 시스템으로 충분한가?
- 회사 및 프로젝트 절차 면에서 문제가 없는가? 만일 이를 수용할 수 있는 시간이 없다면 어떻게 할 것인가?
- 프로젝트 사무실은 준비되었는가? 사업 책임자가 지정되었는가? 프로젝트 팀이 선정되었는가? 오피스 공간, 장비 및 정보 시스템 가용성은?
- 고객이 요구기간 내에 마칠 수 있는가? 그리고 중간 점검 일정이 수립되었는가?
- 회사가 기간에 대한 벌금을 허용할 것인가?
- 프로젝트에 대한 위험과 불확실성은 수용 가능한가?
- 회사가 계약서상에 계약조건을 수용 가능한가?

이러한 모든 사항이 프로젝트에 직접적으로 연관되어 있다. 다음은 회사조직 내부제약사항을 살펴보기로 하자.

회사조직 내부제약사항

회사조직에서 프로젝트에 대한 사항에 더하여 추가적인 제약사항을 제기할 수 있다. 오랜 회사정책과 관습이 프로젝트에 영향을 미칠 수 있다.

- 재정적인 목표: 프로젝트 선정기준이 재정타당성분석에 영향을 준다. 예를 들면, 투자회수(ROI), 현재가치(NPV), 비용편익분석 및 회수기간 등이다.
  - 회사가 그 프로젝트를 위해 적극적인 자금운영계획을 유지할 것인가?
  - 회사 연간 예산에 따라 프로젝트 진도가 지연되거나 촉진될 수 있는가?
  - 회사의 주식가격이 프로젝트 자금 대출에 어떠한 영향을 미칠 수 있는가?
- 마케팅: 회사는 제품을 다양화하여 새로운 시장을 개척하려고 한다. 이 프로젝트가 새로운 시장에 기술이전이 가능하든지 또는 손해를 가져 올 수도 있다. 따라서 프로젝트는 “먼저 시작"한 다음 최고보다 낮은 이익이라 할지라도 이를 수용해야 한다.
- 추정: 경제사정이 나빠짐에도 불구하고 회사직원을 그대로 유지해야 할 경우가 있다. 지금 입찰을 더 낮게 할 경우에 다음에 보다 큰 계약을 이룰 가능성이 더 크다. 가장 낮은 회사의 계약인 경우는 간접비는 고려하지 않고 직접비만 고려하는 경우이다. 만일 이러한 경우라면 프로젝트 예산을 추정비용으로 할 것인가 아니면 판매가격으로 할 것인가?
- 동역 회사: 유사한 프로젝트에서 경험을 가지고 있는 동역을 통해 기술이전을 받고 프로젝트의 위험을 줄이기 위해 노력해야 한다.
- 산업 현상: 산업적인 불안이 임금이나 업무조건에 마찰을 일으킬 수 있다. 사업 책임자는 이러한 사실에 영향을 받지 않도록 해야 한다.
- 훈련: 신규 사원은 바로 이 프로젝트가 새로운 훈련장이 된다. 따라서 학습곡선이 본 프로젝트에서 지불해야 할 비용이다.
- 수출: 회사가 신규 시장수출을 위한 노력에 영향을 주거나 또는 수출 인센티브에 대한 장점을 고려해야 한다.

회사목표가 프로젝트 목표와 마찰을 일으킬 경우, 회사목표가 우선되어야 한다. 이로 인해 기본계획에서 프로젝트 비용이 올라가거나 일정이 지연될 수 있다.

외부제약사항

외부제약사항은 프로젝트의 영향권에 있는 외부조직들에 의해 발생된다. 이러한 대부분의 요소는 타협이 잘 되지 않는다.

- 국가 및 국제법 및 규정
- 물자 및 컴포넌트 납품기간
- 가용하지 않는 자원: 홍수 또는 폭풍재난 후에 목수 채용 또는 해상 프로젝트의 용접공 채용, Y2K를 앞두고 컴퓨터 프로그래머 채용 등
- 로지스틱스 제약사항, 운송 가용성
- 외환 및 환율 가용성

- 환경제약, 정부법령 및 압력단체 활동, 예를 들면, 녹색평화단체 및 CND. 원자력, 화공공업, 광업 및 운송업들은 과거에 특별히 영향을 받아 왔다.
- 기후조건, 비, 바람, 열 및 습도
- 시장 구매력, 공급 및 수요곡선
- 정치적 불안
- 거주지역내 건설 사이트: 소음관계로 야간작업은 불가
- 계획허가, 라이선스, 허용, 가계정리, 보험 등

이와 같은 요소들은 처음에 잘 나타나지 않기 때문에 <표 9.2>와 같은 도표를 이용하여 위험과 불확실성을 감소시킬 수 있도록 체크리스트를 사용하는 것이 바람직하다.

<표 9.2> 제약사항 도표(정보획득 및 제공)

WBS	활동	프로젝트 내부제약사항	회사조직내부제약사항	외부제약사항

대안비교 및 평가

대안분석

대안분석은 각각의 차이점을 식별하기 전에 복합적인 제품을 세부적인 컴포넌트 단위로 분할해 보는 프로세스이다. 그리고 요구목표를 달성하기 위해 더 효과적인 방법이 없는지를 알아보는 프로세스이다. 이는 업무분해구조(WBS)를 적용하고 <표 5.2>의 프로젝트 제약사항을 분석하거나 <표 9.3>에 있는 프로젝트 활동내용에 대한 대안과 옵션을 정의하면서 이루어진다.

<표 9.3> 대안 및 옵션 도표

WBS	활동내용	대안 및 옵션

직접적인 대안비교를 위해 적용기술에 대한 정의가 요구된다. 이러한 대안비교와 기술 절충 프로세스는 프로젝트 전 기간에 수행되지만 설계를 확정하는 시기에 이 모든 절충이 완료되어야 한다. 제조생산단계가 되면 제조에 관한 대안비교분석이 이루어진다. 이러한 절충을 위해 다음과 같은 체크리스트를 사용하여 다양한 질문사항을 요약하는 것이 바람직하다.

- 기간: 프로젝트가 더 빨리 종료될 수 있는가?
- 비용: 예산이 절감될 수 있는가?
- 품질: 고객을 충족시키고 보다 빨리 생산할 수 있는 비용효과적인 품질레벨을 달성할 수 있는가?
- 자원: 인력요구사항을 감소하기 위해 비용효과적인 자동화를 할 수 있는가?
- 기술: 보다 더 간단한 설계형상 및 제조방법이 있는가?
  - 더 싼 물자를 사용할 수 있는가?
  - 최신 기술이 사용되고 있는가?
  - 상이한 장비 및 기계가 사용되고 있는가?
  - 비용, 기간, 성능 상호간에 계량적인 절충 분석이 가능한가?

기술정보수집

최신의 제품기술이나 시장정보가 없는 대안비교분석은 분석범위가 제한될 수밖에 없다. <그림 9.3>은 사업기간에 따라 수집되는 정보레벨을 볼 수 있다. 이는 보다 정확한 정보레벨이 시간에 따라 변화한다는 것을 보여주고 있다. 가장 높은 정보레벨은 지금 필요한 이 시기이다. 그리고 시간이 경과함에 따라 정보레벨은 떨어지기 시작한다.

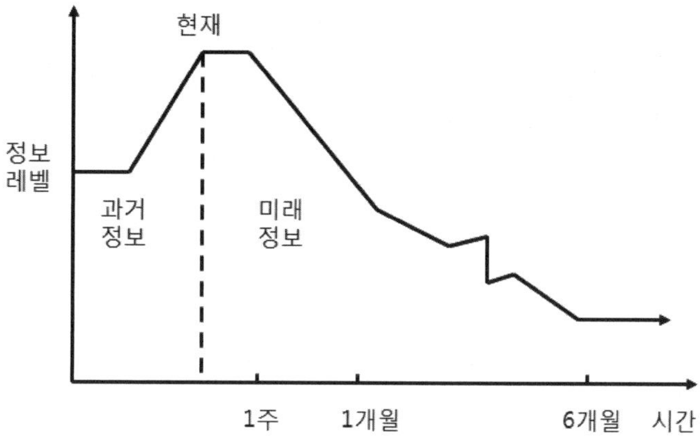

<그림 9.3> 기간에 따른 기술정보레벨

정보란 효과적인 문제해결과 의사결정을 위한 기본적인 자료이다. 이러한 정보는 다음과 같은 자료를 통해 얻을 수 있다.

- 저서 및 월간 또는 정보잡지
- 기술보고서
- 기관의 규격서
- 판매 및 마케팅 자료(제품정보)
- 시장분석자료(시장경향 및 패션)
- 인터넷(데이터베이스 탐색)
- 이해관계자(인터뷰 및 질의서)
- 과거 프로젝트결과 보고서

과거 프로젝트수행결과 보고서는 매우 가치 있는 정보소스이다. 이러한 자료를 통해 실패한 프로젝트에 대한 교훈과 성공한 프로젝트의 성공사례 및 향후 추천사항은 회사로 하여금 매우 유익한 정보를 제공받을 수 있다. 회사규모가 언제 어떻게 가용정보를 획득할 수 있는지에 영향을 준다. 소규모 회사의 경우 이를 관리자 개인이 정보를 수집해야 하지만, 대형업체는 회사 도서관에서 획득할 수 있다. 정보의 데이터베이스를 만드는 책임은 사업 책임자 또는 회사의 정보 관리자에게 있다.

9.1.3 가치분석

가치관리

가치관리란 가장 낮은 비용으로 요구품질과 성능과 일치한 요구기능을 제공하여 투자가치를 달성하는 구조적이고 체계적이며 분석적인 프로세스이다. 가치관리 이론은 주어진 기능을 달성하는 방법이 오로지 한 길만 있는 것이 아니라 여러 가지 대안이 있어 이에 따른 다양한 옵션이 있다는 것이다. 가치관리란 프로젝트 또는 제품을 먼저 전체적인 관점에서 다룬다는 것이다. 이는 기능, 비용 및 가치에 대한 상호관계를 다루는 것이다. 이를 관리하는 목적은 전체적인 제품수명주기에 걸친 투자가치를 다루는데 있다. 따라서 다음과 같은 요소를 관리토록 한다.

- 불필요한 소비사항 식별
- 가정 사항 극복
- 대안 도출
- 창의력 신장
- 자원 최적화
- 시간, 비용 및 에너지 절약
- 방법과 절차 간소화
- 잉여항목 제거
- 최신 표준, 기준 및 목표 적용

가치관리란 다음과 같은 사항을 수행하는 것이다.

- 고객의 필요성을 분명히 하고 이를 충족시키는 것이다.
- 적절한 품질과 성능을 충족시키는 레벨에서 해야 할 일을 가장 잘 수행할 수 있는 과업을 찾아내는데 있다.
- 제반 가정을 극복하며 투자효과를 극대화하는 활동을 한다.
- 고객, 사용자 및 이해관계자를 참여시킨다.
- 시스템 자체의 목적을 관찰한다.
- 고객 필요성을 가장 싼 비용으로 달성할 수 있는 길을 모색한다. 가장 싼 값으로 할 수 있는 솔루션을 얻는 것이 아니다. 즉, 고객의 요구사항을 충족시켜야 한다.

이러한 관리 프로세스는 프로젝트가 수행해야 할 기능을 식별하기 위하여 프로젝트 설계팀이 워크숍을 통해 이해관계자와 밀접하게 일할 수 있는 참여계획을 수립함에 있다. 그 프로세스는 다음과 같다.

- 적절한 품질과 성능기준을 식별해야 한다.
- 이러한 기능을 수행하기 위한 대안을 도출해야 한다.
- 분석 및 평가 이후에 이러한 요구사항을 충족시키는 가장 낮은 총 수명주기 비용을 충족시키는 옵션을 선정해야 한다.

가치관리 워크숍 기간에 프로젝트 팀의 과거 경험과 지식을 바탕으로 개발대상 시스템의 요구사항을 고려한 유익한 정보를 획득할 수 있는 시너지 효과를 얻을 수 있다. 팀 요원들은 참가한 특정분야 전문가에게 질문하고 새로운 아이디어를 생성할 수 있다. 전통적인 설계프로세스로 할 수 없는 새로운 분야를 식별하게 된다.

비용편익분석

바로 이 시점에서 프로젝트의 투자 타당성을 분석하기 위하여 비용편익분석활동이 이루어져야 한다. 이는 다음과 같은 경제원칙에 의해 수행된다.

- Pareto 향상기준
- Hicks-Kaldor 테스트
- Willingness-to-pay 테스트

기본개념은 비용과 이익을 돈으로 표현하는 일이다. 만일 재정적인 이익이 비용을 초과하면 프로젝트는 테스트에서 합격이다. Pareto 향상기준은 "프로젝트의 수행목적은 다른 사람을 현재보다 더 나쁘게 만들지 않는 상태에서 나머지 사람을 더 좋게 만들어야 한다."는 것이다. 이러한 사항은 실제로 달성하기가 매우 어렵다.

Hicks-Kaldor 테스트는 보다 더 현실적이다. 이는 "전체적인 이득(Gain)이 전체적인 손실(Loss)보다 커야 한다."는 원칙이다. 이러한 원칙은 이득을 얻은 사람이 손실을 입은 사람에게 보상해주는 방법을 말한다. 예를 들면, 댐 프로젝트가 사회에 많은 이득을 가져오지만 강을 침적시킨 토양을 형성하게 되는 원인을 제공하게 된다. 만일 댐을 통한 이득이 강의 침적토양을 준설하는 비용보다 크면 본 프로젝트는 Hicks-Kaldor 테스트를 통과하게 된다.

Willingness-to-pay 테스트는 고객이 제품에 대하여 지불하고자 하는 비용을 단순하게 결정하는 방법이다. 이는 항공사에서 기꺼이 고객이 지불하고자 하는 비행기 티켓 비용을 얼마로 산정하느냐 하는 문제와 같다. 이러한 테스트를 위한 경제모델은 다음과 같다.

- 공급 및 수요곡선
- 독점 및 과점
- 제품의 탄력성

이러한 기법들은 공급, 수요 및 가격에 대한 상관관계를 나타내는 모델이다. 타당성분석 결과를 상부 관리자에게 보고함으로써 미니 프로젝트는 종료된다. 이제 어떻게 프로젝트를 선정하느냐 하는 문제가 남아있다.

9.2 프로젝트 선정

미래 투자를 위해 좋은 프로젝트를 선정하는 일은 회사경영의 성패를 결정하는 매우 중요한 일이다. 회사가 이를 잘 못 선정하여 프로젝트가 실패하게 되는 경우, 회사에 막대한 손실을 가져오게 되고 최악의 경우 회사가 문을 닫게 되는 경우가 발생할 수 있다. 본 장에서는 이러한 선정활동을 통계적 방법을 사용하여 평가하고 그 우선순위를 결정하는 구조를 알아보도록 한다. 일반적으로 이러한 선정활동은 별도의 장으로 설명하기보다 타당성 분석의 결과로 나타나는 경우가 많다. 프로젝트를 선정한다는 사실은 미래에 대한 보장을 형성하는 길을 마련하는 일이다. 한 프로젝트를 선정하게 되면 회사의 자원을 투자하게 된다. 그리고 회사에서 다른 프로젝트를 수행하게 되는 기회를 놓치게 된다. 즉 다른 기회비용을 포기한다는 의미가 된다. 우리는 모두 한정된 자원으로 프로젝트를 수행해야 하기 때문에 우리가 원하는 모든 프로젝트를 수행할 수가 없다. 따라서 회사에 이익을 가져오는 프로젝트의 우선순위를 매기고 선정하는 프로세스가 필요하게 된다.

프로젝트 선정모델

수치적 모델은 통상 재정적인 면에 초점을 두고 투자에 대한 회수 또는 투자수익(ROI)을 기간에 따라 계량화한 모델이다. 반면에 비수치적 모델은 보다 광의적 관점에서 분석하고 있다. 예를 들면, 시장 할당, 고객보상, 신규시장진출, 또는 환경영향요소 등이다. 이러한 모델을 사용하는 목적은 프로젝트 선정을 위한 의사결정을 도와줌에 있다. 프로젝트 선정모델을 선택할 때 다음과 같은 요소가 고려되어야 한다. 예를 들면, 현실성, 수행능력, 사용편이성, 융통성 및 비용 효과성 등이다. 모델을 선택할 때 무엇보다 가장 중요한 것은 회사 목표와 임무를 본 프로젝트에서 어떻게 충족시킬 수 있는가를 평가해야 한다. 이를 위해 다음과 같은 질문을 해야 한다.

- 이익을 최대화 할 수 있는 프로젝트인가?
- 인력활용을 최대화할 수 있는 프로젝트인가?
- 시장점유율 증가, 유지 또는 시장위치를 더욱 확고하게 해 줄 수 프로젝트인가?
- 회사로 하여금 신규시장 진출을 해 줄 수 있는 프로젝트인가?
- 공장 및 장비를 최대로 활용할 수 있는 프로젝트인가?
- 회사 이미지를 향상시킬 수 있는 프로젝트인가?
- 이해관계자의 필요성과 정치적 입장을 충족시킬 수 있는 프로젝트인가?
- 프로젝트의 위험과 불확실성을 수용 가능한가?
- 프로젝트 범주가 회사 전문분야와 일치 하는가?

이러한 요소들이 프로젝트 평가가중치로 반영된다. 가중치란 회사 목표와 전략에 기여하는 가치를 나타내는 것이다. 개별 프로젝트의 수치적 가치로 프로젝트의 우선순위가 조직의 성공 기여도와 함께 제시된다. 프로젝트의 추정결과와 회사전략목표 사이의 상관관계가 형성되어야 한다. 일반적인 요구정보는 다음 항목으로 계량화해야 한다. 프로젝트를 새로운 컴퓨터 정보 및 통제 시스템을 사용하도록 고려하라. 이러한 일을 수행하기 위해서는 내부적으로 하든지 아니면 외부 컨설팅을 통해 시스템이 구현되어야 한다. 이를 신규정보 및 통제시스템을 위해 좀 더 상세하게 열거하면 다음과 같다.

- 생산 고려사항: 적용방법, 준비 및 운용 시기, 다른 시스템에 적용, 학습곡선, 제품 판매 가능시기, 중복 및 소모량, 외부 컨설턴트 요구량, 전력요구비용, 인터페이스 장비요구, 시스템의 안전도
- 마케팅 고려사항: 잠재적 사용자 수, 시장점유율, 시장점유율 달성시간, 현 시스템에 주는 영향, 정보의 질 통제능력, 고객 수용성, 신규추정 시스템수명, 기술이전, 회사 이미지 보강, 신규시장 가용범위
- 재정 고려사항: 신규시스템비용, 회사자금회전 영향, 대출 요구사항, 투자형평시점, 자금회수시기, 현재가치(NPV), 내부회전율(IRR), 요구투자규모, 개발 및 생산비용, 교육훈련비용, 수정 및 보완비용, 재정적 위험도

- 인력 고려사항: 기능숙련 요구사항 및 가용성, 교육훈련 요구사항(기술이전), 고용요구사항, 현재인력 변경저항 정도, 업무조건영향, 생태학, 건강 및 안전 고려사항, 내부 커뮤니케이션 영향, 업무내용 영향, 노동조합 영향, 도덕성 영향
- 행정 및 기타 고려사항: 국가 및 국제표준, 이해관계자 및 기타 이해관계자의 반응, 유지보수 비용, 재난극복계획, 신규기술 적응 시스템 업그레이드 비용, 단일 공급자 취약사항, 고객 서비스, 중앙 데이터베이스 영향, 컴퓨터 이해범위, 법적 고려사항

이러한 목록은 완성된 것이 아니다. 이외에도 여러 가지 요소를 고려할 수 있다. 이러한 목록을 사용하는 장점은 프로젝트의 보다 완전한 그림을 그리는데 보다 편리한 요소를 광범위하게 고려할 수 있다는 점에 있다. 그러나 열거된 요소의 중요도가 차이가 있음에도 불구하고 동일하게 적용된다는 단점도 있다. 이외에 고려될 요소는 다음과 같다.

- 알지 못하는 에러 정도
- 상이한 영향과 중요성 정도
- 상이한 위험과 불확실성 정도
- 알지 못하는 요소의 발생주기
- 계량화 되지 않은 치명적인 반대요소
- 열거된 항목의 잉여 요소 포함여부
- 나타내지 못하는 몇 가지 요소와 계량화하기 어려운 요소
- 완전하지 목한 목록서

비록 이러한 접근방법은 전체의 이익을 나타낼 수는 없지만, 가장 중요한 요소는 점검표식 접근방법은 관리자로 하여금 광범위한 문제를 생각할 수 있도록 질문을 제기함에 그 목적이 있다. 프로젝트를 선정하기 위한 수치적 모델은 크게 재정모델)과 점수모델로 구분된다.

9.2.1 재정모델

잘 알려진 재정모델은 다음과 같다. 회사는 이러한 재정모델을 선호하며 가끔 이러한 이익률에 의해 프로젝트를 선정하는 경우가 많다. 관리자가 내면적으로 광범위한 선정기준을 고려하기 때문에 이를 반드시 지켜야 할 이유는 없다. 투자평가 시 대상 프로젝트에 직접적으로 연관된 수입 및 지출만 포함되어야 한다. 이미 발생된 비용은 미래 프로젝트에 영향을 미치지 못하기 때문에 무시해도 된다. 우리가 다루고 있는 평가방법은 제한된 요소로 이루어지고 예측된 자료에 의존하게 된다는 사실을 주목해야 한다.

- 회수기간
- 투자수익(ROI)
- 순 현재가치(NPV)
- 내부회수율(IRR)

회수기간

회수기간이란 초기투자비용이 회수되는 기간을 말한다. 통상 이러한 기간은 몇 년 몇 개월로 표시된다. 이러한 회수기간 모델의 장점은 다음과 같다.

- 간단하고 사용하기에 편리하다.
- 자금회수를 위해 미리 가용한 데이터를 사용한다.
- 회수기간이 짧은 프로젝트를 선정하기 때문에 위험과 불확실성을 줄일 수 있다.
- 미래 자금회수에 대한 불확실성이 줄어진다.
- 기술이 급변하는 고도기술 프로젝트 평가에 적합한 기법이다.
- 시장수요가 절기에 따라 변화하는 패션 프로젝트에 적합한 기법이다.
- 더 빠른 회수는 수익에 보다 긍정적인 단기효과를 보여준다.
- 회수기간은 의사결정자로 하여금 보다 익숙한 선정기준을 계량화한다.

한편 회수기간 모델의 단점은 다음과 같다.

- 돈 가치를 고려하지 않고 있다는 점이다. 회수기간은 자금투입시기와 무관하다.
- 인플레이션과 이자율이 변화하는 장기간 프로젝트의 경우의 프로젝트 평가에는 적합하지 않는 기법이다.
- 다른 재정 및 비 재정분야를 무시하고 오직 회수자금만 다루는 기법이다.
- 회수기간에 따라 위험기간을 줄알 수 있지만 나타난 위험을 계량화 하지는 못한다.
- 회수기간 산정이 전체적인 프로젝트를 볼 수는 없다. 자금회수 이후에 무슨 문제가 발생할 것인지에 대해서 말 해 줄 수가 없다는 것이다.

회수기간 모델은 비록 초기에 걸러내는 방법이긴 하지만 프로젝트 선정을 위해 널리 사용되고 있다. 가장 중요한 장점은 간단하고 빠르다는 사실이다. 거의 머리로 계산해도 금방 답이 나올 수 있는 모델이다.

ROI 투자수익 모델

전반적인 프로젝트 관점에서 보는 투자분석기법이 투자수익(ROI)모델이다. 이 방법은 공식 (1)에서와 같이 년 평균이윤을 계산한다.

년 평균이윤 = (총수입-총지출)/투자 년 수 ------------ (식 5.1)
투자수익 = (년 평균이윤/초기투자비용) x 100 -------- (식 5.2)

이는 본 사업의 총수입에서 총지출을 제한 다음 이를 투자기간(년 수)으로 나눈 값이다. 투자 수익은 년 평균이윤을 초기투자비로 나눈 백분율이다. 투자수익모델 또한 회수기간모델과 마찬가지로 매우 간단하게 사용할 수 있다는 장점이 있다. 회수기간모델에 비해 회수기간뿐만 아니라 사업전체기간의 회수자금을 고려하고 있다. 전체적인 투자이익이 이윤 및 투자수익률로 나타나기 때문에 이를 관리에 적용하기가 쉽다. 그러나 단점은 이윤을 전 기간에 걸쳐 평균적으로 사용한다는 점이다. 이에 따라 이윤이 초기에 높게 나거나 나중에 높게 나든지 간에 평균이윤만 보기 때문에 같게 나타난다는 것이다. 분명히 초기에 이윤이 높게 나타나는 사업이 훨씬 유리한데도 그 결과는 같이 나오게 된다는 것이다. 이는 상기 사례에서도 기계 A와 B가 같은 결과를 보이고 있다. 이를 극복하기 위해 이자율과 인플레이션이 높은 프로젝트 경우에 회수자금에 이 지수를 고려한 감가회수자금기법을 적용하고 있다.

DCF 감가회수자금 모델

시간에 따라 회수자금에 대한 감가를 적용하는 것이 DCF모델이다. 이는 지금 10만원이 1년 후에 10만원의 가치와 다르다는 의미이다. 일반적으로 내년도 제품구매비용은 인플레이션에 의해 상승된다는 것이다. 이러한 DCF기법은 두 가지 모델로 되어 있다. 그 하나는 순 현재가치(NPV)이고 다른 하나는 내부회수율(IRR)이다. 이러한 감가방법은 사업 책임자가 다른 투자 및 자금회수기간을 적용하여 두 가지의 프로젝트를 비교할 수 있도록 한 것이다. 이러한 감가방법 또한 자금회수시기 및 회수자금에 대한 정확한 예측문제에 더하여 미래의 이자율 예측에 따를 문제로 그 분석결과가 달라진다는 단점을 가지고 있다.

NPV 순 현재가치

이를 보다 쉽게 이해하려면 은행의 저축복리이자를 생각해 보면 된다. 예를 들어, 이자율이 20%라고 하자. 현재 100만원을 저축하면, 내년에 120만원, 2년 후에는 144만원이 된다. 이를 역으로 나누면 현재가치(NPV)가 된다. 이를 수식화하면 수익에서 지출을 제한 값이 프로젝트의 회수자금이다. 이를 감가율로 곱하면 현재가치가 된다. 이 때 감가율은 1/(1+i)n이다. 여기 i는 이자율이고 n은 사업 연수를 가리킨다. 이러한 감가율은 년도 별 이자율에 따라 만들어진 감가도표를 이용하는 것이 바람직하다. NPV를 활용할 경우 장점은 다음과 같다.

- 시간에 따른 자금의 가치를 적용한다.
- 미래 회수자금을 오늘의 가치로 환산함으로써 직접적인 비교를 할 수 있다.
- 인플레이션과 상승률을 적용한다.
- 처음부터 마지막까지 프로젝트의 전반적인 자금을 다룬다.
- 상이한 가치를 가지고 프로젝트의 "what-if"분석을 시뮬레이션 할 수 있다.
- 감가를 적용하지 않는 모델보다 보다 정확한 이윤과 손실을 예측할 수 있다.

또한 단점은 다음과 같다.

- 모델의 정확도가 이자율과 미래회수자금의 정확한 예측에 달려 있다.
- 단기간 프로젝트에는 편향적일 수 있다.
- 시장잠재력과 같은 재정적 자료이외 데이터를 포함하지 못한다.
- 프로젝트 기간이 넘어서면 고정 이자율을 사용하나 변동이자율을 수용할 수도 있다.

NPV는 이윤을 계량화 하지만 이는 절대치로 제시된다. 관리자는 %로 제시하는 것을 더 좋아한다. 바로 이러한 기법이 IRR 내부회수율 모델이다.

내부회수율

IRR 내부회수율이란 NPV가 0일 때 감가요소의 가치를 말한다. 이러한 IRR은 NPV에 대한 시행착오 과정을 통해 이루어진다. 모든 비용은 년 말에 나타나는 비용으로 한다. IRR분석은 투자회수율을 측정하는 것으로서 가장 높은 회수율의 프로젝트를 선정하는 것이다. 이는 또한 관리자로 하여금 이자율과 회수율을 비교할 수 있도록 해 준다. 이를 사용할 때 한 가지 제약사항은 사업 전 기간에 동일한 이자율을 적용하고 있다는 점이다. 만일 그 기간이 길어지면 이자율은 실제로 다른 영향을 가져다준다. 이를 고려한 것이 이자율 변동에 따른 수정 NPV 모델이다.

변동이자율을 적용한 NPV 모델

감가요소를 적용한 DCF 모델은 프로젝트 기간 중 일정한 이자율을 적용하고 있다. 이는 실제로 국제시장에서 적용되지 않는 조건이다. 실제로 2-3년 단위에서 이러한 이자율은 변동되고 있다.

이상으로 다섯 가지 재정 선정모델을 살펴보았다. 이제 어떠한 감가요소 모델을 적용해야 할 것인지 적용모델을 선정해야 한다. 만일 자금에 관한 데이터가 컴퓨터 스프레드시트에 나타나 있다면 상기 모든 모델을 적용할 수 있다. 아마도 첫 번째 걸러내는 방법으로 회수기간 모델을 적용할 것이다. 그 때 두 가지 더 계산하면 IRR율을 얻을 수 있을 것이다.

DCF방법 중에 회계사는 IRR은 모든 자금에 대하여 한 가지 이자율을 적용하는 반면에 NPV는 변동 이자율을 적용하고 있기 때문에 NPV를 더욱 더 권장할 것이다. IRR은 자본시장에서 형성된 수익표준인 기회비용을 사용하는 반면 NPV는 특정한 경우의 수익을 산정해 준다. 만일 자본시장에 대한 변동이 없다면, 모든 기회비용을 나타내는 IRR 프로젝트를 고려할 수도 있고 또한 NPV프로젝트도 긍정적으로 사용할 수 있다. 어떠한 테스트를 사용하던지 똑같은 결론에 이른다. 그러나 자본이 부족할 경우, 상기 두 가지 모델은 서로 충돌을 일으킨다. 이러한 경우에는 NPV모델이 적합하다. 왜냐 하면 재무 분석의 목표가 수익을 측정하는 것이 아니라 회사투자의 현재가치를 최대화함에 있기 때문이다.

9.2.2 점수 모델

지금까지 제시한 수치 모델은 프로젝트의 재정에 관한 사항만을 고려하고 있기 때문에 몇 가지 제약사항을 가지고 있다. 이에 따라 다양한 요소를 포함한 프로젝트 선정기준을 적용하는 모델을 일명 요소모델이라고 부른다. 이러한 요소모델은 선정 및 미 선정항목으로 구분하여 바람직한 수많은 프로젝트 선정요소를 제시하게 된다. 요소의 중요성에 따라 가중치를 적용한다. 가중치는 먼저 각 항목별로 점수를 부여한 다음 이를 합산한 다음 각 항목을 총점수로 나누어 점수를 부여한다. 따라서 총점수의 합은 1이다. 요소 1은 매우 낮음, 2는 낮음, 3은 보통, 4는 높음, 5능 매우 높음으로 점수를 부여한다. 또는 3점, 7점 및 10점 단위로 점수를 부여하기도 한다. 이러한 점수부여 방식의 장점은 다음과 같다.

- 의사결정의 목표를 반영한다.
- 평가범위를 넓히기 위하여 다양한 선정기준을 사용한다.
- 구조가 단순하여 사용하기가 쉽다.
- 선정요소가 상위 관리에 의해 이루어진다. 이로써 회사목표와 목적을 반영한다.
- 요소변경이 매우 쉽다.

- 가중점수는 요소별 상대적인 중요도를 나타낸다.
- 재정모델에서 유리했던 단기 프로젝트에도 편향적이지 않다.
- 매우 낮은 가중치의 경우, 별로 영향을 주지 못하면 이를 항목에서 삭제해도 괜찮다. 이를 통해 질문의 수를 줄일 수 있다.
- 요소점수와 최고가능점수 사이에 차이를 식별하여 프로젝트 수행을 향상시키기 위한 방안으로 가중치 모델을 사용할 수 있다.

한편 점수 모델을 사용할 때 단점은 다음과 같다.

- 만일에 각각의 요소에 가중치가 없다면 그 중요도가 동일하다고 보는 것이다.
- 모델이 단순하기 때문에 사소한 요소까지 너무 많은 항목을 사용하게 될 경우, 관리 시간을 낭비하기 쉽다.

9.2.3 비용손익분석(Cost Break-Even Analysis)

비용손익분석과 비용이익분석과는 다르다. 비용을 고정비와 변동비로 나누는 것은 다음 프로젝트 추정에서 다루기로 하겠다. 본 분석을 통해 생산량이 증가함에 따라 비용이 어떻게 변하는지 하는 모델과 손익분기점을 찾아내는 기법을 알아보고자 한다.

예를 들면, 회사에서 개당 15만원 하는 제품을 만든다고 가정하자. 이 중에 인건비와 재료비를 포함한 변동비용은 5만원이고 10만원은 개당 고정비용이라고 하자. 총 고정비용은 총경비를 포함하여 년 간 7.5억이라고 할 경우, 손익분기점은 총 고정비용을 개당 고정비용으로 나누어 얻게 된다. 이를 수식으로 나타내면 다음과 같다.

손익분기점=(총 고정비용/개당 고정비용)=7.5억/10만원=7,500개---------(식9.3)

손익분기점은 총비용 11.25억 원(7,500개x5만원=3.75억 원에다 7.5억 원 고정비용을 합한 것)과 동일한 판매를 할 때 이루어진다. 만일 이 보다 적게 팔면 손해를 입고 이 보다 많이 팔면 이익을 보게 된다. 이를 그림으로 그려보면 <그림 9.4>와 같다.

이러한 기법은 사업 책임자로 하여금 이윤이 생산물량과 어떠한 함수가 나타나는지를 한눈에 볼 수 있게 해 준다. 또한 매뉴얼에서부터 자동화 방법으로 변경할 때 얼마큼의 이득이 있는지를 분석하는데도 사용된다. 비용손익분석은 두 개의 상호 배타적인 프로젝트에서 상이한 비용구조가 어디에서 나타나는지를 아는데 매우 유용하다. 예를 들면, 오피스 단지에 열병합 시스템을 설치한다고 하자. 프로젝트 G는 높은 설치비용이면서 유지비용이 저렴하고, 반면에 프로젝트 H는 낮은 설치비용에 높은 유지비용이 든다고 하자. 어느 프로젝트가 보다 더 비용 효과적인지를 비용손익분석을 통해 알 수 있다.

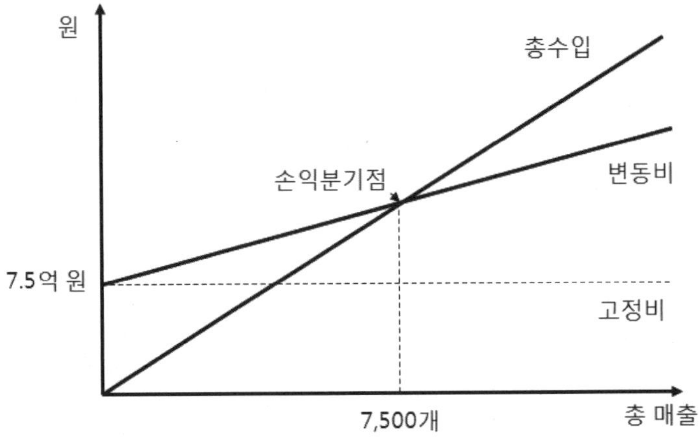

<그림 9.4> 비용손익분석 사례

9.2.4 프로젝트 수명주기 자금모델

프로젝트를 모델화 하는 다른 방법은 프로젝트 수명주기에 걸쳐 회수자금과 손익분기점을 나타내는 방법이다. 초기에 자금은 제품이 생산되어 서비스될 때까지 마이너스가 될 것이며, 계속적인 투자에 의해 자금회수가 이루어 질 것이다. 종국에는 수익 면에서 다시 내려가게 된다. 이는 제품의 폐기단계로 이르게 한다. 우리가 흔히 부르는 요람에서 무덤까지 가는 제품 수명주기 개념에서의 프로젝트 자금사례는 <그림 9.5>와 같다. 제품의 수명주기는 개념단계에서부터 설계, 제작, 생산 및 운용유지, 폐기단계로 나타난다. 각 단계별 투자 및 수익은 그림과 같고 손익분기점은 이익을 발생시키는 점이라고 할 수 있다.

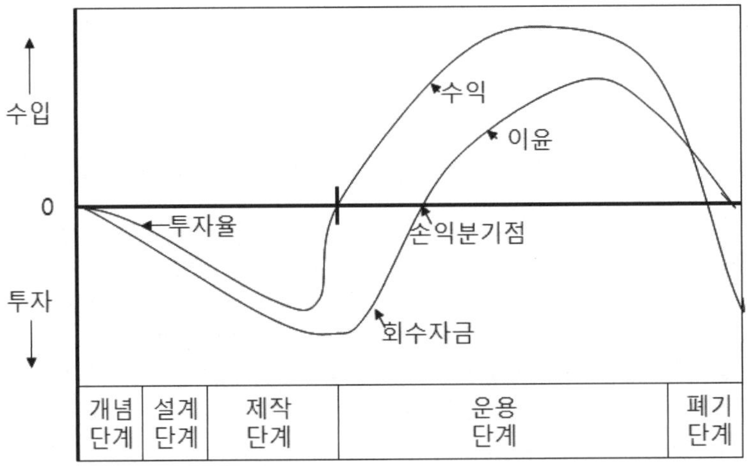

<그림 9.5> 프로젝트 수명주기 자금모델

이상으로 반듯한 프로젝트를 선정하는 것은 장기적 회사이득을 도모함에 절대적이다. 회수기간 모델은 가장 많이 사용되는 선정기법이다. 시간에 따른 가치는 감가회수자금기법이 많이 사용된다. 보다 구체적인 이해를 돕기 위한 프로젝트 선정 모델 사례는 부록 A를 참조하기 바란다.

9.3 문제풀이

대상 시스템에 대한 모든 이해관계자를 식별하여 그들의 필요성과 기대사항을 평가하고 계량화하고 우선순위를 부여해야 한다. 내부 및 외부 제약사항을 식별하며, 더 좋은 제품을 획득할 수 있는 대안을 제시한다. 다음 대상 시스템 중 하나를 선택하여 이를 분석해 보라.

- 서울-인천국제공항 간 전철공사
- 부산 제주 간 위그선(Wing-In-Ground Ship) 운항
- 다목적 통신위성 개발 및 운용

1) 주요 이해관계자는 누구인가 식별해 보라. 그리고 이들의 프로젝트에 대한 영향요소를 열거해 보라.
2) 본 프로젝트의 고객이 중요한 이해관계자이다. 그는 누구인가. 그리고 그들의 필요성을 열거해 보고 이를 달성할 수 있는 방법을 제시해 보라.
3) 타당성분석의 주요기능은 당신이 제품을 만들 수 있거나 용역을 수행할 수 있다는 사실을 확인하는 것이다. 이를 확인할 수 있는 내용을 제시해 보라.
4) 본 프로젝트에 영향을 줄 수 있는 내부 및 외부제약사항을 식별해 보라.
5) 경제전문가가 본 프로젝트의 경우, 프로젝트로부터 발생하는 총 이득이 총 손실보다 크면 테스트에서 합격이라고 한다. 이를 입증할 수 있는 방법을 제시해 보라.
   - 조직적인 고려를 하라.
   - 회수기간을 설정하라.
   - 현재 예측이자율을 사용하여 감가 회수자금을 예측하라.
   - 다양한 요소를 고려하기 위하여 점수모델을 사용하라.
   - 손익분석을 수행한다.

제10장 분석 및 통제

10.1 아키텍처(architecture)

시스템엔지니어링 프로세스는 모든 개발 단계 동안 하향식이고, 포괄적으로 이루어지는 프로세스이다. 뿐만 아니라 시스템의 최적설계를 위하여 반복적이고 순환적인 문제 해결 과정을 통해 다음과 같은 목적을 달성하고자 한다.

- 필요성과 요구사항을 시스템 제품과 프로세스 규격서로 전환 작성-이는 개발 단계가 진행됨에 따라 시스템 가치가 보다 높아지고 구체화되어 간다.
- 의사 결정자에게 필요한 정보를 생성
- 다음 시스템레벨 개발단계에 필요한 입력 자료 제공

<그림 2.1>에 나타난 바와 같이 기본적인 시스템엔지니어링 활동은 시스템 분석 및 통제로 불리어지는 총체적인 기술과 도구에 의해 균형을 이루어 간다. 즉, 요구분석, 기능분석 및 할당 그리고 설계조합 모든 과정에 시스템을 분석하는 활동을 통해 균형을 이루어 간다. 시스템엔지니어링 통제란 의사결정과 요구사항을 추적하고, 기준을 유지하며, 인터페이스 및 위험을 관리하는 활동이다. 또한 비용/일정 및 기술성능을 추적하고, 요구사항 일치 여부를 검증하며, 진행 과정을 검토하고 감사하는 활동을 말한다.

시스템 분석 및 통제는 프로젝트 진도를 측정하고 여러 가지 대안을 비교 분석하여 이를 평가한 다음 최적대안을 선정하고 그리고 각종 문서자료와 의사결정에 요구되는 기술을 관리하는 활동을 말한다. 이러한 활동은 시스템엔지니어링 프로세스의 모든 단계에 적용된다. 이를 위한 시스템 분석활동은 절충연구, 효과도 분석 및 설계분석을 통하여 이루어진다. 이러한 과정을 통해 기술 요구사항과 프로젝트 목표를 충족시키기 위하여 각종 대안을 비교 평가한다. 그리고 성능, 기능 및 설계 요구사항의 기준을 설정하기 위하여 보다 분명한 정량적인 접근방법을 제공한다. 이러한 분석활동에 필요한 입력 자료를 제공하기 위해 사용되는 도구는 모델링, 시뮬레이션, 실험 및 시험 등이 있다. 그리고 시스템 통제활동은 위험관리, 형상관리, 자료관리, 이벤트 기반의 일정관리, 기술성능척도(TPM)관리 및 기술검토를 포함한 성능을 기반으로 한 사업관리 등이 수행된다. 이러한 시스템 분석 및 통제활동 목적은 다음과 같은 사항을 충족시킴에 있다.

- 최적대안은 시스템 효과도, 수명주기 요구자원, 위험 및 고객 요구사항에 대한 영향을 반드시 평가한 후에 결정해야 한다.
- 최적 기술적인 대안과 각종 규격서 요구사항은 시스템엔지니어링 출력물에 근거하여 결정되어야 한다.
- 시스템엔지니어링 프로세스를 통한 추적성은 입력에서부터 출력까지 유지되어야 한다.
- 개발 생산 일정 및 조달일정을 상호 연관적으로 조종하여야 한다.
- 요구기술 분야는 시스템엔지니어링 활동으로 통합하여야 한다.
- 기능 및 성능 요구사항과 고객 요구사항에 미치는 영향은 타당성, 일관성, 요구사항 추적성 및 달성 가능성에 따라 분석해야 한다.
- 제품 및 프로세스 요구사항을 충족시키는 기능 및 성능 요구사항은 설계단계에서 직접적으로 추적 가능해야 한다.

이러한 시스템분석 및 통제 활동을 보다 편리하게 수행하기 위하여 필요한 기본적인 기법으로서 아키텍처와 업무분해구조(WBS)를 먼저 살펴보자. 먼저 보다 균형적인 시스템 분석 및 통제활동을 위해 시스템 디자인 측면에서 시스템 아키텍처를 사용한다. 시스템엔지니어링 프로세스 과정에서 이러한 아키텍처는 시스템을 보다 쉽게 기술하고 이해하기 위하여 만들어진다. 일반적으로 '아키텍처'라는 용어는 엔지니어링 분야에서 여러 가지 의미로 사용된다. 이러한 아키텍처는 시스템을 만들기 위하여 하부 시스템을 어떻게 구성해야 하는지에 대한 설명으로 나타내고 있다. 또한 이는 시스템 형태의 구체적인 내용으로 설명될 수도 있다.

예를 들어, 전장감시 및 지휘통제통신 시스템(C4ISR)에 사용되는 운용아키텍처, 시스템 아키텍처 및 소프트웨어 아키텍처를 들 수 있다. 그러나 시스템엔지니어링 측면에서 시스템의 중요한 형태를 나타내기 위한 아키텍처는 일반적으로 기능 아키텍처, 물리적 아키텍처 및 시스템 아키텍처 세 가지를 사용하고 있다. 기능 아키텍처는 할당된 기능 및 성능요구사항을 식별하고 이를 구조화한 것이다. 물리적 아키텍처는 시스템 제품이 어떻게 하부 시스템과 컴포넌트로 분해되는지를 보여주는 아키텍처이며 <그림 10.1>에서 보는 바와 같다.

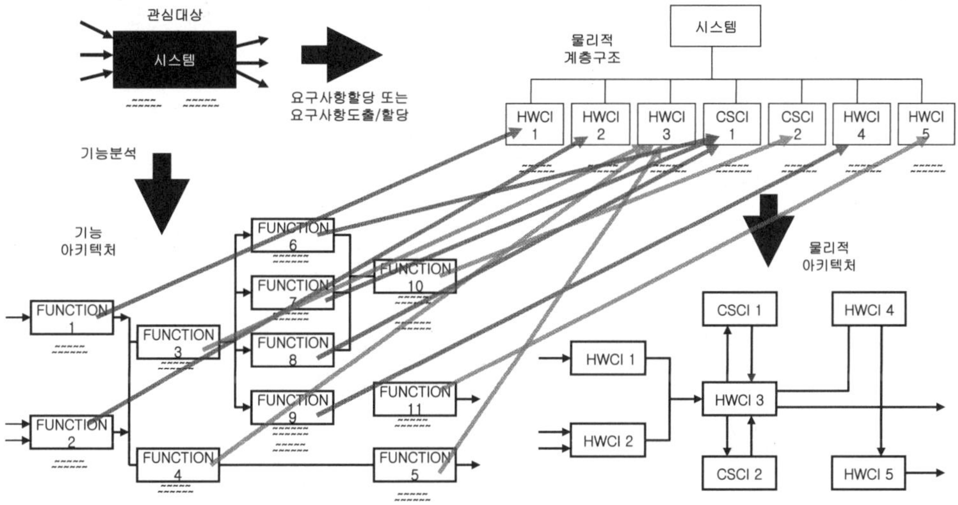

<그림 10.1> 기능 및 물리적 아키텍처

한편 시스템 아키텍처는 시스템을 지원하는데 필요한 모든 제품과 생산/건설, 배치, 운용, 유지, 폐기, 교육훈련 및 검증에 필요한 제품과 프로세스를 함께 나타내고 있는 아키텍처이다. <그림 6.1>의 우 상단에 있는 대상 시스템의 물리적 계층구조는 시스템 구상초기에 기능적 아키텍처와 함께 시스템 요구사항을 기초로 구상된 계층구조를 말한다.

10.1.1 기능 아키텍처(functional architecture)

기능 아키텍처는 시스템 기능 및 성능 요구사항을 하향식으로 분해한 것이다. 아키텍처는 수행해야 할 기능뿐만 아니라 기능의 논리적 순서에 따라 기능 수행 성능 요구사항도 함께 보여주고 있다. 또한 시스템에 사용될 기존 제품이나 관급지원품목에 대한 기능설명도 함께 포함하여 제시된다. 이 때 기존 컴포넌트의 리엔지니어링이 요구된다. 기능분석과 성능할당 프로세스에 생성된 기능 아키텍처는 기능을 분석하고 성능 요구사항을 할당한 문서화된 상세 패키지로 제시된다. 여기에는 기능흐름선도, 시계열 도표, 요구할당도표, IDEF0 도표 그리고 이외에도 시스템 기능특성을 기술하기 위해 개발된 기타 문서를 포함하고 있다. 기능 아키텍처 사례를 보면 <그림 6.2>와 같다. 이는 군에서 50Km이상의 거리를 분대 단위로 부대를 이동시키기 위한 요구사항의 경우를 다루고 있다. 부대는 운송 시스템이 도착한 시점으로부터 90분 안에 목적지에 이동해야 한다. 또한 부대 이동 간 상호간의 통신이 지속적으로 이루어져야 한다. <그림 10.2>는 이러한 단순한 요구사항을 충족시키는 예비기능 아키텍처를 나타내고 있다. 여기에는 기능 아키텍처를 구성하는 기본적인 논리와 함께 예비형태로 제시된 아키텍처를 보여주고 있다. 일반적으로 이러한 아키텍처는 통합제품 팀(IPT)을 구성하는 시점에 대상시스템의 기능분석과 성능 할당 프로세스를 통해 제시된다. 이러한 아키텍처는 IPT로 하여금 수행해야 할 활동과 업무범위를 제시해 주는 기초자료로 활용되고 있다.

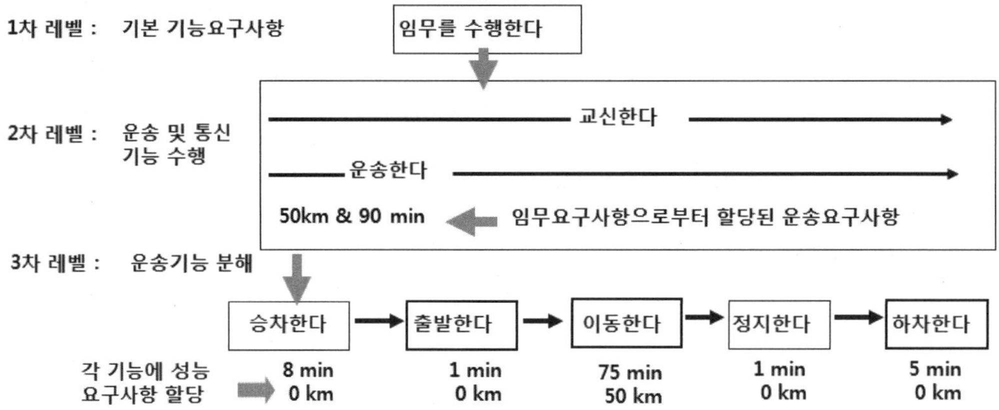

<그림 10.2> 기능 아키텍처 사례

기능 아키텍처를 보다 분명하게 나타내기 위하여 FFBD 기능흐름 블록선도, IDEF0 기능 모델링 통합선도, TLS 시계열 분석도표, RAS 요구할당도표를 활용하고 있다.

기능흐름 블록선도(FFBD)

기능흐름 블록선도의 목적은 기능적 측면에서 시스템 요구사항을 설명하는데 그 목적이 있다. 따라서 FFBD는 다음 사항을 보다 명확하게 제시하도록 해야 한다.

- 모든 수명주기 기능을 포함한다.
- 모든 시스템 요소가 식별되고 정의되어야 한다.(예; 주요 장비, 교육훈련, 예비 부품, 데이터, 소프트웨어 등).
- 시스템 지원 요구사항은 특정 시스템 기능을 식별토록 해야 한다.
- 중요한 설계 인터페이스를 포함하여 적합한 활동 시퀀스와 설계 연관성을 수립한다.

FFBD는 솔루션을 지향하는 것이 아니라 수행기능을 지향해야 한다. 하위 레벨 기능을 정의하고 상호연관성을 순차적으로 분석하는 활동을 가리켜 기능분해 프로세스라고 불리어진다. FFBD는 각 레벨에서 수직적인 추적성을 제공해야 한다. 설계조합 가능성을 충족시키는 기능 아키텍처를 개발하는 것이 FFBD의 핵심 사항이다. FFBD의 흐름 구조와 함께 <그림 10.3>은 FFBD의 기본형식을 보여주고 있다. 상기 <그림 10.3>의 주요 속성을 설명하면 다음과 같다.

- 기능블록: FFBD 상에서 각 기능은 분리되어야 하고 한 개의 상자(실선 표시)로 나타내야

한다. 각 기능은 시스템 요소에 의해 완성될 명확하고 제한적이며 개별적인 활동을 나타내야 한다.

- 기능번호 부여: 각 레벨은 일치되는 번호체계를 가져야 하고 기능 기반과 관련된 정보를 제공해야 한다. (예를 들면, 최상위 레벨 - 1.0, 2.0, 3.0 등; 최초 계약서(레벨 2) - 1.1, 1.2, 1.3 등; 2차 계약서(레벨 3) - 1.1.1, 1.1.2, 1.1.3 등) 이 번호는 모든 기능 분석과 할당활동을 통해 수행되는 식별과 연관성을 규정하고 하위부터 상위 레벨까지 추적을 용이하게 한다.
- 기능참조: 각 도표는 기능 참조(괄호상자)를 사용하여 다른 기능도표에 대한 참고가 되도록 해야 한다.
- 흐름연결: 기능을 연결한 선은 기능의 흐름을 나타낼 뿐이며 시간이나 상호 활동은 벗어나지 말아야 한다.
- 흐름방향: 도표의 흐름방향은 일반적으로 왼쪽에서 오른쪽이 되도록 해야 한다. 화살표는 기능흐름을 표시하기 위해 자주 사용된다.
- 합 게이트: 원은 합 게이트를 표시하거나 AND/OR가 나타날 때 사용된다. AND는 병렬 기능을 표현하는데 사용되고 모든 조건이 만족되어야 진행된다. OR은 대안 경로가 만족되면 진행된다. GO 및 NO-GO 경로: 'G'와 'G'는 'go' 'no-go'의 상태를 가리킨다. 이런 기호는 대안 경로를 가리키기 위해 특별한 기능을 표시하는 라인에 인접해 위치한다.

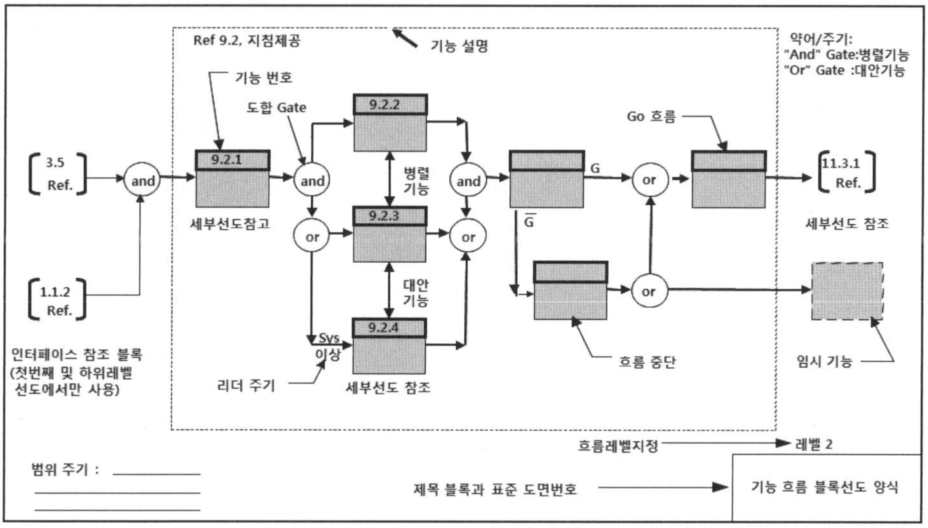

<그림 10.3> FFBD 기본형식

IDEF0

'기능 모델링 통합'은 분석, 개발, 리엔지니어링 및 정보 시스템 통합, 비즈니스 프로세스 또는 소프트웨어 엔지니어링 분석을 위한 일반적인 모델링 기법으로 정의된다. FFBD가 제품의 기능흐름을 보여주기 위해 사용되는 반면, IDEF0는 데이터 흐름, 시스템 통제, 그리고 수명주기 프로세스의 기능흐름에 사용된다. IDEF0는 넓고 다양한 비즈니스, 제조 및 다른 형태의 기업 활동을 상세한 레벨까지 시각적으로 표현할 수 있다. 이는 보다 정확하고 명확하게 설명해 주며 사용과 해석의 일관성을 향상시켜 준다. IDEF0는 수년간에 걸쳐 정부나 민간사업을 통해 그 유용성이 잘 시험되고 검증되었다. 그리고 이는 다양한 컴퓨터 그래픽 도구에 의해 검증될 수 있다. 특히 수많은 상업 제품이 IDEF0 도표와 모델의 개발과 분석을 지원하기 위해 사용되고 있다. IDEF0는 도표, 텍스트, 그리고 상호 참조되는 용어의 연속적인 계층구조로 구성된 모델이다. 두 개의 주 모델링 구성요소는 기능(도표 상 네모 박스로 표시)과 그러한 기능이 상호 관계를 갖는 데이터 및 객체를 화살표로 표시하고 있다. 그리고 화살표가 박스에 접한 위치는 특정 인터페이스 역할을 의미하고, 통제는 박스의 위에서 들어간다. 연산에 의해 반응한 입력자료, 데이터 또는 객체는 박스의 왼쪽으로 들어가고, 연산의 결과물은 박스의 오른쪽으로 나온다. 기능 수행을 위한 지원 수단을 제공하는 메커니즘 화살표는 박스의 아래 부분에서 합류한다. 이러한 IDEF0의 기본형식은 <그림 10.4>에 나타난 바와 같다. IDEF0 프로세스는 분해될 주요 기능의 식별과 함께 시작된다. 이 기능은 특정 IDEF0 분석의 범위를 정의하는 '최상위 레벨 콘텍스트 도표' 상에서 정의된다.

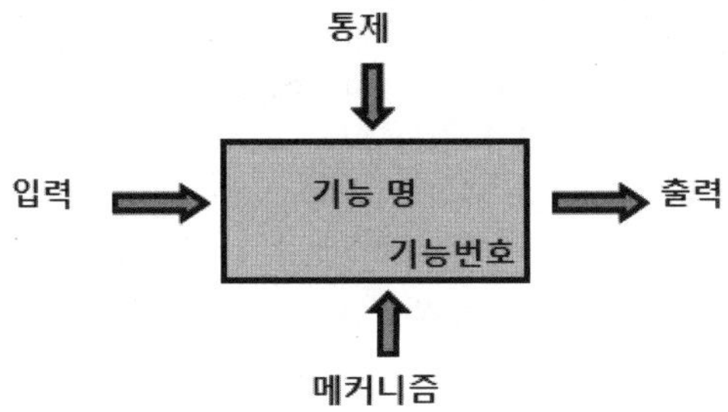

<그림 10.4> IDEF0 기본형식

<그림 10.5>는 수리 가능한 예비 장비 수명주기 유지관리기간 동안 IDEF0 용어로 'child'라고 부르는 도표의 사례를 나타낸다. 관련 기술인 정보 모델링을 위한 통합정의(IDEFx)는 데이터 집약 시스템을 위한 IDEF0를 보완하기 위해 사용된다. IDEF0 표준, 즉 연방정부 정보처리 표준서 공표(FIPS 183)와 IDEF0 표준(FTPS 184)은 국가표준기술협회(NIST)에 의해 유지관리 된다.

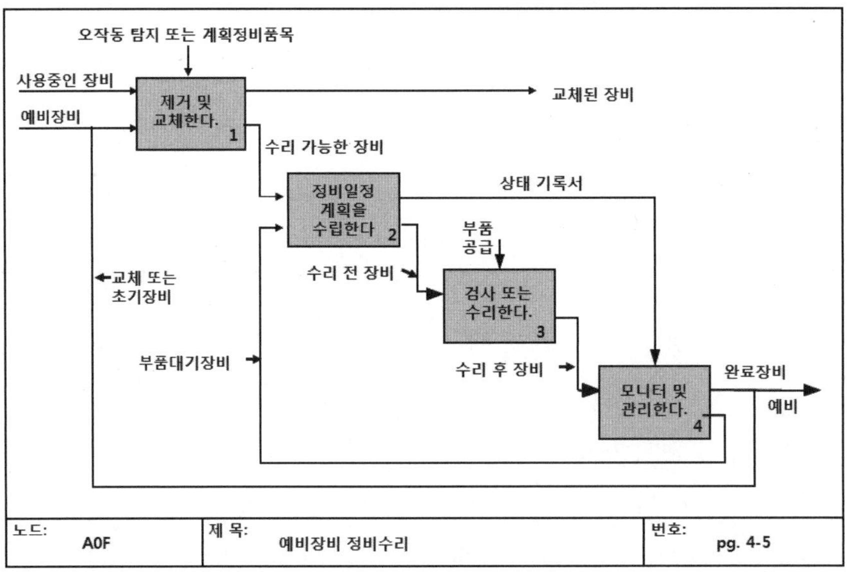

<그림 10.5> IDEF0 도표 사례

TLS 시계열 분석표

시계열 분석표(TLS)는 다양한 기능의 기간을 정의하기 위해 세부 항목을 추가한 도표이다. 이는 기능과 업무의 동시성, 중복성, 그리고 순차적인 상호관계를 정의한 것이다. 시계열 분석표는 시스템의 유용성, 운용시간 및 정비가동 중지시간에 직접적인 영향을 미치는 시간에 따른 주요 기능을 식별한 도표이다. 이는 특정 시간관련 설계요구사항을 식별하는데 사용된다.

TLS는 기능 목적과 상세 성능 특성, 기능의 중요성, 그리고 설계 제약사항을 포함한다. 이는 정량적이고 정성적인 요구사항 모두를 식별하며, 초기 자원요구사항도 식별하게 된다. <그림 10.6>은 지대공 미사일 발사대 발사준비 TLS의 사례를 보여준다. 기능 3.1과 하부 기능을 수행하기 위하여 요구되는 시간은 시계열이 어떻게 관계되는지를 보여주는 막대그래프로 나타낸다. 이 때 주어진 기능번호는 FFBD 번호와 일치한다.

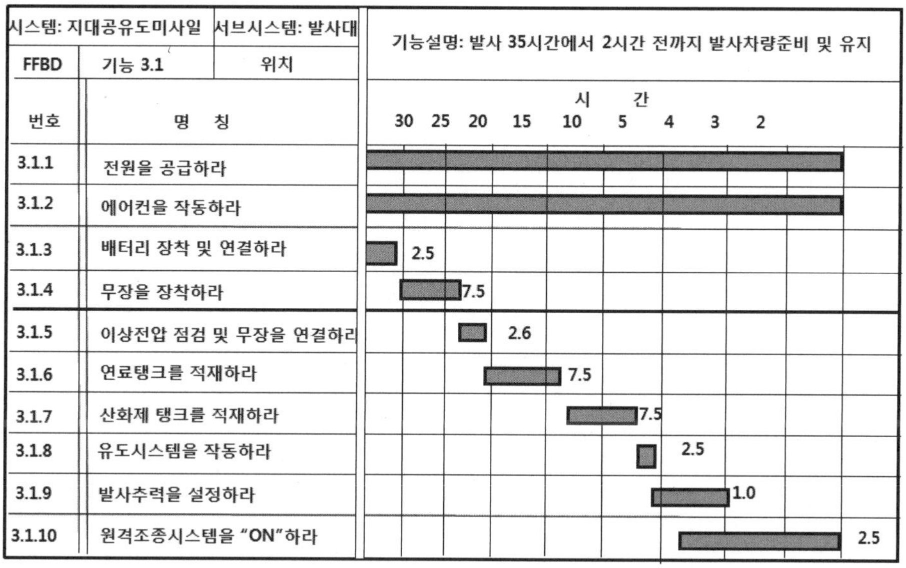

<그림 10.6> 지대공 미사일 발사대 발사준비 시계열 분석표

RAS 요구할당도표

요구할당도표는 할당 기능, 할당 성능 및 물리적 시스템 사이의 연결을 문서화한 것이다. 이는 기능분석/할당과 설계조합 사이의 추적성을 제공하며 상호 단절된 상태를 보여주기도 한다. 요구할당도표는 기능 아키텍처와 기능 아키텍처를 기반으로 한 설계 사이의 일관성을 유지해 주는 주요 도구로 사용되고 있다. 이 때 기능번호는 FFBD번호와 일치된다. 유도시스템 냉각장치의 요구할당도표 사례는 <그림 10.7>과 같다.

요구할당도표	기능흐름선도 제목과 번호 2.58.4 : 유도부문을 냉각시킨다.		장비 식별	
기능 명 및 번호	기능성능과 설계요구사항	설비 요구사항	명칭	CI 또는 세부 규격서 번호
2.58.4 유도부문을 냉각시킨다.	-유도부문 냉각장치 내의 온도는 최초 교정온도 +0.2°F로 유지되어야 한다 -유도부의 최초 온도는 66.5°F에서 68.5°F 사이가 될 것이다		유도부문 냉각 시스템	3.54.5
2.58.4.1 냉각제를 주입한다.	-저온 냉각제 65 gal을 위한 저장공간이 요구 된다. -저장 냉각제의 온도는 지속적으로 감시되어야 한다. -저장 냉각제는 불명확한 시간을 위해 40-50°F의 온도범위에서 유지되어야 한다. -제공된 냉각제는 항상 0.5마이크론의 입자로부터 보호 되어야 한다		유도부문 냉각제저장 하부시스템	3.54.5.1

<그림 10.7> 미사일 유도조종 냉각장치 요구할당도표 사례

10.1.2 물리적 아키텍처(physical architecture)

설계조합은 기능 분석 및 할당의 결과물인 기능 설명을 기반으로 개발되는 개념과 설계에 의해 이루어지는 프로세스이다. 설계조합은 사전에 설명된 성능 파라미터의 제한된 범위 내에서 요구된 역할을 수행할 수 있는 물리적 아키텍처(제품, 시스템 및 소프트웨어 요소의 집합)를 개발하는 활동이다. 주어진 기능 및 성능요구사항을 충족시키기 위해 개발된 여러 하드웨어 또는 소프트웨어 아키텍처가 있을 수 있다. 설계조합은 제시된 여러 아키텍처 중에서 가장 최적 대안을 선택하기 위한 절충연구단계를 수행하는 활동이다. 설계조합의 목적은 제기된 요구사항을 충족시킬 수 있는 설계 솔루션 달성방안으로 하드웨어와 소프트웨어 컴포넌트를 조합하거나 재구성함에 있다. 개념연구 기간 동안, 설계조합은 시스템 개념을 생성하고, 하부시스템간의 상호 기본적 관계를 설정하게 된다. 예비 설계와 상세 설계 동안, 하부 시스템과 구성품의 기술서가 만들어지고, 모든 시스템 컴포넌트 사이의 상세한 인터페이스가 정의된다. 물리적 아키텍처는 예를 들면, 규격서, 베이스라인, 업무분해구조(WBS) 등 각종 설계정의문서에 대한 기반을 제시하고 있다. 물리적 아키텍처는 전형적인 용어이다. 물리적 아키텍처는 하드웨어 요소뿐만 아니라 소프트웨어 요소를 포함하고 있다. 이러한 물리적 아키텍처(설계조합의 주 결과물)의 특성은 다음과 같다.

- 어떤 물리적 또는 소프트웨어 컴포넌트는 한 가지 이상의 요구사항을 충족시킬 수 있으나 기능분석과의 상관성은 적어도 하나의 기능요구사항에 대한 충족을 요구한다.
- 아키텍처는 절충연구와 효과도 분석을 통해 이루어진다.
- 생산 WBS는 물리적 아키텍처로부터 개발된다.
- 척도는 KPPs 사이의 진도를 추적하기 위해서 개발된다.
- 모든 지원 정보는 데이터베이스 내에서 문서화된다.

하부시스템은 모듈식 설계방법을 적용하고 있다. 모듈식 설계는 하나의 독립적인 기능 또는 하나의 논리적 업무를 수행하는(단일 진입 및 종료 포인트 및 개별시험 가능) 구성품의 그룹화에 의해 수립된다. 기능관련 그룹화는 모듈식 설계 솔루션과 기타 사항에 대한 탐색을 용이하게 하며, 더욱이 개방형 시스템 접근법이 제품 아키텍처에 사용될 수 있는 가능성을 증가시킨다. 모듈식 유닛의 바람직한 속성은 낮은 커플링, 높은 응집력, 그리고 낮은 연결성이다. 모듈간의 커플링은 모듈간의 상호 의존성의 척도, 또는 두 모듈간의 공유하는 정보량을 나타낸다. 모듈을 완화시키는 것은 개발 위험을 줄이고 나중에 있을 변경을 용이하게 한다. 응집력은 모듈 내의 수행되는 업무의 유사성을 말하는 것이다. 동일하거나 유사 계열 컴포넌트, 또는 다기능을 수행하는 단일 구성품의 사용 여지가 있기 때문에 높은 응집력이 바람직하다. 연결성은 하나의 모듈 내 내부요소와 또 다른 모듈의 내부요소 사이의 관계를 설명한 것이다. 높은 연결성은 설계, 개발 및 시험 등을 방해할 수 있는 복잡한 인터페이스를 만들기 때문에 바람직하지 않다.

설계루프는 개발된 물리적 아키텍처가 기능 및 성능요구사항과의 일치성을 검증하기 위해 기능 아키텍처를 재 수행하는 것을 포함한다. 이것은 기능 아키텍처와 물리적 아키텍처 사이의 도식화이다. <그림 10.8>은 간단한 물리적 아키텍처의 사례를 나타내며 어떻게 기능 아키텍처와 연관이 있는지를 보여준다.

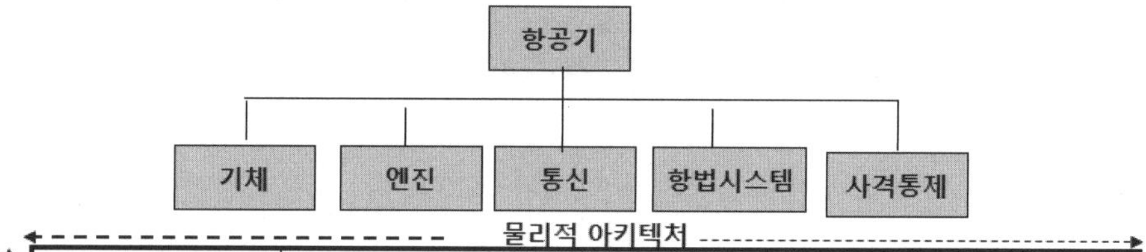

수행기능					
-사전 검사한다.	x	x	x	x	x
-비행한다.					
탑재	x				
활주로 이동	x	x	x		
이륙	x	x			
순항	x	x	x	x	
정찰	x	x	x	x	
-통신한다.			x		
-					
-					
-감시한다.					
-					
-					

<그림 10.8> 기능 및 물리적 아키텍처 상호연관 사례

설계조합이 이루어지는 동안, 기능분석의 재평가는 초기 분해의 재시험이 요구되는 설계문제점을 발견할 때 이루어진다. 이러한 문제점은 초기 기능 아키텍처 요구사항에 의해 예상하거나 다른 기능 특성을 지닌 바람직한 물리적 솔루션 또는 개방적 시스템 대안을 식별할 때 나타난다.

10.2 업무분해구조(WBS)

업무분해구조는 시스템과 제품의 하부시스템레벨로 분해하는 활동을 기반으로 한 체계적인 시스템 개발활동을 의미하고 있다. 시스템엔지니어링 프로세스를 통한 시스템과 제품 아키텍처는 관련 서비스(예를 들면, 프로젝트관리, 시스템엔지니어링 활동 등)와 함께 WBS 구조로 나타난다. 그리고 이는 <그림 10.9>에서와 같이 유사한 계층 트리로 체계화되어 표현된다.

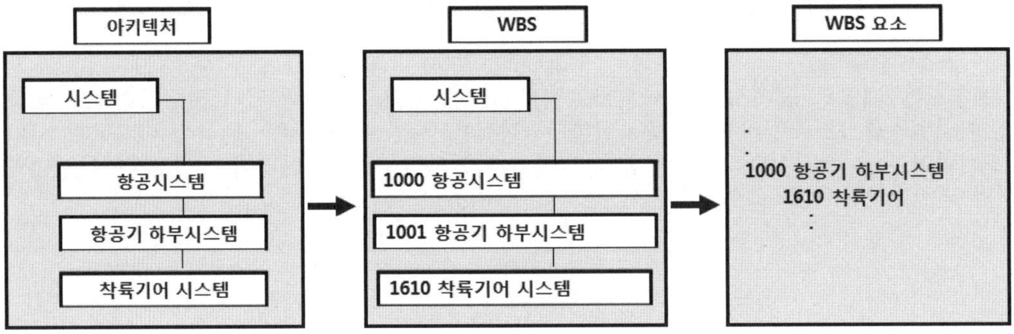

<그림 10.9> 아키텍처와 WBS

예를 들면, 항공 시스템의 경우, 시스템 아키텍처에서 주임무장비가 항공기이고 이는 기체, 추진기관, 사격통제, 통신 및 착륙기어 등의 서브시스템으로 구성되어 있다. 이에 대한 WBS는 항공기 1,000대에 대하여 기술되고 WBS요소는 착륙기어가 운용유지단계를 포함하여 1,610개로 구성된다.

WBS는 물리적인 시스템 아키텍처의 직접적인 산출물이다. 따라서 시스템엔지니어링 프로세스의 출력물로 사용된다. WBS는 시스템엔지니어링 프로세스의 모든 활동에 필수적으로 활용되기 때문에 시스템 분석과 통제를 위한 매우 중요한 수단이다. 이는 시스템 개발활동을 보다 체계화하고 관련 자료와 문서를 검증하는데 활용된다. 그리고 제품 단위의 통합팀(IPT)을 조직하는데 활용됨으로써 기술적이 아닌 프로젝트 관리 목적으로도 활용된다. WBS 역할은 시스템엔지니어링 관련 규정에도 잘 나타나 있다. 미 국방 DoD 5000.2-R 획득규정은 프로젝트 및 기술계획, 비용추정, 자원할당, 성능측정, 그리고 진도를 보고하기 위해 WBS를 활용하도록 규정하고 있다.

WBS는 전체적인 시스템을 정의하고, 하드웨어, 소프트웨어, 서비스, 데이터 및 시설로 구성되는 계층구조를 제품으로 나타내고 있다, 이는 최종 제품과 각각의 WBS 요소상호간의 관계를 설명하기 위해 사용된다. 모든 프로젝트 조직부서는 MIL-HDBK-881에 제시된 지침에 따라 WBS 프로그램을 적용한다. 이와 같은 WBS 프로그램은 <그림 10.10>에서와 같이 사업 초기에 상위 3레벨까지 정의하여 나타낸다. 그리고 개발이 진행됨에 따라 보다 구체적으로 하위레벨까지 정의된다. 프로젝트 관리자는 관리 및 보고를 위해 고비용 및 고위험 요소를 식별할 수 있는 레벨까지 WBS를 하위레벨까지 확장한다. 또한 계약업체는 작업 수행방법을 반영하기 위해 요구사항보다 더 낮은 레벨까지 WBS를 확장하여 분석할 수 있도록 융통성 있게 보장하고 있다.

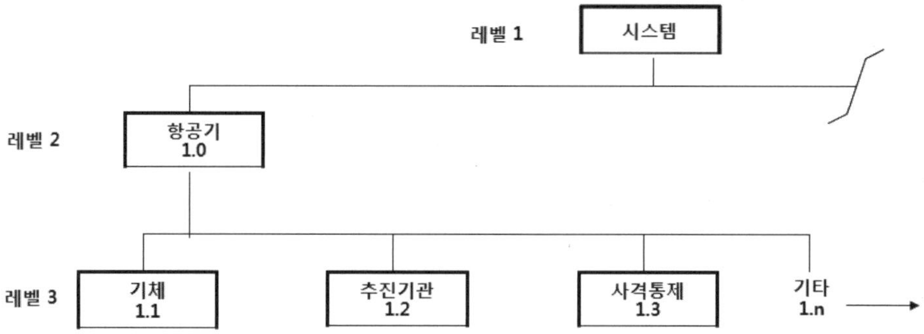

<그림 10.10> WBS 프로젝트 아키텍처

WBS를 활용하는 기본목적은 다음과 같다.

첫째, 조직화 및 체계적인 관리를 함에 그 목적이 있다. WBS는 프로젝트 관리를 위해 동등하고 완전하며, 포괄적인 견해를 제공한다. 이는 IPT 설계, 개발 및 관리 유지를 포함한 시스템 개발활동의 조직화에 대한 기본구조를 제공하고 있다.

둘째, 사업을 관리하는 비즈니스에 그 목적이 있다. WBS는 예산 및 비용 추정에 대한 구조를 제공한다. 이는 획득가치보고(비용 대 성능 보고서, 또는 비용/일정 통제시스템 기준보고)를 위하여 상세한 비용 수집 및 분석에 기본사항을 제공한다.

셋째, 기술적인 분석을 위한 기초를 제공한다. WBS는 다음과 같은 활동을 위한 기본구조를 제공한다.

- 제품, 프로세스 및 데이터의 식별
- 위험관리 분석 및 추적의 조직화
- 형상과 데이터 관리 능력. 인터페이스 식별 및 통제 수립에 대한 지원
- 업무지시와 재료/부품 신청에 대한 업무 패키지 개발
- 기술검토 및 감사의 조직화

WBS는 규격서를 개발하기 위해 제품 품목을 그룹화하고, 업무기술서(SOW)를 개발하며, 즉시 인도할 수 있는 특정 계약을 식별하기 위해 사용된다. WBS 활용에 따른 장점을 제시해보자. WBS는 논리적으로 제품 요소를 업무 패키지로 분해함으로써 전체 시스템을 보다 잘 설명할 수 있다. 잘 만들어진 WBS는 모든 프로그램 활동을 설명하게 된다. 이는 프로젝트의 목적과 활동을 자원과 연결시키고, 초기예산을 보다 잘 추정함으로써 후속 비용보고를 간소화시킨다. WBS는 다양하고 독립적인 측정기준과 다른 데이터를 비교하여 총체적인 흐름을 살펴볼 수 있다. WBS는 프로그램과 기술계획, 사업일정 정의, 형상관리, 위험관리, 데이터관리, 규격서 작성, SOW 작성, 현황보고와 문제점 분석, 비용추정, 그리고 공식적인 예산추정 등을 포함한 모든 프로젝트 활동의 기초근거가 된다.

10.2.1 WBS 개발

물리적 시스템 아키텍처는 WBS를 준비하기 위해 사용된다. 아키텍처는 모든 필요한 제품과 서비스를 식별하고, 또한 모든 임무에 대해 하향식 구조의 연속성을 보증하기 위해 검토되어야 한다. 비용/일정 통제의 목적을 위한 작업 패키지를 식별하기 위하여 충분한 레벨이 제공되어야 한다. 충분한 레벨이 식별되지 않는다면, 가시화된 관리와 작업 패키지의 통합이 어렵게 된다. 또한 너무 낮은 레벨이 식별된다면 프로그램 검토와 통제활동에 지나치게 많은 시간이 소비될 것이다. 상위 세 가지 레벨은 다음과 같이 구성된다.

- 레벨 1 - 전반적인 시스템
- 레벨 2 - 주요 요소(부분)
- 레벨 3 - 하부 컴포넌트(주요 품목)

상위 세 가지 레벨의 하위 레벨은 구성품의 분해가 형상품목 레벨까지 나타나게 된다. 일반적으로 계약자는 상위 세 가지 레벨의 작성을 책임져야 하고, 계약업체는 그 하부 레벨에 대해 책임져야 한다. 미 국방의 경우를 살펴보자. MIL-HDBK-881에 규정된 미 국방 DoD 5000.2-R의 미 국방 필수 절차와 일반적인 미 국방의 관례에 따라서 사업부서는 각각의 계약에 대한 계약 업무분해구조(CWBS)와 프로젝트 WBS를 개발한다. 프로젝트 WBS는 전체 시스템을 표현하는 WBS이다. 즉, 프로그램 WBS는 시스템 아키텍처를 나타낸다. CWBS는 즉시 인도 가능한 특정 계약업무와 관련 있는 WBS이다.

MIL-HDBK-881은 프로젝트 WBS의 상위 3레벨을 개발하는 시스템엔지니어링 프로세스를 지원하고, 계약업체에게 하위 레벨 WBS 개발의 지침을 제공하기 위해 사업부서에서 사용한다. 대부분의 표준서와 핸드북처럼 MIL-HDBK-881을 사용하여 모든 계약요구사항을 명확하게 나타낼 수는 없다. 비록 WBS를 개발하는 업무가 시스템엔지니어링 활동일지라도 그 결과는 계약 담당자뿐만 아니라 비용과 예산 전문가에게도 영향을 미치게 된다. 따라서 이러한 이해관계자를 대표하는 통합팀으로 하여금 WBS를 개발하도록 지원하는 것이 바람직하다.

WBS 구조

프로젝트 WBS는 최종제품 컴포넌트와 연관제품 컴포넌트와 함께 포함한다. 시스템의 최종제품 컴포넌트는 일반적으로 운용 고객에게 제공할 주 임무 제품으로 구성된다. WBS 컴포넌트는 운용요구사항으로부터 개발된 물리적 아키텍처를 그 기본으로 한다. 이는 WBS가 제품개발에 포함되어 있다는 사실을 보여주고 있다. 앞서 <그림 10.11>은 프로젝트 WBS-제품 컴포넌트의 간단한 사례를 나타내고 있다.

시스템의 '연관 제품' 컴포넌트는 최종 제품을 개발. 생산 및 지원하기 위해 요구되는 제품과 서비스를 포함하여 <그림 10.11>에 나타나 있다. WBS의 이 부분은 시스템 아키텍처의 수평적 요소(최종 제품 제외)를 포함하며, 제품의 수명주기 요구를 지원하기 위해 필요한 모든 제품과 서비스를 식별한다. <그림 10.11>은 완전한 항공기 시스템의 WBS 트리 상위 3레벨을 나타내고 있는 사례이다.

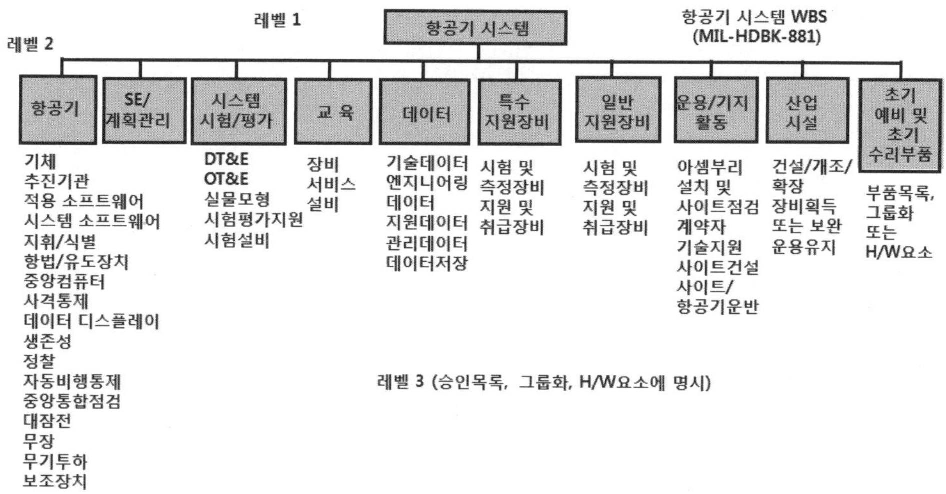

<그림 10.11> 항공기 시스템 상위3레벨 WBS

10.2.2 CWBS(Contract Work Breakdown Structure)

CWBS는 시스템 개발을 위해 요구되는 작업의 계약을 준비하는 사업부서에 의해 개발된다. 계약 결정 후에 계약업체에 의해 좀 더 개발된다. CWBS는 프로그램 WBS의 일부로서 계약을 통한 과업에 의해 구체화된다. <그림 10.10>의 프로젝트 아키텍처로부터 도출된 CWBS의 간단한 예가 <그림 10.12>에 나타나 있다.

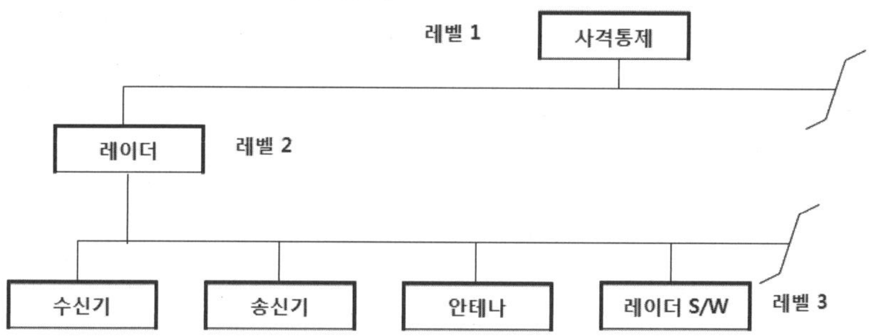

<그림 10.12> 사격통제시스템 CWBS 사례

<그림 10.12>는 <그림 10.10>처럼 단지 제품 및 부품 CWBS만을 포함한다. 완전한 CWBS는 <그림 10.11>에 나타난 것과 유사하게 관련된 모든 생산 가능한 제품을 포함한다. 결과적으로 완전한 CWBS는 계약업체의 업무를 조직하고 식별하기 위해 사용된다. 사업부서에서 작성된 예비 버전은 제안요구서(RFP)에 필요한 SOW를 작성하기 위해 사용된다.

10.2.3 WBS 활용: 설계와 추적 작업

WBS는 주로 업무에 대한 설계와 추적에 사용된다. WBS는 무슨 작업이 필요하며, 업무 패키지를 어떻게 체계적으로 분해하고, 어떻게 피드백 할 것인지를 설정하기 위해 사용된다. <그림 10.13>은 WBS 요소별 업무를 책임지는 회사 조직을 매트릭스 형태로 제시하고 있다. 이는 상세한 레벨의 비용계산서와 업무에 대한 정의를 제공해 준다. 이는 특정 WBS 요소를 위해 어떠한 전문지식과 기능 지원이 요구되는가를 식별함으로써 통합팀의 합리적인 조직과 기타 조직간 상관 구조를 가능하게 한다. 이는 정확한 기술추적과 관리활동을 제시한다.

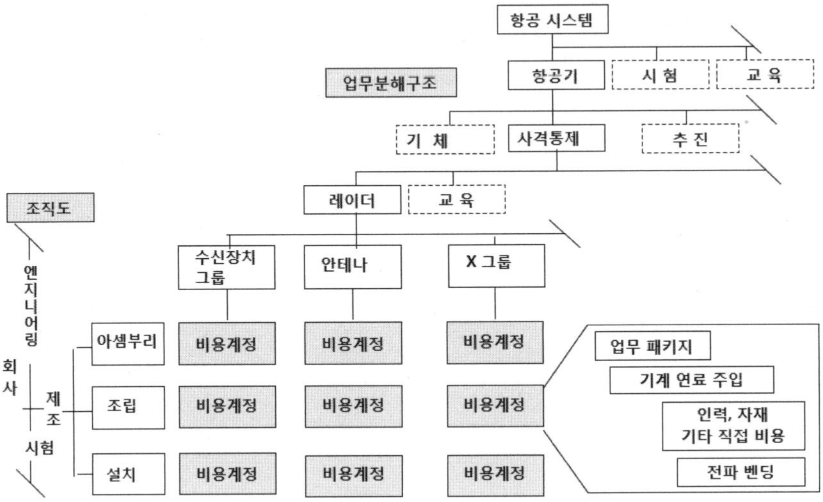

<그림 10.13> WBS 통제 매트릭스

WBS 요소도표

WBS의 업무와 비용통제 사용의 한 부분으로써 WBS 도표가 만들어진다. 각 WBS요소에 대해 사전에 기입할 사항은 업무기술, 활동비용, 그리고 관련 계약라인 항목번호와 SOW 단락에 대한 참고사항 등이다. <그림 10.14>는 레벨 2의 WBS 요소 도표 기입사항에 대한 예를 나타낸다. 보다 상세한 WBS 사항은 부록 III을 참조하라.

<table>
<tr><td colspan="3">인덱스 품목 No. 2</td><td colspan="2">WBS 레벨 2</td><td>계약 번호 F33657-72-C-0923</td></tr>
<tr><td colspan="2">WBS 요소
A10100</td><td colspan="3">WBS 제목
항공기</td><td rowspan="3">계약 항목
Line Item:
0001,0001AA,001AB, 001AC, 001AD
001AE, 001AF, 001AG, 001AH</td></tr>
<tr><td>변경일자</td><td>변경번호</td><td colspan="2">변경부서</td><td>승인</td></tr>
<tr><td>규격번호.
689E078780028</td><td colspan="4">규격제목: Prime Item Development: Specification for AGM 86A Air vehicle</td></tr>
<tr><td colspan="5">요소업무 설명

기술 내용:
항공기 요소업무설명이란 완전한 항공기를 생산하기 위해 엔진요소와 함께 기체 주요항목, 항공 개발시험장비, 항공 운영시험장비, 통합컴포넌트 및 전체요소의 점검장비를 개발,제작, 통합 및 시험을 위해 요구되는 활동을 나타낸다. 항공기 요소에 요약되고 포함된 하위 레벨의 요소는 다음과 같다.

기체요소(A11100), 항법/유도 요소(A32100), 항공 개발시험장비(A61100), 항공 운영시험장비(A61200)</td><td>비용 설명

MPC/PMC 업무지시/업무부서
A10100 하위레벨 WBS요소 참조

비용내용-시스템 계약업체
이러한 요소에 대해 계산될 비용은 항공기를 계획, 개발. 제작, 조립, 통합 및 개발시험,분석 및 보고서 작성 등의 수행에 요구되는 모든 비용을 요약하여 포함하고 있다.
또한, 이러한 요소를 만들기 위해 GFP를 통합, 조립 및 점검하는데 있어 필요한 활동과 관련한 모든 비용을 포함하기도 한다
적용 가능한 업무기술서 문장 3.6.2</td></tr>
</table>

<그림 10.14> WBS 요소도표

10.2.4 WBS 요점

- WBS는 시스템엔지니어링 프로세스의 조직과 통제를 위한 필수 도구이며, 시스템 엔지니어링 프로세스의 결과물이다.
- WBS의 중요성은 기술계를 벗어나 업무 전문가와 계약 담당자까지 확대된다. 모든 이해관계자의 요구가 개발 기간 동안에 고려되어야 한다. 프로그램 부서는 각 계약에 대한 프로그램 WBS와 상위 레벨 CWBS를 개발하고, 계약업체는 계약과 관련하여 하위 레벨 CWBS를 개발한다.
- 시스템 아키텍처는 프로그램 WBS를 위한 구조를 제공한다. SOW 과업은 이러한 WBS로부터 진행된다.
- WBS는 IPTs 조직과 측정기준 추적을 위한 구조를 제공한다.

10.3 문제풀이

1) 시스템엔지니어링 프로세스의 기본 단계를 설명하고 본 프로세스의 입력과 출력은 무엇인가? 그리고 시스템 분석 및 통제 활동의 목적은 무엇인지를 설명해 보라.
2) 아키텍처란 무엇인가? 그리고 시스템엔지니어링 프로세스에 나타나는 기능 아키텍처와 물리적 아키텍처를 구체적으로 설명해 보라.
3) WBS란 무엇인가? 이를 사용할 때 장점과 단점은 무엇인가? 그리고 OBS, CBS와 WBS와의 관계를 설명해 보라.
4) SOW란 무엇인가? 이는 WBS와 어떠한 관계가 있는가?
5) WBS와 아키텍처는 어떠한 관계가 있는가? 이를 서로 연관하여 설명해 보라.
6) 시스템 분석은 대상시스템의 균형을 유지하고 설계 최적화를 이루는 활동이다. 이에 포함된 기본 단계를 설명해 보라. 그리고 단계와 피드백 절차를 포함한 기본 프로세스를 제시해 보라.
7) 시스템 통제는 대상시스템을 효과적이고 효율적으로 추진하기 위한 절차이다. 시스템 통제 활동을 구체적으로 설명해 보라.

제11장 절충분석 및 대안비교분석

11.1 시스템엔지니어링 프로세스에 따른 절충연구

절충분석이란 시스템엔지니어링 프로세스를 적용하는 동안 요소 상호간에 충돌이 발생할 경우 제품통합팀(IPT)으로 하여금 대안을 선정하는 과정으로써 그 해결대책을 마련하기 위하여 사용되는 공식적인 의사결정 방법론을 말한다. 이러한 절충연구는 더 좋은 분석결과를 얻기 위하여 이해관계자의 참여가 매우 중요하다. 그렇지 않을 경우, 기본 가정이 달라 그 결과 솔루션을 보증할 수 없거나 고려되어야 할 중요한 데이터를 생략할 수도 있다. 절충연구는 대상 시스템의 요구사항, 목적, 설계, 프로그램 일정, 기능 및 성능 상호간에 가장 적합한 솔루션을 얻기 위하여 실제 가능한 대안을 식별하고 대안별 수명주기 비용을 산출하여 수행되는 활동이다. 이는 미리 정의된 요구기준에 의해 최적대안을 선택하게 된다. 절충연구는 보다 효과적인 의사결정을 지원하고 입증하기 위해 기능적 아키텍처 또는 물리적 아키텍처의 시스템 레벨에서 하부시스템레벨까지 순차적으로 수행된다. 이를 통해 매우 균형적인 시스템 솔루션을 도출하게 된다. 이와 같이 세부적인 절충연구 단계는 비용, 일정, 성능 그리고 위험 상호간에 미치는 영향을 분석하여 균형을 유지하도록 요구하고 있다. 모든 공식 및 비공식적 절충연구는 시스템엔지니어링 활동 내에서 수행되어야 한다. 공식적인 절충연구는 각 마일스톤 의사결정과 같은 공식적인 회의를 통해 수행되는 활동이다. 이러한 활동은 전형적으로 잘 검증될 수 있기 때문에 시스템 개발 프로세스에 따라 표준 의사결정 데이터베이스로 사용된다. 한편 비공식적 절충연구는 모든 레벨에서 이루어지는 수많은 공학적인 대안 선정과정을 말한다. 이러한 비공식적 절차 또한 공식적인 절충 프로세스와 유사한 의사결정 프로세스를 따른다. 비공식적 절충연구결과의 대부분은 요약되어 제시되지만 수행하는 과정에서 도출된 솔루션 설계정의내용은 매우 중요한 역할을 하게 된다.

절충연구는 시스템엔지니어링 프로세스 과정에서 의사결정을 지원하기 위해 요구되는 활동이다. 먼저 요구분석단계 절충연구에서 모든 요구사항은 다른 요구사항이나 비용을 포함한 각종 제약사항에 대하여 상호균형을 유지해야 한다. 이에 따라 요구분석 절충연구는 이해관계자 요소 상호간의 충돌을 해소시키고 고객 요구를 충족시키기 위해 성능대안과 기능요구사항을 식별하고 이를 분석 검증토록 하고 있다. 기능분석 및 할당단계 절충연구에서의 기능은 각종 인터페이스 요구사항, 요구 장비, 기능분해, 요구사항 흐름도 및 형상품목에 대해 고려해야 할 요소 상호간에 균형을 유지해야 한다. 기능분석단계에서의 절충연구는 다음과 같은 활동을 통해 이루어진다.

- 기능분석 및 할당을 통해 성능요구사항 및 설계제약사항을 식별지원
- 식별된 기능 인터페이스를 충족시키는 성능요구사항 요소를 정의 및 선정
- 상위 레벨의 성능과 기능요구사항을 하위 레벨에서 충족할 수 없을 경우, 성능요구사항을 레벨 기능에서 충족하도록 결정
- 대안 기능 아키텍처 평가

- 설계조합단계에서의 절충연구는 비용, 일정, 성능 및 위험을 최적화하기 위한 선정대안과 다른 솔루션을 비교평가하기 위해 수행된다. 이러한 절충연구는 설계조합 과정 기간 중 다음과 같은 활동을 수행한다.
- 신규 제품 및 프로세스 개발과 기존 제품 및 프로세스에 대한 의사결정 지원
- 시스템, 하부 시스템 및 컴포넌트에 대한 형상품목 설정
- 인원, 부품 및 자재 가용성을 포함한 시스템 개념, 설계 및 솔루션 선정을 위한 협조
- 자재 선택, 제조 또는 구입 프로세스, 이율 및 의사결정 시점에 대한 의사결정 지원
- 변경제안에 대한 검증
- 선정된 대안기술이 고위험 기술인 경우, 본 기술로 대안에서 제시 하고 있는 기능이나 설계요구사항을 적절하게 충족할 수 있는지 여부를 검증
- 자재 및 프로세스에 대하여 환경 및 비용 영향을 평가
- 제품과 프로세스를 선택하기 위해 물리적 아키텍처 대안을 비교평가
- 시스템 수명주기 비용을 감소시키고 시스템의 효과도 요구사항을 충족시키는 표준 컴포넌트, 기술, 서비스 및 설비 선정지원

초기 프로그램 단계, 예를 들면 개념연구 및 기능기준 개발단계의 절충연구는 시스템 형상을 제시하기 위해 대안으로 선정된 시스템 레벨 및 시나리오를 검증하기 위해 수행된다. 그리고 최종 단계에서의 절충연구는 컴포넌트 및 부품 설계를 선택하기 위한 하위 레벨의 시스템 요소, 하부 시스템 그리고 최종 품목을 검증하기 위해 수행된다. 비용, 안전성, 신뢰성, 위험 및 기타 효과 요소는 서로 또는 각각의 다른 물리적 특성에 따라 절충되어야 한다.

7.2 절충연구의 기본사항

기본적으로 절충연구(또는 절충 분석)는 가장 적합한 대안을 선정하기 위해 여러 가지 대안을 비교 평가하는 프로세스이다. 이러한 결정을 수행하기 위한 기초로서 제품통합팀의 모든 구성원이 받아 들 일수 있는 식별된 기준이 있어야 한다. 그리고 절충연구기준에서 벗어나는 경우, 대안 별 비교측정을 위해 상호 동의할 수 있는 방법이 제시되어 있어야 한다. 이와 같은 원칙이 준수된다면, 절충연구는 합리적이고 객관적인 결과를 반복적인 과정을 통해 결정할 수 있다. 마지막으로 절충연구결과는 고객 및 의사 결정권자로 하여금 상호 쉽게 의사소통 할 수 있어야 한다. 만일 절충연구결과가 너무 복잡하여 쉽게 의사소통 할 수 없다면, 이러한 프로세스는 프로그램 수행 적시에 필요한 의사를 결정할 수 없게 된다. 따라서 이를 위해 적절한 절충연구 기본절차를 만들어야 한다.

절충연구 기본절차

<그림 11.1>에서 보는 바와 같이 절충 분석 절차는 문제정의, 문제범위, 의사결정기준을 설정하기 위해 절충 방법론 제시, 대안 솔루션 선정, 각 대안의 중요 특성, 대안평가 및 최종 솔루션 선정 절차로 구성되어 있다.

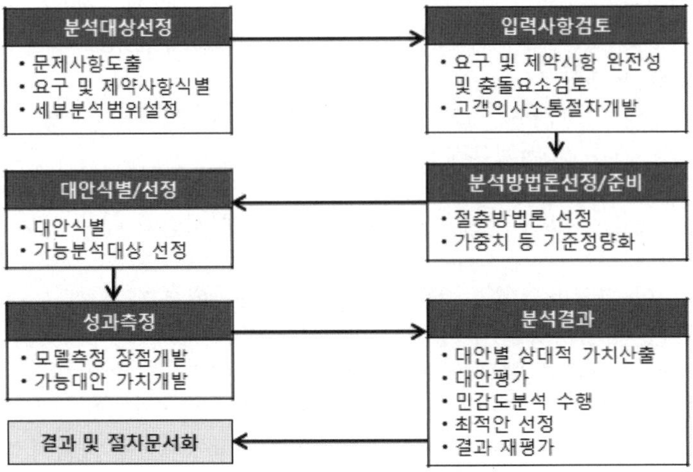

<그림 11.1> 절충연구 프로세스

- 각종 제약사항을 포함한 제반 문제점을 분명하게 정의. 만일 문제를 바르게 정의하지 못한다면 결국 올바른 솔루션을 얻을 수 없다.
- 각종 조건이나 이해와 연관된 문제점은 시스템 요구사항 검증에 반드시 필요하다.
- 연구 중인 제품 또는 프로세스의 요구 특성과 가용 데이터의 제한에 따른 상호간의 대립과 가용한 데이터베이스는 의사결정을 지원하기 위하여 실제적인 관련정보를 시기별로 제공할 수 있어야 한다.
- 규정된 방법론은 상호비교를 위한 수치적 방법을 선택해야 한다. 이를 위해 사용되는 요소로서는 기준 정량화 개발 및 필요 시 가중치 결정 등이 포함되어야 한다. 그리고 적절한 모델과 방법론을 사용함으로써 연구의 합리성, 목적성 및 반복성을 제공해 준다. 경험을 통해 이와 같은 단계를 무시함으로써 수많은 설계과정을 반복해야 하는 경우를 볼 수 있다. 방법론의 선택은 가능한 한 어느 정도까지 고객과 개발업체의 제시된 가치를 기본으로 한 대안을 비교해야 한다. 모든 절충 관계는 상호관련성이 있고 합리적이어야 한다. 효용성과 중요성의 선택은 “향상된 실질적인 성능가치가 얼마이고, 무슨 근거에 그 기준을 두고 있느냐” 하는 기본질문에 대한 답이어야 한다.
- 대안 솔루션을 선정하는 것은 문제 해결이 가능하고 실행 가능한 것을 선택하기 위해 모든 잠재적 방법이 식별되어야 한다. 따라서 수많은 대안의 비용분석이 필요하고, 모든 대안은 공식적으로 분명히 실행 가능한 방안으로 제한해야만 한다.
- 중요 특성을 결정하기 위해 각각의 대안별 방법론적인 연구에 의해 요구되는 모든 데이터를 도출해야 한다.
- 대안을 평가하는 부분은 연구 분석 활동이다. 대안 평가는 대안을 비교하기 위해 절충 매트릭스 개발, 민감도 분석, 선호 대안의 선정 그리고 대안과 연구절차 상호간의 재평가 등을 포함하고 있다. 민감도 분석이 중요한 이유는 가중치 요소와 정량화된 데이터가 임의적인 측면을 갖고 있기 때문이다. 만약 솔루션이 데이터 입력단계에서 상대적으로 변화가 있을 수 있다면, 그 연구결과는 아마도 타당성이 없을 수 있다. 따라서 제안된 방법론은 반

드시 재검토되고 수정되어야 한다. 앞에서 언급된 모든 과정이 완전하게 끝난 후 솔루션을 선택하고, 이를 검증한 다음 데이터베이스에 기록하도록 한다.

비용 대 효과 분석

비용 대 효과 분석은 시스템 또는 구성품의 성능을 비용과 비교하여 분석하는 절충연구의 특별한 경우이다. 이 같은 분석은 대안 솔루션의 가용성과 상대적인 가치를 결정하는데 도움을 준다. 특히 비용 대 효과 분석은 다음과 같은 사항을 위해 수행된다.

- 가용성, 비용 최적 업무 및 성능요구사항 식별 지원
- 최적 기능 구조에 대한 성능 할당 지원
- 대안 솔루션 선택에 대한 기준 제공
- 설계가 비용 제약조건 내에서 고객의 요구사항을 충족시킨다는 분석적 증거를 제공
- 제품 및 절차 검증에 대한 지원

초기에 대상시스템의 필요성과 요구사항을 정의할 때, 시스템이 수행해야 할 임무의 중요도 및 상관성에 따라 기술측정요소(TPM)내용이 결정된다. 바로 이러한 요소가 비용효과, 시스템 효과 또는 성과로 나타난다. 이러한 TPM 요소는 우선순위가 주어진다. 그리고 상대적 중요도에 따라 각 레벨 별 설계고려요소 계층구조로 나타난다. 사업관리와 검토를 위하여 설계에 고려할 TPM 우선순위는 시스템에 따라 다르게 나타난다. 예를 들면, 어떤 시스템에서는 시스템의 신뢰성이 최우선 순위로 나타나지만, 또 다른 시스템에서는 오히려 시스템 가용성이 더 중요하게 나타나는 경우가 있다. 어떠한 경우라 할지라도 적절한 측정요소와 우선순위를 결정해야 하고 이를 시스템요구규격서(SRS)에 포함시켜야 한다. 설계 프로세스가 진행됨에 따라 이러한 측정요소는 시스템 분석 및 평가목적을 위해 사용된다. 여러 가지 대안이 주어지게 되면 최적대안을 선택하기 위하여 이를 평가해야 한다.

11.3 대안평가분석 절차

일반적인 평가 프로세스는 다음 <그림 11.2>와 같다. 설계요구사항에 대한 기준 및 제약사항에 따라 3가지의 대안이 있다고 하자. 이중에 최적대안을 선정하기 위하여 다음과 같은 절차를 따라 수행된다.

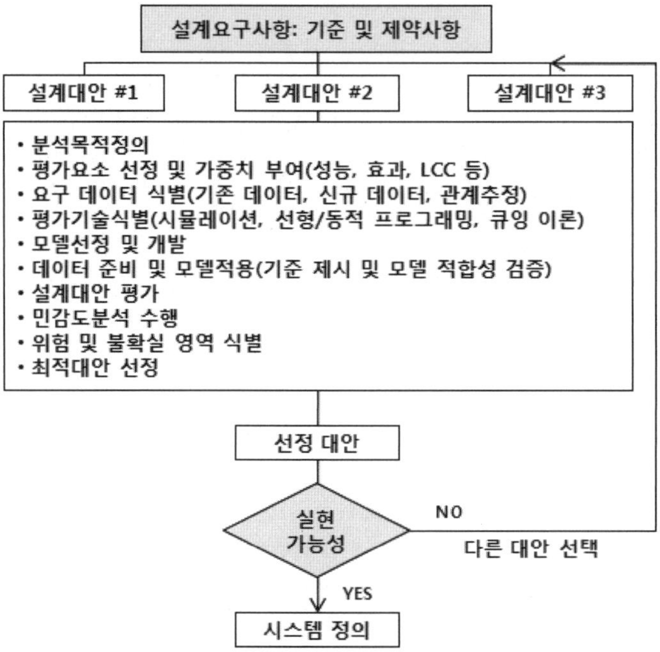

<그림 11.2> 대안 평가분석

분석목적 설정

이는 첫 번째 단계로서 분석목적을 분명히 하고, 그 문제에 대한 솔루션 대안을 식별하며, 분석방안을 기술하는 단계이다. 특히 대안을 설정함에 있어서 가능한 모든 방안을 제시해야 한다. 그러나 분석대안이 많으면 많을수록 분석과정은 더욱 더 복잡해진다. 따라서 식별된 모든 대안 중에 역효과를 가져다주는 불필요한 대안은 사전에 걸러서 제외하는 것이 바람직하다. 이와 같이 도출된 몇 가지 대안을 대상으로 평가분석을 시작하도록 한다. 이를 위해 의사결정 트리를 활용한다. 예를 들면, <그림 11.3>에서와 같이 세부적인 LAN기술을 선택하는 과정을 살펴보자.

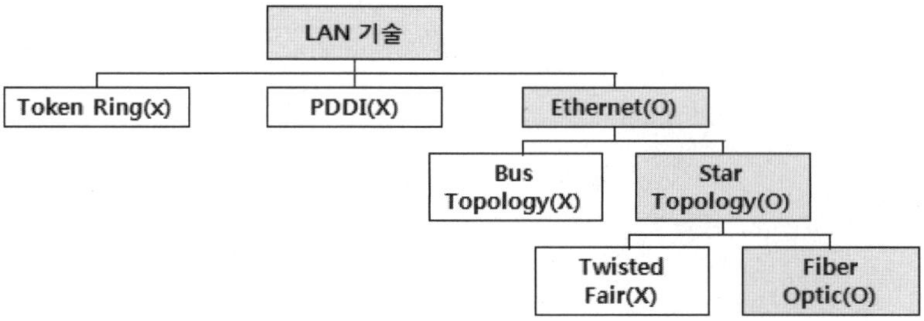

<그림 11.3> 대안별 의사결정을 위한 트리 작성 사례

먼저 LAN기술을 적용할 때 적용 가능한 기술은 Token ring, FDDI 및 Ethernet 기술이 있는데 이 중에 Ethernet를 선택하고, 이를 구성하고 있는 두 가지 세부 기술 중 star topology를 선정하고, 마지막 레벨의 Fiber Optics 기술을 선정하도록 했다. 이와 같이 대안을 선정하고 그 중에 최적대안을 선택해 가는 분명한 과정은 대상시스템의 분석목적에 적합한 대안 별 의사결정 트리를 작성토록 한다.

의사결정을 위한 대안을 선정하는 판단기준은 정확성, 신뢰성, 효율성, 통합성, 사용가능성, 생존성, 유지보수성, 수송가능성, 시험가능성, 융통성, 편의성, 재사용성, 호환성, 확장가능성, 가용성, 보안성, 획득비용 및 운용유지비용 등이다. 특히 이와 함께 위험도를 함께 선정하여야 한다. 각각의 대안은 불확실성에 따른 여러 모양의 위험이 연계되어 있기 때문이다.

성능, 효과도, 수명주기비용 등 평가요소 선택 및 가중치부여

평가 프로세스에 적용될 기준은 제기된 문제점, 평가대상 시스템 유형, 분석 정도와 복잡도에 따라 달라진다. 일반적으로 첫 번째 대상요소는 비용, 효과도, 성능, 가용성 등으로 나타난다. 그러나 다음 세부레벨부터 평가요소 내용은 분석대상에 따라 달라지기 시작한다. 어떠한 경우에도 평가요소가 선택되고 중요도에 따라 우선순위 가중치가 달라지며 시스템에 따라 이를 적절하게 적용해야 한다. 일반적으로 평가요소에 대한 가중치를 부여하기 위해 각 요소별 효용곡선을 <그림 11.4>와 같이 사용한다.

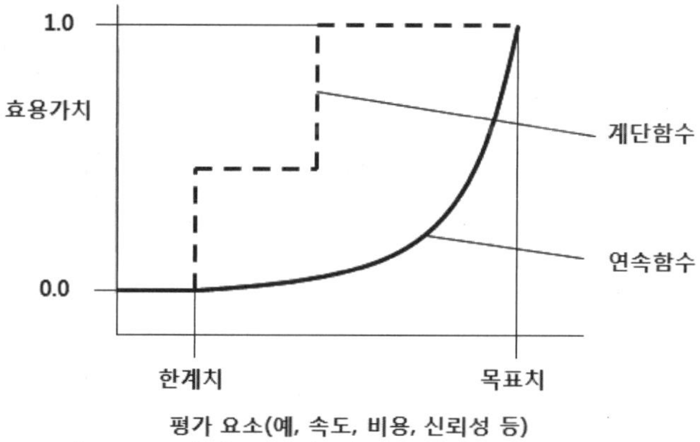

<그림 11.4> 평가요소(예, 속도, 가격, 신뢰성)별 효용곡선

효용곡선은 각각의 평가요소를 쉽게 비교할 수 있다. 예를 들면, 속도, 가격, 신뢰성 등에 대한 평가요소에 대한 효용치는 평가요소의 한계치와 목표치에 따라 선형, 계단 또는 비선형 함수로 증가하거나 감소한다. 일반적으로 속도의 경우, 속도가 증가하면 할수록 효용치가 선형적으로 증가한다. 그러나 <그림 11.5>에 나타낸 여러 가지의 비선형곡선에는 요소의 상대가치가 증가함에 따라 효용이 증가하는 볼록 곡선과 감소하는 오목 곡선이 있다. 그림에서 보면 신뢰성, 개발기간(IOC), 비행 정확성, 1차 생산품 납품시기 등의 평가요소에 대하여 효용이 비선형곡선으로 증가 또는 감소하는 효용곡선을 나타내고 있다.

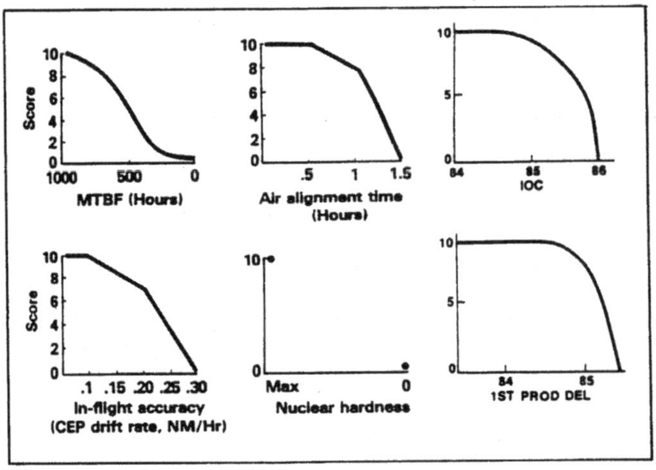

<그림 11.5> 비선형 효용곡선 사례

의사결정을 위한 각각의 평가요소는 요소 상호간의 상대적인 중요도에 따라 상대치를 갖는다. 이러한 상대치는 각 요소 상호간 가중치를 부여함으로써 우선순위가 나타나게 된다. <그림 11.6>은 수송시스템에 대한 평가요소별 가중치를 나타내고 있다.

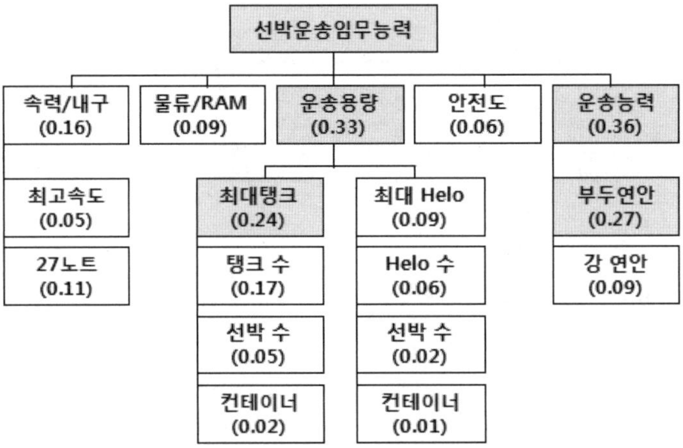

<그림 11.6> 임무능력 평가요소별 가중치 사례

수송임무를 수행함에 있어서 수송선박의 속력 및 내구력 가중치는 0.16, 물류지원은 0.09, 수송용량은 0.33, 안전성 0.06 그리고 수송능력은 0.36으로 분류되었다. 속력 및 내구력에서 최고속도는 0.05, 27노트 지구력은 0.11로 할당되고, 수송용량은 최대 탱크상태 0.24, 최대 Helo상태 0.09로 할당되었다. 그리고 최대탱크상태는 탱크 수 0.17, 차량 수 0.05, 컨테이너 수 0.02로 할당되었다. 최대 Helo상태도 Helo 수가 0.06, 차량 수 0.02, 컨테이너 수 0.01로 할당되었다. 수송능력은 연안부두가 0.27, 강 연안이 0.09로 할당되었다. 이와 같이 할당하기 위해 고객 및 사용자로 하여금 우선순위 조사를 실시한다.

한편 분석계층구조 프로세스(AHP)에 의한 우선순위결과를 도식하면 <표 11.1>과 같다.

<표 11.1> AHP방법에 의한 요소별 우선순위 평가 사례

SL-7 급 전환 절충분석연구 우선순위 조사
당신은 어떠한 임무능력 속성이 임무달성에 더 중요하다고 생각하나요?

임무 속성		임무속성
운송용량	9 - 8 - 7 - 6 - 5 - 4 - 3 - 2 - 1 - 2 - 3 - ④ - 5 - 6 - 7 - 8 - 9	운송능력
운송용량	9 - 8 - 7 - 6 - ⑤ - 4 - 3 - 2 - 1 - 2 - 3 - 4 - 5 - 6 - 7 - 8 - 9	속력 및 지구력
운송용량	9 - 8 - 7 - 6 - 5 - ④ - 3 - 2 - 1 - 2 - 3 - 4 - 5 - 6 - 7 - 8 - 9	물류/R&M
운송용량	9 - 8 - 7 - 6 - 5 - ④ - 3 - 2 - 1 - 2 - 3 - 4 - 5 - 6 - 7 - 8 - 9	안전도
운송능력	9 - 8 - 7 - ⑥ - 5 - 4 - 3 - 2 - 1 - 2 - 3 - 4 - 5 - 6 - 7 - 8 - 9	속력 및 지구력
운송능력	9 - 8 - 7 - ⑥ - 5 - 4 - 3 - 2 - 1 - 2 - 3 - 4 - 5 - 6 - 7 - 8 - 9	물류/R&M
운송능력	9 - ⑧ - 7 - 6 - 5 - 4 - 3 - 2 - 1 - 2 - 3 - 4 - 5 - 6 - 7 - 8 - 9	안전도
속력 및 지구력	9 - 8 - ⑦ - 6 - 5 - 4 - 3 - 2 - 1 - 2 - 3 - 4 - 5 - 6 - 7 - 8 - 9	물류/R&M
속력 및 지구력	9 - ⑧ - 7 - 6 - 5 - 4 - 3 - 2 - 1 - 2 - 3 - 4 - 5 - 6 - 7 - 8 - 9	안전도
물류/R&M	9 - 8 - 7 - 6 - 5 - 4 - 3 - ② - 1 - 2 - 3 - 4 - 5 - 6 - 7 - 8 - 9	안전도

효용곡선 및 가중치 요소를 개발하거나 조정할 때, 고객 및 의사 결정권자와의 의사교환이 필수적으로 이루어져야 한다. 대부분의 분석결과에 대한 민감도가 분명하게 나타나지 않기 때문에 선택 대안의 실현 가능성을 보기 위한 민감도 분석은 항상 방법론적 선택 결과를 확인하기 위해 사용된다. 대부분 의사결정 지원 소프트웨어는 민감도 분석 특성을 제공한다.

필요한 데이터 식별

특정 시스템 형상을 식별할 때 운용요건, 정비개념, 주요설계특성, 생산제조계획, 시스템 운용 및 지원 요건을 고려해야 한다. 이러한 필요성을 충족하려면 다양한 데이터와 함께 평가수행 기간 중에 사업단계별 수행된 평가범위를 분석해야 한다. 시스템 개발사업 초기에는 가용 데이터가 매우 제한되어 있다. 따라서 많은 유사 시스템에 대한 과거자료나 추정 관계 자료를 활용해야 한다.

시스템개발이 진행되어감에 따라 분석 및 예측에 따른 많은 자료들이 더욱 구체화되고 이를 보완해 간다. 이를 평가분석에 입력하게 된다. 바로 이 시점에서 요소별 형태, 수량 및 시기에 대한 특정 데이터의 필요성을 처음으로 결정하는 것이 매우 중요하다. 그리고 가능한 데이터 소스도 함께 결정된다. 주어진 분석에 대하여 가용한 입력 자료에 대한 신뢰도가 분석결과에 대한 위험도와 영향을 주는 결정적인 요소가 된다. 따라서 이러한 분석결과가 조기에 빨리 설정되기를 모두 바라고 있다. 시스템 획득단계별 절충 분석활동내용을 도식하면 <표 11.2>와 같다. 따라서 이에 적합한 데이터를 식별해야 한다.

<표 11.2> 시스템 획득단계별 의사결정내용

획득단계	절충 분석 의사결정내용
기획단계	• 임무분석에 따른 사용자 요구 우선순위 식별
개념설계단계	• 기존개념과 신기술개념 비교 • 임무요구 충족 최적개념 선정 • 시스템 대안 선정
예비시스템 설계단계	• 적용기술선정 • 시험 가능한 대안으로 대상범위 축소
상세설계 및 개발단계	• 컴포넌트 및 부품 선정 • 시험방법 선정 • 운용시험평가 횟수 결정
생산단계	• 설계변경 요구에 대한 효과도 검증 • 제작 또는 구매 결정, 프로세스 대안결정 • 의사결점 포인트 설정

평가기법 식별

주어진 문제에 대하여 솔루션을 얻기 위해서 이에 필요한 분석적 평가기법을 선택한다. 수명주기 흐름에 따라 임의적인 요소를 추정하기 위하여 Monte-Carlo 분석기법을 사용한다. 또한 자원요건을 결정하기 위하여 Linear programming기법, 생산 및 정비 단계에서의 Queuing theory, 분배의 필요성을 형성할 때 Networking기법, 수명주기비용 목적을 위해 회계기법을 사용한다. 문제를 평가하고 이를 분석함에 필요한 가용 도구를 식별하는 것은 이에 적합한 모델을 선정하는데 필수적인 사항이다.

모델개발 및 선정

다음 단계는 다양한 분석적인 기법을 일련의 모델로 형성하는 가정이다. 이와 같은 모델적용사례는 <그림 7.7>에 나타나 있다. 솔루션을 얻기 위하여 사용되는 모델은 제기된 문제를 실제에 가깝도록 보다 단순화시키는 과정으로서 그 특징을 보면 다음과 같다.

- 평가 시스템형상을 보다 동적으로 나타낸다.
- 나타난 문제의 특성을 가장 상응한 요소를 부각시킨다.
- 모든 상응한 요소를 포함하고 그 결과를 반복하여 적용한다.
- 문제해결을 시간에 따라 적용할 수 있도록 구조면에서 간단해야 한다.
- 분석전문가는 적용시스템형상을 하나의 개체로 분석하기 위하여 시스템 컴포넌트를 개별적인 차원에서 분석한 다음 이를 전체로 통합하도록 한다.
- 추가적인 평가대상을 수용할 수 있도록 모델을 수정하거나 확장하기가 쉬워야 한다.

무엇보다 중요한 목적은 다양한 구성품의 상호 관계뿐만 아니라 전체적인 시스템 형상을 평가하기 위하여 도움을 줄 수 있는 모델을 개발하거나 선정하는 것이다. 컴퓨터를 이용한 지원 모델은 나중에 더욱 자세하게 제시하도록 하겠다. <그림 11.7>을 보면, 대상시스템의 운용 및 정비개념을 기반으로 시스템 패키지 방안을 먼저 분석하고 에에 대한 시스템 성능분석, 구조분석, 인적 요구사항, 수명주기비용, 신뢰성분석, 수송가능성, 수리수준분석, 중간 창 정비, 재고관리, 정비유지분석에 대한 모델을 선정하여 상호 연관시킨다.

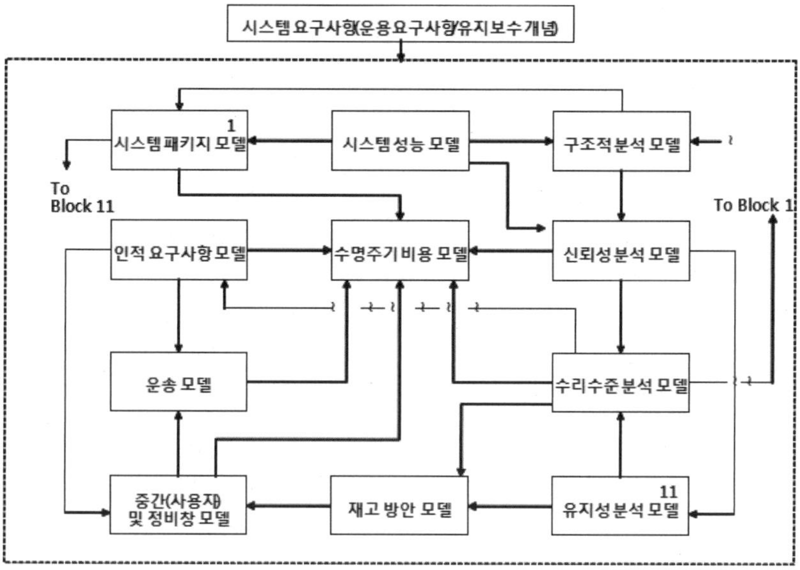

<그림 11.7> 모델적용 사례

데이터 생성 및 모델적용

이제 필요한 분석기법과 모델을 선정한 후에 분석대상 요구에 알맞게 이를 시험하거나 입증하는 활동을 수행한다. 첫째는 요구하는 목적에 선정한 모델이 잘 부합되는지를 검증해야 하고, 둘째로 평가대상 시스템형상 요소들이 민감하게 반응하는지를 검증한다. 모델평가는 잘 알려진 시스템을 선정하여 수행하고 과거 경험을 바탕으로 비교분석을 수행한다. 입력 자료는 모델설계특성이 변화에 민감하거나 궁극적으로 보다 정확한 출력을 얻을 수 있도록 변경되어도 좋다.

설계 대안평가

고려대상의 설계 대안은 선정된 모델과 기법을 사용하여 평가한다. 이에 사용되는 데이터는 기존 데이터 뱅크, 현 설계 데이터에 기초한 추정자료, 유추 및 파라매트릭 추정관계에 의한 전망 등의 다양한 소스로부터 수집된다. 이와 같이 다양한 소스로부터 주어진 요구데이터는 일관성 있게 적용되어야 한다. 그 결과는 초기에 요구된 특정시스템 요건과 비교 평가되어야 한다. 그리고 타당한 대안이 계속해서 평가된다. 그림 9.8에 빗 줄 친 영역에서의 가능한 대안이 고려될 수 있다. <그림 11.8>에서 설계 복잡도에 따라 이에 필요한 인건비를 선택하게 된다. 설계기능 표준화를 많이 하면 할수록 비용이 줄어진다. 수리수준 정도에 따라 공급지원 비용은 줄고 시험지원비용은 는다. 이를 종합한 비용의 수리부속수준을 결정하면 된다. 정비 접근성의 정도 또한 정비비용과 설계비용을 종합한 비용에 따라 최적치를 선정하게 된다. 이러한 각각의 대상 분석 요소를 절충하여 최종적인 대안을 선정하게 된다.

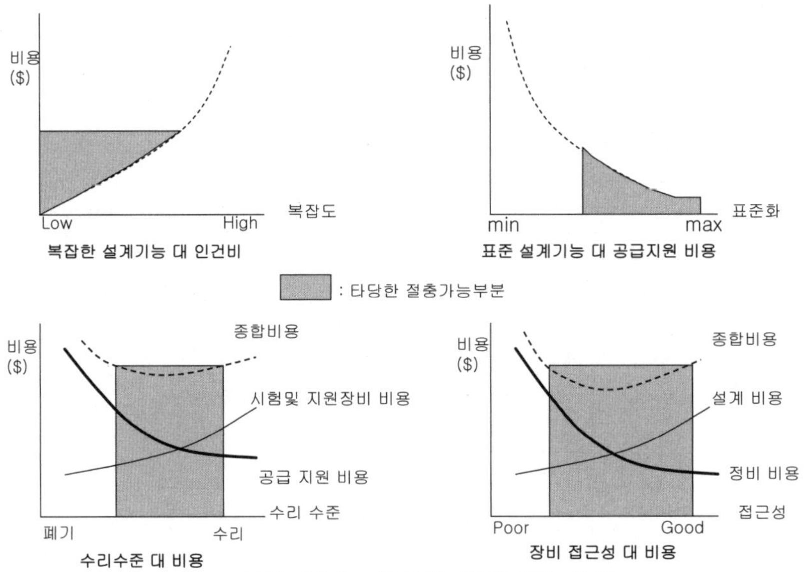

<그림 11.8> 분야별 평가결과 사례

이러한 의사결정을 수행하기 위해 평가요소별 대안에 점수를 부여하게 된다. 이는 특정대안에 대한 특성을 고려하여 이해관계자의 요구에 부합한 우선순위를 연관시켜 나간다. 각각의 모델을 판단할 수 있는 기준을 구축하기 위해 <표 11.3>에서와 같이 평가요소별 효용함수를 적용한다.

<표 11.3> 선호대안식별 사례

기준 가중치	대안									
	대안 1		대안 2		대안 3		대안 4		대안 5	
	점수	총점	점수	총점	점수	총점	점수	총점	점수	총점
A [15]	3.1-3.5	46.5-52.5	4.2-5.9	63-98.5	6.0-6.5	90-97.5	3.5-5.2	52.5-78	4-5.5	60-82.5
B [20]	3.9-4.6	78-92	7.8-8.2	156-164	8.9-9.2	178-184	6.4-6.9	128-138	7.6-8.1	152-162
C [10]	5.2-6.0	52-60	4.3-6.0	43-60	7.0-8.2	70-82	7.3-8.5	73-85	9.2-9.5	92-95
D [35]	9.0-9.5	315-332	7.0-7.3	245-255	8.5-9.0	297-315	9.7-9.9	339-346	6.7-7.2	234-252
E [20]	5.0-6.7	700-734	3.5-4.5	70-90	5-6	100-120	6.9-7.2	138-144	7.8-8.2	156-164
총계		591-671		577-658		735-798		731-791		694-755

이를 각 대안별로 충족할 때까지 연속해서 조정한다. 더 이상 수정할 가치가 없거나 타당성이 없을 때 나타나는 상위 포인트와 제품획득이 종료되었을 때 또는 이와 유사한 판단기준에 따라 나타나는 최하위 포인트를 최종 포인트로 한다. 이를 도식한 것이 <표 7.3>이다. 여기에는 5가지 대안과 5가지 평가요소를 비교하여 의사결정 매트릭스를 나타낸 것이다. 그 결과 대안 3이 가장 선호하는 대안으로 나타난다.

민감도분석수행

<그림 11.4>에 나타난 효용곡선은 제시하는 방법에 대한 문제를 포함하고 있다. 효용곡선 및 가중치 요소는 평가자 사이에서 변경될 수 있는 판단 정도를 나타내고 있다. <표 7.4>는 조합된 세 개의 시스템이 3.8임을 보여주고 있다. 여기서 효용곡선 또는 가중치 요소에 약간의 변

화가 있을 경우, 그 결과가 바뀔 수 있다는 사실을 볼 수 있다. 표 9.4에서 제시된 민감도 분석은 효용성과 가중치가 변화함에 따라 솔루션이 어떻게 변화할 수 있는지를 결정하기 위해 수행된다. 이는 평가담당자로 하여금 작은 변화에 따라 발생 가능한 문제의 민감도를 제거하기 위해 평가기준을 어떻게 조정할 것인가를 결정하는 지침이 된다. <표 7.4>의 경우 솔루션은 고객에게 더 좋은 실제 값으로 표현되는 재평가 가중치 요소만큼 단순해질 수 있다.

<표 11.4> 대안비교분석표 사례

평가요소 / 대안	거리 Wt =2.0		속도 Wt =1.0		중량 Wt =2.5		총 가중치
	U	W	U	W	U	W	
수송시스템 1	0.8	1.6	0.7	0.7	0.6	1.5	3.8
수송시스템 2	0.7	1.4	0.9	0.9	0.4	1.0	3.3
수송시스템 3	0.6	1.2	0.7	0.7	0.8	2.0	3.9
수송시스템 4	0.5	1.0	0.5	0.5	0.9	2.25	3.75

예를 들면, 수송거리, 속도, 및 수송중량 세 가지를 대상으로 한 4가지 수송시스템에 대한 대안비교 매트릭스를 나타낸 것이 <표 7.4>라고 하자. 여기서 가중치는 거리 2.0, 속도 1.0, 중량 2.5로 주어졌다. 각각의 수송시스템에 대한 효용치는 가중치를 승한 다음 이를 합한 것이 총 가중치이다. 여기서 가장 높은 점수를 나타낸 수송시스템 3이 수송가능성 분석에서 최선 방안으로 선정된다. 그런데 효용곡선이나 가중치 요소는 몇몇 평가자 사이에 변경의 여지가 남아있다는 것이다. 특히 총 가중치 3.8 주위에 수송시스템 1, 3 및 4가 있기 때문에 효용곡선이나 가중치 요소에 약간의 변동만 있어도 그 우선순위가 쉽게 뒤바뀔 수가 있다. 바로 이러한 판단을 분석하는 것이 민감도 분석이다. 여기서 거리가 약간 줄고 중량이 약간만 높아져도 수송시스템 4가 선정될 수 있다는 것이다. 이처럼 민감한 사항을 제거하기 위해 평가기준을 어떻게 조정할 것인가 결정하는 지침이 된다. 이와 같이 효용곡선이나 가중치 요소를 변경할 때 고객이나 이해관계자 및 의사결정권자와 미리 협의하는 것이 필수적이다. 상기 수송시스템과 달리 대부분의 대안비교 시 민감도 사항이 분명하지 않는 경우가 많다. 민감도는 대안별 총 가중치를 분명하게 제시할 필요는 없다. 따라서 민감도분석은 적용하는 방법론에 따라 분석되어야 한다. 대부분의 소프트웨어 지원도구는 이러한 민감도분석을 제공하고 있다.

위험 및 불확실성 식별

선호하는 대안을 식별하는 분석과정에 있어서 몇 가지 불확실한 시스템 요소가 발생될 수 있다. 예를 들면, 불확실한 데이터 입력, 예측수행방법의 부적절성 또는 분석결과를 임의로 밀어붙이는 사례 등을 들 수 있다. 이러한 점에서 몇 가지 의문이 발생된다. 첫째, 이러한 불확실한 입력요소로 인해 얼마나 민감하게 그 결과가 반응하고 있는가 하는 문제이다. 둘째, 대안 선택에 있어서 어떠한 입력요소가 얼마나 민감하게 반응하는가 하는 문제이다. 경험적으로 볼 때, 정비유지비용은 신뢰도, MTBF와 정비도, Mct에 매우 민감하다. 매우 제한적이긴 하지만 과거의 경험 자료에 바탕을 두고 현재의 추정 및 예측방법에 많은 상관관계를 얻을 수 있다. 잘 못된 결과에 대한 위험을 줄이기 위해 분석가는 주어진 신뢰도와 정비도를 벗어난 입력 자료를 사용하여 어떠한 영향을 주고 있는지를 알아보려고 할 것이다. 입력 자료를 적게 변화시켰는데도 그 결과에 대한 영향이 매우 크게 나타나고 있는 변수의 경우, 이는 매우 치명적인 TPM 요소이다. 따라서 전반적인 기술검토 및 평가 시 이를 치명적 항목으로 다루고 설계가 진전됨에 따라 항상 긴밀하게 모니터링하며, 설계향상과 신뢰도와 정비도를 향상시키고자 할 경우, 추가적인 노력이 필요하다. 필수적으로 민감도분석이 설계절충을 통한 의사결정과 출력에 대한 결과를 상호 유기적으로 결정하는데 매우 중요한 역할을 한다.

설계평가 프로세스는 대상시스템의 미래에 많은 영향을 주는 의사결정과정이다. 평가 기준 선정, 요소별 가중치 부여, 수명주기 선정, 데이터 소스와 예측방법 사용, 분석결과에 주어진 가정사항 등은 분명하게 의사결정과정에 많은 영향을 준다. 따라서 이러한 과정에 내재되어 있는 요소는 장차 일어날 미래에 대한 "위험"과 “블확실성"이다. 이러한 두 가지 용어는 서로 함께 사용되고 있지만, 위험이란 어떠한 고려요소를 중심으로 확률분포 형태로 나타나는 불연속적인 데이터를 말한다. 반면에 불확실성은 불연속적 분포가 아닌 확률로 나타나는 상황을 나타낸다. 어떠한 요소는 위험 항목으로 나타나거나 어떠한 불확실한 상황조건으로 나타나기도 한다. 시스템 설계와 개발 프로세스에 적용되는 위험과 불확실성은 프로그램의 위험관리계획에 포함되어야 한다.

최적대안 추천

평가 프로세스의 최종 단계는 최적대안을 선정하여 추천하는 일이다. 분석결과는 모두 문서화되고 모든 프로젝트 수행자에게 알려져야 한다. 분석결과에는 분석가정, 평가절차, 각종 고려대안, 위험 및 불확실성에 대한 요인식별 등이 함께 제시되어야 한다. 비용효과란 시스템의 총수명주기비용과 시스템의 임무를 달성하는 시스템효과와의 상관성, 곧 FOM(으로 나타난다. 이는 분석대상에 따라 여러 가지 형태로 나타나는데 몇 가지 사례를 보면 <그림 11.9>와 같다.

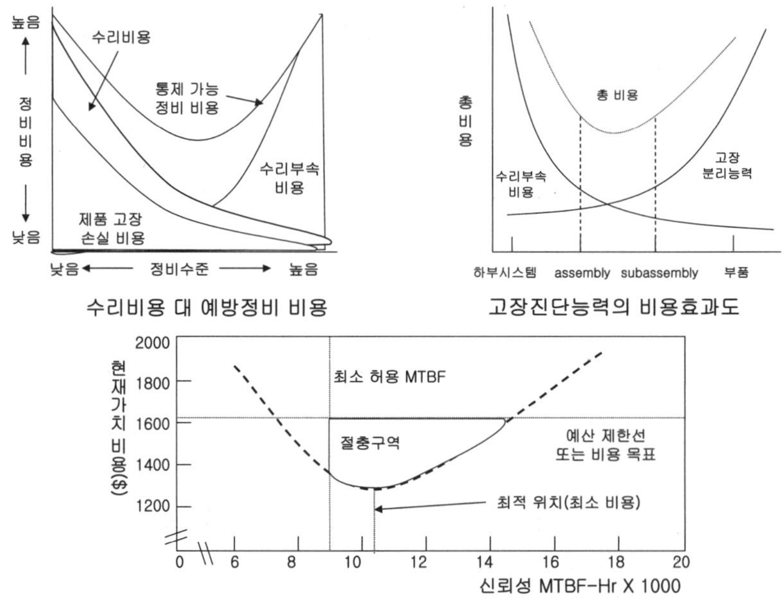

<그림 11.9> 비용효과분석 사례

예를 들면, 시스템 이득 대 비용, 시스템 용량 대 비용, 시스템 효과 대 비용 등의 FOM을 들 수 있다. 여기서 시스템 효과란 “주어진 시기에 특정조건아래에서 운용요구를 성공적으로 충족시킬 수 있는 확률”로 정의된다. 또한 운용 가용성이란 시스템 효과는 대상시스템의 성능, 가용성, 지원가능성 및 의존성 등의 기술특성으로 나타난다. 이는 때로는 하나 또는 둘 이상의 FOM으로 구성된다. 따라서 시스템 효과나 비용효과는 요건으로 정의된 TPM이나 시스템 형태 및 임무에 따라 다르게 나타난다.

7.4 절충 분석 시 유의사항

이러한 절충 분석을 수행할 때 몇 가지 유의해야 할 사항은 다음과 같다.

- 추상적인 절충 분석 판단기준을 제시하여 가중치를 부여하지 않도록 해야 한다.
- 시스템 가치를 사용할 때 대상시스템 확인 없이 일률적인 적용을 피해야 한다.
- 가중치를 산정할 때 관계자들과 협의해서 부여해야 한다. 이러한 자료를 획득하는데 실패하지 않도록 해야 한다.
- 서로 다른 이해관계자의 우선순위를 조정하지 못한 채 가중치를 부여하지 않도록 하라.
- 서로 상이한 시스템의 임무와 사용가치를 조정하여 가중치를 부여해야 한다.
- 시스템 효과 추정 시 위험요소를 함께 고려하여야 한다.

이러한 절충 분석 대안을 도출하고 판단기준을 식별하며 가중치 및 효용곡선 판단기준이 제대로 설정되었는지를 식별하고 확인해야 한다. 그리고 평가결과에 대한 문서화와 민감도분석을 수행해야 한다. 이를 위해 <표 11.5>에 주어진 점검표를 사용하는 것이 바람직하다.

<표 11.5> 절충 분석 체크리스트

점검 사항	구체적인 내용
1. 대안 도출	• 각 대안은 분명하게 정의되어 있는가? • 대안이 미리 설정되어 있었는가, 어떻게 설정되었는가? • 대안별 유용성 한계가 설정되어 있는가, 소스는 어디에서 온 것인가? • 도출된 모든 대안이 기술되어 있는가?
2. 판단기준 식별	• 모든 중요판단기준이 식별되어 있는가? • 대안 상호간 적용기준을 구별할 수 있는가? • 판단기준을 측정할 수 있는가? • 판단기준이 미리 절차에 따라 승인되어 있는가?
3. 가중치 판단기준	• 가중치 판단기준 근거가 있는가? • 가중치 기준이 기본 사업수행지침과 일치하는가? • 가중치를 시스템 계층구조 트리에 일치되게 분배하고 있는가?
4. 효용곡선기준	• 각 판단기준에 합리적인 근거가 설정되어 있는가? • TPM으로부터 판단기준이 도출되었는가? • 모든 내용이 동일한 산출 근거를 사용하고 있는가? • zero점에 대한 내용이 설명되어 있는가?
5. 평가방법 문서화	• 시험데이터에 대한 유의수준이 제시되어 있는가? • 각종 모델은 언제 누가 확인한 것인가?
6. 민감도 분석	• 최악조건하에서 분석오차범위가 설정되어 있는가? • 효용곡선 형태변경에 따른 영향이 검증되어 있는가? • 민감도분석 한계에 대한 근거가 주어져 있는가?

절충 분석의 목적은 여러 가지 솔루션 중 최적대안을 선정함에 있다. 이를 위해 보다 많은 정보를 제공하여 보다 분명한 의사결정이 이루어지도록 노력해야 한다. 시스템 개발초기 절충 분석은 주로 시스템 대안개념 및 요건에 중점을 두고 하위 설계단계에서는 컴포넌트 설계 대안을 선정하는데 목적을 두고 있다. 절충 분석의 특별한 분석대상인 비용효과분석은 비용에 대한 솔루션을 비교 평가하는 방법이다. 업무를 잘 수행하기 위하여 다음 <표 7.5>와 같은 체크리스트를 사용하는 것이 바람직하다.

7.5 모델링과 시뮬레이션

모델이란 시스템의 속성, 현상 및 프로세스를 물리적, 수학적 또는 논리적으로 표현하는 방법을 말한다. 그리고 시뮬레이션이란 일정 기간에 걸쳐서 이러한 모델을 실행시키는 것이다. 모델을 실행시킴으로써 특정 시스템의 객체나 현상이 어떻게 작동하는지를 보여준다. 이는 시스템의 운용개념을 모델에 의해 표현하거나 실제 시스템을 사전에 시험하거나 분석 하는데 사용되며 또한 시스템 교육훈련에 매우 유용하게 활용된다. 모델링과 시뮬레이션(M&S)은 제품이나 프로세스에 대한 가상적인 복제를 제공함으로써 다양한 사용이 용이하며, 사용 환경에 따라 유사한 제품이나 프로세스를 구현하는데 매우 용이하게 이용된다. 모델과 시뮬레이션을 사용함으로써 제품의 수명주기비용과 위험을 사전에 줄일 수 있는 방법을 모색할 수 있다. 따라서 M&S의 장점은 수명주기 전반에 걸쳐 <그림 11.10>과 같이 매우 다양하게 나타난다.

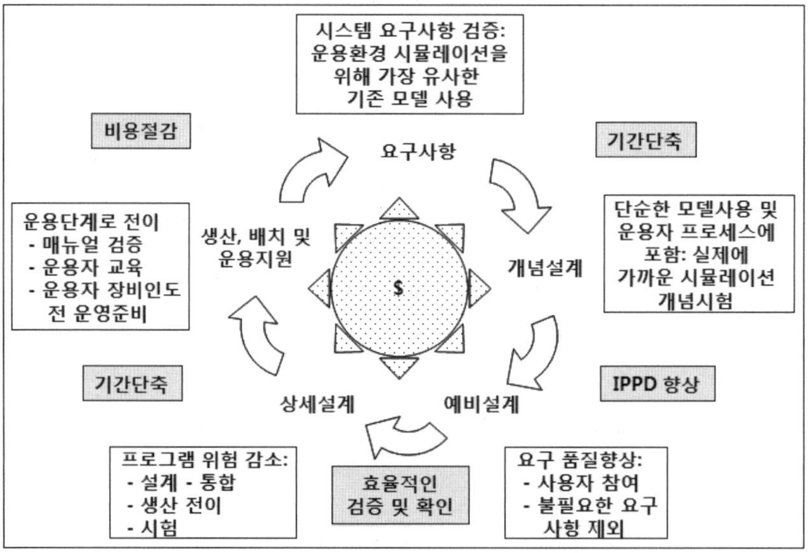

<그림 11.10> 모델링 및 시뮬레이션의 장점

요구사항을 도출하는 단계에서의 이점은 운용환경 시뮬레이션을 위해 가장 유사한 기존 모델을 사용함으로써 시스템 요구사항을 빠르게 효과적으로 검증할 수 있다. 개념설계단계에서 실제에 가까운 시뮬레이션 개념시험을 위해 단순한 모델을 사용하고 운용자 프로세스 내에 이를 포함함으로써 엄청난 기간을 단축할 수 있다. 예비설계단계에서 M&S를 사용하여 사용자를 참여시켜 불필요한 요구사항을 제외함으로써 요구사항의 품질을 향상시킬 수 있다. 이에 따라

제품과 프로세스를 통합한 IPPD 프로세스를 획기적으로 향상시킬 수 있다. 나아가 요구사항에 대한 효율적인 검증과 확인을 통해 세부설계단계에서 설계, 통합, 생산전이 및 시험활동에 발생 가능한 위험을 매우 효과적으로 줄일 수 있다. 생산, 배치, 운용 및 지원 단계에서 사용자 및 정비 매뉴얼을 검증하든지 운용교육과 장비인도 준비기간을 엄청나게 절약할 수 있다. 이는 곧 시스템 수명주기비용을 절감하는 효과를 가져 올 수 있다.

7.5.1 획득단계의 모델링 및 시뮬레이션

획득단계에서의 모델링과 시뮬레이션을 적용하는 단계는 다음과 같다. 그리고 내용을 응용함으로써 매우 중요한 도구로 활용되고 있다.

- 적용단계: 요구사항 정의, 프로젝트 관리, 설계와 엔지니어링, 효율적 측정계획, 결과 예측, 실 시험평가에 대한 보완, 생산, 및 로지스틱스 지원 단계
- M&S의 사용에 따른 네 가지 중요한 장점: 비용절감, 기간단축, 제품품질향상, 원가 절감 등이 M&S를 적절하게 사용할 때 시스템 개발과정을 통해 달성가능

정부사업과 이와 연관된 수많은 산업계는 이러한 기회를 활용해 왔고, 특히 많은 기업들이 정보기술과 컴퓨터기술의 급속한 발달에 힘입어 엄청나게 활용해 오고 있다. 오늘날 M&S는 시뮬레이션 기술을 적용할 수 있는 모든 분야로 발전되고 있다. 예를 들면, 전체 시스템, 네트워크, 다중 시스템과의 연계 그리고 시뮬레이터를 시제품으로 제시할 수 있는 능력까지 발전되어 오고 있다.

시뮬레이션의 종류

모델링과 시뮬레이션을 위한 종류로써 크게 가상, 구조적 및 실물 시뮬레이션 등 세 가지가 널리 사용되고 있다.

- 가상 시뮬레이션이란 시스템을 물리적 및 전자적으로 나타낸 기법을 말한다. 예를 들면, 항공기 교육훈련장비, 해군 전투병력 전술교육 훈련장비, 근접 전투 전술교육 훈련장비, 그리고 내장형 교육훈련 프로그램 등이 있다.
- 구조적 시뮬레이션이란 시스템과 시스템 운용을 나타낸 기법을 말한다. 이는 컴퓨터 모델, 분석 도구, 실물 모형, IDEF0, 기능흐름선도, 그리고 CAD/CAM 등을 포함하고 있다.
- 실물 시뮬레이션은 실제 운용자와 장비를 가지고 모의 운용하는 기법을 말한다. 예를 들면, 소방교육훈련, 운용시험, 그리고 소프트웨어 도구에 의해 시현되는 초도 생산 등을 포함하고 있다.

검증, 확인 및 인증

모델 또는 시뮬레이션에 대한 신뢰성을 알 수 있는 방법이 매우 중요하다. 이를 위해 공식적인 검증, 확인 및 인증을 통해 모델과 시뮬레이션에 대한 신뢰성을 갖게 된다. 일반적으로 VV&A는 소프트웨어에 적용되고 있지만, 기본개념은 하드웨어에도 함께 적용된다. 이를 좀 더 구체적으로 살펴보면 다음과 같다.

- 검증이란 모델이 개발될 시스템에 대하여 개발업체가 기술한 개념과 규격서를 정확하게 나타내고 있는지를 결정하는 프로세스를 말한다. 검증 대리인, 즉 설계자가 의도한대로 되었는지를 평가하는 절차를 말한다.
- 확인이란 신뢰수준을 설정하고 의도된 모델을 운용관점에서 반영되어 있는지를 평가하기 위하여 현 모델의 정확성 표현방식과 정도를 결정해 주는 프로세스를 말한다. 확인 대리인, 즉 기능별 전문가가 실제 제품과 일치성 여부를 확인해 주는 절차를 말한다.
- 인증이란 모델이나 시뮬레이션이 특정 목적으로 사용함에 적합하다는 공식적인 증명을 하는 활동이다. 이러한 인증은 평가 중인 모델이나 시뮬레이션의 수용 가능성을 판단할 수 있는 가장 적합한 조직에 의해 수여된다. 이러한 조직으로서는 목적에 따라 운용 및 사용자, 사업부서, 또는 계약업체가 될 수 있다. 이를 위해 인증 대리인, 즉 요구자 및 사용자가 요구한 사항을 충족시키는지 여부를 평가하게 된다.

이러한 활동은 설계가 완성되어 가면서 기본적인 가정 사항을 점검하도록 한다. 따라서 VV&A는 다음과 같은 특별한 경우에 더욱 필요하게 된다.

- 중요한 상호운용이 복합적으로 표현될 때 필요하다.
- 재사용을 하고자 할 때 필요하다.
- 생명의 안전성과 중요한 자원이 포함될 때 필요하다.

VV&A 적용기간

VV&A활동은 초기 제품 개발기간 및 운용기간에 적용된다. 특히 이러한 절차는 정부가 수행하는 모든 프로젝트의 시뮬레이션에 요구되며, 기존의 모델과 시뮬레이션에 중대한 성능개량이나 변경이 있을 때마다 이는 다시 수행되어야 한다. 부가적으로 모델이나 시뮬레이션의 입증 방법이나 고유 영역에서 벗어날 때마다 VV&A는 반드시 재 수행되어야 한다. 그러나 인증은 인증기관에 의해서 폐지되지 않는 한, 즉, 사용자나 시뮬레이션 내용을 변경하지 않는 한 특정사항에 대해 지속적으로 유효하게 적용된다.

7.5.2 고려사항

획득관리절차에서의 모델링과 시뮬레이션의 적용 및 이용에 관해 결정해야 할 몇 가지 고려사항이 있다. 즉 M&S를 수행할 경우 이에 대한 비용, 충실도, 계획, 균형 그리고 통합 등에 관한 요소가 검토되어야 한다.

비용 대 충실도

충실도는 M&S에서 실제 현실의 실상을 나타내는 정도를 말한다. 이는 모델 개발을 위해 필요한 기초가 되며, 이에 대한 VV&A가 반드시 수행되어야 한다. 따라서 비용 대 효과면에서 시뮬레이션 충실도는 매우 중요한 쟁점이 된다. 비용과 충실도 상호간의 바른 균형은 시뮬레이션 요구분석 결과로 나타나야 한다. M&S 설계자와 VV&A의 대리인은 충실도가 충분하게 부여될 때 이를 결정해야 한다. 요구되는 충실도의 정도는 시뮬레이션 전반에 걸쳐 변동될 수 있다. 이러한 변동은 분석에 따라 식별되고 계획되어야 한다. 여기서 주의해야 할 사항이 있다. 표면상 나타나는 품질과 시뮬레이션 요구사항을 충족시키는 품질과 혼돈해서는 안 된다. 충실도의 좋은 예로, 간단한 개인용 컴퓨터를 사용하는 비행 시뮬레이터와 모든 기계가 여섯 개의 자유도로 갖추어진 비행기 조종석을 비교해 보자. 두 가지 모두 비행 교육훈련의 다른 단계에서 고유 가치를 갖고 있지만, 비용측면에서는 수천 달러에서 수백만 달러의 차이가 있다. 이러한 비용의 차이는 실제 상황에 대한 정확도, 즉 충실도의 요구 정도에 따라 발생된다.

계획

계획수립을 위한 M&S 활동은 고유 영역중의 하나이다. 모든 계획은 반드시 선행적이고, 빠르고, 지속적이며 규칙적이어야 한다. 초기 계획은 균형과 재사용, 그리고 통합을 수행하는데 도움이 된다. 컴퓨터와 시뮬레이션 기술의 급속한 발달로 계획은 동적인 프로세스로 발전되고 있다. 또한 모든 계획은 반드시 지속적인 프로세스여야 한다. 적절한 시뮬레이션 전문가를 영입하여 그 효과를 극대화시키는 것이 중요하다. M&S활동은 통합팀 활동의 한 부분이며 책임 있는 모든 조직이 함께 참여해야 한다. 통합팀은 M&S 계획을 개발하고, 시험평가 종합계획서, 획득전략 및 다른 프로그램 계획 활동을 포함한 전반적인 계획을 수립하는 프로세스에 이러한 팀을 투입해야 한다. M&S 계획을 수립할 때 다음과 같은 사항을 포함해야 한다.

- 각 모델 또는 시뮬레이션의 VV&A 요소를 책임지는 활동을 식별
- 개발시험담당자, 운용시험 담당자 그리고 VV&A 각 요소 별 부서원으로부터 위임 받은 시험평가 담당자의 활동을 식별

M&S와 연관된 모든 활동에 의해 철저한 VV&A활동을 추정한 다음 이에 대한 공식적인 동의가 이루어져야 한다. VV&A 활동에 대한 책임은 반드시 정상적인 계획의 한 부분으로 식별되어야 한다. 검증 대리인으로서의 개발업체, 확인 부서원으로서의 기능 전문가, 그리고 인증 대리인으로서의 사용자를 나타낸다. 일반적으로 이는 가상 시뮬레이션을 수행할 때 나타나는 적합한 사례이다. 반면에 구조 시뮬레이션에 대한 생산자는 특정 활동을 위해 프로그램 사용을 정당화하는 피 보증인이 된다. 실제 누가 VV&A를 수행해야 하는지는 계획 과정에서 알 수 있다. VV&A 요구사항은 특별히 업무 문서와 계약 문서에 요구된다. 따라서 VV&A는 계약업체 제안서의 일부분이 되어야 함으로 이는 계약보다 우선하여 수립되어야 한다.

균형(Balance)

균형이란 제품 수명주기 단계에 포함된 모든 기능분야 범위에 M&S를 사용하여 최적화하는 과정을 말한다. 이는 하드웨어 대 소프트웨어의 사용 정도, 충실도 레벨, VV&A 레벨 그리고 사용 대 미사용 등에 대한 균형을 말할 수도 있다. 균형은 항상 비용분석의 근거가 되어야 한다. 따라서 비용 대 효과 분석은 포괄적이어야 한다. 즉, M&S를 사용함으로써 동일한 모든 응용분야 그리고 시스템 개발 및 운용의 전 수명주기에 걸쳐 적절한 균형을 고려할 수 있다.

통합(Integration)

통합은 하나의 모델 또는 시뮬레이션을 또 다른 모델 또는 시뮬레이션과 상호 운용이 되도록 설계할 때 이루어진다. 이러한 통합을 하는 목적은 성능향상, 비용이득 또는 상승효과를 얻는데 그 목적이 있다. 이러한 이득이나 절감은 상승작용 증가와 초과시간 사용 및 활동에 따라 이루어진다. 이러한 통합은 시스템에 의해 사용되는 프로그램이나 새로운 시뮬레이션을 통합적으로 개발할 때 선행적인 계획을 재사용하거나 성능개량을 통해 이루어진다. 이러한 경우, 통합은 계획된 모델의 반복적인 사용, 시뮬레이션, 또는 시스템 수명주기에 걸친 데이터 적용을 통해 완성되어 간다. 진화적인 방법이나 또는 병행적인 사용을 위해 M&S를 통한 성능개량계획은 시스템을 설계할 때 개방형 시스템 아키텍처를 적용하도록 지원하고 있다. 또한 M&S활동은 정부가 특정 계약업체, 협력업체, 또는 하부 단계의 최적화를 이루기 위해 특정 수행기능을 수립하여 통합하는 것이다. M&S의 통합을 이룩하기 위해서는 적어도 사업부서의 종합적인 관리가 이루어져야 한다.

향후 전망

정부 관련기관 및 기업은 획득 시스템의 수명주기에 걸쳐 M&S의 사용을 적극 권장해 오고 있다. 특히 시뮬레이션 기술은 컴퓨터 기술의 발전에 따라 빠르게 변하고 있으며, 컴퓨터 기술의 발달은 보다 높은 충실도와 유연성을 제공하게 되었다. 이와 같은 시뮬레이션 기법이 상호 연관됨에 따라 통합에 대한 기회가 보다 널리 확대되고 있다. M&S의 성공 사례가 증가됨에 따라 M&S 적용이 더욱 가속화되고 있다. 지금까지 적용되고 있는 중점은 개방형 시스템의 시뮬레이션을 달성하는데 있다. 그 적용의 범위에 있어서 플러그-엔-플레이를 가능하게 하고 있다. 개념 분석단계에서 폐기 분석단계에 이르기까지 수백 가지의 상이한 프로그램이 서로 다른 시뮬레이션, 시뮬레이터 및 모델 분석 도구를 사용하고 있다. <그림 11.11>은 개념적으로 통합된 모델링과 시뮬레이션 프로그램이 어떻게 획득 프로세스의 기능에 대해 영향을 미치는지를 보여주고 있다.

강건한 통합 시뮬레이션이라 함은 개념연구에서부터 형성된 시뮬레이션을 시스템 엔지니어링 프로세스에 따라 기능설계, 하드웨어 및 소프트웨어 물리적 설계, 기술개발 및 제작, 시험, 로지스틱스 및 교육훈련 등의 수명주기 전반에 걸침 시뮬레이션과 함께 통합되는 것을 말한다. 그리고 이는 초기 고객 요구사항 및 시스템 요구사항을 관리하고 사업을 관리하는데 적용되도록 한다. 나아가 본 시스템뿐만 아니라 또 다른 A 시스템, B시스템 등으로 확산되어 적용한다. 이를 위해 각종 분산체계와 데이터를 저장하고 관리하도록 한다.

특히, 국방의 경우, 공식적인 시뮬레이션을 기반으로 한 획득정책(SBA)으로 발전되어 가고 있다. 향후 이러한 SBA의 전망은 획득 단계와 프로그램에 걸쳐 통합된 시뮬레이션 기술의 강건하고 협력적인 사용을 지향하는 국방획득 프로세스 내에서 M&S를 구축해 나가는 것이다. 이러한 방법은 IPPD 측면에서 보다 널리 통합된 프로그램으로 발전될 수 있고 운용면에서 사용자 요구사항을 충족시키기 위해 투자된 시간과 비용에 있어 보다 효율적인 결과를 가져다주고 있다.

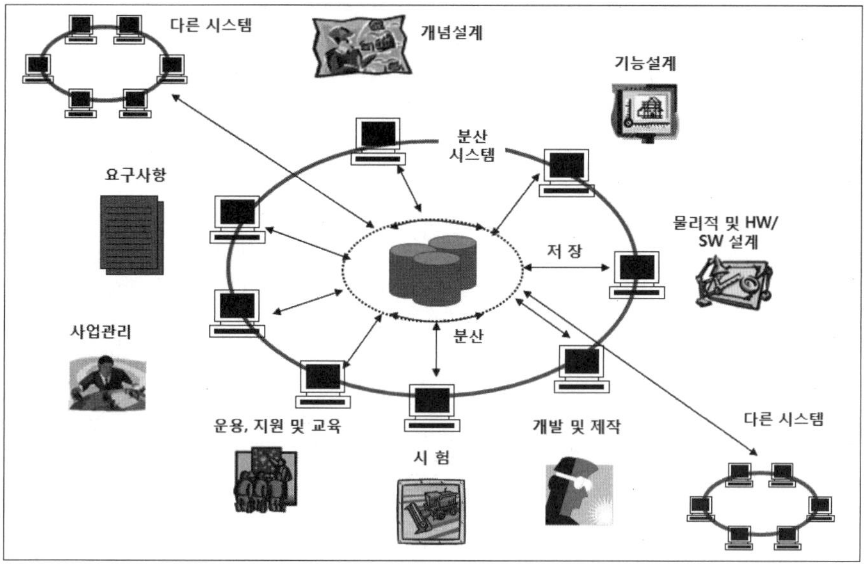

<그림 11.11> 강건한 시뮬레이션 통합기술적용

11.6 문제풀이

- 절충연구의 목적은 최적의 대안 솔루션을 선정함에 있으며, 의사결정을 위해 보다 정확하고 보다 많은 정보가 제공되도록 해야 한다.
- 초기 절충연구는 대안의 시스템 개념 및 요구사항에 초점을 맞추고, 차후 연구는 컴포넌트 레벨까지 부분 설계의 선정에 도움을 준다.
- 비용 대 효과 분석은 비용에 대한 대안 솔루션에 대한 성능 판단을 제공해 준다.

1) 시스템 효과도 분석 목적을 기술하라. 총 시스템가치를 정의해 보라.
2) 절충 분석이란 무엇인가? 대안비교분석절차를 설명해 보라. 절충 분석 시 유의해야 할 사항을 제시해 보라.
3) 비용 대 효과분석이란 무엇인가? 이는 절충 분석과 어떻게 다른지 설명해 보라.
4) 민감도분석을 정의해 보라. 민감도분석의 목적과 장점을 제시해 보라.
5) 모델이란 무엇인가? 모델의 특성을 설명해 보라. 시스템 분석 시 수학적 모델을 사용하는 이점은 무엇이며 문제점은 무엇인지 제시해 보라.
6) 문제 도메인과 솔루션 도메인에서 적용하는 모델링 및 시뮬레이션은 어떻게 다른지 설명해 보라.
7) M&S란 무엇이며 이에 대한 장점과 단점을 기술해 보라.
8) M&S는 시스템엔지니어링 프로세스 범주에서 시스템 수명주기를 통해 적용된다. 모델과 시뮬레이션 기법 세 가지를 예시해 보라.
9) M&S에서의 검증, 확인 및 인증은 어떻게 구분되는가?
10) M&S의 신뢰도를 높이기 위한 공식적인 활동은 무엇인가?
11) M&S 계획은 언제 누가 수립하는가? 시스템엔지니어링 계획과의 연관성은 무엇인가?

제12장 형상 및 데이터 관리

12.1 형상관리

기본적인 시스템엔지니어링 활동은 시스템 분석 및 통제로 불리어지는 총체적인 기술과 도구에 의해 균형을 이루어 간다. 앞서 절충분석 및 대안비교분석이 시스템 분석이라면, 시스템 통제활동으로서 형상관리 및 데이터 관리 활동을 살펴보도록 하자.

12.1.1 형상 정의

시스템엔지니어링 프로세스의 출력물은 시스템 요구사항과 설계 솔루션을 정의한 기술문서이다. 이러한 기술문서는 시스템 아키텍처, 형상품목 아키텍처, 규격서, 기준 및 의사결정 데이터베이스를 포함하고 있다. 이러한 프로세스 출력물에서 사용하고 있는 '형상'은 모든 기술문서에 제시된다. 이는 최종제품으로 구현될 기존 또는 신규 하드웨어, 펌웨어, 소프트웨어 또는 모든 컴포넌트의 기능적, 물리적 및 인터페이스 특성으로 나타내고 있다. 이는 <그림 12.1>에서와 같이 기능형상 기준을 나타낸 시스템규격서, 할당된 형상기준으로 나타낸 품목성능규격서 또는 제품형상기준으로 나타낸 품목상세규격서로 제시된다. 이 때 품목성능규격서는 할당된 설계목표를 나타내고 품목상세규격서는 제작목표를 나타낸다. 그리고 조립공정 프로세스 규격서와 조립 시 사용될 자재 규격서가 함께 프로세스 출력물로 제시된다.

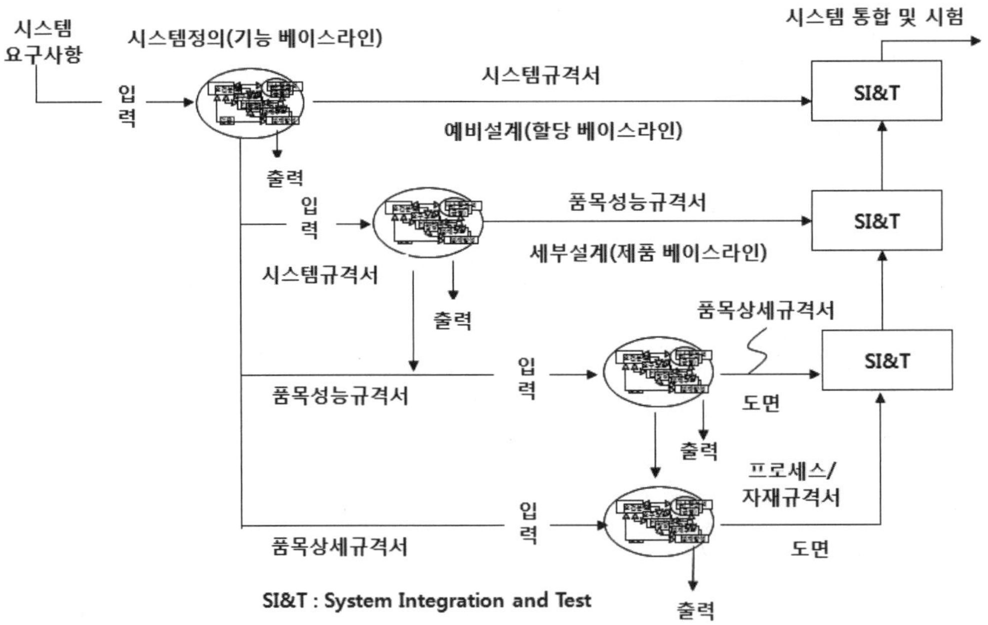

<그림 12.1> 시스템 규격서 형태

형상관리

형상관리는 시스템, 하부 시스템 및 형상품목에 대한 순차적인 개발과정을 통해 이루어지는 시스템 관리활동이다. 체계화된 형상관리 프로그램은 시스템 설계를 요구사항에 맞춰 추적하게 하고, 변경사항을 통제하고 검증하며, 인터페이스를 정의하고 식별함과 동시에 제품과 이에 해당하는 각종 문서 사이에 일관성을 유지하도록 한다. 형상관리는 어떠한 제품을 개발해야 하고, 개발 진행 중에 있는지, 또는 기 개발되어 있는지 그리고 기 생산제품에 대한 변경을 적용하고 있는지를 식별할 수 있도록 연관된 각종 문서를 제공해 준다. 이러한 형상관리는 시스템 기준에 따라 수행되며, 형상변경 활동을 위한 승인 레벨은 각각의 기준에 따라 변경될 수 있다. 전형적인 시스템을 개발할 경우, 고객이나 사용자 대표는 운용요구사항과 시스템 운용개념을 통제하게 된다. 획득사업부서는 일반적으로 기능적인 기준을 통제한다. 할당 및 제품 기준은 수명주기 관점에서 획득부서, 생산부서, 또는 로지스틱스 관리 부서에 의해 통제된다. 이와 같이 형상의 기준 구조에 따라 형상통제 권한체계가 달리 구성된다. 그리고 하부 레벨 기준이 상부 레벨 기준과 일치해야 하므로 하부 레벨 변경은 반드시 상부 레벨 기준에 부합되도록 검토되어야 한다. 만일 상부레벨에 영향을 주게 되는 경우, 반드시 영향을 받게 되는 최상위 레벨의 승인을 득해야 한다. 예를 들면, 엔진 개발에 사용되는 터빈 조립 컴포넌트가 할당 기준에서 요구되는 작동 온도를 연속적으로 제공할 수 없다고 가정해 보자. 이러한 경우, 터빈의 변경에 따라 하부 레벨에서의 영향뿐만 아니라 상부 레벨인 엔진의 출력과 스러스트에 대한 요구사항에 영향을 가져오기 때문에 상부 기능기준에 대한 잠재적인 영향도 반드시 검토되어야 한다. 따라서 형상관리는 통합제품 및 프로세스개발(IPPD) 환경에서 통합제품팀에 의해 유지되고 관리해야 한다. 또한 형상관리는 기술자료 관리와 인터페이스 관리에도 밀접하게 연관되어 있다. 따라서 데이터 및 인터페이스 관리는 적절한 형상관리를 위하여 필수적임으로 이들은 형상관리 활동에 함께 포함되어 있다.

정부사업의 형상관리 적용시기

개발 계약기간 동안 정부는 계약업체에게 상세 설계에 대한 책임을 부여하고 기능 및 성능요구사항에 대한 형상통제를 유지하고 있다. 이는 시스템 요구사항의 기능기준에 대한 정부입장에서의 관리와 통제를 의미하고 있다. 정부가 하부 레벨의 할당 및 제품기준에 대한 통제권 및 통제시기에 대한 결정은 궁극적으로 프로그램의 특정 요구사항과 전략에 의해 좌우된다. 일반적으로 하부 레벨 기준에 대한 정부의 형상통제는 설계가 안정된 다음 개발 프로그램 후반부에 적용하고 있다.

형상관리계획

형상관리를 수행하기 위하여 누가 언제 무엇을 어떻게 관리해야 하며 또한 이를 위해 어떠한 자원이 필요한지에 대한 기본적인 사항을 고려하여 이를 미리 계획하여야 한다. 수립된 형상관리계획은 시스템 구성품의 기능과 물리적 특성, 인터페이스를 기술하고 관련문서를 관리하는 방법과 절차를 정의하며, 이를 수행하는 기능 조직도 제시해야 한다. 또한 책임과 권한 구분, 통제방법 및 절차, 감사 및 검증 방법, 마일스톤 및 일정관리사항을 포함해야 한다. 이러한 형상관리계획 수립지침은 EIA IS-649 및 MIL-HDBK-61이 적용되고 있다.

형상품목

형상품목(CI)은 형상관리계획을 수립할 때 기반이 되는 핵심 개념이다. 형상품목을 선정한다는 의미는 어떤 형상을 관리할 것인지를 결정하는 것과 같다. 이러한 CI는 사용자가 최종적으로 사용할 기능을 충족시킬 수 있는 하드웨어, 펌웨어, 컴퓨터 소프트웨어 또는 부분적으로 통합된 부분에 대한 품목형상을 개별적으로 관리하기 위해 지정된 품목을 말한다. 일반적으로 로지스틱스 지원을 위해 필요하거나 획득을 위해 지정된 품목도 CI로 식별된다. 시스템 내부나 외부의 다른 컴포넌트와 인터페이스에 따라 통합운용이 필요한 컴포넌트 CI로 지정될 수 있다. 정부 자금에 의해 이미 개발된 품목(NDI)의 전부 또는 일부를 포함하여 추가적으로 기술데이터 개발이 필요한 경우, 이러한 품목도 CI로 지정될 수 있다. 모든 CI는 WBS 업무분해구조에 의해 직접적인 추적성이 이루어진다.

형상품목 지정에 따른 영향

형상품목의 지정은 형상품목에 대한 개별적인 형상관리 활동이나 또는 관련 형상품목의 그룹화에 따른 형상관리를 요구한다. 공식적으로 형상을 통제해야 하는 품목과 또한 이러한 품목을 지정하게 되면 다음과 같은 결과를 가져온다.

- 개별 규격서
- 공식적인 변경 승인
- 형상상태에 대한 별도의 기록관리
- 개별적 설계 검토 및 형상감사
- 개별적인 식별 및 분류
- 개별적인 품질시험
- 개별적인 운용 및 사용자 매뉴얼

12.1.2 형상관리 구조

일반적으로 형상을 관리하기 위한 활동은 형상을 식별하고 이를 통제 및 관리하는 활동으로 이루어져 있다. 따라서 형상관리는 다음 네 가지의 상호 연관된 활동으로 이루어진다고 할 수 있다.

- 형상식별
- 형상통제
- 형상현황관리
- 형상감사

또한 형상관리와 직접적으로 연관되어 있는 활동으로서는 데이터관리와 인터페이스관리가 있다. 형상관리활동을 계획할 때에는 이상 여섯 가지의 모든 요소를 고려해야 한다.

12.1.2.1 형상식별

형상을 식별하기 위해 다음과 같은 활동을 수행한다. 그리고 이를 공식적으로 승인하기 위해 필요한 기준과 규격서를 작성하여 문서화해야 한다.

- 형상품목 선정
- 각각의 형상품목에 대해 필요한 형상문서형태를 결정
- 각각의 형상품목에 대한 기능 및 물리적 특성을 제시
- 인터페이스 관리 절차, 조직 및 문서체계 구축
- 내부 및 외부 인터페이스를 포함한 시스템/형상품목의 형상 구조를 제시하고 고유번호 및 식별방법을 보증
- 형상품목 식별 및 관련 형상문서 배포

형상문서화

형상문서화란 품목의 기능 및 물리적 특성을 식별하여 정의된 자료를 보관하기 위하여 기술적인 문서로 작성하는 활동을 말한다. 이러한 문서는 개발단계에 따라 분명하게 제시되는 기능, 할당 및 제품의 세 가지 기준의 세부 레벨 과정을 통해 개발되고 승인되며 유지된다. 따라서 이러한 형상문서는 세 가지 기준에 따라 작성된 기능, 할당 및 제품 형상문서화라고 부른다. 이러한 문서는 주어진 개발시점에서 시스템이나 시스템 컴포넌트에 대한 설명을 보다 분명하게 기술해 주고 있다.

12.1.2.2 형상통제

형상통제활동은 형상기준이 공식적으로 규정된 후에 시스템/형상품목의 모든 변경사항의 체계적인 제안과 심의절차, 우선순위결정, 평가, 조정통제, 승인, 부인 및 적용에 관한 활동을 말한다. 이는 시스템 및 시스템의 형상품목에 대한 형상을 변경하고 통제하는 과정을 시행하고 통제하는 관리방법이다. 이러한 형상통제는 가시적으로 관리하는 방법을 제공하고, 제안된 변경사항과 관련된 모든 요인을 평가하도록 하며, 불필요한 변경을 미리 예방하고, 변경 우선순위를 결정하게 된다. 정부사업에 대한 형상통제는 모든 증거자료를 공식적으로 문서화하고 변경승인조직을 만들어 수립된 변경절차에 따라 이루어지고 있다. 형상변경 및 통제절차는 <그림 12.2>에서 보는 바와 같다.

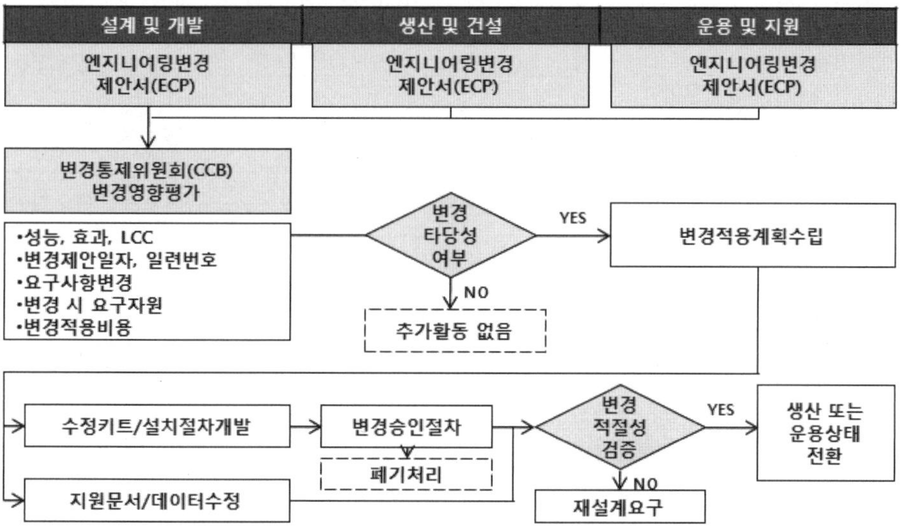

<그림 12.2> 형상변경 및 통제절차

정부통제기준으로 사용되고 있는 변경문서

정부의 형상관리기준 통제를 위해 사용되고 있는 문서로서는 엔지니어링 변경제안서(ECP), 규격완화 제안서 및 규격면제 제안서 등 세 가지 유형의 변경제안문서가 있다.

- ECP는 형상 변경의 필요성을 식별한 다음 이를 공식적으로 제안하는 문서이다. ECP가 승인되는 경우에 새로운 형상기준이 설정되고 적용된다.
- 규격완화 또는 규격면제로 제안하는 경우, 이는 현재의 형상기준으로부터 일시적으로 벗어나는 것을 승인해 줄 것을 제안하는 활동이다. 이는 아직 공식적으로 규정화되지 않은 자료사용을 허용하는 활동이다. 따라서 규격완화 및 규격면제에 대한 제안이 승인되어도 설정된 형상기준은 변경되지 않는다.

엔지니어링 변경제안서

ECP는 형상기준에 대한 변경사항을 설명하고 제안하는 문서이다. 분명한 변경목적에 따라 각각 별도의 ECP를 작성 제출한다. 서류작업을 줄이기 위해 미리 통보하여 변경 가능성을 확인해 볼 수 있다. 이를 위해 공식적인 ECP를 제출하기 전에 예비 엔지니어링 변경제안서 또는 선행변경통지서를 사용할 수 있다. 공식적인 승인과정에 따른 시간과 노력을 줄이기 위해 제시된 예비 변경제안서는 이를 검토하고 작성하는 정부와 계약업체의 통합팀을 통해 보다 능동적으로 이루어질 수 있다. ECP는 Class I 또는 Class II로 구분된다. I급 변경사례는 다음 <표 12.1>과 같다.

<표 12.1> I급 변경사례

번호	내용	세부내용
1	시스템 규격	
2	인증규격 (분야 I 또는 II)	허용범위 밖의 성능요구사항 신뢰성, 유지보수성, 생존가능성 중량, 균형 및 관성 모멘트
3	형태표시 또는 도면번호	운용한계 및 성능이 대폭변경, 신규항목 발생 시
4	주요 컴포넌트 특성	
5	계약비용	
6	계약일정 또는 납품율	
7	계약보증금	
8	정부공급장비 (GFE)	
9	안전도	
10	전자기 특성	
11	기타 또는 개발지원 시스템	
12	지원 장비 (SE)	
13	지원 능력	지원 장비훈련요원 또는 교육기자재 등
14	운용 및 정비 매뉴얼 공급	계약에 포함되지 않은 수정 및 보완비용
15	총수명주기비용	개발, 생산, 운용 및 지원비용
16	기존 부속품	삭제 또는 수정요구, 신규부품 필요 시
17	구성품 호환성, 대체 또는 교환	모든 하부구성품이나 부품 또는 수리가능 구성품
18	부품 소스	소스 통제도면에 정의된 모든 수리 가능한 품목
19	재정비 요구품목 변경	마모 또는 키트

Class I 변경사항은 형상을 변경하기 전에 반드시 정부의 승인이 필요한 경우이다. 이러한 변경사항은 기준요구사항, 안전성, 인터페이스, 운용/서비스 능력, 사전 조정, 숙련도를 포함한 휴먼 인터페이스 또는 교육훈련에 대한 문제로부터 기인될 수 있다. Class I 변경사항은 또한 이미 제공된 시스템을 개조, 변형 및 이와 유사한 방법을 통해 새로운 형상으로 성능 개량하는데 주로 사용된다. 또한 Class I ECP는 예를 들면, 형상기준에 직접적인 영향을 주지 않는 계약사항, 즉 비용, 보증, 납품, 또는 데이터 요구사항을 변경하는 경우에도 적용된다. 이러한 Class I ECP는 일반적으로 정부의 사업관리자나 지정 대리인이 운영하는 공식적인 형상통제위원회(CCB)를 통해 사업부서가 승인토록 한다. Class II 변경사항은 현재의 형상은 그대로 유지하면서 문서를 수정하는 경우를 말한다. 이는 미미한 모순, 오타 및 기타 유지관리에 대한 변경사항을 적용한다. 따라서 Class II는 문서가 변경되었지만 제품의 형상은 변경되지 않는 경우에 적용된다. 일반적으로 Class II ECP는 정부에서 지명된 대리관리인에 의해 처리된다. 따라서 Class II ECP는 변경이 적절하게 분류되었다는 정부의 동의만을 필요로 하고 있다. 국방의 경우, 국방계약을 관리하는 계약부서에서 ECP의 구분을 결정할 수 있어 계약업체의 권한이 점차 확대되어 가고 있다.

<그림 12.3>은 ECP에 관련된 핵심적인 요소를 표기하는 방법을 나타내고 있다. 1급 또는 2급 분류와 예비 또는 공식 ECP의 형식, 위급, 긴급 및 보통으로 구분된 우선순위와 결함사항을 수정, 안전성, 인터페이스, 호환성, 운용 및 ILS, 비용절감, 가치공학, 생산중단 및 기록제한 등의 적용코드를 분류하고 있다. <그림 8.3>에 언급된 예비 ECP는 제안된 ECP를 설명하는 공식적인 ECP의 단순버전이다. 이는 변경에 따른 개략적인 일정과 비용을 제시하고 있다. ECP 개발비용은 예비 ECP의 검토 결과 변경이 불필요하다고 판단되는 경우에는 무시된다. 예비 ECP는 그 형식과 절차면에서 ECP와 다르다. 예비 ECP 및 선행변경통지서 모두가 이러한 프로세스를 공식화하는데 사용되고 있다. 그러나 특정 프로그램에 맞도록 만들어진 양식도 함께 사용되고 있다.

<그림 12.3> ECP 표기방법

형상통제위원회

형상통제위원회(CCB)는 Class I ECP를 검토 및 승인하기 위하여 구성되며, 제안된 변경사항에 대해 승인 또는 거부를 권고한다. 일반적으로 사업관리자가 CCB 의장을 겸하여 최종 결정 권한을 갖고 있다. CCB 위원은 의견을 제시하고 권고는 할 수 있으나 결정 권한은 의장에게만 주어져 있다. 이러한 위원은 조달분야, 프로그램 예산통제 책임자 및 CCB 사무국장인 형상통제 관리자를 포함하되 사용, 교육, ILS 및 정비, 기술, 획득, 시험, 안전관리, 형상관리 등 수명주기 8대 주 기능 부서를 고려하여 수행해야 한다. <그림 12.4>는 CCB 프로세스를 나타내고 있다. CCB 프로세스는 계약업체와 함께 적용된다. ECP 또는 예비 ECP에 대한 계약업체 요청은 정부의 식별된 형상변경을 제시하는데 필요하다. 부서장의 검토 과정은 CCB의 수락에 앞서 정부의 계약 및 기술검토 적합성을 보장할 수 있도록 반영되어야 한다.

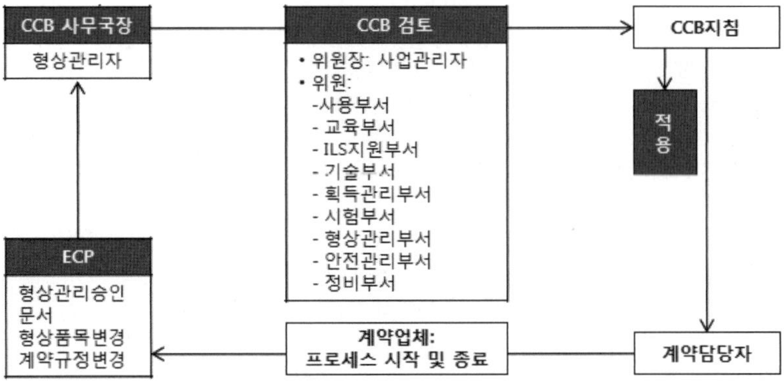

<그림 12.4> 형상통제위원회

형상통제위원회의 관리방식

CCB 관리절차는 기본적으로 형상을 통제하는 과정이다. 그러나 CCB 의장의 결정은 계약 동의 및 프로그램 기준뿐만 아니라 형상기준에도 영향을 주기 때문에 매우 중요하다. 계약 정책, 프로그램 일정 및 예산에 관한 관심사항은 형상관리, 기술적 쟁점 및 제반 기술 활동 일정에 관련된 관심사항과 상충될 수도 있다. CCB 기술위원 및 의장은 기술적 필요성과 상충된 사항에 대하여 분명한 대안을 제시할 책임이 있다. CCB 의장은 다음과 같은 사항을 보장해야 할뿐만 아니라 CCB활동을 충분히 알리고 이를 준비할 책임이 있다.

- 정부/계약업체 기술실무그룹은 ECP 및 제반 지원 자료를 분석하고, CCB의 검토를 위한 의견을 준비하며, CCB를 지원할 수 있도록 해야 한다.
- 검토를 위해 모든 관련 정보를 준비해야 한다.
- ECP는 적절한 기능적인 활동을 통해 검토되어야 한다.
- 쟁점사항을 식별하고 제기해야 한다.

형상통제위원회 문서

일단, 형상통제위원회(CCB) 의장이 ECP에 관련된 결정을 하고 나면, CCB는 결정 내용을 배포하고 다음과 같은 변경사항 이행과 이와 관련된 주요 정보를 식별할 수 있도록 CCB 에 대한 지침을 알려야 한다.

- 이행계획(누가 무엇을 언제)
- 1차 및 2차 계약서
- 계약일자
- 문서(도면, 규격서, 기술 매뉴얼 등), 관련 비용 그리고 일정 완료일자
- 설계 및 발행되는 지침 또는 순서의 식별

규격변경 또는 규격완화 제안서

규격변경은 특정 유닛의 수량이나 특정 시기에 따른 성능 또는 설계요구사항의 변경을 위하여 품목을 제조하기 전에 인가해 주는 특별 서면승인 방법이다. 규격완화는 명시된 요구사항으로부터 벗어나지만, '현재(as is)' 상태나 또는 이를 수리하여 사용 적합한 형상품목을 허용하기 위한 서면승인 방법이다. 규격변경 및 규격완화 제안서는 시스템의 설계 및 성능에 영향을 줄 수 있지만 이를 일시적으로 해당기준에서 벗어나는 경우를 말한다. 따라서 기준내용은 그대로 유지되지만 다른 불일치 형상이 수용 가능한지 여부를 결정하는 활동이다.

이와 같이 수용 가능한 대안은 지원 요소에 영향을 미치지 않고 영향을 받는 시스템이 효과적으로 운용될 수 있으며 그리고 아무런 후속 작업이나 수정이 요구되지 않아야 한다. 정부사업의 경우, 불일치된 유닛을 수용할 때 정부 계약상 '고려사항'을 별도로 제시해야 한다. 규격변경제안서와 규격완화제안서의 차이는 규격변경요청은 대상 유닛의 최종 조립 이전에 적용되며, 규격완화요청은 대상 유닛의 최종 조립 또는 수락시험 완료 후에 적용된다는 점이다.

12.1.2.3 형상현황관리

형상현황관리는 형상을 효과적으로 관리하는데 필요한 정보를 보고하고 기록하는 활동으로써 다음과 같은 내용을 포함하고 있다.

- 승인된 형상문서 목록
- 형상식별과 관련하여 제안된 변경, 규격변경 및 규격완화 현황
- 승인된 변경사항 이행상태
- 운용상의 재고목록을 포함한 모든 유닛의 형상

형상현황관리의 목적

형상현황관리는 다음과 같은 내용에 의해 형상관리에서 요구되는 모든 정보를 제공한다.

- 관련 자료의 수집과 기록
  - 기준형상
  - 제안된 변경사항
  - 승인된 변경사항
- 관련 정보의 배포
  - 승인된 형상
  - 제안된 변경사항의 현황과 영향
  - 승인된 변경사항의 요구사항, 일정, 영향 및 현황
  - 조달된 품목의 최신 형상

12.1.2.4 형상감사

형상감사는 형상문서와 연관된 시스템과 시스템 요소의 일치성을 검증하는데 사용된다. 형상감사는 시스템 개발에 있어 중요한 마일스톤이지만, 이는 독립적으로 이루어지지 않는다. 설계의 성숙도를 평가하는 전반적인 프로세스에서 감사가 어떤 역할을 하게 되는지를 다음 장에서 실명하고자 힌다.

기능 형상감사(FCA) 및 시스템검증검토(SVR)는 생산단계 및 개발단계의 생산준비와 소량 초도생산(LRIP) 시기에 수행된다. FCA는 형상품목의 실질적인 성능이 규격요구에 부합하는지를 검증함에 그 목적이 있다. SVR은 FCA를 수행한 후 시스템-레벨에서의 감사 역할을 수행한다. 일반적으로 물리적 형상감사(PCA)는 초안 수준의 기술데이터 패키지(생산기준문서)에 대한 대표적인 생산 유닛의 공식적 검사활동으로써 시험생산 및 개발단계에서 수행된다. FCA 또는 PCA활동을 통한 오늘날 대부분의 감사는 최종적인 FCA 또는 PCA가 프로그램 개발의 정상적인 흐름에 대하여 부담이나 방해되지 않도록 품목을 점진적으로 감사하는 일련의 연속적인 검토 형태로 발전하고 있다.

12.1.3 인터페이스 관리

인터페이스를 관리하는 활동은 인터페이스를 식별하고 인터페이스를 관리하는 실무그룹의 구성 및 인터페이스 통제문서 개발로 분류된다. 요약하면 인터페이스 관리는 시스템 운용에 필요한 외부 및 내부 인터페이스를 식별, 개발 및 유지하는 활동이다. 시스템의 외부변경 분야에 대한 영향을 완전히 식별한 상태에서 형상을 결정토록 함으로써 앞서 제시된 형상관리 활동을 지원토록 한다. 이러한 인터페이스를 식별한 다음 이를 통제하고 관리하는 사례는 다음 <그림 12.5>와 같다.

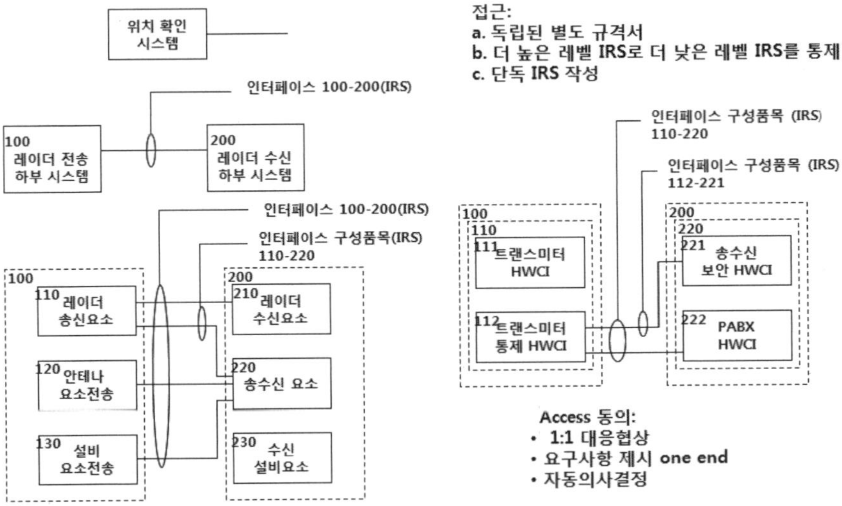

<그림 12.5> 인터페이스 통제 및 관리 사례

인터페이스 식별

인터페이스란 두 개 이상의 시스템, 제품 또는 요소 상호간의 공통 영역에 존재하기 위해 요구되는 기능적, 물리적, 전기적, 전자적, 기계적, 유압적, 기압적, 광학적, 소프트웨어, 또는 유사한 특성을 말한다. 일반적으로 계약을 담당하는 조달기관은 외부 인터페이스를 식별하고, 통합팀을 위한 요구사항을 설정하며, 팀에 필요한 해당 인원을 제공하게 된다. 계약 부서나 생산업체는 내부 인터페이스를 관리하고, 통합제품팀을 계획, 운용 및 관리하고, 내부 및 외부 인터페이스 요구사항을 유지하며, 변경제안서의 시의 적절한 배포와 책임을 보장하기 위해 컴포넌트 상호간의 인터페이스를 통제해야 한다.

인터페이스 통제 실무그룹

인터페이스 통제 실무그룹(ICWG)은 시스템 또는 요소의 인터페이스 설계를 담당하는 요원 상호간에 공식적인 의사전달 링크를 구축하기 위해 만들어진 전형적인 그룹을 말한다. 특히 통합제품 및 프로세스개발(IPPD)절차를 적용하는 ICWG는 인터페이스 설계 IPT 상호간에 연결을 구현하는 통합팀이나 시스템-레벨 엔지니어링 실무 그룹을 함께 통합하여 운영한다. ICWG 또는 이와 유사한 통합팀의 구성원은 각 계약업체, 계약부서 그리고 참여하는 정부기관 요원들로 구성된다. 외부 및 선정된 최상위 레벨 인터페이스를 주관하는 조달 프로그램 조직이나 내부 인터페이스를 다루는 주계약업체가 보통 ICWG 위원장을 지명한다.

인터페이스 통제문서

인터페이스 통제문서(ICD)는 인터페이스 통제도면, 인터페이스 요구규격서 및 관련되거나 연동되어 있는 시스템이나 컴포넌트 상호간의 물리적 및 기능적 인터페이스를 나타내는 모든 문서를 포함한다. ICD는 ICWG나 유사 통합팀의 산출물이며, 이러한 통제문서를 활용하는 목적은 인터페이스 시스템 또는 요소들 상호간의 호환성을 구현하고 유지하기 위함에 있다.

개방형 시스템 인터페이스 표준

독립적인 인터페이스 설계에 따른 영향을 최소화하고, 상호 운용성을 증대하며, 상용 컴포넌트 사용을 극대화하고, 향후 성능을 융통성 있게 개량하기 위하여 개방형 시스템 접근방법을 적용한다. 이러한 접근방법은 인터페이스 통제계획에 있어 매우 중요한 요소를 차지하고 있다. 개방형 시스템 접근방법은 시스템의 내부 및 외부 인터페이스를 명시하기 위해 산업계에서 널리 사용되고 있는 규격서와 표준을 선택해야 한다. 이러한 개방형 시스템은 다음과 같은 특성을 갖고 있다.

- 인터페이스 영향이 없는 컴포넌트를 선정하여 설계의 유연성을 증대시키기 위하여 기능을 분할하거나 모듈 설계를 증가
- 산업계가 인정하는 표준기관이나 전문협의체에 의해 개발되거나 채택된 표준에 기초함으로써 인터페이스 또는 프로토콜에 대한 정의를 분명하게 하고 이를 광범위하게 사용
- 시스템에 대한 영향을 최소화하면서 추가하거나 상위 성능 요소를 도입하여 확장하거나 성능 개량 구현

이러한 정보기술표준에 대한 일반적인 지침은 통합 기술 아키텍처로 제시되고 있다.

12.2 데이터관리

데이터관리는 대상시스템의 수명주기를 결정하고 개발적용방법과 중간 산출물 피드백 자료 및 각종 측정기준과 형상통제를 위한 각종 자료를 데이터베이스를 구축하여 유지하고 관리하는 활동을 말한다. 데이터관리는 형상현황을 관리하고 형상관리 절차를 직접적으로 지원한다. 데이터관리는 계약업체에서 작성하는 모든 데이티의 선정, 생성, 준비, 획득 및 사용을 관장하고 통제하는 활동을 말한다. 이러한 데이터를 관리해야 할 모든 규격서와 기수자료 패키지를 보면 <그림 12.6>과 같다.

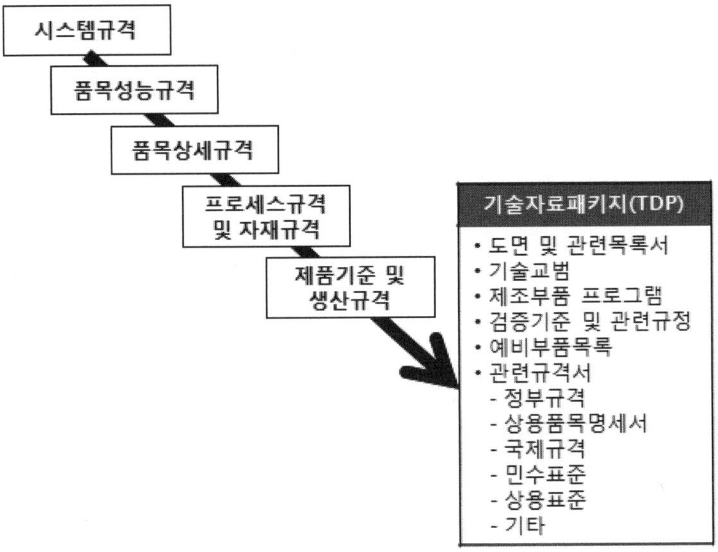

<그림 12.6> 규격서와 기술자료 패키지

계약에 필요한 데이터

모든 데이터는 양식이나 특성에 관계없이 기록된 정보로 정의되며, 계약업체로부터 조달에 필요한 모든 행정, 관리, 재정, 개발, 엔지니어링 및 로지스틱스 정보와 연관된 문서를 포함하고 있다. 일반적으로 계약 시 필요한 데이터는 다음 세 가지 형태로 분류된다.

- Type I: 기술적 데이터
- Type II: 비 기술적 데이터
- Type III: 1회성 데이터(기술 또는 비 기술적)

이러한 데이터는 다음 두 가지의 기본 목적을 위해 활용된다.

- 프로그램관리 통제를 위해 계약업체로부터 정보를 피드백
- 시스템을 관리, 운용 및 지원하기 위해 필요한 의사결정 정보로써, 예를 들면, 규격서, 기술 매뉴얼, 기술 도면 등이 있다.

이러한 데이터를 분석하고 관리하려면 많은 비용과 시간이 소요된다. 대부분의 정부의 방침은 계약업체로 하여금 기술 데이터 패키지(TDP)를 포함한 기술 데이터의 많은 부분을 관리하

고 유지하도록 요구하고 있다. 이는 정부가 TDP 개발에 대한 비용을 지불하지 않거나, 납품 후 사용을 위한 사본을 받지 않는다는 것을 의미하지 않는다. 계약업체의 데이터 형식(예를 들면, 계약업체가 생산에 사용하는 것과 동일한 도면 수용)을 요청하고 정부 자금으로 개발된 품목에 대한 세부 품목만을 요구함으로써 TDP 비용을 최소로 감소시켜 나간다.

정부계약을 위한 자료 요청

입찰참가요청서(IBD) 또는 사업제안요청서(RFP)는 개발의 한 부분으로서, 일반적으로 획득사업부서는 획득계획을 설명하고 통합팀 관리자 및 기능 관리자로 하여금 계약에 필요한 데이터 요구사항을 식별하여 적법한 근거를 제시하도록 요청하는 서한을 발행하고 있다. 입찰에 따른 규격서 트리는 <그림 12.7>과 같다.

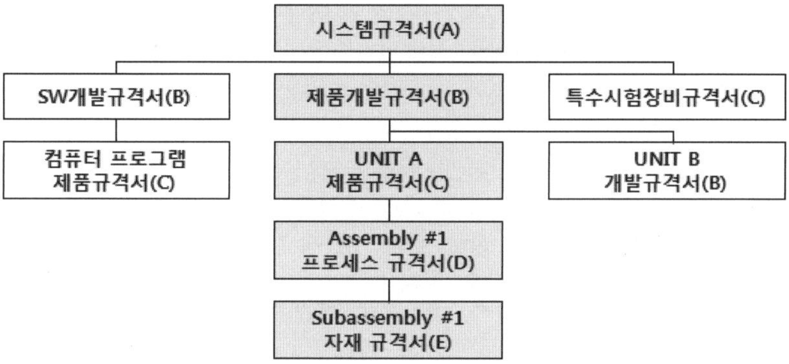

<그림 12.7> 규격서 트리 사례

각각의 데이터 항목에 대한 설명은 해당 팀이나 기능 관리자에 의해 개발되고 획득사업부서에 의해 검토된다. 획득관리 시스템 데이터 목록(AMSDL)에 있는 데이터 항목 기술서(DID)는 이러한 설명서를 개발하는 지침으로 사용된다. 규격서 및 표준을 계약상에 적용할 때 표준 데이터 항목 기술서의 사용을 배제하고, 계약자료 요구목록(CDRL)에 나와 있는 독자적인 데이터 항목 기술서로 데이터 항목을 지정하려는 경향이 있다는 사실을 유의해야 한다.

12.3 문제풀이

1) 형상(configuration)이란 무엇인가? 그리고 형상품목(CI: Configuration Item)이란 무엇이며 이는 언제 식별되는가?
2) 식별된 형상을 통제하기 위한 기준(baseline)은 무엇인가? 이는 어느 규격서와 연관되어 있는가?
3) 형상관리를 수행하는 목적은 무엇인가? 이를 관리하기 위한 기본 구조 네 가지를 제시하고 이를 설명해 보라.
4) 형상통제 활동은 무엇인가? 형상통제위원회의 활동과 책임을 기술해 보라. 이는 설계변경통제위원회와 어떻게 구분되는가?
5) 인터페이스 식별과 통제는 어떻게 수행하는가? 인터페이스 통제 시 유의해야 할 점은 무엇인가? 인터페이스 통제그룹은 언제 구성하는가?
6) 데이터관리 대상은 무엇인가? TDP는 언제부터 통제하는가? 데이터 규격서 트리 작성이 왜 필요한가?
7) 입찰제안 시 제출해야 할 문서의 CDRL과 DID 항목의 예를 들어 보라.
8) 기술 활동 관리를 위한 세 가지 측정요소 기본 형태를 설명해 보라.
9) 측정요소를 측정, 평가 및 통제하기 위한 계획수립 절차를 제시해 보라.
10) 기술성능측정(TPMs)요소는 주요 기술 파라미터 측정을 통해 사업진도를 추적하기 위해 제품측정요소에 기초한 성능요소이다. 이는 시스템엔지니어링 프로세스와 어떻게 연계되어 있는가?
11) 이러한 TPMs는 국방 및 민간표준에 어떻게 규정되어 있는가?

제4부

시스템엔지니어링 검토, 검증 및 확인

제13장 기술검토 및 감사

13.1 사업진도측정 및 관리

시스템 엔지니어는 개발 일정의 주요 이벤트에서 진행 상태를 파악하기 위하여 설계 진도와 사업의 성숙도를 판단하고 평가해야 한다. 특정 이벤트 별로 미리 계획된 종료기준과 현 설계 상태를 비교함으로써 개발단계에서 요구된 적절한 레벨의 성숙도가 성취되었는지를 판단해야 한다. 이와 같이 사업진도를 파악하기 위하여 일반적으로 수행하는 주요 이벤트를 가리켜 기술검토 및 감사 활동이라고 한다. 시스템은 개념연구 단계에서부터 최종 제품개발단계에 이르기까지 연속적으로 진행되는 개발수명주기 단계를 통해 개발된다. 이를 가리켜 '개발단계'라고 부른다. 기술검토는 설계의 성숙도와 기술위험을 검토하기 위하여 각각의 개발단계 후에 수행되고, 검토결과에 따라 다음 개발단계로 진행할 것인지 여부를 판단하게 된다. 이러한 기술검토는 다음과 같은 활동을 통해 프로그램 위험을 감소시킴으로써 생산 단계로의 이전을 용이토록 함에 그 목적이 있다.

- 설계 및 개발 활동의 성숙도 평가
- 설계 요구사항을 명확히 정의
- 설계 및 관련 프로세스에 대한 문제점 파악 및 제기
- 제시된 설계형상이 기술, 고객 및 시스템 요구사항과 적합한지 여부를 조사
- 서로 다른 개발단계에서 시스템 형상을 평가
- 관련된 모든 분야와 IPT 팀 상호간의 의사소통, 조정 및 통합을 위한 회의 준비
- 다음 개발단계 진행에 필요한 공통 형상기준 설정
- 설계단계 의사결정내용에 필요한 논리적 근거를 의사결정 데이터베이스에 기록유지

그리고 공식 기술검토활동을 수행한다. 이는 모든 연관된 쟁점, 문제점 및 관심사항이 표면화되도록 일련의 기술교환회의를 통하여 이루어진다. 이러한 공식 기술검토는 문제를 해결하기 위한 활동은 아니지만, 문제를 해결하기 위해 필요한 연관된 모든 행위를 검증하는 활동이다. 이러한 관점에서 이는 이벤트라기보다 일련의 프로세스이다.

기술검토 계획수립

기술검토를 수행하기 위한 계획은 광범위한 내용을 고려하여 사업 초기에 반드시 선행적으로 수립되어야 한다. 이러한 계획을 수립할 때 중요하게 고려해야 할 사항은 다음과 같다.

- 기술검토를 준비할 때 효과적인 대응과 가시화 할 수 있도록 적절한 활동시기를 선택
- 전반적인 검토활동을 달성하기 위해 필요한 모든 자원을 식별 및 할당
- 프로그램 위험 레벨과 일치되게 계획
- 적절한 데이터의 유용성과 일치되는 일정계획
- 진입 및 종료 시기를 고려한 적절한 이벤트 설정
- 단계적인 검토를 위한 적절한 시점선정 및 수행
- IPT 팀에 의한 수행
- 모든 시스템 기능을 포함하여 검토
- 모든 시스템 요소 통합 및 균형 확인

연관 제품의 성숙도는 관련된 최종 제품과 함께 검토된다. 검토는 개발 중인 시스템, 하부 시스템 또는 형상품목의 시험가능성, 생산성, 교육훈련 및 지원가능성을 고려하여 수행해야 한다. 기술검토는 개발 중인 시스템, 하부 시스템 또는 형상품목의 복잡성에 따라 검토에 대한 심도가 결정된다. 기술적으로 구체화되지 않은 설계단계에 대한 검토는 이미 상용화된 품목에 대한 검토보다 보다 심도 있게 다루어야 한다. 또한 보다 복잡하거나 신기술이 적용된 품목일 경우, 보다 더 세심한 정밀 검토가 요구된다.

기술검토계획 수립요령

필요한 사전예비검토, 검토수행 및 사후검토활동에 대한 점검 목록을 미리 만들어라. 각종 설계문서에 대한 종료기준과 요구되는 상세 레벨에 대한 점검목록을 만들어라. 이 때 확인해야 할 주요 질문사항과 검토 프로세스를 보다 용이토록 하기 위하여 보다 유용한 정보를 모두 포함시켜라. <그림 13.1>은 식별된 주요활동에 따른 검토 프로세스를 나타내고 있다.

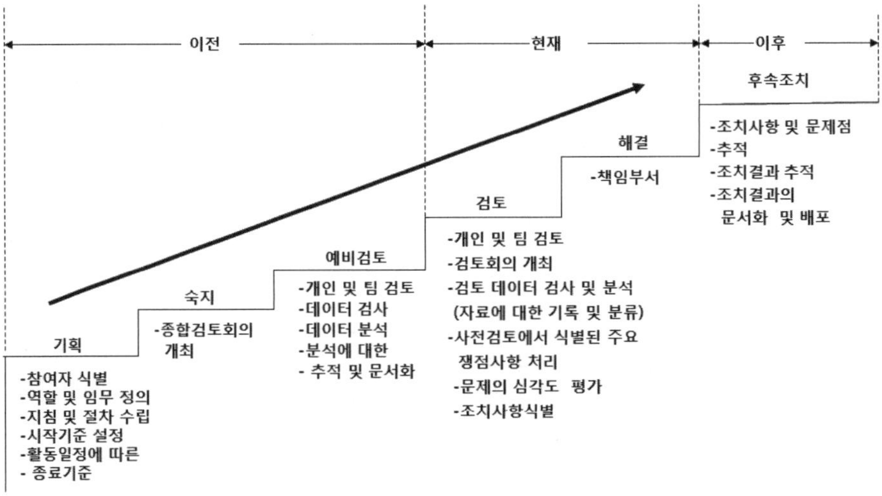

<그림 13.1> 기술검토 프로세스

기술검토 프로세스는 기술검토를 위한 몇 가지 중요한 사항을 반영하고 있다. 1) 계약자는 자기 스스로 검토해야 할 사항은 물론 내적 검토과정을 식별하여 이에 필요한 협력사항을 미리 준비해야 한다. 2) 계약자와 사용자간에 광범위한 일반적 사항만을 검토하는 것이 아니라 상호 협의된 기술사항에 우선순위를 두고 기술검토를 수행해야 한다. 3) 설계내용과 위험요소를 식별할 수 있는 기술전문가로 구성된 기술검토위원회를 운용해야 한다. 제반 검토일정은 개발진도에 맞추어 계획해야 한다. 이러한 기술검토를 효율적으로 수행하기 위해 <그림 9.1>에 나타난 바와 같이 참여자를 식별하여 검토 팀을 구성하고 임무 및 역할과 지침을 제공하고 평가를 위한 초기 입력 자료와 최종 출력물을 계획하도록 한다. 그리고 분야별 개별 검토를 수행한 다음 관련 팀과 함께 이를 검토한다. 그 결과 문제점에 대한 책임 구분을 제시하고 이에 따른 제반 사항을 지속하는 관리단계로 이루어진다. 종합적으로 기술검토이전 단계에서 기술검토계획을 기획하고 종합검토회의를 통해 이를 숙지한 다음 미리 예비검토회의를 수행해야 한다. 그리고 기술검토회의를 수행한다. 각종 제기된 문제점에 대한 조치사항에 따라 책임부서에서 이를 해결토록 한다. 이후 후속조치사항으로 조치사항에 대한 추적을 하고 조치결과에 대한 문서화를 한 다음 이를 관련부서에 배포하도록 한다.

13.2 기술검토

기술검토는 시스템 레벨뿐만 아니라 하위 레벨(즉, 하부 시스템)에서도 수행된다. 기본적인 검토는 주로 시스템 레벨에 초점이 맞춰져 있다. 하위 레벨 검토는 시스템 레벨 이벤트를 유지하고 준비하는 이벤트라고 할 수 있다. 참고로 사용되는 검토활동의 명칭은 그리 중요하지 않다. 그러나 프로그램 개발 중 적절한 시점에서 검토되고, 또한 계약업체와 정부 양측이 그 내용과 결과에 대해 공통된 기대를 갖도록 하는 것은 매우 중요하다.

검토수행지침

기술검토 시기에 대한 일반적인 지침은 시스템엔지니어링 관리계획서(SEMP)에 제시된 단계에 도달할 때 수행하는 것을 원칙으로 한다. 즉, 기술검토는 이벤트에 따라 개발 중인 제품이 개발 중간 검토시기가 되었을 때 수행해야 한다. 시간적으로 계획된 시기에 검토하도록 강요하게 된다면 수행결과에 대한 합리적인 검토를 수행할 수가 없다. 검토 이전에 해야 할 업무를 수행한 다음 완료된 활동결과에 대한 검증 과정으로서 검토를 해야 한다. 검토를 위한 업무종료기준이 적합한지를 결정하기 위해 필요한 데이터를 검토 이전에 배포하고, 이를 분석하며 조정해야 한다. 기술검토를 위해 필요한 정보 형태는 규격서, 도면, 매뉴얼, 일정, 설계 및 시험 데이터, 절충연구, 위험분석, 효과도 분석, 실물모형, 브래드보드, 프로세스 중 완성된 하드웨어, 시험방법, 기술계획(제조, 시험, 지원, 교육훈련) 그리고 측정기준에 따른 현황 데이터 등을 포함한다.

검토는 예비검토분석과 평가를 기본으로 하여 준비된 안건에 따라 간략하게 수행되어야 한다. 검토회의에는 지정된 참여자만이 개인적으로 참여할 수 있다. 이러한 개인은 검토를 위한 준비 작업에 포함되어 있었거나 이벤트 종료기준을 충족시키기 위해 책임이 부여된 IPT 팀의 일원이어야 한다. 모든 참여자는 적절한 기관, 예를 들면, 정부, 계약업체, 하청계약업체, 매도인 및 공급자 등으로부터 대표성을 부여 받아야 한다. 검토는 프로세스에 대한 확인 과정이기 때문에 새로운 항목이 검토 단계에서 발생해서는 안 된다. 만약 중요한 항목이 나타난다면, 이는 검토가 너무 조급하게 이루어지고 있다는 분명한 사실이다. 따라서 프로젝트 위험부담을 크게 증가시키게 된다. 잘못 수행된 기술검토활동은 관리상의 수많은 문제를 발생시키게 된다. 검토 결과로 발생된 조치사항은 반드시 확인되고 추적되어야 한다. 또한 특정한 명칭과 날짜가 부여된 조치사항은 이를 검토한 후 가능한 빨리 이를 작성하여 배포해야 한다. 모든 조치사항은 반드시 추적되고 그 결과는 배포하여 이를 종료해야 한다. 그리고 업무의 효율성을 제고하기 위하여 24시간 이내에 참석자, 일자 및 토의결과를 작성하여 배포해야 한다. 또한 효율적인 검토 및 감사를 절차에 따라 수행하기 위해 계약업체는 최소 30일전에 기술검토 준비계획을 보고하고 계약자의 검토와 승인을 득해야 한다. 이에 따라 늦어도 15일전까지 관련 기술자료 패키지를 제시하고 공식적인 기술검토회의 및 감사를 늦어도 10일 내에 수행해야 한다. 그 결과는 2일 내에 배포한 다음 실제적인 수정활동을 착수하도록 해야 한다. 이러한 활동을 효과적으로 수행하려면 시스템엔지니어링과 소프트웨어 엔지니어링을 함께 통합하여 수행해야 한다. 그리고 기술검토 및 형상감사 사이에 필요한 시스템엔지니어링 활동을 사전에 인지하도록 해야 한다.

기술검토단계

설계 및 개발 과정을 통해 시스템이 하부시스템 및 형상품목으로 분해되어감에 따라 시스템 개발단계는 보다 세부적이고 진보된 개발단계로 나아간다. 예를 들면, 전형적인 시스템의 경우, 단지 요구사항만 알려진 문제 도메인 단계로부터 솔루션이 정의되는 솔루션 도메인 개념연구단계로 진행된다. 또는 초기 하부 시스템의 설계요구사항이 주어진 개발단계로부터 요구사항을 충족시키는 물리적 설계 솔루션이 정의된 단계로 발전된다.

<그림 13.2>에서 이러한 단계별 시스템 요구사항 정의, 마일스톤 관리, 각 이벤트에 따라 수행되어야 할 공식적인 기술검토활동, 각각의 성능규격서와 형상품목 규격서, 상세품목별 기술자료 패키지와 적용되어야 할 기준을 보여주고 있다. 이러한 단계를 본 장에서는 '개발 레벨'이라고 부른다. 시스템 레벨 기술검토는 일반적으로 어느 하나 개발 레벨로부터 또 다른 개발 레벨로의 전이가 서로 일치되도록 그 순서가 정해져 있다. 기술검토는 기술 관리자가 검토하고 있는 대상시스템이나 형상품목의 기술 성숙도가 다음 개발 단계로 전환하기에 충분하다는 것을 정당화하는 검증 이벤트라고 할 수 있다.

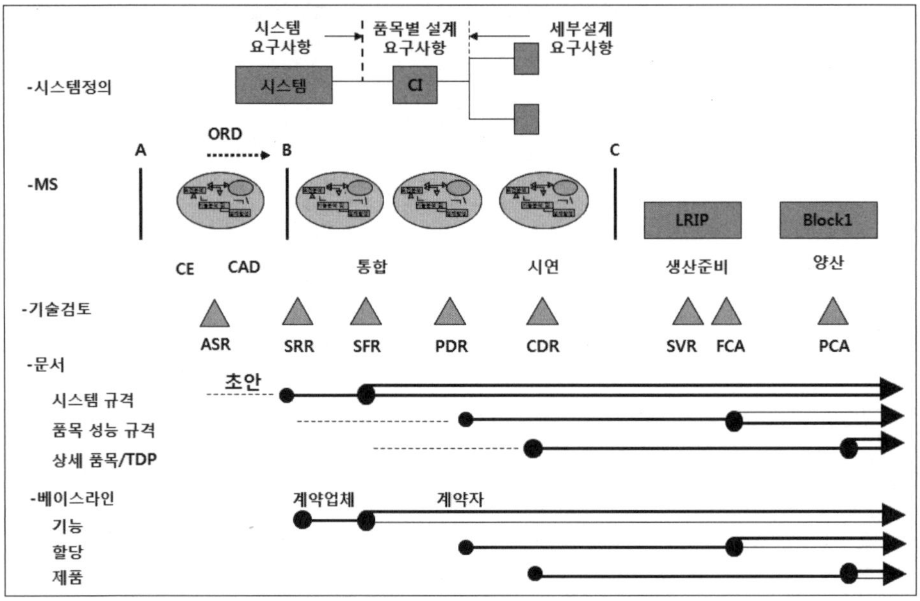

<그림 13.2> 기술검토단계

시스템이나 최종 제품이 개발을 통해 발전되어 가면서 기술평가 중점도 달라진다. 예를 들면, 초기 프로세스에서의 주된 중점은 다음 솔루션 개발단계에서 수행될 설계 및 개발 활동에 근거를 제공하는 반듯한 요구사항을 정의하는데 있다. 이와 유사하게, 개발 초기 단계 에서 수행되는 기술검토는 대부분 최상위 레벨 개념과 시스템 정의가 고객 요구사항을 제대로 반영하고 있는지를 보증하는데 그 초점을 두고 있다. 일단 시스템 레벨에서 정의가 완료되면, 다음 하부 시스템 레벨에서의 설계에 초점을 맞추게 된다. 이와 같이 단계가 진행되어감에 따라 기술검토활동은 전형적인 설계요구사항을 설정하는 설계에 치중한 검토활동이며 나아가 물리적 솔루션이 이러한 요구사항과 일치되고 있다는 사실을 검증하게 된다. 마지막 개발단계에서의 기술검토와 감사는 생산 제품을 개발하기 위한 소스 요구사항을 충족하고 있다는 사실을 검증하기 위해 수행된다. 검토형태와 시기에 따른 시스템 레벨 검토의 전형적인 계획을 <그림 13.3>에 나타내고 있다. 검토형태는 요구사항 검토, 설계 검토 및 검증 검토로 대별된다.

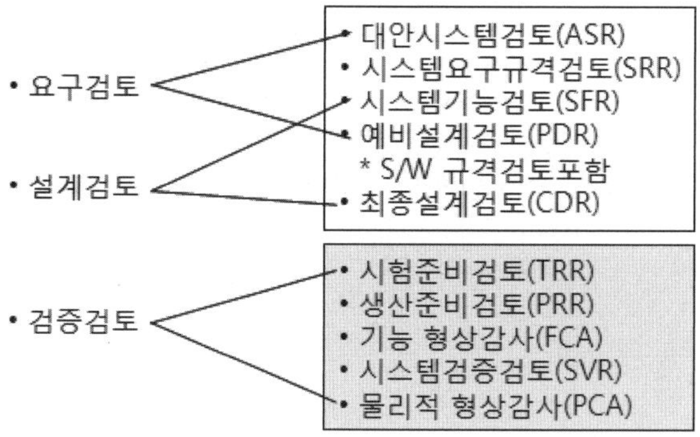

<그림 13.3> 전형적인 시스템 기술검토

일반적으로 이러한 기술검토활동은 획득 수명주기 프로세스와 연관되어 있다. 검증을 위한 기술검토 이벤트는 개발 및 생산 수명주기 프로세스와 연관될 때 일어난다. 이러한 이벤트에 따른 검토 시기는 검토 요구사항이 분명하고 유일한 요구에 따라 사업 프로그램마다 다르게 나타난다.<그림 13.4>는 시스템엔지니어링의 전형적인 기술검토가 획득 수명주기 프로세스 단계와 어떻게 연관되어 있는지에 대한 일반적인 개념을 나타내고 있다.

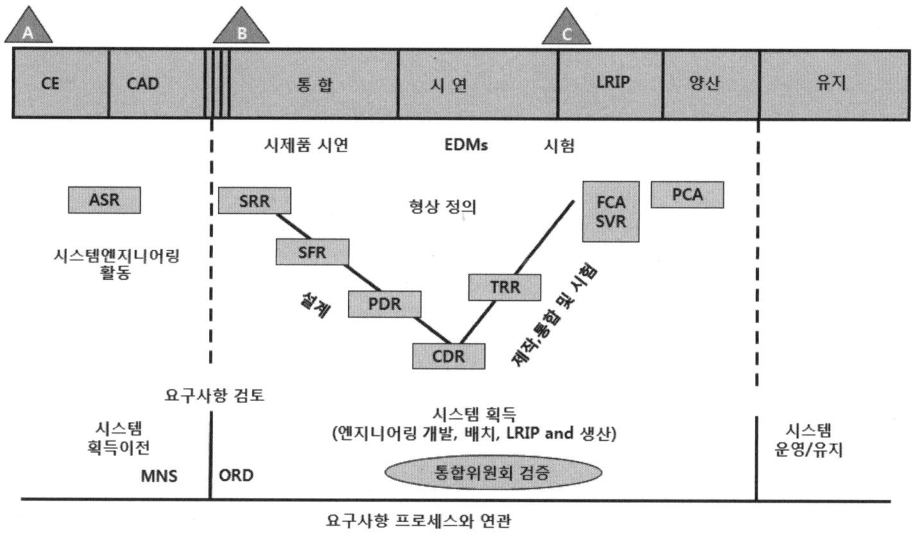

<그림 13.4> 획득수명주기 프로세스와 기술검토 상관관계

특정 시스템 레벨에서의 기술검토는 경우에 따라 여러 가지 다른 이름으로 부르기도 한다. 또한 엔지니어링 표준서와 문서에 따라 내용상 동일한 검토를 자주 달리 명칭을 사용하는 경우도 있다. 여기서 우리는 기술검토를 언급하기 위해 사용되는 이름은 그리 중요하지 않다. 그러나 시스템 개발에 따른 전형적인 검토 일정을 이해하고 각각의 검토활동의 초점과 목적이 무엇인지를 이해하는 것은 매우 중요하다. 다음 검토활동에 대한 설명은 개념단계에서부터 생산단계에 이르기까지 기술진도평가를 통해서 검토 일정이 완료된다는 사실을 개략적으로 보여주고 있다. 여기서 제시된 명칭은 해당 활동의 초점을 잘 묘사하고 있다고 생각되는 명칭을 사용하였다. 물론 검토시기, 순서 및 각 검토 초점은 개발 중인 프로그램의 요구특성에 따라 알맞게 제시하였다.

그리고 모든 프로그램에 대하여 모든 후속 검토 수행에 대한 계획을 미리 수립할 필요는 없다. 각 단계별 기술검토 및 형상감사 수행 시기는 <표 13.1>과 같다.

<표 13.1> 기술검토 및 형상감사 수행단계

개념형성단계	예비시스템설계단계	세부시스템설계단계	생산 및 획득단계
ASR SRR	SFR PDR SSR	CDR TRR PRR	FCA SVR PCA

대안시스템 검토(ASR)

개념연구단계에서 선호하는 대안시스템 개념이 식별된다. 이에 따라 대상시스템 예비 업무 분해구조(PWBS) 초안, 예비 기능기준 및 시스템 규격서 초안이 시스템 개발가능성과 위험요소를 결정하기 위해 검토되어야 한다. 제안된 개념과 관련 기술위험 레벨을 절충하기 위해 기술적인 종속 관계를 검토한다. 이와 같은 대안 시스템검토는 선호하는 시스템 개념을 검증하기 위해 획득프로세스의 개념단계, 기술개발 단계 및 개념 탐색 단계 동안 다음과 같은 활동이 수행된다.

- 비용 대 효과분석 및 운용상 효과적이고 적합한 솔루션을 식별하여 제시
- 설정된 공급 가용성 기준 충족여부 확인
- 수용 가능한 위험 레벨에서 적절한 솔루션을 제시

이와 같은 검토의 산출물은 개념형성(CE) 이후에 수행되는 의사결정을 검토하기 위한 중요한 입력 자료가 된다. 의사결정을 위한 검토란 시스템을 연속적으로 개발하기 위해 수명주기 프로세스의 어느 단계로 진입해야 하는지를 결정하기 위해 수행되는 검토활동을 말한다. 이와 같은 결정은 주로 기술 및 시스템 개발 성숙도에 근거를 두고 결정된다. 이와 같이 수명주기 프로세스를 통해서 시스템개발의 단계가 시스템의 성숙도에 따라 달리 적용된다는 사실을 이해하는 것이 매우 중요하다. 따라서 기술검토 수행 여부에 대한 결정은 설계 범위와 시스템 성숙도에 따라 이루어진다.

시스템요구사항 검토(SRR)

시스템 레벨의 아키텍처가 개발되고 하향식 설계가 이루어져 가면서 대상시스템은 잘 정의된 수많은 개발 레벨을 다루게 된다. 이와 같은 경우, 잘 정의된 기술검토 일정을 계획하는 것이 바람직하다. 특히 컴포넌트 응용개발단계(개정된 획득 수명주기 프로세스상의 개념 및 기술 개발의 두 번째 단계)에서 시스템 레벨 아키텍처가 정의되며, 기술 위험을 평가하고 조정하기 위해 진보적 개발이 요구되는 단계이다. 획득 프로세스에 따라 시스템을 개발할 경우, 마일스톤 B를 지나 시스템 개발 및 시연 단계로 들어갈 때 시스템요구사항 검토(SRR)가 수행되어야 한다. SRR은 사용자의 요구사항이 시스템의 특정 기술 요구사항으로 전환되고, 주요 기술이 정의되고, 필요한 기술시연이 계획되며, 위험이 쉽게 이해되고 위험감소계획이 적절하게 수립되었다는 사실을 검증하게 된다. 특히 시스템 규격서 초안에 운용 요구사항이 반영되어 있는지를 검증해야 하며 다음과 같은 모든 관련문서를 검토해야 한다.

- 시스템 운용요구사항
- 시스템 규격서 초안 및 초기 성능품목 규격서 초안
- 최상위 레벨 블록선도로 나타낸 기술 분석

- 가능성 분석: 시스템 설계 방법을 정당화하기 위한 기술평가 및 절충연구 결과
- 시스템 정비 개념
- 중요한 시스템 설계기준: 신뢰성, 유지보수성, 로지스틱스 요구사항 등
- 시스템엔지니어링 계획서
- 시험평가 종합계획서
- 최상위 레벨 기술성능측정 초안
- 시스템 설계 문서: 레이아웃 도면, 개념설계 도면, 선정된 공급자의 컴포넌트 데이터

시스템요구사항 검토는 개발업체 또는 계약업체가 설정된 초기 시스템 레벨 기능기준을 수용하고 시스템 레벨 요구사항을 충분히 이해하고 있는지를 검증하는 활동이다. 이와 같이 먼저 기준이 설정되면 시스템 레벨 이하 품목의 기능, 성능 및 물리적 특성을 정의하고 물리적 구성요소, 하부시스템 또는 형상품목에 기능을 할당하는 활동이 시작된다.

시스템기능 검토(SFR)

시스템 레벨 이하의 품목 또는 요소를 정의하는 프로세스는 상당한 엔지니어링 설계노력이 요구된다. 이러한 설계활동은 개발기능성 및 성능요구사항을 충족시키는 시스템을 개발하기 위해 일차적으로 최적 시스템을 설계하기 위한 연속적인 개발시험뿐만 아니라 수많은 시스템 분석, 절충연구, 모델링 및 시뮬레이션 활동을 수행해야 한다. 이와 같은 활동으로부터 두 가지 중요한 시스템엔지니어링 문서가 작성 된다. 첫째는 시스템 성능규격서이고 다른 하나는 하부 형상품목 성능 규격서이다. 이러한 문서는 각각 시스템 기능기준과 세부기준에 대한 초안상태의 정의를 나타낸다. 이러한 활동이 종료되면, 시스템은 어떤 개념레벨로부터 시작되어 어떤 시스템 설계로 정의되어 진행되었는지를 알 수 있다. 이는 일련의 기술검토를 통하여 이루어지며 이를 기반으로 또 다른 검토를 수행하기에 적합하게 된다. 전형적으로 시스템기능 검토(SFR)는 다음에 기술된 업무를 포함하여 수행된다. 여기서 가장 중요한 사실은 묘사된 시스템의 기술적인 기능기준이 기술 개발이 더 이상 진행되기 전에 기술 요구사항을 충족한다는 사실을 검증해야 한다는 것이다. 이는 시스템 아키텍처의 하위 레벨에서 엔지니어링 설계와 개발을 위하여 준비해야 할 예비과정이다. 일반적으로 고객이 정부인 경우, 시스템기능검토를 성공적으로 수행하여 그 결과로 얻어지는 시스템 기능기준을 조정하고 관리하게 된다. 이러한 검토단계에서 수행해야 할 검토사항은 다음과 같은 항목에 대한 평가를 포함해야 한다. 보다 자세한 목록은 이에 대한 표준서와 교재를 참고하기 바란다.

- 사용자의 기대를 충족시키는 요구사항이 시스템 규격서에 잘 반영되어 있는지를 검증
- 시스템 레벨 이하 품목에 대한 요구사항할당 및 기능분석
- 품목 성능 초안 및 일부 품목별 상세규격서
- 전체 시스템을 정의하는 설계 데이터
- 시스템 설계와 연관된 위험이 엔지니어링 개발에 있어 수용 가능한 레벨인지 검증
- 적절한 절충연구 분석을 통해 선정된 설계가 최적상태임을 검증
- 지원가능성, 로지스틱스 분석 및 인간 시스템 통합 계획이 적절하게 정의되어 있는지를 검증
- 기술성능 측정 데이터와 분석
- 점진적인 설계진화와 개발 계획이 적절하며 모듈화 및 개방적 시스템 설계 여부

시스템기능 검토에 이어 각각의 품목에 대한 기능, 성능, 인터페이스 요구사항에 따라 시스템 레벨 이하 형상품목에 대한 설계가 이루어진다. 이와 같은 설계정의는 일반적으로 품목 성능 규격서로 나타나며 가끔 초기 품목 개발 규격서로 불리어지기도 한다. 시스템 상위 품목 레벨부터 최하위 레벨까지의 모든 설계 활동이 수행되면서 이러한 문서가 완성되어 간다. 이는

각각의 품목 레벨에서 동의된 요구사항에 근거를 두고 있기 때문에 검토를 통해 설계 요구사항을 검증할 수 있다. 상세 설계에 반영된 요구사항을 검증토록 한다. 최종 품목 레벨의 설계 요구사항은 시스템의 세부기준 정의를 의미한다. 이러한 세부기준에 따른 이벤트와 연관된 두 가지 주요 검토로서는 소프트웨어 규격검토와 예비 설계 검토(PDR)가 있다.

소프트웨어 규격 검토(SSR)

시스템 설계에 대한 의사결정이 이루어짐에 따라 일반적으로 어떤 기능은 하드웨어 품목에 할당되는 반면, 어떤 기능은 소프트웨어 품목에 할당된다. 소프트웨어 품목의 기능, 성능, 인터페이스 그리고 설계와 소프트웨어 품목 개발의 지침을 설명하기 위해 개별적인 소프트웨어 규격이 개발된다. 시스템 레벨의 할당기준을 설정하는 예비설계검토를 준비함에 앞서 시스템 소프트웨어 규격서가 검토되어야 한다. 이러한 검토를 수행하기 위하여 다음과 같은 내용이 포함된다.

- 소프트웨어 요구사항의 성숙도에 대한 검토 및 평가
- 시스템 요구규격서 및 인터페이스 요구규격서가 소프트웨어에 할당된 시스템 레벨 요구사항을 충분히 반영하고 있는지를 검증
- 컴퓨터 하드웨어와 소프트웨어 적합성 평가
- 인간 인터페이스, 통제 및 표시 기능 평가
- 소프트웨어와 연관된 위험이 정의되고 위험감소계획이 수립되어 있는지 보증
- 소프트웨어 설계가 운용개념 문서와 상충됨이 없는지를 검증
- 시험계획 검증
- 예비 매뉴얼 검토

예비 설계 검토(PDR)

요구사항관리를 위한 기능기준, 특히 시스템 규격서를 사용할 때 예비 설계단계는 하부 시스템과 형상품목에 대한 설계요구사항 관점에서 표현된다. 이러한 예비 설계단계는 시스템 레벨 이하의 형상품목 설계를 관리하기 위하여 기능, 성능 및 인터페이스 요구사항을 할당하고 있다. 예비 설계검토가 끝난 후 이러한 예비 설계 할당기준은 계약업체에 의해 공식적인 형상통제 및 관리를 수행하게 된다. 할당기준의 핵심 문서인 시스템 소프트웨어 규격을 포함한 품목 성능규격서가 시스템 규격을 충족하는지 여부를 검증하게 된다. 이러한 검토는 시스템 개발 및 시연단계에서 수행된다. 기술검토는 시스템 레벨의 예비설계검토에 앞서 형상품목이나 연관된 기능그룹에 적용된다. 품목 성능 규격서는 형상 통제활동에 적용된다. 이러한 형상통제는 계약업체가 품목 성능 규격서로 유지하도록 하고 반면, 정부는 시스템 레벨에서의 요구사항을 통제한다. 기술검토 과정에서 다음과 같은 최소항목에 대한 평가가 이루어져야 한다.

- 품목 성능규격서
- 세부 품목, 프로세스, 자재 규격서 초안
- 주요 하부 시스템, 장비, 소프트웨어 및 기타 시스템 요소를 정의하는 설계 데이터
- 분석, 보고서, 특수엔지니어링 분석, 절충연구, 로지스틱스 지원분석자료, 설계 문서
- 기술 성능 측정 데이터 및 분석
- 설계지원에 사용되는 엔지니어링 브래드보드, 실험모델, 시험모델, 실물모형, 시제품
- 특정 컴포넌트를 기술하는 공급 업체 데이터

예를 들면, 경험적으로 생산 설계 도면의 약 15%가 예비설계검토단계에서 만들어진다. 이는 국방 하드웨어 프로그램에 적용되고 있다.

최종 설계 검토(CDR)

제조공정을 고려한 생산라인을 설정하기 전에 생산 품목에 대한 세부사항이 충분히 식별되고 이해되었는지를 최종적으로 검증하고 이를 공식화할 필요가 있다. 시스템 개발 및 시연 단계에서 수행되는 검토는 품목 상세규격서, 자재규격서, 프로세스 규격서를 포함한 제품기준의 시스템 설계문서가 초기 생산제조 착수에 충분한지 여부를 결정토록 한다. 이를 위해 제조목표를 제시하고 있는 생산기준문서 초안을 평가한다. 이러한 검토에는 모든 형상품목에 대한 평가가 이루어진다. 또한 제작을 위한 설계를 승인하기 전에 각각의 하드웨어 형상품목과 최종 코딩 및 시험에 앞서 각각의 컴퓨터 소프트웨어 형상품목에 대한 일련의 검토를 포함하여 수행한다. 또한 시험 준비 검토를 위하여 시험활동이 충분하게 이루어질 수 있도록 시험계획이 수립되어 있는지를 평가한다. 승인된 상세 설계는 최종 생산계획의 근거가 되며 이에 따라 최종 소프트웨어 코드 개발을 착수토록 한다.

경험적으로 볼 때, 최종 설계 검토(CDR)시, 최소한 85%의 설계가 이루어져야 한다. 많은 프로그램에서 설계 완성도를 측정하기 위한 기준으로 도면 완성률을 사용한다. 이는 일반적으로 국방 하드웨어 프로그램에 적용되고 있는 지침이다.

시험 준비 검토(TRR)

일반적으로 최종 설계 검토 이후 시스템 개발 및 시연 단계에서 시험 준비 검토(TRR)활동이 이루어진다. 이는 시험 목적, 절차 및 시험자원을 조정하고 평가하는 활동이다. 원래 소프트웨어 형상품목에서 적용된 이러한 시험 준비검토활동은 점차적으로 소프트웨어뿐만 아니라 하드웨어 품목에 대해서도 널리 적용되고 있다. 시험 준비 검토는 시험결과 및 설명서에 나타난 시험 절차의 완성도와 상호협력관계를 결정하고 있다. 이러한 시험 준비 검토가 준비되면 공식적인 형상품목 시험을 수행하게 된다.

생산준비검토(PRR)

시스템 개발과 시연단계 및 생산과 배치 단계에서 수행되는 생산준비활동은 단계가 지남에 따라 더욱더 증가하기 시작한다. 이러한 생산 준비에 대한 검토는 시스템, 하부 시스템 및 형상품목에 대한 생산 준비가 보다 완벽하고 포괄적이며 잘 조정되어 있는지를 판단하기 위해 계속적으로 검토된다. 생산 준비 검토(PRR)는 제반 생산 활동에 대한 의사결정에 앞서 생산에 대한 준비성을 미리 결정하기 위한 사전검토활동을 말한다. 이는 공식적으로 설계 생산성, 계획된 생산 프로세스에 대한 조정 및 생산 활동에 소요 자원 가능성에 대한 사항을 조사토록 한다. 제조에 따른 위험 부담은 제품과 제조 프로세스에 대한 성능, 비용 및 일정에 대하여 평가된다. 이와 같은 검토는 초도 생산(LRIP)이나 양산으로 진입하기 위한 획득 의사결정을 지원토록 함에 그 목적이 있다.

기능형상감사(FCA) 및 시스템검증검토(SVR)

이제 기능형상을 감사하고 통합된 시스템 검증사항을 검토(SVR)하는 업무는 고객 요구사항과 시스템 및 하부 시스템 기술 및 성능 기준서(기능 및 할당기준)에 대한 요구사항을 재조사하고 검증하는 활동이다. 이는 생산 시스템(시제품 또는 초도생산 포함)이 규격서, 시험계획 등에서 규정된 기술성능 요구사항을 충족시키는지 여부를 검증하는 활동이다. 기능형상감사(FCA)는 규격서에 나타난 모든 요구사항, 시험계획 및 관련 문서의 시험평가 사항을 검증하고, 또한 형상품목이 시험을 통과했거나 수정하는 활동 시작 여부를 검증하는 활동이다. 시스템검증검토에서 나타난 모든 기술평가와 의사결정사항은 양산을 지원하기 위해 제시된다. 이때 제시(지정)해야 할 쟁점사항은 다음과 같다.

- 계속되는 설계, 검증, 생산, 교육훈련, 배치, 운용, 지원 및 폐기단계 쟁점사항을 해결
- 포괄적이고 완전하게 검증
- 모든 변경요구사항을 해결하고 형상 감사는 모든 형상품목에 대해 활동완료
- 위험관리계획이 생산단계에서 보완
- 시스템엔지니어링 계획이 생산단계에서 보완
- 생산단계의 주요 성과, 성공기준(success criteria) 및 측정기준을 제시

물리적 형상감사(PCA)

양산이 승인되고 나면 후속적인 야전운용 시험평가(FOT&E:)활동을 통한 검증과 사용자의 요구사항이 어떻게 변경되었는지를 식별한다. 변경사항이 기준문서 및 생산라인에서 수정되면, 제품 및 제품 기준문서에 다른 모순사항이 없는지를 보증해야 한다. 물리적 형상검토(PCA)는 사후의 변경사항이 전체적인 형상관리 절차를 통해 관리될 수 있도록 규격서서 및 기술 데이터 패키지를 포함한 모든 제품기준을 공식화 시킨다. 기본적으로 물리적 형상감사 활동은 생산 제품이 제품기준에서 명시된 기술 데이터 패키지와 얼마나 일치하는가를 검증하여 감사토록 한다. 최종 물리적 형상감사는 다음과 같은 항목에 대해 검증토록 한다.

- 하부 시스템과 형상품목의 성공적인 물리적 형상감사 완료 여부
- 통합된 의사결정 데이터베이스의 타당성 및 명확한 제품 묘사
- 모든 품목의 기준화
- 이전 기준에 대한 변경사항에 대한 조치완료 여부
- 시험 결함사항 해결 및 적절한 수정변경의 적용
- 시스템 프로세스의 보완 여부 및 실행 가능성

이러한 물리적 형상감사 활동은 형상관리 활동의 일환이며 형상관리계획 범위 내에서 수립된 절차에 따라 수행되어야 한다.

13.3 규격서와 기술검토

<그림 13.2>에 나타난 규격서와 형상기준에 따른 기술검토사항을 살펴보자. 개념형성단계에서의 시스템요구검토(SRR)는 계약업체가 수행하고 있는 활동이 시스템 요구사항과 일치하고 있는지를 검토하는 활동이다. 이는 계약자와 계약업체간의 상호 이해를 도모함에 그 목적이 있다. 이 기간 중에 계약자는 시스템규격서 A 초안을 준비하고 계약업체는 시스템 형상기준과 비용 대 효과분석을 수행한다. 따라서 각 분야별 임무분석과 시스템엔지니어링 관리계획서에 근거하여 시스템 요구능력을 검토한다. 즉, 운용, 시험, 생산 및 지원 요구사항의 충족여부를 검토하게 된다. 그리고 기능형상을 준비하여 개념형성 다음 단계로 전환하기 위한 준비도 하게 된다. 이 단계에서 검토해야 할 사항으로서는 임무요구분석, 운용기능흐름도, 요구사항 예비할당, 비용 대 효과분석, 대안비교분석, 종합 로지스틱스 지원 분석, 특수교육훈련 요구검토, 시스템 인터페이스 분석, 규격서 A 준비, 위험요인분석, 종합시험계획수립, 생산성분석, 기술성능척도 계획, 기술자료 관리계획, 형상관리계획, 시스템안전성 분석, 인간요소분석, 가치공학분석, 총순기 비용분석, 예비 생산계획수립, 인력계획, 일정관리계획 등이 포함되어 있다.

다음 예비 시스템설계단계에서의 시스템설계검토(SDR)는 계약자가 작성한 시스템규격 A와 개발규격 B 초안에 근거하여 계약업체에서 기능형상과 제품형상의 기준을 검토하는 활동이다. 본 검토를 통하여 시스템 설계단계에서 설정된 요구할당 내용이 개념형성에서 요구된 내용과 일치 여부를 검토하게 된다. 그리고 시스템 위험요소와 계획의 적절성 등을 평가하고 기능기준을 검증하기 위한 시험요구사항과 개발규격 B 초안에 대한 형상기준을 검토한다. 그리고 시스템 규격 A를 검증한 후 기능기준을 검토하고 다음 단계로의 전환준비사항도 함께 검토한다. 그리고 1차적으로 계약업체에서 작성한 제품기준 초안과 소프트웨어 요구규격검토(SSR)을 수행한다. 또한 계약자가 배분한 요구 기준에 대한 개발 규격서 B의 일치성을 검증하기 위하여 예비설계검토(PDR)을 수행한다. 소프트웨어 규격검토에서는 대상시스템의 입력사항과 안전도, 운용 요구사항 및 기능 전반에 걸친 사항을 검토한다. 예비설계검토는 시스템 차원의 형상제품과 연관된 기능, 기술위험도, 적합성 및 사업진도를 검토한다. 검토대상 자료는 예비설계도면, 모든 시스템 설계 및 초기 시험결과, 설계목표형상 등이다. 이러한 자료와 함께 특정 대상시스템과의 인터페이스를 추적하고 이를 개발규격서 B와 비교하여 검증한다. 최종적으로 다음 세부시스템설계단계로 진입할 수 있는지 여부를 확인한다.

세부시스템설계단계에서는 계약업체가 세부적인 제품기준을 설정하여 시험 준비 검토사항을 제시하면 계약자는 제품규격서 C 초안과 함께 최종설계검토(CDR)를 수행한다. 이 단계에서 최근까지 요구된 기능형상과 할당된 요구형상을 수정 보완토록 한다. 시스템 차원에서 세부설계가 완료되어 각각의 형상제품에 대한 최종설계검토를 수행할 때, 주로 제품규격서 C를 검토하여 제작기준 초안을 작성하게 된다. 그리고 각 부품에 대한 형상검토는 시제품을 조립하기 전에 수행되어야 하며 소프트웨어 코딩결과와 제반 시험기준을 확인한 다음 마지막으로 생산계획 및 초도 생산품에 대한 제작기준을 승인하게 된다. 생산 및 획득 이전까지 모든 생산준비를 검증하기 위하여 생산준비검토(PRR)를 수행한다. 이는 생산제품 형상과 이와 연관된 기능형상을 최종적으로 확인하는 활동이다. 이는 최종적으로 생산추진 여부를 결정하기 전에 모든 생산준비상태를 검증하고 생산설계검토와 생산 공정절차를 통제하며 생산에 필요한 가용자원을 식별하게 된다. 또한 제작에 따른 각종 위험요소를 평가한 다음 이를 생산 및 제작공정과 함께 검증한다. 이에 따른 비용, 일정 및 유지 가능성을 판단한다. 그리고 초도 생산 단계로 전환될 준비를 검증한다. 이를 위한 검토대상 자료는 사업관리, 생산설계, 생산단가, 개발 및 구매계획, 시험계획, 기술진도, 제작계획, 생산운영, 업무측정, 소프트웨어, 계약에 대한 책임, 생산방법, 생산통제, 설비 및 자산, 공장설치, 자재관리, 인력관리, 품질보증, 산업안전, 로지스틱스 지원 등이 있다.

요약하면, 대상시스템의 연구개발 활동은 모든 기술규격서 A에서부터 E까지 규격을 개발함과 더불어 시스템요구검토에서부터 생산준비검토에 이르기까지 제반 기술검토를 수행하고 평가하고 조종통제하게 된다. 따라서 기술검토는 개발의 성숙도, 위험요소 및 비용일정계획을 개발단계마다 평가한 후 다음 단계로 진행토록 하는 활동이다. 이는 사전에 계획되어야 하며 하나의 시스템분석 및 통제 수단으로 관리함으로써 효율적인 사업추진을 수행할 수 있다. 시스템 개발이 진행됨에 따라 기술검토와 감사활동은 초기에는 요구사항과 기능에 초점을 두었다가 점진적으로 제품으로 변화되어 간다. 그러면서 대상시스템에 대한 검토중점도 시스템 차원에서 하부시스템, 형상품목 및 컴포넌트 단계로 전환되어 간다. 그리고 최종적으로 시스템 차원의 제품생산단계로 환원되는 절차를 따라간다.

13.4 검토 테일러링

앞에서 기술한 모든 기술검토활동은 중요한 기술평가가 요구되는 복잡한 시스템 개발 프로젝트를 근거로 하고 있다. 또한 시스템 기술 성숙도가 일반적인 시스템보다 더 고도로 발전된 시스템에 해당된다. 예를 들면, 기존 프로그램이나 고도기술개념시연(ATCD)을 적용한 후 변경사항이 일어나면 전체적인 형상관리 절차를 통해서 이루어져야 하는 경우이다. 이는 현재 프로그램에 적용 가능한 레벨의 기술 개발을 제공하는 경우를 들 수 있다. 어떤 경우에든 이는 획득 단계에서 통합되거나 아니면 취소까지도 될 수 있다. 이는 시스템 분석 및 통제활동의 일환으로 수행되는 기술 관리활동을 제외하거나 또는 이를 시행해야 할 감시 책임이 있는 정부 프로그램 관리자의 업무를 생략하는 일도 아니다. 그러나 개발 중인 프로그램에 대한 특정 요구사항에 대한 유연성과 검토조정의 필요성을 강조해 주고 있다. 예를 들면, 어떤 시스템에 대하여 직접 시연 단계로 진행할 것을 제안할 경우, 개발단계 측면에서 획득 프로세스를 생략할 수 있지만, 개발을 지원해 주는 적절한 기능기준과 시스템기능검토에 상응하는 활동은 생략할 수 없다. 할당기준 및 예비설계검토 그리고 제품기준 및 최종설계검토에서 수행해야 할 활동을 생략할 수는 없다. 왜냐하면 모든 기준은 서로 다른 레벨의 설계요구사항을 입증해야 하기 때문에 이는 반드시 순차적으로 개발되어야 하며, 각각의 기준에 대하여 만들어져야 한다. 그러나 설계 및 개발 성숙도에 대한 평가를 통해 특정 고유 시스템에 대한 활동으로 검토 테일러링을 할 수 있다. 이와 같이 검토단계를 조정하는 활동은 설계 성숙도를 언제 평가해야 하고, 시스템 성숙도로서 설계요구사항을 나타낸 기준의 공식화 및 통제를 어떻게 지원할 것인가를 결정해야 한다. 이러한 검토조정활동에서 시스템 복잡성의 레벨을 결정할 때 매우 주의하여야 한다. 비록 대부분의 하부 시스템이 단순하거나 이미 상용화되어 시스템이 단순하게 보일지라도 시스템 통합 활동 면에서 단일 응용기술 또는 복잡한 하부 시스템 및 컴포넌트 또는 집약적인 소프트웨어 개발에 대한 요구사항을 고려하여 전체적으로 복잡한 시스템 프로젝트로 다루어야 한다.

13.5 문제풀이

- 제품 개발의 각 레벨 별로 평가되고, 규격서 작성(시스템, 품목 성능, 상세품목 및 자재규격서), 기술검토 및 감사(ASR, SRR, SDR, SSR, PDR, CDR, TRR, PRR, FCA, SVR, PCA)에 의해 개발 과정이 통제된다.
- 기술평가는 다음 단계의 진행 준비 여부를 결정하기 위해 개발 성숙도, 위험부담 및 비용/일정 효과도를 평가한다.
- 검토는 계획되고 관리되어야 하며, 분석 및 통제의 도구로서 효과적으로 운용되어야 한다.
- 시스템이 개발활동에 따라 발전함으로써 설계검토 및 감사의 본질이 기술 활동과 일치시켜야 한다. 처음에 이는 요구사항과 기능에 초점이 맞추어지나, 나중에는 제품에 초점을 맞추게 된다.
- 시스템 레벨 검토에서 성능기준을 설정한 후 수행되는 기술검토는 생산을 위한 시스템 준비성을 결정하기 위해 수행된다. 이는 시스템 레벨에 초점을 맞추어 마지막 개발단계까지 하부 시스템과 형상품목에 중점을 두고 수행하게 된다.

1) 기술검토 및 감사 활동의 목적은 무엇인가? 기술검토계획 수립 프로세스를 설명해 보라.
2) 개념을 형성하는 단계에서의 기술검토 활동은 무엇이며 그 내용을 설명해 보라.
3) 예비시스템설계 단계에서의 기술검토 활동은 무엇인가? 그리고 차이점을 기술해 보라.
4) 세부시스템설계단계에서의 기술검토활동은 무엇인가? 그리고 그 차이점을 기술해 보라.
5) 생산 및 획득단계에서의 기술검토 및 감사활동은 무엇인가? 기술검토와 감사활동의 차이점은 무엇인가?
6) 기술검토와 기술규격서 A, B, C, D, 및 E와의 관계를 설명해 보라. 그리고 개발단계와 어떠한 관계를 가지고 있는가?

제14장 요소측정 및 진도관리

14.1 요소측정관리

요소측정이란 시간에 따라 측정요소의 양적 변화를 관찰함으로써 전체적인 프로젝트 진행 상항 및 진도를 파악하기 위한 목적으로 수집된 측정대상을 말한다. 일반적으로 기술 활동을 관리함에 있어서 다음 세 가지 측정요소 유형을 사용하고 있다.

- 제품개발을 추적하기 위한 제품 측정요소
- 계획일정과 비용의 일치성을 추적하기 위한 획득가치 측정요소
- 관리활동을 추적하기 위한 관리 프로세스 측정요소

추적을 제공하기 위한 측정요소를 측정하고 평가하며 통제하는 활동은 주기적인 보고체계를 수립하여 수행된다. 이러한 활동은 측정요소에 대하여 적절하게 측정 및 평가되었는지 필요한 결과 데이터가 무엇인지를 포함하여 미리 식별되고 이를 측정 및 통제하는 계획이 수립되어야 한다.

14.1.1 제품측정요소

제품측정요소란 고객 요구사항 충족여부를 관리하기 위하여 추적하고 진도를 관리해야 할 주요 설계 속성 요소를 말한다. 이러한 제품측정요소는 요구사항의 세 가지 기본 유형을 반영하고 있다. 이는 운용성능, 수명주기 적합성 및 수용성을 말한다. 이를 바탕으로 시스템엔지니어링 측면에서 사용되고 있는 핵심적인 제품측정요소는 기술성능측정(TPM)이다. TPM은 고객 성능요구사항 충족여부를 관리하기 위하여 설계 진도를 추적하고 관리하는 제품측정요소를 말한다. 이러한 TPM은 설계단계 활동에서 운용요구사항에 대한 추적성을 직접적으로 지원하기 때문에 시스템엔지니어링 프로세스와 밀접한 관계가 있다. TPM은 시스템 요구사항을 반영하고 있는 성능척도(MOP)로부터 도출된다. 이러한 MOP는 운용성능요구사항을 반영한 효과도 척도(MOE)로부터 도출된다.

모든 측정요소는 정량적으로 측정할 수 있는 데이터이어야 한다. 만일 설계단계 형상품목 레벨에서 이를 측정할 수 있다면 측정요소에 대한 데이터의 효용성은 매우 커진다. 예를 들면, 중량 TPM은 업무분해구조(WBS)의 모든 레벨에서 예측되어야 한다. 반면에 속도 TPM은 매우 중요한 운용 파라미터이다. 그러나 업무분해구조 모든 레벨에 배분될 수는 없다. 이러한 속도TPM은 시스템 분석과 시뮬레이션 활동을 제외하고는 통합제품이 이루어지기 전까지는 측징할 수 없다. 중량은 속도를 달성하기 위한 중요한 요소이다. 따라서 시스템이 개발되는 모든 단계에서 다양하게 측정될 수 있는 중량이 속도를 측정하는 요소로 사용되는 최선의 측정요소가 된다. 이와 같이 속도에 직접적인 영향을 주는 중량 요소로 운용조건을 추적한다. 더욱 중요한 것은 중량이 WBS의 각 레벨을 통해 형상품목에 계속해서 할당할 수 있기 때문에 이와 같이 할당된 중량 목표 달성여부를 파악하여 제품개발 진도를 추적할 수 있다는 사실이다.

효과성 및 적합성 측정

제품운용상의 효과성과 적합성의 정도를 측정하기 위한 기준으로 효과성 척도(MOE)와 적합성 척도(MOS)를 사용하고 있다. 이는 시스템 레벨에서 주어진 임무 및 목적을 충족시키기 위해 필요한 성과 측면에서 가장 치명적인 요구사항을 식별하여 이를 운용요구서에 중요 운용요소로 반영해야 한다. 운용 효과성이란 전체적인 운용환경을 고려하여 성공적으로 임무를 달성하기 위한 전반적인 시스템 능력 정도를 말한다. 예를 들면, 무기체계 효과성은 운용 조직, 교리, 전술, 생존성, 취약성 및 위협과 같은 환경적 특성요소를 고려해야 한다. 한편 적합성이란 대상시스템이 운용환경에 잘 적용될 수 있는 통합범위를 말한다. 이는 지원가능성, 인간 인터페이스 수용성가능성 및 정비가능성 등의 주요사항을 측정해야 한다.

성능측정

성능척도 MOP는 임무 또는 기능 수행과 관련된 물리적 또는 기능적 속성을 나타낸다. 이러한 성능척도는 효과도 척도 MOE와 적합성 척도 MOS로부터 정량적으로 도출된 직접적인 기술이나 성능요구사항을 말한다. 따라서 MOP는 MOE 또는 MOS의 변화를 MOP 변화와 연관시켜 관리해야 한다. 기본적으로 MOP는 시스템 규격서의 중요한 성능요구사항을 반영해야 한다. 이러한 MOP는 설계단계 활동과 프로세스 개발의 기반이 될 수 있는 주요성능요구사항을 도출, 개발, 지원 및 검증하는 활동에 사용된다. MOP는 또한 TPM을 통해 추적되어야 할 치명적인 기술 파라미터를 식별해야 한다.

14.1.2 기술성능측정

기술성능측정 척도인 TPM은 직접적으로 MOP로부터 도출된다. 또한 주기적인 검토 및 통제 관점에서 치명적인 요소를 TPM 요소로 선택하게 된다. 이러한 TPM은 설계진도에 따라 WBS 의 요구사항이 잘 적용될 수 있도록 도와주고 나아가 기술적인 위험을 추적하고 통제하는데 사용된다. 또한 TPM은 미달된 요소와 이를 회복하기 위한 요소를 식별하고 비용-성능 민감도 평가를 지원하기 위한 정보제공에 사용된다. 이러한 TPM에는 거리, 정확도, 중량, 크기, 가용성, 최종전력, 요구전력, 프로세스 기간 및 시스템 운용에 관련된 기타 제품요구특성을 포함할 수 있다. 여러 TPM 중 WBS 요소에 따라 추적 가능한 TPM이 우선적으로 고려되어야 한다. 이는 시스템 전체적인 요소뿐만 아니라 시스템에 포함된 세부적인 요소도 함께 추적하여 통제할 수 있기 때문이다. 필수 TPM 중에 시스템 또는 하부 시스템에서 제한되는 경우가 많다. 예를 들면, 엔진의 연료 소모량을 나타내는 연비는 엔진 개발기간 중 필수적인 TPM임에도 불구하고 이를 하부레벨 WBS에 할당할 수가 없다. 왜냐하면 연비는 전반적인 엔진성능을 반영하는 하나의 데이터 항목이기 때문이다. 이러한 경우 측정요소는 요구된 성능과 일치된 설계방법으로 나타난다. 따라서 이러한 TPM은 설계단계에 따라 설계목표 충족을 조기에 경고해 주는 방법으로 사용할 수는 없다. 더욱 자세한 TPM에 관한 사항은 부록C에 설명되어 있다.

측정척도 사례

- MOE : 자동차는 서울부터 부산까지 한 개의 연료탱크로 운행할 수 있어야 한다.
- MOP : 자동차는 2,000 키로 미터 이상 운행 가능해야 한다.
- TPM : 연비, 자동차중량, 연료탱크부피, 공기저항력, 타이어 마찰력 등

14.1.3 제품 효과도 측정요소

이는 총 시스템가치와 연관되어 있으며 이는 <그림 14.1>에 나타나 있다. 시스템 가치는 경제적 요소와 기술적 요소로 대별된다. 경제적 요소에는 매출액과 총 순기 비용으로 구분되며, 기술적 요소는 각종 대상시스템의 성능과 신뢰성, 유지보수성, 인간공학적 요소, 안전성, 로지스틱스, 품질 등 제품의 설계품질 사항으로 대별된다. 이러한 두 가지 요소를 비교하여 상호간의 균형을 판단하게 된다.

<그림 14.1> 총 시스템가치와 효과도 측정요소

이러한 평가 방법 중의 하나가 기술적 및 경제적 요소를 종합한 효과도 측정방법이다. 이는 효과도를 시스템 효과특성에 따라 효과도 지수 곧, FOM(Figure of Merit)을 측정하는 방법으로써 몇 가지 사례를 제시하면 다음과 같다. 사례 1은 총 순기비용(Total LCC) 대 대상시스템의 가용성능효과를 측정하는 경우이다. 사례 2는 순이익 대 시스템 능력 효과를 측정하고, 사례 3은 설비 공간 기준 면적당 총순기비용 효과지수를 나타낸다. 그리고 사례 4는 총순기비용 대 대상시스템의 지원효과를 나타내는 지수이다.

- 사례 1: 효과도 FOM #1=(성능x가용성)/총 순기비용
- 사례 2: 효과도 FOM #2=시스템 능력/(매출액-비용)
- 사례 3: 효과도 FOM #3=총 순기비용/설비공간
- 사례 4: 효과도 FOM #4=지원가능성/총 순기비용

등을 들 수 있다. 경제요소에 관해서는 매출과 비용이 함께 고려된다. 여기서 비용은 통상 연구개발비, 생산비, 운용유지비를 포함한 총 순기비용을 다룬다.

제품 적합성 측정요소

제품의 운용 적합성 및 기타 수명주기와 관련된 측정요소는 시스템 설계통합 단계에서 진도를 추적하는 것이 적절하다. 운용 적합성은 가용성, 호환성, 수송가능성, 호환성, 신뢰성, 사용빈도, 유지보수성, 안전성, 인적 요소, 문서화, 교육훈련, 인력, 지원성, 로지스틱스 및 환경적 영향을 고려하여 대상시스템이 운용측면에서 만족스럽게 작동할 수 있는 정도를 말한다. 이와 같은 적합성 파라미터는 대상시스템이 적합하게 운용할 수 있도록 도출된 제품 측정요소를 말한다. 예를 들면, 설계상 자동화 수준을 나타내는 요소는 운용인력의 양적 질적 요구

사항을 반영해야 한다. 일반적으로 TPM과 제품 적합성 측정요소는 일치한다. 예를 들면, 평균고장시간(MBTF)은 효과성과 적합성을 함께 반영하고 있다. 또한 적합성 측정요소는 생산성, 시험가능성, 설계 단순도, 그리고 강건 설계 정도 등 성능 향상을 나타내는 측정요소를 포함해도 좋다. 예를 들면, 부품, 유사 부품 및 마모 부품 수량에 대한 추적은 생산성, 유지보수성 및 설계 단순도의 지표로 사용된다.

제품 가용성 측정요소

추정생산단가 또한 기술성능측정 TPM관리와 유사하게 설계단계에서 추적된다. 이는 현 설계단계에서 진행되고 있는 각각의 형상품목에 대한 TPM 요소보고체계와 동일하게 이루어진다. 이러한 추정은 하부 시스템 추정비용과 시스템 추정비용을 제공하기 위하여 상위 WBS 레벨에서 통합된다. 이러한 추정을 통하여 추정생산단가 자료추적, 설계목표비용(DTC) 추적 및 생산비용과 연관된 설계문제점을 분리시키는 방법을 제공해 준다. 수명주기 가용성은 특정 시스템의 파라미터 추정방법에 의한 수명주기비용 산정에 포함된 주요요소를 통해 추적 가능하다. 예를 들면, 대부분 수송 시스템의 수명주기 비용을 반영한 두 가지 요소는 연비와 중량이다. 이 두 가지 모두가 수명주기에 따라 추적 가능한 측정요소이다.

시기

제품측정요소는 설계 프로세스와 직접적으로 연동되어 있다. 측정요소식별, 보고 및 분석을 위한 제반 계획은 개념형성단계 초기에 이루어진다. 초기에 작성되는 시스템엔지니어링 계획은 관리절차를 정의하고, 측정하고 추적해야 할 성능이나 특성을 식별하며, 식별된 성능이나 특성의 예상치를 예측하고 그 평가시기와 평가목적을 설정해야 한다. 이러한 계획을 실행하기 위한 적용은 기능기준 개발로부터 시작된다. 이 기간 중 시스템엔지니어링 계획은 주요 기술 파라미터, 허용오차와 한계치를 시기별로 계획된 프로파일, 주어진 프로파일을 달성하기 위한 검토, 감사, 종속 이벤트 또는 치명도와 추정방법을 식별해야 한다. 기능기준에서 제품기준으로 설계활동이 진행되면서 수립된 계획은 시스템엔지니어링 프로세스를 적용하여 업데이트되어간다. 이를 지원하기 위해 계약내용에 계약업체로 하여금 측정, 분석 및 보고를 위한 조항이 포함되어야 한다. 제품측정요소를 추적하기 위한 요구사항은 일반적으로 생산단계에서 제품기준을 설정함으로써 종료된다.

제품측정요소에 대한 국방 및 민수산업 정책

국방규정에 의하면, “분석과 통제 활동은 기술개발과 설계, 계획 대 실적 및 시스템 요구사항 충족 여부를 측정하기 위해 성능측정요소를 포함해야 한다.”라고 규정되어 있다. EIA IS-632 표준 3장 민수산업규정에 의하면, “수행해야 할 활동은 지정된 기술 파라미터 값을 충족시키기 위해 시스템 능력에 영향을 주는 결함을 식별하여 설계 솔루션의 적합성을 평가하기 위해 TPM을 설정하여 적용토록 한다.”라고 정의되어 있다. IEEE 1220 표준 6장 민수산업규정에 의하면, “수행해야 할 활동은 시스템 성능의 핵심 지표인 기술성능측정(TPM)을 정의함에 있다. 만약, 프로젝트의 비용, 일정 또는 성능 위험을 충족하지 못한다면, 이 활동은 먼저 치명적인 성능척도(MOP)에 제한되어야 한다.”라고 규정되어 있다.

14.2 기술성능측정(TPM) 관리

기술성능측정(TPM)은 다음과 같은 목적을 위해 사용되는 분석 및 통제 기법을 말한다. 1) 일정기간 동안 선정된 기술 파라미터의 예상 성능을 예측함 에 있다. 2) 선정된 파라미터에 대하여 관측된 실제 성능을 관리하고 보고함에 있다. 3) 계획 성능과 실제 성능 상호간의 비교를 통해 의사결정을 돕기 위해 사용된다. 잘 계획된 성능측정요소는 기술적 문제점에 대한 조기경고를 해주고, 운용요구사항 충족여부를 평가할 뿐만 아니라 시스템 성능 변화에 따른 영향을 평가해 준다. 일반적으로 TPM은 그래픽으로 표현하는 것과 서술적 설명 형태로 표현해 주고 있다.

<그림 14.2>는 선정된 파라미터의 시간에 따른 계획목표를 제시하고 그 시기에 실제로 관측된 값을 제시함으로써 계획곡선에서 벗어난 편차를 평가할 수 있다. 보고서상에 나타난 서술 부분은 도표를 설명한 다음 계획곡선에서 벗어난 편차의 원인을 설명하고 있다. 또한 편차의 문제점을 평가하고 이를 보완하기 위한 방안을 설명해야 한다. 필요 시 주어진 현재 상황으로부터 미래에 달성 가능한 성능을 계획하도록 한다. 여기에서 현 달성치란 표시된 마일스톤 일정계획과 비교한 현재 측정값을 말한다. 목표치란 계약종료 시 예상되는 기술 파라미터 값을 말한다. 현 계획치는 현시점에서 계획된 기술 파라미터의 예상치를 말한다. 계획곡선이란 시간에 따른 예상 계획치를 나타낸 곡선을 말한다. 허용편차범위란 관리적인 측면에서 예상 오류 편차의 한계범위를 나타낸다. 한계치란 통상 계약상에 나타난 허용한계치를 말한다. 편차란 계획치와 분석, 시험, 시연방법으로 제시된 달성치와의 차이를 말한다.

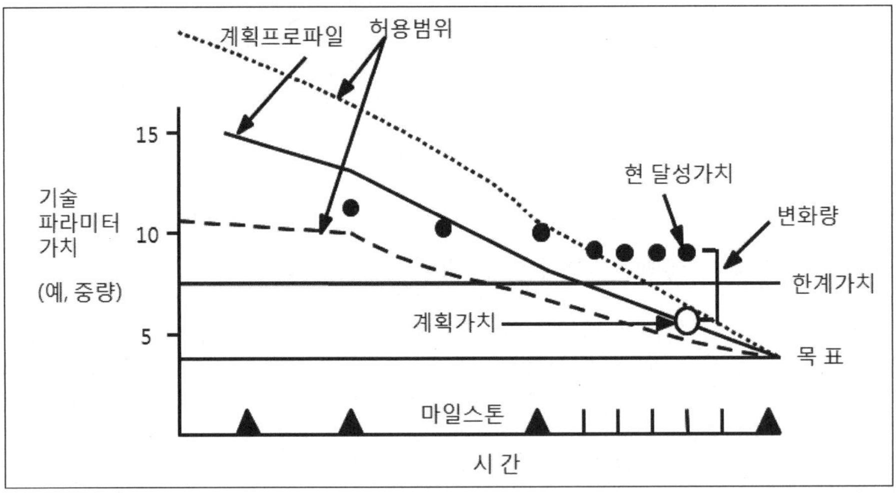

<그림 14.2> 기술성능측정(TPM) 기본개념

특히 정부사업의 경우, 추적해야 할 대상 파라미터는 정부와 계약업체 상호간에 합의된 사항을 기초로 해야 한다. 정부사업관리부서는 프로그램의 비용위험요인이 되거나 개발계획 최단 경로에 놓여 있어서 고위험 항목으로 선정된 주요 WBS 요소를 일차 기술성능측정요소로 분류하도록 해야 한다.

정부에 제시하도록 선정된 TPMs는 운용자 필요성에 대한 추적이 가능하도록 해야 한다. 일반적으로 계약업체가 정부 사업부서에서 요구하는 항목보다 보다 더 상세한 레벨의 정보를 수집해야 하기 때문에 계약업체는 정부에 보고하는 TPMs보다 더 많은 항목을 추적해야 한다. 정부에 보고하는 TPMs는 계약과 연관된 문제이다. 따라서 정부에 제시해야 할 보고서에 포함될 TPMs는 계약자료 요구목록(CDRL)으로 정의되어야 한다. 보고대상으로 선정되는 모든 파라미터는 수많은 쟁점사항, TPMs요소를 측정하기 위해 필요한 자원, 이를 검토하고 분석하기 위해 가용한 인적자원, 대상시스템의 복잡성, 개발단계 및 과거 유사시스템에 대한 계약자의 경험 등을 고려하여 이루어진다.

전형적인 TPM 그래프는 앞에서 본 것과 유사한 형태로 제시된다. 실제 예상성능 프로파일 형태와 오차범위 제시 여부는 선정된 파라미터의 기능특성과 사업관리부서 요구에 따른다.또 다른 주요 고려사항 중의 하나는 TPM 프로그램과 위험관리 사이의 연관관계이다. 일반적으로 추적하도록 선정된 파라미터는 프로그램 상의 위험영역과 연관되어 있어야 한다. 만일 특별한 설계요소가 위험영역으로 식별되면, 파라미터는 위험영역 범위 내에서 사업관리자가 진도를 추적할 수 있도록 선정되어야 한다. 예를 들면, 순항거리 달성이 치명적인 위험대상 범위로 선정된다면, 추적해야 할 파라미터는 항공기 중량, 연비 및 항력 등이 된다. 나아가 일반적으로 TPM 요소가 치명적인 시험항목으로 식별된 파라미터로 제한되어 있지 않지만 TPMs과 공식적인 시험과 관련된 치명적인 기술 파라미터 사이에 일치성이 있어야 한다. 정부 검토와 후속 TMPs관리는 계약업체가 TPM을 제출할 때 주기적으로 수행된다. 또한 기술검토, 시험 수행 및 사업관리검토와 같은 주요 기술검토 시 수행된다.

사용자의 필요성을 추적할 수 있는 TPMs인 경우, 이는 추적 및 예측대상 기술 파라미터로 구체화되어야 한다. 예를 들면, 운용자는 전투 상황에서 생존성에 대한 요구사항을 갖고 있어야 한다. 생존성이란 본질적으로 저절로 측정 가능한 파라미터가 아니다. 그러나 레이더 단면적이나 추적속도와 같은 항목은 생존성을 결정하는 주요 기술 파라미터이다. 따라서 기술 관리자는 TPM 보고를 위한 요소로서 RCS와 속도를 선정하여 추적할 수 있다. TPM 추적대상 파라미터를 선정하기 위한 의사결정은 파라미터 특성을 예측할 수 있는 영역과 실제로 측정 가능여부를 고려해야 한다. 만일 파라미터의 프로파일을 알 수 없거나 이를 측정할 수 없고 프로그램 성공에 중요하지 않는 요소라면 일반적으로 정부는 TPM 추적 대상 파라미터로 이를 선정하지 말아야 한다.

기술성능측정이란 시스템엔지니어링 관리에 있어서 시스템분석과 통제업무를 수행하는 주요 활동 중의 하나이다. 이는 형상품목(CI)이 시스템 요구 성능규격사항과 어떻게 일치하는지를 나타내는 수단이다. 이는 기술적인 성과를 나타내는 지표이기 때문에 반드시 정량적으로 측정 가능해야 한다. 또한 사업진도에 따라 계속적으로 유지 관리되어야 한다. 따라서 설계단계에서 요구 성능보다 부족하거나 과도한 경우가 없는지를 측정하여 시스템 요구사항을 충족할 수 있도록 유도해 가야 한다. 주요 기술요소로 선정되는 판단기준으로 먼저 중량, 컴퓨터 용량, 편류량 등 품질 측면에서 전체 시스템에 미치는 영향이 매우 큰 경우이다. 그리고 계약당사자간에 측정이 가능해야 한다. 예를 들면, 엔진 마력, 신뢰도, 반응시간, 속도 등을 들 수 있다.

나아가 이러한 TPM 요소들은 기존의 데이터베이스, 시험계획, 계약요구사항으로부터 나타나기 시작한다. 이러한 기술측정요소들은 <그림 14.3>과 같이 시간이 경과함에 따라 변하는 것과 그렇지 않는 것이 있다. 시간에 따라 일정한 값을 유지하는 경우는 기사용 중이거나 이미 개발된 기술을 말한다. 그러나 시스템 특성에 따라 시간이 경과하면 변하는 특성으로 거리, 속도, 적재량, 경도, 엔진마력, MTBF등이 있다. 그리고 감소하는 경우는 목표설계비용(DTC), 반응시간, 부품중량, 편차오류, 예비컴퓨터 사용률, 기억용량 등이 있다.

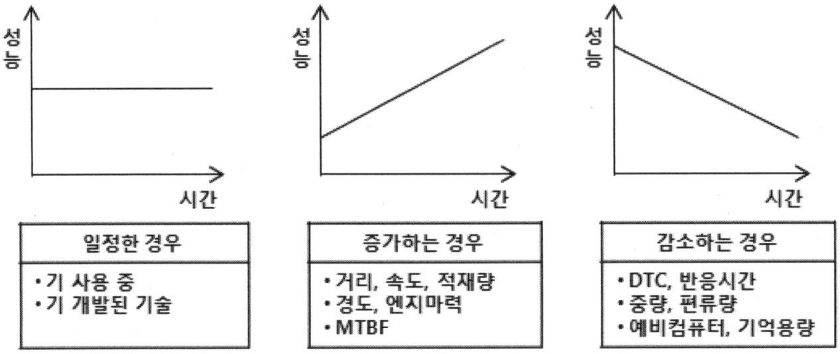

<그림 14.3> TPM 변화유형

한편 대상시스템의 WBS 구조에 따라 <그림 14.4>와 같이 계층별로 TPM 파라미터를 추적하도록 고려하는 것이 아주 중요하다. 함상통제 하부시스템은 전력밀도, 편류시간, CWI 및 TI 안테나 사이드 로브, AM 및 FM 노이즈, 각도 및 거리 분해능, 탐지거리, 중량, 전력, MTBF, MTTR 등의 TPM이 있다.

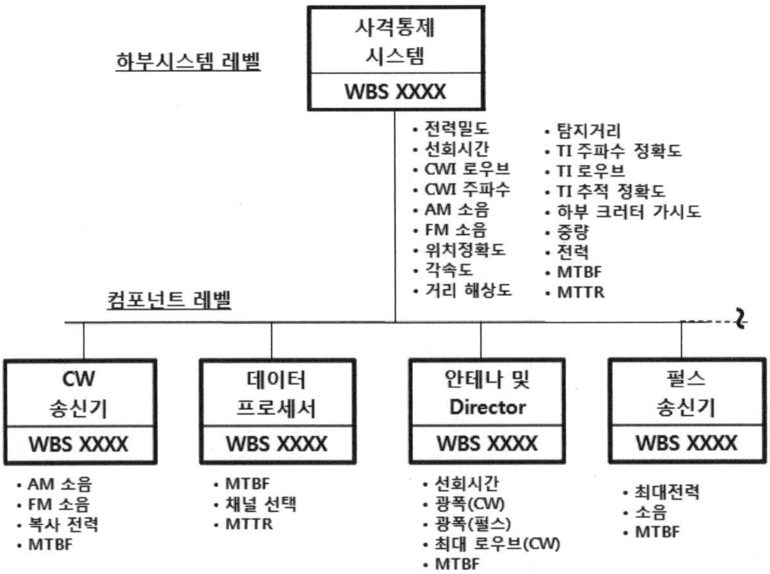

<그림 14.4> 함상 사격통제시스템 TPM 사례

이를 하위 컴포넌트인 CW 트랜스미터에 AM 및 FM노이즈, 방사전력 및 MTBF를 할당하고 데이터 프로세서에 MTBF, MTTR, 기억용량, 프로세서 속도를 할당한다. 그리고 안테나 시스템에 편류시간, CWI 및 TI 사이드 로브, 빔의 폭과 MTTR을 할당한다. 이러한 주요기술요인은 시스템 성능에 높은 영향을 주는 요소 및 안전, 비용, 일정에 영향을 주는 요소 또는 주요 임무계약 시 인센티브 성능에 영향을 주는 치명적인 요소 등을 고려하여 선정된다. 이러한 TPM 측정계획은 시스템기획단계에서 수립된다. 계약자는 시스템 엔지니어링 관리계획서(SEMP)를 작성할 때 TPM을 도출하여 제시해야 한다. 사업관리자는 TPM선정, 계획기준 및 허용기준, 측정, 검토 및 감사에 대한 제반 기준을 제시하고 계약자는 이에 따라 계획, 측정, 분석 및 결과보고를 한다. 최종 확정은 물리적 형상감사(PCA)에서 이루어진다. 특히 측정횟수는 시스템의 복잡성, 보고주기, 계약자수, 사업관리조직의 규모, 계약자실적, 정책입장, 계약형태에 따라 결정된다. TPM의 역할은 기본성능을 계량화하여 개발진도에 따라 비교 측정한 다음 설계면에서 부족 또는 과도여부를 판단하여 시스템 성능을 종합 관리하는 기법으로 사용된다. 이는 사업 책임자의 주요 월간보고사항으로서 전반적인 시스템 성능의 주요품질요소를 측정하여 계획치와 실제치를 비교분석하고 치명적 요소에 대한 문제점을 관리토록 한다. 이렇게 함으로써 사업관리자와 계약자 상호간에 활동내용을 계량적으로 정립 운용할 수 있다. 이러한 TPM 관리보고 사례를 도식해 보면 <그림 10.5> 및 <그림 10.6>과 같다. <그림 14.5>는 MTBF에 대한 개념설계 이후 현재 분석된 달성치와 허용범위 내에서의 목표치를 비교 제시해 줌으로써 향후 예비설계, 상세설계 및 사후운용 시 목표치를 어떻게 관리할 것인가를 추적하여 목표치를 달성하기 위한 관리를 하게 된다. 사업관리자가 선정한 모든 TPM은 반드시 공식적인 기술검토 시기에 함께 보고되고 그 대책을 관리해야 한다.

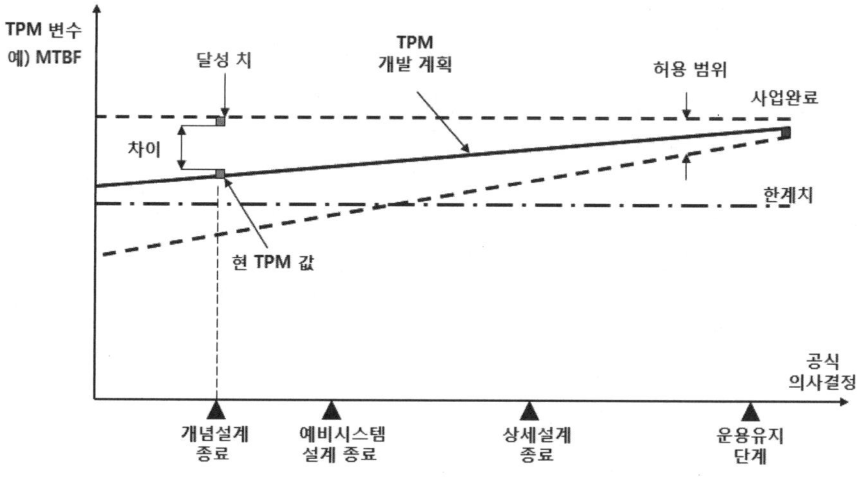

<그림 14.5> 단계별 TPM 측정

<그림 14.6>에서 보면, 프로그램의 시스템설계검토 단계에서 가용성, 수명주기비용, MMH/OH, MTBF, 중량에 대한 달성치를 나타내 주고 있다. 아직까지 허용범위 수준에 미치지 못하고 있다는 사실을 볼 수 있다. 사업 책임자는 이를 다음 설계검토 시점까지 허용범위 내로 달성하는 것이 중요한 관리목표가 된다.

기술적 성능달성과 연관하여 위험을 반영한 획득가치산정 방법으로 획득가치 관리와 TPMs을 함께 연계하려고 노력해 오고 있다. 사용되고 있는 접근방법은 계획 대비 실제 성능에 대한 통계적 분석을 기초로 TPM에서 계획된 성능 수준 달성가능 확률을 통계적으로 다루고 있다. 보다 많은 정보는 인터넷 http.www.acq.osd.mil/api/tpm/을 이용할 수 있다.

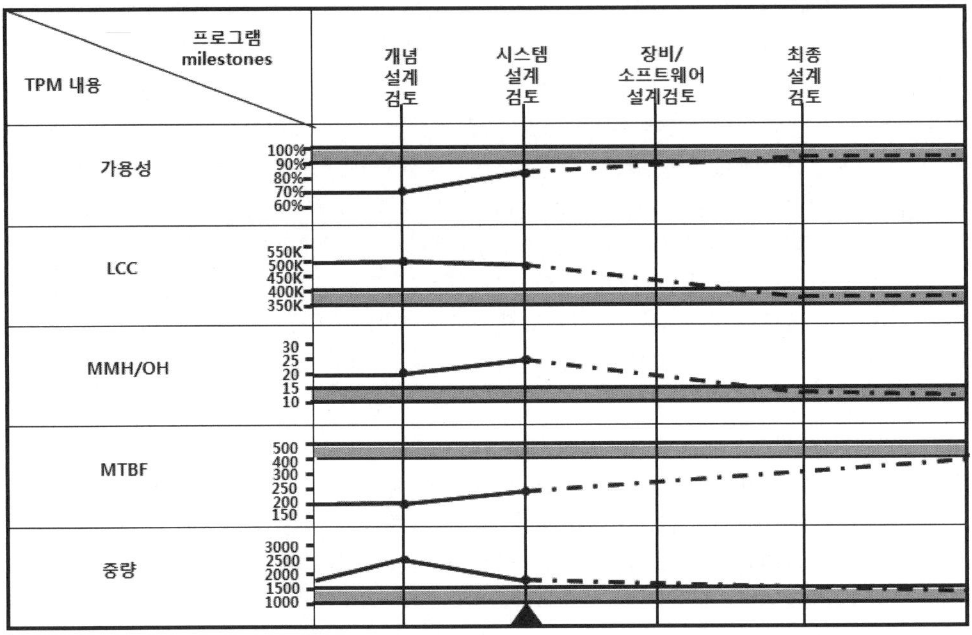

<그림 14.6> 프로그램 단계별 TPM 관리보고 사례

요약하면 TPMs은 사업 책임자의 시스템 분석과 통제 수단 중에서 중요한 도구로 사용되고 있다. 또한 TPMs은 주요 기술 파라미터의 편차에 대한 조기경고를 제공해 준다. 이러한 활동이 제대로 이루어지지 않는다면, TPMs은 사용자 요구 충족을 고려한 시스템 성공여부에 영향을 미칠 수 있다. TPM은 기술검토와 사업관리 검토요소로 반영될 뿐만 아니라 주기적인 프로그램 보고와 관리 활동에 함께 통합 제시되어야 한다. TPM 프로그램을 효과적으로 운용함에 따라 사업관리자는 사업진도측면에서 편차가 발생했을 때 기술적 근거유무에 관계없이 시스템 기술성능에 대한 논리적인 판단을 제공할 수 있고 계약자의 계획에 따라 사업을 진행할 수 있다.

14.3 획득가치를 이용한 진도관리

획득가치란 제안된 프로젝트 기준에 따라 시스템 개발비용과 일정진도를 추적하기 위해 비용-성능 측정요소를 사용한 측정요소에 대한 보고시스템을 말한다. 획득가치는 성능, 비용 및 일정 관계를 통합한 큰 그림을 말한다. 획득가치 관리시스템(EVMS)이란 사업관리 프로세스를 기반으로 프로젝트 별 일정과 비용을 통합 관리함으로써 프로젝트의 성과를 분석하고 최종 사업비용과 일정을 예측하는 관리시스템을 말한다. 이는 <그림 14.7>에 나타난 바와 같이 먼저 프로젝트 업무를 정의한 다음 이를 수행조직과 연계한 조직과 통합한다.

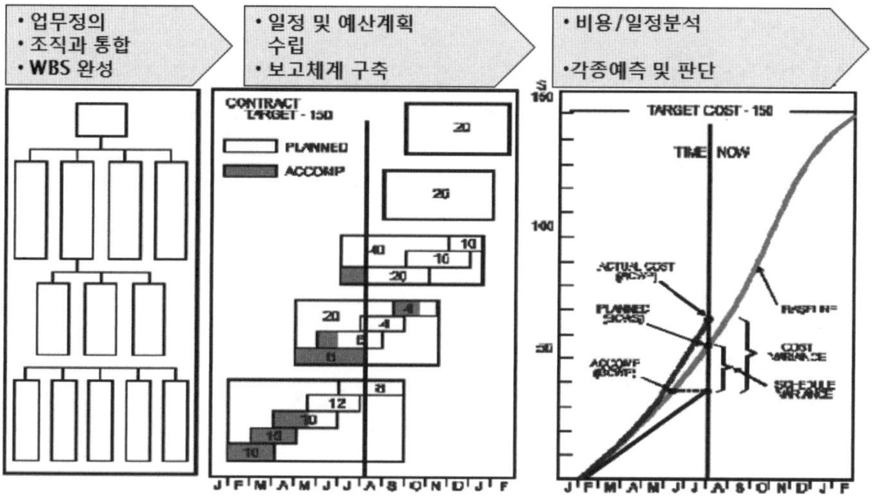

<그림 14.7> 획득가치 관리시스템(EVMS)

그리하여 모든 수행업무를 WBS로 제시토록 한다. 이제 이러한 업무를 수행하기 위한 일정과 예산계획을 수립하고 각종 보고시스템을 구축한다. 그리고 성과를 측정하기 위한 성과곡선을 만들고 프로젝트 진도에 따라 일정과 비용을 획득가치 기준에 따라 측정하고 분석하는 활동을 수행하게 된다. 이에 따른 향후 사업종료시기와 비용편차에 대한 예측을 판단함으로써 이에 대한 사전예방활동을 수행토록 한다. <그림 14.8>에 획득가치 관리시스템을 이용하여 사업을 예측하는 기법을 나타내고 있다. 먼저 계획요소로써는 비용과 일정을 통합해서 성과측정을 위한 기준 S곡선을 가리켜 PMB가 제시된다. 그리고 여기에 예비비로써 MR이 계획되어 있다. 다음 측정요소로써는 먼저 계획예산(PV)으로 BCWS가 있고 실 투입비용(AC)으로 ACWP가 있다. 그리고 획득가치(EV)로써 수행된 업무에 대한 예산으로 나타낸 BCWP가 있다. 그리고 분석요소로써 일정편차(SV), 비용편차(CV), 최종 추정사업비(EAC)와 예상초과예산으로 BAC, EV/AC로 나타낸 비용실적지수(CPI), EV/PV로 나타낸 일정실적지수(SPI)등이 있다.

만일 수행된 업무에 대한 예산으로 책정된 비용(BCWP)이라고 이름 붙인 선을 계약업체의 획득가치(EV)라고 생각한다면, 이 기준에서 벗어난 편차는 비용과 일정에서 차질을 나타내고 있다. 예를 들어, 주어진 예산비용에서 실제비용이 벗어나면 비용 편차가 발생된다. 계획된 활동업무에서 수행된 업무가 벗어나면 일정 편차가 나타난다. 예상 성과는 각각의 WBS요소별 요구된 업무를 수행하기 위해 적절한 비용과 일정 추정자료에 기초하고 있다. 만일 차질이 발생되면, 시스템 엔지니어가 잠재적으로 내재된 기술개발 문제 대상 WBS 요소를 집어낼 수 있다. 제품측정요소와 연계된 획득가치(EV)는 개발문제점을 이해하고 식별하는 매우 좋은 기술관리 도구로 사용된다. 제품측정요소와 이벤트 일정계획, 월간 일정계획 및 획득가치 사이의 상호관계는 다음과 같다.

- 이벤트 일정계획은 주요 시스템 요구사항을 충족시키기 위해 수행되어야 할 각각의 이벤트와 업무종료기준에 대한 내용을 포함하고 있다. 따라서 이는 제품측정요소와 직접적으로 연관되어 있다.
- 보다 세부적인 월간 일정계획은 제품측정요소와 연관된 동일한 목표를 충족시키기 위해 설정된 시간계획을 포함하고 있다.
- 획득가치는 이와 같이 주어진 목표를 충족시키지 못할 경우에 발생되는 비용 및 일정에 대한 영향을 포함하고 있다. 따라서 제품측정요소와 연관된 프로그램과 기술위험을 식별할 수 있다.

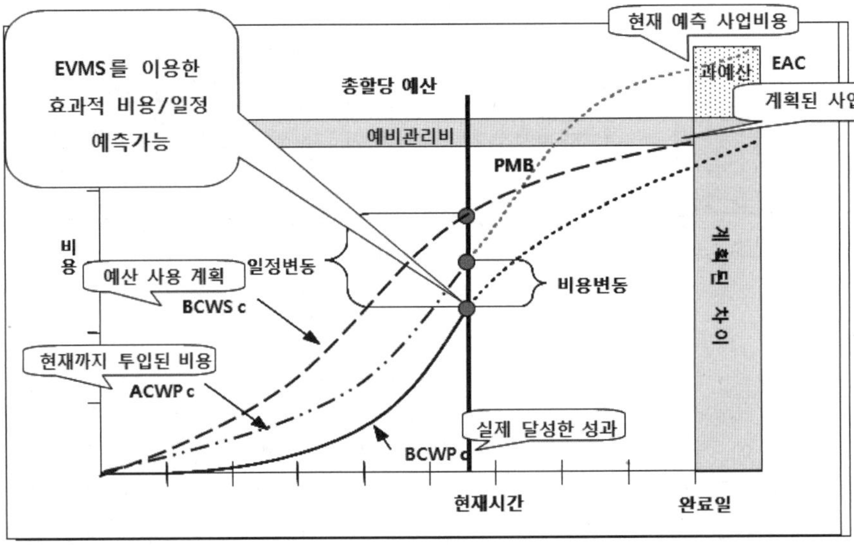

<그림 14.8> 획득가치(EV) 개념으로 사업예측

프로세스 측정요소

관리 프로세스와 연관된 측정요소는 시스템을 개발하고 제작하고 수행하는 프로세스를 추적하기 위해 설정된 측정사항을 말한다. 이러한 측정요소는 잠재되어 있는 광범위한 요소를 고려하되 요소 선정은 프로그램에 따라 다르다. 이러한 관리 프로세스 측정요소로서는 자원 가용성, 시간당 활동율, 종료 항목 수, 업무 종료율 및 고객이나 팀 충족률 등이 있다. 이와 같은 요소의 예를 들면, 숙련된 수행 인원수, 엔지니어링 변경제안서(ECPs) 승인 및 거부기간, 승인된 코드라인 수(LOC) 또는 도면매수, 월간 ECPs 처리건수 및 팀 위험 식별 또는 평가결과 피드백 등을 볼 수 있다. 적절한 측정요소를 선정하는 일은 주요관리활동을 추적하기 위한 활동을 통해 이루어진다. 이러한 측정요소선정은 시스템엔지니어링 계획수립 절차의 일부분으로 되어 있다.

측정요소 규모선정

측정요소내용과 수량을 선정하는 일은 프로젝트의 위험과 비용 상호간 균형을 이루기 위한 계획수립활동 기능이다. 이는 시스템 복잡성, 조직의 복잡성, 보고 주기, 계약업체수량, 사업관리부서 규모 및 구성, 과거 계약업체 수행경험, 정치적 요소 및 계약형태 등을 포함한 여러 가지 사항을 고려해야 한다.

14.4 문제풀이

1) 일반적으로 기술 활동을 관리함에 있어서 측정해야 할 세 가지 유형을 설명해 보라.
2) 총 시스템 가치를 나타내는 척도를 두 가지만 설명해 보라.
3) 기술성능측정(TPM) 요소는 누가 언제 제시하는가. 달성여부를 누가 어떠한 방법으로 추적하는가. 어떻게 하향식으로 할당하는가.
4) TPM 목표관리와 함께 인센티브 제도를 활용할 경우, 구체적인 방법을 설명해 보라.
5) EVM 관리기법을 설명해 보라. 이를 적용할 때 장단점을 기술하라.

제15장 가치측정 및 비용관리

15.1 개요

사업 책임자가 프로젝트를 보다 잘 통제하고 효과적으로 계획하기 위하여 보다 정확한 시스템의 가치와 비용을 추정하는 것이 필수적인 요소이다. 우리가 대상으로 하고 있는 시스템의 가치는 일차적으로 성능, 신뢰성, 유지보수성, 인간공학, 지원가능성, 품질 등과 연관된 기술적 요소와 관련이 있다. 그리고 다른 하나는 경제적 요소로써 이 두 가지 요소의 균형을 유지하는 것이 <그림 6.1>에서와 같이 프로젝트 가치를 최적화하는 활동이다. 이는 시스템평가 프로세스에서 대상시스템의 효과도를 측정하는 MOE 요소를 제시하기 위하여 기술적 요소와 경제적 요소를 함께 적용한다. 이러한 효과도 측정지수, FOM은 적용대상에 따라 다르게 표현된다. 이에 대한 몇 가지 경우를 제시하면 다음과 같다.

- (성능x가용성)/총 수명주기비용
- 시스템 용량/(총 이득-비용)
- 총 수명주기비용/설비규모
- 지원가능성/총 수명주기비용

시스템 평가요소는 앞서 <그림 10.1>의 경제적 요소에서 매출액에 대한 이익과 수명주기비용이 함께 고려되어야 한다. 특히 이익손실이 비용의 주요 요소로 작용하는 상용제품의 경우는 반드시 이를 고려해야 한다.

이 장에서 우리가 중요하게 다루는 것은 경제적 요소이다. 이는 특히 시스템 연구개발에서 폐기단계까지의 총 수명주기비용을 추정하는 일이다. 여기에는 모든 기술적 활동과 관리적 활동에 대한 요소를 포함하고 있다. 즉, 생산자 활동, 계약자 및 공급자 활동, 그리고 소비자나 사용자 활동을 포함하고 있다. 부가하여 짧은 기간 중에 일어나는 각 조직별 전통적인 회계구조에 나타난 비용이 아니라 오랜 수명주기에 걸친 “기능”에 연관된 비용을 다룬다. 이러한 관점에서 다음과 같은 질문을 고려해야 한다.

- 당신 회사나 조직에서 수행되고 있는 각각의 기능과 연관된 비용을 알고 있는가?
- 어떠한 기능이 장기간으로 볼 때 고비용 요소인지 아는가? 그리고 대상시스템에서 이러한 요소가 어느 것인가?
- 주어진 임무(운용 시나리오)와 연관된 치명적 요소와 원인 및 영향관계를 알고 있는가?
- 고위험 요소와 분야는 어느 것인가?

이러한 질문에 대한 답변은 그렇게 쉽지 않다. 대부분의 프로젝트는 총비용에 대한 개념 없이 최초 가격이나 획득비용과 같은 요소에 의하여 개별적인 설계 및 관리에 대한 의사결정이 이루어져 왔다. 시스템엔지니어링 프로세스에서 시스템설계의 초기 의사결정사항이 생산, 운용, 정비 및 지원, 폐기단계에 엄청난 영향을 주고 있다는 사실이다. 이러한 사항은 초기에 대상 시스템의 총 수명주기비용을 산출하지 않고서는 불가능하다. 만일 의사결정 프로세스와 연동된 위험을 줄이려면 전체비용에 대한 예측이 필수적이다.

15.2 프로젝트 비용추정

추정전문가의 업무란 프로젝트를 모델화하여 프로젝트의 파라미터를 예측하는데 있다. 추정결과에 대한 정확성과 품질은 다음과 같은 사항에 기초한 최적접근요소에 달려 있다.

- 추정을 위한 가용시간
- 사용 가능한 예측기법
- 가용한 정보
- 추정하는 사람의 전문성과 경험

추정의 정확성과 품질은 프로젝트가 진행되고 보다 세부적이고 정확한 정보를 타당성분석 정보레벨에 따라 지속적으로 보완되어 간다. 불행하게도 사업 책임자는 제한된 데이터와 정보임에도 불구하고 재정적으로 회사를 설득하고 입찰계약에 응해야 한다. 이러한 이유 때문에 불완전한 정보 상태에서 보다 정확한 추정을 제공하는 것이 매우 중요하다. 프로젝트 수행단계별 비용추정 및 산정에 대한 정확성은 <그림 15.1>에서 보는 바와 같다.

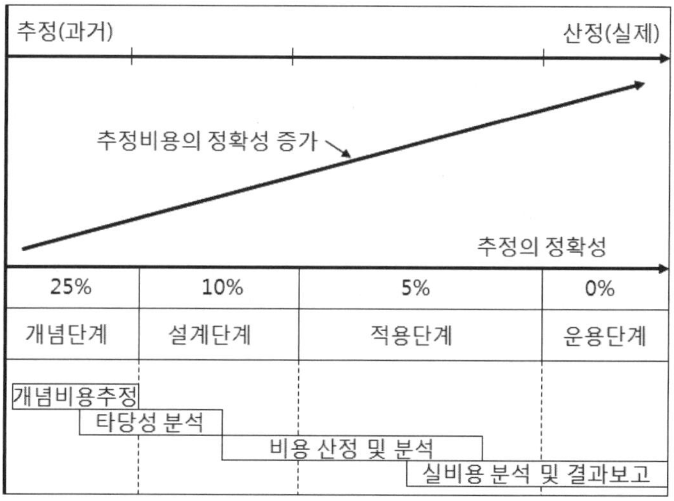

<그림 15.1> 비용추정, 산정 및 관리단계

프로젝트 추정은 통상적으로 프로젝트의 재정적인 면에 초점을 두고 있지만, 추정해야 할 비용은 프로젝트 범위, 규격, 기간, 자원, 재료, 장비 및 위험 등이 계량화 되어야 보다 정확

하게 추정할 수가 있다. 추정은 과거의 경험, 시장법칙과 표준에 기초하여 수행하는 사업관리 프로세스의 종합적인 활동이다. 일반적으로 추정은 프로젝트의 모든 영역에 연관되어 있지만 여기서는 주로 재정적인 추정을 중심으로 알아보려고 한다.

15.2.1 추정에 연관된 용어

산업이나 기업에서 이루어지는 추정은 세부항목과 정확성 레벨에 따라 몇 가지로 분류해서 사용하고 있다. 예를 들면, 개념단계, 타당성분석단계, 분명한 비용 산정단계 및 프로젝트 수명주기단계 등이다. 이러한 분류는 추정에 필요한 노력 정도 및 가용 정보의 품질에 따라 나누어진다. 여기서는 추정목적, 업무범위 세부적인 정확도레벨에 따라 다음 세 가지 추정방법으로 분류한다.

개념단계 추정

이는 예산추정, 사업규모, 실 규모 또는 개략비용이라고도 부른다. 개념적 추정은 다양한 프로젝트를 제기하고 있는 상위 관리의 필요성을 충족시키는데 있다. 이를 통해 초기에 프로젝트를 거르는 과정으로 사용된다. 이러한 활동은 개념 및 초기단계에서 일어난다. 개념적 추정은 개략적으로 25%내외의 편차로 추정하고 제한된 업무범위로 추정된다. 개념적 추정내용은 법적으로 구속력이 있는 문서는 아니다. 그러나 추정결과가 너무나 거리가 멀 경우 이에 대한 책임이 있다. 만일 개념적 추정이 잘 되었을 경우, 상위 관리는 보다 세부적인 타당성분석을 수행토록 한다.

타당성분석단계 추정

이는 예비추정 또는 비교추정이라고 부른다. 본 프로젝트가 어떻게 시작되었고 결정되고 있는지에 상관없이 "이 프로젝트를 계속 추진해야 할 것인가"에 대한 답변과 정의된 영역 안에서 프로젝트의 추진 타당성을 알아내어야 한다. 타당성분석은 규약 되어 있는 회사절차에 따라 고도로 잘 갖추어진 미니 프로젝트로 수행된다. 이를 통해 결국 이해관계자의 필요성과 기대를 결정하는 것이 필수적이다. 만일 제안서(또는 대안)가 요약 프로젝트의 실제 솔루션을 제공하고 있을 경우, 이는 구조적인 필요성분석을 통해 이루어질 수 있다. 타당성분석은 정보를 수집하고, 분석 및 보고 프로세스를 따라 하지만 추정결과는 대개 10%내외의 편차를 가진다.

결정적 추정

이는 예비추정, 프로젝트 통제추정, 견적이라고 부른다. 설계 및 개발 또는 기획단계 등 다음 단계로 진행하는 의사결정이 될 때, 이 결과는 세부설계, 제조 및 프로젝트를 관리하기 위한 또 다른 미니 프로젝트를 수행할 수도 있다. 결정적 추정은 5%내외의 편차로 추정하기 위해 업무범위, 세부 WBS, 세부도면, 규격서, 업체견적서 및 사이트 조사 등 다양한 자료를 입력한다.

15.2.2 비용 산정 및 정확도

만일 비용추정이 불완전한 자료를 이용하여 프로젝트 비용을 재빨리 산정하는 방법으로 정의한다면, 비용 산정은 BOM 및 부품목록과 같은 단위의 세부가격을 반영해도 좋다. 이를 위해 다음과 같은 항목비용이 포함되어야 한다.

- 설계 및 계산
- 업무범위, BOM 및 부품목록서
- 세부계획
- 협력업체 및 공급자 공급가격, 시간당 인건비 및 노동시간

프로젝트에 관한 대부분의 사항이 될 수 있는 한 계량화 되어야 한다. 더 많은 정보와 노력으로 추정편차가 1%내외로 되어야 한다. 보다 정확한 비용을 산정하기 위해서는 많은 시간과 많은 추정비용이 지출되어야 한다. <그림 11.2>에서 비용추정의 정확도가 개념단계의 25%에서 결과를 보고하는 0%단계까지 연속성을 보여주고 있다. 그래프가 추정에서 산정으로 넘어가면서 데이터는 과거자료에서 실제정보자료로 제공되고 정확도 레벨이 올라간다. 이와 함께 비용을 산출하기 위한 시간과 비용도 증가해 간다. <그림 11.2>는 더 높은 정확도 레벨과 이를 산출하기 위한 비용 사이의 관계를 보여주고 있다. 그리고 프로젝트 이윤을 산정하는 활동은 사업 책임자의 기능이 아니지만, 사업 책임자는 이러한 이윤을 알아야 한다. 이에 따라 비용추정의 정확도와 향후 통제 정도를 관리해야 하기 때문이다. 하나의 지침으로서 정확도 수준은 회사이윤보다 크거나 최소한 같아야 한다. 가장 나쁜 경우에 비용초과가 이윤 범위 내에서 수용되는 것이 바람직하다.

15.3 프로젝트 구성비용

프로젝트 비용은 다음과 같은 사항으로 세분화된다. 직접비용, 간접비용, 기간에 따른 비용, 인건비, 재료 및 장비비용, 수송비용, 예비 및 일반비용, 프로젝트 사무실 비용 및 프로젝트 팀 비용으로 구성된다.

15.3.1 직접 비용(Direct Costs)

직접비용이란 프로젝트 또는 활동으로 식별할 수 있는 비용을 가리킨다. 일반적으로 직접비는 간접비에 비해 보다 효과적인 예산으로 반영되어 관리하고 통제되기 때문에 가능한 한 많이 이를 포함시키려고 노력한다. 결정적인 직접비는 전체적인 지출이 활동이나 프로젝트에 연관되어 있어야 한다.

- 직접관리비는 프로젝트 사무실 운용비용. 예를 들면, 사업 책임자, 프로젝트 엔지니어, 계획담당, 회계사, 비서 및 품질보증요원에 대한 봉급
- 활동에 직접 참여하고 있는 요원들의 직접 인건비. 예를 들면, 보일러공, 용접공, 조립공 및 컴퓨터 프로그래머 등
- 직접재료비는 활동을 수행하기 위해 사용되는 재료비, 소모품 비용, 부품 비용 그리고 스크랩과 폐기를 위한 여유비용.
- 기계, 공장 및 도구에 필요한 직접장비비용.
- 프로젝트에 특정한 서비스를 포함한 직접경비. 예를 들면, 공장고용자, 조사자, 설계자 및 협력계약비용

15.3.2 간접비용

간접비용은 직접적으로 프로젝트나 활동에 연관되어 있지 않고 회사운영을 위해 필요한 비용이다. 이러한 간접비용은 주어진 인력의 인건비에 부가하여 산정된다. 이를 잘 못 관리하면 기본적으로 회사이윤을 삭감하게 된다. 이러한 간접비용을 테스트 하려면, 회사외부용역비용과 비교해 보면 된다.

- 상위 관리자, 추정부서, 판매 및 마케팅, 회계, IT, 일반사무직원, 비서, 행정요원 및 인사관리부서에서 종사하는 사람들의 간접관리비용
- 안내, 정비, 안전 및 경비에 관련된 간접 인건비. 기본적으로 회사를 운영하는데 필요한 인력운영비용
- 문방구, 세척재료, 정비부품 등 간접재료비
- 컴퓨터, 복사기, 팩스 등 간접장비 비용
- 훈련, 보험, 감가상각, 임대 및 이자 등 간접지출비용

15.3.3 기간에 따른 비용

CPM에 의해 기간과 비용 상호간의 절충을 하게 된다. 프로젝트 기간이 단축되거나 연장될 경우, 비용변화가 얼마나 발생하는지를 알아야 한다. 이를 알려면 비용이 기간에 따라 얼마만큼 영향을 받는지를 먼저 결정할 필요가 있다. 다음 사항을 고려해 보라. 모든 비용을 시뮬레이션 해 보면 기간변동에 따른 프로젝트 비용의 영향을 알 수 있다. 이러한 기법을 사용하면 일정을 충족시키기 위한 기간단축 비용과 이를 달성하지 못했을 때 받는 벌과금 사이의 절충분석을 할 수 있다. 그리고 난 다음 기간단축을 위한 프로제트를 수행할 수 있다.

- 임대료는 시간에 따라 증가한다.
- 물, 전기 및 가스 사용비용은 시간에 따라 증가한다.
- 프로젝트 기간이 단축되면 연장근무에 따른 인건비가 올라간다.
- 고정비로 계약한 인건비는 올라가지 않지만 오래 근무할 경우 생산성이 떨어진다.
- 확정계약은 시간에 영향을 받지 않는다.

15.3.4 인건비

어떻게 인건비를 산출하는가를 살펴보자. 여기서 다루는 인건비는 프로젝트에 종사하는 인력의 직접비를 말한다. 인력에 대한 봉급은 분명하게 식별되지만, 임율과 연관된 여러 가지 비용이 있다. 이러한 임율은 다양한 비용을 합산하여 산출되고 이를 일한 노동시간으로 나누면 시간당 인건비가 산출된다. 다음 예제에서 이를 잘 살펴 볼 수 있는데, 다음 네 가지 주요비용으로 구분된다.

- 봉급
- 연관 인건비
- 간접비용: 봉급의 30%=60만원
- 회사 이윤: 봉급의 25%=50만원

<표 15.1> 인건비 내역

항목	내용	월간 비용	월차수
1	봉급	200만원	
2.1	의료보험	5만원	
2.2	병가		1일
2.3	연간 휴일		1일
2.4	교육비용	3만원	1일
2.5	근무복	2만원	
2.6	출퇴근 보조비	25만원	
2.7	주거수당	5만원	
2.8	생계비용	10만원	
2.9	연금	10만원	
2.10	Tool 수당	2만원	
2.11	개인 업무수당	2만원	
2.12	생산성 보너스	10만원	
2.13	휴무		1일
2.14	기후보상		1일
총계		74만원	5일

임율은 총 월비용/월간 업무시간=(200+74+60+50)/(21-5)x8=3만원/시간이다. 여기서 총 월비용은 (봉급+연관비용+overheads+회사이윤)이다. 그리고 월간 노동시간은 월 21일에서 월차 5일을 제하고 하루 여덟 시간으로 곱하면 된다. 상기 항목 중 몇 가지는 통계적인 방법을 사용하지 않고 계산하기가 어렵다. 예를 들면, 병가 및 월 휴무는 통계자료가 필요하다. 따라서 잘 예측하기 힘든 항목이다. 여기서 우리가 얻고자 하는 결과는 시간당 인건비이다.

연장근무는 상기 계산과 다른 요소를 포함하고 있다. 예를 들면, 연관된 비용 74만원은 정상근무에서 산정되었기 때문에 추가로 계산할 필요가 없는 것인가. 만약 필요 없다면, 다음 세 가지 비용만 산정하면 된다. 여기서 연장근무를 하든 아니하든 근무손실이 없다고 가정한다. 일반적으로 연장근무는 평시 임금의 두 배로 증가한다.

- 연장근무임금 (1.5배 또는 2배)
- 간접변동비용
- 회사이윤

15.3.5 조달비용

조달비용이란 요구된 제품을 만들기 위하여 필요한 외부 상품과 용역을 얻기 위한 비용을 말한다. 이는 <표 15.2>에 나타난바와 같이 모든 조달에 연관된 비용을 구매가격의 백분율로 나타내는 것이다. 즉, 조달비율=(조달비/총비용)x100으로 나타난다. 상기 비용 중 많은 비용이 다른 요소비용으로 포함되는 경우도 있다. 예를 들면, 검사 및 사전품질비용은 품질보증비용(QA)으로 나타난다. 자칫하면 이중으로 계산되는 경우가 있다. 조달비용은 일반적으로 회사레벨에서 산정되고 이를 전체 프로젝트에 적용하게 된다. 이는 대개 10-20% 규모이다. 이러한 경우 기존에 남아 있는 재고품에 대한 산정방법이다. 즉, 이전 프로젝트에서 사용하고 남은 물자 및 장비를 어떻게 처리하느냐 하는 문제이다. 이미 상계된 물자를 얼마로 산정하느냐 하는 문제이다. 이에 대한 가격은 공짜에서 현재 거래되고 있는 가격 사이에 존재한다. 만일에 이를 공짜로 산정할 경우, 보다 높은 경쟁력을 가진다. 회사는 이를 다음과 같은 두 가지 전략으로 접근하게 된다. 하나는 첫 번 제품에 마지막 가격을 적용하는 LIFO (Last in first out)전략과 다른 하나는 첫 번 제품에 첫 번 가격을 적용하는 FIFO(First in first out)전략을 사용한다. 물자 및 장비 추정은 통상 획득 관리자로 하여금 공급자와 협상을 통하여 5-10%를 싸게 공급 받을 수 있다. 경쟁시장에서 이러한 비용은 이윤을 올리는데 매우 유용한 방법이다.

<표 15.2> 조달비용

부서명	업무내용	비용
설계부서	BOM, 규격서	
구매부서	공급자 및 벤더 소스	
품질부서	사전 품질제공자	
구매부서	입찰주기, 판정 및 선정	
계획부서	획득일정계획	
구매부서	주문, 배달	
품질부서	내부 제품검사	
창고부서	물자취급, 저장 및 보관	
회계부서	전표관리	
생산부서	스크랩 및 폐기	
관리부서	이윤	
총비용		

15.3.6 수송비용

수송비용이란 공급자의 공장에서 고객이 요구하는 사이트로 상품을 운송하는데 발생하는 비용을 말한다. 이는 추가적인 비용을 발생하지 않도록 관리하는데 매우 중요한 요소이다. 여기에는 다음과 같은 몇 자지 경우의 제도가 있다. 세계시장을 상대로 성공적인 비즈니스를 하려면 운송에 대한 방법으로 단순한 Ex-Works로 경쟁할 수 없다. 이는 단순히 컨테이너 부피와 무게만을 고려해서 운송비를 구매자가 책인지는 경우를 말한다. 국제거래에서 보다 좋은 방법이 FOB이다. 이는 화물을 싣는 장소까지 운송비용을 부담하는 경우이다. 경우에 따라 구매자에게 편리하도록 CIF나 DDP로 거래하는 방법도 고려해 볼 만하다. 이러한 경우에는 수출하는 국가에서 더 많은 외국 화폐를 벌어들이게 된다.

- Ex-Works: 공장에서 배달, 운송 및 보험비용은 구매자 책임으로 하는 경우이다.
- FOB(Free on Board): 공급자가 구매자가 원하는 장소까지 제품을 배, 비행기, 열차에 싣고 보내는 것을 책임지는 경우이다. 이 때 공급자는 수출 및 항구수속에 책임을 지고 반면에 고객은 운송, 보험 및 수입관세를 책임진다. 소유와 책임이 넘어가는 시점을 정하는 것이 매우 중요하다. 통상 이는 제품을 수송 편에 싣는 그 시기로 한다.
- CIF(Cost, Insurance and Freight): 이는 공급자가 고객이 요구하는 장소까지 운송 및 보험을 포함한 비용일체를 부담하는 경우를 말한다. 고객은 수입관세만 내면 된다.
- DDP(Direct Duty Paid): 이는 구매자가 원하는 위치까지 운송하는 경우를 말한다. 운송, 보험 및 관세에 대한 비용과 위험부담을 공급자가 책임지는 경우를 말한다.

15.3.7 프로젝트 사무실 비용

이는 다른 말로 하면 프로젝트 관리비용이다. 이러한 비용은 전체 프로젝트에서 별도로 분리해서 계약을 해도 좋다. 세부항목 사례는 <표 15.3>과 같다.

<표 15.3> 프로젝트 사무실 비용

CBS 항목	팀원	비용
프로젝트 팀 급여	사업 책임자	
	프로젝트 엔지니어	
	프로젝트 계획담당자	
	프로젝트 회계사	
	조달관리자	
	품질관리자	
	형상관리자	
	프로젝트 추정분석가	
	프로젝트 비서	
프로젝트 사무실 비용	임대, 수도 및 전기	
	사무실 장비	
	문구류	
	전화, 인터넷	
출장 교통비	자동차 합승	
	항공료	
	숙박 및 일당	
안전대책비	안내 및 경비	
교육비	사업관리, 품질, TQM, 컴퓨터응용	
마케팅비	고객 상담 및 접대	
총비용		

이는 프로젝트 단계에 따라 달리 나타나며, 여기에 종사하는 사람은 별도로 part time으로 일하는 사람이나 타 부서에서 파견을 나오는 사람도 포함된다. "업무는 프로젝트 종료기간이 끝날 때까지 계속된다."는 Parkinson의 법칙(1957)을 고려해 보라. 따라서 과거 데이터베이스를 이용하여 전체적인 프로젝트 가치의 백분율로 프로젝트 관리비용을 고려해 보는 것이 바람직하다. 이는 대개 6-10%정도가 일반적이다.

15.4 프로젝트 파라미타 추정방법

이는 프로젝트의 각종 파라미타를 적합한 정확도와 함께 보다 빠르게 추정하는 기법을 소개하고자 한다. 이러한 기법은 회사 및 상용시장에 따라 엄청난 차이가 있다. 이를 분류해 보면 다음과 같다.

- 일자리
- 작업요소
- 인플레이션
- 경제규모
- 단위 비율
- 일당작업

15.4.1 일자리

이는 일자리에 따른 비용 또는 작업추정이라고도 한다. 일자리란 요구된 일과 업무를 수행하기 위해 필요한 모든 일감을 도출하는 프로세스이다. 이는 다음 <표 15.4>와 같이 업무가 세부적으로 분할되고 각각의 요소별 비용을 계량화 하는 것이다.

- 모든 WBS 업무 패키지와 활동에 대한 추정비용을 제공한다.
- 진도는 종료된 활동의 백분율 또는 남은 기간으로 나타낸다.
- 활동이 종료되면 이윤 또는 손실을 산정해야 한다. 이 자료는 추정된 데이터베이스를 유지하기 위해 잘 보관해야 한다.

<표 15.4> 일자리 추정도표(단위 만원)

업무	내용	인건비	재료비	고용자	수송비	총계
100	구획정리	100	50			150
200	땅파기	500	50	100	50	700
300	기초조성	300	1,000	300	200	1,800

작업추정기법은 CPM 기획 및 통제를 위한 필수업무이다. 입찰 당시에는 시간이 부족하고 자료도 빈약하여 이처럼 세부적인 자료를 얻을 수가 없다. 아마도 계약 이후에 이와 같은 작업추정이 CPM 프로세스와 연동하여 상세하게 작성된다. 따라서 다른 추정기법을 사용해야 한다. 이는 보다 빠르고 상대적으로 정확한 자료를 추정할 수 있어야 한다. 일반적으로 추정의 정확도는 업무 패키지의 WBS를 보다 세분화함으로써 가능하다.

15.4.2 업무요소

이는 구성요소 비율 또는 파라메트릭 방법이라고도 한다. 이러한 업무요소는 과거 수행된 프로젝트의 각각의 항목이 차지하는 비율로 알려져 있을 경우, 이러한 데이터를 활용하여 비용을 추정하는 방법이다. <표 15.5>을 참조하라. 이와 같이 주요비용에 대한 비율이 주어져 있을 경우 비용추정은 매우 빠르게 산정될 수 있다. 이러한 비율은 각종 성과에 대한 데이터가 가용함에 따라 점진적으로 수집되어 간다.

<표 15.5> 업무요소별 비용 사례

관리 비용	총 계약금액의 5%
품질보증 비용	총 계약금액의 1%
엔진 탑재비용	엔진가격의 2%
제너레이터 배관 작업비용	제너레이터 가격의 20%
소비재 비용	재료비의 10%
이윤	총비용의 20%

15.4.3 인플레이션

이는 시간에 기초한 인덱스라고도 불린다. 프로젝트 비용은 돌이킬 수 없는 경제의 인플레이션 영향 때문에 시간에 따라 변한다. 현재의 프로젝트가 수 년 전에 완료된 이전 프로젝트와 유사하다고 할 경우, 이전 프로젝트의 재정적인 숫자는 현재 추정의 기초자료로 사용된다. <표 15.6>을 참고하라. 인플레이션의 상향식 영향은 CPI(Cost Price Index)와 인플레이션 인덱스를 사용하여 형성할 수 있다. 이러한 방법을 적용할 때 일어나는 한 가지 문제는 상이한 비목에 각각 다른 비율을 적용해야 한다는 점이다. 이러한 경우, CPI지수에 의해 프로젝트를 분야별로 분할하는 방법을 사용한다. 그 다음에 각각의 항목에 상승률을 적용한다.

<표 15.6> 인플레이션 적용사례

년도	X-1	X		X+1	
구분	기초비용	인플레이션	조정비용	인플레이션	조정비용
인건비	5.0억원	10%	5.5억원	8%	5.94억원
재료비	4.0억원	15%	4.6억원	5%	4.84억원
총계	9.0억원	12.2%평균	10.1억원	6.6%평균	10.77억원

15.4.4 경제 규모

비용규모요소라고도 부른다. 이는 상이한 사이즈의 유사한 일감을 수학적으로 연계한 지수이다. 만일 일감이 이전보다 두 배로 크다고 할 경우, 비용도 두 배로 증가하는가. 일반적으로 다음과 같은 요인 때문에 그렇지 않다.

- 비분할성: 생산 프로세스에 있어서 분할할 수 없는 요인이나 경과물에 관계없이 비즈니스에서 고정적으로 들어가는 비용이 있다. 예를 들면, 어떠한 사업이든지 회사에서는 관리자, 전화 및 비서는 꼭 필요하게 된다. 50%의 결과물을 생각하고 있다고 해서 관리자를 반으로 나눌 수는 없다.
- 전문성: 소규모 비즈니스에서는 한 사람이 여러 가지 역할을 해야 되지만 비즈니스의 규모가 커짐에 따라 한 사람에 의해 동일한 일을 해야 할 경우가 많아진다. 이와 같이 반복적으로 수행해야 할 일은 지그를 만들어 수행하는 것이 보다 효과적이다.

• 기술성: 대량생산의 경우, 자동화 설비를 갖추는 것이 바람직하다. 예를 들면, 자동차 생산 공장처럼 높은 자본을 투자하여 대량생산을 할 경우, 생산단가를 줄일 수 있는 방법이 자동화 기술이다.
• 규모화: 크기와 부피에 있어서 항상 선형적인 관계가 존재하지 않는다. 예를 들면, 유류저장고의 표면적은 부피의 2/3의 비율로 감소한다. 따라서 부피를 증가할 경우, 체적 당 철강 재료는 비례적으로 더욱 적게 들어간다. 이러한 규모의 경제적 영향으로 프로젝트가 커지면 커질수록 생산단가는 줄고 보다 효과적으로 생산성이 올라간다. 그러나 이와 반대로 또 다른 문제가 발생된다.
• 규모의 비경제성: 결과물이 증가함에 따라 주로 관리 기능과 연관된 규모의 비경제적 요인도 발생한다. 조직구조가 대형화되기 시작하면 관리와 업무부서간에 관료화가 되기 시작한다. 이에 따라 업무협조가 더욱 복잡해지고 비용이 많이 들고 비효율적인 요인이 발생하게 된다. 커뮤니케이션 라인만 길어지는 것이 아니라 불필요한 회의도 많아지고 내부 메모가 수 없이 증가하게 된다. 이러한 비선형적 관계를 나타내는 규모의 경제는 다음 수식으로 나타난다.

E = K x (q1/q2)의 p승 ------------------------------(식 15.1)

여기서 E: 추정비용, K: 이전 프로젝트에서 알려진 비용, q1: 신규 프로젝트의 규모, q2는 과거 프로젝트의 규모, p: p 승으로 나타난 비용규모요소로써 이는 경험적 관찰에서 도출된다. 1,000개의 객실을 가진 호텔을 짓는다고 가정하자. 과거 유사한 500 개의 객실을 가진 호텔을 100억에 지었다고 하자. 그러면 이번 프로젝트 비용을 얼마로 추정할 것인가? 이 때 p는 0.8이다.

E=100억 원x(1,000/500)의 0.8승=174.1억 원 -------(식 15.2)

여기서 우리는 객실이 두 배로 증가하지만 건설비는 약 74% 증가하는 것으로 나타난다는 사실을 볼 수 있다.

15.4.5 단위비율

일명 파라미터 비용 산정방법이라고도 한다. 모든 프로젝트는 고유의 특성을 갖고 있어 비록 똑 같은 프로젝트가 없다고 할지라도, 업무의 내용은 반복적인 요소가 많다. 파라미터 비용이란 이전 프로젝트에 근거한 공통 업무 항목별 단위비율을 사용하는 것이다. 이러한 기법은 단위비율로 조사된 각종 경험적 통계자료를 이용하여 프로젝트 비용을 산정하는 방법이다. 예를 들면 <표 15.7>에 나타난 단위비율을 들 수 있다.

<표 15.7> 단위비율에 따른 파라미터 비용 사례

선형미터 당	파이프, 전선, 용접
제곱미터 당	인테리어, 페인트, 건물건축
평방미터 당	콘크리트, 급수량
톤 무게 당	조선, 화물운송
HP 또는 KW당	제너레이터 용량, 전력공급
마일 또는 Km당	운송, 자동차 유류비
시간당	인건비, 공장노동자

이러한 단위비율은 통용되는 환경에서는 잘 적용된다. 그러나 수많은 프로젝트는 지역도 다르고 업무내용도 상이하기 때문에 다음과 같은 다른 요소를 고려해야 한다. 그럼에도 불구하고 단위비율은 비용추정기법으로 널리 사용되고 있다. 따라서 모든 추정기법의 기초를 형성하고 있다. 단위비율은 단순한 예산 및 비용추정 계약을 위해 널리 사용되고 있다. 고정계약의 경우에 추가적인 비용발생 시 그 기준은 단위비율을 산정하도록 한다. 예를 들면, 배를 수리하는 조선소의 임금이나 인건비는 주어진 임율을 근거로 입찰에 응해야 한다.

- 단위비율은 제한된 지역의 소규모 프로젝트에 대한 계약자에게 적합하다.
- 계약이 규모면에서 증가할수록 이러한 데이터베이스 사용은 점점 줄어든다.
- 비용은 원거리, 로지스틱스, 여행거리 및 도로 상태에 따라 영향을 받기 시작한다.
- 기후상태가 통계적으로 예측되지만 기상이변이 발생할 경우 실제로 비용이 추가된다.
- 급수, 전력공급, 거주, 공공교통 등 가용수단이 편리한가도 중요한 요소이다.

15.4.6 일당작업

이러한 일당작업량은 노동인력, 원자재, 공장사용 등에 대한 비용을 시간당 또는 일당으로 계산하도록 하는 방법이다. 전체 프로젝트 비용이 업무일수에 의한 비용추가계약로 산정된다. 이러한 계약방식은 주로 국방 프로젝트에 많이 사용되고 있으나, 일반 상용 프로젝트는 발주자가 확정계약방식을 많이 선호하고 있다. 확정계약방식에서 발주자는 입찰 시 비용변경이나 추가 작업요구 시 일당작업을 기준으로 정산하기를 원한다. 이 때 계약자의 간접비용과 이윤은 바로 이 기준에 포함되어야 한다. 계약자는 작업교대 시 고객에 의해 서명된 일당 작업도표를 확인해야 한다. 이를 통해 발주자는 좋은 생산성을 유지하고 성과를 통제할 수 있어야 한다.

15.5 실 비용추정에서 고려되어야 할 점

15.5.1 위험과 불확실성

이제까지 비용추정은 정상적인 환경과 조건에서 산정하는 경우를 가정해 왔다. 그러나 실제 환경에서는 우발적으로 발생할 수 있는 여러 가지 위험과 불확실성이 존재하고 있기 때문에 이에 대한 허용준비가 있어야 한다. 이러한 경우의 비용발생 허용범위는 다음과 같은 비 반복적인 항목을 고려하여 산정해야 한다.

- 업무내용에 대한 정의가 부족하기 때문에 업무가 과소 추정된다.
- 일반적으로 발주자, 설계자 및 인증기관의 설계승인이 늦어진다.
- 설계과오에 따른 추가업무가 발생된다.
- 생산차질에 따른 재보수작업이 일어난다.
- 원자재나 부품하자에 따른 재보수 및 재작업이 발생된다.
- 수입지연 또는 기상관계로 유휴인력 및 유휴장비로 인한 손실이 발생된다.
- 노조활동이나 법적 쟁의로 생산 활동이 중지되는 경우가 발생된다.
- 지역적으로 훈련된 인력공급에 차질이 발생될 수 있다.

이와 같이 우발적으로 발생하는 경우는 다음과 같은 다양한 요인에 의해 일어난다.

- 프로젝트 형태
- 일반적인 회사의 업무수행 능력과 효율성
- 위험과 불확실성 정도

우발에 따른 허용범위는 통상적으로 각각의 업무 패키지 또는 전체적인 프로젝트 규모에 대한 비율로 산정된다. 총괄적으로 산정하는 경우가 비교적 쉽게 적용된다. 그러나 불필요한 비용을 증가시킬 수 있다. 따라서 업무 패키지 별로 예외적인 우연성을 설정하는 경우가 보다 바람직하다. 이러한 경우에 다음과 같은 <표 15.8>을 사용한다.

<표 15.8> 우연한 경우의 예산범위 추정

WBS	내용설명	예산	우발적인 경우	총계
1.1				
1.2				
1.3				
1.4				
1.5				
프로젝트 관리비				
소계				
우발적 경우				
이윤				
총계				

이러한 우발적인 경우를 관리하기 위해 다음 몇 가지 법칙을 적용하는 것이 바람직하다.

- 어떻게 산정되어야 하는지.
- 누가 이러한 비용을 소유하고 있는지.
- 누가 이를 관리할 것인지.
- 어떻게 할당되어질 것인지.
- 누가 이에 대한 의견을 충고할 것인지.

15.5.2 비용 상승요인발생

높은 인플레이션을 가진 장기 프로젝트의 경우에는 시간에 따른 화폐가치를 고려해야 한다. 계약자가 이를 제안서에 포함시키거나 발주자가 입찰기준 년도를 고려하여 비용을 상승시켜야 한다. 이러한 상승을 위한 구절의 사례는 다음과 같다.

- 발주자와 계약자는 어떠한 상승 인덱스를 사용해야 할 것인가를 동의해야 한다.
- 계약자는 우발적인 인플레이션이 발생하지 않도록 오늘의 거래가격을 미리 정해야 한다.
- 사업진도에 따른 클레임은 발간된 인덱스를 사용하여 상승되어야 한다.

15.5.3 입찰참여자의 딜레마

경쟁시장의 입찰에 참여할 때 계약단가가 주요선정기준의 하나이다. 사업 책임자가 직면하고 있는 가격의 딜레마는 이윤을 낮추고 계약 낙찰 기회를 높이거나 또는 이윤을 높이고 낙찰기회를 줄이느냐 하는 두 가지 경우에 대한 절충하는 경우이다. 이윤을 낮추는 것이 낙찰의 기회를 증가시키는 것은 사실이지만 경쟁회사에 비해 터무니없이 낮은 가격으로 제안할 경우, 이로 인한 불필요한 손실을 가져오게 된다. 따라서 낮은 가격으로 응찰하기 전에 먼저 경쟁시장을 분석하고 경쟁회사의 업무레벨, 발주자의 예산범위 및 경제적 상황을 평가해야 한다. 다른 한편 만약 높은 가격으로 계약이 낙찰되었다면 단기간에는 회사에 이윤을 크게 가져오지만 이로 인해 다음 프로젝트 입찰 시 이를 기본으로 할 경우 낙찰기회가 감소될 수 있는 경우가 발생될 수 있다. 만약 초기에 추정한 비용에 비하여 입찰단가를 줄이면, 업무를 수행하는 과정에 어떠한 영향을 초래할 것인가. 예를 들어, 사업 책임자가 10,000시간을 요청했는데 입찰 시 이를 8,000시간으로 줄였다고 하자. 사업 책임자가 별도로 생산성을 올리거나 자동화 또는 업무범위를 줄이지 않는 한 10,000시간을 고집하게 될 것이다.

15.5.4 추정 시 발생하는 문제점

비용추정 시 다음과 같은 항목을 수집하며, 공통적으로 유의해야 할 사항은 다음과 같다.

- 만일 신기술을 적용할 경우, 점진적으로 기술레벨을 증가시키던지, 단계별로 적용하든지 또는 시스템을 점진적으로 검증하는 방법을 고려해야 한다. 이러한 프로세스가 한꺼번에 적용함으로써 발생하는 위험을 줄일 수 있다.

- 업무범위를 잘 못 해석한다든지 아니면 생략한 경우를 유의해야 한다.
- 위험이나 불확실성을 고려하지 않는 경우를 유의해야 한다.
- 만일에 업무 비용이 부서평균을 벗어날 경우, 누가 그 업무를 수행하든지 상관없이 비용추정은 단순하지만, 발주자는 엔지니어의 수습기간을 지불해야 하기 때문에 불리해 진다는 사실을 유의해야 한다.
- 절충된 영역 내에서 개인별 성과는 그들의 능력과 헌신에 따라 달리 나타난다.
- 매우 부족하게 정의되거나 과도하게 낙관적인 일정을 피해야 한다.
- 장기간 프로젝트에 인플레이션을 고려하지 않는 경우를 유의해야 한다.
- 만일 그 회사에 새로운 프로젝트일 경우에 과거자료가 부족한 경우를 유의해야 한다.
- 주계약자가 하부계약자로부터 추정된 비용자료를 근거로 확정계약을 하게 되면 위험도가 높아진다. 이는 하부계약자가 세부도면이 확정적으로 제시되지 않으면 확정비용을 제시할 수가 없기 때문이다.
- 사업결과보고서: 일부 관리자는 문제점을 문서화하기를 꺼려한다. "만일 자기 프로젝트가 결과적으로 실패하면 바로 이러한 문서가 나의 족쇄가 된다."는 것이다. 이러한 경우에 회사는 다시 한 번 실패를 경험할 수 있다.
- 적절한 활동에 들어간 비용을 반드시 기입하고 잔여예산활동을 함께 식별해야 한다. 그렇지 않은 결과보고서는 무가치할 뿐만 아니라 미래 프로젝트 추정을 어렵게 할 것이다.
- 정보를 요청할 때 어떻게 반응했는지를 유의해야 한다. "우리 요원은 자료를 수집할 시간적 여유가 없다. 업무를 수행하는데도 시간이 부족하다."
- NASA의 한 우주인이 비행 중에 무엇을 가장 많이 생각하느냐는 질문을 받았다. 그가 말하기를, "내가 대부분 몰두한 것은 내가 터질지도 모르는 잠재적인 연료폭탄 위에 앉아 있다는 생각이 아니라 10,000개가 넘는 컴포넌트가 가장 낮은 가격의 입찰로 결정되었다"는 사실이다.
- 계약기간과 조건이 명시되어 있지 않는 경우를 유의하라.
- 제안서에 대한 확인이 되어 있지 않는 경우를 유의하라.
- 가끔 빠트리는 지출비용분야는 다음과 같다.
  - 수수료 및 고객수락활동
  - 설치된 장비를 사용하도록 발주자의 기술자를 훈련하는 활동
  - 보호 페인트
  - 사용자 매뉴얼 작성 활동

15.6 총 수명주기비용

15.6.1 수명주기비용 산정 프로세스

이러한 총 수명주기비용 분석은 시스템 설계 및 개발, 생산, 실제 운용기간에 여러 가지 형태로 이루어진다. 이러한 활동을 수행하는 절차를 보면 다음 <표 15.9>와 같다. 이는 지속적인 프로세스 향상을 위해 반복적으로 수행하는 접근방법이다 표에서 보면, 첫 번째 프로세스는 대상시스템을 기능적 항목으로 분해하는 것이다.

<표 15.9> 수명주기분석을 위한 기본절차

순서	활동내용
1	시스템형상을 기능항목으로 기술, 적절한 TPM이나 시스템의 측정요소를 식별
2	시스템 수명주기와 각 단계별 주요활동을 식별
3	전 수명주기에 걸친 모든 활동과 업무 패키지를 고려한 WBS 및 CBS 개발
4	ABC업무활동에 기초한 비용 산정을 위해 WBS별로 비용을 추정
5	총 수명주기비용 산출을 위한 컴퓨터응용 비용분석도구를 사용
6	시스템형상 베이스라인에 대한 비용 프로파일을 개발
7	high cost driver를 식별하고 요약비용(cost summary)을 개발
8	cause-and-effect관계를 설정하고 높은 cost-driver에 대한 원인을 식별
9	분석결과에 대한 입력요소의 영향을 결정하기 위한 민감도분석 수행
10	상대적 중요도와 중점관리를 위한 높은 비용요소의 우선순위와 Pareto 선도 작성
11	가용대안 식별, 수명주기비용 프로파일 작성, 손익분기점 식별
12	최적대안 추천, 시스템수정 및 보완계획 수립

그리고 필요성 식별에서 폐기에 이르기까지 필요한 모든 기능을 포함한 기능흐름블록선도를 작성한다. 이를 기초로 해서 비용분해도표(CBS)를 제시한다. 이러한 CBS는 다양한 기능과 프로세스, 시간에 따른 시스템 요소를 결정하기 위한 적절한 레벨까지 분해할 수 있도록 하는 모든 비용을 포함하고 있는 비용분해구조이다. CBS는 목표설계비용(DTC)에 따라 초기 비용 목표를 설정해 주는 기본구조로 사용된다. 나아가 수명주기비용분석의 기본적인 틀로 사용된다. 비용은 시스템 수명주기에서 각 년도 별로 산정된다. 따라서 인플레이션이나 기타 영향요소가 반영된다. 비용 프로파일이 만들어지고 CBS구조에 따라 요약된다. 고비용 요소가 식별되고 원인 및 영향관계가 분석된다. 민감도분석과 가용한 대안이 식별된다. 그 결과에 따라 최적 대안이 추천된다. 수명주기비용분석의 목적은 여러 가지가 있으며 그 적용영역도<그림 15.2>과 같이 다양하다.

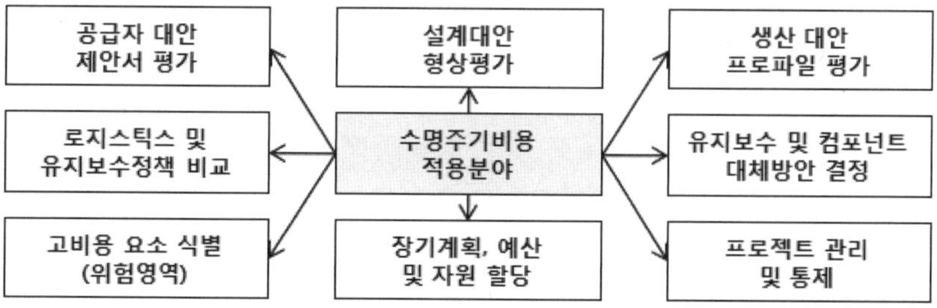

<그림 15.2> 수명주기비용 적용분야

특이한 활동으로서는 시스템개발 초기에 여러 가지 대안에 대한 비교분석, 다양한 상용제품(COTS)에 대한 대안비교, 기존 시스템의 가용한 품질향상을 위한 고비용 요소를 식별하기 위해 수명주기비용분석을 한다는 사실이다. 한편 수명주기비용추정절차는 <표 11.1>과 같지만, 이를 추정하는 프로세스는 <그림 15.3>과 같다.

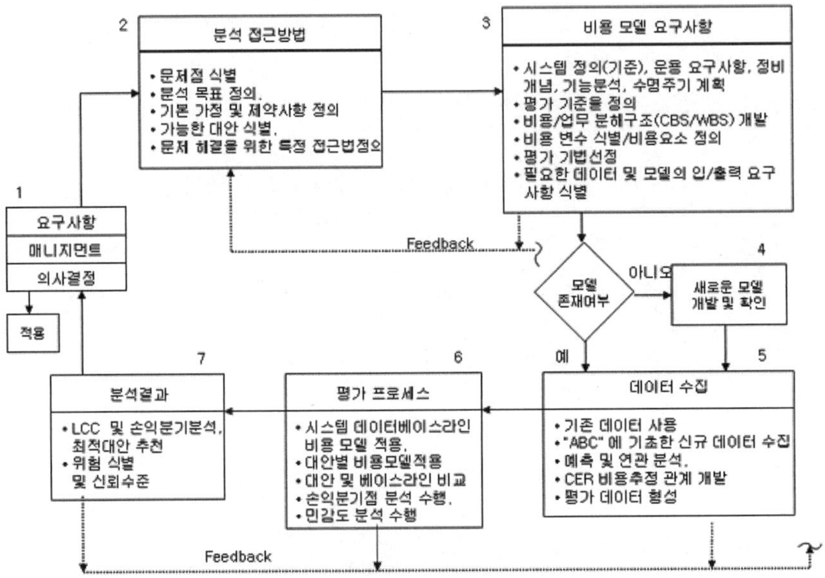

<그림 15.3> 수명주기 비용분석 프로세스

<그림 15.4>는 시스템설계 및 개발 프로세스에 LCC분석 적용사례를 나타내고 있다.

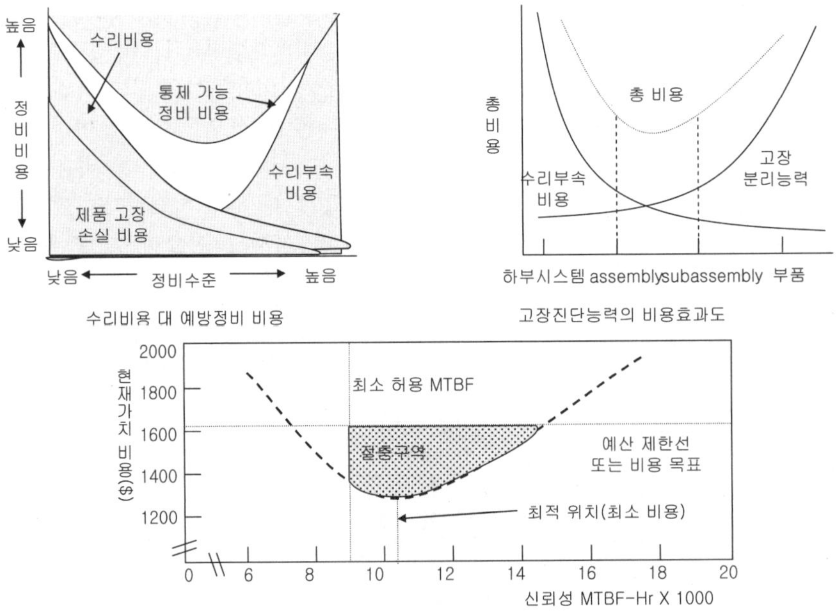

<그림 15.4> 비용효과분석 사례

목표비용은 개념설계단계에서 TPM개발을 통해 이루어진다. 절충분석 활동이 설계 및 획득 의사결정을 위해 예비 및 세부설계단계에서 수행된다. 또한 세부설계 후속단계에서 생산 및 시스템운용에 대한 의사결정을 수행하게 된다. 이와 같이 LCC분석활동은 전반적인 시스템의 비용효과를 평가하기 위하여 수행된다. 컴퓨터를 응용한 비용추정 및 분석도구가 활용된다.

여기에는 과거 1950년대 Wright형제의 간단한 생산단가 모델에서부터 1970년대 파라메트릭 PRICE도구인 하드웨어 및 소프트웨어 비용분석도구로 발전되었으며, 이는 1980년대 이후 지식을 기반으로 한 지시기반 컴퓨터 이용도구 SEER로 발전되어 오늘날 이 도구를 활용하여 자체 제품 및 회사의 지식을 기반으로 한 비용관리도구로 발전되어 가고 있다. 이러한 비용모델은 개발비용, 생산비용 및 운용유지비용을 포함한 수명주기비용을 산정하는 모델이다. 또한 타당성분석연구에서 이러한 지식기반 비용모델은 신속하고 보다 정확하게 초기분석을 아주 빠른 속도로 가능하게 하고 있으며, 한번 추정 이후에 여러 가지 비용, 인력, 기간에 대한 절충 분석과 위험도와 신뢰성 및 불확실성을 포함한 민감도분석이 가능하다.

<그림 15.5>에 시스템 수명주기단계에 걸친 LCC분석을 보여주고 있다.

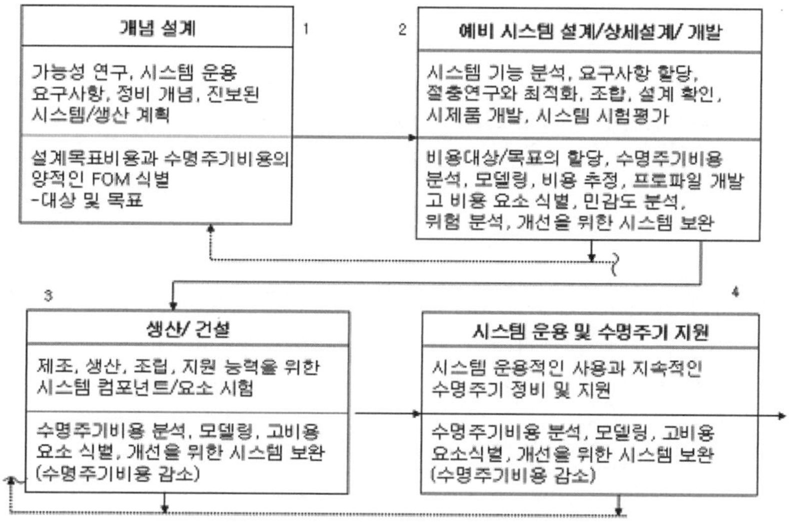

<그림 15.5> 시스템 수명주기단계별 비용분석활동

15.6.2 수명주기비용(LCC) 분석 사례

우리는 일상적으로 새로운 시스템을 개발하거나 기존시스템을 성능개량 할 경우, 의사결정의 대부분이 기술연관 요소에 거의 의존해 오고 있다. 한편 경제적 요소는 주로 초기 개발 및 획득비용에만 관심이 있었지 획득 이후에 시스템운용 및 유지비용에 큰 관심을 두지 않고 있다. 이러한 시스템 총 수명주기비용의 매우 중요한 요소인 하위단계비용)은 시스템개발 초기단계 의사결정에 따라 매우 심각한 영향을 주고 있다. 달리 예기하면, 시스템 전반에 걸친 비용을 초기 의사결정단계에서 고려해야만 장기적으로 경제적 이득을 달성할 수 있다는 것이다.

과거에 쉽게 생각해 오던 단기적 안목에서의 접근결과는 경제적인 면에서 전체적으로 불리한 결과를 초래해 왔다는 사실이다. 전체적인 비용개념은 일반적으로 잘 알려진 획득비용만을 고려한 의사결정 프로세스에 따라 발생할 수 있는 위험을 수명주기 전반적인 비용분석을 통해 적절하게 평가해야만 한다. 수명주기비용은 획득비용뿐만 아니라 시스템운용비용, 제품분배비용, 시험 및 유지비용, 정비비용, 교육훈련비용, 공급자지원비용, 기술자료 비용, 소프트웨어비용, 폐품 및 폐기비용을 포함하고 있다. 시스템 수명주기를 걸친 모든 기술 및 관리 활동비용을 포함하고 있다. 즉, 고객활동, 생산자 및 계약자활동, 공급자활동, 사용자활동을 포함하고 있다. 이러한 비용에 대한 영향이 신규시스템개발 초기단계에서 잘 나타날 수 있다 할지라도 <그림 15.6>에서와 같이 기존에 사용하고 있는 시스템의 높은 비용요소를 식별하고 평가함으로써 많은 도움을 가져 올 수 있다.

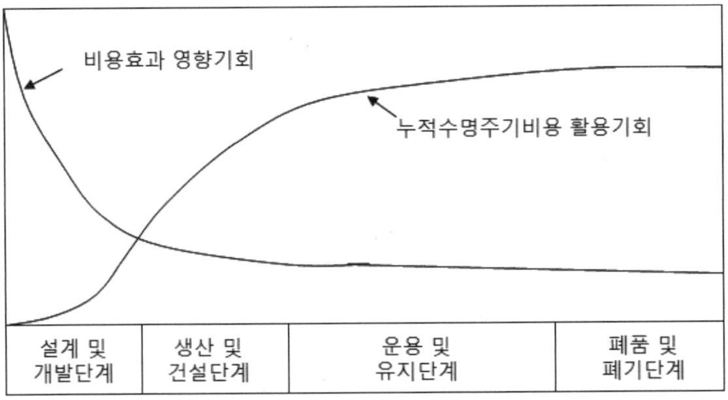

<그림 15.6> 시스템수명주기에 영향을 주는 비용효과기회

이러한 수명주기비용분석은 여러 가지 연속적인 단계를 통해 수행된다. 이러한 단계는 <그림 15.5>에 나타나 있으며, 수행하는 프로세스는 <그림 15.6>과 같다. 여기서는 이러한 프로세스를 보다 잘 이해할 수 있도록 예제를 통해 설명함에 그 목적이 있다.

1단계: 시스템 요구사항 정의

수명주기비용분석을 하는 첫 번째 단계는 대상시스템의 문제점을 정의하고, 제안된 기술적 솔루션을 식별한 다음 그 시스템의 운용요구사항과 정비개념을 기술한다. 그리고 중요한 기술성능측정요소(TPM)를 식별하고 기능항목으로 시스템 형상을 기술한다. 얼마큼 시스템 수명주기에 깊은 관심을 가지느냐에 따라 정의의 정도가 더 세분화되고 깊어진다. 어는 경우에도 기초적인 시스템 요구사항이 분석에 필요한 구조를 제공하기 위하여 정의되어야만 한다. 또한 이 시기에 가정한 사항들이 그 분석결과에 지대한 영향을 주게 된다. 적용사례는 <그림 15.7>과 같이 개발대상 수송차량에 통신능력을 제공해야 한다고 하자.

여러 대의 차량이 서로 다른 지역에 서로 다른 시나리오를 가지고 운용된다고 하자. 예를 들면, 각각의 지역에서 20대, 20대 및 25대를 운용한다고 하자. 물론 각 지역에 따라 다소 차이가 있겠지만 평균적으로 년 간 360일, 하루에 4시간을 운용한다고 가정하자. 각각의 통신장비가 3킬로 이상 비행기 고도와 최소 300킬로 이상 거리에서 중앙기지국을 통해 다른 차량과 송수신이 가능해야 한다. 대상 시스템은 신뢰도 450시간의 MTBF와 30분의 평균 Mct, MLH/OH는 0.2 그리고 2천만 원을 넘지 않는 대당 수명주기비용을 가정해 보자. 장비는 유닛 단위로 기능적으로 패키지 단위로 운용된다. 예를 들면, 유닛 A, B, C라고 하자. 고장이 발생했을 경우, 문제점이 유닛 레벨에 따라 각각 따로 분리된다. 고장이 발생된 유닛은 제거되고 다른 예비부품으로 교환된다. 교환부품은 중간 정비창으로 보내지고 이에 대한 원인규명 및 수리가 이루어진다. 그림에서 보면, 시스템 운용 요구사항과 정비개념이 개념설계 후반 또는 예비설계단계 초기에 시스템 수명주기비용 산정을 할 수 있는 정도까지 정의되어야 한다. 그러나 오늘날 앞서 지식기반으로 한 비용분석도구를 사용함에 따라 개념형성단계에서도 이러한 수명주기비용은 보다 정확하게 예측될 수 있다. 다음 단계는 시스템과 수행해야 할 임무, 상위레벨 기능분석을 통한 시스템의 기능항목을 정의해야 한다. 통신시스템도 이와 같이 동일한 방법으로 기술해야 한다. 즉, 각각의 기능블록에 기능적 비용을 기반으로 한 자원요구사항을 결정하기 위한 평가를 수행해야 한다.

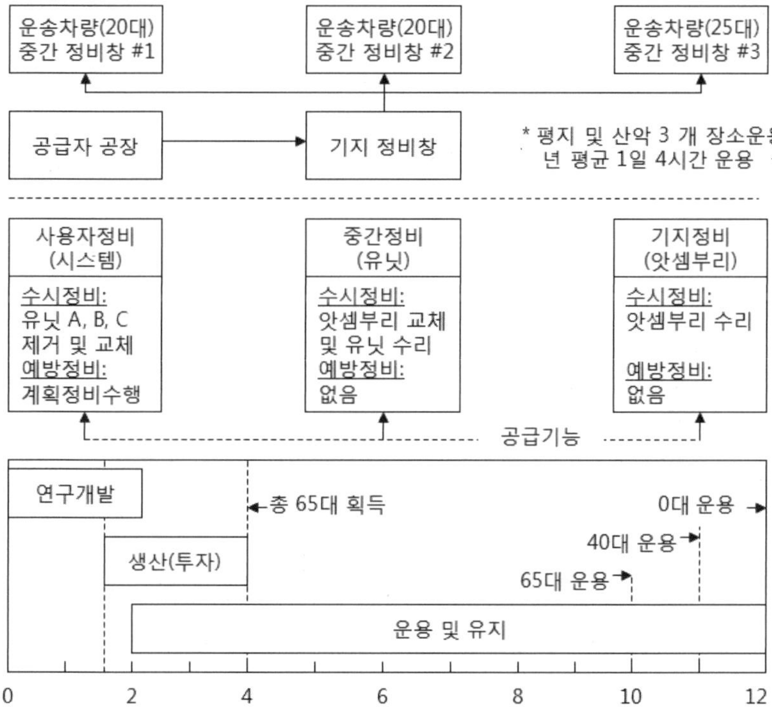

<그림 15.7> 통신시스템 요구사항

2단계: 시스템 수명주기 기술 및 각 단계별 주요활동 식별

주어진 시스템 요구사항과 식별된 기능을 기초로 해서 시스템 수명주기 계획을 수립해 보자. <그림 15.7>에서 계획된 수명주기연도는 12년이다. 이는 요구하는 통신시스템의 운용기간이 최소한 12년이 되어야 한다는 말이다. 물론 요구사항이 변하면 그 기간도 달라지겠지만 베이스라인은 주어져야 한다. 따라서 12년 기간 중에 식별된 주요활동이 수행되어야 한다. 그 활동은 연구개발, 생산 및 운용 유지활동이다. 이를 기본으로 해서 CBS 비용분해구조를 <그림 15.8>와 같이 만들게 된다.

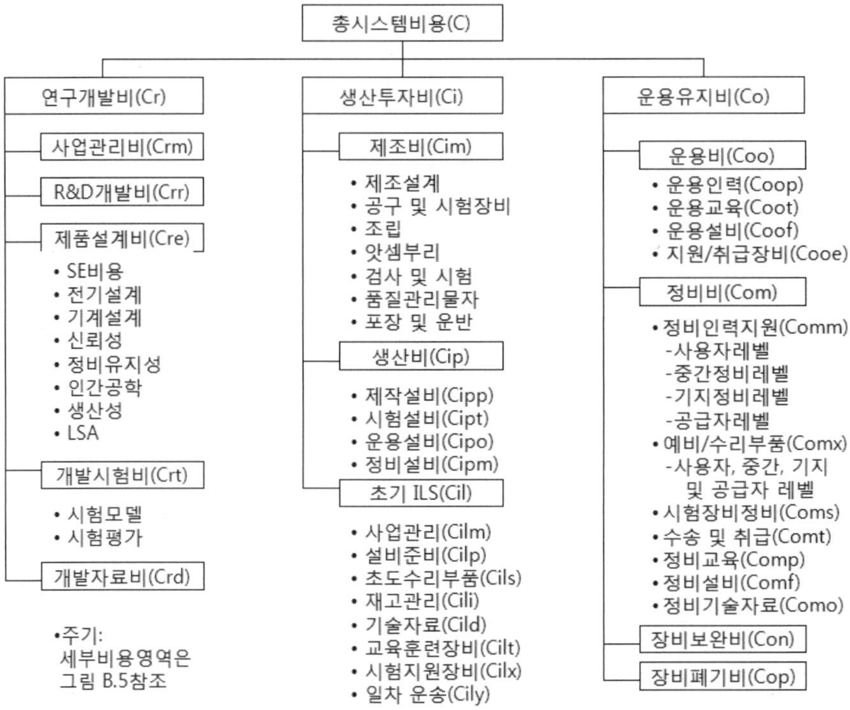

<그림 15.8> CBS 비용분해구조 사례

3단계: 비용분해구조 개발

기능분석을 통해 나타난 기능은 하부기능으로 분해된다. 그리고 업무분야, 업무 패키지, 결과적으로 이를 수행하는 물리적 요소를 식별하게 된다. 기획 및 관리적 입장에서 볼 때, 초기 할당 및 후속적으로 비용의 수집, 누적, 조직 및 산정활동이 이루어진다. 전형적인 프로젝트에 대하여 계층구조식의 업무분해구조가 하향식으로 개발된다. 이러한 모든 요소는 주어진 프로그램을 개발하는데 필요한 항목으로 되어 있다. 먼저 요약 WBS가 작성되고 그리고 하나 또는 그 이상의 계약이 이루어지고 개별 계약 WBS가 작성된다. 먼저 요약 WBS를 가지고 수명주기 비용분해구조(CBS)를 일차적으로 작성할 수 있다. 이는 미래 활동과 이와 연관된 비용을 추정하는데 일차적인 목적이 있다. 즉, 연구개발비, 생산비, 운용유지비 등을 말한다. CBS는 모든 미래 기능과 활동을 적절한 레벨까지 분해하여 시스템형상에 알맞게 나타내고자 한다. 궁극적으로 CBS는 수명주기비용을 산정하기 위하여 처음 개념단계에서는 하향식으로 비용을 제품과 프로세스에 할당하고, 하부단계로 수행되면서 각각의 요소비용을 상향식으로 통합하게 된다. 그리고 <표 15.10>에서 각 항목별로 무엇이 포함되어 있으며, 비용 산정방법과 산출근거를 CBS 항목별로 보여주고 있다.

<표 15.10> 상세 비용영역

비용영역	산정방법(양적 추정)	내용 및 산출근거
총 시스템 비용(C)	C=Cr+Ci+Co -Cr=R&D비용/Ci=생산투자비 -Co=운용/유지비	● 장비의 획득, 사용, 및 폐기에 따른 모든 미래비용을 포함
연구개발 비용(Cr)	Cr=Crm+Crr+Cre+Crt+Crd -Crm=사업관리비 -Crr=R&D개발비 -Cre=설계비/Crt=개발시험비 -Crd=엔지니어링 데이터비	● 개념/타당성분석, 기초연구, 응용연구 및 개발, 엔지니어링 설계, 시제품 제작 및 시험, 연관된 문서작성비용 /연관된 모든 사업관리비용포함. ● 이는 기본적으로 비 반복성 비용임.
생산투자 비용(Ci)	Ci=Cim+Cip+Cil -Cim=시스템/장비제조비 -Cip=생산비/Cil=초도지원비	● 시스템/장비 획득비(설계/개발종료) ● 제작(비 반복 및 반복비용), 제조관리, 시스템생산 및 초도지원비용 포함.
운용유지 비용(Co)	Co=Coo+Com+Con+Cop -Coo=시스템/장비 운용비 -Com=시스템/장비 정비비 -Con=보완비/Cop=장비폐기비	● 장비를 사용자에게 인도 후, 시스템 운용, 정비, 유지지원, 폐기 처분에 연관된 모든 비용 ● 수명주기 매 년도 별로 비용을 결정
수송취급 비용(Comt)	Comt=[(Ct)(Qt)+(Cp)(Qt)] -Ct=수송비/Cp=포장비 -Qt=운송물량 Ct=[(W)(Cts)] -W=중량 -Cts=중량당 운송비(거리기준) Cp=[(W)(Ctp)] -Ctp=포장비	● 초도수송 및 취급비용이 Cily로 표시 ● 사용자, 중간, 기지 및 공급자간 유지지원을 위한 수송, 취급, 포장비용 ● 불량 장비 반품, 예방정비 및 공급자 수리부품, 인력, 데이터 수송비 포함
정비교육 비용(Comp)	Comp=[(Qsm)(Tt)(Ctom)] - Qsm=정비교육학생수 - Ctom=정비교육비 - Tt=정비교육기간(주)	● 초기정비교육비는 Cilt로 표시, 교육 인력, 시험 지원 장비, 교육장비 포함. ● 인력대체교육 등 주기적인 교육시행 ● 강사시간, 감독, 수강료, 경비, 교육설비, 기자재, 학생수송 등 포함
운용설비 비용(Coof)	Coof=[(Cppe+Cu)(%율)x(Nos)] -Cppe=운용설비지원비(장소당) -Cu=사용비용/Nos=사용장소수 또는 Coof=[(Cppf)(Nos)(So)] -Cppf=운용설비공간비용 -So=설비 공간 요구사항	● 초기 운용설비 획득비는 Cico, 운용 설비 정비 및 운용비용, 사용비용 포함 ● 설비 및 사용비용은 비례적으로 할당

4단계: 수명주기단계별 비용추정

다음은 CBS영역에 따라 매 년도별로 수명주기비용을 산정하는 절차를 알아보고자 한다. 이를 위해 년도 별 인플레이션, 반복적인 프로세스와 활동에 대한 학습곡선(learning curve), 비용변화에 영향을 주는 요소를 고려해야 한다. 비용추정은 회계, 비용경향, 공급자 제안서 및 예측을 통해 이루어진다. <그림 15.9>에서 보면, 시스템 수명주기 초기단계에서 일찍이 비용추정을 시작할수록 전체 수명주기비용에 미치는 영향을 미리 알 수 있다.

그러나 대부분의 조직에서 이를 산출하기 위한 신뢰할 수 있는 비용자료가 거의 없다. 따라서 과거에 수행된 유사 시스템의 하위운용유지단계에서 획득된 자료를 사용하게 된다. 따라서 최종목표를 달성하기 위하여 다양한 비용추정방법을 사용하게 된다. 시스템형상이 개발단계가 진행되어 감에 따라 보다 세부적으로 들어나기 때문에 과거 경험을 바탕으로 한 직접적인 엔지니어링 및 제조표준요소(예를 들면, 시간당 인건비)를 대상 프로젝트의 비용자료로 사용하게 된다. 한편, 시스템형상이 잘 정의되지 않은 초기개념단계에서는 과거에 경험한 유사방법의 시스템비용자료 또는 파라메트릭 방법을 복합적으로 사용하게 된다. 이는 이미 알려진 비용자료를 수집하는 것이다. 즉 수행된 기능을 식별하고 이 기능을 수행하기 위한 비용을 추정하는 것이다. 따라서 그 시스템의 기능적 또는 물리적 파라미터로 비용을 연계시킨 다음 이를 신규시스템에 비용추정관계식으로 사용하는 방법이다. 대상시스템에 대한 주요 TPM요소를 식별하고 주어진 성능레벨을 기준으로 비용을 추정한다. 예를 들면, 단위제품 생산 당 비용, 단위거리 당 비용, 단위중량당 비용, 단위 용량 당 비용, 단위가속능력 당 비용, 기능적 출력 당 비용 등을 들 수 있다.

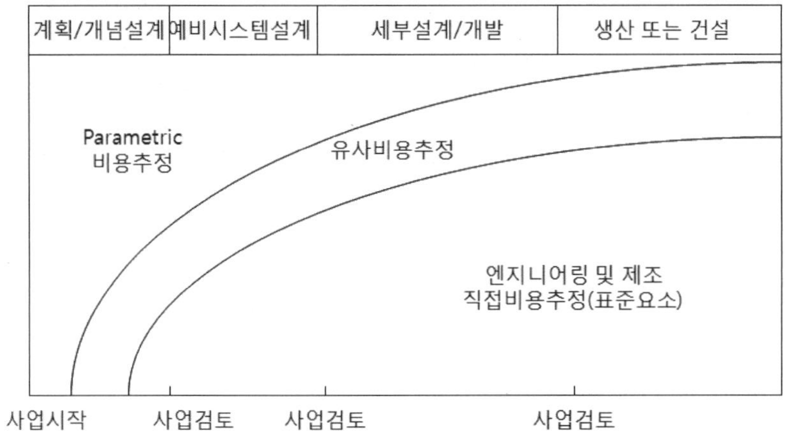

<그림 15.9> 프로그램 단계별 비용추정방법

이와 같이 비용은 시스템의 기능적 요소별로 적절한 블록을 연계시킬 수 있다. <그림 15.10>과 <그림 15.11>는 몇 가지 간단한 비용추정을 고려한 사례를 보여주고 있다.

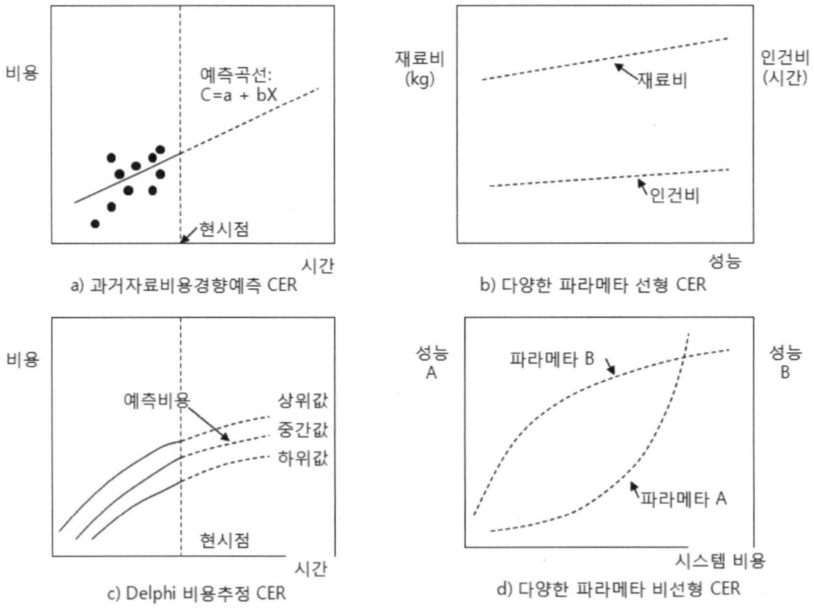

<그림 15.10> 비용추정관계 CER

그러나 비용추정관계(CER)개발에 사용된 과거자료가 오늘날 평가될 시스템형상과 상응한 것인지를 확인하는 것이 매우 중요하다. 한 시스템의 임무와 성능특성에 기초한 CER이 물리적인 입장에서 유사하다고 할지라도 다른 시스템형상에 적합하지 않을 수도 있다. 따라서 비용은 시스템 기능적 요소와 연계시켜야 한다.

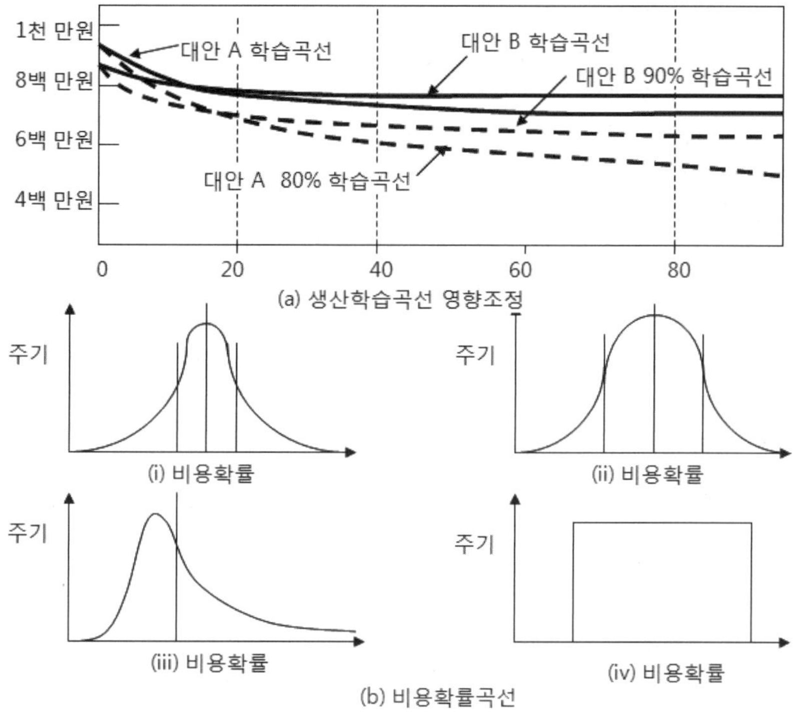

<그림 15.11> 학습곡선 및 비용확률

총비용관리 및 비용효과분석을 효과적으로 수행하기 위해서는 이러한 비용을 생성하는 활동, 프로세스 및 제품에 비용을 역으로 추적할 수 있는 전반적인 비용관계를 요구하고 있다. 수많은 기관에서 사용하고 있는 전통적인 회계구조에서 매우 높은 총비용 %에 대하여 그 원인을 추적할 수 없다는 점이다. 예를 들면, 총비용의 50%이상을 차지하고 있는 간접비용은 특정한 목표와 연계하여 추적하기 어려운 관리비용, 지원조직비용 또는 기타비용을 포함하고 있다는 사실이다. 이와 같이 할당된 비용에 대하여 실제 원인을 식별하고 고비용 요소를 찾아낸다는 것은 매우 어려운 일이다. 이러한 결과로 활동에 근거한 비용, ABC를 활용하게 되었다.

이러한 ABC 비용 산정방법은 비용을 발생시키는 원인을 제공하는 항목에 세부적인 비용을 산정토록 하는 방법이다. 이와 같이 하는 목적은 비용을 발생시키는 제품이나 프로세스에 모든 비용을 적용시켜 추적성을 제공함에 있다. ABC 접근방법은 초기에 비용을 할당하고 이후에 기능에 의해 비용을 평가하는 방법이다. 이는 전통적인 회계 관리 구조에서 매우 높은 비율의 간접비용 요소를 직접적인 항목에 연동시키지 못한 채 총비용으로 산정해 오던 단점을 보완하기 위해 만들어졌다. ABC의 원칙을 보다 세밀하게 설명하면 다음과 같다.

1) 비용은 비용발생 프로세스, 제품, 및 연관 목표에 따라 직접적으로 추적 가능해야 한다. 따라서 비용요소와 특정 프로세스나 활동 사이에 원인 및 영향관계가 설정되어야 한다.
2) 직접비용과 간접비용 사이에 구별이 없다. 모든 비용의 80-90%가 추적이 가능한 반면, 추적 불가능한 비용은 할당되진 않지만 프로젝트에 포함된 조직에 직접적으로 할당된다.
3) 비용은 기능을 기초로 해서 쉽게 할당될 수 있다. 즉, 기능흐름선도에서 식별된 기능을 말한다. 예를 들면, 단위생산비용과 같은 활동측정요소 당 활동비용 항목으로 CER 비용추정관계를 개발하는 것이 상대적으로 쉽다는 것이다.
4) ABC방법에서 강조하는 것은 자원소비에 기초하고 있다는 것이다. 프로세스와 제품은 활동을 필요로 하고, 활동은 자원을 소비해야 한다. 목적을 향한 자원소비를 통해 ABC접근방법은 하위단계에 영향을 주는 자원소비를 매일 결정할 때 이를 평가하는 활동을 말한다.
5) ABC접근방법은 원인과 영향관계를 형성해 가는 것이다. 이에 따라 고비용 요소를 식별하게 된다. 위험분야가 특정 활동에서 식별되고 이를 위한 의사결정이 함께 이루어진다.
6) ABC 접근방법은 직접비용인지 간접비용인지를 분간하지 못해 이중으로 계상되는 것을 막을 수 있다. 이러한 일은 전체적인 활동을 구분하지 못한 채, 프로젝트를 진행하게 되면 흔히 일어나기 쉬운 일이다.

이러한 ABC접근방법은 비용 관리를 분명하게 하려면 필수적으로 적용해야 할 방법이다. 목표를 고려하고 이를 장기간에 걸쳐 분석할 경우, 비용은 수명주기비용분석 프로세스를 따라야 한다. 미래의 궁극적인 목표는 회사의 회계부서가 매 회계연도 말에 ABC에 기초한 재무보고 구조를 갖추도록 노력함에 있다.

5단계: 컴퓨터에 기초한 분석 프로세스 모델 선정

컴퓨터에 기초한 모델을 선정함에 있어서 선정된 도구가 요구시스템의 문제점에 매우 민감하며, 어느 개별적인 주요 컴포넌트와 마찬가지로 모든 요소에 대한 전반적인 비용을 다룰 수 있어야 한다. 또한 모델은 여러 가지 다양한 대안에 대한 비교를 할 수 있어야 하고 초선의 대안을 매우 빠르게 효과적으로 선정할 수 있어야 한다. 도구는 다양한 여러 가지 기능을 수행해야 한다. 예를 들면, 다양한 파라미타를 통합할 수 있어야 하고, 시스템 전반이던 부분이던 융통성 있게 적용할 수 있어야 하며, 결과를 반복하여 신뢰성 있도록 해야 하고 사용자로 하여금 사용하기에 편리해야 한다. 가끔 가다가 보면 회사 홍보물을 보고 깊이 생각 없이 이러한 도구를 구입하여 사용하는 경우가 있다. 그리고 결과에 대한 신뢰성을 전혀 예측하지 못하고 사용하게 되면 도구 사용으로 인한 피해가 오히려 크게 나타나게 된다. 따라서 본 도구가 어떠한 사항을 포함하고 있고 추정방법도 검토하여 본 도구사용의 목적을 먼저 이해하는 것이 매우 중요하다. 최근의 통계자료를 보면 이러한 분야에 350가지가 넘는 도구가 각각의 다른 용도와 레벨에서 사용되고 있다고 한다. 각각의 도구는 저마다 다른 플렛폼과 사용언어, 요구입력자료 및 인터페이스 자료가 사용되어 서로 고립되어 있거나 독립적이다. 일반적으로 도구 상호간에 교통이 없어 사용자에게 불편할 뿐만 아니라 초기시스템설계 및 개발 시에 너무나 복잡하여 적용하기가 매우 어렵다. 모델을 사용하려면, 먼저 분석가가 그 모델을 사용하는데 충분히 이해가 되어 있어야 한다. 어떻게 적용할 수 있는지 또 무엇을 할 수 있는지를 분명하게 알아야 한다. 수명주기비용분석 목적을 달성하기 위해서는 <그림 15.12>에 나타난 여러 가지 모델을 복합해야 한다.

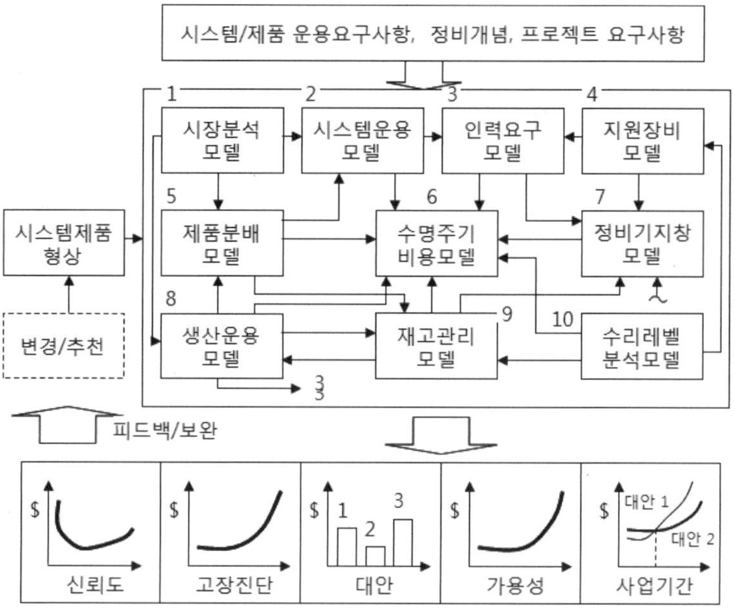

<그림 15.12> 수명주기비용 산정모델 사례

분석가는 시스템전체비용을 산정할 뿐만 아니라 고 비용요소를 포함한 주요기능분야를 식별할 수 있어야 한다. 모델은 CBS 비용분해구조로 비용을 제시할 뿐만 아니라 분석가는 모든 비용은 주요기능과 연동되어 있도록 그 결과를 볼 수 있어야 한다. 나아가 이러한 도구는 세부적인 설계 및 개발단계뿐만 아니라 개념을 설계하는 사업초기에 비용을 산정할 수 있어야 한다.

6단계: 비용 프로파일의 베이스라인 개발

다양한 비용추정방법을 통하여 시스템 수명주기 연도별 CBS 영역별 비용이 비용 프로파일 형태로 나타나게 된다. <표 15.11>에 나타난 작업도표 형태로 비용을 기록 유지하게 된다.

<표 15.11> 비용수집 작업도표

프로그램 활동내용	비용영역	연도별 비용($)												비용	%
		1	2	3	4	5	6	7	8	9	10	11	12		
대안 A 1. 연구개발비용 a. 프로그램 관리비용 b. 엔지니어링 설계비 c. 전기 설계비 d. 엔지니어링 재료비 2. 3. 기타비용	Cr Crm Cre Cred Crd														
총 실제비용	C														
총 현재가치비용(10%)	C(10)														
대안 B 1. 연구개발비용 a. 프로그램 관리비용 b. 엔지니어링 설계비 등	Cr Crm Cre														

그리고 <그림 15.13>의 프로파일은 비용흐름을 나타낸다. 프로파일을 개발할 때 일차적으로 년도에 관계없이 고정비용을 먼저 산출한다. 이는 미래비용을 오늘 현재비용으로 산정하는 것이다. 그리고 이차적으로 인플레이션을 고려한 연도별 예산을 반영한 프로파일을 산정하게 된다. 각각의 대안을 비교할 때 적절한 경제 분석방법이 다양한 대안별 비용을 현재가치 비용으로 환원하거나 최적대안을 선정하는 의사결정시점에서 이를 반영하게 된다. 무엇보다 대안을 비교할 때 각각의 프로파일을 동일한 기준에서 평가할 수 있어야 한다. 이러한 시간에 따른 가치에 따른 비용 산정 방법은 대부분이 엔지니어링 경제학에서 다루고 있다.

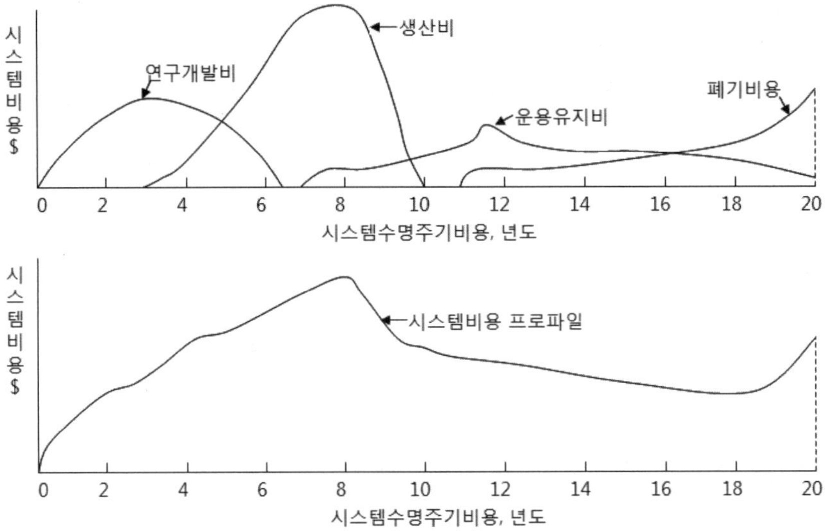

<그림 15.13> 비용 프로파일 개발

비용요약 및 고 비용요소 식별

CBS 비용영역별 주요요소비용을 보다 세밀하게 관찰하고 고 비용요소를 식별하기 위하여 도표형태로 나타난 세분화된 결과를 관찰할 필요가 있다. <표 15.12>에 각 영역별 비용이 그 기여도에 따라 백분율로 식별되어 있다.

<표 15.12> 세부 수명주기비용 요약

비용영역	비용(만원)	백분율(%)
1. 아키텍처 및 설계	224.8	7
2. 아키텍처 및 설계	1,252.4	39
(1) 설비	677.4	21
(2) 자산장비	578.0	18
3. 미래 운용 및 지원	1,734.2	54
(1) 수입검사	96.3	3
(2) 제작	385.4	12
(3) 하부 어셈블리	192.7	6
(4) 최종 어셈블리	353.3	11
(5) 검사 및 시험	545.9	17
(6) 포장 및 운반	160.6	5
총합계	3,211.4	100

이러한 예제의 경우, 고 비용영역은 설비 및 자산장비와 연계된 초기비용을 포함하고 있다. 이를 위한 세부 생산 및 운용기능 흐름도표를 도식하면 <그림 15.14>와 같다.

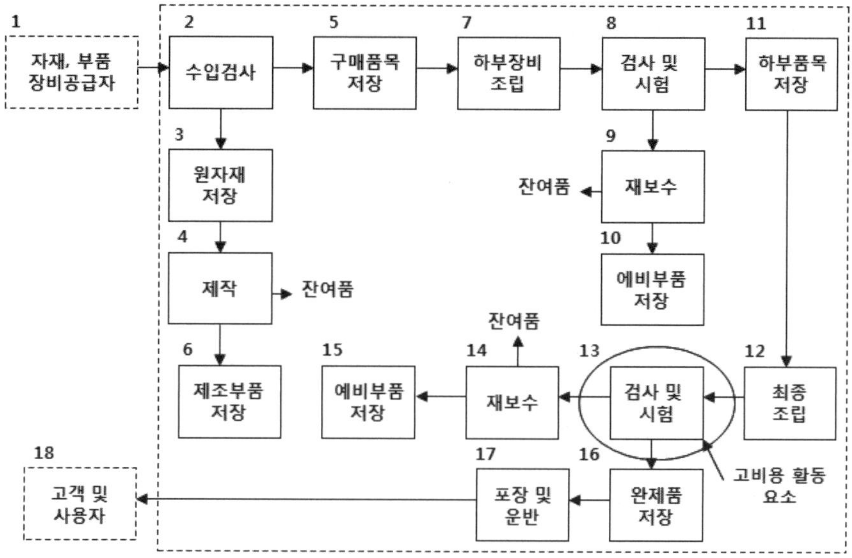

<그림 15.14> 생산 및 운용기능흐름도

그리고 생산프로세스로 수행되고 있는 검사 및 시험 기능과 연계된 운용 및 유지비용이 포함된다. 제품 및 프로세스 향상을 위해 검사 및 시험 영역은 보다 더 조사되어야 한다. 계획된 수명주기활동을 통해 총비용의 17%가 이러한 기능 활동분야의 운용 및 지원에 해당된다. 그리고 분석가는 고비용을 발생하는 원인을 분석해야 한다.

고 비용요소에 대한 원인 및 영향관계 결정

<표 11.12>에 나타난 비용 백분율을 산정한 다음 단계는 이러한 비용을 발생시키는 원인을 결정하는 것이다. 분석가는 CBS 비용구조를 다시 한 번 들여다본다. 그리고 비용을 결정하기 위해 이용한 각종 가정 및 프로세스에 사용된 비용추정관계를 재점검해 본다. 부가하여 추적성의 적합여부를 확인하기 위하여 ABC 활동에 근거한 비용 산정 또는 이와 동등한 방법을 적용하는 것이 바람직하다. Ishigawa의 원인 영향도표를 사용하면 실제 원인을 정확하게 아는데 도움이 된다. 신뢰성이 부족한 제품을 사용할 경우, 이에 따라 정비업무량이 증가하고 부적합한 절차 또는 부적절한 프로세스, 공급자 문제 등을 유발하게 된다.

7단계: 민감도분석 수행

수명주기비용분석, <표 15.10>에 주어진 자료의 신뢰성 및 이와 연관된 위험을 평가하기 위하여 분석가는 민감도를 분석할 필요가 있다. 또한 초기에 설정된 가정이나 사용된 요소와 같은 입력 자료의 정확성이나 분석결과에 대한 영향을 알아보는 것도 바람직하다. 이러한 분석은 추정결과에 크게 영향을 주는 입력단계의 주요요소를 식별하고 이에 대한 추정범위의 입력단계와 출력단계 변화량 차이를 결정하게 된다. 예를 들면, 초기에 추정된 MTBF 값에 의심이 생기면, 입력단계의 변화를 준 다음 이에 대한 출력결과의 비용 변동량을 보고 결정해야 한다. 이러한 분석의 목적은 입력자료 변동에 대하여 얼마큼 큰 출력비용에 큰 영향을 주고 있는지를 분석함에 있다.

이는 나아가 고위험의 잠재력을 가진 분야를 식별하게 된다. 주요 문제점을 식별하기 위하여 Pareto 분석 수행 방법으로서 <그림 15.15>에서와 같은 Pareto 분석기법을 사용하게 된다. 지속적인 프로그램 향상목적을 달성하기 위하여, 분석가는 각 분야의 문제점을 상대적인 중요도로 나타내어야 한다. 보다 높은 문제점은 보다 빨리 주목해야 한다.

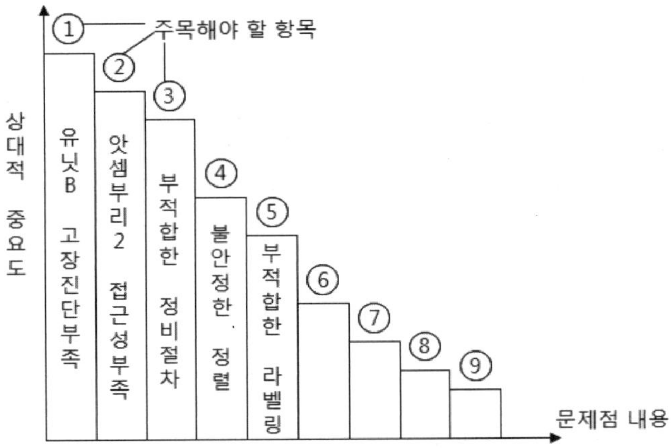

<그림 15.15> 주요 문제점 Pareto 순위

가능한 대안 식별 및 평가

앞서 <그림 15.7>에서 제안된 지역 통신시스템의 요구사항과 관련하여 상이한 두 공급자가 제시한 각각 다른 두 가지 대안, 대안 A 및 대안 B에 대한 가능성분석을 수행한다고 하자. <그림 15.16>에 두 가지 대안과 입찰에서 제외된 대안 C에 대한 예산 프로파일을 보여주고 있다.

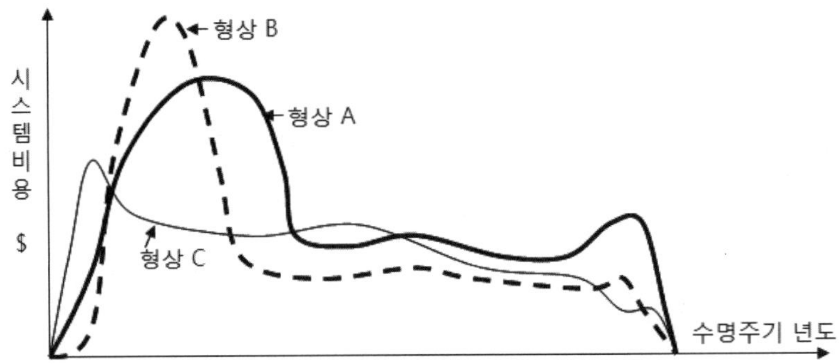

<그림 15.16> 대안 비용 프로파일

비용비교분석을 하기 위해 두 가지 대안에 대한 비용은 현재가치비용으로 환원해야 한다. <표 15.13>은 이러한 현재가치로 CBS 비용영역별로 환원한 비용세부요약을 보여주고 있다.

<표 15.13> 대안별 세부수명주기비용

비용 영역	형상 A		형상 B	
	PV 현재비용	총비용 %	PV 현재비용	총비용 %
1. 연구개발비	7,021.9	7.8	5,324.6	4.2
(1)관리	937.4	1.1	925.2	0.8
(2)엔지니어링	4,555.2	5.0	2,873.1	2.3
(3)시험평가	1,217.6	1.4	1,215.3	0.9
(4)기술자료	311.7	0.3	311.0	0.2
2. 생산비(투자)	40,711.4	45.3	33,088.5	26.1
(1)건설	4,555.3	5.1	4,322.7	3.4
(2)제조	36,226.1	40.2	28,765.8	22.7
3. 운용유지비	42,221.7	46.7	88,362.9	69.4
(1)운용	3,781.1	4.2	3,930.1	3.1
(2)유지	38,210.6	42.5	84,110.8	66.3
-정비인력	21,065.9	23.4	40,721.9	32.2
-예비부품	10,352.0	11.5	22,892.6	18.1
-시험장비	4,771.3	5.3	13,174.7	10.4
-수송	1,440.4	1.6	5,183.8	4.1
-정비훈련	180.8	0.2	212.5	0.1
-시설	90.0	0.1	102.1	-
-운용자료	310.2	0.4	1,823.2	1.4
4. 폐품/폐기비	230.0	0.2	322.0	0.3
총합계	90,025.0	100%	126,776.0	100%

그리고 총비용 항목으로 각 분야별 상대적인 백분율을 제시하고 있다. 여기에서 10% 이자율이 현재가치를 산정하는데 사용되고 있다. <표 15.13>을 단순하게 비교해 보면 대안 A형상을 쉽게 선정할 수 있지만, 이러한 결정을 하기 전에 분석가는 수명주기 전 단계에 대한 두 가지 비용 프로파일을 비교해 보고 형상 A가 어느 지점까지 유리한지를 분석해 보아야 한다. <그림 15.17>은 손익분기점 분석결과를 보여주고 있다. 형상 A가 6.5년이 지나면 더 유리한 것으로 분석되었다. 그런데 이러한 손익분기점에 대한 여러 가지 요소에 대한 의문이 있다.

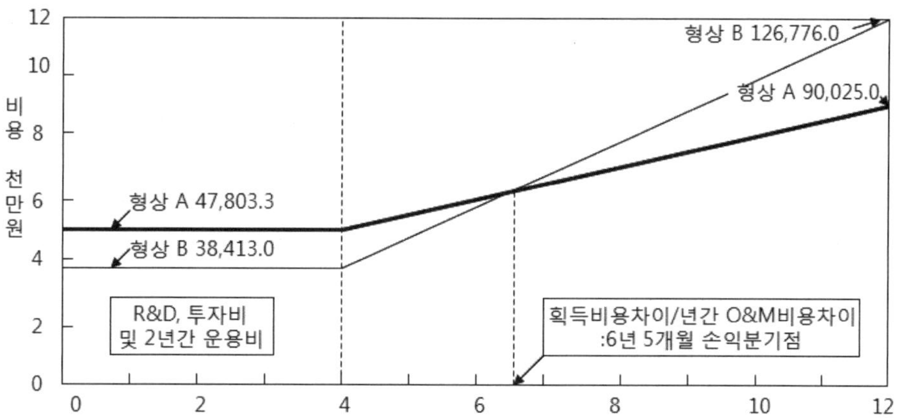

<그림 15.17> 손익분기점 분석

예를 들면, 대상시스템의 형태와 임무, 사용될 기술 분야, 총 수명주기기간, 기타 애매한 요소를 들 수 있다. 요구사항이 일정기간마다 변경될 때, 2년에서 3년마다 문제가 제기된다. 이러한 경우에는 형상 B가 오히려 유리하다. 다른 한편으로 10-15년간 보다 장기간의 수명주기를 가진 대형시스템의 경우, 형상 A가 당연히 유리하다. 그러나 예산 추정으로 인해 대안 비용 프로파일이 뒤집어 질 경우, 더 많은 비용절감을 해야 한다. 다시 <그림 15.19>로 돌아가서 고비용요소에 대한 식별과 재분석이 이루어진다. 만일 총비용의 가장 큰 비율이 유지지원비용일 경우, 23.4%인 정비인력과 11.5%인 예비부품에 대하여 각각 조사해 보아야 한다. 다음 단계는 이에 대한 원인 및 영향을 분석해야 한다. 이러한 고비용을 나타내는 실제 원인을 알아내어야 한다. 이러한 활동은 비용을 추적할 때, 특정 기능, 프로세스, 제품설계특성 또는 복합요인을 분석해야 한다. 분석가는 초기 입력 자료와 각종 가정 사항을 다시 한 번 점검해 보아야 한다. 결국 문제는 자원소비가 많은 특정기능으로 귀착된다. 그리하여 시스템에서 신뢰성이 낮고 이에 따른 잦은 정비가 발생하는 컴포넌트에서 발생된다. 또한 운용을 위해 특정한 기술을 가진 요원을 지원하거나 이와 동등한 요소를 지원해야 한다. 이를 해결하기 위해 다양한 설계도구가 사용된다. 이를 통해 제품의 향상 프로그램을 지원할 수 있다. 예를 들면, 고장율, 영향, 치명도 분석이나 세부업무분석활동을 들 수 있다. 최종단계로 형상 A를 선정함에 따른 위험을 적절하게 평가하기 위하여 민감도분석을 수행할 필요가 있다. <그림 15.18>는 앞서 고 비용요소인 정비인력과 예비부품에 적용된 사례를 보여주고 있다.

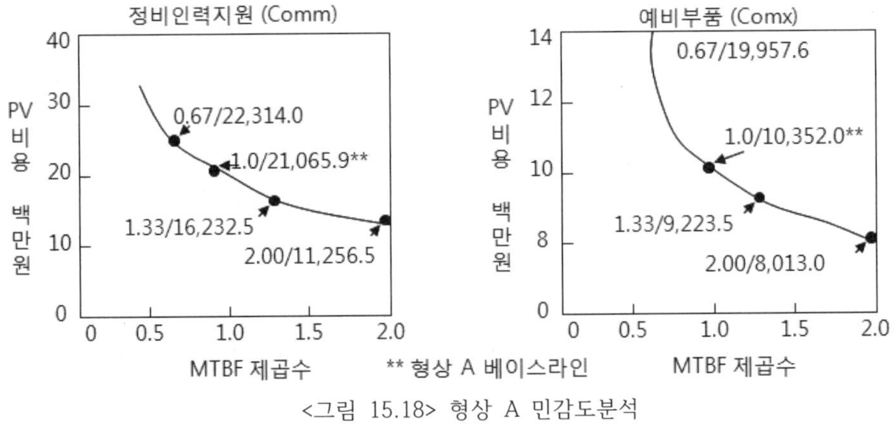

<그림 15.18> 형상 A 민감도분석

민감도분석의 목적은 입력단계의 적은 량의 변동이 출력단계에 얼마큼 크게 영향을 미치는지를 분석하는 것이다. 달리 예기하면, 위험과 연관된 관리 프로그램에 필요한 입력사항인 잠재적인 고위험요소를 이와 같은 방법으로 식별하게 된다.

최적설계방법 선정

잎에서 언급된 비용가치를 최적화하기 위하여 전체적인 시스템 비용효과를 균형화 하는 일을 비용과 연계해서 살펴보았다. 비록 여기서는 비용에 치중하여 분석하였지만 궁극적인 목표는 비용과 효과, 양면에서 의사결정 프로세스가 이루어져야 한다. 예를 들면, 앞서 분석된 두 가지 통신시스템 대안형상에서 B.1에서 요구된 신뢰성과 비용목표를 달성해야 한다. <그림

15.20>에 빗금 친 영역이 허용 가능한 절충구역을 나타내고 있다. 각각의 대안은 비용뿐만 아니라 신뢰성도 충족되어야 한다. 결국 최종 선정은 가치/비용 면에서 전반적인 비용효과비율을 달성해야 한다.

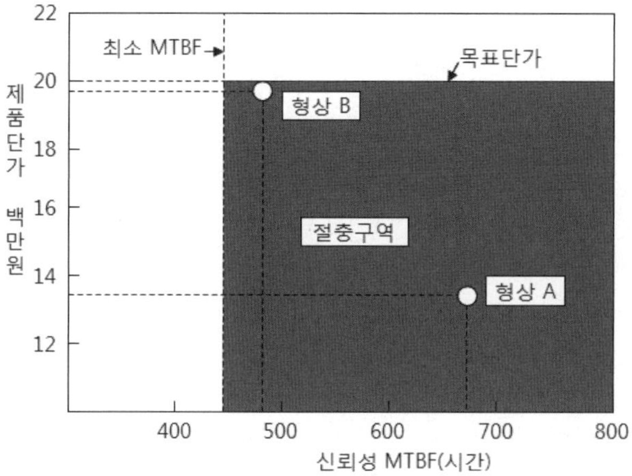

평가 기준 항목	형상 A	형상 B
신뢰성 MTBF (시간)	675	495
단위제품 수명비용 (천원)	13,850	19,505
비용효과 비율 (시간/천원)	0.048	0.025

<그림 15.20> 신뢰성 대 단위제품수명비용

15.6 문제풀이

1) 추정방법과 기법은 프로젝트 제안서를 보다 빨리 그리고 보다 정확하게 제시해 준다. 추정을 보다 간단하게 하기 위하여 인건비와 재료비에 대한 비용구조를 설정해 보라. 추정 및 제안서를 작성하기 위하여 추정양식(estimating pro-form)을 사용하라. 추정기법은 프로젝트 비용을 보다 빠르게 효율적으로 추정해 줄 수 있다. 대부분의 회사가 입찰 일정에 따르지만 거의 마지막까지 보다 정확한 추정을 신속하게 추정할 때까지 노력하는 것이 상례다. 이를 위해 적용하는 추정기법을 다음 사항을 고려해서 제시해 보라.

- 추정범위, 정확도, 생산시기 및 생산비용
- 일과 외 근무 및 공기단축을 위한 직접비용과 간접비용을 구분해서 제시
- 총비용의 백분율로 나타난 물자조달비용
- 프로젝트 사무실 비용
- 추정 양식

2) 프로젝트의 각종 파라미타를 적합한 정확도와 함께 보다 빠르게 추정하는 프로젝트 비용 추정에 포함된 여섯 가지 요소를 설명해 보라.
3) 비용추정 시, 실제 환경에서는 우발적으로 발생할 수 있는 여러 가지 위험과 불확실성이 존재하고 있기 때문에 이에 대한 허용준비가 되어 있어야 한다. 이러한 준비사항은 어떠한 것이 있는가?
4) 수명주기비용(LCC) 분석 절차를 제시해 보라.
5) 수명주기비용은 시스템엔지니어링 활동의 어느 분야에 활용되는가?
6) 수명주기비용 비용을 추정하기 위한 Parametric Cost Estimation 도구에는 어떠한 것이 있는가. 장단점을 비교 제시해 보라.
7) 비용분해구조(CBS)를 설명하고 포함내용을 제시해 보라.
8) 수명주기비용(LCC)과 총 소유비용(TOC)는 어떻게 다른가?
9) 수명주기비용과 연관된 CAIV)와 DTC는 어떠한 관계가 있는가.
10) 목표비용관리의 필요성을 제시해 보라. 초기비용추정, 분석 및 추적관리를 어떠한 방법으로 수행가능한가?
11) 비용과 요구사항과의 관계를 설명하고 이에 대한 추정 도구 발전사례를 제시해 보라.

제16장 위험관리

16.1 개요

위험은 우리가 수행하고 있는 모든 활동에 잠재되어 있다. 이는 모든 활동에 일반적으로 함께 존재하고 있는 상황이다. 따라서 위험은 장차 발생할 수 있거나 또는 안 할 수도 있는 부정적 미래에 대한 가능성을 말한다. 위험은 미래에 발생 가능한 부정적인 사건의 두 가지 특성으로 정의된다. 그 첫째는 미래 무엇이 일어날 것인가에 대한 발생 가능한 확률이고 다른 하나는 만약 사건이 일어난다면 어떠한 결과를 가져 올 것인가에 대한 발생결과이다. 만약 발생확률을 모른다고 해서 이에 대한 불확실성을 곧 위험으로 정의할 수는 없다. 왜냐하면 위험은 대상문제가 아니라, 가능성이 있는 문제로부터 발생된 결과의 위험 정도를 말하기 때문이다. 대상으로 하고 있는 문제는 발생된 결과에 달려있다. 사실상 위험을 아는 것은 문제를 피할 수 있는 기회를 제공하는 것이다. 위험은 위험을 관리하려는 시도가 있느냐 없느냐에 따라 발생되는 것은 아니다. 이러한 관점에서 위험이란 이를 인정하든 아니 하든, 위험을 믿든 안 믿든, 위험을 기록하든 아니 하든, 기대하고 있든 무관심하든 또는 나아가 상급자의 기대가 반영되든 아니든 아무 관계없이 위험은 존재하고 있다는 사실이다. 더욱이 위험이란 정책, 절차, 또는 규정에 고려되지 않는다고 해서 변화하지 않는다는 것이다. 즉, 위험이란 좋은 것도 나쁜 것도 아니다. 다만 이는 어떻게 존재하느냐 하는 것이 중요하다. 사업을 진행하는 것과 이에 따라 주어진 기회는 위험의 동반자이다. 사업진행을 위하여 위험을 알고 이를 관리해야 하며, 극복할 만한 수준으로 위험을 감소시켜야 한다.

시스템엔지니어링 환경에서의 위험의 형태

시스템엔지니어링 관리 프로세스와 연관된 위험관리는 시스템 개발 프로세스 및 시스템 출력제품과 연관된 위험요소이다. <그림 16.1>에 시스템개발과 연관된 위험계층구조를 보여주고 있다. 먼저 시스템개발 프로세스와 연관된 개발관리위험은 내부 프로세스에 따른 위험과 외부 인터페이스 영향에 따른 위험으로 구분된다.

<그림 16.1> 위험 계층 구조

그리고 시스템 제품에 따른 위험은 주 임무장비와 이와 연관된 지원제품에 대한 위험 형태로 구분된다. 시스템 개발과 연관된 모든 위험은 일반적으로 고객의 수명주기 요구사항을 달

성하기 위해 시스템 계층구조에 따라 위험이 추적 가능해야 한다. 내부적인 기술 관리를 다루는 위험은 시스템 개발 프로세스와 연관되어 있다. 따라서 프로젝트의 일정, 자원, 업무흐름, 적기 조달, 적정인력 가용성, 병목발생 가능성, 주요업무추진계획(CPM)등과 관련되어 있다. 외부 인터페이스 영향을 다루는 위험은 자원의 유용성, 상부 경영층 간섭, 가시적인 프로그램 수준 및 규제 요건 등을 포함하고 있다. 시스템 제품에 따른 위험은 최종제품의 기본성능 및 시스템 비용과 연관된 위험과 제품 개발, 생산, 유지, 지원, 시험, 교육훈련 및 폐기와 관련 있는 연관 제품의 지원에 따른 위험을 함께 포함하고 있다. 개발활동 관리와 연관된 위험은 기술관리 위험 또는 외부환경 요인에 의해 야기될 수 있다.

16.2 위험관리

위험관리란 위험을 정의하고 측정하는 활동과 나타난 위험을 다루기 위한 대안을 선정, 개발 및 적용하기 위한 체계화된 관리방법을 말한다. 이는 사건의 연속이 아니라 절차적인 프로세스이다. 효과적인 위험관리활동은 위험관리 계획수립, 초기 위험 식별 및 분석, 지속적인 위험추적과 재평가, 초기 시정조치, 의사전달, 문서화 및 상호협력에 달려있다. 위험관리활동을 구체적으로 체계화하는 방법에는 여러 종류가 있지만, 여기서는 계획, 평가, 조치, 통제 및 보고 네 가지 활동으로 <그림 16.2>에 제시하고 있다. 모든 활동은 초기위험계획을 수립한 후 이를 시연하기 시작하면 서로 종속되어 상호 연동하여 운용토록 한다. 주요 통제활동 및 프로세스 내의 상호 피드백 관계를 보여주고 있다.

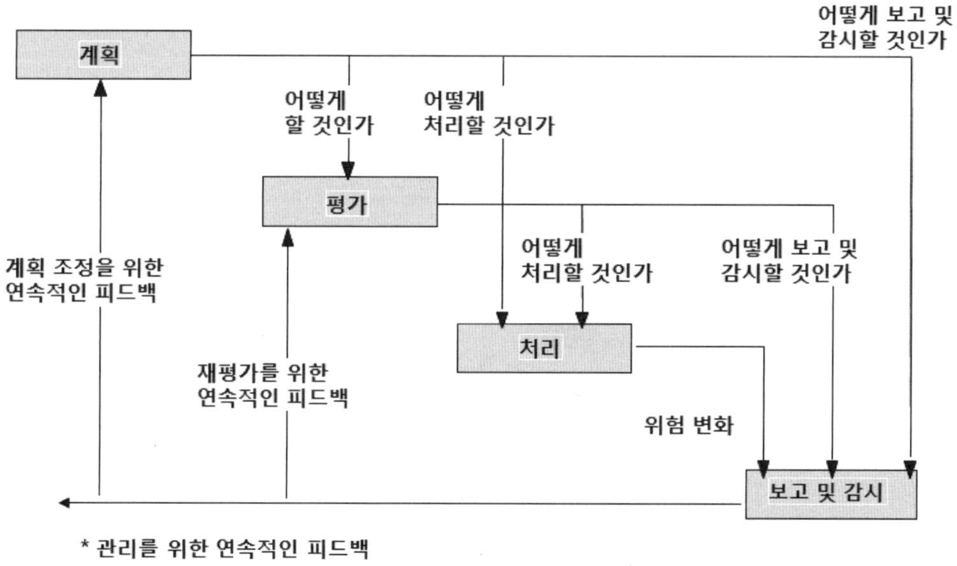

<그림 16.2> 위험관리 조정 및 피드백

16.2.1 위험계획수립

위험계획수립활동은 <그림 16.3> 위험관리에 대한 체계적이고 포괄적인 관리방법을 개발하는 연속적인 프로세스를 말한다. 초기계획수립 시에는 전략 수립을 포함해야 한다. 본 계획에는 위험관리의 목적과 목표 설정, 계획에 대한 평가, 조치 및 통제활동, 자원, 업무 및 책임의 식별, 위험관리 통합제품팀(IPT) 조직 및 교육훈련, 위험요소 추적방법 설정, 및 연속적인 기반 위에서 위험정보 통제 및 보고방법 수립 등이 포함되어 있다. 이러한 위험관리계획 수립활동과 시스템엔지니어링 환경과의 연관성은 다음과 같다. 위험은 시간에 따라 변화한다. 위험을 통제하거나 변화시킴에 따라 위험 발생 확률과 결과는 변화된다. 위험의 영향과 조치 방법 판단은 사건이 발생될 때마다 재평가되고 본질적으로 변화해야 한다. 이러한 사건이 계속적으로 변화되기 때문에 위험관리계획 프로세스도 계속적으로 변화해야 한다.

- 시스템엔지니어링관리 계획과 형상관리, 생산성, 지원가능성 계획 등 다른 연관계획 범위 내에서 다루어야 한다.
- 연속적 활동으로 입증되어야 한다.
- 모든 활동이 통합되어야 한다.
- 시스템엔지니어링 계획, 지원가능성 분석, 생산계획, 형상 및 데이터 관리 등과 같은 다른 계획과 통합이 이루어져야 한다.
- 이전 단계와 이후 단계를 통합해야 한다.
- 각각의 형상기준에 따라 선택적이어야 한다.

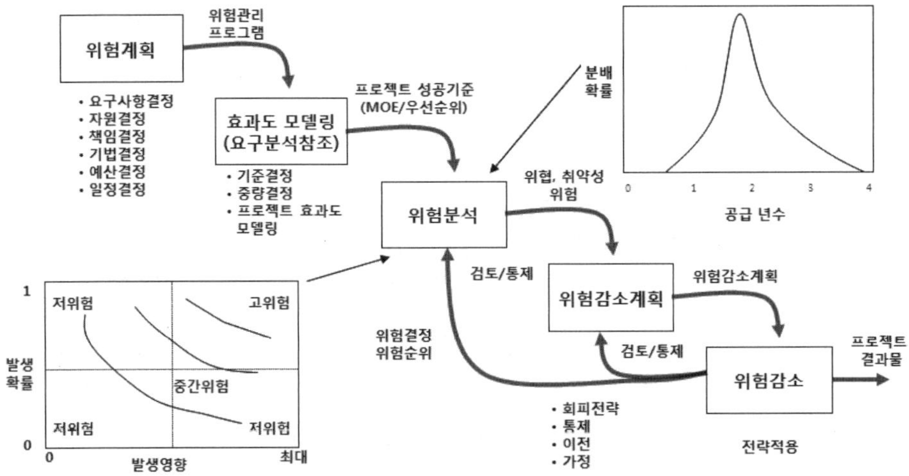

<그림 16.3> 위험관리

16.2.2 위험평가활동

위험평가활동은 시스템의 수명주기와 연관된 위험식별 및 분석활동으로 구성된다.

위험식별활동

위험식별활동은 어떤 요소와 연관된 위험인지를 정의하는 활동으로써 다음과 같은 사항을 포함하고 있다. <그림 16.4>에 나타난 바와 같이 초기 위험 식별 프로세스는 네 가지 위험의 각 영역에서 도출된 본질적인 위험항목식별활동과 함께 시작된다.

- 위험 소스와 사람에 대한 위험과 불확실성을 식별
- 불확실성을 위험으로 전환
- 위험 정량화
- 확률 설정
- 위험항목의 우선순위 설정

시스템의 성능과 제품 지원에 연관된 위험은 일반적으로 WBS업무분해구조에 의해 도출된다. 이는 전문 분석팀과 개발 전문 업체 담당자에 의해 초기에 결정된다. 이러한 위험은 정량적인 평가에 의해 도출되는 위험요소이다.

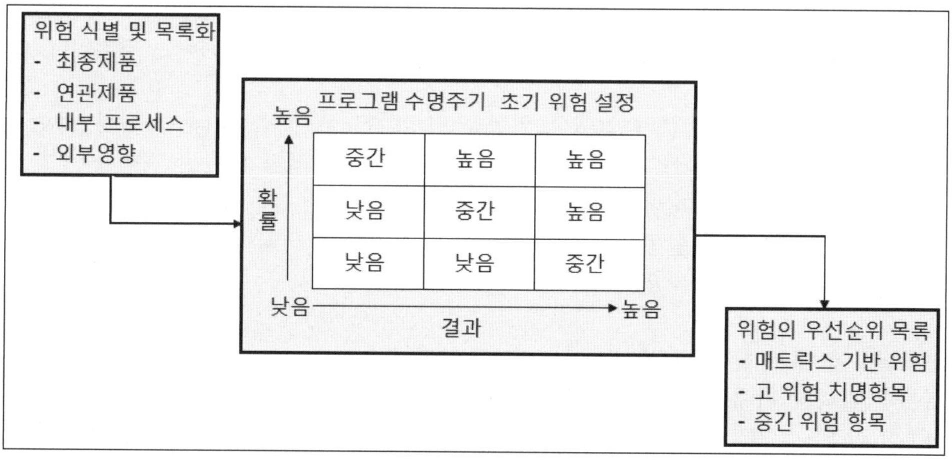

<그림 16.4> 초기 위험식별 프로세스

내부 프로세스와 외부 영향의 위험은 <그림 16.5>의 국방 4245.7-M과 유사한 위험 영역 템플릿이나 사업관리 전문가에 의해 결정된다.

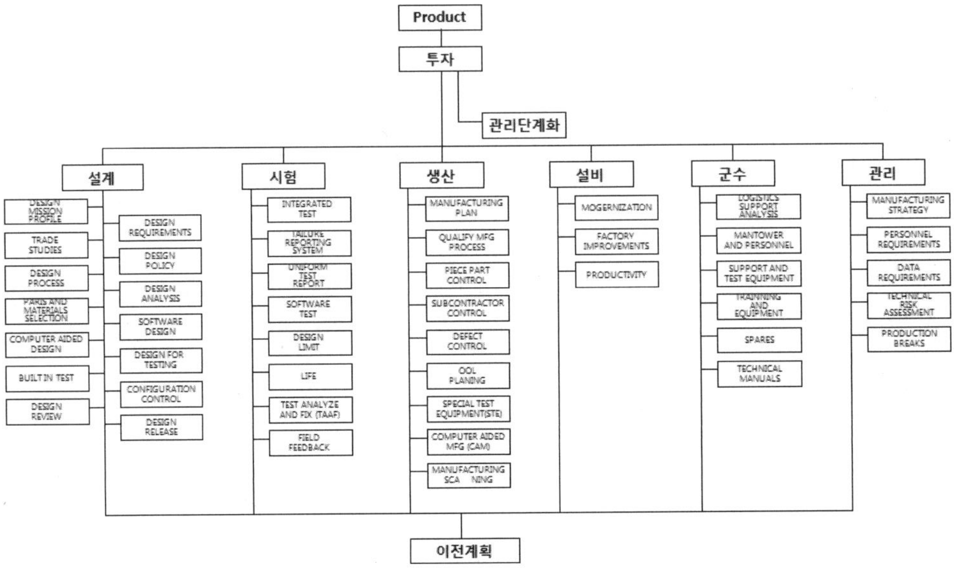

<그림 16.5> 국방 4245.7-M 위험관리 템플릿

국방 4245.7-M 템플릿은 시스템 획득관리 프로세스와 연관된 위험 영역을 설명하고 각 영역의 전형적인 위험 감소를 위한 방법을 제공함에 사용된다. 이러한 템플릿은 전문가의 피드백을 기반으로 특정 프로그램에 대해 검토 조정되어야 한다. 위험항목을 식별한 후에 위험 수준을 설정하게 된다. 일반적인 방법은 <그림 16.6>에 나타난 측정기준을 이용하는 방법이다.

각각의 위험 항목은 상호간의 상대적 위험을 규정하기 위한 측정기준 블록과 서로 연관되어 있다. 도표 상에서 대각선 방향으로 위험은 증가된다. 그리고 연관된 위험을 상호 평가하는 방법을 제공한다. 일단 하나의 연관된 위험이 도출되면, 우선순위 목록이 설정되고 위험분석이 시작된다. 위험 식별 활동은 위험항목의 확률과 결과를 정의하는데 도움을 주기 위해 다음과 같은 활동을 수행할 수 있다.

- 불확실성에 대한 시험 및 분석
- 확률과 결과의 이해를 제공하기 위한 시험
- 충분한 이해를 하기 위해서 고, 중간, 저 위험 추정으로 불충분한 위험요소에 대한 정량화 활동

프로그램 수명주기 초기 위험 설정

확률 ↑ (높음)			
	중 간	높 음	높 음
	낮 음	중 간	높 음
(낮음)	낮 음	낮 음	중 간

낮음 ——— 결과 ———→ 높음

<그림 16.6> 위험 매트릭스 샘플

위험분석 활동

위험분석활동이란 위험 원인을 세부적으로 분리하여 식별된 위험에 대한 구체적인 설명과 재정의를 수행함으로써 식별된 위험이 미칠 최대영향을 결정한 다음 위험을 감소시킬 수 있는 대안을 도출하고 최적방안을 결정하기 위한 평가 프로세스를 지속적으로 수행하는 활동을 말한다. 이러한 활동을 통해 모든 위험요소를 추적하고, 위험추적에 사용된 데이터를 관리하며, 위험감소를 위해 사용될 조치사항을 결정함에 도움을 준다. 위험분석 활동은 위험과 관련된 대안을 도출하고, 적용시기 및 최적방안을 탐색하기 위해 이루어진다. 이러한 활동을 통해 예측된 위험을 다룰 수 있는 방안이 얼마나 많은지, 그리고 이를 위한 최선의 방법은 무엇인지를 결정할 수 있다. 민감도분석과 위험의 상호연관성 분석을 통해 연관된 위험요소와 제품 성능변화에 대한 민감도와 영향을 분석할 수 있다. 또한 추가적으로 위험분석을 통해 잠재되어 있거나 이미 나타난 외부 및 내부 변화에 대한 영향을 분석할 수 있다. 이를 위해 위험항목의 민감도와 영역 식별에 도움을 주는 위험분석 활동으로써 다음 과 같은 질문을 통해 식별할 수 있다.

- 만약 변화가 요구될 경우, 변화에 따른 위험이 빠르게, 느리게 또는 같은 속도로 변화하는지 여부
- 주어진 위험항목이 발생한다면, 어떤 부수적인 영향이 발생하는지를 식별
- 다른 위험에 어떠한 영향을 주는지를 식별
- 전반적인 상황에 얼마나 많은 영향을 주는지를 식별
- 지속적인 관리가 필요한 우선순위화한 위험감시 대상 목록과 위험변화가 일정, 증가 또는 감소하는지 여부를 결정하기 위한 측정기준 개발 여부
- 다른 위험관리 데이터와 추적 측정기준을 위한 피드백 시스템 개발 여부
- 정량적 위험평가요소 개발 여부

위험평가 정량화 활동은 발생확률과 WBS업무분해구조의 하향 프로세스 사용절차에 따라 공식적으로 정량화 하는 활동이다. 각각의 위험요소에 대해 분석, 시뮬레이션, 통계적 확률 및 결과를 발생시키는 특별한 상황을 결정하기 위해 필요한 시험을 통해 평가토록 한다.

위험평가 유의사항

이러한 위험평가 활동을 수행할 경우 유의해야 할 사항은 다음과 같다.

- 시뮬레이션이나 분석으로부터 도출된 수치에 대한 맹목적 믿음은 피해야 한다.
- 위험의 원인과 결과에 대한 관찰을 중단해서는 안 된다.
- 시험활동은 위험을 제거하는 것이 아니다. 이는 단지 위험을 평가하고 분석하기 위해 필요한 자료만을 제공한다.
- 비록 전문가의 의견을 기반으로 했다 하더라도, 정량화된 데이터로서 '위험 인덱스' 또는 '위험등급'과 같은 상대적인 지수의 조작을 주의해야 한다.

이러한 것은 중요한 정보이지만, 매우 주관적이고 상대적이다. 따라서 위험을 정확하게 정의할 수가 없기 때문에 이와 같은 지수는 항상 민감도 분석대상이 된다.

16.2.3 위험조치활동

일단, 위험항목으로 분류되고 분석되면, 그 위험항목을 조치하는 프로세스가 시작된다. 위험조치활동의 가장 중요한 목적은 위험을 감소시키는 활동이다. 이러한 방법들은 많이 있으나 크게 네 가지 기본 범주로 분류하면 다음과 같다.

- 위험 회피
- 위험 통제
- 위험 수용
- 위험 전이

위험 회피활동

위험을 회피하기 위한 방법 중의 하나는 불확실성이 높은 위험(확률 또는 결과)을 나타내는 요구사항을 제거하는 방법이다. 이러한 회피 활동은 고위험항목, 성능, 주요능력의 절충분석활동을 포함하고 있다. 이는 주요 요구분석활동 중의 하나이다. 회피는 요구사항과 제약사항의 우선순위에 대한 사항을 이해해야 한다. 이러한 회피가 결정적인 업무인지 아니면 보완해야 할 업무인지를 식별해야 한다. 그리고 꼭 수행해야 할 활동인지를 확인해야 한다.

위험 통제활동

통제활동이란 수용할 수 있는 레벨로 위험수위를 낮추기 위해 설계 프로세스를 신중하게 적용하는 활동을 말한다. 이러한 통제활동은 시스템엔지니어링 프로세스에 대한 다 분야 설계 및 적용에 연관된 구체적인 기술 도메인 지식을 요구한다. 이를 위해 다양한 통계 기법을 사용한다. 몇 가지 기법을 소개하면 다음과 같다.

- 한 개 이상의 솔루션 설계 경로를 제공하는 동시적인 다중설계 기법
- 최저 위험 설계 대안을 사용하여 솔루션 설게위험을 최소화하기 위한 낮은 위험 설계 대안 식별기법
- 개별적으로 개발 가능한 고 위험 컴포넌트에 대한 설계를 분리시키기 위해 기 계획 제품 성능개량과 유사한 점진적 개발 모델적용
- 기본적인 개발은 위험이 낮고 성능이 낮은 임시적인 방안을 사용하는 한편, 고 위험의 컴포넌트 개발기술이 성숙될 때까지 개별적으로 개발추진
- 설계 변화에 대한 저 위험을 이해하기 위한 시험 및 분석기법으로 조정: 시험은 시연, 조사, 신속시제품, 검토, 측정기준 추적, 실험, 모델 및 실물 모형, 실물 시뮬레이션, 또는 다른 입력 자료나 위험을 잘 이해하도록 제공되는 입력자료에 의해 대체 가능하다.

- 위험 감소를 위해 충분한 여유를 갖고 생산하는 강건 설계기법
- 컴포넌트 설계 문제에 대한 입증된 솔루션을 제공하기 위해 일반적으로 수용된 인터페이스 표준서 사용을 강조하는 개방형 시스템 접근법

위험 수용활동

수용활동이란 개발활동에 미치는 영향이 없고 가정된 위험 확률과 결과가 매우 낮기 때문에 위험을 신중하게 수용하는 활동을 말한다. 이와 같이 수용된 위험을 다루기 위한 핵심 기법으로서는 계획되지 않은 활동과 계속적인 평가를 위한 활동이다. 이는 수용된 위험이 수용 가능한 수준으로 유지되도록 보증하기 위해 유지해야 할 예산과 일정을 관리해야 한다. 시스템엔지니어링에서 본 위험관리의 기본적인 목적은 허용 가능한 수준으로 모든 위험을 낮추는 일이다. 자칫 정부 프로그램의 경우, 강력한 제한된 예산과 설정된 일정계획에 따라 위험수용에 필요한 예산을 준비해야 할 사업관리자와 시스템엔지니어에게 큰 부담을 줄 수 있다. 따라서 수용 가능한 위험을 식별하게 되면 최악의 경우 최종제품은 수용 수준으로 정의되어야 한다. 따라서 정부 획득 프로그램의 경우, 수용 가능하다고 고려하는 위험 레벨을 매우 조심스럽게 선택해야 한다.

위험 전이활동

이전활동은 설계 솔루션을 요구하는 영역으로부터 위험이 적은 영역으로 이전시킴으로써 위험을 감소시키는 활동을 말한다. 구체적인 경우를 보면 다음과 같다.

- 하드웨어에서 소프트웨어로 할당을 전이하거나 그 반대의 경우
- 위험요소 기반 성능을 할당하기 위해 추가적인 기능 분할

이러한 전이활동은 추가적인 위험을 부담시키기 위해 이를 지정하거나 대리를 선정하고, 이에 필요한 예산을 지불하는 활동을 말한다. 좀 더 나아가면, 전이활동은 계약 시 또는 다른 활동을 부과할 때 항상 발생하게 된다. 계약서나 업무지시서에서 정부로부터 계약업체, 사업부서로부터 정부기관으로 위험을 전이시킬 수 있는 협약을 수립하게 된다. 그리고 그 반대의 경우도 마찬가지로 적용된다. 이를 위한 전형적인 방법으로서는 보험, 보증 및 보상 항목 등이 포함된다. 위험은 결코 완벽하게 전이시킬 수 없다. 만약 이와 같이 위험이 위임된 적절한 활동에 의해 감소되지 않는다면 위험은 여전히 전반적인 프로젝트 또는 프로그램에 영향을 미치게 된다. 전이활동을 수행하기 전에 검토되어야 할 핵심 사항은 다음과 같다.

- 신중한 활동을 통해 위험을 잘 전이할 수 있는 방안을 검토
- 프로젝트 또는 프로그램과 잘 통합할 수 있는 신중한 솔루션 여부: 전이는 적용방법이 전반적인 활동을 통합할 때만 효과적이다. 예를 들면, 사용자와 관리자를 통합해 주는 보증 활동여부
- 신중한 활동을 부여하기 위한 적절한 방법여부: 전이는 단지 전이된 체계가 유효할 때에

효과가 있다. 예를 들어, 변화 조치가능 여부

- 대부분의 위험을 통제하기 위한 책임여부: 만약에 프로젝트 또는 프로그램의 위험항목을 통제하지 않거나 또는 약간의 통제만 한다면, 전이활동은 위험을 통제할 수 있도록 고려되어야 한다.

16.2.4 모니터링 및 보고

위험 모니터링 활동은 측정기준 보고, 위험통제항목에 대한 피드백, 위험 개발 가능성에 대한 입력 자료에 의해 계속되는 위험관리 프로세스를 평가하고 추적하는 활동이다. 모든 측정기준, 통제목록 및 피드백 시스템은 평가활동을 통해 개발 유지된다. 모든 프로세스 결과는 모든 연관부서에 배포된다. 이는 모든 결과물이 해당 활동 및 전체 시스템 개발에 영향을 미치는 위험을 인지하는 프로그램을 포함하기 위해서 필요하다.

16.3 특별한 위험관리방안

복합시스템을 개발하거나 소프트웨어를 개발할 경우에 다루어야 할 특별한 위험관리 방안이 수립되어야 한다.

16.3.1 위험통합(Integration as Risk)

복합시스템을 개발할 때 기술통합은 그 자체가 하나의 기술이다. 설계과정에서 발생되는 기술통합은 일반적으로 매우 높은 위험을 갖고 있다. 기술통합에 따른 위험요소는 일반적으로 개별적으로 식별된 위험항목 분석과 평가와 다르다. 만약 통합에 따른 위험이 기능기준개발 동안 충분히 식별되지 않는다면, 이는 제품기준개발에 매우 심각한 문제로 나타날 수 있기 때문에 통합에 따른 위험항목을 반드시 특별한 경우로 다루어야 한다.

16.3.2 소프트웨어 위험(Software Risk)

일반적인 경험으로 볼 때, 소프트웨어 개발 위험은 하드웨어에 비해 매우 높은 영역에 속한다. 개발기간, 성능 및 비용 전반에 미치는 위험에 영향을 미치는 원인은 다음과 같다.

- 운용요구사항 및 소스 지침 전이에 대한 불완전한 이해
- 위험 추적과 조치 미숙
- 인터페이스 제약사항에 대한 불충분한 이해
- 충분히 숙련된 전문인력 부족

16.3.3 위험인식

시스템을 개발하는 모든 조직의 구성원은 위험의 존재와 변화의 속성에 관심을 가져야 한다. 개발 도중 예기치 못한 결과가 발생하게 되면 전반적인 개발 노력을 와해시킬 수도 있다. 모든 것이 잘 되고 있다는 확신이 있음에도 불구하고 무언가 잘못된 듯한 불안한 느낌이 존재할 수 있다. 이러한 직관은 경험을 통해 인간에게 미래에 대한 불안감과 불확실한 느낌을 가져온다. 일반적으로 이러한 요인은 분석적인 관점은 아니지만 이에 대한 판단을 무시하면 곤란하다. 따라서 경험적으로 경고에서 나타나는 분명하지 않은 위험의 정당성을 인식하고 이를 가능한 방법으로 정량화해야 한다.

16.4 국방획득제도에서의 위험관리

16.4.1 위험관리정책

위험관리에 대한 국방획득정책은 매우 명확하다. 그리고 이는 반드시 실시되어야만 한다. 사업 책임자(PM)는 프로그램 내의 위험영역을 식별하고, 프로그램 관리의 전반적인 범위에서 위험관리를 통합하여야 한다(DOD 5000.2-R). 더욱이 DoDD 5000.4에서는 프로그램 관리자의 책임으로서 비용과 위험분석을 식별하도록 되어 있다.

위험관리 관점

미국 획득관리대학의 연구에 의하면 마일스톤 B에서 중간 레벨의 위험으로 나타난 주요 프로그램이 저 위험 레벨로 나타난 프로그램보다 비용과 일정, 목표 측면에서 보다 성공적으로 수행되어 왔다고 보고하였다(DSMC TR 2-95). 이는 위험관리를 이해하고 관심을 갖는 사업부서가 보다 더 성공적이라는 사실을 분명하게 제시하고 있다. 이러한 이유로 모든 사업부서는 시스템 레벨에서의 위험에 대한 관점을 적용시키도록 규정화 되어 있다. 시스템엔지니어가 이러한 관점을 제공해야 한다. 시스템엔지니어링 활동은 제품의 성숙도와 개발 및 최종 분석 과정에 일어난다. 따라서 제품의 시스템 획득간에 이루어져야 할 사항을 실질적인 평가와 연결시켜야 하기 때문에 시스템엔지니어링 활동이 모든 사업부서의 위험관리 프로그램의 기본으로 사용되고 있다. 또한 모든 사업부서는 개발 단계에서 발생하는 내부 위험뿐만 아니라 외부 위험도 함께 다루어야 한다. 시스템엔지니어는 프로그램 관리자에게 외부 위험을 다루기 위한 지원수단으로 모든 내부 위험자료를 제공해야 한다. 이를 요약하면 시스템엔지니어는 위험항목이 상위 레벨 부서에 대해 보다 합리적이고 반드시 수행해야 할 모든 내용을 제시되어야 한다.

16.4.2 위험관리 프로세스

전반적인 프로그램 계획과 관리 프로세스의 통합인 위험관리는 통제되고 일관성 있는 시스템엔지니어링의 적용과 제품 개발 및 관리 통제를 담당하는 통합제품팀을 사용함으로써 보강된다. 프로그램은 위험이 적절한 레벨일 때만 다음 단계로 진행된다. 추정 뒤에는 위험이 발생한다는 것을 알아야 한다. 비록 위험이 정량적이거나, 분석적 목표로서 표현되지만, 그 속성에 의해 시스템 레벨에서의 위험분석과 평가는 항상 주관적이다.

위험 및 개발 단계

위험관리는 개념 및 기술개발 단계에서 시작된다. 개념 탐색 단계 동안 초기 시스템 수준의 위험평가는 이루어진다. 미 검증사항, 불확실성 그리고 다소 높은 위험요소는 정상적이며 예상된다. 상당한 기술위험이 존재할 때 컴포넌트 선행개발 단계가 적용된다. 이 단계는 시스템 획득 내의 활동과 일치하는 레벨의 위험을 다루고, 감소하는 기회로서 수명주기 절차에 포함된다. 과학기술위원회는 위험감소 활동의 수행과 적용된 기술시험에 대해 적절한 사용이 가능한 많은 방법(또는 도구)을 가지고 있다. 이들은 응용 기술시연, 응용 개념기술시연뿐만 아니라 합동전투 시험도 포함한다. 위험감소 단계에서 이루어지는 활동의 초점은 다음과 같다.

- 시험, 분석 또는 시스템 및 하부시스템의 불확실성 그리고 프로그램의 높은 위험을 완화
- 시스템과 하부 시스템의 미 검증된 사항(특히, 통합에 대해)을 나타내기 위한 충분한 기술시연
- 특히, 적절한 위험을 다루거나 추적하는 시스템 개발 및 시연 단계 동안 시스템획득의 변화와 유지에 대한 위험관리를 계획

시스템 개발 및 시연 단계는, 기술 개발이 엔지니어링 개발을 충분히 지원하지 못하는 경우, 중단되는 제품과 제조 엔지니어링의 적용을 요구한다. 이 단계에서의 위험관리는 다음의 상황을 강조한다.

- 중간 위험의 통제와 감소
- 나타난 위험을 포함하여 관리되는 모든 위험
- 위험 레벨의 유지와 문제에 대한 대응

객관적인 기술평가

변경된 획득 프로세스는 개발되는 제품과 시스템에 관련된 레벨에서 성숙도를 객관적으로 평가하는데 기반을 둔 적절한 위험감소 활동과 기관을 통해 진행할 프로그램을 조정하고 허용하기 위해 신중하게 구성된다. 그러므로 프로그램 관리자나 참모의 진행에 대한 충고와 선택할 경로에 대한 의사결정이 가능한 편견 없이 객관적인 조건에 근거를 두고 이루어진다는 것을 확실하게 것은 매우 중요하다. 주어진 제품이나 강건한 시스템을 증진시키기 위해 항상

앞으로 나가려는 것과 지체하지 않으려는 경향이 있다. 진행 중인 기술개발이 요구됨에도 불구하고 시스템이 엔지니어링 개발과 생산으로 서둘러질 때 과거 경험은 그러한 결과가 결과적으로 상식을 넘어선 속도의 오류를 보여준다는 것을 나타낸다. 그리고 개발의 마지막 단계나 배치 후에 문제를 수정하는 것은 재정상이나 인간의 노력 측면에서 상당히 많은 비용이 소요된다.

마일스톤 B에서 제시되는 전제는 시스템이 엔지니어링 개발에 대해 준비가 되어 있다는 것이다. 이후에 획득 협의체는 일반적으로 위험은 중간에서 낮은 쪽으로 그리고 기술이 사용 가능하다고 가정한다. 모든 프로그램은 엔지니어링 개발과 위험요소가 함께 포함되어 진행된다는 가정은 명백하다. 프로그램은 중간 위험 레벨 또는 더 낮은 위험 레벨로 조정하기 위해 실질적인 탐색과 응용 연구 및 개발을 사실상 요구하는 위험과 함께 엔지니어링 개발로 진행한다는 주장을 지원하는 증거가 있다. 객관적인 위험평가를 위해 입증된 성공적인 하나의 접근법은 독립적인 평가팀을 활용하는 것이다. 보호를 위한 사전에 결정된 이해관계가 없는 또는 날카로운 식견을 지닌 그룹은 종종 엔지니어링과 시스템 개발이 다음 개발 레벨 그리고 이어질 단계로 진행할 준비 정도에 따른 고려사항을 훌륭하게 충고할 수 있는 능력을 가지고 있다.

시스템(프로그램) 레벨에서의 위험 분류

분류 정의는 프로그램을 통해 일관성을 유지하면서 초기에 설정되어야 한다. 사업부서는 발생확률과 결과 모든 관점에서 정확하고 분명하게 성취되어야 할 성능, 일정 및 비용의 위험을 평가해야 한다. 어딘가에 위험에 대해 동의되지 않는 것이 있다면, 평가활동은 즉시 증강되어야 한다. 위험의 혼동은 위험 유효성을 의심하게 하기 때문에 그것은 관리 프로세스의 가장 나쁜 프로그램 위험이다. 그러므로 프로그램 실체성이 진실로 이해되어야 한다. 시스템 레벨의 위험평가는 각 부분에 대한 정량화된 위험평가의 통합과 상호운용성이 요구된다. 이것은 합리적 판단을 요구한다. 통합은 위험의 본질을 증가시키기 때문에 전체적인 위험이 각 부분 위험의 객관적 자료의 합보다 더 좋게 나올 수 없다는 가정을 정당화시킨다.

현실과 기대

프로그램 관리자는 사업부서의 환경을 넘어 통제하는 감독자 및 다른 이들의 기대라는 짐이 지워진다. 이들의 기대를 만족시켜야 하는 압력이 높다. 만약 시스템엔지니어가 이해하고 수용할 수 있으며, 충분히 검증할 수 있다는 관점에서 위험의 현실을 의사소통할 수 없다면, 이 압력은 실제 위험이라는 수직적인 의사소통으로 유린할 것이다. 위험관리가 결합된 공식적인 시스템엔지니어링은 검증 정보를 제공할 수 있어야 한다. 그러나 시스템엔지니어는 프로그램 관리자가 위험의 현실을 수용하고 높은 레벨의 기대를 무시할 수 있는 것과 같은 확률과 결과를 적절하게 설명할 책임을 가지고 있다. 불확실성은 특별한 상황이고, 높은 수준을 기대하는 분위기에서는 매우 위험하다. 불확실한 쟁점에 대한 제시는 결과를 강력히 강조하고, 확률적 경향을 나타내며 그리고 확률에 대한 가장 유사한 대안을 개발해야만 한다.

16.4.2 단계별 시스템 위험평가 모델

다음은 위험 분류에 대한 초기 판단을 지원하는데 사용된다. 이를 위해 다음 <표 16.1>과 같은 기술 준비 레벨(TRL) 매트릭스를 참조한다.

<표 16.1> 기술 준비 레벨

기술 준비 레벨	내용
1레벨: 관찰 및 보고된 기본 원칙	기술준비(technology readiness)의 최하위 레벨로 과학적 연구가 기술의 기본 특징으로 전환되기 시작한다.
2레벨: 기술개념 및 적용의 공식화	고안(Invention)의 시작 레벨로 일단 기본 원칙이 주어지면, 실질적인 응용이 고안될 수 있다. 아직까지 추상적인 개념으로서 그 가정을 지원할 수 있는 세부 분석이나 입증된 것은 없다. 사례는 도상 연구에 불과하다.
3레벨: 개념적이며 실험적 기능/특성 입증	실제 연구개발의 시작 단계로 각각의 기술 요소에 대한 해석적 예측의 물리적 검증을 위한 분석연구와 실험실 연구가 포함된다.
4레벨: 실험실에서의 컴포넌트 및 실험용 bread-board검증	부품이 함께 동작되도록 하기 위하여 기본적인 기술 구성품을 통합한다. 이것은 궁극적인 시스템과 비교할 때 상대적으로 낮은 충실도(low fidelity)를 갖는다. 실험실에서의 '임시변통(ad-hoc)'의 하드웨어 통합이 일례이다.
5레벨: 관련 환경에서의 컴포넌트 및 실험용 회로판 검증	실험용 회로판 기술의 충실도가 현저하게 증가된다. 그 기술이 모의환경에서 시험될 수 있기 위한 기본 기술 구성품이 실제 적용 가능하도록 통합된다. 실험실에서 이루어지는 높은 충실도의 구성품 통합이 이에 해당된다.
6레벨: 관련 환경에서의 시스템 모델 또는 시제품 시연	레벨 5의 실험용 회로판 시험을 능가하는 모델이나 시제 시스템을 실제 유사환경에서 시험한다. 기술시연 준비에서 주요한 증대가 나타난다. 높은 충실도 실험실 환경 또는 모의 운용환경에서의 시제품 시험이 해당된다.
7레벨: 운용환경에서의 시제품 시연	계획된 운용시스템에 가까운 시제품 레벨이다. 운용환경에서 실 시스템 시제품의 시연을 요구하는 레벨 6으로부터 주요한 증가가 나타난다. 비행기 시험대에서의 시제품 시험이 일례이다.
8레벨: 시험과 시연을 통한 완전하고 양질의 실 시스템	최종 형태와 기대 조건하에서 작동이 입증된 기술 레벨이다. 대부분의 경우 시스템 개발이 완료된다. 예를 들면 설계사양을 충족시키는 시스템의 개발시험평가를 완료한 경우를 들 수 있다.
9레벨: 성공적인 임무수행 입증 시스템	최종 형태와 임무환경(예를 들면, 운용시험평가와 같은)에서 기술의 실제 적용으로 운용 임무환경에 적용되는 시스템을 말한다.

상기 기술 준비 레벨을 참조하여 기존 기술인지 신규기술인지 구분할 수 있다 이에 따라 <표 16.2>와 같이 저 위험, 중간위험 및 고 위험의 위험도 기준을 고려하게 된다.

<표 16.2> 위험도 기준 사례

구분	낮은 위험	중간 위험	높은 위험
결과	비용, 일정, 또는 기술에 거의 영향을 주지 않는 경우	프로그램의 목적, 비용, 일정에 영향을 줄 수 있지만, 노력하면 성능을 달성할 수 있는 경우	위험을 회복하기 위한 대안이나 노력 또는 보존에 치명적인 영향을 주는 경우
발생 확률	추정된 사실이 없거나 거의 없음	확률이 매우 높아 관리에 관심을 두어야 함	매우 위험경향이 높음
시연 정도	전반적인 시연이나 통합기술시연 가능	시연은 할 수 있지만 설계변경 또는 요구환경 하에서 시험수행	요구결과를 얻기 위해 중요한 설계변경이 요구됨
가능성 존재	기존제품 또는 신규 시스템통합가능	가능성은 있으나 신규 시스템 요구성능에 대한 가능성 미지	현재까지 가능성이 없는 경우

미국 국방시스템관리대학에서 사용되고 있는 위험평가모델을 소개하면 다음과 같다. 우선 위험요소를 크게 두 가지로 대별한다. 하나는 고장발생확률(Pf) 을 말하고 다른 하나는 고장

에 따라 발생되는 영향 또는 결과(Cf)를 말한다. 고장발생에 따른 결과는 기술성과면, 비용 또는 기간을 기준으로 측정된다. 이를 수식으로 나타내면 다음과 같다.

- 위험요소(RF: Risk Factor)=Pf+Cf-(Pf)(Cf)-------------------------------(16.1)
- Pf=(a)(Pmhw)+(b)(Pmsw)+(c)(Pchw)+(d)(Pcsw+(e)(Pd)----------------(16.2)
- Cf=(f)(Ct)+(g)(Cc)+(h)(Cs)---(16.3)

수식 (16.1)에서 Pf는 고장발생확률, Cf는 고장결과영향을 나타낸다. 수식 (16.2)에서 Pmhw는 하드웨어성숙도에 따른 고장확률(Probability of failure due to degree of hardware maturity), Pmsw는 소프트웨어성숙도에 따른 고장확률(Probability of failure due to degree of software maturity), Pchw는 하드웨어 복잡도에 따른 고장확률(Probability of failure due to degree of hardware complexity), Pcsw는 소프트웨어 복잡도에 따른 고장확률(Probability of failure due to degree of software complexity), Pd는 상이한 품목의존에 따른 고장확률(Probability of failure due to dependency on other items)이며 a, b, c, d 및 e는 전체 합이 1인 가중치 요소로 나타낸다. 또한 수식 (16.3)에서 Ct는 기술요소에 따른 고장결과(Consequence of failure due to technical factor), Cc는 비용변경에 따른 고장결과(Consequence of failure due to changes in cost), Cs는 기간변경에 따른 고장결과(Consequence of failure due to schedule)이며 여기서 f, g, h는 전체 합이 1인 가중치 요소로 나타낸다. 이에 대한 위험식별 기준을 제시해 보면 <표 16.3>과 같다. 이를 적용하기 위한 예제로 다음과 같은 대상시스템의 경우를 들어보자. 첫째, 시스템 설계면에서 소프트웨어의 소규모 변경과 COTS 하드웨어 제품을 많이 사용하는 경우, 둘째, 표준 하드웨어 사용으로 비교적 단순한 설계를 하는 시스템, 셋째, 보다 복잡한 소프트웨어 복잡도를 요구하는 시스템, 넷째, 하부공급계약자로부터 개발된 신규 데이터베이스를 요구하는 시스템의 경우로 생각해 보자. 본 시스템은 소프트웨어 개발업무와 연관되어 보다 심각한 위험요소를 가진 시스템이라 할 수 있다. 수식 (16.2)에서 나타난 고장확률(Pf)과 가중치를 제시해 보면 다음과 같다. 먼저 가중치를 보면, Pmhw=0.1, Pmsw=0.3, Pchw=0.1, Pcsw=0.3 및 Pd=0.9이다. 그리고 a=0.2, b=0.1, c=0.4, d=0.1, e=0.2의 상수라고 하고 이를 수식 (16.2)에 대입하면 Pf=0.2x0.1+0.1x0.3+0.4x0.1+0.1x0.3+0.2x0.9=0.30이다.

<표 16.3> 수학적 위험평가모델(DSMC, 시스템엔지니어링 지침서)

가중치	Pmhw	Pmsw	Pchw	Pcsw	Pd	Ct	Cc	Cs
0.1 저	기존	기존	단순 설계	단순 설계	독자/ 독립	영향 무 /최소	예상비용 초과 무	무시할 정도
0.3 중저	재설계 최소	재설계 최소	증가 최소	증가 최소	기존 일정영향	목표량 소량감소	1-5% 증가	1개월 이내 지연
0.5 중	주요 변경가	주요 변경가	점진적 증가	점진적 증가	기존 성능영향	목표량 중 감소	5-20% 증가	3개월 이내 지연
0.7 중고	복합 설계	유사 신규SW	증가	모듈 증가	신규 일정영향	목표량 대량감소	20-50 % 증가	3개월 이상 지연
0.9 고	연구 종료	신규 S/W	매우 복잡	매우 복잡	신규 성능영향	목표 달성불가	50% 이상증가	통제점 변경 지연

그리고 기술요소에 따른 고장발생은 보완활동을 요구하고 그 결과 8% 비용증가 및 2개월 일정지연이 발생한다고 하자. Cf=0.4x0.3+0.5x0.5+0.1x0.5=0.42를 수식 (16.1)에 대입하여 위험요소를 구하면, Rf=0.30+0.42-(0.30x0.42)=0.594이다.

<그림 16.7>에 위험분석 정도 및 보고절차에서 보면 본 시스템은 중간위험 대상사업에 속한다. 본 시스템의 위험은 주로 시스템 소프트웨어에 달려 있으며 이를 공급하는 하부계약자에게 달려있다.

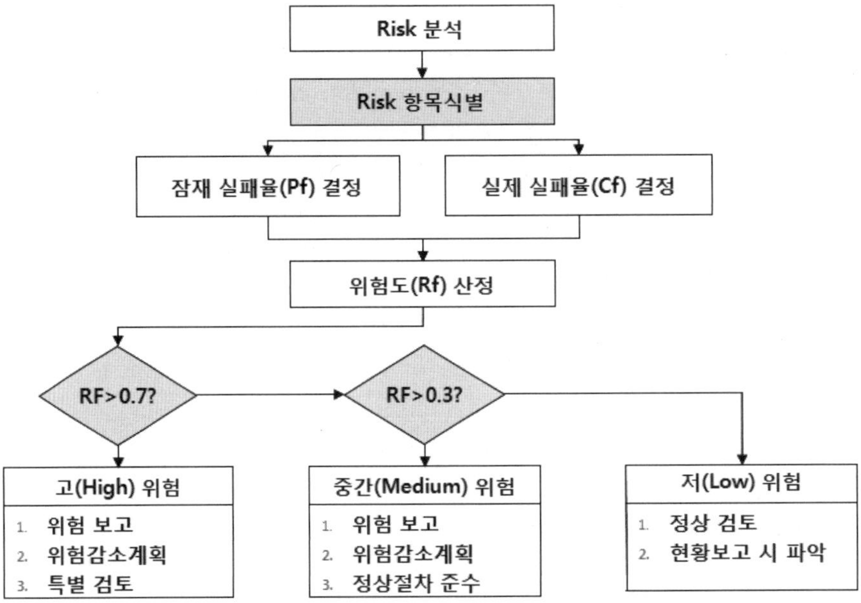

<그림 16.7> 위험분석 정도 및 보고절차

이와 유사한 위험분석이 대상시스템의 주요품목에 따라 수행된다. 그 결과 주요 위험품목에 대한 목록이 작성되고 특별 관리를 수행하게 된다. 위험 정도에 따라 상이한 시기에 이를 수행해야 하며 고위험 품목은 자주 보고되어야 하며 특수 관리가 수행되어야 한다. 반면에 저위험 품목은 정상적인 프로그램 검토계획에 따르면 된다. 또한 위험 정도에 따라 위험감소계획이 작성되어야 한다. 이는 위험요소를 제거하기 위한 가능한 대책을 수립하는 활동이다. 이러한 활동으로서 다음과 같은 업무가 동시 또는 일부 항목으로 수행되어야 한다.

- 문제가 있는 곳에 관리 및 검토활동을 증가시켜라. 내부적으로 자원을 조정하여 투입하여 필요한 수정활동을 수행토록 한다.
- 기존의 설계 문제를 해결하기 위하여 외부 컨설턴트 또는 전문가를 활용하라.
- 문제를 고립시키고 가능한 결과를 제거하기 위하여 광범위한 시험 프로그램을 적용하라.
- 다시 재 자리로 환원하기 위하여 해당분야의 연구개발 활동을 병행토록 하라.

위험감소계획을 수립하는 목적은 특별관리 대상 분야를 찾아내는데 있다. 기술위험 식별은 설계목표달성과 직결되어 있기 때문에 시스템엔지니어링 활동에서 매우 중요하다. 이러한 관점에서 위험관리란 시스템엔지니어링 활동에 깊게 내재되어 있는 활동이다.

16.4 문제풀이

- 위험은 모든 활동에 내재된 요소이다.
- 위험은 장차 발생 가능한 부정적인 미래 사건에 대한 두 가지 특성으로 이루어져 있다; 즉, 발생확률과 발생결과이다.
- 위험관리는 분명하게 이해하는 정도의 확률과 관계가 있다.
- 위험관리는 시스템엔지니어링 관리에서 기술 프로그램 관리와 연관된 필수적이고 통합적인 활동이다.
- 위험과 불확실성은 식별되고 분석되며, 이를 조치하고 추적해야 한다.
- 위험을 조치하는 방법으로 네 가지의 기본 방법이 있다. 위험을 회피, 통제, 수용 및 이전하는 방법으로 대별된다.
- 프로그램 위험은 발생결과와 확률에 따라 저위험, 중간위험, 고위험으로 분류된다. 위험을 분류하는 기법은 가능한 범위 내에서 정량적 자료를 기반으로 이루어져야 한다.

1) 위험은 어느 활동에 내재되어 있는가. 위험관리계획 수립 목적은 무엇인가. 그리고 이에 포함내용을 기술하라.
2) 위험은 장차발생 가능한 두 가지 특성으로 구분하고 있다. 이는 무엇인가?
3) 위험을 분명하게 이해하기 위해 그 정도를 나타내는 방법은 무엇인가?
4) 위험관리는 시스템엔지니어링 기술프로그램 관리와 어떻게 연관되어 있는가.
5) 위험과 불확실성의 차이는 무엇인가? 이를 식별, 분석, 조치 및 추적방법을 설명하라.
6) 위험조치 네 가지 기본방법을 설명해 보라.
7) 프로그램 위험은 발생결과와 그 확률에 따라 세 가지 유형이 있다. 이를 정량적으로 설명해 보라.

제5부

시스템엔지니어링
조직, 인력 및 계약관리

제17장 조직의 역할, 임무 및 시스템 적용

17.1 개요

시스템 소유자와 사용자 조직의 역할, 임무, 및 목표는 시스템과 임무능력과 성능요구사항에 대한 결정적인 역할을 형성한다. 각각의 역할, 임무 및 목적은 해당조직의 임무영역과 무엇이 같고, 무엇이 다른지를 나타내는 참조모델로 벤치마킹 하도록 사용된다.

사용자는 문제, 쟁점사항, 또는 목적으로 이해하면서 이를 해결 및 달성하려고 시도할 경우, 왜 이 시스템이 있어야 하는지 그리고 시스템 보유 조직 내에 무슨 목적으로 사용하려고 하는지를 아는 것이 가장 중요하다. 협력기관, 주식보유자, 및 일반 대중과 같은 상위 대상 시스템은 생존, 이익 및 투자이익(ROI)와 같은 장단기적인 이득이 시장 필요성을 충족시키는 조직을 형성함으로써 도출된다.

우리의 논의의 초점은 조직의 역할, 임무 및 목적으로 나타낸 시스템 요구사항을 정의하는 조직관계를 폐쇄 루프 시스템으로 다룬다. 기술내용은 기술적 수용에 초점을 맞추어 시스템 능력과 성능 요구사항이 어떻게 조직에서 부여된 운용환경적 문제점과 솔루션 영역을 통해 도출된다.

주요용어 정의

- **패러다임**: 현 상태에 영향을 가져다 줄 새로운 발명과 아이디어를 적용하기 위하여 기존의 생각이나 고려사항을 반대하는 확신된 결심이나 모델을 말한다.
- **상황적 평가**: 운용고려사항이나 산출물에 입각한 목적에 따른 현재의 SWOT(Strength, Weakness, Opportunities, and Threats)를 평가로써 이러한 상황적 평가 결과는 해당 **조직의 필요성을 우선화한 문서로 작성된다.**
- **전략계획**: 운용조직의 비전, 임무, 및 목적을 나타내는 산출물 중심의 글로벌 또는 비즈니스 도메인에 고나한 문서로써 어느 시기에 어느 점에서 그것이 필요한지, 5년이나 그 이상 장기간에 걸쳐 무엇을 수행해야 하는지를 포함하고 있다. 대부분의 조직에서 도전하고자 하는 것은 현재 수행하고 있는 사업이나 LOB(Line Of Business)에서 장차 무엇을 할 것이며 5년 후에 지금에 비해 무엇을 수행할 것인지를 말해 주어야 한다.
- **기술계획**: 전략계획에서 주어진 시기와 자원의 제약 내에서 전형적으로 일 년 또는 미만에 할당된 조직의 목표를 달성하기 위하여 사람, 제품, 절차 및 도구와 같은 기존의 자산을 배치, 운용, 및 지원하기 위한 조직의 리더십을 표현하는 단기적 특정 임무계획을 말한다.

17.2 엔터프라이즈 내에서의 조직의 임무

대부분의 사람들이 조직은 단순한 필요성에 입각하여 시스템을 획득하고 있다는 생각과는 달리 우리는 왜 조직이 전략 및 기술계획에 따라 시스템을 획득해야 하는지를 먼저 이해해야 할 필요가 있다. 운용 필요성은 조직의 비전과 임무를 이해하는데 그 근본이 있다는 사실을 알아야 한다.

조직적으로 <그림 17.1>과 같은 전략 및 기술 계획수립절차에 따라 움직여야 한다. 일반적으로 이러한 절차는 (1)번 전략수립 루프와 (7)번 전술 수립 루프로 구성되어 있다. 이러한 두 가지 루프는 우리가 논의해야 할 대상이다.

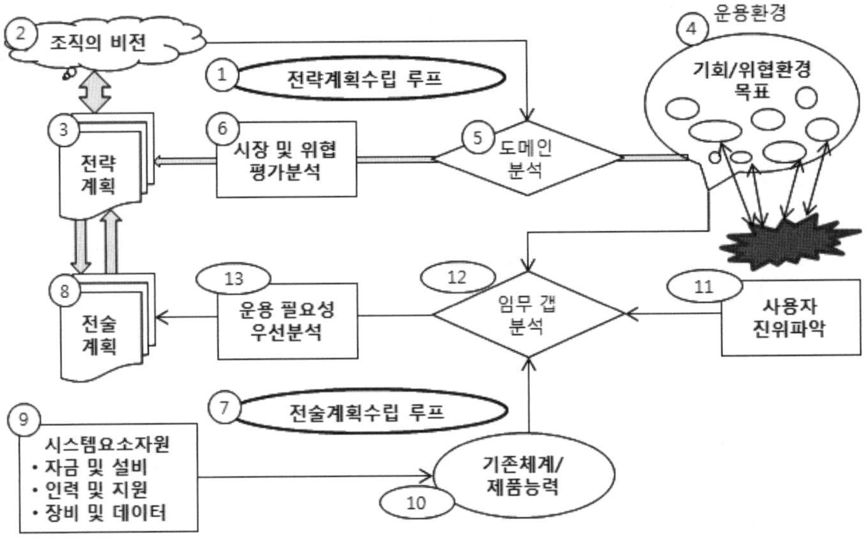

<그림 17.1> 운용 필요성 식별 절차

전략계획수립 루프(1)

장기간에 걸쳐 조직이 생존하고 성장하는 비결은 그 조직의 비전과 관계가 있다. 결과에 기준한 활동과 비전이 없다면, 조직 설립자는 투자자와 투자자금 등을 보존하고 지속적으로 처음처럼 도전해 나갈 수가 없다.

대부분의 조직은 지침과 방향을 기회목표(TOO: Targets of Opportunity)와 위협환경으로 구성된 운용환경 분석 도메인으로 시작한다. 조직의 비전과 연관된 분석활동은 시장 및 위협 평가보고서를 작성한다. 장차 수행되어야 할 조직 비전과 연동된 이 보고서는 조직의 전략계획을 수립하는데 기반을 조성해 준다.

조직의 주요지침이 되는 계획 문서로서의 전략계획서는 5년 이상 회사가 기대하는 일을 어디에 나타내는지를 정의해 준다. 이 계획서는 각 요소가 실질적이고 측정가능하며 달성 가능하도록 장기 목표 세트를 제시해 준다. 어떠한 시스템이라 할지라도 계획 대비 실제 진도를 평가 가능한 벤치마킹 요소로 나타낼 수 있는 성능 위주 측정으로 제시되어야 한다.

전략계획서는 글로벌 상태로 나타내는 것이 매우 중요하다. 승인된 문서가 대상시스템, 제품 또는 용역에 대한 조직의 LOB 특정 임무와 목적에 초점을 둔 전술계획 수립을 작성하는데 초기에 참조 프레임을 제공해 준다.

전술계획수립 루프(7)

전략계획이 수립되고 나면, 주요한 질문은 지금부터 5년까지 어디에서 어떻게 이를 달성할 수 있느냐는 사실이다. 그 답은 전략계획 목표를 달성하기 위하여 필요한 단기(예, 일 년) 목표와 활동을 수립한 점진적인 단기 전술계획을 수립하고 유기해 가는데 있다.

주요 관리자는 전술목표로 전략목표를 분할하고 다양한 조직 부서에 이를 맡기도록 한다. 성능을 기반으로 한 측정 또는 성능척도(MOP: Measure of Performance)를 사용하여 각 전술목표에 대한 요구 성능을 벤치마킹 하도록 한다. MOP는 목표를 달성함에 있어서 계획 대비 성취를 평가하는 벤치마크로 사용한다.

전술계획(8)

전술목표에 따라 각 조직부서는 MOP벤치마크에 따른 목표를 달성할 수 있도록 조직부서 책임자는 그 방법을 기술한 전술계획을 세운다. HOW의 내용으로 이러한 전술계획은 인력, 설비, 장비, 절차, 데이터 및 임무자원과 같은 조직 시스템 요소(OSE: Organizational System Elements)를 배치하고, 운용하며 지원토록 한다. 이리하여 각 OSE는 전술목표 달성을 위해 지원할 능력과 특정성과 레벨을 요구한다. 전술계획 관점에서의 그 한 예로써 다음 예제를 고려해 보자. 한 회사에서 운용가용성 0.95를 지닌 10대를 한 유닛으로 운송할 수 있도록 구상한다고 하자. 지금은 6대를 운송할 수 있다, 이에 대한 조직 계획 수립 방법을 다음 요소에 따라 구상해 보라.

1) 최소한 4대의추가 자동차를 획득하라..
2) 회사목표를 달성하도록 자동차를 운용하라.
3) 운용 가용성 0.95를 달성할 수 있도록 자동차를 유지하라.

시스템 요소 자원(9)

재고와 현 상태를 고려한 시스템 요소 자원은 기존 시스템 제품 능력을 나타내고 있다. 그 회사가 실질적인 달성 가능한 전략계획과 전술지원계획을 지니고 있다고 가정하고 이러한 문서와 회사 지원 시스템 요소는 일정 수명을 지니고 있다. 기회와 마찬가지로 경쟁 및 위협이 시간에 걸쳐 진화한다. 그 결과로 두 가지 상황이 발생된다.

1) 위협 능력은 당신 회사의 시스템 요소 능력을 넘어서게 시작된다.
2) 새로운 기회가 발생되면, 각 시스템 요소 자산은 그 위협에 대응한 예상 성과 레벨을 요구하거나 그 기회를 자산화 한다.

그 회사의 시스템 요소는 일정기간을 지니고 있다고 보면, 당신 회사는 기회에 필요한 자산이나 회사위협을 대처하기 위해 운용면에서 무엇이 더 필요하고 현재의 지니고 있는 것과 갭을 알아내어야 한다.

특정 임무를 달성하기 위한 전술계획을 다듬고 승인해 가면서 인력, 설비, 데이터 및 장비와 같은 시스템 요소가 그 임무 목표를 달성하기 위해 충분하게 마련되어야 한다. 그리고 이를 다음과 같이 업데이트해 간다.

1) 신규 시스템, 제품 또는 서비스에 대한 배치
2) 기존 시스템, 제품, 또는 서비스에 대한 보완, 향상 및 업그레이드
3) 조직교리 및 지휘 미디어 개선을 통한 업데이트
4) 개인적인 훈련과 기술 향상
5) 운용전술 개선

이러한 능력에 대한 긴급성에 따라 요구된 성과 레벨에 이르기까지 운용능력향상을 며칠, 주, 월, 또는 일 년에 대한 전술계획을 수행토록 한다. 다음 예제를 고려해 보라. 한 회사가 초기운용능력(IOC: Initial Operational Capability)을 갖춘 시스템이나 제품을 배치하고 이를 완전운용능력(FOC: Full Operational Capability)을 달성할 때까지 점진적인 업그레이딩과 'builds'를 계속한다고 하자.

부가적으로 요구능력이 완전하게 달성될 때까지 중간 운용전술은 가상영역에서만 존재하는 능력에 대한 부정적이거나 경쟁적인 위협을 예측하도록 수행해 가야 한다. 실제 시스템, 제품 또는 서비스 능력이 충족할 때까지 부정적인 경쟁자 또는 고객의 실제적인 상황에 영향을 가져다주는 시스템이나 제품을 갖추어 나갈 사례들을 역사적으로 기록해 간다.

바로 이 시점에서 회사란 시장에서 기회목표(TOO)를 자산화 하기 위해 설립되었다는 사실을 인식하자. 그 회사가 운용환경에 적합한 제품이나 서비스를 제공해 감에 따라 그 회사는 지속적으로 그 시스템의 운용 유용성, 적합성, 가용성 및 효과도를 임무 갭 분석을 통해 평가해 가야 한다. 이러한 분석은 예를 들면, 사용자 인터뷰, 관찰, 교훈, 문제보고서(TRs), 및 결핍사항을 임무 능력 갭에 따라 수집하고 분석토록 한다. 최소한 수집해야 할 사항은 다음과 같다.

1) 여기에 우리 제품과 서비스로 달성할 수 있는 한계를 수집한다.
2) 시장에서 어떻게 이 제품이 나타나고 있는지를 수집한다.
3) 우리의 고객이 충족하고 있는 정도와 이해하고 있는 실태가 무엇인지를 수집한다.
4) 성과 결과에[대한 성적표를 수집한다.

기존 시스템/제품능력 (10)

효과적인 임무 갭 분석은 기존 시스템/제품 능력을 실제적이고 객관적으로 평가해야 한다. 자연적이고 객관적인 미디어 매체를 통해 회사는 회사 외부에서의 적극적인 이미지를 예측해야 한다. 그리하여 회사가 보다 기존에서 보다 더 강력한 위상을 개발하도록 한다. 상황에 따라 심각한 비즈니스 도덕성이 쟁점이 되는 경우도 발생된다.

내부적인 평가 목적을 위해 생존전략의 하나로 객관적이고 편향되지 않은 실제적인 시스템, 제품 또는 서비스 능력에 대한 평가가 되어야 한다. 그렇지 않으면 그 회사는 거기서 멈추고 자신의 낙관적인 생각으로 그 임무를 달성하는 위험을 초래하게 된다. 이러한 패러다임은 그룹으로 사고해야 할 개념을 포함하고 있다. 모든 사원은 그들의 사고가 사실에 입각한 현실을 수용하는 입장으로 신뢰하는 단계로 나아가야 한다.

사용자 신뢰 모멘트(11)

사용자 신뢰 모멘트에 입각한 실제 상황 데이터는 그 회사, 물리적 자산, 또는 인간 수명에 영향을 미치는 위험 레벨을 나타낸다. 물리적 관계는 매일 비즈니스 운용의 하나의 정상적인 코스로 공격적, 방어적, 또는 피아 상태로 나타난다.

필드 엔지니어, 사용자 인터뷰 및 피드백, 또는 광범위의 사용자 환경 서베이를 통해 신뢰 모멘트 데이터 수집의 중요한 역할을 한다. 인터뷰 결과는 사용자 경험, 교훈, 및 실제 결과를 축적해 간다. 이는 TOO와 위협 환경에서의 직접적인 물리적 관계에서 비롯된다.

수많은 회사가 직면하고 있는 일반적인 도전은 그들이 사용자가 원하는 사항을 가장 많이 알고 있다는 사람들에 의해 의사결정이 되고 있다는 사실이다. 드물게 이러한 생각이 사실이라 할지라도 개관적인 사실로 이를 입증할 수 있어야 한다. 그렇지 않으면, 예기치 않은 상황이 발생되기 때문이다. 따라서 유능한 회사는 이러한 사실을 알고 미리 대책을 강구해 나가고 있다.

임무 갭 분석 (12)

임무 갭 분석은 장점, 단점, 위협 및 기회(SWOT) 또는 그 회사의 기존 시스템, 제품 또는 서비스 능력, 운용 준비상태와 기회 목표(TOO) 또는 위협에 보다 깊이 초점을 두고 있다. 여기에는 what if 시나리오 분석, 운용상 장점에 대한 평가, MOE 및 MOS 정의, 부과능력 분석평가를 포함하고 있다. 이러한 임무 갭 분석 결과를 기반으로 운용 필요성에 대한 우선순위가 문서화되고 전술계획 수립의 입력사항이 된다.

MOE, MOS에 대한 부가적인 정보는 운용성, 효용성, 적합성 및 효과성 프락티스를 참조하라. 갭 분석에서 다음 두 가지 정보를 반영하는 것이 필수적이다.

1) 각존 문헌 분석 비교
2) 기존 시스템이나 제품 그리고 TOO 또는 위협환경 사이에 실제적인 물리적 상관관계에 기초한 실물 필드 데이터

문헌 분석이란 단순히 시중 저널, 브로슈, 고객 피드백, 서베이, 정보 및 문제 보고서 등에 나타난 문헌들에 기초한 초록 분석과 비교분석을 말한다. 이러한 분석은 기존 시스템, 제품 또는 서비스 능력과 TOO 또는 위협 사이에 가상적인 상관관계를 나타내는 다양하게 확인된 모델과 시뮬레이션을 사용해도 좋다. 물리적인 사실에 결핍된 면을 지니고 있지만 문헌 분석 접근방법은 그 회사, 물리적 자산, 인간 수명 재산 또는 환경에 영향을 주는 위험정도를 파악하는데 도움을 준다..

운용 필요성 우선순위 (13)

임무 갭 분석의 결과는 운용 필요성을 우선순위로 제시하여 문서화 한다. 문서화 과정은 임무 요구서(MNS), 목표기술서(SOO), 운용요구서(ORD), 운용개념서(OCD) 등이 있다.

분명하게 이러한 문서는 그 능력을 나타내기 위해 필요한 자산보다 기술능력에 초점을 두고 있다. 다양한 판단기준이 필수, 필요, 선호와 같이 우선순위 레벨(숫자, 기호 등)로 나타내어야 한다.

앞서 논의된 내용에서 어떻게 회사가 시장에서 시스템, 제품 또는 서비스 요구를 식별하는지를 제시해 주고 있다. 이제 기술적인 면에서 회사가 어떻게 시스템 능력 요구사항을 식별하기 위해 회사의 임무와 역할을 수행해야 하는지를 살펴 보아야 한다.

17.3 시스템 및 임무 능력 기초

시스템이 획득되거나 개발되기 전에 시스템 엔지니어는 시스템 획득 또는 개발 의사결정을 지원하기 위해 운용환경과 기회/문제점 영역을 분석해야 한다. 궁극적으로 이러한 분석 결과는 임무 시스템이 운용될 솔루션 영역을 구속해 준다. 이러한 역할을 수행함에 있어서 시스템 엔지니어는 운용환경을 구속할 비즈니스 개발 조직을 지원하고 그 시스템 수행능력을 가져다 줄 임무 형태를 정익토록 한다.

시스템 목표

각 시스템은 그 시스템의 임무와 적용을 가져다주는 운용 요구에 적합한 목표 세트로 제시해야 한다. 다음 예제를 고려해 보자. 자동차 제작사가 시장분석을 수행하여 네 명의 어른까지 탈 수 있는 패밀리카의 필요성을 식별했다고 하자. 후속적인 분석을 통해 이러한 차량은 스포츠 차량으로 사용되며 자전거, 요트 또는 모든 기상에서 모든 험지에서 사용가능한 스토리지 컨테이너가 추가되어야 함을 알게 되었다. 따라서 하나의 차량에 대한 일반적인 시스템 목표가 주어졌다.

임무 목표

대부분의 가계에서는 매주 스포츠를 호화롭게 하지 않으며 다른 용도의 패밀리 임무(쇼핑, 학교 카풀 등)로 사용된다. 따라서 기 차량의 임무 목표는 사용자를 기반으로 한 다양한 임무 목표를 지원할 수 있어야 하고 모든 시스템 이해관계자를 지원해야 한다.

그럼 어떻게 시스템 목표와 임무 목표를 시스템 목적에 맞추어 결정할 것인가를 다음 예제를 통해 살펴보자. 자동차 판매점은 회사 목표를 결정해 주는 재정 성과를 연계시킨다. 따라서 데모, 제품, 및 서비스 그리고 시장 환경에 기초한 특정 시장을 요구하게 된다. 회사 목표 설정은 고객 인지도 향상, 세일 독려, 이익 증진, 및 새로운 상품 소개와 같은 특정 임무 목표를 인력, 장비 및 설비와 같은 비즈니스의 시스템 요소 지원을 필요로 한다.

이는 다음 두 가지 질문을 유도한다.

1) 회사 임무와 시스템 목표를 도출함에 있어서 무엇이 중요한가.
2) 왜 우리가 이를 해야 하는가.

그 이유는 시스템 보유자와 사용자는 조직의 임무와 역할을 이행해야할 책임이 있다는 사실이다. 이러한 임무와 역할은 인력, 장비 및 절차, 데이터 요소와 같은 조직의 시스템이나 자산의 통합 세트에 의해 수행된다.

이러한 각 시스템이나 자산은 예선의 수용성과 다른 제약사항에 관한 구속된 솔루션 영역을 이행할 시스템 능력을 제공해 준다. 운용단계에 따라 상이한 시스템 능력은 시스템이나 품목 요구규격으로 식별되고, 분석되며, 전환된다.

조직의 효율성과 책임성

모든 다중 레벨 시스템 요소는 시스템 목적이나 존재 필요성에 적합한 시스템 목표로 추적되어야 한다. 전형적인 이익 집단으로서의 회사는 다음과 같은 능력을 구현해야 한다.

1) 그 조직은 전략 및 전술 목표를 달성할 수 있어야 한다.
2) 투자효과(ROI)와 같은 비즈니스 이익을 그 회사에 효과적이고 효율적으로 제공해야 한다.

따라서 시스템엔지니어링 관점에서 시스템 책임성을 가져다주어야 한다. 시스템 책임성이란 모든 시스템 능력, 요구사항 및 성능이 다음 사항과 같이 충족되어야 함을 의미한다.

1) 사용자, 획득자, 개발인력, 하부계약자 등은 회사 오너에게 조직의 책임을 져야 한다.
2) 기화 영역이나 솔루션 영역을 식별하고 구속하는 상위레벨 시스템 목표로 다시 추적성을 제공하여 기술적 책임을 져야 한다.

조직은 요구사항 추적을 통해 연결 프로세스에 따른 기술적 책임을 수행해야 한다. 보다 좋은 요구사항 추적 프로세스를 이해하기 위하여 기술적 책임에 대한 주요 속성을 살펴보자.

17.4 기술적 책임에 대한 주요 속성

기술적 책임에 대한 주요 속성은 조직의 목표, 시스템 목표와 임무목표를 포함하고 있다. 어떻게 서로 상관되어 있는지를 살펴보려면 <그림 17.2>를 참조해 보라.

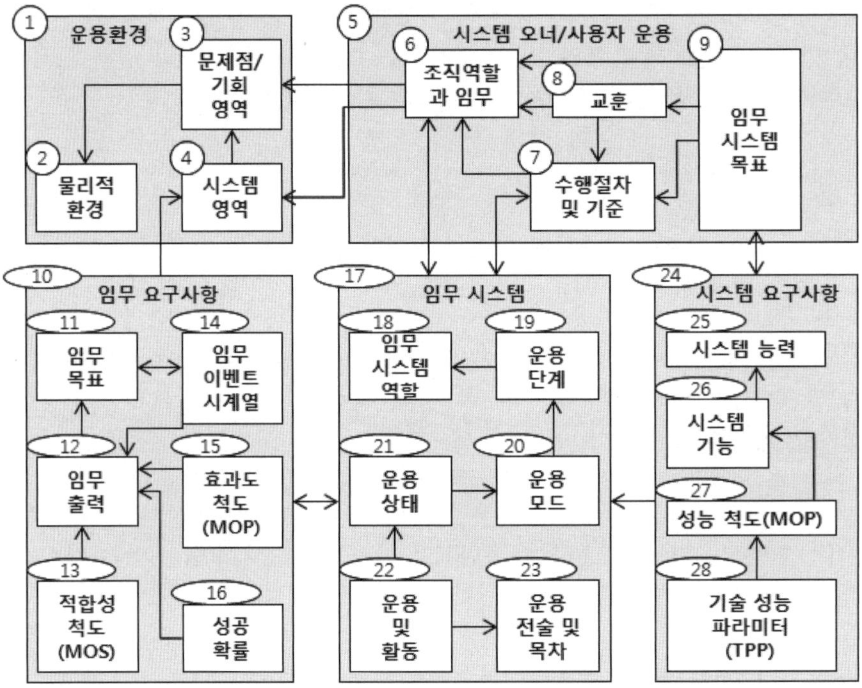

<그림 17.2> 운용 및 시스템 역할 상관관계

운용환경(1)

그 회사는 운용환경을 <그림 17.2>에 나타난 문제점/기회 영역으로 나타낸다. 조직 관점에서 솔루션 영역으로 분할될 수 있는 문제점/기회 영역은 수많은 확인된 운용요구사항을 포함하고 있다. 군사용 또는 민수용 등 조직 형태에 따라 운용요구는 위협이나 시장이야로 구별된다. 이러한 경우에 따라 기회 목표(TOO)가 상이하게 주어진다.

그 조직이 운용환경에 따라 어떻게 반응하는지를 질문해 보라. 협력적 관리가 대부분의 조직에서 고객에게 시스템, 제품 및 서비스를 제공할 책임을 지고 있다. 이러한 협력 정신을 이행하기 위하여 각 조직은 재정적으로 또는 다른 목적을 위해 다양한 역할을 수행하고 목표를 달성하기 위한 임무를 수행한다.

최상위 레벨에서 그 조직은 위협 그리고 기회목표(TOO) 그 어떠한 것이 될지라도 이에 대한 운용환경을 평가한다. 평가결과와 도출된 전략은 조직의 전략계획으로 문서화되고 임무 중심의 전술계획으로 적용된다.

이와 같은 협력 임무를 수행하려면 각 조직은 저용하고 획득하기 위한 기존 자원을 사용하고 임무를 수행하고 목적을 달성할 수 있는 임무 시스템(7)을 업그레이드 한다. 이는 특정 임무 목표를 달성 가능한 시스템 '솔루션'을 나타내도록 요구하고 있다.

이러한 솔루션 영역을 충족하기 위하여 시스템 오너/사용자 운용(5) 그리고 임무요구사항(10)이 식별된다.

임무 요구사항(10)

솔루션 영역을 이행함에 있어서 요구사항을 충족하고 보완해야 할 다양한 형태의 임무를 요구하고 있다. 각 임무형태는 전략계획서로 문서화되고 전술계획서로 지원한다. 이러한 계획서는 특정 임무 요구사항을 식별하고 정의하며 문서화된다.

영역과 단순화 관점에서 나타난바와 같이 임무 요구사항 요소를 임의로 추상화한다. 자원과 같은 속성이 함께 고려되어야 한다. 제시된 여섯 가지 속성이 기술적인 "사고절차'를 보여주도록 한다.

임무요구사항을 이해하기 위하여 임무시스템(17)이 해당 임무를 수행하기 위하여 어떻게 운용하는지를 이해하도록 하자.

임무시스템(17)

시스템 오너/사용자와 같은 상위 시스템 활동을 살펴볼 때, 각 임무 시스템(17)은 특정 임무 요구사항을 충족하기 위하여 물리적으로 나타내어야 한다. 이러한 요구사항은 조직의 역할과 임무의 일부분으로 임무목표, 임무출력, 임무 이벤트 시계열을 포함한다. 부가적으로 '시스템 선정'으로 선택된 임무 시스템은 임무요구사항(10)으로 연결된다. 예를 들면, 운용단계(19) 및 운용모드(20), 임무출력(12), 및 임무이벤트 시계열(14) 등이 연결된다.

바로 이 시점에서 임무요구사항을 설정하고 임무시스템(17)을 식별하게 된다. 최종적으로 논의해야 할 사항은 선전된 임무 시스템의 시스템 요구사항(24)에 초점을 두어야 한다.

시스템 요구사항(24)

임무시스템 목표는 임무요구사항(10)을 충족시키기 위해 설계된 임무시스템(17)을 적용하고 획득함에 따라 달성된다. 일반적으로 시스템은 고도로 특정화된 일반적인 범주에서 다양한 임무를 다루기 위해 획득되어진다. 전반적인 임무 요구사항을 문서화하는 과정은 시스템 규격서 또는 시스템 성능규격서(SPS)이다.

시스템 요구사항(24)에서 비 기능적인 요구사항도 함께 속성으로 제시되어야 한다. 그림 영역이 모자라 <그림 17.2>는 기능적 요구사항만 제시되어 있다.

<그림 17.2>에 나타난바와 같이 시스템 요구사항(24)은 시스템 기능(26)으로 구성된 시스템 능력(25)을 구축하여 나타낸다. 각 시스템 기능은 하나 또는 그 이상의 성능척도(MOP)로 나타낸다. 시스템 임무에 치명적인 성능 분야를 나타낸 기술성능척도(TPP)(28)는 성능척도(MOP)세트로부터 추적하여 선정된다.

시스템 능력 추적성을 더 알아보려면 시스템 운용능력 도출 및 할당에 관해 살펴보라.

17.5 조직의 역할과 임무

임무 시스템과 지원 시스템의 역할은 복합시스템(SOS)내에서 그들이 역할에 근거한 컨텍스트에 의해 결정된다. 인공 시스템은 한 조직이 시스템, 제품, 및 서비스를 다른 하부 시스템을 지원하기 위하여 생산하는 통합된 공급 체인 시스템으로 구성된다. 여기에는 두 가지 점이 강조되고 있다.

- 첫째, 시스템 중심 콘텍스트에서 임무 시스템은 계약, 업무활동구분, 또는 개인적 동기에 의해 정의된 특정 목표를 수행한다.
- 둘째, 공급 체인 콘텍스트에서 동일 시스템은 시스템, 제품 또는 서비스 납푼을 통해 다른 시스템에 지원 시스템으로 역할을 수행한다.

그 결과로 SoS 공급체인에 있는 모든 시스템은 다음 두 가지 콘텍스트 측면에서 역할을 수행한다.

1) 임무 시스템
2) 지원 시스템

만일 우리가 임무 시스템과 지원 시스템의 역할과 대상 시스템 (SOI)운용환경과의 상관관계를 기술한다고 하면, 모든 시스템은 정의에 따라 기능을 수행하고 다른 시스템에 의해 사용될 부가가치 제품, 부산품, 및 서비스를 생산한다. 실로 우리는 시스템과 외부 시스템 사이에 주어진 운용환경 내에서 고객-공급자 관계 영역을 설정할 수 있다.

우리는 <그림 17.3>.에서와 같이 대상 시스템의 부가가치 절차를 그래프로 기술할 수 있다. 시스템 1은 데이터와 원자재와 같은 임무 자원 입력사항을 거동, 제품, 부산품 및 서비스와 같은 시스템 반응 출력사항으로 전환하기 위해 부가가치 절차를 수행한다. 임무 시스템의 성공적인 운용은 다음과 같은 더 상위 시스템에 달려있다.

- 운용제약사항: 지휘통제 임무 활동, 정책과 절차, 계약 등
- 조직 자원 제약사항: 절차와 방법, 설비, 교육훈련, 도구, 인력 등

'사용 적합성' 판단기준

확인된 운용 필요성으로 인한 고객이나 시스템 획득자는 획득하고자 하는 제품, 부산품, 및 서비스를 인증하기 위하여 충족되어야 할 최소한의 한계 요구사항과 기대치를 제시해야 한다. 이는 기술적 능력, 품질, 및 안전에 대한 사용 적합성이 보장되어야 하고, 환경과 보건에 지장을 주지 않아야 한다. 분석적으로 우리는 이를 사용 적합성 판단기준으로서의 기대와 요구사항을 제시해야 한다. 이는 계약상에 다음 사항과 같은 사용적합성 기준을 제시해야 한다.

1) 획득자(역할) 시스템/속성 요구사항에 대한 규격서
2) 계약 납품 수락

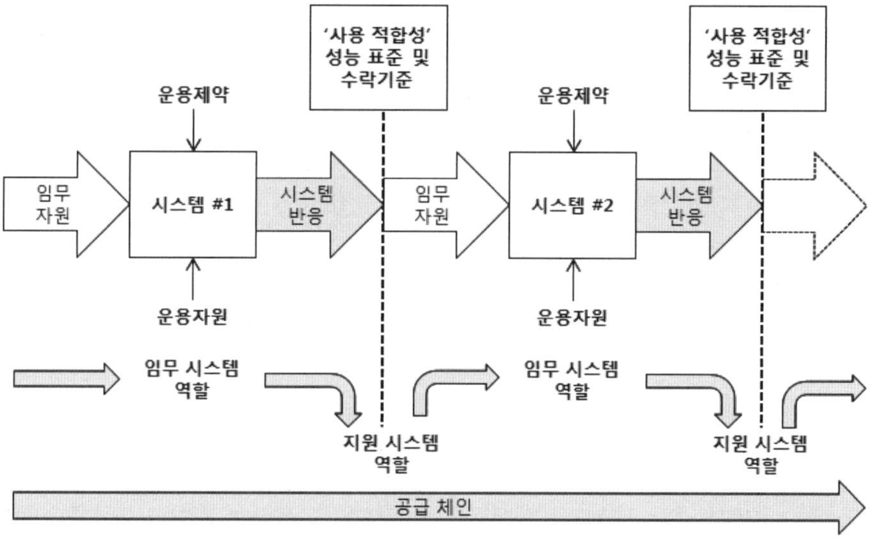

<그림 17.3> 임무 시스템과 지원 시스템 역할 공급 체인

시스템 인터페이스 및 생산자-공급자 관계

<그림 17.3>에 나타난 그림은 전반적인 공급자(역할) 체인 내에서 고객(역할)로 연결하는 방법을 제시해 주고 있다. 우리는 고급자-고객 역할 관계를 '연결'로 표시한다.

만일 우리가 공급자-고객 체인 내에서 각 시스템을 분석한다면, 모든 시스템은 달성해야 할 임무와 목표를 지니고 있음을 발견하게 된다. 임무와 목표는 대상시스템이 고객 운용요구를 충족시키고 공급자 조직 이해관계자로 하여금 투자효과(ROI)를 제공해 주기 위해 대상 시스템으로 제시될 제품, 부산품 및 서비스에 초점을 두고 있다. 따라서 시스템은 다음 두 가지 역할을 수행한다.

1) 임무역할: 부가가치 제품, 부산품, 및 서비스를 생산한다.
2) 지원역할: 이러한 제품, 부산품 및 서비스를 다른 시스템에 제공해 준다.

공급자-고객 체인에 속한 각 시스템은 선행자와 후계자 인터페이스 시스템에 임무 시스템과 지원 시스템 역할을 수행한다.

위 그림에서와 같이 시스템 1은 고객 시장이나 계약 요구사항을 충족시키는 부가가치 제품, 부산품 및 서비스의 생산자로써 임무 시스템 역할을 수행한다. 시장이나 계약은 시스템 2에 따라 사용하기 위한 사용적합성 표준과 수락 판단기준을 형성한다. 제품, 부산품 및 서비스의 공급자로써 시스템 1은 시스템 2에 지원 시스템 역할을 수행한다.

어떻게 조직부서에서 임무 시스템과 지원 시스템 역할을 이행하는지를 보기 위하여 시스템 개발 프로그램과 회계부서에서의 역할 관계를 알아보자. 시스템으로서 시스템 개발 프로그램은 제품을 설계하고 개발하며, 계약 요구사항을 이행하기 위한 서비스를 제공한다. 회계부서와 같은 지원 시스템 역할을 수행하는 프로그램 조직은 임무지원 데이터와 같이 주 단위 인건비를 지불한다.

임무 시스템 역할을 수행하는 회계조직은 회계 보고서(제품) 및 서비스를 통해 재정 데이터를 수집, 분석 및 보고하는 역할을 수행한다. 지원 시스템 역할을 수행하는 회계조직은 때에 맞추어 임무 지원 데이터와 서비스를 시스템 개발 프로그램에 계약 성과 책임을 충족시키기 위해 시정조치사항과 함께 계획 대비 획득가치를 평가하기 위한 활동을 수행한다. NASA 우주선 임무 수행 중, 플로리다에 있는 케네디 우주센터(KSC), 휴스톤에 있는 죤슨 우주센터(JSC)에 잇는 임무통제, 헌스빌 알라바마에 있는 마샬 우주비행센터(MSFC) 및 켈리포니아에 있는 반덴버그 공군기지(VAFB)는 임무 수행 전, 임무, 및 임무 수행 후 운용 지원을 포함한 지원 시스템 역할을 수행한다. 이제 임무 시스템과 지원 시스템 역할을 콘텍스트 상에서 제시해 보자.

- 임무 시스템 역할에서 대상 시스템은 임무 목표를 달성하기 위하여 주어진 임무를 수행한다.
- 임무 시스템 역할을 수행하는 동안에 대상시스템은 주어진 활동(수직 속성 관계)을 통해 상위 시스템에 지원 시스템을 제공한다. 이와 같이 수행하고 있는 중에 대상 시스템은 각 임무 시스템 역할(수평 속성 관계)에 동등 레벨 시스템을 지원한다.

조직 역할 및 시스템 적용법칙

앞에서 논의한 내용을 중심으로 우리는 여러 가지 조직의 역할과 시스템 적용 법칙을 설정할 수 있다. 이를 요약해 보면 <표 17.1>과 같다.

<표 17.1> 조직 역할 및 시스템 적용 법칙

법칙	제목	역할 기준 시스템 법칙
1	조직 비전, 임무, 목표	당신 조직의 비전, 임무, 및 목표를 전략계획에서 설정하라.
2	전술계획수립	당신의 조직 전략계획에서의 비전, 임무, 및 목표에 근거하여 임무 중심의 전술계획을 수립하라.
3	능력 갭 분석	주어진 전략 및 전술계획을 달성하기 위해 필요한 조직과 시스템의 장점, 약점, 기회 및 위협(SWOT)에 대한 갭 분석을 수행하라.
4	기회 및 위협 환경 목표	조직의 비전에 따라 글로벌 시장 기회 목표(TOO)와 위협환경에 대한 갭 분석을 수행하라.
5	전략계획수립	그 조직이 5년 또는 그 이상의 기간에 수행할 비전을 정의한 조직 전략계획을 설정하라.
6	생산자와 공급자의 역할	모든 시스템은 다음 두 가지 공급체인 역할을 수행한다. • 임무 시스템으로서의 시스템은 시장 필요성이나 계약 요구사항에 근거한 제품, 부산물 및 서비스에 대한 생산자이다. • 지원 시스템으로서의 시스템은 획득자 시스템 요구를 충족시키기 위한 제품, 부산품 또는 서비스의 공급자이다.
7	부가가치 생산자-공급자	임무 시스템 역항에서의 모든 시스템은 • 원자재 또는 중간자재 또는 데이터와 같은 소모품과 소비재를 임무자원 입력사항으로 사용한다. • 임무 자원 입력사항을 부가가치를 창출하기 위해 전환, 활용, 프로세스화 한다. • 다른 시스템에 사용될 부가가치 제품, 부산물 및 서비스를 공급한다.
8	획득자 사용 적합성 판단 기준	획득자에게 공급된 시스템 제품, 부산물, 및 서비스의 모든 사례는 주어진 사용적합성 표준 및 성과 판단기준을 충족해야 한다.

17.2.6 적용 원칙

요약해서 앞에서 논의된 사항은 조직의 역할, 임무, 및 시스템 적용 개념을 나타낸 적용원칙을 설정함에 있어서 기준을 제공해 주었다고 본다.

- 모든 시스템은 두 가지 콘텍스트 역할(임무시스템 역할과 지원시스템 역할)을 수행한다.
- 임무시스템으로서, 시스템은 특정 산출을 달성하기 위하여 임무 중심 활동을 수행한다.
- 지원시스템으로서, 시스템은 다른 시스템의 임무 시스템 역할에 임무자원 요소로서 발생되는 시스템 제품, 부산물 또는 서비스를 제공한다.
- 시스템 부족을 나타내는 목적과 임무는 조직의 무시, 제품 폐기, 또는 두 가지 동시 상태로 나타난다.
- 공급 체인이 성공적으로 수행하려면, 모든 시스템의 입력과 출력이 이미 설정된 사용적합성 성과 판단기준이 사용자와 함께 설정되고 이를 충족해야 한다.

요점

조직의 역할과 시스템 적용을 논의하는 동안 우리는 어떻게 운용환경의 기회와 솔루션 영역이 임무 요구사항, 사용자 운용, 임무시스템 및 결과적으로 시스템 요구사항과 연계되어 있는지 속성 관계를 이해하게 되었다 우리는 반복적인 전략계획과 전술계획 수립 루프를 알아보았다. 이러한 루프의 각 루프는 기존의 조직 시스템, 제품, 및 서비스의 상황적인 평가를 제공해 준다. 이는 운용 도메인에서의 TOO와 위협 그리고 운용 전략 및 전술 계획에 달려있다. 신규 시스템 획득을 긴급하게 요구할 때, 제품, 능력 또는 서비스, ONS, SOO, ORD 등과 같은 워크 제품이 시스템 조달 단계에서 입력사항으로 생성된다.

17.3 문제풀이

1) 새로운 시스템을 한 가지 선정해서 이 장에서 논의된 사항을 제시해 보라. <그림 17.2>를 사용해 보라. 조직 지원을 어떻게 함으로써 조직의 임무를 달성할 수 있는지 기술해 보라.
2) 당신 조직이나 사용자 조직의 임무, 역할, 및 시스템 요구사항을 기술하기 위해 <그림 17.2>를 사용해서 기술해 보라.

제18장 시스템엔지니어링 조직 및 인력관리

18.1 시스템 엔지니어링 조직관리

시스템엔지니어링 수행을 위한 초기 계획은 개념설계단계에서 시작되며 앞서 기술된 시스템엔지니어링 관리계획서(SEMP)를 작성하면서 구체화되어 간다. 이를 성공적으로 작성하려면 시스템엔지니어링 원칙과 개념을 세우고 지원하고 적용하기 위한 조직이 필요하다. 이를 적용하기 위한 조직 환경은 첫째, 시스템엔지니어링 요구사항을 수행할 수 있어야 하며, 둘째, 이러한 요구사항을 효과적이고 효율적으로 수행할 수 있는 조직이어야 한다. 이를 위해 <그림 18.1>과 같이 두 가지 주요사항이 있다. 첫째는 이러한 목적을 충족시키기 위해 필요한 관리(조직 및 관리) 사항이고 다른 하나는 시스템엔지니어링 프로세스를 적용하기 위한 기술 사항이다. 이 모든 것이 곧 시스템엔지니어링 조직과 연계되어 있다.

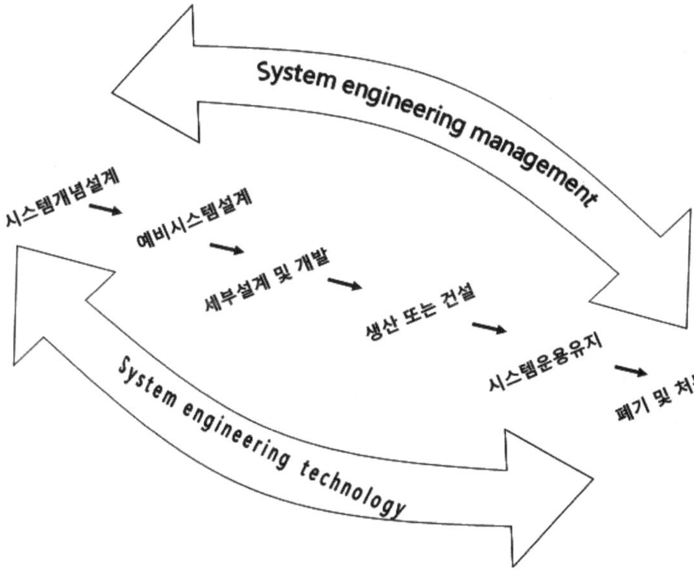

<그림 18.1> 시스템엔지니어링 프로세스에 적용된 관리와 기술

본 장은 시스템엔지니어링과 연관된 조직사항을 다루고 있다. 조직이란 필요성을 충족시키기 위하여 요구되는 자원의 복합요소를 가리킨다. 조직은 하나 또는 그 이상의 기능을 수행하기 위해 구성된 사회적 구조에 속한 다양한 전문성을 지닌 여러 레벨의 사람을 복합한 것이다. 조직구조는 수행할 기능에 따라 다르고 그 결과는 설정된 목표와 목적, 가용자원, 개인별 커뮤니케이션과 활동관계, 개인별 동기 및 기타요소에 따라 다르다. 궁극적인 목적은 특정 목표를 수행하기 위해 설정된 커뮤니케이션 프로세스와 의사결정 수행을 통해 사람, 자재, 및 재정자원을 보다 효과적으로 효율적으로 활용함에 있다. 시스템엔지니어링 목적을 달성하려면 자원의 적절한 활용과 보다 좋은 커뮤니케이션과 참여자의 좋은 관계를 통해 이루어질 수 있다.

고유의 업무활동과 다양한 인터페이스는 좋은 커뮤니케이션 기술과 개발에 필요한 다양한 설계요소를 하나의 시스템으로 이해할 때 이루어진다. 본 장은 시스템엔지니어링 조직, 기능, 조직상호간 관계와 목적을 달성하기 위해 필요한 개인별 능력을 다루려고 한다.

18.1.1 조직구조개발

조직형태를 개발하기 위한 첫 번째 단계는 회사 목표와 목적을 수행해야 할 기능과 업무에 따라 결정함에 있다. 프로그램의 규모와 복잡도에 따라 조직구조는 순수기능모델, 프로젝트 중심 매트릭스 모델, 또는 두 가지 복합조직형태로 나타난다. 나아가 조직구조는 개념설계, 세부설계 및 개발, 생산 등 개발단계에 따라 변화한다. 물론 궁극적인 목표는 사람, 자재 및 재정자원을 그 당시 요구된 기능을 달성하기 위하여 가장 효과적으로 활용함에 있다.

개념설계 단계에서의 시스템엔지니어링 목표는 필요성 분석, 타당성 분석, 운용요구사항, 유지보스개념, TPM 식별, 및 시스템규격서(A형) 준비 등 시스템 레벨 요구사항을 적절하게 개발함에 있다. 이러한 활동은 고객/사용자에게 초점이 맞추어진 활동으로서 시스템을 하나의 단위로 다루어진다. 따라서 이를 수행하는 조직은 그렇게 클 필요가 없다. 반면에 몇 사람의 전문가와 적합한 기술을 지닌 경험 있는 사람이 꼭 필요하다. 프로그램이 예비시스템설계, 세부설계 및 개발단계로 진행해 가면서 서브시스템 하위레벨 요구사항이 증가되고 이에 따라 신뢰성, 유지보수성, 인간공학, 및 지원가능성 분석에 필요한 전문 엔지니어의 참여가 증가되기 시작한다. 이에 따른 조직구조는 순수 프로젝트 기능조직으로부터 복합기능 프로젝트 또는 매트릭스 조직으로 전환되어 간다. 시스템과 컴포넌트가 생산단계로 바뀌면서 조직 형태가 한 번 더 전환된다.

전반적인 조직 사항을 고려할 때 가장 중요한 사항은 시스템엔지니어링 활동과 관련된 다양한 업무를 어느 부서에서 그 업무를 수행할 것인지를 판단하는 일이다. 경험에 의하면, "시스템엔지니어링" 활동 수행부서를 회사 조직 내에 한 부서로 지정하고 실제 그 업무를 수행하지 않지만 책임을 적절하게 부가하여 왔다. 그 반대로 실제 그 해당 업무를 별도 조직을 편성하여 수행하도록 하는 경우도 있다. 나아가 매우 작은 프로젝트의 경우, 전기 엔지니어, 기계 엔지니어, 또는 이와 동등한 엔지니어로 하여금 시스템엔지니어링 책임을 부여하여 다양한 활동을 수행해도 좋다. 다른 한편 사업 책임자에게 "시스템 엔지니어" 역할을 부여하거나 달리 지정한 그룹으로 하여금 요구활동을 수행토록 해도 된다. 다음 다양한 조직형태에 따라 보다 세부적인 수행활동과 조직 구성요원의 장단점을 제시토록 하겠다.

18.1.2 고객, 생산자 및 공급자 관계

"시스템엔지니어링 조직"을 보다 잘 이해하기 위해서는 시스템엔지니어링 기능을 수행하는 환경을 보다 잘 이해할 필요가 있다. 이는 프로젝트 규모나 설계 및 개발단계에 따라 다르지만, 본 장에서는 주로 대형 프로젝트 경우에 대하여 제시하고자 한다. 이에 따라 보다 복잡한 시스템엔지니어링 역할을 수행하는 환경을 고려해야 한다. 상대적으로 큰 대형 프로젝트의 경우 <그림 18.2>와 같이 다양한 레벨에서의 활동을 고려하게 된다.

시스템엔지니어링 요구사항과 업무수행책임은 고객과 연계되어 있다. 고객은 요구업무 활동을 수행하기 위한 시스템엔지니어링 조직을 만들거나 또는 계약형태로 생산자에게 위임할 수도 있다. 어느 경우든 계약에 따라 시스템엔지니어링 활동책임이 초기부터 분명하게 정의되어야 한다. 특정한 경우에 고객이 전반적인 설계개발, 생산 및 시스템 운용에 대한 전반적인 책임을 지는 경우가 있다. 이러한 경우, 필요성 분석, 타당성 분석, 운용요구사항 및 유지보수개념 정의, TPM 식별 및 우선순위부여, 시스템 규격서(A형) 준비, 시스템엔지니어링관리계획서(SEMP) 준비 등이 고객에 의해 수행되어야 한다. 상위레벨 기능이 정의되고 특정 프로그램 요구사항이 개별 생산자, 하부계약자, 및 컴포넌트 공급자에게 할당된다.

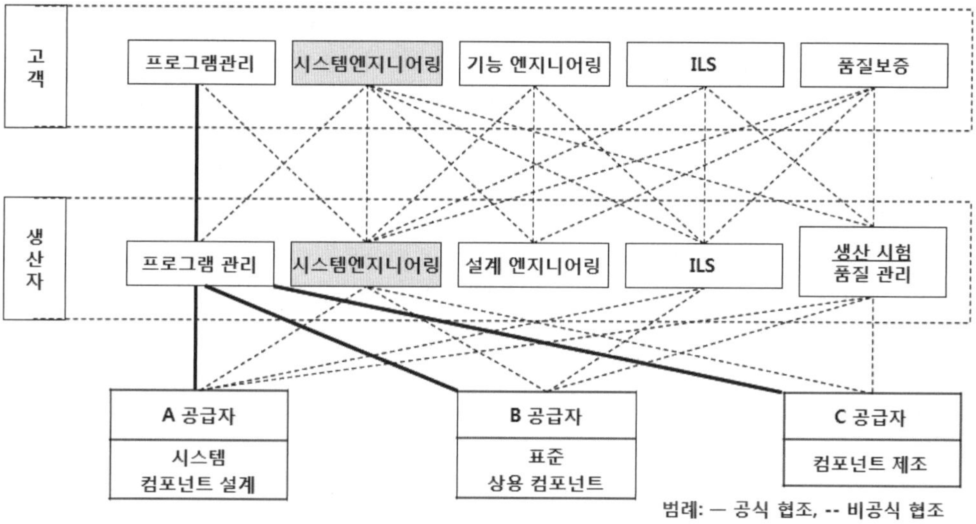

<그림 18.2> 고객, 생산자, 공급자 인터페이스

다른 경우는 고객이 일반적인 업무기술서(SOW) 또는 이와 동등한 계약서를 활용하여 지침을 제공하고 주계약자인 생산자가 시스템엔지니어링 수행활동과 전반적인 시스템 설계 및 개발활동 책임을 지는 경우이다. 달리 말하면 고객과 생산자가 시스템엔지니어링 조직을 구성하되 이를 수행하는 책임은 공급자의 지원과 함께 생산자에게 있다는 것이다. 고객은 주어진 기능을 종료하기 위해 적절한 권한과 책임을 생산자에게 위임해야 한다. 따라서 고객은 생산자가 개념설계활동을 종료할 수 있도록 모든 입력 자료를 일찍이 제공해야 한다. <그림 18.2>에 나타난 고객과 생산자 조직 간에 커뮤니케이션이 요구될 뿐만 아니라 다양한 고객, 생산자, 및 공급자 조직 간에도 광범위하게 이루어져야 한다. 주로 공식적인 관계가 이루어져야 할 뿐만 아니라 시스템 개발활동에 필요한 수많은 비공식 활동도 함께 수행되어야 한다. 특히 동시공학원칙을 적용하려면 성공적인 팀 또는 파트너십을 위해 프로젝트 초기부터 좋은 커뮤니케이션이 이루어져야 한다.

18.1.3 고객 조직 및 기능

고객 또는 소비자 조직은 한 사람 또는 수 명의 소그룹으로부터 회사, 상용 비즈니스, 학교, 정부실험실, 국방부 또는 가군 조직으로 나누어진다. 고객은 대상시스템의 궁극적인 사용자이거나 또는 사용자를 대표하는 획득조직일 수 있다. 이러한 예는 국방의 경우, 각군이 시스템 획득 및 조달책임을 지는 획득조직이 있고 대상시스템을 사용하는 "사용자"는 운용, 유지보수, 및 지원을 담당하는 야전부대이다. 이러한 경우, 획득조직은 상위블록으로 나타나며 이는 회사, 소규모 비즈니스, 및 컴포넌트 공급자와 시스템 및 세부요소를 개발하기 위해 필요한 자재와 서비스를 제공하는 체인을 형성한다. 이러한 경우는 조달부서가 조기 계약과 획득 프로세스를 통해 궁극적인 "사용자" 요구를 충족시켜야 한다. 따라서 조달부서가 사용자 조직(고객)에 대한 책임을 지고 생산자 또는 회사가 획득조직(고객)에 책임을 진다. 그리고 공급자는 생산자에게 책임을 진다. 여기에 질문이 있다. 누가 과연 고객이며 그리고 궁극적인 고객인가에 따라 첫 번째 지원해야 할 요구사항을 분별해야 한다. 이러한 전반적인 조직 체인이 시스템기획 및 개발과 연관되어야 한다. 신규 시스템설계 및 개발 시 조직관계의 다양한 접근방법이 있다. 전반적인 "프로그램 매니저"를 식별하고 시스템엔지니어링 관리책임을 지정해야 한다. 과거 조달부서(고객)가 회사(생산자)와 대형 시스템설계 및 개발 계약을 추진하면서 시스템엔지니어링 관리에 대한 책임과 권한을 부여하지 않은 사례가 많았다. 회사는 시스템 설계, 개발, 생산 및 주어진 요구사항에 따른 한 시스템을 납품하였다. 또한 고객은 생산자에게 필요한 자료를 제공하지 못했고 좋은 시스템엔지니어링 프로세스에 따른 개발과 통제를 할 수 없었다. 동시에 고객도 시스템엔지니어링 관리 기능을 수행하지 못했다. 그 결과 대상시스템은 신뢰성이 없고, 유지보수가 어렵고, 지원할 수도 없으며 비용 효과적이지 못하여 궁극적으로 사용자 요구를 충족시키지 못하는 시스템을 개발하게 되었다. 시스템엔지니어링 목표를 달성하려면 하향적인 프로세스로 수행되어야 한다는 사실을 명심해야 한다. 이는 초기 고객에 의해 제시되어야 하고 조직부서 모두 이러한 목표가 달성될 수 있도록 노력해야 한다. 프로그램 매니저가 먼저 시스템엔지니어링 원칙과 개념을 이해하고 믿어야 한다. 적절한 환경을 제공하고 다음 두 가지 활동 중 한 가지를 시행하여야 한다.

- 첫째, 고객조직에 의해 시스템엔지니어링 기능을 수행한다. 이는 필요성 분석, 타당성 분석, 개발 및 운용요구사항 및 유지보수개념, TPM 우선순위부여, 기능분석 및 할당, 설계조합, 설계최적화, 등을 고객에 의해 수행되어야 한다. 달리 말하면, 고객(또는 조달부서)이 시스템규격서(A형)를 준비하고 시스템레벨에 필요한 모든 활동을 수행하며 서브시스템 및 하위레벨 요구사항을 제시해야 한다.
- 둘째, 회사 또는 생산자 조직에서 시스템엔지니어링 기능을 수행토록 한다. 생산자가 운용요구사항 개발 및 유지보수개념, 기능분석 및 할당, 설계조합, 설계최적화 등 시스템엔지니어링 활동을 종료해야 한다. 고객은 업무기술서(SOW)를 제시하고 생산자가 시스템엔지니어링 활동과 연관된 관리 기능을 수행해야 한다.

상기 두 가지 형태는 극단적인 사례이지만 시스템엔지니어링 활동을 분할하여 수행하는 경우도 있다. 이러한 경우 시스템엔지니어링 수행책임을 초기부터 분명하게 해야 한다. 고객은 시스템 목적과 프로그램 기능을 분명히 하고 시스템엔지니어링 요구사항을 잘 정의해야 한다. 이는 수행업무와 조직, 책임소재를 분명하게 구분해야 한다. 시스템엔지니어링 수행책임이 생산자에게 주어질 경우, 고객은 하향적인 지침과 관리지원활동을 완전하게 지원해야 한다. 책임이 잘 이행되기 위하여 초기 고객활동에서 생성된 시스템레벨 자료(타당성 분석자료, 운용요구사항문서 등)가 생산자에게 충분히 지원되어야 하며 생산자는 시스템레벨의 의사결정에 필요한 활동이 수행되어야 한다. 고객은 생산자가 이를 잘 수행할 수 있도록 업무기술서(SOW)를 분명하게 잘 이해할 수 있도록 작성해야 한다. 무엇을 언제 어떻게 수행해야 하는지를 잘 제시해야 생산자에게 성과를 기대할 수 있다. 그리고 생산자와 고객 상호간에 다양한 커뮤니케이션 라인이 잘 이행되어야 한다는 사실을 명심해야 한다.

18.1.4 생산자 조직 및 기능(계약자)

<그림 18.2>에 있는 생산자(계약자)가 대형복합시스템 설계 및 개발과 연관된 많은 시스템엔지니어링 활동을 수행한다고 하자. 고객은 입찰제안요청서(RFP 또는 IBD)를 통해 시스템레벨 및 프로그램 요구사항을 제시하고 다양한 생산자는 제안서를 제출하게 된다. 이를 위해 다양한 지정 기업과 공급자를 연합한 팀 단위로 제안을 해도 좋다. 다양한 업체제안을 통해 경쟁이 형성되면 개별 제안서를 검토하고 평가한 다음 계약협상을 통해 최종 선정이 이루어진다.

프로그램 요구사항을 고려할 때, 계약을 성사시키려면 RFP/IBD에 나타난 기술적인 부분의 모든 데이터와 정보를 획득하는 것이 필수적이다. 어떤 경우에는 RFP에 시스템규격서(A형)가 프로그램의 관리사항과 업무기술서(SOW)와 함께 제시되기도 한다. 다른 말로 하면, 고객이 필요성 및 타당성 분석, 운용요구사항 및 시스템유지보수개념 수립, 및 시스템규격서를 작성한 다음 계약자가 다음 활동을 연계하여 수행토록 한다는 것이다. 이러한 전환 프로세스가 프로그램 수행에 매우 중요한 점이다. 첫째, 시스템엔지니어링 기본 프로세스가 반드시 유지할 수 있도록 고객과 계약자 상호간에 이해하여 수행하는 것이 필수적이다. 고객에 의해 작성된 시스템규격서와 업무기술서가 완전하고 쉽게 이해 가능해야 한다. 이를 위해 고객과 계약자가 함께 납득한 후 시스템엔지니어링 프로세스를 밟아야 한다. 가끔 일정 때문에 시스템규격서와 업무기술서가 적절한 통합레벨과 완전한 검토 없이 작성되기도 한다.

그 결과 사업추진과정에서 수많은 불일치 사항이 나타나고 특수엔지니어링을 포함한 모든 활동이 적절하게 통합되지 않아 매우 큰 손해를 입게 된다. 마지막으로 좋은 시스템규격서와 업무기술서가 마련되어 있음에도 불구하고 고객과 계약자간에 협의된 계약항목에 주요 시스템엔지니어링 활동이 협상되지 않는 경우도 빈번하게 발생되고 있다. 예를 들면, 계약업무분해구조(CWBS)가 협의되지 않은 경우이다. 가끔 개발비를 줄이기 위해 시스템엔지니어링 활동을 제외하는 경우가 있다. 이에 따라 목적과 프로세스를 놓치게 됨으로 이러한 일이 발생하지 않도록 유념해야 한다. 이제 주 계약자가 선정되어 설계 및 개발을 진행하려면 계약자 조직구조가 중요하게 된다. 이러한 구조는 순수기능조직, 프로젝트 조직, 프로젝트 및 기능 복합조직, 매트릭스 조직 등이 있다. 이러한 구조를 선택하는 일은 시스템엔지니어링 목적을 달성함에 주안을 두어야 한다.

기능조직구조

기능조직구조는 식별된 전문 또는 기능을 그룹화한 전통적인 조직을 말한다. 이는 하나의 조직부서에 유사한 기능을 수행토록 하는 조직개념이다. 예를 들면, 엔지니어링 조직 또는 생산조직 등은 각각 한 사람에 의해 관리되는 것을 말한다. 이를 분해한 조직이 <그림 18.3>이다. 개별 조직구조 계층은 프로젝트 형태나 요구기능레벨에 따라 다르다. 예를 들면, 신규시스템의 개념연구 및 예비시스템 설계 프로젝트의 경우는 마케팅 및 엔지니어링 담당에게 치중되어 있다. 나아가 엔지니어링 부서 내에서도 다른 엔지니어링보다 시스템엔지니어링 부서에 집중되어 있다. 이 후 세부설계단계로 넘어가면서 개별 설계 엔지니어링 활동이 더욱 중요해지고 생산 및 제작단계에서는 더욱 더 높아진다. 이러한 기능조직의 장점은 다음과 같다.

1) 조직의 보다 좋은 기술능력 개발이 용이하다. 특수전문가가 지식을 공유할 수 있다. 한 프로젝트 수행경험이 인력교류를 통해 다른 프로젝트에 전이될 수 있다. 상호 훈련이 상대적으로 쉽다.
2) 특정 요구사항에 대하여 전담요원을 통해 빨리 대처할 수 있다. 주어진 분야에 대해서는 요구기술 전문가가 많이 있다. 따라서 매니저는 인력배치에 있어서 매우 융통성이 있다. 기술통제범위가 더 넓게 유지될 수 있다.
3) 전문가 중앙통제에 따라 예산 및 비용통제가 보다 용이하다. 상이한 프로젝트의 공통업무를 통합하기가 쉽다. 따라서 비용산정, 통제 및 관리가 용이하다.
4) 커뮤니케이션 흐름이 잘 유지될 수 있다. 보고계통이 수직적이며 누가 보스인지에 대한 혼선이 일어나지 않는다.

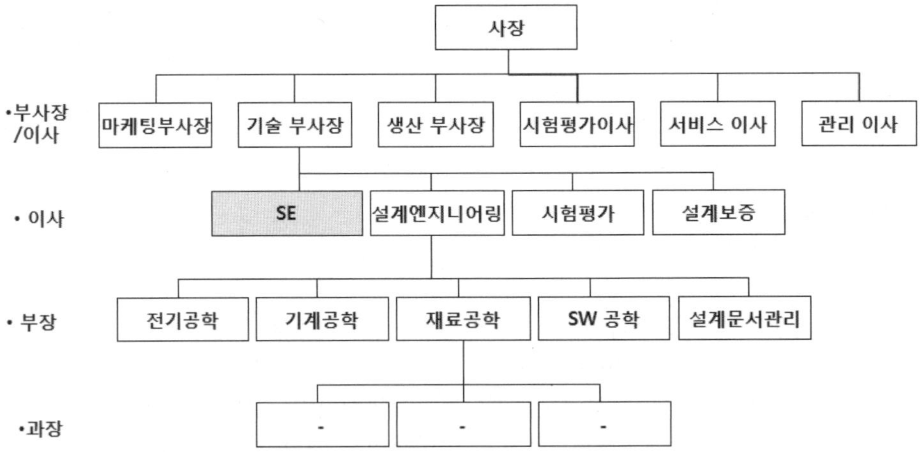

<그림 18.3> 전통적인 생산자 기능조직

또한 단점은 다음과 같다.

1) 특정 프로젝트의 특성을 유지하기가 어렵다. 그 어느 사람도 활동의 통합이나 전체 프로젝트에 대한 책임이 없다. 특정 프로젝트 책임을 규명하기가 어렵다.

2) 기본적으로 개념과 기법이 기능 중심으로 나타난 프로젝트 요구사항과 연계되어 있지 않다. 특정 프로젝트에 기술 요구사항을 테일러링 하기가 쉽지 않다.
3) 고객중심 또는 초점과는 거리가 멀다. 특정 고객요구사항에 대한 반응이 매우 늦다. 모든 의사결정이 기능중심 활동에 달려 있다.
4) 특정 전문분야에 관한 그룹 활동으로 인해 새로운 아이디어를 생성하는 일이 드물고 이러한 동기부여 또한 쉽지 않다.

따라서 사장이 개발, 생산, 배치, 지원에 관한 모든 기능을 통제해야 한다. 모든 부서는 전문가로 구성되어 하나의 프로젝트에 그 분야에 가장 앞서 있는 기술을 적용할 수 있다. 또한 권한과 책임이 분명하게 위임되어 커뮤니케이션 흐름이 잘 되어 있고 예산 및 비용초과 통제가 잘 수행될 수 있다. 일반적으로 규모에 관계없이 단독 프로젝트 수행에 잘 맞다. 반면에 다양한 프로젝트를 수행하는 회사나 연구기관에는 잘 맞지 않다. 다양한 프로젝트를 수행하며 한 프로젝트마다 경쟁을 해야 하는 경우, 이는 불리한 조직이다. 가장 중요한 문제는 한 프로젝트에 대한 주인이 없다는 점이다. 그 결과 기능계선을 따라 활동의 통합이 매우 어렵다. 권한과 자원에 따라 마찰이 일어날 때 마다 의사결정이 프로젝트 중심보다 기능그룹의 능력에 좌우된다. 나아가 의사결정 프로세스가 모두 최상위 결정권자에게 달려 있기 때문에 매우 늦어지게 된다. 기본적으로 전통적인 기능조직 구조에서는 프로젝트 수행기간이 늦어지거나 어려움을 극복하는데 한계가 있다.

생산라인 및 프로젝트 조직구조

회사가 커지기 시작하고 더 많은 제품이 개발되면서 제품중심으로 조직화하거나 제품 라인에 따라 조직구조를 나타내게 된다. 한 회사가 통신 시스템, 운송 시스템, 및 전자시험 및 지원 장비에 참여하고 있다고 하자. 기능적인 공통점에 따라 회사는 세 가지 제품라인 부서를 둔다. 이에 따라 각각의 제품라인은 시스템 설계 및 지원을 수행할 수 있다. 나아가 이 세 가지 제품라인은 지역별로 분산될 수도 있다. 각각의 제품라인 조직은 앞서 기능조직과 같은 형태로 운영하게 된다. 특히 대형 시스템일 경우, 각각의 제품라인은 여러 개의 프로젝트를 수행하게 된다. 이러한 경우 각각의 프로젝트 조직이 가장 낮은 개별 조직이 된다. 이는 <그림 18.4>와 같다.

각각의 프로젝트 조직은 단독시스템 또는 대형시스템의 기획, 설계 및 개발, 생산, 및 지원을 책임진다. 기간이 제약되어 있고 시스템 수명주기에 걸쳐 있기 때문에 사람과 자원을 배분하는 것은 그 시스템에 연관된 업무를 수행하기 위하여 할당된다. 각 프로젝트는 자체의 관리구조, 엔지니어링 기능, 생산능력, 지원능력, 등을 지니고 있다. 사업 책임자는 성공과 실패에 대한 모든 책임과 권한을 가지고 있다. 제품라인 또는 프로젝트 구조는 전통적으로 수행해야 할 모든 활동에 대한 조직을 구성토록 한다. 주어진 프로젝트의 책임과 권한이 분명하게 주어져 있고 우선순위도 설정되어 있어야 한다. 다른 한편 이러한 조직은 회사 전체로 보면 중복된 활동이 많다. 본 조직구조의 장점은 다음과 같다.

1) 주어진 프로젝트의 권한과 책임이 분명하게 정의되어 있다. 프로젝트 종사자는 사업 책임자에게 달려 있으며 프로젝트 커뮤니케이션 흐름도 매우 강하다. 우선순위 설정도 의심이 없다. 프로젝트 중심으로 잘 수행된다.
2) 고객 중심으로 조직되어 회사 초점도 잘 정의되어 있으며 고객과 계약자 사이에 커뮤니케이션 프로세스가 상대적으로 쉽게 유지된다. 고객 필요성에 대한 반응이 매우 빠르다.
3) 일반적으로 그 프로젝트에 속한 요원들은 그 프로젝트에 대한 긍지가 매우 높다. 강한 동기부여가 되어 있고 개인적인 열정이 제품식별과 참여에 도움을 주고 있다.
4) 개인적인 전문성이 기능조직에서 발생되는 시간을 할당함이 없이 전적으로 그 프로젝트에 활용될 수 있다.
5) 모든 프로젝트 활동에 큰 비전이 있다. 비용, 일정, 및 성능진도가 쉽게 관리되며 잠재되어 있는 문제점이 적합한 대책과 함께 일찍이 식별될 수 있다.

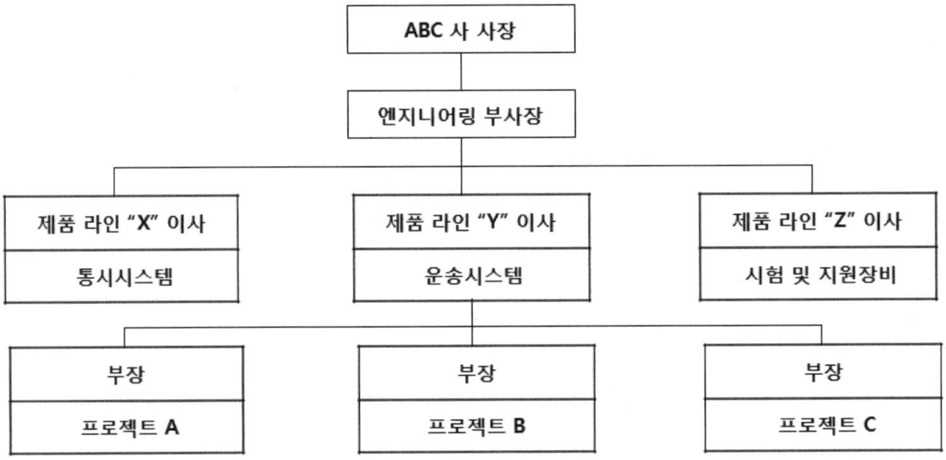

<그림 18.4> 제품라인/프로젝트 조직구조

그리고 단점은 다음과 같다.

1) 새로운 테크놀로지를 적용할 때 특정기능그룹이 없어 고민하게 되고 프로젝트 상호간에 기술교류가 힘이 든다. 프로젝트가 진행될수록 프로젝트 초기에 적용해야 했던 테크놀로지가 반복적으로 제기된다. 따라서 테크놀로지에 대한 영속성이 없고 새로운 방법과 절차를 적용하기가 어렵다.
2) 다양한 프로젝트를 수행하고 있는 계약자 조직에서 수행노력, 인력, 장비 및 설비를 활용함에 있어서 중복이 발생된다. 따라서 전반적으로 비효율성이 나타나 결과적으로 비용이 많이 들게 된다. 완전히 분산된 조직이 중앙집권적인 조직에 비해 비효율적인 면이 많다.
3) 관리적인 면에서 한 프로젝트에서 다른 프로젝트로 사람을 전이하기가 용이하지 않다. 좋은 엔지니어의 경우, 사업 책임자가 될 수 있는 한 회사전체의 효율성과 무관하게 오래 보유하고 있으려고 한다. 따라서 새로운 임무를 부과하기 위해 엄청난 시간과 노력을 들인 다음 윗사람에 의해 결정되어야 한다. 단기간에 해결하기가 쉽지 않다.

4) 개인별 경력, 성장잠재력, 및 진급기회가 그 프로젝트가 장기간 연장됨에 따라 어려움을 받게 된다. 프로젝트 요원의 새로운 테크놀로지에 대한 기회가 없어 창의력 개발에 저해를 가져온다. 따라서 반복활동에 따른 정체를 벗어나기 어렵다.

매트릭스 조직구조

매트릭스 조직은 상기 순수기능조직의 장점과 프로젝트 조직의 장점을 보완하려는데 있다. 기능조직에서는 테크놀로지가 강조되고 프로젝트 중심활동, 일정 및 기간제약사항이 희생 된다. 반면에 프로젝트 조직에서는 해당분야에 대한 특정조직그룹이 없기 때문에 테크놀로지가 어렵게 된다. 매트릭스 조직은 프로젝트 일정, 시간 및 비용제약 및 연관된 고객 요구사항과 함께 테크놀로지에 대한 활동을 매우 높게 시도하려는 조직이다. <그림 18.5>에 전형적인 매트릭스 조직을 나타내고 있다. 각 사업 책임자는 부사장에게 보고하고 프로젝트 성패에 대한 책임을 진다. 동시에 기능조직부서는 기술적 우위를 위해 노력하며 모든 프로젝트에 이러한 기술을 공급하게 된다.

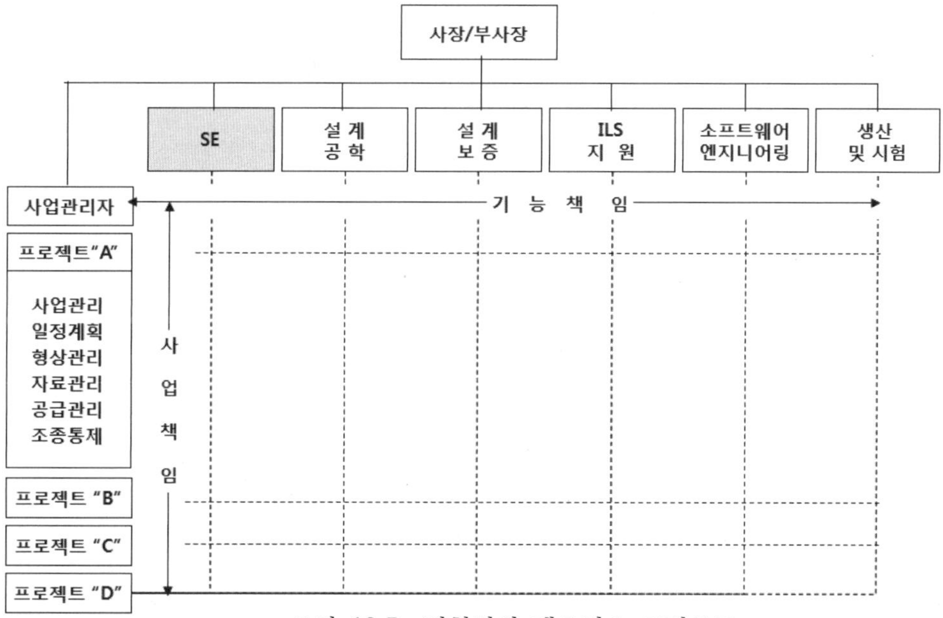

<그림 18.5> 전형적인 매트릭스 조직구조

기능조직부서장 또한 기술부사장에게 보고하며 모든 부서요원들이 최근 정보와 지식에 대한 책임을 져야 한다. 간단하게 정리하면 매트릭스 조직은 프로젝트 수행부서(이윤 센터)와 기능부서(비용 센터)간 2차원으로 구성된 조직을 말한다. 중소기업의 경우 융통성 있는 이러한 2차원 매트릭스 조직이 좋다. 그러나 수많은 제품라인을 가진 대기업의 경우, 매트릭스 구조는 다차원의 구조로 형성된다. 프로젝트 수와 기능부서가 증가함에 따라 매트릭스 구조는 점차 복잡해진다. 이러한 매트릭스 조직을 적용하려면 회사 내의 협력적이고 상호 우호적인 환경이 조성되어야 한다. 매니저나 팀 요원 모두가 매트릭스 조직의 특성을 이해하고 협력해야 한다. 몇 가지 유의할 점은 다음과 같다.

1) 프로젝트 부서와 기능조직 부서 간에 자유로운 정보 흐름을 조성하기 위하여 수직 및 수평적인 좋은 커뮤니케이션 흐름이 연결되어야 한다. 또한 프로젝트 상호간에도 좋은 연계가 이루어져야 한다.
2) 사업 책임자와 기능부서 매니저는 초기 회사와 프로젝트 목적을 형성할 수 있도록 함께 참여해야 한다. 나아가 각자 필요한 자료를 기획 프로세스에 입력해야 한다. 그 목적은 양쪽에서 필요한 사항을 서로 돕는데 있다. 부가하여 필요한 자원에 대하여 상호 협상을 통해 협력해야 한다.
3) 마찰이 일어날 때, 신속하고 효과적인 해결방안이 주어져야 한다. 프로젝트와 기능부서 쌍방에서 참여할 수 있는 절차를 만들어야 한다.
4) 기술적 기능을 가진 요원이 프로젝트에 참여할 경우, 프로젝트와 기능부서 매니저 간에 참여기간, 수행활동, 개인평가방법에 대한 내용이 먼저 협의되어야 한다. 개인은 어떻게 일하고 어떻게 평가되는지에 대한 기준과 누가 성과검토를 할 것인지에 대한 내용을 구체적으로 알아야 한다. 그렇지 않으면 두 보스 상이에 한 요원이 중간에 놓여 있는 입장이 되고 만다.

매트릭스 조직은 여러 관점에서 가장 좋은 조직구조라 할 수 있다. 순수 프로젝트 접근방법과 전통적인 기능 접근방법을 복합하고 있기 때문이다. 가장 좋은 장점은 테크놀로지와 프로젝트 활동을 적절하게 합친 조직이라는 점이다. 동시에 가장 나쁜 점은 프로젝트와 기능 매니저 상호간에 우선순위 조정 등 끊임없는 마찰이 일어나고 있다는 점이다. 먼저 장점을 보면 다음과 같다.

1) 사업 책임자는 수많은 기능부서의 협력으로 프로젝트를 강력하게 추진할 수 있다.
2) 기능조직은 일차적으로 프로젝트를 지원하기 위하여 존재한다. 강력한 기술능력이 프로젝트 요구사항에 따라 실제 가용하게 개발할 수 있다.
3) 기술전문지식이 프로젝트 상호간에 큰 마찰 없이 교류될 수 있다. 모든 지식은 프로젝트에 동일하게 적용할 수 있다.
4) 프로젝트 업무수행의 권한과 책임이 사업 책임자와 기능부서 매니저 간에 분담할 수 있다. 프로젝트 요구사항을 이행하는데 상호 협력이 잘 이루어진다.
5) 주요 멤버가 다양한 문제점에 함께 참여할 수 있다. 회사 차원에서 기술요원을 보다 효율적으로 사용함에 따라 프로그램 비용을 최소화 할 수 있다.

반면에 단점은 다음과 같다.

1) 각 프로젝트 조직이 개별적으로 운영된다. 동질성을 유지하기 위해서는 별개의 운용절차와 인력요구가 식별되어야 한다. 중복적인 노력을 회피하기 위해 세심한 주의가 필요하다.
2) 회사 차원에서 매트릭스 구조는 행정적인 측면에서 더 많은 비용이 지출된다. 프로젝트와 기능 활동 분야 공히 유사한 행적관리가 필요하다.
3) 프로젝트와 기능부서 조직간 권한이 분명하게 초기에 정의되고 그 후에 긴밀하게 균형적으로 유지되어야 한다. 매니저의 개인적인 영향에 따라 전반적인 회사조직에 균형을 깨트리기 쉽다.
4) 개인 입장에서 보면 보고계통이 분리된다. 프로젝트 보스와 기능 보스 상호간에 이중적인 부담을 안게 된다.

통합제품 및 프로세스 개발(IPPD)

1990년대 중반 국방에서 동시공학개념을 실현시키기 위해 제품과 프로세스를 통합 개발하는 개념이 나타났다. IPPD란 “설계, 제작, 및 지원 프로세스를 최적화하기 위하여 다분야 팀을 조성하여 모든 획득관련 필수활동을 동시적으로 통합하는 관리기법”으로 정의하였다. 본 개념은 개념설계, 세부설계 및 개발단계의 모든 다양한 활동에 적용함으로써 주요 기능분야 상호간에 커뮤니케이션과 통합을 이룩해 간다. <그림 18.6>에서 다양한 활동과 정도가 개발단계가 진행됨에 따라 변경되지만 전통적인 기능조직 라인에서의 필요한 커뮤니케이션을 기본적으로 유지해 간다. 이러한 관점에서 IPPD개념은 시스템엔지니어링 목적과 부합되며 설계프로세스에 포함된 조직과 다양한 설계특성을 함께 통합해 나간다.

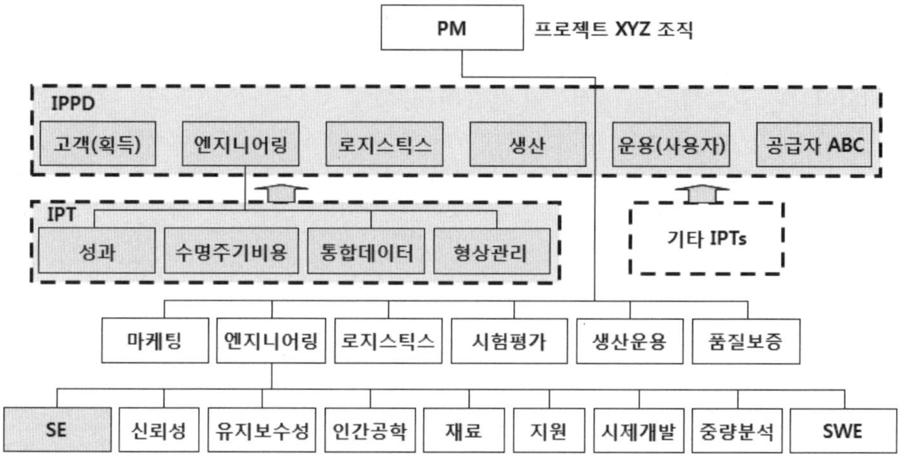

<그림 18.6> IPPD/IPT를 포함한 기능조직구조

IPPD 개념에 내재되어 있는 팀이 잘 정의되어 지명된 바로 제품통합팀(IPT)이다. 적절한 분야에서 선별된 개인을 팀으로 구성하여 특정설계분야, 문제점해결방안, TPM우선순위 드을 설정하는 활동을 수행하게 된다. 본 팀의 목적은 주어진 요구사항에 대한 문제점을 효과적으로 함께 해결함에 있다. 이를 위해 각 분야의 유능한 사람을 선정하여 구성한다. 나아가 상이한 시스템 계층구조에 따라 시스템 레벨, 서브시스템 레벨, 컴포넌트 레벨에 따라 이러한 팀을 별도로 구성한다. <그림 14.6>에서 선정된 성과요소, 비용, 및 형상관리에 대해 심각한 영향을 주는 활동을 수행하기 위한 IPT를 구성한다. 또한 통합 데이터 환경을 추적하기 위한 IPT도 구성한다. 목적은 치명적인 분야에 대한 통합을 이루어 가장 좋은 해결방안을 모색함에 있다.

이러한 IPT는 사업 책임자나 상위레벨 책임자에 의해 만들어진다. 팀 멤버들은 각 분야에 잘 알려진 전문가로써 필요 시 의사결정에 참여가능하며 주어진 문제를 해결할 수 있는 역량을 지니고 있어야 한다. 프로그램 매니저는 그 결과에 대한 예측과 함께 팀의 목적을 분명하게 정의해야 한다. 그리고 팀 멤버들은 최 일선에서 지속적인 커뮤니케이션 흐름을 파악하고 있어야 한다. IPT운용기간은 문제내용과 그 목적을 달성하기 위해 노력하는 팀 효과에 달려있다. 너무 많은 팀을 구성할 경우 커뮤니케이션 절차가 너무 복잡하고 인터페이스가 많기 때문에 세밀한 준비가 요구된다. 부가하여 가끔 마찰이 발생하게 되면 이를 절충하는 역할도 수행해야 한다. 더 이상 효과가 없을 경우, 팀을 해체하는 것이 바람직하다.

시스템엔지니어링 조직

앞서 기능, 프로젝트 및 매트릭스 조직구조에 대한 일반적 개요를 살펴보았다. 그리고 각각의 장단점을 식별하여 기술하였다. 이제 시스템엔지니어링 활동을 수행하기 위한 조직을 개발하려면 상기 세 가지 일반적인 조직구조를 철저하게 이해하는 것이 필요하다. 보다 상세한 시스템엔지니어링 목적을 달성하기 위하여 다음 몇 가지 사항을 고려해야 한다.

1) 기본적인 시스템엔지니어링 기능은 "한 시스템을 효과적이고 효율적인 방법으로 구현"하는 목적에 달려있다. 이러한 관점에서 프로젝트 형태와 밀접한 관계를 지니고 있다. 초기 시스템엔지니어링은 요구사항을 형성함에 있으며 나아가 시스템 개발, 생산 및 운용에 관한 설계 엔지니어링과 지원활동을 수행토록 한다. 시스템엔지니어링은 설계에 매우 치명적인 영향을 주기 때문에 이를 위한 프로젝트 조직구조가 형성되어야 한다.
2) 시스템엔지니어링 기능 특성상 설계통합활동은 다른 많은 프로그램 활동과 인터페이스 관계가 있다. 따라서 이를 위한 좋은 수직적 및 수평적 커뮤니케이션이 이루어져야 한다. 시스템엔지니어링 조직 요원은 다른 모든 프로젝트 부서, 수많은 기능부서, 다양한 공급자 및 고객과 효과적인 커뮤니케이션을 유지해야 한다. 이러한 사항들이 프로젝트 조직과 연계되어야 한다.
3) 시스템엔지니어링을 성공적으로 수행하려면 시스템의 기술적 요구사항을 기술한 규격서, 절충분석활동, 최적 테크놀로지 선정 등을 요구하고 있다. 시스템엔지니어링 수행 요원은 최신 테크놀로지 정보에 익숙해야 하며 적합한 훈련과 기술적 전문성을 지니고 있어야 한다. 기능부서와 강력한 기술에 대한 관심과 좋은 커뮤니케이션을 형성하려는 열정이 있어야 한다. 따라서 이에 적합한 조직구조는 프로제트에 더하여 선정된 기능요소를 포함해야 한다.

시스템엔지니어링 활동을 수행할 때 이상 세 가지 요소를 고려하여 수많은 조직부서 중 한 부서에서 이를 수행해야 한다. 따라서 가장 좋은 조직은 프로젝트 요구사항과 기능 요구사항을 복합해야 한다. 프로젝트의 주요활동은 고객 필요성에 의해 요구되지만 최근 테크놀로지를 고려한 기능적 활동이 긴요하게 요구된다. 프로젝트-기능 복합조직은 회사규모에 따라 다르다. 대기업의 경우 <그림 18.7>과 같은 조직이 적합하다.

프로젝트 활동이 상대적으로 매우 클 뿐만 아니라 선정된 분야의 전문 기능 활동을 지원할 수 있는 조직이라야 한다. 반면에 소기업의 경우, 기능부서 조직이 상대적으로 크고 프로젝트에 따라 공통적으로 지원하게 된다. 이러한 조직은 업무에 따라 달리 지원된다. <그림 18.8>은 기술적 지원이 발생되고 있는 조직구조를 보여주고 있다. 이는 프로젝트와 기능의 범위에 따라 회사규모와 활동내용을 고려하여 상호간에 이전이 가능한 경우를 보여주고 있다. 예를 들면, 개념연구, 예비시스템설계, 세부설계 및 개발 등 프로그램 단계에 따라 조직을 달리 적용토록 한다. 동일한 회사에서 서로 다른 경우를 볼 수 있다. 한 또는 두 가지 대형 프로젝트와 수많은 소형 프로젝트를 수행한다고 하자. 대형 프로젝트는 <그림 13.7>과 같이 수행하려고 하고 소형 프로젝트는 <그림 13.8>과 같다. 또한 대형 프로젝트는 고용직 요원을 많이 투입하지만 소형 프로젝트는 임시적 요원을 시간제로 쓸려고 한다. 이와 같은 요청은 프로젝트 조직에서 요구되며 그 업무는 기능부서에서 종료해야 한다.

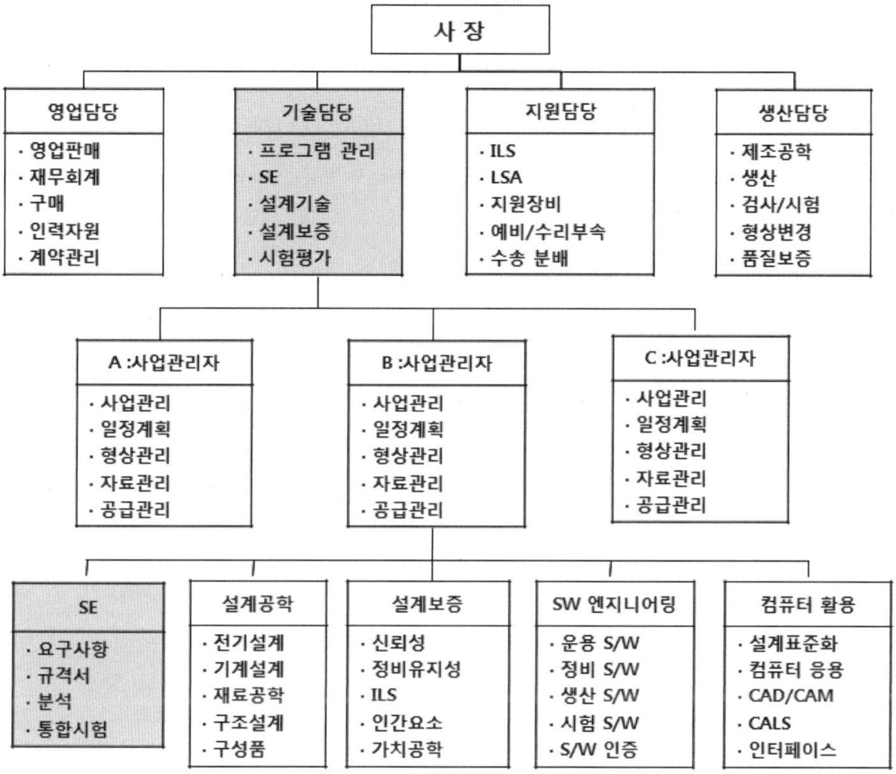

<그림 18.7> 프로젝트-기능 복합구조(대기업 조직)

프로젝트 규모는 개발대상 시스템의 형태뿐만 아니라 개발단계와도 연관되어 있다. 개념설계단계에 있는 대형시스템은 <그림 14.8>과 같은 소규모 프로젝트 조직과 같아도 된다. 예비시스템설계 및 세부설계단계로 진행됨에 따라 <그림 14.7>과 같은 조직으로 전이해 간다. 달리 말하면 조직구조는 매우 유동적이다. 조직구조는 필요시기에 걸맞게 선택되며 시스템개발이 진행되어 감에 따라 다르게 변해 간다. 시스템엔지니어링 활동은 다음 단계에 따라 할당된다.

1) 개념설계 단계
- 필요성분석 및 타당성분석 수행
- 운용요구사항, 시스템 유지보수개념 정의 및 시스템레벨 기능분석 수행
- 시스템 통합 수행
- 시스템규격서(A형) 작성
- 시험평가종합계획서(TEMP) 작성
- 시스템엔지니어링 관리계획서(SEMP)작성

- 개념설계검토 계획, 협조 및 수행

2) 예비시스템 설계 단계
- 기능분석 및 요구할당 수행
- 시스템분석, 조합 및 절충연구 수행
- 시스템 통합 수행: 설계품질, 공급자활동 및 데이터 통합
- 시스템설계검토 계획, 협조 및 수행

3) 세부설계 및 개발 단계
- 시스템분석, 조합, 및 절충연구 수행
- 시스템 통합 수행: 설계품질, 공급자활동 및 데이터 통합
- 시스템 시험평가활동 검토 및 통제
- 설계변경 계획, 협조, 적용 및 통제
- 장비/소프트웨어 설계검토 및 최종설계검토 계획, 협조 및 수행
- 생산 및 건설 지원활동 및 고객 서비스 활동계획 및 유지

4) 생산 및 건설 단계
- 시스템 시험평가활동 검토 및 통제
- 설계변경 계획, 협조, 적용 및 통제
- 생산 및 건설 지원활동 유지 및 고객 서비스 활동 수행(예, 운용서비스)

5) 시스템 운용 및 지원 단계
- 시스템 시험평가활동 검토 및 통제
- 설계변경 계획, 협조, 적용 및 통제
- 고객 서비스 활동 수행(예, 운용서비스)
- 운용 데이터 수집, 분석 및 절차화, 사용자 환경에서의 시스템운용보고서 작성

6) 시스템 폐기 및 자재 폐기
- 시스템 폐기계획 수립
- 자재 폐기 및 재활용 활동 통제
- 환경영향 보고서 작성

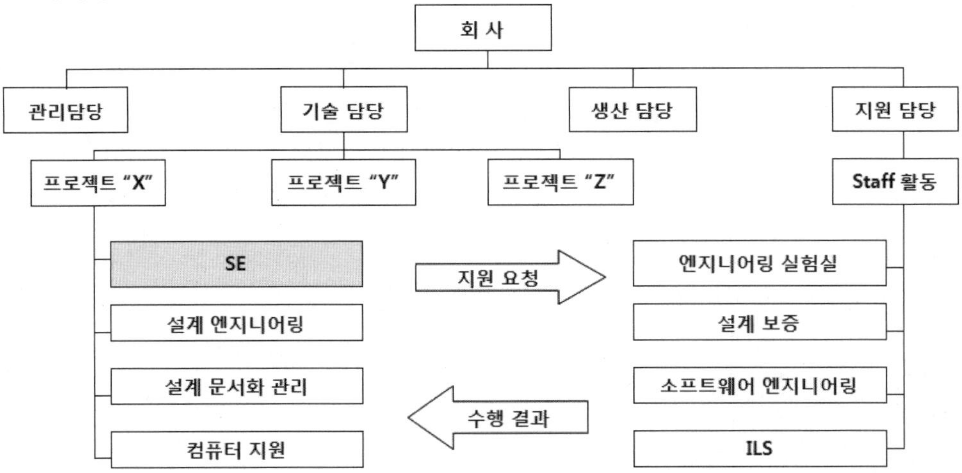

<그림 18.8> 기능 업무 흐름도(생산자 조직)

이러한 활동은 시스템엔지니어링 프로세스의 성공적인 적용을 위한 주요활동을 기술한 것이다. 이는 결코 어마어마한 활동을 제시한 것이 아니다. 특정 프로젝트에 적용할 때 다른 조직의 중요한 입력 자료를 테일러링할 수 있다. 주요 목적은 통합 메커니즘을 제공함에 있다. 이는 시스템엔지니어링 조직과 다른 조직 상호간에 인터페이스와 광범위한 관계를 적용해야 하기 때문이다. 한 예로써 어떤 시스템의 수명주기비용을 산정하려면 프로젝트와 연관된 엔지니어링 부서, 재정 및 회계부서, 로지스틱스 지원부서, 생산부서, 고객 등과 함께 수행해야 한다. 시스템엔지니어링 조직의 목표는 필요한 기술적 관리활동과 이러한 활동이 적절한 시기에 마칠 수 있도록 하는 지침을 제공함에 있다. 수많은 인터페이스를 보려면 <그림 18.7>의 조직에서 시스템엔지니어링 활동과 연계되어 있는 다른 조직 활동을 서로 연결해 보면 된다. 이러한 커뮤니케이션 관계는 <그림 18.9>와 같다. 각 부서 상호간의 활동내용은 <표 18.1>과 같다. 통합기능을 수행하기 위하여 시스템엔지니어링 부서를 초기에 형성하여 관련부서 상호간에 자연스럽게 커뮤니케이션을 유지할 수 있도록 하고 시스템 개발활동 전 기간 중 지속적인 기술적 리더십을 제공하도록 한다. 시스템엔지니어링 목적을 충족시키려면 궁극적으로 하향적인 관리 지원에 달려있다. 그러기 위해 회사의 사장과 엔지니어링 부사장, 사업 책임자, 기타 주요 매니저는 최소한 시스템엔지니어링 개념과 목적을 최소한 이해하고 신뢰해야 한다. 성공적인 시스템엔지니어링 부서장은 이를 위해 항상 모든 관련 매니저를 지원해야 한다. 특히 개별 설계 엔지니어 또는 중간 매니저는 시스템엔지니어링 목표와 위배되는 자기는 경우가 많다. 이러한 일이 발생할 때마다 시스템엔지니어링 매니저는 이를 제 위치로 돌아 올 수 있도록 지원하는 조치를 취해야 한다.

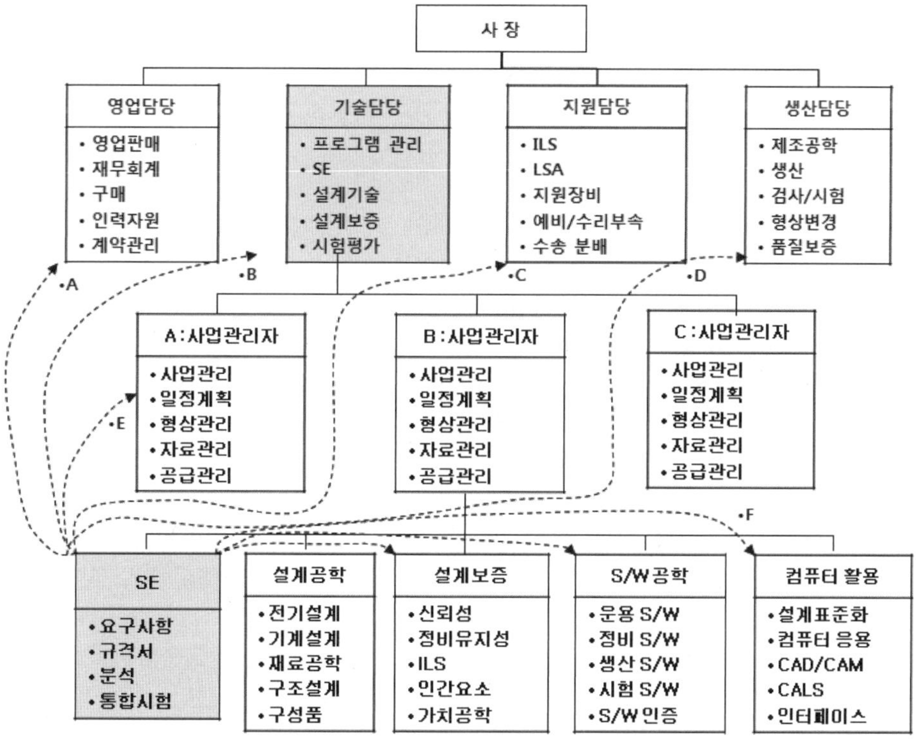

<그림 18.9> 주요 시스템엔지니어링 활동 연계도(생산자 조직)

<표 18.1> 주요 프로젝트 인터페이스 요구사항

협조부서	업무협조내용
영업담당	• 영업판매:사용자와 대화협조체제 유지하고 사용자 요건, 시스템 운용유지 지원요구, 요구내용변경, 외부경쟁에 대한 제반 정보자료 획득(공식 계약 채널과는 다름) • 회계:경제성 분석에 필요한 예산 및 비용자료 획득 • 구매:부품공급자 식별, 평가, 선정을 보조하기 위하여 기술, 품질, 순기 비용자료 획득 • 인력자원:시스템공학 업무 수행 가능한 자원 판단 및 기술숙련교육 실시 • 계약관리:사용자와 계약자간의 계약 요구사항 유지 및 공급자 관계 정립
기술담당	• 기타 프로젝트에 필요한 관련 기술 식별 및 긴밀한 협력 지원 • 신기술 적용을 위한 타 회사 기능 분야 연구실험 지원 요구
지원담당	• 시스템 지원 요구사항 입력 제공 • 시스템 개발계획에 알맞게 설계,시험평가, 생산 및 정비유지에 관한 기능 지원사항 요구
생산담당	• 생산과 관련된 제작, 조립, 검사, 품질보증 지원요구자료 제공 • 시스템 설계개발에 필요한 생산성 설계 및 품질공학 적용자료 지원 요구
사업 관리자	• 계획일정:일정 네트워크에 따라 주요 사업활동 협조 • 형상관리:형상 기준 정의, 설계변경 및 수정 활동 협조 • 자료관리: 불필요 자료 삭제 및 자료 일치 여부 확인, 기술자료 검토 및 평가
기타 기능부서	• 시스템 차원에서의 설계 요구사항 입력 제공 • 시스템 설계활동 통합 면에서 검토, 평가 및 확인 • 기능분석, 시스템 협상절충분석, 기타 업무활동 수행에 따른 시스템 기술 요구사항 제공

18.1.5 공급자 조직 및 기능

공급자란 시스템 컴포넌트를 계약자에게 제공하는 여러 유형의 조직을 말한다. 이러한 컴포넌트는 설비, 시험장비, 하위 구성품 등 시스템의 대규모 요소로부터 레지스터, 패스너, 브라케트, 케이블 등 소규모 수리불가품목에 이르기까지 다양하다.

- 첫째, 어떠한 경우에는 신규로 개발하는 경우로써 세부설계활동이 필요한 컴포넌트도 있다. 공급자는 원하는 물량을 설계하고 생산해야 한다.
- 둘째, 또 다른 경우에는 공급자가 제작만 하는 경우도 있다. 또한 이미 개발(자체 또는 외주)은 종료되어 생산만 하는 공급자도 있다.
- 셋째, 이미 판매 중에 있는 COTS 제품에 대한 공급 소스로 활동하는 경우도 있다. 설계와 생산이 없고 단순한 자재 분배 및 취급기능만 수행하게 된다.

이와 같이 경우에 따라 여러 다른 공급자가 존재하고 있다. 따라서 시스템 컴포넌트를 제공하기 위한 공급자 식별 및 선정 프로세스를 위해 여러 가지 사항을 고려해야 한다. 즉, 경제적 요소, 정치적 요소, 환경적 요소 등을 고려해야 한다. 공급자는 경제적인 입장에서 지리적 조건을 고려하고 있다. 경제적으로 낙후된 지역에 새로운 산업능력을 개발하기 위한 고려도 해야 한다. 이와 같이 정치적 요소가 고려되어야 한다. 환경적인 면에서 오염지역을 회피해야 하는 경우도 있다. 최근에는 글로벌화 하면서 국가관계도 고려해야 한다. 특히 통신시스템, 운송시스템 및 데이터 처리시스템이 발전되면서 환태평양 및 유럽 연대 등 글로벌 및 국제적인 교류가 확산되고 있다. 공급자 수 및 활동내용은 개발대상 시스템의 형태와 복잡도에 달려 있다. 대형복합시스템의 경우, 세계 각국의 수많은 공급자를 포함하고 있다. 몇 개의 공급자는 주요 시스템 요소에 대한 설계 및 개발을 수행하며 또 다른 공급자는 제작 및 자재공급 활동을 수행하는 경우도 있다.

시스템엔지니어링 입장에서 보면 고객이 제시한 요구사항을 시스템 주계약업체는 다양한 공급자마다 필요한 요구사항을 제시해야 한다. 계약자는 각 공급자에게 필요한 사항을 제시한 업무기술서(SOW)와 함께 적절한 규격서(B, C, D, 또는 E규격)를 제시해야 한다. 공급자는 이에 맞추어 제안서를 제시하고 계약자는 이를 평가 후 선정하며 계약 후 이를 수행하게 된다. 설계와 개발이 포함된 대형 시스템의 경우, 주요 시스템엔지니어링 활동이 반영되고 다음과 같은 절차에 따라 활동이 이루어진다.

1) 개발 컴포넌트에 대한 타당성분석을 수행하고 설계기준을 설정한다. 이러한 정보는 시스템 운용요구사항, 유지보수개념, 기능분석 및 요구할당 활동에서 주어진다. 공급자 요구사항은 개발 규격(B형)에서 제시된다.
2) 공급자 엔지니어링 계획서를 작성한다. 이는 시스템엔지니어링 활동을 수행하기 위한 요구사항을 반영한 SEMP이다.
3) 컴포넌트 설계의사결정과 상위레벨 시스템 요구사항 영향을 평가하기 위하여 분석, 조합, 절충연구 활동을 수행한다.
4) 설계통합을 수행한다. 이는 설계요소, 활동 및 데이터 통합을 가리킨다.
5) 개발 시스템 컴포넌트에 대한 시험평가계획을 수립한다. 이는 시스템 레벨 시험 요구사항을 시험활동에 통합한다. 공급자 환경에서 시험한 결과를 검토, 평가 및 통제한다.
6) 장비/소프트웨어 설계검토 및 최종설계검토에 참여한다. 이는 개발시스템 및 다른 연관시스템과의 인터페이스를 검토하는 공식 활동이다.
7) 컴포넌트와 전체 시스템에 영향을 주는 설계변경사항을 계획, 조정 및 통제한다.
8) 생산 및 제작활동에 시스템 컴포넌트 지원활동을 계획하고 유지한다.
9) 전 수명주기 활동 단계에 시스템 계약자 지원 활동을 계획하고 유지한다.

대형 프로제트의 경우 이러한 모든 활동이 요구되지만 소형 프로젝트의 경우 활동레벨이 상대적으로 줄어든다. 생산과 제작에 연관된 공급자일 경우, 시스템엔지니어링 활동은 주로 전사적 품질관리(TQM)활동에 치중되어 있다. 이는 설계에 반영된 품질요소가 생산에 잘 반영되고 있는지를 검증하는 활동이다. 주로 공급자 품질관리 또는 품질보증 활동이다. 그리고 자재관리와 연관된 상용부품을 공급할 경우, 초기 획득 시 좋은 규격을 제시하는 것이 중요하다. 적절한 공차를 반영한 입력 및 출력 자료, 크기 및 중량, 모양, 밀도 등의 요소를 포함하고 있다. 컴포넌트 특성에 통제할 수 없는 요소를 지니고 있을 경우, 전체 시스템 효과 및 품질에 영향을 주는 요소가 매우 크다. 그리고 많은 경우, 상용표준부품 (COTS)품목은 동일한 표준에 의해 제조되어야 한다.

공급자 조직을 보면 계약자 아래 여러 공급자 계층구조로 나타나고 있다. 그 목적과 대상에 따라 공급자 레벨은 상이하다. 시스템엔지니어링 관점에서 공급자 조직은 과, 그룹 또는 부서로 구성된다. 그러나 앞서 시스템엔지니어링 활동을 수행하는 것은 전혀 다르지 않다. 전반적인 시스템엔지니어링 활동책임은 계약자에게 있지만 기술적인 통합에 대한 활동이 공급자에게 주어져 있다. 따라서 시스템엔지니어링 개념과 목적에 맞추어 초기단계부터 공급자가 이를 적용하는 길이 중요하다. 주계약업체 관점에서 공급자활동 조직과 관리가 매우 중요하다. 여러 다양한 공급자 조직과 책임이 있을 수 있다.

또 지리적인 면에서 세계 각국과 연계되어 있다. 따라서 대형 프로젝트의 경우, 주요 컴포넌트에 대한 책임을 지고 있는 공급자가 많이 발생하게 된다. 이러한 경우, 시스템 엔지니어는 시스템 개발 프로세스에 따라 설계통합이 이루어지도록 관리해야 한다. 이는 초기 공급자 요구사항을 식별하고 규격서를 준비토록 해야 한다. 그리고 설계통합, 주기적인 설계검토와 문서화, 공식설계검토 활동이 좋은 커뮤니케이션을 통해 이루어져야 한다. 성공적인 커뮤니케이션은 공급자 환경을 잘 이해한 시스템 엔지니어에게 달려있다. 예를 들면 국제적인 공급자 환경에서의 시스템 엔지니어는 그 나라의 문화, 제도, 수출입 사항, 지리적 환경, 커뮤니케이션, 교통 시스템 등을 잘 이해하여야 한다. 어떠한 경우에는 규격서 및 설계 데이터를 포함한 문서의 번역과 통역이 중요하다. 글로벌 환경이 더욱 활발해 질수록 이러한 활동이 더욱 더 중요해 진다.

18.2 시스템엔지니어링 인력관리

시스템엔지니어링 조직을 구상할 때는 반드시 가장 중요한 요인이 이를 수행하는 인력, 곧 시스템 엔지니어에 관한 자질과 능력에 관한 사항을 바탕으로 해야 한다. 그리고 시스템엔지니어링 조직에 어떠한 인력을 배치하고 이들을 어떻게 훈련해야 하는지를 구상해야 한다. 개발단계에 따라 이러한 인력의 구성요소가 변하지만 기본적으로 그 조직의 구성목적과 달성해야 할 목표에 걸맞게 구성요원을 충당해야 한다.

18.2.1 조직 환경

시스템엔지니어링 활동을 수행하기 위한 조직구조를 구성하기 위해서는 다음과 같은 일반적인 특성을 고려해야 한다.

1) 시스템엔지니어링 조직에 선정된 요원의 일반적인 고려요소는 다양한 근무경력과 광범위한 지식을 기반으로 하고 있다. 예를 들면, 연구, 설계, 제조, 및 시스템운용지원 등의 경험을 다양하게 지니고 있어야 한다. 가장 중요한 요소는 전반적인 시스템 레벨의 설계 및 기술을 바탕으로 항상 사용자 운용 및 유지지원에 관한 지식을 지니고 있어야 한다.
2) 시스템엔지니어링 그룹은 설계, 제조, 및 지원요소를 선정할 때 비전과 창의력을 가지고 있어야 한다. 그룹 요원은 항상 새로운 기회를 구상해야 하기 때문에 혁신적이라야 하며, 특정기술 문제를 해결하기 위하여 응용연구 자세가 필요하다.
3) 팀워크 정신이 시스템엔지니어링 그룹에는 필수적이다. 그룹 요원이 조직목적에 충실해야 한다. 따라서 서로 의존해야 하며 상호 신뢰와 존경을 해야 한다.

4) 주어진 프로젝트와 연관된 수 많은 조직부서와 시스템엔지니어링 부서는 서로 커뮤니케이션을 해야 한다. 이러한 커뮤니케이션은 한 방향이 아니라 양방향으로 이루어져야 한다. 그리고 이러한 관계를 유지하기 위하여 구두 또는 문서로 작성하는 것이 바람직하다. 좋은 커뮤니케이션은 먼저 시스템엔지니어링 조직 내에서 이루어져야 한다. 이와 같이 형성된 후에 외부적인 양방향 수평 및 수직적 커뮤니케이션이 이루어져야 한다.

앞서 기술된 시스템엔지니어링활동을 효과적으로 수행하려면 적절한 "환경"이 조성되어야 한다. 이러한 환경은 먼저 (1) 계약자 조직 내에서 이루어지는 시스템엔지니어링 기능수행을 위한 업무환경, (2) 시스템엔지니어링 조직 내에서 이루어지는 업무환경을 들 수 있다.

- 첫째, 계약자 조직 내에서의 환경조성 또는 다른 조직구조 내에서 이루어지는 환경은 반드시 위로부터 하향적으로 이루어져야 한다. 즉, 사장 또는 상위 매니저가 시스템엔지니어링 개념과 목적을 이해하고 이를 적극적으로 지원해야 한다. 수많은 경우에 권력다툼이 일어나 조직목표와 목적에 마찰이 발생된다. 따라서 주요 매니저 상호간에 커뮤니케이션이 단절된다. 이는 결국 중복업무수행과 부적격 요원 채용 및 불필요한 자원소모 등으로 낭비하게 된다. 이 때 이를 재빨리 해결할 수 있는 메커니즘이 형성되어야 한다. 그리고 모든 요원이 개인적 관심을 넘어선 시스템엔지니어링 원칙이 회복되도록 믿어야 한다. 상위 매니저는 이를 초기부터 이를 염두에 두어야 한다.
- 둘째, 부가하여 적절한 책임과 권한이 상위매니저로부터 엔지니어링 부사장, 사업 책임자 및 시스템엔지니어링 부서장에게 위임되어야 한다. 책임이 정의되고 권한에 대한 위임전결 규정이 정해져야 한다. 대부분의 경우, 매니저는 업무수행에 대한 권한은 유지하고 그 책임만을 하부요원에게 전가하려고 한다. 이와 같이 책임만 지고 있는 경우에 가용자원을 충분하게 가동할 수 있는 권한이 없고 일이 잘 못될 경우 이에 대한 적절한 조치를 취할 수 없다. 따라서 동기를 잃어버리고 실망하여 궁극적으로 생산성이 떨어지게 된다. 결국 시스템엔지니어링 매니저는 책임, 권한 및 업무수행자원이 주어져야 한다.
- 셋째, 엔지니어링 부사장, 사업 책임자 및 시스템엔지니어링 부서장 사이에 적절한 관계가 형성되어야 한다. 이러한 관계는 물론 이러한 직위에 있는 사람의 경영 스타일에 달려있다. 여러 가지 다양한 경우가 있지만 극단적으로 두 가지 형태를 보면 그 하나는 권위주의적(autocratic)이며 다른 하나는 민주주의적(democratic)인 경우이다. 권위주의적 스타일은 독재를 기반으로 하고 있다. 따라서 의사결정이 독단적으로 이루어져 이를 수행할 사람의 의견이 전혀 반영되지 못한다. 매니저는 특정 조직목표를 이행하기 위하여 지시하고 통제하며 심지어 협박하기도 한다. 반면에 민주주의적 스타일은 참여와 협조로 이루어져 조직 관심이 그룹에 연관되어 있다. 일반적으로 직접적인 영향을 주는 사항에 대하여 자신의 의견을 피력할 수 있다는 것이다.

두 가지 경영 스타일이 상황에 따라 같이 나타나지만, 민주주의적 스타일이 동기부여 측면에서 보다 효과적으로 나타난다. 일반적으로 요원들이 더욱 열심히 일하고 보다 협조적이며 그 결과에 영향을 미친다고 생각하면 변화를 기꺼이 수용한다. 민주적 리더는 구성요원의 자신의 능력을 개발하고 성장할 수 있는 기회를 부여하고 독재적인 요구가 없으며 개인 적인 의견이 잘 수용되도록 한다. 독재적 경영과 비교하여 하나의 생산수단으로 생각하기보다 높은 레벨의 전문성을 지니고 있는 요원으로 인정하고 있다는 점이다. 시스템엔지니어링 측면에서 개인적인 노력과 창의력, 융통성, 개인성장 등을 보장할 수 있는 환경이 조성되어야 한다. 민주적이며 참여적인 방법이 이러한 목적을 달성하는데 적합하다. 매니저는 권한을 가지고 방향을 지시하며 조직목표와 목적을 효과적으로 달성하기 위해 통제하지만 경영 스타일은 민주적으로 수행하도록 해야 한다. 결국 시스템엔지니어링 업무수행에 긍정적인 환경을 제공할 수 있는 경영 스타일을 선택해야 한다. 시스템엔지니어링 조직 내에서의 경영 스타일뿐만 아니라 그룹에 영향을 주는 상위레벨의 경영 스타일도 연관되어 있다. 근본적인 목표는 그러한 환경을 조성함에 있다. 예를 들어, 동일한 목적과 구조, 동일한 직위 등을 가지고 있는 두 개의 조직이 있다고 하자. 한 조직은 생산적이고 다른 하나는 그렇지 않다면 그 이유는 무엇일까? 고부가가치를 생산하고 있는 조직은 결국 그 조직 환경의 문제이다.

18.2.2 리더십 특성

시스템엔지니어링 조직은 능력이 다르고 역할과 기대가 다르며 행동양식도 차이가 있는 많은 사람들로 구성되어 있다. 조직 구성원 하나하나는 서로 매우 긴밀하게 의존되어 있지만 개인적인 요인에 따라 상이한 방향으로 진행될 수 있다. 시스템엔지니어링 조직의 매니저는 이와 같이 다양한 특성을 조직의 목적을 달성하기 위해 결집될 수 있도록 함에 있다. 매니저는 모든 업무가 원하는 방향으로 잘 수행되어야 할뿐만 아니라 조직목표를 달성하기 위해 노력한 개인의 성취와 도전에 대한 자신감이 생겨나도록 해야 한다. 이러한 틀 안에서 매니저는 목표설정과 의사결정에 개인 참여를 독려하여 커뮤니케이션을 증진시키고 개인으로 하여금 도전할 수 있는 환경을 제공해야 한다. 그렇게 함으로써 개인적인 동기부여 기회가 주어질 뿐만 아니라 조직 내의 구성요원 상호간에 더 좋게 이해할 수 있는 환경을 조성하게 된다. 이러한 이해는 다음과 같은 단계로 형성된다.

1) 요구업무에 부합된 사람을 구하기 위해 조직구조의 개인별 특성을 분명하게 인식하라. 대부분의 경우 평범한 일을 수행하지만 특별한 경우 특정업무를 수행해야 한다면 전반적인 조직구조는 일관되게 유지할 수 있다. 결국 매니저는 가장 효율적으로 그 업무를 수행하기 위한 요원을 채용해야 한다. 만일 시스템엔지니어링 조직이 신뢰를 얻고 프로젝트의 리더십을 지니고 있을 경우 좋은 품질의 산출물을 얻게 될 것이다.
2) 각 요원으로 하여금 개인적인 관심을 나타내는 환경을 조성하여 자신의 업무를 훌륭하게 수행할 수 있도록 격려하라. 각 요원은 매니저가 특별한 관심을 보이고 있다고 생각할 때 더 좋은 업무를 수행하게 된다. 이는 고용자 입장에서 관심을 가질 때 가능하다.
3) 만일 고용자에게 문제가 발생하면, 각 개인별로 관심을 나타내도록 하라. 대부분의 경우, 그 문제의 해결은 개인별 영향을 고려할 때 이루어진다.
4) 평가는 개인별로 수행하라. 그리고 보장된 포상을 하도록 하라. 승진과 보상은 조직계층에 부여되는 것이 아니라 가장 잘 수행한 요원에게 이루어져야 한다. 이러한 개인별 평가요소로 다음 <표 18.2>에 리더십 특성을 제시하였다.

좋은 커뮤니케이션과 좋은 관계는 사업 초기부터 이루어져야 한다. 원하는 조직 환경을 조성하는 일은 그러한 일을 할 수 있도록 노력하는 매니저뿐만 아니라 시간을 두고 그 업무를 수행할 조직 구성원의 리더십 능력에도 달려 있다. 아무리 좋은 계획을 한 사업일지라도 수행단계에서 직접적으로 지원 가능하지 못하면 달성하기가 어렵다.

<표 18.2> 리더십 특성 체크리스트

리더십 특성요소	
1.수용(acceptance)	다른 사람으로부터 존경과 신뢰
2.성취(accomplishment)	목표와 목적을 달성함에 있어서 효과적으로 시간 사용
3.예리(acuteness)	항상 깨어있어 지침, 설명서, 예기치 못한 환경 대비
4.행정(administration)	연관업무 조직화, 책임과 권한위임, 활동을 측정, 평가 및 통제
5.분석 및 판단	잠재 및 현재문제점을 평가분석, 세분화, 가중치적용, 결과분석
6.태도(attitude)	열정, 낙관, 회사충성도, 월등, 직위 및 협력
7.커뮤니케이션	조직부서간 및 부서 내 커뮤니케이션 증진
8.창의력(creativeness)	쉽게 질문, 아이디어 개발, 새로운 접근방법 제시
9.결단(decisiveness)	필요 시 신속한 결정
10.신뢰(dependability)	업무종결일정 충족 및 회사정책 및 절차 존중
11.후속인력준비	우수한 후계자 및 대체인력 개발
12.융통성(flexibility)	변경조건에 신속하게 적응, 예기치 못한 일에 신속대응
13.인간관계	대인관계 이해, 문제점 인식, 타인고려, 동기부여 및 협력정신
14.독창력(initiative)	새로운 기회도전, 정열적인 행동, 낙담 없이 초기 계획추진
15.지식(knowledge)	요구충족을 위한 업무지식보유, 타 분야 기술 응용, 조감도인식
16.객관성(objectivity)	개인 또는 감정적 개입 없이 열린 마음으로 의사결정
17.기획력(planning)	예측, 신규 프로그램 개발, 계획서 작성, 일정수립
18.품질(quality)	업무정확도, 고품질 표준 일관되게 유지
19.자신(self confidence)	자기 확신, 내적 보안, 자기보증, 신규개발확신
20.자제(self control)	외적 압력상태에서 조용하게 균형,
21.스스로 동기부여	목표수립, 책임성, 자기혁신, 현실적인 의지
22.사회성(socialness)	쉽게 친구사귐, 타인과 협력, 신중한 태도
23회화력(verbal ability)	모든 조직레벨 사람과 대화, 커뮤니케이션, 표현
24.비전(vision)	예견력, 새로운 경향과 기회, 미래예측, 전통이나 관습 탈피

18.2.3 개인의 욕구

앞서 논의된 조직 환경과 개인별 리더십에 더하여 이제 개인의 욕구를 살펴보는 것이 중요하다. 만일 매니저가 조직 구성원에게 힘을 주고 동기를 부여하며 성공적으로 관리하려면 이러한 개인의 욕구를 잘 이해해야 한다. 이를 위해 A. H. Maslow[18]의 욕구에 대한 계층구조를 검토하는 것이 바람직하다. 본 이론은 일반적으로 개인적인 동기를 상대적으로 분명하게 구별되게 식별하여 제시하였다. 다음과 같이 다섯 가지 기본적인 욕구로 구분하였다.

1) 목마름, 배고픔, 섹스, 잠, 및 활동과 같은 심리적 욕구: 이는 육체적인 욕구를 가리킨다. 이러한 것이 일차적으로 해결되지 않으면 개인행동에 주요 영향을 주게 된다.
2) 안전 및 보안 욕구; 이는 위험, 위협, 및 파면 등을 가리킨다. 육체적인 욕구가 충족되면 안전 및 보안 욕구가 다음으로 요구된다.

18) A. H. Maslow, “A theory of human motivation,” Psychological Review, July 1943

3) 소속 욕구 또는 사회적 욕구: 이는 그룹 소속감, 우정 등을 가리킨다.
4) 이기적 욕구: 이는 자아평가, 자아존경, 타인으로부터 존경을 가리킨다. 따라서 자기 판단 기준으로 스스로 강인하고 할 수 있고 능력 있으며 월등하고 가치 있다고 생각한다.
5) 성취 욕구: 자기 개발, 창의력, 및 자기표현을 통해 자신의 모든 능력을 발휘하여 성취할 수 있다고 믿는다. 이는 사람의 욕망이 자라나 완전한 잠재력을 개발하여 가장 높은 레벨까지 성취할 수 있다고 믿는다.

이러한 욕구는 서로 연관되어 있다. 순서적으로 나열되었지만 양심과 활동을 반영하게 된다. 한 욕구가 충족되면 다음 욕구로 이전해 간다. 달리 말하면, 충족된 욕구는 더 이상 바라는 것이 아니다. 따라서 다음 욕구가 새로운 동인이 된다. Maslow가 일반적인 입장에서 순서적으로 욕구를 나열했지만 Herzberg[19]는 "동기-건강"이라는 연구를 통해 만족하는 것과 불만족하는 것으로 구분하였다. 본 이론은 200명의 엔지니어와 회계사의 업무태도를 다음 두 가지 질문을 통해 개발한 것이다. (1) 당신의 업무에 대해 예외적으로 만족했다고 여겨지는 경우를 상세하게 기술해 보라. (2) 당신의 업무에 대해 예외적으로 불만족했다고 여겨지는 경우를 상세하게 기술해 보라. 그 결과는 다음과 같이 두 영역으로 분류되었다.

1) 만족:
- 성취감: 업무종료 및 문제해결에 대한 자기만족
- 인정: 업무달성에 대한 인정(예, 업무를 만족하게 수행)
- 업무자체: 실질적인 업무내용 및 고용원에 대한 긍정 및 부정적 영향
- 책임성: 그 업무에 대한 책임과 권한
- 진급: 그 업무에 대한 위상
- 성장: 보다 앞서기 위해 새로운 기술 학습

2) 불만족:
- 회사정책 및 행정: 회사조직 및 관리, 정책 및 절차, 등에 대한 적합 또는 부적합에 대한 정도
- 감독: 감독을 위한 우월성 또는 기술능력
- 업무조건: 그 업무와 연관된 물리적 환경
- 인간관계: 감독자, 하부구성원, 및 참여자와의 관계
- 급여: 봉급 및 수당
- 신분: 사무실 크기, 비서, 개인 주차장 등
- 업무보장: 영구직, 회사안정도 또는 불안전도
- 사생활: 가족처우 및 사회적 혜택 등 업무에 영향을 주는 개인적 요소

대부분의 요소는 극단적인 영향을 준다. 예를 들면, 승진이 이루어지면 만족하고 그렇지 않으면 불만족이다. 그러나 이 요소는 만족에 더 큰 영향을 주는 요소이다. 급여는 봉급 규모나

19) F. Herzberg, " Work and Motivation," in Studies in Personal Policy Number 316: Behavioral Science, Concepts and Management Application, National Industrial Conference Board, NewYork,1969

수당이 좋지 않으면 불만족 요소이다. 보상이 좋을 때 이는 중간 정도의 만족을 준다. 이러한 경우에 급여에 대한 우세한 분류는 불만족 요소이다. 상기 모든 요소들은 개인 욕구를 나타내고 있으며 관리에 의해 고려되어야 한다. Myers[20]는 1961년에 시작하여 Texas Instruments에서 인터뷰(엔지니어, 과학자, 기술자)한 282항목을 다루고 있다. 사용된 영역은 동기부여(M; Motivators)와 불만족(D: Dis-satisfiers)이다. 그 결과는 다음과 같이 나타난다. 예를 들면, 급여는 부적절할 경우, 불만족(D)으로 나타난다. 승진은 동기부여(M)로 나타난다. 두 가지 요소는 상호 양극화 요소이며 그 영역은 가장 크게 영향을 주는 경우를 말한다.

1) 업무자체(M)/2) 책임(D)/3) 회사정책 및 행정(D)/4) 급여(D)/5) 승진(M)/6) 인정(D)/ 7) 성취(M)/8) 감독권(D)/9) 친목(D)

이를 요약하면 개별 구성원의 욕구는 그가 놓여있는 상황에 따라 다르다. 한 욕구가 충족되면 다른 욕구가 나타난다. 부가하여 이러한 욕구는 고용되어 있는 회사의 비즈니스 입장에 따라 다르다. 그 회사가 성장세에 있으면 고용원을 해직시키는 침체 상태에 있는 회사에 비해 매우 다르게 나타난다. 최종적으로 매니저의 업무는 두 가지로 대별된다. (1) 조직의 개인별 욕구를 알고 고용원의 욕구조건을 제시한다. (2) 가능한 범위까지 지속적으로 그 욕구를 충족시킨다. 인간의 동기부여는 그 조직의 성공을 유도하는 주요 요소이다. 그 개념을 이해하면 목적달성에 큰 도움을 주게 된다.

18.2.4 조직구성

조직을 구성하는 요구조건은 시스템엔지니어링 기획활동에서 비롯된다. 업무가 단기적으로 또는 장기적으로 식별되고 업무 패키지와 업무분해구조(WBS)로 나타난다. 그리고 업무 패키지가 그룹화 되면 이를 특정 조직부서와 연계시킨다. 그 직책은 차례로 앞서 13장의 조직구조에 맞추어 가장 적합한 부서로 연계시킨다. 시스템엔지니어링 조직을 구성하기 위해서는 무엇보다 먼저 조직의 기본기능을 가장 잘 이해해야 한다. 주어진 업무, 상태, 및 조직구조 도전, 등을 검토한다. 그리고 시스템 엔지니어가 필요한 직책을 다음 사항을 고려하여 지정토록 한다.

1) 특정 엔지니어링 분야의 학사 및 석사레벨의 공식적 기본교육 이수: 엔지니어링 석사 또는 동등한 자격
2) 조직, 프로젝트 등에서 수행된 엔지니어링 분야 일반 기술의 높은 레벨 경력
3) 적절한 활동분야의 상응한 설계경험, 예를 들면, 회사가 전기 및 전자분야 시스템 개발을 할 경우, 전기/전자 시스템의 설계 경험을 요구하게 된다. 다른 시스템 분야로서는 항공시스템, 토목시스템, 유압시스템 등을 요구
4) 신뢰성 분야, 유지보수성 분야, 인간공학 분야, 안전 분야, 로지스틱스 분야, 소프트웨어 공학 분야, 품질분야, 가치 및 비용 엔지니어링 분야 등과 같은 설계품질을 이해를 기본적으로 요구
5) 시스템을 구현하기 위하여 효과적으로 사용되는 시스템엔지니어링 프로세스, 기법과 도구

---

20) M. S. Myers, "Who are your motivated workers," Harvard Business Review(1970), This study employs factors comparable to those used by Herzberg.

를 이해: 예를 들면, 시스템 요구사항 식별, 기능분석 및 할당 등

6) 영업, 계약관리, 구매, 종합 로지스틱스 지원(ILS), 형상관리, 생산제조, 품질관리, 고객 및 공급자 운용 등을 포함한 기능 상호간의 관계를 이해

시스템 엔지니어에 대한 정의가 각 회사별로 다르기 때문에 이에 요구되는 내용도 회사마다 다르다는 점을 유의해야 한다. 경험을 바탕으로 철저한 기술 엔지니어링 교육이 바탕이 되어야 한다. 그리고 설계경험과 시스템 수명주기를 철저하게 이해하고 수많은 설계 인터페이스에 대한 지식을 보유하고 있어야 한다. 시스템엔지니어링 활동을 성공적으로 수행하려면 사전에 이러한 유사분야의 경험이 있어야 한다. 기본적인 요건과 함께 시스템엔지니어링 부서장은 조직상 개별 직위에 대한 공개모집이 있어야 한다.

이에 대한 요구사항은 <표 18.2>에 나타나 있다. 소요시기, 직위 및 직책, 업무목표, 수행업무 및 요구경력 사항이 세밀하게 제시되어야 한다. 그리고 시스템엔지니어링 직위 요건을 기술하여 인사담당부서로 넘기면 공개 모집하거나 특별채용 수순을 밟게 된다. 조직구성에서 가용한 소스는 다음 사항을 포함하여야 한다. (1) 회사 내 가용자원 또는 승진예정자, (2) 공개적인 외부 채용자 등의 수순을 밟는다. 이러한 경우 시스템엔지니어링 부서장은 인사담당과 긴밀한 협조 아래 개인자격요건과 직위기술서 작성, 홍보문안작성 및 공개 및 특별전형 인터뷰, 후보자 선발 최종적으로 시스템엔지니어링 부서에 채용 과정을 수행한다. 인터뷰를 할 때 <표 18.3>에 기술된 시스템 엔지니어 요구사항과 특성을 항상 유의해야 한다.

<표 18.3> 직위기술서 샘플

◆**소요시기** : **2011. 03**

◆**직위**
시스템 엔지니어 책임자

◆**직책**
시스템엔지니어링 부서장

◆**업무목표**
통신제품의 설계 및 개발에 대한 시스템 엔지니어링 기능 수행 책임

◆**수행업무**
- **시스템 타당성연구 및 기술대안 평가**
- **신규통신 시스템 장비에 대한 운용 요건 및 정비개념 수립**
- **시스템차원 요구사항을 기능설계 요구내용으로 전환**
- **시스템 및 하부 시스템 규격서 및 계획서 준비**
- **시스템 통합 활동 수행(공급자 기능 포함)**
- **제반 시스템 요소에 대한 요구사항 설정, 시스템 성능효과 결정, 성능향상계획 추진**
- **제품판매활동 지원, 필요 시 사용자 운용지원**

◆**요구경력**
전기공학(석사 이상 및 관리 경험/능력 교육 이수)
통신 시스템 설계 분야 최소 10년 이상 경력자

18.2.5 개인능력 개발 및 훈련

거의 모든 엔지니어는 매일 업무를 통해 무엇을 수행해야 하며 본 활동을 통해 어떠한 성장 기

회를 가질 수 있는지를 알기 원한다. 첫 번째 업무는 공식적인 성과검토활동을 통해 이루어진다. 이는 반년 또는 일년 단위의 미리 계획된 주기적인 활동으로 이루어진다. 그리고 매일 상위 매니저와 비공식적인 커뮤니케이션 프로세스에 의해 수행된다. 엔지니어는 책임이 부여되고 인정받기 위해 상위 감독자의 승인을 기대하고 있다. 개인 욕구에서 살펴 본 감독자와 밀접한 커뮤니케이션을 요망하며 보스는 업무를 잘 수행하기 위해 보다 철저한 관찰을 요구하고 있다. 또한 엔지니어는 문제가 발생했을 때 향상해야 할 부분을 가능한 한 빨리 알기를 원한다. 공식검토시기에 가서 잘 못된 경우를 발견하게 되면 반대편의 의견을 사전에 알지 못하여 모든 일이 잘 수행되는 것으로 알고 있었기 때문에 아주 나쁜 경험을 하게 된다. 시스템엔지니어링 조직에서는 초기부터 밀접한 관계를 요구하는 커뮤니케이션 레벨을 설정하는 것이 바람직하다.

두 번째 성장기회를 요구하는 경우는 다음과 같다. (1) 개인적인 개발을 허용하는 매니저 활동과 조직 내부 분위기, 및 (2) 제공된 기회의 장점을 살리기 위해 노력하는 엔지니어의 독창력이다. 시스템엔지니어링 부서에서의 개인성장은 부서가 효과적으로 운영되고 있을 경우 자연스럽게 이루어진다. 개인성장 개발 분위기가 형성되어 시스템 엔지니어는 그 기회를 찾기 위해 노력하면 된다. 시스템엔지니어링 부서 매니저는 그 요원에 알맞은 개발계획을 개인별로 테일러링해서 적용해야 한다. 그 계획은 다음과 같은 복합적인 개인별 개발을 통해 개인별 특정 욕구가 충족될 수 있도록 수립되어야 한다.

1) 공식적 내부교육: 엔지니어로 하여금 전사적인 정책과 절차와 자기 내부 조직에서의 세부 운용절차를 익숙할 수 있는 기회를 공식적인 내부 훈련 프로그램이 계획되어 있어야 한다. 이와 같은 훈련은 그 업무에 연관되어 있는 많은 인터페이스와 친숙해지고 전 조직 내에 성공적인 업무수행을 할 수 있는 길을 제공하게 된다.
2) OJT 훈련: 선정된 프로젝트에 대한 훈련으로써 개인적으로 프로젝트에서 상이한 프로젝트로 또는 상이한 업무로 옮겨 왔기 때문에 보다 더 큰 동기부여를 위한 OJT 교육이 필요하다. 모든 요원은 새로운 기술이 필요하고 전체적인 생산성에 지장을 주지 않는다면 이와 같은 훈련이 매우 유익하다.
3) 공식적 기술교육: 엔지니어로 하여금 신기법과 방법을 익숙하도록 하는 기술교육이 필요하다. 이는 엔지니어로 하여금 (a) 단기교육과정이수, 세미나, 및 워크숍 참가, (b) 그 지역 내에서 가리키는 대학원 과정 참여 및 (c) 대학 또는 전문대학 위탁교육과정에 장기간 파견 등을 통해 기술적 능력을 지속적으로 함양할 수 있는 기회를 부여한다. 업무에 종사하면서 더 높은 교육기회를 가지는 경우가 날이 갈수록 많아져 간다. 특히 우주위성분야, 비디오테이프, 컴퓨터 응용 프로젝트 등이다. 한 번 개인적으로 동기가 부여되면 이 분야에 많은 지원을 하게 된다.
4) 전문가 기술교류: 기술 분야 학회활동, 산업협회활동, 심포지엄, 및 워크숍 등에 참여하면서 다른 전문가와의 교류를 신장해 간다.

시스템엔지니어링 매니저는 그 조직부서 요원의 인적 개발 욕구를 인식한 다음 이들에게 업무도전 기회를 부여하여 더 높은 레벨의 성과를 낼 수 있도록 해야 하고 교육과 훈련과정에 대한 개인별 욕구도 함께 충족시켜야 한다. 결국 장기적인 조직의 성패는 개인개발 능력에 달려 있다는 사실을 유념해야 한다. 이를 통해 시스템엔지니어링 기능을 질적으로 보다 높게 향상할 수 있도록 개인에게 동기를 부여해야 한다.

18.3 문제풀이

1) 조직이란 어떻게 정의하는가? 특성과 목적 등을 기술해 보라.
2) 순수기능조직, 제품조직, 프로젝트 조직 및 매트릭스 조직에 대한 구조를 설명하고 장점과 단점을 비교해 보라.
3) 시스템엔지니어링 관점에서 어느 조직이 가장 바람직한가? 그 이유를 설명해 보라.
4) 시스템엔지니어링 활동은 어디에서 수행되고 시스템엔지니어링 기능수행 책임은 누가 지는가? 그림 14.2를 참조하여 조직 부서간 주요활동사항을 설명해 보라.
5) 당신이 신규 시스템 설계 및 개발책임을 수행하도록 임명되었다. 본 프로젝트 수행조직을 구상해 보라. 여기에 제시된 주요 요소를 식별하고 주요 인터페이스를 기술하라. 그리고 시스템엔지니어링 조직구성방법을 제시해 보라. 그리고 조직구조를 그려 보라.
6) 상기 질문에서 수행해야 할 시스템엔지니어링 기능을 기술해 보라.
7) 조직 관점에서 시스템엔지니어링 목적을 효과적으로 달성하기 위한 조건을 식별하여 제시해 보라.
8) 신규 프로그램에 시스템엔지니어링 조직을 구성하려고 한다.
   a) 어떤 형태의 조직구조를 선정할 것인가?
   b) 어떠한 정책과 절차를 적요할 것인가?
   c) 구성요원의 자질, 경력, 및 수를 제시해 보라.
   d) 관리 형태와 그 특성을 제시해 보라.
9) 시스템엔지니어링 조직 환경에서 어떠한 요소가 반영되어야 하는가? 시스템 엔지니어링 기능을 성공적으로 적용하기 위한 조직 환경을 기술해 보라.
10) 시스템엔지니어링 조직과 계약관리부서, 구매, 생산, ILS부서, 형상관리부서, 영업부서와 주요업무 인터페이스를 기술해 보라.
11) 공급자 관리와 연관된 주요사항을 제시해 보라.
12) 경영 스타일과 연관한 두 가지 이론을 제시해 보라. 그리고 어떠한 이론이 시스템엔지니어링 조직에 더 부합되는가?
13) 엔지니어링 부사장으로서 새로운 시스템엔지니어링 부서장을 찾고 있다고 하자. 어떠한 리더십 특성을 요구할 것인지 그 중요도에 딸 순서적으로 제시해 보라.
14) 당신의 경험에 의하여 <표 14.1>의 리더십 특성 요소 중 10가지를 순서적으로 제시해 보라.
15) Herzberg의 연구결과를 검토해 보라. 그리고 당신의 경험에 의해 중요도에 따라 만족 과 불만족 사항을 제시해 보라. 추가적인 요소를 제시해 보라. 그리고 바차트를 이용해서 양극화 요소를 비교해 보라.
16) 당신의 경험에 따라 시스템 엔지니어 특성을 정의해 보라. 배경, 개인 특성, 동기부여 요소 등을 고려해 보라.
17) 시스템엔지니어링 부서장으로서 당신 조직이 기술적 우위를 유지하기 위한 방법을 제시해 보라. 어떠한 단계로 이를 수행할 것인가?

제19장 시스템엔지니어링 계약관리

19.1 개요

공급자란 생산자(또는 주계약자)에게 제품, 컴포넌트, 자재, 및 서비스를 제공하는 광범위의 외부조직을 가리킨다. 공급범위는 크게는 주요 하부시스템이나 형상품목에서부터 작은 컴포넌트 부품에 이르기까지 다양하다. 공급자가 제공해야 할 용역대상은 다음과 같다.

(1) 대상 시스템을 구성하고 있는 주요 요소에 대한 설계, 개발, 및 제조; (2) 이미 설계된 항목(제작 소스 제공)의 생산 및 분배; (3) 재고로 가지고 있는 상용 및 표준 컴포넌트 부품의 분배(다양한 공급소스로 및 창고로부터 부품제공); (4) 기능적 요구사항에 대한 프로세스 적용 등을 들 수 있다. 수많은 시스템에 대하여 공급자가 시스템을 구성하고 있는 수많은 요소(어떠한 경우에는 거의 50%가 넘는다)를 제공하고 있다. <그림 19.1>과 같이 대형 프로젝트의 경우, 형상품목이나 주요 하부시스템 공급자에게 용역을 제공하는 하나 또는 그 이상의 컴포넌트 공급자로 구성된 공급자 계층구조를 볼 수 있다.

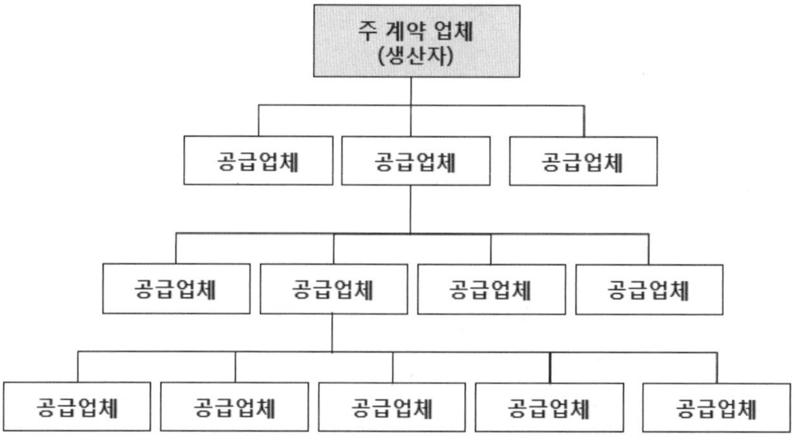

<그림 19.1> 전형적인 공급자 계층구조

최근 들어 경제적인 측면에서 생산자 조직에서 수행하는 것보다 외부전문기관을 활용하거나 아웃소싱하는 경우가 늘어나고 있다. 더구나 글로벌 환경에 힘입어 여러 다른 지역 및 국가의 공급업체를 활용해 가고 있다. 수많은 상이한 공급자를 설계, 개발, 제작 및 지원활동분야에 적용함에 따라 시스템엔지니어링 프로세스와 기법에 대한 필요성이 증가되고 있다. 설계 프로세스를 적용하는 공급자는 시스템 개발 초기부터 참여해야 한다.

공급자 기능과 활동을 위해 시스템엔지니어링 관리계획서(SEMP)가 작성되어야 한다. 시스템규격서(A형)을 기능 베이스라인으로 작성한 다음 이를 다양한 하위레벨 규격서를 작성하는데 적용해야 한다. 결국, 주요 공급자는 초기 설계단계부터 하나의 설계팀 요원으로 참여하여 시스템엔지니어링 프로세스를 적용해야 한다. 앞서 논의된 공급자 업무와 활동 및 조직구조와 함께 공급자 선정 및 평가, 공급자 용역 계약 및 공급자 조정 및 통제활동을 살펴보고자 한다.

19.2 공급자 활동사항

시스템엔지니어링 프로세스는 고객 필요성이 식별된 다음 시스템 운용요구사항 및 유지보수개념 정의, 기술성능측정요소(TPM) 식별, 기능분석 및 할당, 그리고 시스템규격서(A형) 작성단계로 진행된다. 이를 기반으로 공급자를 선정하는 프로세스 단계는 <그림 19.2>와 같다.

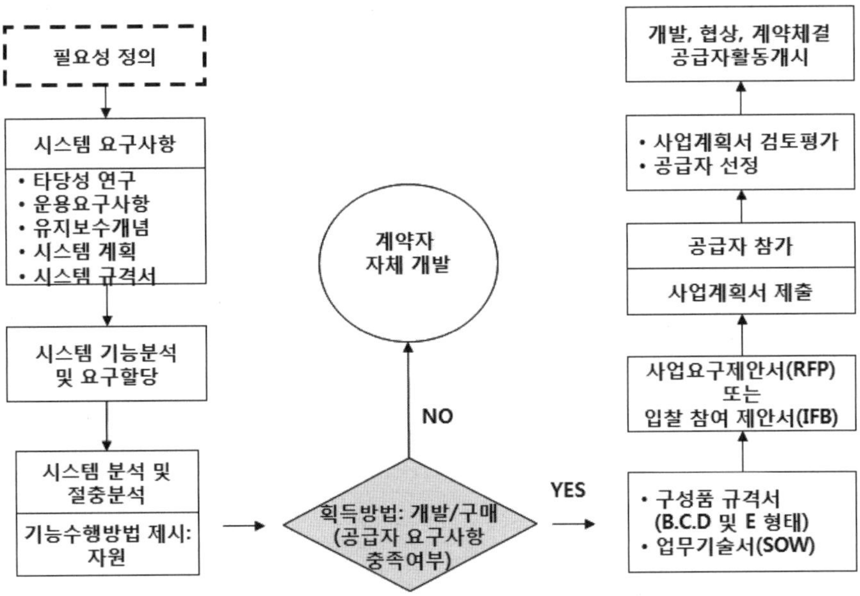

<그림 19.2> 공급자 선정 프로세스

본 그림에서 보면 먼저 대상시스템이 수행해야 할 기능(WHAT)을 식별한 다음 이 기능을 평가하고 가장 잘 수행할 수 있는 방법(HOW)을 절충하여 선정한다. 이를 위해 기본적으로 살펴보아야 할 일은 다음과 같다. 식별된 기능의 수행방법을 장비, 소프트웨어, 인적자원, 또는 복합방식 등 어느 것으로 할 것인지를 선정해야 한다. 이와 같이 절충한 결과를 특정 자원 요구사항 형태로 제시하게 된다. 다음 단계는 이러한 자원이 어디에(WHERE) 있는지를 알아내야 한다. 이는 공급원을 알아내는 것이다. 장비설계 또는 제조, 소프트웨어 패키지 개발, 또는 프로세스 수행이 생산자 자체에서 개발할 것인지 아니면 외부공급 소스에서 수행할 것인지를 결정해야 한다. 대부분의 기업은 대안을 평가하고 더 좋은 방법을 선정하기 위해 별도의

개발/구매방법을 심의하는 획득위원회를 운영하고 있다. 이러한 획득위원회는 프로그램 관리, 엔지니어링, 로지스틱스, 제작, 구매, 및 품질보증 부서의 대표로 구성된다. 엔지니어링 부서는 시스템엔지니어링 분야와 설계 엔지니어링 분야로 구성한다. 의사결정을 위해 소요시기, 시스템 복잡도, 기술 및 능력에 대한 내부 또는 외부 가용성, 연관된 사회 및 정치적 요소, 및 비용 등의 요소를 고려하여 결정한다. 시스템엔지니어링 관점에서 상대적으로 복잡하고 신규 테크놀로지를 필요로 하며 전체 시스템개발에 치명적인 요소가 있을 경우, 가능하다면 내부에서 자체 개발하는 것이 바람직하다. 이러한 품목일수록 보다 엄격한 통제와 관리가 필요하기 때문에 먼 거리에 위치한 공급자와 함께 일하기가 매우 어렵다.

<그림 19.2>에 나타난 바와 같이 공급원을 내부적인 자체개발로 할 것인지 아니면 외부 공급자를 선정할 것인지를 획득위원회에서 추천해야 한다. 결국 수 많은 요구사항을 유사한 방법으로 평가한 후 다양한 능력을 가진 여러 공급자를 활용하여 시스템 개발활동을 수행토록 한다. <그림 19.3>과 같이 선정된 시스템의 아웃소싱 후보를 식별하게 된다. 주요 하부시스템 및 하위 레벨 컴포넌트의 설계 및 개발, COTS 상용부품 공급, 자재공급, 프로세스 수행을 위한 용역 제공 등에 관한 공급자로 구성되고 있음을 유의해야 한다.

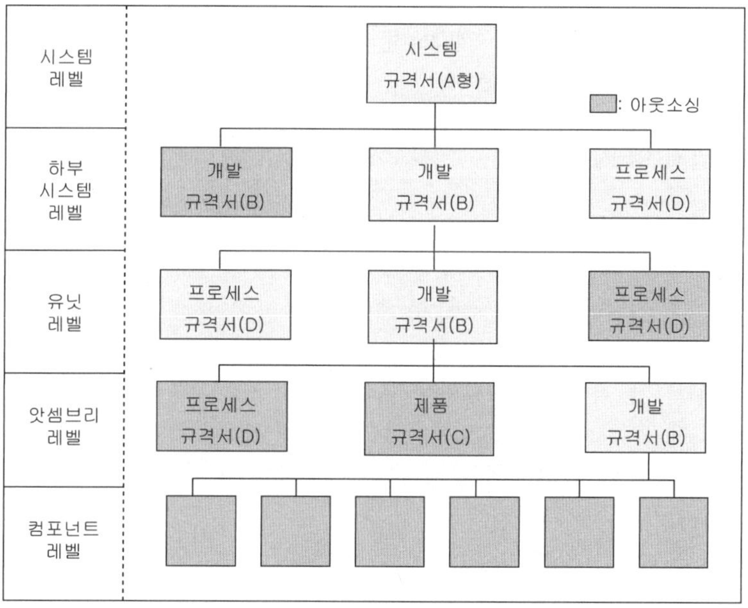

<그림 19.3> 아웃소싱 후보 사례

19.3 제안서 제출 및 공급자 선정

<그림 19.2>에서 획득위원회에서 구매로 결정되면 아웃소싱 공급자를 선정하기 위하여 수행해야 할 업무와 세부적인 시스템규격서를 작성하게 된다. <그림 15.3>에서와 같이 시스템 요소 설계 및 개발 규격서(B형), COTS 구매규격서(C형), 용역 또는 프로세스 규격서(D형) 및 자재 획득

규격서(E형)를 준비한다. 규격서를 작성함에 있어서 계층구조로 작성해야 하며 이는 상위레벨 시스템 규격서(A형)로부터 하위레벨 자재규격서(E형)까지 요구사항을 추적할 수 있어야 한다. 적절한 기술성능측정(TPM)요소 설정과 요구사항 할당 프로세스를 통해 모든 시스템 계층구조요소, 즉 하부시스템 레벨, 형상품목레벨, 유닛 레벨, 어셈블리 레벨에 대한 양적 및 질적 판단기준을 제시하게 된다. 따라서 이러한 판단기준은 개발, 생산, 프로세스, 및 자재규격서에 적절하게 제시해야 한다. 이러한 규격서를 완전하게 잘 작성하는 일은 입력과 출력사항, 성능관련 요구사항을 정의함에 필요할 뿐만 아니라 기능적인 인터페이스 요구사항을 정의함에도 필요하다. 시스템을 설계하고 개발하는 수많은 프로젝트의 경우, 이와 같은 프로세스가 아닌 개별 컴포넌트를 개발하고 이를 조립하고 이를 하부시스템으로 통합하여 시스템을 생산 공장에서 조립하는 상향식 프로세스로 진행해 오고 있다. 이러한 경우에 세계 여러 곳에서 공급된 다양한 부품을 생산 공장에서 하부시스템, 제품 및 프로세스를 통합해야 한다. 이는 적절한 통합이 효과적으로 잘 이루질 수 있도록 설계함에 그 목적이 있게 된다. 따라서 과거에는 하위레벨에서의 효율성이 중요하기 때문에 존체적인 시스템 통합과정에서 수많은 문제점을 낳게 된다. 다른 말로 하면 시스템 설계 및 개발은 적절한 컴포넌트를 선정하여 이러한 컴포넌트가 제대로 기능할 수 있도록 최종적으로 통합하는 프로세스이다. 따라서 기능적 인터페이스를 분명하게 정의한 완전한 규격서를 준비하는 것이 바람직하다. 이와 같이 좋은 규격서를 준비한 다음, 다음 차례는 업무기술서(SOW)를 작성하고 입찰제안서(RFP)를 개발하며 가능 공급원을 찾아내고 원하는 업무를 수행할 수 있는 공급자를 선정하는 절차를 밟는다.

19.3.1 입찰제안서(RFP) 준비

대안비교분석결과 구매토록 의사결정이 되면 곧 입찰제안서를 마련해야 한다. 이를 작성하는 목적은 가용 공급자가 입찰에 참여할 수 있도록 필요한 데이터 패키지를 개발함에 있다. 일반적으로 RFP는 입찰자의 요청에 따라 계약자가 제품 또는 용역의 요구사항을 제안하는 공식적인 절차를 말한다. 시스템 컴포넌트에 대한 필요성이 식별되고 그 품목을 외부에서 입찰하도록 의사결정이 된 후 계약자가 이러한 요구사항을 보다 세부적으로 분명하게 제시하게 된다. 이러한 요구사항이 데이터 패키지로 기술되고 입찰제안서 부록에 첨부되어 RFP에 참여하는 대상 공급자에게 보내진다. 보내야 할 데이터 패키지를 보다 세밀하게 기술하면 다음과 같다.

1) 제품, 성능 및 효과도 특성, 물리적 특성, 로지스틱스 및 품질조항 등을 기술하고 있는 기술 규격서: 이러한 문서는 시스템 특정 요구사항에 따라서 “B형”, “C형”, “D형”, 및 “E형” 규격서로 맞춤형으로 기술해도 좋다.
2) 전반적인 프로그램 목적, 계약자 조직부서 책임 및 인터페이스, WBS, 프로그램 업무, 업무일정, 정책 및 절차 등을 기술하고 있는 약식관리계획서: 이러한 정보는 주로 계약자 활동과 연관되어 있지만, 개별 공급자가 이를 이해하고 전체 프로그램에 대한 역할을 수행해야 한다.
3) 세부 활동, 업무일정, 제출 품목, 지원 데이터, 공급자가 제공할 보고서 등을 기술한 업무기술서(SOW): 규격서와 관리계획서를 통한 종합정보는 수행해야 할 업무의 요약과 공급자 제안서의 기초로 사용된다.

시스템엔지니어링 목적을 충족시키려면 초기 공급자 선정, 차후 수행활동, 및 계약자로부터 부과된 업무수행평가 및 조종통제 역할에 달려있다. 이 프로세스의 입력사항으로 기술 규격서가 모든 시스템 레벨 요구사항으로 제시되고 이를 획득해야 할 공급자 요소에 할당되어야 한다. 하향식 접근방법이 시스템엔지니어링에서 가장 중요하고 기술규격서가 가능한 범위까지 시스템 요구사항을 지원해야 한다. 하위레벨 규격서에 미치는 시스템 규격서의 영향 정도는 공급자 획득 품목에 달려있다. 예를 들면, 표준품목, 상용품목, COTS 컴포넌트는 상대적으로 단순히 "C형" 규격서에 달려있지만 개발노력이 많은 품목일 경우에는 매우 광범위한 개발규격서 "B형"에 달려있다. 그리고 한 단계 아래로 진행하면서 규격서 계층구조를 따라 추적되어야 한다. 하향식 기술요구사항이 "규격서 추적"에 의해 관리되지만 관리에 관한 요구사항은 공급자 관리계획서와 업무기술서(SOW)에 의해 부과되어야 한다. 조직부서의 연계성은 하향식으로 확인되어야 하고, 공급자 활동은 계약자에 의해 수행될 활동을 직접적으로 지원해야 한다. 일정이 잘 지켜져야 하며 WBS는 공급자와 계약자 활동 상호간의 관계를 잘 나타내야 한다. 달리 말하면, 계약자로부터 공급자에게 수행업무가 잘 전이되어야 한다. 예정 공급자 활동을 나타내기 위해 계약자에 의해 준비된 RFP 데이터 패키지는 상위 시스템 레벨 요구사항으로부터 최하 레벨 시스템 컴포넌트까지 필요한 연계성을 유지하는데 매우 중요하다. 시스템엔지니어링 활동의 한 가지 중요한 활동은 시스템 통합이다. RFP를 개발하는 목적 중의 하나는 이러한 통합 활동이 잘 이루어질 수 있도록 함에 있다. 흔히 이러한 문서를 너무 조급하게 작성하고 제안서가 작성되며 계약협상이 이루어지는 반면에 필요한 시스템 통합활동은 상당히 지연되는 경우가 많이 있다. RFP 데이터 패키지는 시스템 규격서 "A형"과 SEMP의 연장선에서 이루어져야 한다.

19.3.2 공급자 제안서 준비

RFP 데이터 패키지가 준비된 다음 자격 있고 관심 있는 공급자로 하여금 입찰 참여 여부 기회를 준다. 참여하기로 결정한 공급자는 제안서 준비 팀을 구성하여 제안서 작성준비에 들어간다. 주요 하부시스템처럼 설계 및 개발이 요구되는 경우, 공급자 제안서 작성범위는 보다 광범위하다. 공식적인 프로젝트 형 조직을 구성하여 특정 프로젝트 활동이 식별되고 시스템 개발과 유사한 프로젝트 수행노력이 요구된다. 이러한 대형 프로젝트의 경우, 설계 및 개발 요구사항이 있어야 한다. "B형" 개발 규격서를 포함한 RFP의 경우, 주요 시스템 요소 설계가 필요하기 때문에 제안서 작성을 위한 실험시제를 제작해야 하는 경우도 있다. 설계 및 개발활동을 검증하기 위한 미니 프로젝트를 수행하기도 한다. 물리적 모델과 같은 그 결과물을 제안서와 함께 계약자에게 제시하기도 한다. 계약자, 또는 고객에게 공급자의 능력과 설계 접근방법에 대한 확신을 줌으로써 보다 빨리 설계를 결정할 수 있다. 만일 그 공급자가 선정된다면 기 제작된 시제가 다음 세부설계를 수행하는 베이스라인 형상으로 고려될 것이다. 이와 같은 절차를 밟게 되면 하부시스템 요구사항이 RFP의 한 부분으로 수행되고 설계 및 개발활동이 제안서 단계에서 종료되어 공식 설계검토가 계약자 검토 및 공급자 제안서 평가에 의해 수행된다. 그리고 그 형상이 결정되어 설계변경 관리활동이 시작되기도 한다. 따라서 개발기간이 단축된다. 이러한 시나리오 때문에 RFP를 잘 준비하는 것은 시스템엔지니어링 관점에서 매우 중요하다. 나아가 제안서 준비단계에서 수행된 설계활동은 시스템엔지니어링 목표를 지원하는 설계특성(예, 신뢰성 특성과 유지보수성 특성) 활동으로 고려되어야 한다. 최종적으로 공급자 제안서의 공식적인 평가는 획득될 품목 또는 용역이 시스템엔지니어링 요구사항과 일치 여부를 마지막으로 검토해야 한다.

19.3.3 공급자 평가 및 선정

가용 공급자로부터 제안서를 받은 후 계약자는 검토 및 평가 프로세스를 밟는다. 만일 경쟁입찰 관계가 있을 경우, 계약자는 최적 공급자를 선정하기 위한 일반적인 평가절차를 수립한다. 먼저 제출된 제안서가 경쟁자가 제기한 RFP 적합 여부를 검토한다. 만일 불일치 사항이 나타나면 경쟁에서 제외시키거나 또는 우선협상대상자로 선정한 다음 본 사항을 수정토록 한다. 둘 이상의 공급자가 RFP를 충족시키고 있을 경우, 각 제안서에 대하여 평가기준을 적용하여 검토한다. 이는 다음 공급자 체크리스트를 사용해도 좋다. 식별된 평가항목은 일반적 평가기준, 하부시스템 또는 획득대상품목의 설계특성, 시스템/품목에 대한 공급자 제안 유지보수 및 지원 인프라 구조 및 공급자 품질인증 요소를 포함하고 있다. 이러한 항목은 시스템 전반에 걸친 요구사항 중요도에 따라 가중치를 결정하는데 도움을 준다. 계약자는 <표 19.1>과 같이 각 항목별로 가중치를 부여한다.

<표 19.1> 제안서 평가 결과표

평가기준		가중치 (%)	A업체 제안서		B업체 제안서		C업체 제안서	
			등급	점수	등급	점수	등급	점수
A. 일반기준 (10)		10	7	70	5	50	6	60
B. 프로젝트 설계특성 (30)	1.성능요소	6	3	18	5	30	4	24
	2.기술적용	3	7	21	8	24	6	18
	3.물리적 특성	2	3	6	4	8	5	10
	4.효과요소	7	7	49	7	49	8	56
	5.생산성요소	2	4	8	6	12	3	10
	6.폐기요소	3	5	15	4	12	8	24
	7.환경요소	2	2	4	3	6	5	10
	8.경제요소	5	4	20	4	20	6	30
C. 제품유지보수 및 지원 인프라 구조 (20)	1.유지보수/지원 요구사항	7	6	42	8	56	7	49
	2.데이터/문서화	3	3	9	4	12	6	18
	3.보증조항	3	2	6	3	9	5	15
	4.고객서비스	5	5	25	8	40	30	30
	5.경제요소	2	4	8	3	6	6	6
D. 공급자 품질인증 (34)	1.계획/절차	3	5	15	4	12	5	15
	2.조직요소	2	6	12	5	10	5	10
	3.인력/자원	2	4	8	3	6	2	4
	4.설계방법	4	6	24	4	16	3	12
	5.제조능력	3	7	21	5	15	4	12
	6.시험평가	2	6	12	5	10	4	8
	7.관리통제	6	7	42	6	36	4	24
	8.경험요소	4	6	24	4	16	4	16
	9.과거업적	5	6	30	5	25	7	35
	10.성숙도	3	7	21	7	21	6	18
E. 수명주기비용 (12)		12	5	60	7	84	4	48
총계		100		570		595		562

- 일반기준
- 제품설계특성
  - 기술성능 인자/ - 기술적용/ - 물리적 특성/ - 효과 요소: 1)신뢰성/2)유지보수성/ 3)인간공학/4)안전 요소/5)지원 가능성/서비스 가능성/6)품질 요소
  - 생산성 요소/ - 폐기관련 요소/ - 환경 요소/ - 경제 요소
- 제품 유지보수 및 지원 인프라 구조
  - 유지보수 및 지원요구사항/ - 데이터/문서화/ - 보증조항/ - 고객서비스/ - 경제요소
- 공급자 품질인증
  - 계획 및 절차/ - 조직요소/ - 가용인력 및 자원/ - 설계접근방법/ - 생산제조능력
  - 시험평가 방법/ - 관리통제/ - 경험요소/ - 과거업적/ - 성숙도/ - 경제요소

이는 공급자 품질인증, 제품설계특성, 제품유지보수 및 지원 인프라 구조 및 일반 판단기준 순으로 식별되었다. 부록 IV 에 나타나 있는 공급자 평가 체크리스트를 고려하여 각 공급자의 제안서를 검토하여 어느 공급자가 각 고려요소를 보다 잘 충족하고 있는지를 반영한다. <표 15.1>의 평가기준에 나타난 제목은 그 중요도에 따라 점수를 부여하고 등급을 산출한다. E항의 보다 세부적인 고려사항은 <표 19.2>에 나타나 있다.

<표 19.2> 공급자 제안서 세부평가기준 사례(<표 15.1>의 E항)

등급	수명주기비용(LCC) 평가기준
10-12	공급업체의 LCC에 기초를 둔 설계계획수립 및 LCC 비용분석(접근방법 및 모델) 적용
8-9	공급업체의 LCC에 기초를 둔 설계계획수립 및 LCC 분석적용면에서 다소 미흡
6-7	공급업체의 LCC에 기초를 둔 설계계획수립 및 LCC 분석기법 적용 시작
3-5	공급업체의 LCC에 기초를 둔 설계계획수립 및 LCC 미래적용 예정인 경우
0-2	공급업체의 LCC에 기초를 둔 설계계획수립 및 LCC 분석 고려 없음

각 개별 요소점수가 합해지고 가장 높은 총계가 공급자로 선정된다. 이 경우는 공급자 B가 선정된다. 시스템엔지니어링 관점에서 공급자 제안서를 평가할 때 다음과 같은 질문을 한다. 이는 하부시스템이나 컴포넌트 선정에도 동일하게 적용된다.

1) 공급자 제안서는 RFP에 명시된 계약자 요구사항을 잘 반영하고 있는가?
2) 공급자 제안서는 "A형" 시스템규격서에 명시된 시스템 요구사항과 SEMP에 적합하게 제시되어 있는가?
3) 제안된 항목에 대하여 성과 특성이 잘 명시되어 있는가? 이러한 항목은 시스템 레벨 요구사항으로부터 측정 및 추적 가능한가?
4) 효과도 요소(신뢰성, 유지보수성, 지원가능성, 가용성 등)가 명시되어 있는가? 이러한 항목은 시스템 레벨 요구사항으로부터 측정 및 추적 가능한가?
5) 신규설계가 필요한 경우, 공급자 조직의 설계 프로세스가 잘 정의되어 있는가? 이 프로세스는 필요 시 CAD/CAM/CALS 기법과 잘 연계되어 있는가? 신뢰성, 유지보수성, 인간공학, 지원가능성, 수명주기비용 및 기타 연관된 특성을 설계에 절절하게 반영하고 있는가? 설계변경절차가 개발되어 있으며 설계변경을 통제할 수 있는 형상관리계획이 수립되어 있는가?
6) 설계가 도면, 부품목록서, 보고서, 소프트웨어, 테이프, 디스크, 및 데이터베이스 등 적절한 문

서로 정의되어 있는가? 필요한 데이터 획득이 가능한가? 데이터 권한이 언급되어 있는가?

7) 공급자는 제안된 컴포넌트에 대하여 시험평가 요구사항을 제시하고 있는가? 과거에 수행된 시험이라면 시험결과가 문서화 되어 있으며 볼 수 있는가? 그리고 미래 시험계획은 시험평가종합계획(TEMP)에 적절하게 통합되어 있는가?
8) 유지보수 자원요구사항, 예비/수리부품, 시험지원장비, 소요인력 및 기술레벨, 교육훈련, 설비, 데이터, 유지보수 소프트웨어 등 수명주기 지원 요구사항을 식별하여 제안하고 있는가? 이러한 요구사항이 설계를 통해 최소화될 수 있도록 제안하고 있는가?
9) 설계형상이 지속적으로 성장가능 하도록 반영하고 있는가?
10) 공급자는 생산/건설계획을 제시하고 있는가? 특성에 따라 주요 제조 프로세스가 식별되어 있는가?
11) 공급자는 품질보증 프로그램을 제시하고 있는가? 통계적 품질관리 기법을 적용하는가? 공급자는 하자 품목에 대한 재 보수 계획을 가지고 있는가?
12) 공급자 제안서에 다양한 관리 계획을 포함하고 있는가? 그 계획은 프로그램 활동, 조직구조 및 책임, WBS, 활동 일정계획, 프로그램 모니터링 및 통제절차, 등을 포함하고 있는가? 시스템엔지니어링 활동 책임이 부여되어 있는가?
13) 공급자 제안서는 획득비용, 운용 및 지원비용 및 수명주기 비용 등 전체적인 비용을 제시하고 있는가?
14) 공급자는 제안된 제품과 유사한 설계, 개발, 및 생산 경험을 가지고 잇는가? 이러한 경험을 통해 계획된 일정 및 비용으로 고품질 제품으로 개발할 수 있다고 보는가?

이러한 질문은 공급자 제안서를 평가함에 도움을 주지만 특정 획득방법을 추천하기 전에 다음 몇 가지 사항을 추가적으로 고려하는 것이 바람직하다.

1) 단독입찰 공급자인지 아니면 RFP를 충족하는 둘 또는 그 이상의 공급자가 있는가? 상대적으로 시스템 요소가 크고 부분적인 설계 및 개발활동이 필요한 프로젝트의 경우 이를 둘 이상의 공급자가 개발하게 되면 비용이 많이 들게 된다. 반면에 소규모 표준상용 컴포넌트의 경우 여러 공급원이 있을 수 있다. 하나의 공급원이 없어졌을 때 필요성을 충족시키는 공급원을 확보하는 일이 중요하다.
2) 생산 전후, 전 수명주기 동안 필요한 지원을 공급자가 수행할 수 있는가? 특히 중요한 사항으로써 초기 생산이 끝난 다음 유지보수 요구사항을 충족시킬 수 있도록 예비/수리부품 소스 지원이 가능해야 한다. 만일 지원이 어렵다면, 충분한 예비/수리부품을 미리 생산단계에서 확보해야 한다.
3) 공급자가 정치적, 사회적 및 경제적 요인에 의해 선정해야 하는가? 특히 글로벌 환경에서 특정 국가로부터 컴포넌트 또는 서비스를 획득하는 정치적 압력이 있을 수 있다. 반면에 지형적 위치와 경제적 요인에 의해 미래지향적으로 공급자를 선정할 수도 있다. 경우에 따라 전체의 X%의 물량을 하청 계약할 수도 있다. 어떠한 경우든 정치적, 사회적 및 경제적 요인을 고려한다.

공급자 제안서 평가는 <표 19.1>을 기반으로 상기 여러 가지 추가적인 요소를 고려해서 판단해야 한다. 단독이나 다수 공급원, 생산 이후 지원가능성, 공급자선정 시 정치, 경제, 사회적 요인 등이다. 이러한 평가활동은 작성된 제안서를 검토할 뿐만 아니라 때에 따라 현장이나 공급자 설비 방문실사를 통해 이루어지기도 한다. 추천이 되고 계약자와 공급자 간에 계약협상이 시작된다. 공급자 평가 및 선정 결과는 프로그램 성패에 지대한 영향을 주기 때문에 시스템엔지니어링 부서에서 이에 대한 프로세스를 수립하는 것이 바람직하다. 공급자 활동을 전체적인 엔지니어링 설계 및 개발에 적절하게 통합하고 협력하는 활동이 필수적이다.

19.4 계약협상

공급자 평가 및 선정과정을 통해 추천되고 나면 공급자와 공식계약을 성사시키기 위한 매우 세부적인 계약자 활동이 시작된다. RFP가 제시되었고 공급자 제안서를 평가하였다. 이제 계약 형태를 설정해야 할 시기다. 협상된 계약형태는 공급자 업무수행에 매우 중요한 영향을 끼친다. 특히 설계 및 개발활동을 포함한 대형 시스템 컴포넌트 획득 시 더욱 그러하다. 계약협상의 목적은 기술 요구사항 관점, 산출물, 가격, 계약형태, 및 지불계획 등 가장 유리한 계약을 달성함에 있다. 분명히 계약자와 예정공급자 간에 각각 가용한 대안과 위험을 고려하여 입장을 정리하게 된다. 하나의 극단적인 계약형태는 프로그램 위험이 일차적으로 공급자에게 부여된 확정고정가격계약(FFP) 형태이다. 다른 극단적 계약형태는 계약자가 모든 위험을 책임지는 비용추가고정비(CPFF) 계약형태이다. 이 두 가지 극단적인 계약 사이에 수많은 계약형태가 있다.

계약형태협상은 공급자 성과에 많은 영향을 주기 때문에 매우 중요하다. 또는 주어진 기간에 주어진 요구사항을 충족시키기 위한 시스템을 개발 및 생산해야 하는 계약자 활동에 영향을 준다. 대형 하부시스템을 개발할 공급자 성과는 시스템엔지니어링 목적을 성공적으로 달성함에 치명적이다. 나아가 협상된 계약형태에 따른 위험은 SEMP에 기술된 위험관리계획 수립에 영향을 준다. 이를 염두에 두고 시스템 엔지니어는 계약형태 협상뿐만 아니라 협상 프로세스에 영향을 주고 있기 때문에 계약을 잘 이해해야 한다. 고정가격계약은 대부분의 위험을 공급자가 지기 때문에 까다롭게 통제해야 한다. 엔지니어링 설계가 매우 잘 정의되어야 한다. 만일 변경이 발생하면 이는 매우 비싼 대가를 지불해야 한다. 한편 비용을 추가하는 CPFF나 CPIF 계약은 초기계약협상 후 변경발생에 융통성이 있다. 그리고 대부분의 위험이 계약자에게 있다. 어느 경우든지 시스템 엔지니어는 다양한 계약형태에 따라 무엇을 할 수 있고 무엇을 할 수 없는지를 구분하고 설계정의 범위를 분명하게 해야 한다. 추가적으로 시스템 엔지니어는 계약협상에 이르는 초기 RFP 준비과정(개발규격준비, 관리 계획, SOW 등)에 기술 및 비용추정 관점에서 참여해야 한다. 실제 협상이 시작되면 다시 한 번 규격서와 업무수행 기술요소에 관여해야 한다. 협상 프로세스를 통해 업무범위가 변경될 수 있고 이를 다른 시스템 설계 및 개발에 미치는 영향을 검토한다. 보다 구체적인 이해를 돕기 위해 몇 가지 주요 계약형태를 다음과 같이 요약해서 제시한다.

1) 확정(FFP)계약: 이는 계약자에 의해 공급자 제품이 수락될 때 계약된 금액을 지불하는 법적 동의를 말한다. 계약 이후 공급자의 실제비용이 추가되어도 가격조정이 되지 않는 계약형태

이다. 약정된 가격에서 공급자는 모든 재정상의 위험을 감당해야 한다. 이윤은 초기 추정비용, 협상 및 비용통제 능력에 달려 있다. 이러한 계약형태를 적용할 때는 주어진 컴포넌트 설계가 적절한 규격에 의해 매우 잘 설정되어 있는 경우이다.

2) 확정상승(Fixed-price-with-escalation)계약: 이는 FFP와 유사한 계약인데 어쩔 수 없는 가격인상 또는 하강이 발생할 경우 이를 추가해 주는 상승조항을 삽입한 계약형태이다. 이러한 상승 정도를 추정함에 있어서 불확실성이 있을 경우, 상승 한도를 공급자와 함께 설정하고 그 한도까지 계약자가 서로 분할하는 계약형태이다. 설정된 한도 이상의 예기치 못한 비용은 공급자 부담이다.

3) 확정인센티브(Fixed-price-incentive)계약: 이는 불확실한 비용이 있는데 공급자관리와 공급자에게 어느 정도의 인센티브를 제공함으로써 비용감소가 이루어 질 수 있는 경우이다. 목표비용, 최소비용 및 가격한도를 이윤조정공식에 따라 협상토록 한다. 초기 목표이윤으로부터 이윤조정은 전반적인 비용성과에 기초하여 이루어진다.

4) 확정추가보상비용(CPFF)계약: 이는 공급자가 프로젝트와 연관해서 모든 정당한 비용에 대한 상환이 필요한 경우, 비용을 보상하는 계약이다. 예를 들면 추정비용의 10%와 같이 협상고정수수료가 업무종결 시 공급자에게 지불한다. 이러한 수수료가 총비용의 일정비율로 결정되어 있을지라도 업무범위와 계약내용이 변경되면 그 비율을 조정할 수 있다. 이는 공급자 측에서 초기계약범위를 넘어 요청된 엔지니어링 변경제안을 계약자가 흔쾌히 수락할 때 적용 가능하다.

5) 확정추가인센티브비용(CPIF)계약: 프로그램에 불확실성이 존재할 경우에 적용하는 계약이다. 불확실한 요소의 달성결과에 따라 추가된 인센티브와 함께 정당한 비용이 공급자에게 지불된다. 협상시점에서 일정에 따른 특정성과측정 개별요소를 식별하여 인센티브 지불방법을 결정한다. 구체적인 협상 내용은 목표비용, 목표 수수료, 최소 및 최고 수수료, 수수료산정공식 등이다. 계약종료 시 공급자가 달성한 성과가 수수료 지불결정의 기초가 된다. 이러한 계약형태의 적용은 시스템 TPM요소를 획득 항목으로 고려할 경우, 이에 대한 협상을 포함한다.

6) 비용분담(Cost sharing)계약: 이는 주로 교육기관 및 비영리 기관에 의해 수행되는 연구개발 사업에 적용된다. 이러한 활동은 상호간에 스폰서가 되고 공급자에 대한 배상은 기 결정된 분담계획에 따라 이루어진다. 한편 공급자가 특허, 기술 노하우, 우수논문 등 기타 이득을 초래할 경우 지불되는 수수료는 없다.

7) 시간 및 자재(Time and Material)계약: 이는 지정된 업무를 달성하기 위하여 실제로 지출된 자재와 서비스에 대한 지불계약이다. 이러한 계약은 업무수행기간과 범위가 미리 결정할 수 없거나 비용이 추정될 수 없을 때 적용한다. 이러한 사례는 하부계약으로 수행된 연구개발 활동, 유지보수 수리 및 분해검사 서비스 등이다.

8) 업무동의서(Letter Agreement): 이는 일종의 공급자가 즉시 프로젝트를 수행해야 할 때 이를 시작할 수 있도록 동의를 해 주는 예비계약문서이다. 이러한 문서는 식별된 요청에 빠른 응답을 제공하는 중간수단이다. 협상 후 확정계약을 수행하려면 그 시기를 놓치게 된다. 업무동의서는 전체적인 가격정보를 포함하고 있지 않지만 과도한 지출을 예방하기 위하여 최고 한도를 설정한다. 이러한 동의문서의 경우, 업무수행을 위해 지출된 모든 경비를 계약자가 배상해야 한다.

이러한 계약형태와 연관하여 주요사항은 지불일정이다. 언제 공급자에게 성공적인 계약활동 결과에 대한 배상이 이루어 질 것인가? 그리고 예상 지불 금액은 얼마인가? 인센티브 계약의 경우, 어떠한 인센티브/벌과금 계획을 적용하는가? 이러한 사항들은 특히 대형 프로젝트의 경우 매우 중요하다. 왜냐 하면, 계약자는 특정예산 사이클에 달려 있고 공급자는 너무 많은 부채가 발생하기 전에 운용비용을 정산해야 하기 때문이다. 따라서 지불일정계획이 미리 수립되어야 한다. <그림 19.4>는 시스템설계검토, 주요장비/소프트웨어 설계검토, 최종설계검토 등 공식검토 시기에 맞추어 성공적인 업무수행 정도에 따라 비용지불 일정을 나타내고 있다. 이러한 특정 설계검토는 공급자 활동과 이를 지불계획과 연계시킴으로써 공급자로 하여금 계약이행을 성공시키기 위한 동기를 부여한다.

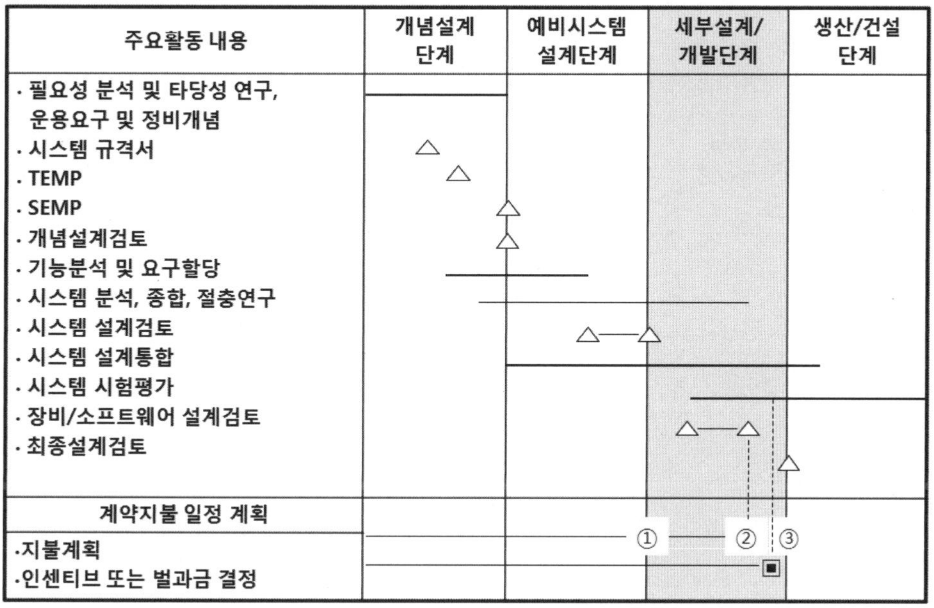

<그림 19.4> 계약지불일정계획 사례

만일 인센티브 계약일 경우, 인센티브/벌과금 계획이 지불일정계획과 함께 수립되어야 한다. 이는 프로젝트 일정과 주어진 시스템 성과 효과에 따라 인센티브와 벌과금에 대한 계획이 수립된다. 앞서 시스템 레벨에서 주어진 TPM이 하부시스템에 할당되거나 공급자 품목에 할당된다. 획득품목에 적용되는 성과측정은 공급자 인센티브/벌과금 계획수립요소로 고려되어도 좋다. 인센티브/벌과금 지불계획을 수립함에 있어서 어는 인센티브 또는 벌과금을 적용해야 하는지를 식별해야 한다. 많은 경우 하나이상의 인자가 다중으로 고려된다. 각 인센티브의 단순합산으로 이를 결정하기가 어렵다. 이는 컴포넌트의 형태와 인센티브가 적용되는 항목의 중요도에 따라 다르다. 선정된 모든 인센티브 인자의 중요도가 다르기 때문에 각 인자에 대한 "중요가치" 또는 "가중치"와 인센티브/벌과금 가치 정도를 추정하는 것이 중요하다. 두 가지 컴포넌트 특성을 포함하고 있는 다중 접근방법 사례가 그림 16.7에 나타나 있다. 목표 가치는 규격서 요구사항에 기초하여 설정된다. 이는 또한 "계약 가치"로 고려해도 좋다. 시험평가 이후 만일 목표가치보다 실제 가치가 향상되고 있다면 인센티브 수수료가 공급자에게 <그림

19.5>에 나타난 지정된 시기에 지불된다. 보다 구체적으로 측정된 MTBF가 <그림 19.5>의 약 238시간 상한 유의수준을 넘게 되면 주어진 수수료는 계약자에게 20%, 공급자에게 80%로 나누어진다. 역으로 만일 MTBF가 목표보다 떨어지면 지정된 벌과금의 50%를 공급자가 지불해야 한다. 이와 같이 주요 인자에 대한 계약된 인센티브/벌과금이 부과된다.

다양한 계약형태가 있기 때문에 특정 획득활동에 적합한 계약구조를 적용토록 노력해야 한다. 만일 설계 및 개발활동이 공급자에게 주어지는 경우, 고정수수료추가비용(CPFF)계약이나 인센티브추가비용(CPIF)계약을 활용하는 것이 바람직하다. 융통성을 감안할 때 계약자는 공급자가 원하는 시기에 업무를 종료할 수 있도록 보다 까다로운 모니터링과 통제를 해야 한다. 동시에 계약자는 공급자에게 영향을 줄 수 있는 설계변경을 될 수 있는 한 배제해야 한다. 만일 계약자가 공급자 품목에 향상을 제시하거나 업무방향을 변경하게 되면 공급자는 당연히 업무범위에 따른 계약변경을 요청하게 된다.

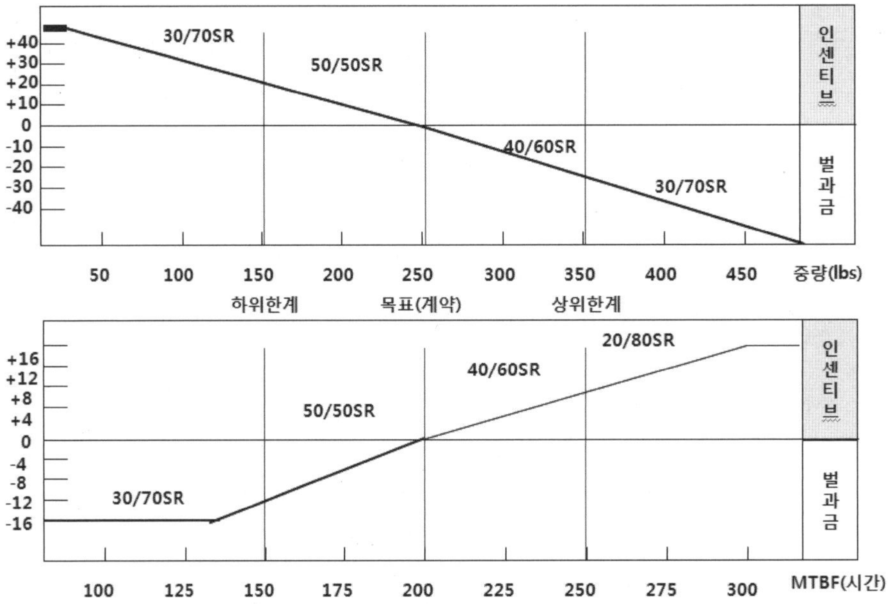

<그림 19.5> 다중 인센티브 및 벌과금 계획 사례

한편 공급자가 계약 초기에 가격을 줄이기 위해 "최소 활동"으로 제안서를 제출하여 낙찰받았다고 해 보라. 공급자는 동시에 초기 제안서에 포함된 항목을 이후에 추가하거나 변경토록 계획하게 된다. 이러한 변경활동은 개별 엔지니어링변경제안서(ECP)로 수행되고 궁극적으로 비용이 올라간다. 이러한 상황에서 시스템 엔지니어는 일반적인 계약방법에 익숙해야 할 뿐만 아니라 제안된 항목, 기술적 접근방안 및 시스템 계층통합방안, 다양한 인터페이스 및 지원요구사항을 철저하게 숙지해야 한다. 다른 경우로써 추가적인 설계활동이 없거나 잘 정의된 컴포넌트를 획득할 경우를 생각해 보라. 이러한 경우, 확정고정비용(FFP)계약이 적용된다. 한편, 유지보수 및 수리활동과 같은 서비스 성과를 달성하려면 기본적으로 시간 및 자재(time and material)계약형태가 유용하다. 최종 계약 항목과 조건(term and condition)을 달성하려면 계약자와 공급자간 공식협상을 통해 이루어진다.

최종협상은 일반적으로 요구사항을 토의하기 위하여 주어진 일자에 각 사이드에서 여러 대표자가 함께 모여 보다 단순하게 절충한다. 그러나 상대적으로 큰 하부시스템이나 주요 시스템 컴포넌트일 경우 계약협상절차는 보다 복잡하다. 보다 공식적인 협상테이블에서 계약자는 공급자 제안서의 기술접근방법, 관리 방법, 및 가격을 확인하기 위해 공급자에게 질문한다. 기술계통 질문을 통해 제안된 공급자 기술접근 방법이 최선책(설계절충연구결과 참조)인지를 확인한다. 그리고 제안된 품목을 개발 및 생산하기 위하여 경험과 필요한 기술자가 충분한지를 검토한다. 비용에 관해 공급자가 제안한 가격이 공정하고 타당한지를 검토하고 논리적인 비용분석이 이루어졌는지를 확인한다. 공급자 입장에서 초기 협상은 계약자에게 제출한 제안서를 토대로 공급자의 방어 자세에 놓여 있게 된다. 공급자는 계약자에게 철저하고 정직하며 최선의 제안서임을 입증하기 위한 관련문서를 최대한 제시한다. 협상은 일반적으로 양쪽에 전략을 세우고 요청하는 하나의 기술이다. 초기에 협상위치를 파악하고 회의일정과 회의내용을 식별하여 계획을 수립한다. 계약자와 공급자는 서로 누가 협상 장소에 참여할 것인지를 식별한다. 기술 및 행정요원을 포함하여 시스템 엔지니어는 시스템 관련 요구사항에 대한 토의자료를 제시한다. 충돌이 발생하면 짧은 전략회의를 통해 조정하고 상대방의 양해를 구한 다음 최종 협의를 통해 상호동의가 이루어지도록 한다. 이러한 프로세스는 여러 번 반복된다. 때에 따라 많은 시간이 소요된다. 그러나 최종목표는 계약자와 공급자간 최종 계약 사인이 이루어지는 것이다.

19.5 공급자 모니터링 및 통제

공급자 식별, 승인 및 공식계약과 함께 계약자는 프로그램 협조, 평가 및 통제 활동을 수행한다. 이러한 활동이 필요한 이유는 다음과 같다.

1) 주어진 시스템에 대하여 공급자 활동량과 제품 및 컴포넌트 수가 광범위하다. 어떠한 경우에는 계획된 개발 및 생산 활동의 50-70%가 공급자 수행활동이다.
2) 시스템 획득에 참여하고 있는 공급자가 많을 뿐만 아니라 공급자의 지역적인 분포가 범세계적이다. 수많은 시스템이 환태평양, 유럽, 아프리카, 캐나다, 멕시코, 남아메리카 등 여러 곳에서 만든 컴포넌트를 사용한다. 따라서 시스템 획득 요구사항이 실로 국제적인 커뮤니케이션과 분배 네트워크를 필요로 하고 있다.
3) 상대적으로 대형 시스템 획득 시 상이한 컴포넌트 공급자가 있을 뿐만 아니라 다양한 활동이 필요한 시기에 다른 지점에서 광범위하게 수행된다. 어떤 공급자는 설계 및 개발활동을 수행하고 또 다른 공급자는 제조 및 생산 활동을 하며 또한 일상적인 구매활동을 통해 일반상용 표준제품을 공급하는 사람도 있다. 시기적으로 단절되거나 연속성이 없는 경우도 있고 장기간 연속성을 유지해야 하는 경우도 있다. <그림 19.8>에 이러한 공급자 프로젝트 활동 사례를 보여주고 있다

.

다양한 공급자와 다양한 지역에서 서로 상이한 기능을 수행하는 환경에서 계약자는 엄청난 도전적인 업무를 수행해야 한다. 공급자의 특정 요구사항이 조심스럽게 개발되어야 하고 초기

부터 분명하게 제시되어야 한다. 그리고 그 요구사항이 충족될 수 있는 적절한 계약구조가 형성되어야 한다. 물론 계약형태가 공급자 활동에 알맞게 맞춤화해야 한다. <그림 19.6>에서 공급자 A, C, D, F 및 G는 부분적인 설계 및 개발활동을 포함한 프로젝트에 참여한다. 이러한 프로젝트는 절충 분석이 수행되고 신뢰성 및 유지보수성 예측 보고서가 준비되며 설계검토 일정이 수립되고 그리고 시험평가 기능 등이 수행된다.

앞서 논의된 시스템엔지니어링 프로세스의 수많은 활동이 공급자 프로그램에 따라 줄어든다. 공급자 프로그램 평가 및 통제에 관하여 계약자는 전반적인 설계검토 프로세스에 공급자 활동을 접목해야 한다. 대형 설계 및 개발 프로그램의 경우, 이러한 설계검토가 공급자 설비에서 수행된다. 그 결과는 더 상위레벨 계약자 검토사항에 반영된다. 소형 프로그램의 경우, 검토 프로세스는 검토 프로세스는 공식적인 활동이 아니라 시스템의 더 큰 요소에 통합하여 평가된다. 제조 및 생산 컴포넌트일 경우, 계약자의 주 활동은 검사와 품질관리활동이다. 또한 상용표준제품도 반드시 통제해야 한다. 결국, 공급자 평가 및 통제는 고객에 의해 수행되거나 계약자에게 부과된 프로그램 검토 및 통제활동의 연장선에서 이루어진다. 계약자는 차례로 공급자에게 적합한 요구사항을 부과해야 한다. 여러 하부 공급자를 지니고 있는 대형 공급자는 이들을 통제해야 한다. 이러한 목적은 (1) 시스템 레벨 요구사항이 하향식으로 적절하게 할당되어 있는지를 확인, (2) 이러한 요구사항에 알맞게 상향식으로 통합되는지를 확인한다. 공급자 활동과 연계된 필요한 절차와 기술검토 등을 포함한 SEMP가 준비되어야 한다.

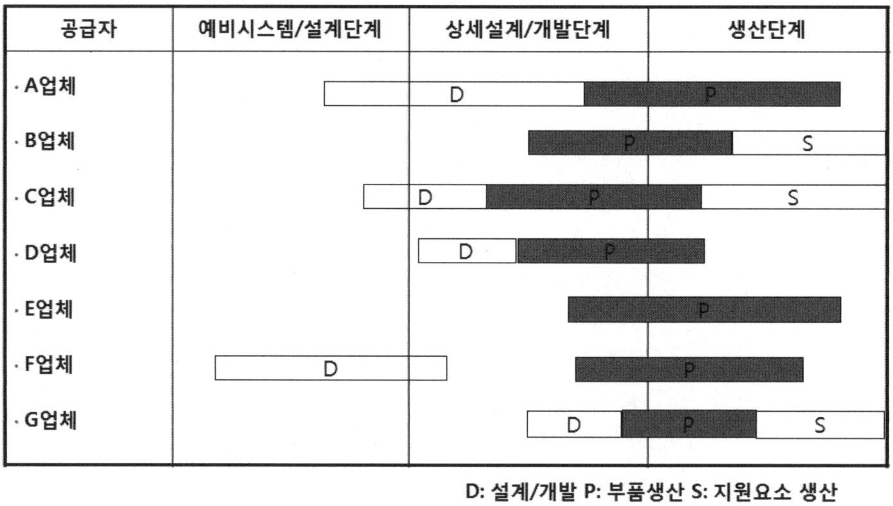

<그림 19.6> 공급자 프로젝트 활동 사례

19.6 시스템 통합

시스템엔지니어링 개념에 포함된 내용 중 하나가 "통합" 기능이다. 초기 개념설계 단계에서의 주요활동은 시스템 요구사항을 정의하고 시스템 규격서 "A형"과 SEMP를 개발하면서 요구사항을 통합한다. 그 다음 예비시스템 설계단계에서 필요한 통합이 계속된다. 기술적 관점에서 하부시스템, 유닛, 어셈블리, 모듈, 소프트웨어, 데이터, 설비, 시험지원 장비, 인력, 및 기타요소들의 적절한 인터페이스로 통합된다. 소프트웨어는 하드웨어와 통합하고 시험지원 장비는 주 장비에 통합되며 인력은 장비 및 소프트웨어와 통합된다. 다양한 설계활동과 기타 프로그램 활동이 적절하게 통합될 수 있도록 관리를 해야 한다.

최종적으로 고객 필요성에 부합된 시스템을 얻기 위해 다양한 시스템 컴포넌트를 복합하는 주요 통합기능이 수행된다. 설계 초기단계에서 주로 하향적 원칙이 강조되었다. 시스템 요구사항이 정의되고 기능분석이 수행되며 상위 시스템 레벨 요구사항이 설계지침에 알맞게 필요한 범위까지 하향적으로 할당된다. 설계가 진행됨에 따라 절충 분석이 수행되고 시스템 컴포넌트가 선정된다. 설계조합을 통해 설계 개념이 검증되고 컴포넌트가 시스템의 요소를 복합해 간다. 이 단계에서 <그림 19.7>와 같이 상향적 활동으로 이전되어 간다. 최저 레벨의 컴포넌트가 식별되고 하부 어셈블리로 통합되며 하부 어셈블리는 어셈블리로, 어셈블리는 유닛으로 통합되어 간다.

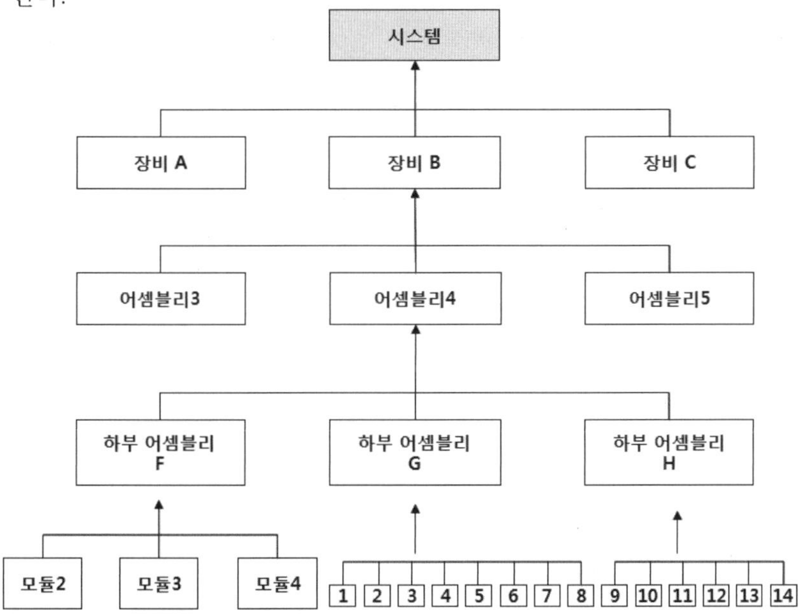

<그림 19.7> 시스템 통합(상향적 접근방법)

<그림 15.9>에서 통합 목적은 컴포넌트 1, 2, 3, …… 및 8이 각각 독립적이지만 공차와 상호운용성의 요구사항에 맞추어 하부 어셈블리 G로 통합된다. 이러한 목표는 뚜렷하지만 그 결과를 얻기란 그리 쉽지 않다. 역사적으로 시스템은 상위 구조를 정의하지 않고 상향적으로 통합해 왔다. 대부분 시행착오를 통해 통합 프로세스가 적용되어 왔다.

컴포넌트 통합은 그리 쉽지 않다. 컴포넌트의 대체가 어느 시기에 일어날 뿐만 아니라 이에 따른 낭비와 비용증가가 초래되어 왔다. 이러한 과거 시스템 통합 및 시험의 경험 때문에 초기에 하향적 시스템엔지니어링 방법을 적용하는 것이 필수적이다. 시스템 설계에 초기 요구사항 정의와 할당을 통해 과거에 경험해 온 수 많은 문제점이 미래에 해결될 것이다. 잠재되어

있는 문제를 초기에 식별하고 이를 제거함에 따라 시스템 통합 프로세스는 매우 쉽게 잘 진행될 것이다. 모든 문제점을 시스템 통합 및 시험에서 해결하는 것 대신 시스템설계의 상향적 방법이 초기 하향적 프로세스에 의해 설정된 요구사항을 따라가면 된다.

초기 단계의 시스템 통합에 대한 적절한 고려 없이 수행하게 되면 과거 최종 통합 및 시험 활동에 연관된 문제점은 지속적으로 나타나게 될 것이다. 이를 염두에 두고 전반적인 시스템 통합 및 시험계획이 수립되고 SEMP에 포함되어야 한다. 이를 수립하는 목적은 그림 16.9에 나타난 상향적으로 시스템 컴포넌트 통합에 연관된 업무 흐름 프로세스와 활동을 기술함에 있다. 이러한 활동은 설계 및 개발단계 전반에 일어나며 컴퓨터 응용 설계 방법을 활용한 시뮬레이션 기법을 사용하여 컴포넌트 통합을 수행한다. 컴포넌트가 식별되고 선정됨에 따라 이를 시스템으로 통합하고 시스템 시험평가 활동을 통해 최종적으로 검증된다. 시스템 통합 흐름 프로세스는 <그림 19.8>에 나타나 있다.

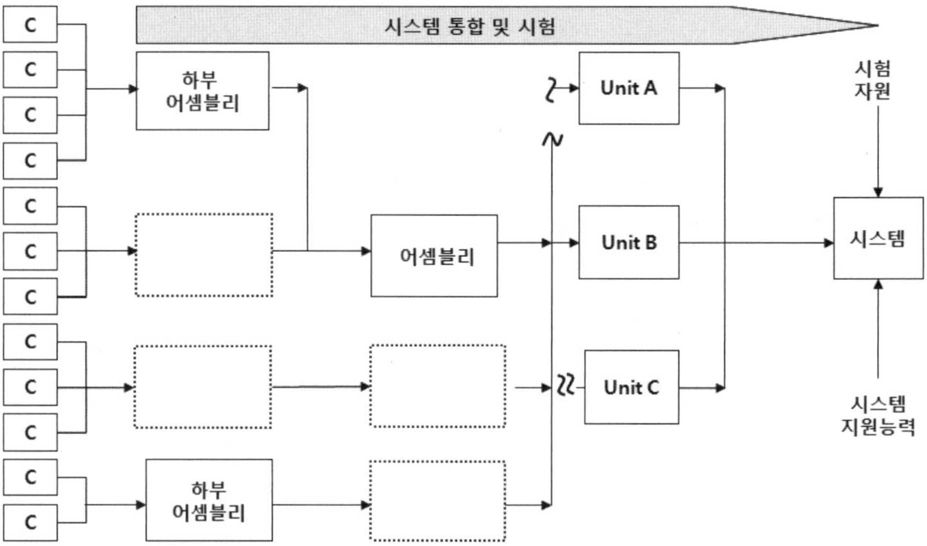

<그림 19.8> 시스템 통합 및 시험

설계 초기에 컴포넌트가 식별되고 상위레벨 시스템 요소로 복합되고 통합된다. 그리고 최종 시스템 시험 및 평가활동이 시험평가종합계획(TEMP)에 따라 수행된다. 이러한 통합 활동은 일련의 컴포넌트 시험과 개별평가 및 분석방법에 의해 왼쪽에서 오른쪽으로 단계적으로 수행된다. 이러한 통합 활동의 목적은 모든 컴포넌트가 요구사항에 잘 대응되어 있는지, 다음 상위 단계로 적합한지, 상호 호환성이 있는지, 그리고 원하는 대로 기능을 수행하고 있는지를 확인하는데 있다. 요약하면, 시스템엔지니어링 수행부서는 완전한 시스템 통합활동이 미리 계획되어 있으며 다양한 통합 활동이 전반적인 시스템 설계 및 개발활동을 통해 수행되었는지를 확인함에 있다. 컴포넌트를 납품하고 이를 시스템에 통합하는 등의 공급자 활동이 계약자 시스템 통합 및 시험계획에 포함되어 있어야 한다.

19.7 문제풀이

1) 신규 시스템 획득과 연관된 "공급자 요구사항"을 결정하기 위한 단계를 설명해 보라.
2) "자체개발 또는 아웃소싱 구매"를 결정하기 위한 고려사항을 기술해 보라.
3) 왜 획득방법을 결정하는 것이 중요한가? 그리고 어떤 내용이 포함되어 있는가?
4) 시스템엔지니어링 부서는 획득방법을 결정하는데 무슨 업무를 하는가? 어느 정도로 개입하며 만일 하지 않으면 어떤 문제가 있는가?
5) 공급자 제안서를 준비하기 위한 RFP 작성은 시스템엔지니어링 관점에서 매우 중요하다. 그 이유를 설명해 보라. 그리고 포함해야 할 주요사항을 간략하게 기술해 보라.
6) 현재 당신 회사에 적합한 공급자 제안서를 평가하기 위한 체크 리스트와 각 항목에 대한 세부요소를 제시해 보라.
7) 공급자 선정 프로세스에서 정치, 사회, 경제 및 경제적 요소를 어떻게 고려해야 하는가? 몇 가지 예를 들어 보라.
8) 오늘날 세계 각처에 있는 고객, 계약자, 공급자 활동 경향을 기술해 보라.
9) 생산 후 지원 활동이란 무엇이며 몇 가지 예를 기술해 보라.
10) 공급자 관리 및 통제와 연관된 수 많은 방법이 있다. 몇 가지를 소개해 보라.
11) 당신이 계약자 조직의 시스템 공급자 활동 책임자로 임명되었다고 하자. 당신이 수행해야 할 기획, 조직, 업무 식별, 통제활동, 평가 등에 대하여 기술해 보라.
12) 공급자 평가활동의 일부분으로 공급자 설비를 방문하려고 한다. 무엇을 준비해야 하는가? 무슨 정보를 방문을 통해 얻으려고 하는가?
13) 계약협상 프로세스로서 FFP, FP, CPFF, CPIF, 비용분담, 및 기간 및 자재 등 여러 가지 기법이 있다. 이를 적용할 때 장단점을 기술해 보라.
14) 인센티브 계약의 다양한 인센티브를 설정할 때 어떠한 절차를 밟아야 하는가? 이러한 인센티브 특성을 어떻게 결정하는가?
15) 인센티브 계약방법에서 인센티브/벌과금 분담비율은 무엇을 뜻하는가? 공급자/계약자 위험에 관한 SR은 어떻게 결정하는가?
16) 계약협상 프로세스에 시스템 엔지니어가 관여하는가? 그렇다면 얼마나 관여하는가?
17) 시스템엔지니어링 부서가 공급자관리 및 통제활동에 관여하는가? 얼마나 관여하는가?
18) 공식설계검토 시 공급자 활동은 어떠한 것이 있는가?
19) 시스템 통합이란 무엇이며 수행방법은? 포함내용은 무엇이며 언제 수행하는가?
20) 시스템 설계 및 개발 시 하향식 및 상향식 개념을 기술하고 이는 상호 어떻게 연관되어 있는가? 시스템엔지니어링과 어떻게 연관되어 있는가?

제20장 시스템과 프로세스 통합조직

20.1 통합 제품 및 프로세스 개발

제품과 프로세스를 통합하기 전 동시공학(CE) 기법은 엄청난 투자비와 가장 높은 투자 우선순위를 가졌던 스푸트닉 사업 이래 지금까지 미국 항공업계에서 주도적으로 적용되어 왔다. 무기체계 프로그램은 국가생존 차원에서 다루어졌기 때문에 동시공학 및 PERT와 같은 다양한 혁신적인 관리기법을 적용할 수 있었다. 무기체계를 최단 기간 내에 개발하기 위해서 먼저 인터페이스를 확실하게 정의하고 모든 하부시스템 상호간에 유지시키면서, 동시에 모든 하부시스템 개발을 병행해서 진행해 왔다. 하부시스템이 개발되어짐에 따라 앞서 정립된 인터페이스 정의와 일치여부를 확인해야 한다. 이러한 접근방법은 대부분의 핵심기술이 미흡한 여건에 있을 경우, 매우 높은 위험을 내포하고 있기 때문에 매우 힘이 든다. 따라서 공급자가 인터페이스에 관한 제약사항을 달성하지 못했을 때 이를 대체할 수 있는 여러 가지 협상대안이 나타나고, 심지어 몇몇 부품은 물리적으로 조립할 수 없을 정도이기도 했다. 프로젝트관리는 가능한 일정과 성능에 대한 영향을 최소화 시키도록 수행해야 함에도 불구하고, 이러한 동시공학 활동 결과는 오늘날 동시공학 개념과 많은 차이를 보여주고 있다.

미 국방부는 동시공학을 "제조 및 지원을 포함하여 제품과 관련된 프로세스를 통합하여 동시적으로 설계해 나가는 체계적인 접근방법"으로 정의하고 있다. 이러한 동시공학 정의의 바탕은 개발자로 하여금 제품구상 시작부터, 품질, 비용, 일정 및 사용자 요구사항을 포함하여, 개념에서 폐기까지 제품수명주기의 모든 요소를 고려하도록 되어있다. 상기 두 가지 정의에서 오늘날 동시공학 개념은 엔지니어링 이상의 차원에서 생각하고 있다. 제조와 지원을 포함한 전반적인 요소를 고려해야 한다. 따라서 몇몇 미국 회사에서는 동시성이라는 용어 대신 통합제품개발(IPD)이라는 용어를 사용하고 있다. 이러한 통합제품개발은 제품수명주기에 걸친 엔지니어링, 제조, 시험 및 지원을 포함한 전반적인 활동을 제품팀으로 하여금 지속적으로 통합토록 한다. 이후 프로세스의 중요성이 대두됨에 따라 이러한 용어는 프로세스를 포함한 통합제품 및 프로세스 개발(IPPD)로 수정되었다.

동시/통합제품개발 프로그램과 전통적 또는 순차적 개발 프로그램에 관한 비교를 <그림 20.1>에 나타나 있다. 역사적으로 전통적인 개발은 이전단계가 완료될 때 순차적으로 다음단계를 시작한다. 이는 시스템 개발 및 호환성에 대해 위험이 낮은 접근방법이지만, 그 기간이 매우 긴 프로세스이다. 제품개발이 채 완료되기 전에 단절되는 경우가 발생되기도 한다. 전체팀을 포함하는 통합제품개발은 좋은 인터페이스 정의와 통제로 그림과 같이 개발 프로세스를 단축시킬 수 있다. 통합 또는 동시개발은, 상향 활동이 설계 및 인터페이스요구사항을 충족시킬 것이라는 가정 하에 하향 활동이 시작되기 때문에 개발과정에서 보다 많은 위험이 나타날 수 있다. 그러나 계층구조적인 상호기능 제품팀을 활용함으로써 제품개발 및 제작의 위험을 줄여 보다 빨리 생산할 수 있게 된다.

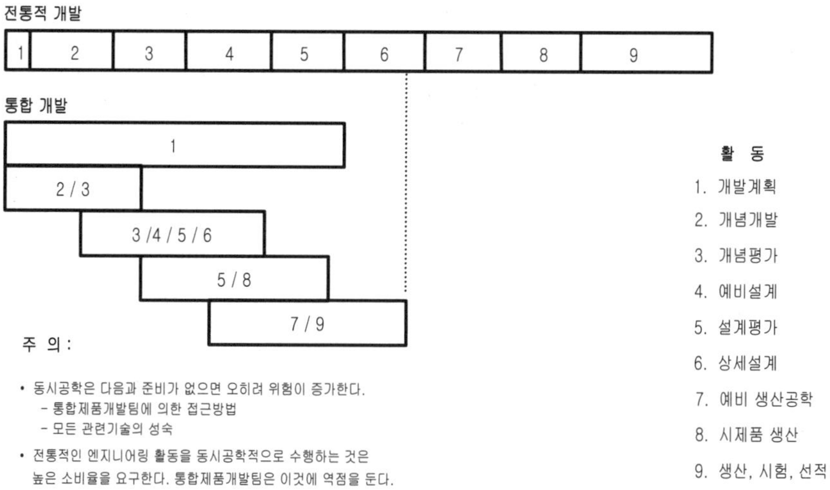

<그림 20.1> 동시공학적 개발과 전통적 개발

20.1.1 통합제품개발팀

통합제품개발팀(IPDT)은 적절한 자원과, 제품 및 용역을 정의하고 개발, 생산 및 지원하기 위하여 책임 및 권한이 부여된 프로세스 중심의 통합된 상호기능 팀(예를 들어, 다수의 소규모 팀으로 구성된 전체 팀)을 말한다. 프로세스 지향은 개발 및 생산단계의 전체 또는 일부를 포함하는 지정된 프로세스를 완료하는데 필요한 모든 기술능력을 지닌 인원에 의해 이루어지는 것을 의미한다. 비록 이 팀이 프로세스를 기반으로 형성되지만 총괄 팀의 조직구조는 제품을 조립 하고 통합하는 방법에 따라, 제품의 계층구조 방법을 적용해도 좋다.

상호기능 팀의 서로 다른 구성원은 프로젝트 진행단계에 따라 1차, 2차 또는 약간의 지원 역할을 수행하게 된다. 예를 들어 제조 및 시험 요원은 초기 제품정의 단계에서 시간제 자문 역할을 하게 되지만 실제 생산 및 시험 단계에서는 1차적 역할을 하게 된다. 기본적인 생각은 프로그램 초기에 그들이 원하는 요구사항을 반영하여 후에 생기게 되는 값비싼 변경을 피할 수 있을 만큼의 활동에 참여하도록 하는 것이다.

이 팀에게는 업무를 수행하기 위하여 필요한 권한과 책임이 부여되어야 한다. 아무도 책임이 없다면 그 일은 수행될 수 없다. 해당 팀에게 그 업무를 수행할 권한을 주어야 한다. 핵심 결정을 함에 있어서 상위 관리자를 의식할 필요는 없다. 그러나 인터페이스 팀, 시스템통합 팀 및 프로젝트관리 팀을 포함한 이해관계자에게 관련활동을 반드시 알려야 한다.

20.1.2 왜 IPDTs인가

오늘날 치열한 국제 경쟁 환경 하에서 회사가 관심을 갖고 추진하고 있는 중요한 4가지 분야는 다음과 같다.

- 저 비용의 제품과 서비스
- 우호적인 직원(수평적 협조)
- 높은 품질의 제품과 서비스
- 짧은 개발 및 생산기간(시장 출시)

시간적으로 여유가 없는 일정에 대한 부담은 순차적이 아닌 거의 병행적으로 컴포넌트 개발이 이루어지는 동시개발 절차를 따라갈 수밖에 없게 한다. 일반적으로 동시개발은 인터페이스가 개발되기 전에 컴포넌트 간에 충분한 인터페이스 절충이 이루어져야 하기 때문에 개발상의 많은 문제점과 위험을 내포하게 된다. 컴포넌트에 문제가 발생하면, 이것은 다른 컴포넌트에 영향을 미치게 되며, 재설계, 일정지연 및 추가적인 개발비용이 발생한다. 동시개발에 내재된 위험을 줄이기 위하여 미국 산업은 최상의 적용경험과 지속적인 개선을 도모하여 많은 프로세스 향상을 달성해 온 IPDTs가 다음과 같은 이점을 지니고 있음을 알고 있었다.

- 팀 내부의 지속적인 인터페이스
- 엔지니어링 설계시간 감소
- 엔지니어링에서 제작으로 전이하는데 생기는 문제점 최소화
- 개발기간 및 비용의 감소

IPDTs의 활용은 개선된 제품특징, 성능, 품질 및 고객만족의 결과를 낳는다. 1990년대 초 많은 회사들이 계층구조 관리체제에서 제품개발팀 조직으로 전환하여 보다 높은 생산성의 결과를 낳았다는 사실을 경험하기 시작했다. 이러한 팀은 제품을 생산하기 위하여 소규모의 독립적인 프로젝트를 모방하였다. 이 결과 다음과 같은 분야에서 높은 생산성을 가져왔다.

- 분산된 프로세스를 통한 팀의 자유스런 창의력
- 새로운 창의적 접근방법을 통한 이전의 문제점 제거
- 엔지니어링과 제작 상호간의 보다 좋은 통합

16.1.3 IPDTs를 통해 성공 사례

IPDT기법을 적용한 초기 보잉사는 소형 위성프로젝트의 개발기간을 36개월에서 18-24개월로 단축시키고 개발비용도 정부가격기준으로 절 반 가량 감소시켰다. 록크웰 사는 미사일 프로그램에서 가격 및 일정을 경쟁제품 보다 약 30%정도 감소시켰다. 현재 록히드 마틴 사계열인 로랄사는 12명의 핵심 요원으로 구성된 소규모 프로세스 활동 팀을 부회장 중 유능한 한 사람을 선정하여 독립 조직으로 운영하게 하였다. 이들의 목적은 통신위성개발 방법을 검토하고 비용, 품질 및 경쟁력 향상을 위한 프로세스 변경방안을 도출함에 있었다. 실무와 분리된 별도의 로랄팀은

표준화, 통합절차, 공급자 팀워크, 장납기 품목, 일정 및 비용을 감소하기 위한 하드웨어와 소프트웨어의 모듈화 등에 있어 주요 변경을 가져왔다. 몇 가지 예를 들면, 다음과 같다.

1) 제품의 경량화, 공통품목 활용, 저렴한 비용품목에 주안을 둔 점,
2) 모든 전자제품에 대한 15핀 커넥터 표준화 및 모든 박스에 동일한 하네스 사용 등을 들 수 있다. 비록 위성에 관한 사용자 요구사항이 다르다 할지라도 설계자는 10가지 템플릿 중의 하나로 국한된다. 그 결과 비록 신규 사업이지만 85%는 이미 설계되어진 것과 같게 된다.

20.1.4 IPDT 프로세스 수행 요구사항

IPDT의 기본원칙은 개발프로세스 초기에 요구사항이 전반적으로 제시되었는지 그리고 제품의 전수명주기에 걸쳐 기술되었는지를 확인하기 위하여 이에 필요한 모든 전문가를 모으는 것이다. 이와 같은 초기 활동을 시스템엔지니어링프로세스로 생각할 수 있다. 역사적으로 초기 요구사항도출은 시스템 엔지니어로부터 이루어져 왔다. IPDT에서도 시스템 엔지니어가 요구사항 개발프로세스를 도출하지만 이전보다 더 많은 전문가의 참여로 이루어진다. 요구사항이 시스템레벨에서 처음 만들어 지고, 그 다음 연속적으로 하위레벨로 요구사항이 하향 세분화된다. 시스템 엔지니어가 주도하는 팀은 각 레벨에서 선행 시스템엔지니어링 기능을 수행한다. 바로 이러한 점은 시스템 엔지니어가 초기 활동을 수행하고 설계가 주 활동인 개발엔지니어에게 요구사항을 넘겨주는 역할을 했던 과거의 전형적인 개발 접근방법과 다르다. 일반적인 접근방법은 모든 제품과 서비스에 대한 상호기능의 제품/프로세스 팀 외에도 시스템에 관한 이슈를 처리하고, 제품 팀 사이 요구사항 균형과 팀 통합을 지원하는 시스템엔지니어링 통합팀(SE&IT)을 조직하는 것이다. <그림 20.2>는 이러한 프로세스를 나타낸다. 각 팀은 그림의 왼쪽에서와 같이 다른 분야를 대표하는 전문가로 구성된다.

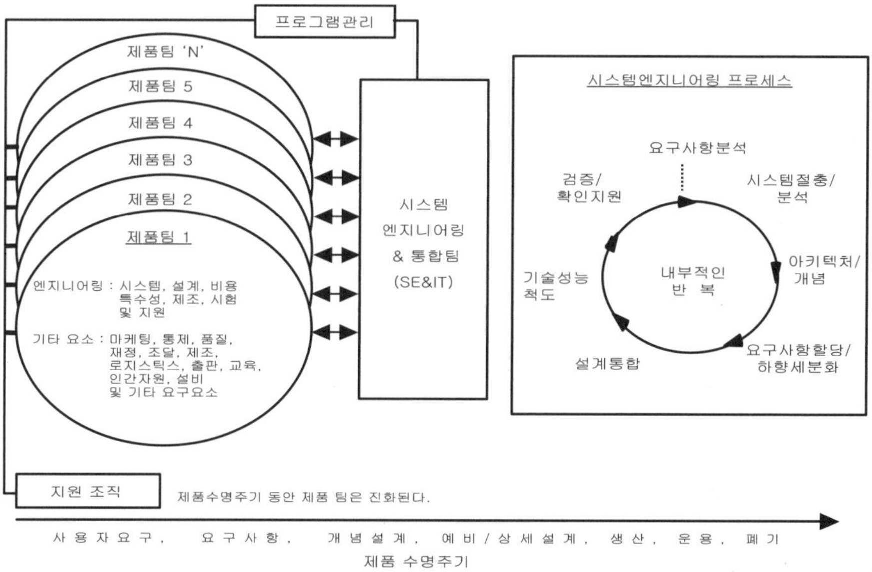

<그림 20.2> IPDT 프로세스 개요

이러한 팀 구성원의 참여는 요구사항개발에서 개념설계, 예비설계, 상세설계, 제작, 조립/시험, 배치, 운용지원, 및 폐기(대체)에 이르기까지 제품개발주기에 따라 다르다. 적어도 몇몇의 구성원은 팀의 활동유지를 위해 전 제품기간 중 지속적으로 활동하는 것이 바람직하다. 제품팀은 자신들의 내부 통합을 수행한다. 각각의 SE&I 팀 대표는 내부 및 외부 팀에 대해 책임을 지며, 하나 또는 그 이상의 제품 팀에 속하게 된다. 요구사항과 설계개념에 수렴하기 위하여 제품 팀과 SE&IT 팀 사이에 폭넓은 반복활동이 수행된다. 이러한 활동은 예비설계검토가 이루어진 후 설계가 시작되면 줄어들기 시작한다.

20.2 국방 IPPD 및 IPT

제품과 프로세스를 통합한 IPPD와 IPTs 통합 개발 환경이 수년 동안 DoD는 시스템 설계 시 성능, 비용, 지원가능성, 생산성 및 평가요소 등 경쟁 적인 요소가 서로 상충할 경우, 이를 균형적으로 유지하기 위해 통합되어야 한다고 주장해 왔다. 다분야 팀 운용은 DoD와 산업계에서 통합설계를 이루기 위해 사용해 왔다. 다분야 팀은 제품의 개념단계에서 폐기단계까지 비용, 성능 그리고 기타 목적을 충족시켜 왔다. 설계에서 활용해 온 다분야 팀은 통합 제품 및 프로세스 개발(IPPD), 동시공학, 통합 제품 개발, 설계계획수립과 같은 개념을 표현하는 명칭으로 알려져 왔다. 그리고 DoD에서 사용하는 IPPD라는 용어는 하나의 구성요소로서 시스템엔지니어링 활동을 포함하는 광의적 개념이다. DoD 정책은 이 장 후반부에 소개하도록 하겠다. 어떤 이름이 사용되었든 기본적인 개념은 제품 및 프로세스 개발에 요구사항과 일정을 동등하게 함께 도출하는 다기능 통합 팀을 포함하고 있다. 이러한 통합은 다음사항을 포함한다.

- 설계 프로세스에 포함된 팀의 8대 주요 기능 포함
- 특성, 위험관리, 안전 등의 기술적 프로세스 설명
- 재정, 법규, 계약 그리고 다른 비 기술 지원 등의 비즈니스 프로세스

팀 기반 통합으로부터 기대되는 이점은 다음과 같다.

- 설계, 제조, 계획, 공정 등의 재작업 감소
- 높아진 초기 품질과 생산 변경 감소
- 비용 및 기간 감소
- 위험 감소
- 운용 및 지원 향상
- 고객 만족과 제품 전 수명주기 기간 동안 생산 품질향상
- 통합 활동을 통해 나타나는 핵심적인 특성은 다음과 같다.
- 고객 관점
- 제품 및 프로세스 공동 개발
- 조기 및 지속적인 수명주기 계획
- 최적화를 위한 최대한의 융통성

- 강건 설계와 향상된 프로세스 성능
- 이벤트 도출 일정
- 다 분야 팀워크
- 권한
- 관리도구
- 사전 위험정의 및 관리

20.2.1 시스템 개발조직

대부분의 DoD 프로젝트 관리부서는 일반적으로 시스템 기능조직 지원을 통한 프로그램 관리부서(PEO)로 되어있다. 계약업체와 다른 정부기관의 활동은 추가적으로 필요한 자원을 제공한다. 시스템 개발 조직구성은 상기 모든 연관 조직에서 파견된 팀의 네트워크로 이루어진다. 이러한 네트워크는 계약업체와 함께 모든 이해관계자의 관심을 종합하고, 상호 수직 및 수평적인 커뮤니케이션을 제공한다. 이를 기반으로 형성된 통합 팀은 WBS를 통해 구조화되고, 개발과정 동안 최대한 수직 및 수평적인 의사소통을 제공할 수 있도록 조직된다. <그림 20.3>은 일반적인 수직적인 팀 구조를 보여주고 있다.

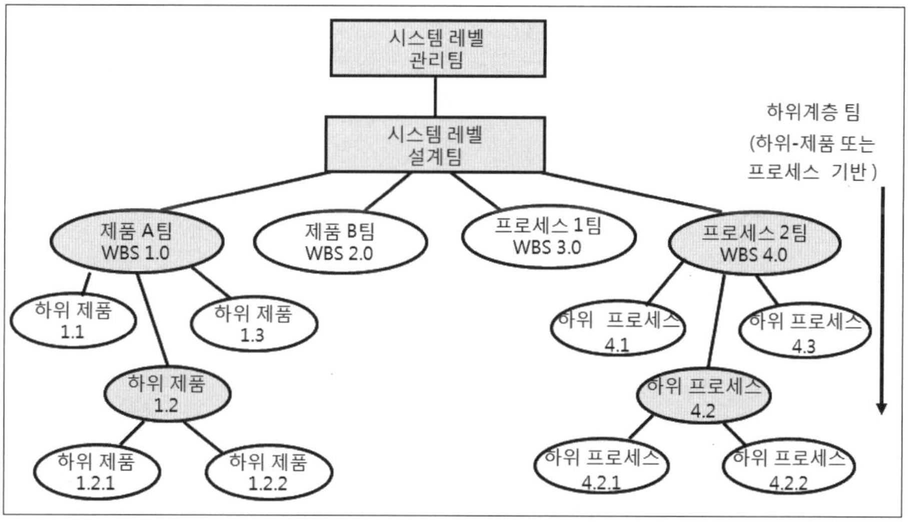

<그림 20.3> IPT 수직조직

시스템 레벨에서는 일반적으로 관리 팀과 설계 팀으로 구성한다. 관리 팀은 보통 정부기관과 계약업체의 프로그램 매니저, 하부 프로그램 매니저, 가용한 계약업체 CEO, 계약 담당관, 프로그램 매니저에 의해 선택된 자문요원, 시스템 설계 팀 리더, 업체 그리고 시스템 설계 팀의 다른 중요 구성원으로 구성된다. 그리고 설계 팀은 일반적으로 첫 번째 레벨 하부 시스템과 수명주기 통합 팀 리더로 구성된다. 팀의 다음 레벨은 <그림 16.3>에서 제품 팀 또는 프로세스 팀으로 되어 있다. 이들 팀은 시스템 일부분을 설계(제품 팀)하거나, 제품의 지원 또는 연관 품목에 대한 설계(프로세스 팀)에 대해 책임을 진다. 이 레벨에서 프로세스 팀은 시스템 레벨 프로

세스 개발을 조정한다. 예를 들면, 지원 팀은 하위 레벨의 설계와 지원 프로세스 팀으로부터 생성된 부분에 대한 지원가능성 분석을 통합한다. 이 레벨보다 낮은 하위 팀은 분해된 보다 하위 레벨 프로세스를 계속한다. 팀은 통합을 통제하기 위해 필요한 최하부 레벨에서만 수립된다. 계약업체 팀이 하부 레벨로 확장될 수 있는 반면, DoD팀은 사업의 복잡성과 관리에 의해 편중된 접근 때문에 WBS에서 좀처럼 3단계 또는 4단계 아래로 확장되지 아니한다. <그림 20.3>의 팀 구조는 지속적인 수직 의사소통을 허용하는 계통이다. 이는 주로 팀 리더에 의해 이루어진다. 만약 가능하다면, 팀의 다른 핵심 구성원이 다음 최상위 팀의 팀 구성원이 될 수 있다. 이 방법으로 상위 레벨 팀 결정은 즉시 다음 레벨 팀에게 전파되고 설명되며, 하위 팀 결정은 정기적으로 상위 팀에게 제시된다. 이런 방법을 통하여 하부 레벨 팀 결정은 상위 팀의 의사결정에 따르며, 상위 팀 결정은 하위 팀의 관심사항을 통합한다.

수평적인 의사소통을 하기 위한 전형적인 방법은 <그림 20.4>에 제시되어 있다. 제품 A팀의 최소 한 멤버는 동시에 통합 및 검사 팀 요원이 되어야 한다.

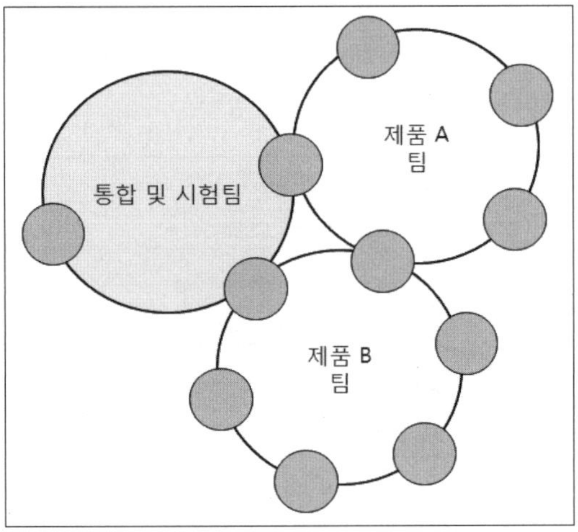

<그림 20.4> IPT 수평조직

이 요원은 시험과 제품 A 모두에 대한 기본적이고 전문적인 지식이 있어야 한다. 그 요원의 역할은 두 팀의 최종제품 또는 연관제품에 대한 설계 측면의 의사결정이 다른 팀에 어떠한 영향을 주는지 이해할 수 있도록 지원하는 활동이다. 유사하게 제품 A팀과 B팀에 모두 속한 요원은 양쪽의 컴포넌트와 연관된 테크놀로지 및 인터페이스를 이해할 수 있어야 한다. 이러한 경우는 매우 이상적인 경우이다. 그러나 시스템 형태, 계약업체 조직형태, 각 레벨에서 사용가능한 자원에 따라 변경하여 적용해야 한다. 경우에 따라 사업의 초점과 업무뿐만 아니라 구조도 변화한다. 상황에 따라 회사구조와 팀 소속감 또한 개선되어 재평가토록 한다.

20.2.2 통합 팀

통합 팀은 팀 리더와 다음과 같은 중요 기능교육을 받은 대표자로 구성된다.

- 성공적이고 균형된 제품 설계
- 성공적인 수명주기 통제를 위한 형상 개발
- 문제식별 및 해결
- 안정적이며 시기적으로 적절한 의사결정

이러한 팀은 형상기준개발을 통해 요구분석과 함께 시작된다. 따라서 시스템엔지니어링 프로세스에 적용된 접근방법을 따라야 한다. 시스템 레벨 설계 팀은 시스템엔지니어링 관리계획 수립 및 이행에 책임이 있다. 최상위 레벨 프로그램 IPT인 시스템 레벨 관리 팀은 획득계획, 자원할당 그리고 관리에 대한 책임을 진다. 하위 레벨 팀은 그들 자신의 프로세스에 대한 계획수립 및 이행에 대한 책임을 져야 한다.

팀 조직

좋은 팀은 그냥 생겨나는 것이 아니다. 이는 잘 계획된 관리에 따른 의사결정과 이행에 따라 주어진 산물이다. 위에서 언급된 회사조직의 개발과 함께 각 팀은 구성되어야 한다. 기본적으로 회사 네트워크 내의 팀 계획 시 핵심적으로 고려해야 할 사항은 다음과 같다.

- 팀은 반드시 주요 기능, 기술적 특성 및 사업지원 요소의 적절한 대표로 구성해야 한다.
- 사업조직 내 수직 및 수평적 의사소통을 수립하기 위한 상호 네트워크가 있어야 한다.
- 과도한 소속감을 제한해야 한다. 개략적인 경험에 따르면 업무레벨3-4팀간에 영향을 주는 소속감을 제한해야 한다.
- 확실한 주요 조직통합을 위해 정부, 계약업체 및 지원기관의 대표로 구성해야 한다.

팀 개발

팀 수립 시 팀은 창조적이고 자율적인 활동 팀으로 발전되기 위하여 다음과 같은 단계를 밟는다. 이러한 단계는 형성단계, 조정단계, 정상단계, 이행단계로 구분된다. 각 단계의 수행기간은 팀 크기, 소속감 특성, 팀 구성방법의 효과, 팀 리더십에 영향을 받는다. 팀의 리더와 회사레벨 관리자는 팀 개발기간 동안 리더십을 제공해야 한다.

- 형성 단계는 요원 상호간의 소개와 책임을 부여 받는 단계이다. 이 기간 동안 요원은 목적과 프로세스를 명확하게 이해하고 구조화해야 한다. 이 단계 초기에 요원이 분명한 지침에 의해 수행하게 되면 불확실성과 불안이 감소된다. 팀 조직을 조정하는 사업관리자는 요원에게 규칙과 지침을 주지만 점차적으로 팀 요원 상호간에 관계가 증가함으로써 지시에 따른 활동을 감소해 나가야 한다. 요원 상호간의 관계, 규칙, 수행업무가 더욱 더 친숙해짐에 따라 팀 환경은 보다 편안해지고 상위 레벨에서 상호 협력해 나가기 시작한다.

- 다음 조정 단계로 들어간다. 조정은 팀의 업무와 요원의 개성을 다루는 방법에 연관되어 발생하는 갈등을 이해하는 활동을 말한다. 그 결과, 팀 목표를 달성하기 위해 다른 요원들과의 행동방법을 이해하는 요원이 나타나기 시작한다. 조정은 경우에 따라 복잡하고 강하여 매우 심각한 시기가 될 수도 있다. 어떤 팀은 특별한 파문 없이 조정되기도 하고 어떤 팀은 소란스럽고 매우 격렬하게 이 시기를 통과할 것이다. 심지어 어떤 팀은 이 시기를 결코 해결하지 못하는 경우도 있다. 것이다. 팀 수립을 위한 조정단계는 반드시 기능 장애가 발생하는 현상을 경계해야 한다. 때에 따라 요원이 바뀌거나 팀이 재조직되는 경우도 있을 수 있다. 사업조정 담당자는 반드시 코치로서 행동하지만, 이 시기에는 개인적인 협력자로서 일해야 한다. 사업조정 담당자는 또한 조정 시기를 피하려는 요원을 경계해야 한다. 왜냐하면 만약 개인적으로 팀에 참여하지 않으려는 요원이 있으면 팀을 성숙하게 만들지 못하기 때문이다. 일단 팀이 효과적으로 상호 적응하는 방법을 익숙하기만 하면, 이는 자신의 프로세스를 수립하기 시작하여 공동업무에 대한 효과가 나타나기 시작한다. 재조정 시기가 또다시 발생하는 것은 특이한 일은 아니다. 만약 재조정 시기가 적절하게 끝난다면 다행이다.
- 다음 정상 단계이다. 팀 수립 사업조정 담당자는 요원에게 초점을 맞추기 위한 질문을 통해 팀 구성의 사업조정 담당자로써 역할을 한다. 또한 팀을 관찰하고 긴급한 문제를 해결해 나갈 것이다. 팀 상호간에 주요 업무를 계속 함께 해결함으로써, 업무 수행활동은 스스로 수행할 수 있는 레벨에 이르고 보다 좋은 의사결정을 할 수 있게 된다.
- 시스템 레벨 설계 팀이 되기 위한 이행 단계는 특별한 상황이 아니라면 18개월에서 2년의 기간이 걸린다. 이행 단계 동안 팀 수립 조정담당자는 팀을 계속적으로 관찰하고 긴급한 문제들을 해결해 나간다.

프로젝트나 프로그램 활동을 시작할 때, 팀 구성은 일반적으로 함께 훈련 받은 교육활동을 기반으로 이루어진다. 교육훈련을 위한 두 가지 일반적인 접근방법은 다음과 같다.

- 개인으로 하여금 그룹결정, 신뢰 및 다양성의 이점을 강조할 수 있는 짧은 기간에 중요 업무를 배우는 팀 학습 프로세스
- 전통적인 과정의 불필요한 요소를 식별하고 제거하며 사업조직 프로세스의 그룹 결정 등 중요하게 달성 가능한 업무활동과 관련된 그룹 업무 프로세스

일반적으로 이러한 교육훈련이 적절하게 이행될 경우, 대부분 사업조직은 조정단계를 통과할 수 있다. 이 프로세스를 위해서 한 달에 3주 정도 기간이 필요하다.

20.2.3 팀 유지

팀은 아주 효과적일 수 있지만 와해되기 쉽다. 따라서 권한, 팀 멤버십의 소속감, 리더십을 통해 팀 구조를 유지해야 한다.

권한

권한이라는 용어는 책임과 권한이 사업조직에 어떻게 배분되는가와 관련되어 있다. 권한의 유지는 개발 프로세스 요원의 책임의식을 증진시키는데 매우 중요하다. 만약 요원이 그 프로세스에 대한 개인적인 책임의식이 없다면, 팀 접근의 효율성은 감소되거나 무효화될 것이다. 참가자의 책임의식을 파괴하는 가장 빠른 길은 명령하는 것이고, 더 나쁜 것은 팀이 책임지고 있는 해결방안을 뒤집는 것이다. 이렇게 되면 그 팀은 의사결정을 위한 책임이 그들의 레벨이 아닌 더 상위 레벨에 있다는 것을 보기 시작하게 될 것이고, 문제를 해결하기 위한 책임보다 명령을 따르게 될 것이다. 일반적으로 권한은 다음 사항을 요구하고 있다.

- 개인적 명령이 아닌 팀의 계통에 따라 권한의 흐름을 위해 팀은 상위 레벨 팀에 의해 만들어진 업무 및 한계를 분명하게 제시해야 한다.
- 의사결정을 위한 책임은 팀 활동 레벨에 적합해야 한다. 이는 명확, 분명, 완벽하고 포괄적인 요점 수립과 업무 수행 그리고 어떤 결정이 상위 레벨과 반드시 연계되는지 명확한 관리와 상위레벨 팀을 요구한다. 그리고 상위 레벨 팀은 하위 레벨 영역의 의사결정을 강요하거나 뒤집는 행위를 피해야 한다.
- 각 레벨의 팀들은 그들의 의무와 제약조건이 분명하게 주어져야 한다. 주어진 제약조건과 정해진 업무범위 내에서 요원들은 자율성을 가져야 한다. 상위 레벨 팀과 관리 팀은 모두 그들의 결정을 받아들이거나 업무의 이해를 위해 재심해야 한다.

소속감 논쟁

또 다른 중요한 유지 항목은 팀 요원의 교체문제이다. 요원의 이동은 자연스런 현상으로써 팀이 너무 가까워지는 것을 막기 위해 꼭 필요한 과정이다. 그러나 만약 팀이 너무 빨리 교체되거나 새로운 요원이 완전히 동화되지 못한다면, 팀 성과는 줄어들고, 재조정 단계로 다시 되돌아갈 것이다. 단기적으로 쉽게 이룰 수 있는 동화절차는 매우 중요한 업무이다. 함께 수행할 새로운 요원을 빨리 활용할 수 있도록 팀 요원 구성 책임을 져야 한다. 팀은 그들 자신의 성과에 대한 책임이 있으므로 중요한 새 요원에 대한 선택을 주장하게 된다. 또한 팀은 한 요원을 면직시킬 수 있는 권한도 가져야 한다. 그러나 이는 사업조정 담당자에 의한 중재와 문제검증이 선행되어야 한다. 면직은 최후의 수단이어야 한다. 성과에 대한 보상은 가능하다면 개인보다는 팀(또는 팀의 모든 개개인에게 균등하게)에게 주어져야 한다. 이는 여러 가지 영향을 발생시킨다. 이는 팀에 초점을 맞추며 하나의 응집된 힘으로서 팀을 인정하고, 개인의 우수성이 마땅히 팀의 영향력에 기인하는 일부분으로 인식되며, 팀의 목적을 위한 소속감과 헌신을 강화하며, 불공평한 보상에 대한 팀 구성원의 와해를 피하게 된다. 시스템 레벨 관리팀은 이 점에 집중하고, 가능한 한 정당하고 공평한 보상이 팀 요원에게 주어지도록 해야 한다. DoD의 현금 보상에 대한 매우 현실적인 제약은 민간인과 군인 구성원이 같이 속해 있는 팀의 경우 발생한다. 민간인은 현금을 받을 수 있는 반면, 군인은 현금 보상을 받을 수 없다. 결론적으로 어떤 수당에 소외되는 구성원이 없도록 관리자는 적극적으로 모든 팀 구성원에게 적절한 보상이 되는 길을 모색해야 한다.

리더십

리더십은 프로그램, 사업조정담당자, 팀 리더 등 책임에 대한 조직적 권한에 의해 주로 제공된다. DoD 프로그램에서 유기적인 리더는 보통 프로그램 관리자 또는 계약업체의 상급 관리자이다. 이러한 리더는 권한에 대한 기업 지지의 강약과 기술적 결과의 초점, 시스템 관리 팀의 팀 리더십을 가지고 있다. 이 리더는 팀 환경을 유지해야 하는 책임이 있다. 그들은 사업조정담당자와 친밀하게 그들의 행동을 조정해야 한다. 사업조정 담당자: 최소한 한 명의 사업조정 담당자를 가진 회사는 팀과 기업 성과를 쉽게 유지할 수 있게 된다. 사업조정 담당자는 팀 수립 프로세스를 통해 회사를 이끌고, 측정기준과 다른 피드백과정을 통해 팀 네트워크를 감시하며, 조정을 통해 필요한 수정을 한다. 사업조정 담당자의 지위는 다음과 같다.

- 계약조직에서 분리된 위치
- 정부 시스템 엔지니어나 계약업체 사업 책임자의 책임 부분
- 앞서 언급된 위험관리와 관련된 최초 레벨 하위 책임 위치

분명히 사업조정 담당자의 가장 효과적인 위치는 팀의 성과를 집중시킬 수 있는 곳이다. 기업 레벨 사업조정 담당자는 진보된 사업조정 담당자 교육훈련을 받아야 하며, 최소한 일년 정도의 신뢰할 만한 경험을 지녀야 한다. 사업조정 담당자는 역시 개발과 관련한 기술적인 부분에서 중요하고 폭넓은 경험을 지녀야 한다.

팀 리더: 팀 리더는 팀의 초점을 제공하고 안내하며, 다음 레벨과의 수직 커뮤니케이션을 제공하고, 팀 성과를 감시해야 한다. 팀 리더는 반드시 그들 팀을 위해 무엇이 좋은 성과를 구성하는지 명확한 그림을 가져야 한다. 비록 어떤 조직에서 일반적으로 감독이 관리적인 업무를 수행하지만, 그들은 감독자가 아니다. 리더의 주요한 목적은 환경이 명령이나 감독이 없는 최상의 레벨에서 팀의 성취가 가능하다는 것을 나타낼 수 있도록 보장해야 한다. 팀 리더의 역할은 다음과 같은 여러 가지 어려운 책임을 포함하고 있다.

- 팀의 모범적인 코치 역할
- 팀이 자립할 수 있도록 조정
- 때때로 지도자로서 돕는 활동
- 구성원 교육훈련과 지원
- 팀의 교육훈련 조정
- 상위 관리 팀이나 상위 레벨 팀에게 있어 팀을 대표
- 팀의 논쟁을 조정

팀 리더는 기본 사업조정 담당자 원칙으로 교육훈련 되어야 한다. 이 교육훈련은 일주일 정도 시행된다. 그리고 수많은 교육훈련 시설과 이를 제공하는 회사가 많이 있다.

20.2.4 팀 프로세스

팀은 시스템엔지니어링 관리 원리로부터 이러한 프로세스를 개발해야 한다. 팀의 결과물은 최종제품과 연관제품을 모두 포함한 시스템 아키텍처 상에 정의되어 있는 제품과 이에 관련된 설계문서이다. 팀은 생산성을 높이고 팀 구성원간의 의사소통을 높이기 위해 여러 가지 도구들을 이용한다. 그 예는 다음과 같다.

- 설계 이해와 통제를 위한 구조적 모델링(CAD/CAE/CAM/CASE) 도구
- 절충연구 및 우선순위 결정 도구
- 업무수행 일정계획수립 도구
- 시제품
- 측정기준
- 수명주기에 연관된 이해관계자를 대표하는 통합된 소속감

통합 팀 규칙

시스템 설계환경에서 팀 활동과 업무우선순위를 위해 필요한 일반적인 규칙은 다음과 같다.

- 설계 결과는 반드시 분명하게 효과적으로 시기적절하게 의사소통 되어야 한다.
- 설계 결과는 반드시 초기에 정의된 요구사항과 일치해야 한다.
- 커뮤니케이션이 선행적으로 또한 연속적으로 수행될 수 있도록 제도화해야 한다.
- 모든 구성원이 시스템 요구사항에 보다 친숙해야 한다.
- 팀에 속한 요원 모두가 동일한 데이터베이스를 기반으로 일해야 한다.
- 팀 요원 중 한 사람을 하여금 주요 문서 수립을 변경할 수 있는 권한을 가지도록 한다.
- 모든 요원은 동일한 권한(한 사람이 하나의 투표권)을 가진다.
- 팀 요원은 일관적, 성공 지향적, 및 사전 행동적으로 참여해야 한다.
- 팀 협의는 아무 비밀 없이 공개되어야 한다.
- 팀 요원의 반대는 반드시 그 이유(반대 이유와 대안계획)를 제시해야 한다
- 논쟁을 해결하기 위해 절충연구 및 다른 분석 기술을 사용해야 한다.
- 필요한 논쟁은 조기에 해결해야 한다.
- 팀의 불만사항은 밖으로 노출하지 않도록 하고 내부적으로 해결되어야 한다.

회의관리를 위한 지침

비록 작업 단위로 같은 장소에 있는 팀이라 할지라도 정규회의는 반드시 필요하다. 팀이 위치적으로 떨어져 있을 경우 이러한 회의를 적절하게 운용함으로써 일대일 대면의 기회를 가질 수 있다. 아주 잘 운용되고 있는 기술적인 회의 시 고려해야 할 사항은 다음과 같다.

- 오직 하나의 특정한 목적으로 회의를 개최하고, 회의시간이 미리 제시되어야 한다.

- 회의통보는 요원 상호간에 사전의사소통과 준비를 위해 최소 2주전에 알려야 한다.
- 주제별 시간배정과 지원 물품을 포함한 협의사항은 적어도 팀 회의 3일(근무일)전에
- 배포해야 한다. 분명한 회의목적이 사전에 정의되어야 한다.
- 회의 진행 중 모든 협의사항을 결정해야 한다. 결정 후 새로운 업무를 다루고, 그 다음
- 항목을 재검토해야 한다.
- 참석자, 결정 및 동의사항, 조치사항 등을 포함한 회의록을 작성해야 한다. 이는 다음 회의에 협의사항으로 제공되어야 하며, 상위레벨 의사결정을 위한 주요 안건이 된다.
- 회의 요약 초안은 적어도 회의 하루(근무일 기준)전에 모든 요원에게 제공되어야 한다. 회의결과에 대한 최종요약은 초안 평가 마감 후 이틀 내에 배포해야 한다.

20.2.5 통합에 대한 장벽

능숙한 기능 팀 조직을 수립하고 유지하려면 많은 어려운 장애요소를 극복해야 한다. 이런 요소 중 한 요소가 심지어 통합개발 접근의 효율성을 무효화시킬 수도 있다. 일반적인 장애요소는 다음과 같다.

- 최고관리 지원 부족
- 권한이 없는 팀 요원
- 공통 데이터베이스 접근 제한
- 문화 변화에 대한 수용 부족
- 팀 프로세스에 완전히 통합되지 못한 기능 조직
- 팀 활동계획 부족
- 참모(staff) 요구사항과 팀과의 갈등
- 한 장소에 배치되지 못한 팀 요원
- 팀 교육훈련 부족
- 팀 상호간에 공유되지 못한 교훈습득과 실습성공사례
- 팀 요원 상호간의 불평등
- 알려진 불확실성에 대한 수용 부족
- 불충분한 자원
- 정부와 계약업체에서 함께 요구되는 전문성 부족

장애요소 제거

장애요소를 제거하기 위한 일반적인 방법은 다음과 같다.

- 지속적인 교육훈련. 이는 변화의 불확실성을 제거 및 성공 목표와 방법 제공
- 팀을 수립하고 유지할 뿐만 아니라 관찰하고 관리하기 위한 사업조정 역할
- 사전관리지원 획득. 사람을 관리하기 위한 시도보다 팀 환경을 관리하는 리더십
- 모든 기업 요원에게 공개된 공통 데이터베이스 사용

- 설계통합 및 수직/수평적 의사소통을 제공하는 팀 상호간 네트워크 구축
- 사용가능자원 낭비 예방 네트워크 수립: 관련조직에서 불필요한 능력을 계약업체지원
- 한 장소에 배치가 어려울 경우, 규칙적인 업무회의를 개최: 전화 커뮤니케이션, 화상회의 및 다른 기술적 방법을 통해 공간문제 해결 또는 완화 노력

요점

시스템 통합개발은 설계, 제조, 가능성 프로세스를 최적화하기 위하여 다분야 팀을 사용하여 필수적이고 모든 주요 기능 활동을 통합한다. 이는 시스템엔지니어링 접근방법을 사용한다.

- 팀 수립은 4가지 단계(형성, 조정, 정상 및 이행)를 통하여 이루어진다.
- 팀의 프로그램 네트워크상의 핵심 리더십 지위는 프로그램 관리자, 사업조정 담당자 및 팀 리더이다.
- 팀 조직을 수립한 다음 이를 유지하는 것 또한 매우 중요하다. 이는 팀이 주어진 기간 동안 지속적인 관리가 요구된다.

20.3 획득조직 IPT

DoD 획득 정책인 통합 제품 및 프로세스 개발(IPPD)은 시스템엔지니어링뿐만 아니라 시스템 개발과 관련된 공식 의사결정에 속한 모든 영역을 포함한 통합된 시스템 개발에 관한 활동을 말한다. DoD 정책은 사업 책임자 레벨과 그 상위레벨에서의 통합관리를 강조하고 있다. 이는 시스템엔지니어링 레벨의 IPPD를 요구하고 있다. 이는 모든 개별 활동에 IPPD 프로세스를 적용하기 위한 요구조건일 뿐 이를 특정 구조나 절차에 따라 수행해야 한다고 강요하고 있지는 않다.

제품통합 팀

핵심 IPPD의 기본원칙 중 하나는 다 분야 통합과 팀워크 활동을 수행하는 제품통합 팀(IPTs)이다. IPTs가 모든 관리 상황에 대한 최상의 해법은 아니지만, 기술적이며 사업적인 관련사항이 폭넓게 고려하여 통합설계를 위한 최선의 접근방법이라 할 수 있다. 사업관리자는 IPT에 계약참여업체와 우선협상대상 계약업체가 통합조달원칙을 따라야 한다는 사실을 주지해야 한다. IPT조직에 대한 요소를 계약업체에 반드시 검토토록 해야 한다. 정부-계약업체 팀 우선순위를 살펴보기 위해 최신 수륙양용 공격 장갑차(AAAV)에 대한 설계 IPTs와 정부 요원을 위해 제시된 9개 역할을 본 장의 마지막에 제시하였다. 국방장관은 DoD가 IPTs를 사용하여 감독 및 재검토를 수행해야 한다고 지시했다. 참여자와 팀워크 아래 제품통합 팀 기능을 가능한 최대화하기 위해 이를 대표하는 조직이나 기능적 부분을 수용할 수 있도록 권한과 책임을 부여하였다. IPTs는 적절한 모든 기능을 통합하는 활동을 수행하기 때문에 프로그램을 성공하기 위해 적절한 시기에 올바른 결정을 내릴 수 있도록 가능한 각 분야의 대표자를 의사결정자로 구성한다.

DoD 제품통합 팀 구조

IPTs에는 <표 20.1>에 나타난 주요 활동초점과 책임을 진 최상위 OIPT, 업무레벨 WIPT, 프로그램 PITP의 세 가지 단계로 분류된다.

<표 20.1> IPT 활동초점 및 책임

조직	팀	활동초점	참여자 책임
국방부 및 방위사업청	OIPT	● 전략지침 ● 테일러링 ● 프로그램 평가 ● WIPT 쟁점사항해결	● 성공적인 프로그램 ● 기능 분야 리더십 ● 독립평가 ● 쟁점사항해결
	WIPT	● 프로그램 계획수립 ● 획득기회개선 (혁신, 스림화) ● 쟁점사항식별/해결 ● 프로그램 현황	● 기능 분야 지식 및 경험 ● 권한부여 ● 프로그램 추천 ● 현황소통 및 쟁점사항
사업관리본부 및 계약업체	PIPT	● 프로그램 수행 ● 획득개선 식별/적용	● 프로그램 범주, 자원 및 위험관리 ● 정부 및 계약자 통합관리 (현황 및 쟁점사항보고)
* "국방 IPPD 적용 및 관리 획득지침" 근거			

DoD의 감독기능은 DoD로부터 프로그램 레벨에 이르는 모든 관리 단계를 포함한 팀 계층구조를 통해 달성토록 한다. 각각의 ACAT I 프로그램에 대해 하나의 OIPT와 최소한 한 개의 WIPT가 있다. WIPT는 예를 들면, 검사, 비용/성능, 계약 등의 특정한 기능적 주제를 개발한다.

통합 IIPT는 WIPT 결과를 조정하고, 다른 IPT에게 배정되지 않은 많은 주제를 담당한다. 이들 팀은 <그림 20.5>처럼 구조적으로 조직되어 있다.

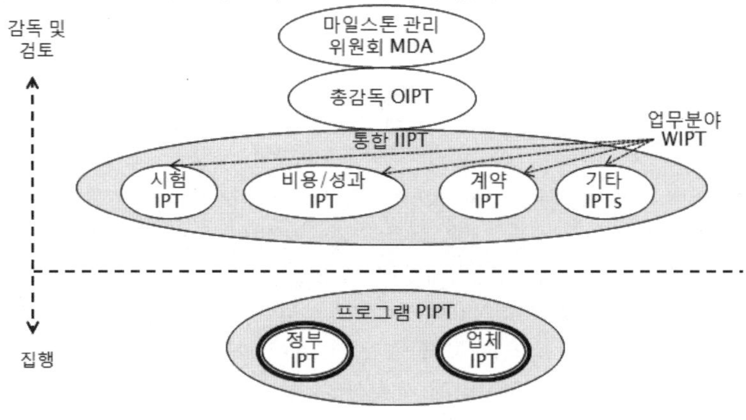

<그림 20.5> IPT 구조

최상위 제품통합 팀

최상위 제품통합팀(OIPT)은 그 레벨의 관리 프로그램에 관련된 쟁점에 대해 국방 획득조직에 조언하는 책임을 진 DoD 레벨의 제품통합 팀이다. OIPT 회원은 국방 기능 부서를 책임지고 있는 대표로 구성되고 OIPT는 다음 사항을 제공해야 한다.

- 최고 레벨의 전략 지침
- 기능 영역의 리더십
- 쟁점 해결을 위한 포럼 실시
- MDA에 대한 독립적 평가
- 다음 마일스톤 검토를 위한 의사결정정보 선정
- WIPT 구조와 자원 적용 정보제공

실무레벨 IPT(WIPT)

실무레벨 IPT(WIPT)는 PM과 OIPT를 연결하는 팀이다. WIPT는 전형적인 기능 전문(시험, 비용-성과 등) 팀이다. PM은 WIPT의 임명된 선임자이며, 전통적으로 모든 요원은 프로그램으로부터 국방획득 담당자까지 다양한 레벨의 대표자를 포함한다. WIPT의 주요 기능은 전문화된 영역을 PM에게 조언하는 것과 프로그램 상태를 OIPT에게 조언하는 활동을 수행한다. WIPT의 업무활동은 다음과 같다.

- PM에 의해 요구된 전략 개발과 프로그램 계획 단계 지원
- 활동과 마일스톤을 계획하는 IPT 수립
- 적응된 문서와 마일스톤 요구사항을 제안
- 문서에 대한 입력사항을 조기에 검토하고 공급
- OIPT 구성원과 WIPT 활동을 조정
- 시기 적절한 방법으로 쟁점들을 평가하고 해결
- 적용 가능한 문서와 주요 자재 획득

프로그램 IPTs

프로그램 IPT는 프로그램 업무를 수행하는 팀이다. 쟁점사항에 대해 정부와 계약업체의 통합은 IPT 레벨에서 발생하는 주어진 프로그램과 관련되어 있다. 앞에서 소개된 개발팀(제품 및 프로세스 팀)은 프로그램 IPT이다. 프로그램 IPT는 또한 사업목적을 위해 수립된 팀도 포함된다. 예를 들어, 팀은 기획, 계획, 예산 및 집행시스템(PPBS)을 문서화하기 위해 마일스톤 승인 및 REP나 이와 유사한 개발을 준비하기 위해 구성된다.

제품통합 팀에 대한 정부의 역할 사례

다음은 최신 수륙양용 공격 장갑차(AAAV) 프로그램의 계약업체/정부의 통합제품 팀을 구성하고 정부요원의 역할을 제시한 문서이다. 이는 계약과 법적인 제약에 의해 강조된 정부의 책임과 활동에 대해 기술하고 있다. 비록 이는 특정 AAAV의 경우이지만, 나아가 다른 프로그램을 위한 팀 계획 개발사례로 사용될 수 있다.

1) IPT는 계약업체-운용 규칙이다. 우리는 IPT를 이끌어 가거나 관리하지 않는다.
2) 우리는 IPT에 있어 '고객' 대리인으로써 역할을 한다. 우리는 계약업체-정부(고객) 의사소통기간을 단축하기 위해 존재한다. 다시 말하면, 우리는 정부의 입력 자료를 계약업체 요원이 빠르게 수용할 수 있도록 지원한다. 정부 IPT 구성원은 또한 우리에게 계약업체 IPT 상태와 쟁점에 대한 정보를 1일 단위(한 달이나 일주일 단위가 아닌)로 정부기관에 제공할 수 있게 한다.
3) 우리는 계약업체 IPT의 업무나 업무의 일부분도 수행하지 않는다. 계약업체는 계약 SOW의 업무를 수행하기 위해 계약한다. 업체요원이나 2차 계약업체 요원은 우리 일이 아닌 주어진 일을 수행할 것이다. 그러나 정부 IPT 요원은 개발기간 동안 일부 심의활동을 수행하고, CDRL에서 완료되는 산출물 검토에 참여한다.
4) 정부입장이나 판단을 계약업체요원이 요구할 경우, 정부 IPT요원은 IPT요원으로서 개인적인 의견이나, 전문적인 의견을 제공할 수 있다. '고객' 의견과 정부수락지침을 제공하거나 당신과 당신의 감독자에 의해 동의된 항목에 대한 '정부' 입장을 제공할 수 있다. 이는 당신에게 부여된 적절한 레벨의 권한이 당신의 감독자에게 달려 있다는 사실을 말하는 것이다. 이는 최소 권한레벨에서 시작하여 각 개인의 IPT 경험 확장 및 프로그램 지식을 통해 증가할 것으로 기대하고 있다.
5) 정부 IPT 요원은 계약 SOW나 규격서로를 변경할 수 있는 권한이 없다. 정부 IPT 요원은 어떤 변경제안에 대한 심의나 논의과정에 참석할 수 있다. 만약 IPT가 행동의 최선책이 계약과 일치하지 않고, 계약변경이 옳다고 결정한다면 계약업체는 반드시 정규 채널을 통하여 CCR을 제출해야 한다.
6) 정부 IPT 요원은 SOW/계약 요구사항에 추가되는 작업을 계약업체에게 수행시킬 권한이 없다. 계약업체 IPT는 그들의 재량으로 특별히 계약에 의해 요구되지 않는 활동을 수행할 수 있다.
7) 계약업체 IPT활동에 참여한 정부 IPT 요원은 정부에 의해 승인되거나 계약에 의해 보호된다. 만약 IPT가 약간 의심스럽다면, 당신의 감독자 또는 사업관리팀(PMT) 요원에게 이를 검증시켜야 한다.
8) IPT의 정부 요원은 IPT의 의사결정, 계획, 보고서를 승인하거나 승인하지 않을 수 있다. 당신은 제품품질의 향상을 목적으로 개발에 대한 의견을 제공하며, 한 요원으로서 투표하고, 당신의 감독자와 함께 문제를 조정하며, IPT에 관련된 '정부'의 의견을 낼 수 있다. 당신은 거부권이 없다.
9) 정부 IPT 요원은 모든 윤리, 도덕적 행위를 포함한 모든 정부법과 규칙의 지배를 받아야 한다. 당신의 주된 기능은 정부 고용자에 의해 다음과 같은 기능이 최선으로 수행될 수 있도록 지원함에 있다.
 - 해병부대 운용 및 유지 기술에 대한 지식/전문성을 계약업체 요원에게 전수
 - 모든 다른 정부 조직(예를 들면 T&E)과 연동
 - 장비와 재원에 대한 정부 통제/촉진토록 수행
 - 제출된 자료의 시기적절한 지급 보증
 - 위험관리에 전적으로 참여

20.4 계약업체 IPT 조직

계약업체 IPDT에는 <표 20.2>와 같은 전형적인 세 가지 유형이 있다.

<표 20.2> 계약업체 IPT 형태

시스템계층구조	팀 형태, 중점사항 및 책임영역
외부 인터페이스 및 시스템	시스템엔지니어링 및 통합팀 (SE & IT: Systems Engineering & Integration Team)
	• 시스템 및 프로세스 통합 • 외부 및 프로그램 쟁점사항 • 시스템 이슈 통합 • 팀의 통합감사
요소 및 하부시스템	제품통합팀 (PIT: Product Integration Team)
	• 하드웨어 및 소프트웨어 통합 • 제품 쟁점사항 통합 • 상위(SE & IT) 및 하위(PDT) 팀 지원
컴포넌트, 하부 아셈부리 및 부품	제품개발팀 (PDT: Product Development Team)
	• 하드웨어 및 소프트웨어 • 제품 이슈 통합 • 주요 설계 및 제작 참여자 • 다른 팀(SE & IT 및 PIT) 지원

- 시스템엔지니어링 및 통합 팀(SEIT)
- 제품통합 팀(PITs)
- 제품개발 팀(PDTs)

이는 IPDT팀의 세 가지 유형에 대한 일반적인 책임을 나타낸다. 이러한 조직은 대형, 다양한 요소 및 하부시스템 프로그램에 적합하다. 이는 반드시 특정 프로젝트에 적용되어야만 한다. 예를 들어, 소형 프로그램의 PITs는 적거나 없어도 된다. 서비스지향 프로젝트의 경우, 시스템계층구조, 목적 그리고 팀의 책임이 서비스에 적합하도록 적용되어야 한다. 팀은 컴포넌트 또는 보다 복잡한 하부시스템과 요소의 통합에 초점을 둔 프로세스 지향적이어야 한다. SE&I 팀은 통합시스템, 시스템 프로세스, 외부 및 시스템 이슈에 초점을 두며 다른 팀은 보다 낮은 하위 우선순위 활동에 관련되어 있다. PDTs와 PITs의 수와 구성 선택은 유동적이지만, 가공하지 않은 본래의 작업산출물과 형상품목 산출물을 기반으로 이루어 져야 한다. 각 팀은 해당 제품과 제품통합을 이루는 모든 관련시험과 제품검증에 대한 내용을 책임져야 한다. 만일 이러한 통합과 조립 프로세스에 문제가 발생되면, 이에 관련된 팀은 이를 해결해야 한다. 시스템 엔지니어는 SEIT와 PIT에 깊이 관여를 해야 하나, PDT에 대해서는 그렇지 않아도 된다. 본 핸드북에 기술된 시스템엔지니어링프로세스는 이전의 조직형태에서 IPPD 환경의 모든 팀에 적용했던 것과 동일하다. 반복적인 시스템엔지니어링프로세스가 유효하다. 사실, 시스템 엔지니어가 모든 관련 팀과 매일 함께 일하고 있기 때문에 프로그램에 프로세스를 적용하기가 더욱 쉽다.

모든 제품 팀은 다양한 역할을 수행한다. 시스템통합 역할은 제품 팀의 형태와 통합 레벨에 기준 할 때 중복되는 경우도 있다. 다양한 프로그램의 프로세스와 시스템 기능에 대한 사례는 <그림 20.6>과 같다.

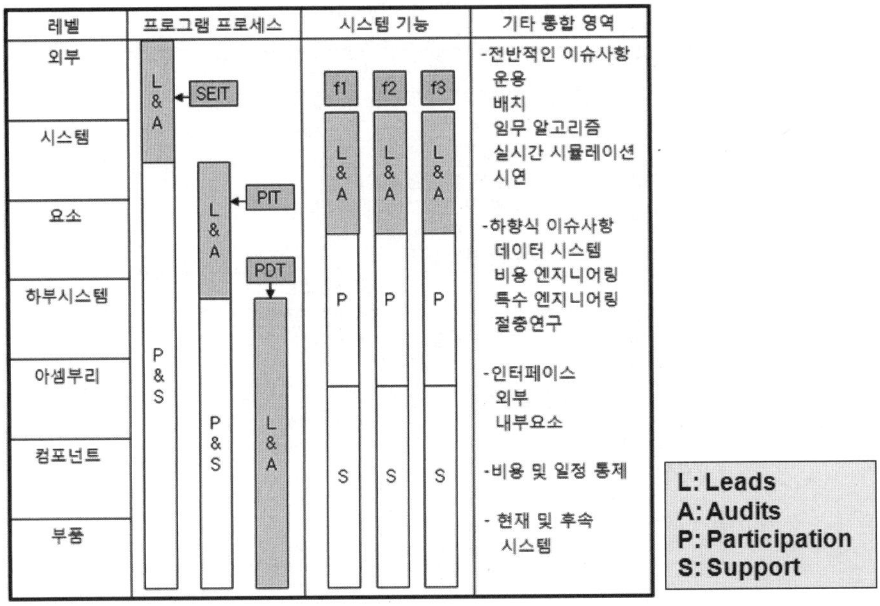

<그림 20.6> 계약업체 IPT 통합 프로세스

이 그림에서 보면 프로그램 프로세스는 프로그램에서 요구된 사실만을 다룬다. 왼쪽의 3개 막대는 서로 상이한 시스템레벨의 3개 제품 팀 역할을 나타내고 있다. 예를 들면 SE&I 팀은 외부통합과 시스템통합 활동에 대한 내용을 주도하고 감사하게 된다. 그러나 구성품, 하부조립품, 또는 부품에 대한 프로그램 프로세스는 SEIT와 PIT의 지원을 받아 PDT에 의해 주도적으로 이루어진다. 기본적인 시스템 기능은 시스템 요구사항도출, 시스템 기능분석, 요구사항 할당 및 하향세분화, 시스템 절충분석, 시스템조합, 시스템통합, 기술성능측정, 그리고 시스템 검증 활동을 포함한다. 도표의 f1, f2 및 f3 막대는 구성품과 하부시스템 팀이 적극적으로 참여하고 있는 동안 SE&I 팀이 상이한 시스템기능에 대한 활동을 주도하고 감사하는 것을 나타낸다. 하위레벨의 부품 및 하부조립품 팀은 필요시 지원을 하게 된다. <그림 20.6>의 오른쪽 박스는 모든 팀이 관여해야 할 기타 통합영역을 나타내고 있다. 다양한 팀의 역할 또한 이들 활동과 서로 협의되어야 하나, 그 과정은 그림의 사례와 비슷하다.

IPDT의 조직과 운용 단계

프로젝트에서 IPDT를 조직하고 운용하는 기본 단계를 <표 20.3>에 나타나 있다. 다음의 13개 단계는 프로젝트에 대해 초기의 IPDT 정의로부터 완료, 종료 그리고 가능한 후속활동의 범위를 나타낸다. 각 단계는 INCOSE 시스템엔지니어링 핸드북 V2.0에 해당 단계 동안 일어나는 핵심 활동을 나타내는 도표로서 차례로 설명되어 있다.

<표 20.3> IPDTs 조직과 운영 13단계[21]

단계	활동내용
1	프로젝트의 PDTs 정의
2	PDTs에 책임과 권한 위임
3	PDTs 인원 구성
4	팀 운용환경의 이해
5	업무 킥오프미팅의 계획 및 시행
6	팀 훈련
7	팀의 비전과 목적 정의
8	직무정의에 대한 각 팀의 검토 및 재조정
9	프로세스 평가와 지속적 개선
10	팀의 업무진도관리
11	프로젝트를 통한 팀의 유지 및 진화
12	팀 산출물의 문서화
13	프로젝트 종료 및 후속활동

20.4 문제풀이

1) 제품과 프로세스를 통합한 IPPD 프로세스란 누가, 언제, 왜 제안하게 되었으며, 이를 구체적으로 이행하기 위해 구성된 조직 IPT를 설명해 보라.
2) 획득조직 IPT의 세 가지 단계별 형태를 제시하고 각자의 활동초점과 참여자 책임사항을 설명해 보라.
3) 획득자 IPT와 계약자 IPT에 대해 상관관계를 설명하고, 계약자 IPT 형태를 설명해 보라. 이 유형은 프로그램의 크기와 규모에 따라 다르게 적용해야 하는 이유를 설명해 보라.
4) IPPD 프로세스 적용에 따른 사업관리와 시스템엔지니어링 관리와의 조직적 통합 형태를 제시하라. 이러한 조직이 성공하려면 어떠한 프로세스를 기반으로 해야 하는가.

21) 민성기 외 2명, 시스템엔지니어링 핸드북, 시스템체계공학원, 2010

부록 I. 설계검토목록

전반적인 시스템 설계 및 개발과정에 설계내용을 일상적인 설계검토뿐만 아니라 주기적으로 공식설계검토를 수행하는 것이 바람직하다. 이를 통해 첫째는 요구사항이 주어진 프로그램에 적절하게 반영되고 있는지를 검증하고, 둘째는 적합한 요구특성이 시스템 설계형상에 빠짐없이 반영되고 있는지를 확인할 수 있다. 이를 효율적으로 검증하기 위하여 설계검토목록을 체크리스트로 만들어 사용하는 것이 바람직하다. 여기에는 전반적인 시스템요구사항과 세부설계고려사항이 함께 포함된다. 모든 사항이 "Yes"라고 답해지는 것이 바람직하다. 어떠한 질문내용에 대해서든 의사결정에 이르기 전에 관련된 참고 검토과정을 거쳐 보다 심층 있게 관찰하는 것이 바람직하다. 모든 사항은 시스템엔지니어링 절차에 따른 설계검토 체크리스트를 기준으로 작성되어야 한다. 모든 질문들은 프로그램/ 설계검토관리에 고려될 수 있다. 모든 경우에 모든 사항이 함께 적용될 필요는 없다. 기본적으로 설계검토목록에 포함되어 있는 질문 프로그램 내에서 적용하는 것이 바람직하다.

I.1 일반 검토사항

1.0 타당성분석
1.1 시스템과 제품에 대한 요구사항이 잘 정의되고 식별되어 있는가.
1.2 시스템에 대한 모든 기술설계 접근방법이 타당성분석을 통하여 설정되었는가.
1.3 타당성분석에서 적용가능한 기술이 시스템 기술설계 개발 시 우선적으로 고려되었는가.
1.4 새로운 환경기술을 선정할 때 가능한 기존 기술을 우선적으로 고려되었는가.
1.5 대안기술 평가 시 총 수명주기비용을 고려하고 특정 지원요구사항을 설정되었는가.
1.6 프로그램 계획 요구시간 내에 적합한 요구기술을 유효하게 선택 가능한가.
1.7 각각의 적용 기술 별 관련 자료를 제공 가능한가.
1.8 부족한 연구개발분야를 잘 정의되어 있는가.
1.9 위험과 불확실한 분야가 잘 정의되어 있는가.

2.0 운용요구사항
2.1 시스템에 대한 임무(적합한 시나리오 또는 프로필)가 잘 정의되어 있는가.
2.2 시스템 성과 요구사항이 잘 정의되어 있는가.
2.3 시스템 프로그램에 대한 기술성능측정(TPMs)요소가 식별되고 우선순위가 설정되어 있고 측정 가능한가.
2.4 시스템 수명주기(설계, 개발, 생산, 분배, 운용, 지원유지, 폐기)단계가 정의되어 있는가.
2.5 운용배치계획(사용자, 사용 장소, 사용일정계획, 배치 및 수량 등)이 정의되어 있는가.
2.6 시스템 운용요구사항(시스템 예상운용시간 또는 운용횟수)이 정의되고 동적 운용 시나리오가 정의되어 있는가.
2.7 운용환경(온도, 습도, 진동, 충격, 저장, 운반 및 취급)이 잘 기술되어 있는가.

3.0 유지보수개념
3.1 유지보수레벨이 식별되고 정의되어 있는가.
3.2 기본적인 유지보수기능이 각 레벨 별로 정의되어 있는가.
3.3 시스템 유지보수와 지원부서(사용자, 계약자, 공급자, 제3자 등)가 지정되어 있는가.
3.4 수리레벨정책(수리 또는 폐기)이 설정되어 있고 수리레벨기준이 정의되어 있는가.

3.5 표준화 요구사항(전반적인 시스템 지원능력 등)이 설정되어 있는가.
3.6 각 유지보수 레벨의 정비요원 수 및 기술능력에 대한 기준이 설정되어 있는가.
3.7 각 유지보수 레벨의 시험지원 장비에 대한 기준(내장 또는 외부) 및 진단 요구사항이 설정되어 있는가.
3.8 시스템/컴포넌트 시험의 소프트웨어 요구사항(시험언어 등)이 정의되어 있는가.
3.9 유지보수 설비 기준이 설정되어 있는가.
3.10 패키지, 운반 및 취급에 대한 규격이 설정되어 있는가.
3.11 적합한 효과도 요소가 모든 지원능력(수리부품 수요량, 창고위치 및 레벨, 시험장비 가용성, 정비 창 공청, 설비활용 및 순환시간 등)이 설정되어 있는가.
3.12 온도, 습도, 진동, 충격, 운반, 취급 및 저장 등 유지보수지원 환경이 정의되어 있는가.

4.0 효과도 요소
4.1 시스템효과 및 비용효과에 대한 효과지수(FOMs)항목(가용성, 의존성, 능력, 준비성,
수명주기비용, 설계목표비용 등)이 시스템/제품에 대해 정의되어 있는가.
4.2 신뢰성, 유지보수성, 인간공학요소 및 지원성에 대한 정량적 요소(MTBM, MTBR, MTBF, 고장율, MDT, M, ADT, Mct, Mpt, MMH/OH, MMH/OH, Cost/OH, Cost/MA, TAT 등)가 정의되어 있는가.
4.3 효과도 요소는 시스템운용요구(임무 시나리오) 또는 유지보수개념 추적이 가능한가.
4.4 시스템으로 식별된 개별 효과도 요소를 측정 가능하며 시험평가조항은 검증목적에 따라 시험평가종합계획(TEMP)에 연계되어 있는가.
4.5 두 개 이상의 효과를 측정할 경우, 그 중요도에 따라 가중치가 부여되어 있는가.
4.6 모든 중요 효과도 지수(FOMs)는 TPM 평가/보고와 함께 통합되어 있는가.

5.0 기능분석 및 할당
5.1 시스템/제품은 기능블록선도를 사용하여 기능을 적합하게 정의하고 있는가.
5.2 모든 주요 시스템 운용기능과 유지보수기능이 정의되어 있는가.
5.3 기능분석은 시스템 운용요구사항과 유지보수개념을 기초로 수행되고 있으며, 모든 기능은 상위 시스템 레벨 요구사항(임무 시나리오)을 추적할 수 있는가.
5.4 유지보수기능은 운용기능으로부터 도출되고 있는가.
5.5 기능분석은 신뢰성 블록흐름도, FTA, FMECA, 유지보수성 예측, 유지보수분석, 운용자 세부임무분석, 운용도표, 안전/위험분석 및 로지스틱스 지원 분석(LSA)에 따라 세부적으로 제시되어 있는가.
5.6 기능분석은 시스템 규격서 개발에 충분하도록 세부적으로 수행하고 있는가.
5.7 시스템레벨 요구사항이 설계정의에 따라 적합하게 할당되어 있는가.
5.8 시스템으로부터 하부시스템, 컴포넌트 및 유닛 레벨까지 모든 요소의 할당, 추적 및 측정이 가능한가.

6.0 시스템 규격서
6.1 프로그램/프로젝트 규격서 트리가 계층구조로 잘 개발되어 있는가.
6.2 시스템 규격서(A형식)가 작성되어 있는가.
6.3 개발규격, 제품규격, 프로세스 및 자재 규격서(B, C, D, E형식)가 작성되어 있는가.
6.4 시스템규격서는 운용요구, 유지보수개념, 시스템기능정의 및 효과도 요구사항(신뢰성, 유지보수성, 인간공학요소, 안전성, 지원성, 경제성 및 품질요소 등)을 포함하고 있는가.
6.5 다양한 규격서가 적절하게 잘 통합되어 서로 상반되는 규격서 요구사항은 제거되거나 우선순위가 설정되어 있는가.

7.0 공급자 요구사항
7.1 컴포넌트 공급자에 대한 식별, 평가 및 선정에 대한 기준 및 절차가 설정되어 있는가.
7.2 모든 컴포넌트 공급자가 식별되고 모든 공급자의 on-site평가가 수행되었는가.
7.3 공급자 규격서가 준비되고 적합한 계약 절차를 통해 적용되고 있는가.
7.4 개별 공급자 프로그램 계획이 준비되고 적용되고 있는가.
7.5 공급자 설계 데이터와 문서화가 전반적인 프로그램의 요구사항과 일치하는가.
7.6 형상관리절차가 공급자 설계 및 개발활동에 적합하게 적용되고 있는가.
7.7 품질관리절차가 공급자 활동통제, 모니터링 및 공급자 등급 시스템이 적용되고 있는가.

8.0 시스템엔지니어링 관리계획서(SEMP)
8.1 시스템엔지니어링 관리계획서(SEMP)가 마련되어 있는가.
8.2 SEMP는 시스템 수명주기, 단계/활동을 전반적으로 고려하고 있는가.
8.3 본 계획서는 시스템엔지니어링 프로세스를 적합하게 기술하고 있는가.
8.4 본 계획서는 시스템/제품 설계 프로세스에 포함된 특수 엔지니어링을 적절하게 통합되고 있는가.
8.5 SEMP는 신뢰성계획, 유지보수성계획, 인간공학계획, 안전공학계획, ILS계획, 형상관리계획 및 시험평가종합계획 등의 계획서를 적합하게 통합하고 있는가.
8.6 주요 시스템 절충연구가 문서화되고, SEMP에 적절하게 참조되어 있는가.
8.7 SEMP는 시스템규격서를 적합하게 지원하고 있는가.
8.8 프로그램 업무, 조직/책임, WBS, 일정, 비용추정, 및 프로그램 모니터링 및 통제기능이 포함되어 있는가.
8.9 인력개발계획과 조직훈련계획이 포함되어 있는가.
8.10 공급자 프로그램 요구사항을 포함하고 있는가.
8.11 공식설계검토가 포함되어 있으며 공식시스템평가 및 수정보완절차가 적용되고 있는가.

I.2 설계특성

1.0 접근가능성(Accessibility)
1.1 주요 시스템 컴포넌트는 운용 및 유지보수 활동을 위해 직접적으로 접근 가능한가.
1.2 쉽게 접근 가능한가.
1.3 접근 요구사항은 유지보수주기와 일치하며 유지보수 수요가 많은 품목에 대한 접근이 유지보수 빈도가 낮은 품목보다 더 크게 정의되어 있는가.
1.4 접근 도어가 적절한 곳에 준비되어 있고 개폐 가능하며 도어 힌지 위치가 적합한가.
1.5 접근개방 사이즈가 적당하며 필요한 곳에 위치하고 있는가.
1.6 접근 도어 잠금 장치 수가 최소화 되어 있는가.
1.7 접근 도어 잠금 장치를 재빨리 해체할 수 있는가.
1.8 특별한 도구 없이 접근 가능한가.
1.9 만일 도구가 접근을 위해 요구된다면, 최소 도구는 몇 개며 표준 도구는 없는가.
1.10 모듈과 컴포넌트간의 접근 조항은 적합한가.
1.11 접근 도어 및 개폐장치는 내부에서 접근할 수 있다는 라벨을 붙여 두었는가.

2.0 조정과 정렬(Adjustments and Alignments)
2.1 조정 및 정렬 활동요구가 최소화되어 있거나 제거 가능한가.
2.2 조정 요구사항과 빈도가 필요한 곳에 알려져 있는가.

2.3 조정 위치는 접근 가능한가.
2.4 조정 위치는 조정이 요구되는 유지보수레벨과 일치하고 있는가.
2.5 조정/정렬에 대한 상호작용문제가 제거되어 있는가.
2.6 공장 조정활동은 명시되어 있는가.
2.7 조정 위치는 적절하게 라벨로 표시되어 있는가.
2.8 조정/정렬활동은 특정 도구 없이 수행 가능한가.

3.0 케이블과 커넥터(Cables and Connectors)
3.1 케이블은 제거 가능한 위치에 설치되어 있는가.
3.2 케이블은 예리하게 구겨 있지 아니한가.
3.3 케이블의 사이에 끼는 현상을 피할 수 있는가.
3.4 케이블은 적합한 라벨로 표시되어 있는가.
3.5 케이블 크램핑이 적합한가.
3.6 커넥터 분리를 쉽고 빠르게 할 수 있는가.
3.7 표면에 설치된 커넥터가 연결 및 분리를 위해 서로 멀리 견고하게 설치되어 있는가.
3.8 커넥터와 콘센트에 라벨이 붙어 있는가.
3.9 커넥터와 콘센트는 잘 잠겨 있는가.
3.10 표준 커넥터를 사용하고 있는가.
3.11 커넥터는 습도방지조항에 적합한가.

4.0 보정(Calibration)
4.1 보정활동이 최소화되어 있거나 제거 가능한가.
4.2 보정요구사항이 필요한 곳에 설정되어 있는가.
4.3 보정빈도와 공차가 알려져 있는가.
4.4 보정을 위한 설비는 식별되어 있는가.
4.5 보정을 위해 필요한 표준이 있는가.
4.6 보정 절차가 준비되어 있는가.
4.7 국가표준기술협회(NIST) 추적이 가능한가.
4.8 보정 요구사항은 유지보수개념과 로지스틱스 지원 분석(LSA)과 일치하는가.

5.0 데이터 요구사항(Data Requirements)
5.1 설계 데이터는 문서화(레이아웃, 도면, 기능도표, 자재, 부품목록)되어 있는가.
5.2 시스템 컴포넌트는 최근 설계 데이터로 최신화되어 있는가.
5.3 주요 시스템 절충연구결과는 문서화되어 있는가.
5.4 모든 데이터 요구사항은 개별 프로그램 별로 정의되어 있는가.
5.5 모든 공급자의 데이터 요구사항은 프로그램 전체 데이터 요구사항으로 정의되고 통합되어 있는가.
5.6 데이터 수집, 분배 및 처리에 대한 절차가 개발되고 기술되어 있는가.
5.7 데이터 포맷, 처리 및 보고 시 적합한 절차가 표준화 되어 있는가.
5.8 데이터는 승인된 형상관리 절차에 따라 적절하게 통제되고 있는가.

6.0 폐기가능성(Disposability)
6.1 장비는 폐기가능성(예, 자재 선정, 패키지 등)을 고려하여 설계되어 있는가.
6.2 시스템/장비/컴포넌트 폐기절차가 준비되어 있는가.

6.3 시스템/장비 설계에 사용된 컴포넌트나 자재를 다른 제품에 재사용할 수 있는가.
6.4 만일 컴포넌트 자재 재사용이 어렵다면 분할 가능하도록 설계되어 있는가.
6.5 재사용 및 분할은 기존 로지스틱스 지원 자원을 사용하여 수행할 수 있는가.
6.6 재사용 및 분할은 환경적, 생태학적, 안전성, 정치적 및 사회적인 요구에 부합되는가.
6.7 재사용 및 분할은 경제적으로 가용하도록 설계되어 있는가.

7.0 생태학적 요구사항(Ecological Requirements)
7.1 환경영향분석(환경에 부정적인 영향을 주는 경우를 배제)이 완료되어 있는가.
7.2 대기의 질, 수질, 소음레벨, 폐기물 처리 등과 연관된 표준이 시스템/제품을 운용하고 사용할 경우에도 유지될 수 있는가.
7.3 부정적인 생태학적 효과가 식별되고 이를 해결하기 위한 방법이 제시되어 있는가.
7.4 폐기물 처리에 대한 취급, 운송방법 및 절차가 적절하게 기술되어 있는가.

8.0 경제적 타당성(Economic Feasibility)
8.1 시스템/제품의 수명주기 이득과 비용이 정의되어 있는가.
8.2 모든 비용요소가 고려되어 있는가.
8.3 모든 비용영역이 적합하게 정의되어 있는가.
8.4 비용 추정이 되어 있는가.
8.5 변동 및 고정 비용이 별도로 식별되어 있는가.
8.6 비용증가요소를 명시하고 적합하게 사용하고 있는가.
8.7 학습곡선을 명시하고 적합하게 사용하고 있는가.
8.8 프로젝트가 모든 가능한 대안을 고려하여 경제적 타당성을 판단하고 있는가.

9.0 환경 요구사항(Environmental Requirements)
9.1 시스템/제품설계는 환경적 관점에서 모든 가능 활동단계(예를 들면, 시스템 운용, 수송, 저장 및 유지보수 등)를 고려하고 있는가.
9.2 시스템설계에 온도, 습도, 진동, 충격, 바람, 염분, 모래 및 먼지 등을 고려하고 시스템운용의 극한상태와 영역과 환경 프로파일이 반영되어 있는가.
9.3 대기와 물의 품질표준에 적합하도록 설계되어 있는가.
9.4 실제 운용지역에서의 소음, 조명, 온도, 습도를 통제하고 명시하기 위한 조항이 설정되어 있는가.

10.0 설비 요구시항(Facility Requirements)
10.1 시스템운용을 위한 설비요구사항(공간, 부피, 자산, 유틸리티 등)이 정의되어 있는가.
10.2 각 시스템 유지보수레벨에 필요한 설비요구사항(공간, 체적, 자산, 유틸리티 등)이 정의되어 있는가.
10.3 운용 및 유지보수 설비 요구사항이 최소투자로 최대효과를 낼 수 있는가.
10.4 운용유지설비에 대한 환경적 요구사항(온도, 습도 및 먼지 등)이 정의되어 있는가.
10.5 예비부품 및 수리부속에 대한 저장 또는 자체 공간 요구사항이 정의되어 있는가.
10.6 저장 환경조건이 정의되어 있는가.
10.7 설비 및 저장요구사항은 로지스틱스 지원 분석과 인간공학 데이터와 일치하는가.

11.0 잠금 장치(Fasteners)
11.1 접근 도어나 패널에 사용된 잠금 장치를 빨리 열 수 있는가.
11.2 총 잠금 장치 수가 최소화되어 있는가.

11.3 표준품목이 아닌 다른 형태의 잠금 장치 사용을 최소화하고 있는가.
11.4 잠금 장치는 특정도구보다 표준도구를 사용할 수 있도록 요구되어 있는가.

12.0 취급(Handling)
12.1 고 중량품목에 대한 운반 손잡이나 포크리프트에 대한 조항이 정의되고 150 Lbs 이상 규격으로 되어 있는가.
12.2 포크리프트 장비의 인양 능력에 맞추어 위치가 식별되어 있는가.
12.3 중량 라벨이 부착되어 있는가.
12.4 10Lbs를 초과하는 패키지, 유닛, 컴포넌트나 기타품목에 손잡이가 준비되어 있으며 손잡이 크기는 적당하게 우측 무게중심(손잡이는 무게 중심에 설치)에 위치되어 있는가.
12.5 40Lbs를 넘는 패키지, 유닛 혹은 기타품목은 두 사람이 운반할 수 있도록 두 개의 손잡이를 준비하고 있는가.
12.6 선적 및 하역 시 보통 포장재료로 가능하며 어려우면 취급 시 손상되기 쉬운 부위를 특별용기, 케이스 또는 덮개를 사용할 수 있도록 준비되어 있는가.

13.0 인간공학요소(Human Factors)
13.1 시스템분석은 사람과 기계 상호간의 인터페이스를 검증하며 자동 및 수동기능이 적합하게 식별되어 있는가.
13.2 식별된 자동 및 수동 기능은 모든 시스템레벨 기능분석결과와 일치하고 있는가.
13.3 운용순서도(OSD)가 적합하게 준비되어 있는가.
13.4 세부운용업무분석은 업무순서, 업무 복잡성, 개인숙련도 등을 검증하고 있는가.
13.5 세부유지보수업무분석은 업무순서, 업무 복잡성, 개인숙련도 등을 검증하고 있는가.
13.6 세부유지보수업무분석은 신뢰성, 유지보수성 및 로지스틱스 지원 분석 데이터와 일치하는가.
13.7 운용 및 유지보수업무분석은 운용 및 유지보수절차(업무순서, 업무 복잡도에 따른 자재 유형 등)와 일치하고 있는가.
13.8 사람과의 인터페이스 기능에 대한 시스템/제품설계는 인종, 감각, 심리 및 사고요소를 고려하여 최적화 되고 수동업무일 경우, 미숙련자도 운용 가능하도록 설계되어 있으며 사람의 잠재적인 실수율을 고려하여 설계되어 있는가.
13.9 운용 및 유지보수 요원에 대한 세부 훈련계획이 준비되어 있으며 교육훈련시설, 장비, 교재, 소프트웨어, 각종요구 데이터가 준비되어 있는가.
13.10 인간공학 요소활동은 안전공학 요구사항과 일치되고 있는가.
13.11 인력운용 시험 및 평가도 함께 설정되어 있는가.

14.0 호환성(Interchangeability)
14.1 전기적, 기능적 및 물리적으로 유사하게 운용되는 장비, 모듈 및 컴포넌트와 호환성이 있는가.
14.2 유사 품목으로 교체 시 추가적인 조정과 정렬 없이 수행 가능한가.

15.0 유지보수성(Maintainability)
15.1 시스템/제품은 원인규명 및 진단 조항, 접근가능성, 교체편리성, 취급용이성, 시험/검증 정확성 및 유지보수(수시 및 예방)성과의 경제성이 고려되어 있는가. 체크리스트의 수많은 기타품목이 실제적으로 설계조직의 유지보수성 항목으로 포함되어 있어도 좋다.
15.2 시스템/장비의 유지보수성 요구사항이 분명하게 정의되어 있고 신뢰성, 지원가능성 효과도 요소와 일치하고 있는가.

15.3 유지보수성 요구사항은 적절한 레벨(예를 들면, 시스템, 하부시스템 및 기타 컴포넌트의 MTBM, MDT, MMH/OH,$/MA, Mct, Mpt)로 할당되어 있는가.

15.4 시스템/제품의 예측된 수시정비 및 예방정비 요구사항이 세부 유지보수 엔지니어링 분석을 통하여 식별되어 있으며 적합한 절충연구가 수시 및 예방정비간 적절한 균형을 이루기 위해 수행되고 있는가-지나친 예방정비는 비용이 많이 들뿐만 아니라 수시정비에 큰 영향을 줄 수 있다. 이러한 모든 결과는 로지스틱스 지원 분석자료와 일치하고 있는가.

15.5 수리레벨분석(LORA)이 수행되고 그 결과는 유지보수개념과 로지스틱스 지원분석과 일치하는가.

15.6 유지보수성 예측은 명시된 요구사항과 설계를 비교평가하고 있으며 예측결과는 요구사항을 충족하고 있는가.

15.7 유지보수성 시연이 수행되고 그 결과는 요구사항을 충족시키고 TEMP계획서에 포함되어 있는가.

16.0 운반가능성(Mobility)

16.1 장비/컴포넌트는 쉽게 운반할 수 있으며 한 장소에서 다른 장소로 이동 가능한가.

16.2 시스템 컴포넌트는 공통 및 표준지원/취급 장비로 이동가능하며 특수 취급 장비 사용을 제외하고 있는가.

17.0 운용가능성(Operability)

17.1 시스템은 운용이 용이하도록 설계되어 있는가.

17.2 시스템운용은 대부분 기본기술과 최소특수훈련으로 운용할 수 있는가.

17.3 시스템 운용 시 발생 가능한 실수가 최소화되어 있는가.

18.0 패키지 및 마운팅(Packaging and Mounting)

18.1 고객이 패키지 디자인에 대하여 호감(예를 들면, 색상, 모양, 크기)을 느낄 수 있는가

18.2 기능적 패키지를 최대한 수용하고 있는가. 패키지간에 상호작용 영향이 최소화되어야 한다. 이는 고장발생과 문제해결 시 여러 개의 모듈을 분해하지 않고 하나의 모듈로 하나의 고장부품을 분해하여 수리하는 경우가 바람직하다.

18.3 패키지 디자인은 수리레벨분석결과와 일치하고 있으며 수리품목은 시험위치, 접근가능성 및 플러그 인 컴포넌트와 같은 유지보수조항을 포함하고 있는가. “폐기품목”으로 분류된 경우는 비교적 저렴한 비용품목으로써 폐기모듈에 대한 유지보수조항이 요구되지 않는다.

18.4 실제 폐기모듈이 최대한 많이 고려되고 있는가. 신뢰성이 높은 반면 비용이 저렴한 폐기품목의 유지보수지원활동 감소는 매우 바람직하다.

18.5 실제 플러그 인 모듈과 컴포넌트를 최대한 적용하고 있는가. 플러그 인 컴포넌트가 장비 신뢰성 감소요인이 되지 않을 경우에 적용된다.

18.6 모듈간의 접근은 손으로 잡을 수 있도록 되어 있는가.

18.7 모듈과 컴포넌트의 유지보수를 위해 한 품목을 분해할 경우, 이와 다른 품목을 분해하지 않도록 설계되어 있는가. 컴포넌트가 서로 얽혀 있지 않도록 해야 한다.

18.8 제한된 공간 때문에 모듈이 서로 얽혀야 하는 경우, 모듈은 운용 시 접근이 많거나 정비 빈도에 따라 접근 우선순위를 고려하고 있는가. 빈번한 정비가 요구되는 품목은 보다 더 접근이 용이하여야 한다.

18.9 모듈과 컴포넌트는 네 개의 패스너 이하로 체결되어 있으며 모듈은 안전하게 체결되어 있는가. 패스너 수는 최소화해야 한다.

18.10 충격과 진동요구사항이 과도한 곳에 충격표시조항이 적용되어 있는가.

18.11 잘못된 모듈설치를 예방하기 위하여 적합한 조항이 제시되어 있는가.

18.12 플러그 인 모듈과 컴포넌트는 도구 사용 없이 제거 가능한가. 만약 도구가 요구될 경우 이는 표준품목을 사용해야 한다.

18.13 모듈 설치를 쉽게 하기 위해 별도의 가이드(슬라이드 또는 핀)가 준비되어 있는가.

18.14 모듈과 컴포넌트에 라벨이 붙어 있는가.

18.15 모듈과 컴포넌트의 라벨은 상단이나 인접 품목과 가시적 위치에 붙어 있는가.

18.16 라벨은 반영구적으로 부착되어 있으며 유지보수나 환경 라벨과 구분되어 있고 라벨 항목은 충분한가. 폐기모듈은 폐기라벨로 표시되어야 한다. 중량품일수록 저장대의 낮은 곳에 위치해야 한다. 단위 중량은 설치 높이가 높을수록 감소되어야 한다.

18.17 운용패널이 적합하게 위치되어 있는가. 서서 일하는 운용요원의 경우, 패널은 바닥으로부터 40 내지 70인치에 위치해야 한다. 중요하거나 정밀한 통제장치는 바닥으로부터 48 내지 64인치 사이에 있어야 한다. 앉아 있는 운용요원에 대한 패널은 바닥으로부터 30인치 위에 위치하여야 한다.

18.18 장비선반의 서랍장은 여닫이문으로 설치되어 있는가.

19.0 패널 디스플레이 및 제어(Panel Displays and Controls)

19.1 제어는 표준화되어 있는가.

19.2 제어는 순서적으로 위치하고 있는가.

19.3 제어 공간은 충분한가.

19.4 제어 표식 라벨은 적합한가.

19.5 제어와 디스플레이는 인간공학요소 기준과 일치하고 있는가.

19.6 패널 스위치 형식이 적합하게 사용되고 있는가.

19.7 제어 패널 표시등이 적합한가.

19.8 제어는 사용빈도와 중요성에 따라 배열되어 있는가.

20.0 인원 및 훈련(Personnel and Training)

20.1 운용 및 유지보수 요원의 자질과 기술숙련도가 정의되어 있는가.

20.2 운용 및 유지보수 인력요구사항은 가능한 한 최대 범위까지 최소로 되어 있는가.

20.3 운용 및 유지보수 인력요구사항은 로지스틱스 지원 분석과 인간요소자료와 일치하는가. 인력소요와 숙련도는 두 가지 소스를 추적해야 한다.

20.4 각 위치에서의 계획된 인력숙련레벨은 운용/유지보수활동의 복잡도와 일치하고 있는가.

20.5 신규장비에 대한 기존 기술숙련 수준을 최대한 고려하고 있는가.

20.6 인력 소모율은 설정되어 있는가.

20.7 인력 효과요소(업무수행 허용시간당 실제업무달성시간)가 결정되어 있는가.

20.8 운용 및 유지보수 훈련요구사항이 명시되어 있는가. 이는 수명주기에 걸쳐 초기 및 보충훈련을 고려해야 한다.

20.9 특정 훈련 프로그램이 준비되어 있는가. 훈련의 종류, 주기, 기간 및 교육생 목록 등을 식별해야 한다.

20.10 교육 프로그램은 운용 및 유지보수업무에 대한 인력숙련레벨 요구와 일치하는가.

20.11 교육훈련장비는 정의되어 있고 획득 가능한가.

20.12 교육훈련장비의 유지보수 조항은 계획되어 있는가.

20.13 교육훈련 데이터 요구사항은 정의되어 있는가.

20.14 계획된 운용 및 유지보수절차(수명주기 전반에 시스템지원요구)가 훈련 프로그램에 최대한 반영되어 있는가.

21.0 생산성(Producibility)
21.1 경제적 생산을 고려하여 설계되어 있으며 단순한 제작/조립 기술을 적용하고 있는가.
21.2 설계가 안정(변경최소화)되어 있으며 변경할 경우, 가능한 형상관리절차가 있는가.
21.3. 재 보수 요구가 최소화되도록 설계되어 있으며 불필요한 요소는 최소화 되어 있는가.
21.4 시제품시험, 환경인증, 신뢰성, 유지보수성 등을 검증할 수 있도록 설계되어 있는가.
21.5 똑 같은 품목을 동일한 공정으로 생산할 수 있도록 설계되어 있으며 조립절차, 제조 및 조립공정을 보증할 수 있도록 통제되어 있는가.
21.6 JIT, Taguchi, MRP, 생산공정 관련 기법이 고려되어 있는가.
21.7 생산절차, CAD/CAM, CALS데이터, 자재목록 등이 잘 준비되어 있는가.
21.8 가용한 시설, 표준도구 및 기존요원으로 제작, 조립, 제조/시험운용이 가능한가.
21.9 자동화된 제조공정(CAM, 수치제어기술 등)은 보다 큰 용량에도 적용 가능한가.
21.10 둘 이상의 공급자로부터 동일한 제품을 생산할 수 있도록 설계되어 있는가.

22.0 형상향상활동(Reconfigurability)
22.1 성능개량에 대해 쉽게 개선할 수 있는 설계형상을 고려하고 있는가.
22.2 P3I계획이 초기 설계단계부터 고려되어 있는가.
22.3 성능향상을 위한 변경은 최소비용으로 가능하도록 설계되어 있는가.

23.0 신뢰성(Reliability)
23.1 설계가 단순하며 될 수 있는 한 최소부품수량을 적용하고 있는가.
23.2 신뢰성이 높은 표준 부품을 사용하고 있는가.
23.3 부품 고장율이 정의되어 있으며 평균수명도 정의되어 있는가.
23.4 신뢰성 요구에 적합한 부품을 선정하고 있는가.
23.5 과도한 고장부품(신뢰성이 낮음 부품)을 별도로 식별하고 있는가.
23.6 적합한 등급저하요소를 식별하여 적절하게 적용하고 있는가.
23.7 부품 마모율과 수명 특성이 결정되어 있는가.
23.8 치명적인 유효수명품목은 제외되도록 설계되어 있으며 만일 포함되어 있다면, 검증, 분석 및 재조정으로 해결할 수 있는가.
23.9 특수조달방법, 시험 및 취급조항이 필요한 치명적인 부품이 식별되어 있는가.
23.10 "matching"부품 선정필요성이 제외되어 있는가.
23.11 고장-안전조항(한 번 고장 발생 시 다음 고장을 예방)이 주어져 있는가.
23.12 "adjustable" 컴포넌트 사용이 최소화되어 있는가.
23.13 안전성 요소 및 한계가 부품 단위까지 적용되어 있는가.
23.14 부품고장모드와 효과가 식별되어 있으며 FMEA, FMECA, FTA가 수행되고 있는가.
23.15 stress-strength분석이 수행되고 있는가.
23.16 "hot spot"지역에 냉방조항이 적용되고 냉방요소가 치명항목으로 적용되어 있는가.
23.17 신뢰성 요구사항에 적합한 redundancy가 설계되어 있는가.
23.18 치명부품의 운용 및 유지보수 환경의 역효과 감소방안이 수립되어 있는가.
23.19 치명부품 고장 위험이 식별되고 설계에 절절하게 반영되어 있는가.
23.20 예비/수리부품에 대한 신뢰성 요구사항이 고려되어 있는가.
23.21 신뢰성이 예측되고 설계/생산 신뢰성시험 요구사항이 정의되어 시험평가종합계획서 (TEMP)에 포함되어 있는가.
23.22 신뢰성 고장분석과 수시정비활동능력이 주어져 있는가.

24.0 안전성(Safety)
24.1 안전성 엔지니어링 통합계획이 준비되어 있는가.
24.2 잠재위험상태를 식별하기 위한 사고분석이 FMECA/FMEA와 함께 수행되고 있는가.
24.3 열, 저온, 열변화, 기압/습도변화, 충격, 진동, 빛, 곰팡이, 박테리아, 부식, 균류식물, 냄새, 화학작용, 기름, 유지, 운용 및 수송으로부터 시스템/제품사고가 제거되어 있는가.
24.4 실패-안전(fail-safe)조항이 설계에 반영되어 있는가.
24.5 돌출부위를 제거하거나 보호 가능하도록 설계되어 있는가.
24.6 고압선 보호규정이 적용되어 있으며 모든 외부금속부품은 접지되어 있는가.
24.7 예리한 금속 모서리, 접근 도어 및 모퉁이는 고무, fillets, fiber, 플라스틱으로 보호되어 있는가.
24.8 전기회로 interlocks이 적용되어 있는가.
24.9 공장정비 시 손상을 보호하기 위해 품목에 손잡이나 안전장치가 설치되어 있는가.
24.10 고압지역에서 사용될 도구는 정비 시 손상되지 않도록 절연되어 있는가.
24.11. 소음, 조명, 대기, 온도 등 안전 환경이 보장되어있으며 OSHA요건은 충분한가.
24.12 방사선, 혹한, 혹서, 가스, 소음 등에 견딜 수 있는 보호의복이 제공되어 있는가.
24.13 특별통제구역의 안전장비요구사항이 식별되어 있는가.

25.0 부품/자재 선정(Selection of Parts/Materials)
25.1 부품 및 재료선정 기준이 적절하게 주어져 있는가.
25.2 성능, 신뢰성, 유지보수성, 지원가능성, 인간공학, 품질, 비용 등의 평가요소를 고려하여 부품/자재를 선정하고 있는가.
25.3 컴포넌트-부품/자재조달을 위한 공급자 소스가 설정되어 있는가.
25.4 공급자 소스는 품질레벨, 적기공급능력, 부품보증조항에 적합하도록 설정되어 있는가. 통제규격서, 프로세스변경, 스트레스, 허용공차, 항목 호환성 등에 연관되어 있다.
25.5 일차 공급자의 공급 실패 시 이에 대한 다른 공급대안이 설정되어 있는가.

26.0 서비스(Servicing and Lubrication)
26.1 서비스 요구사항이 최소로 설정되어 있는가.
26.2 서비스 요구사항이 필요한 경우, 특정 요구사항이 식별되어 있는가.
26.3 서비스 자재 조달소스가 식별되어 있는가.
26.4 서비스 지점이 접근 가능한가.
26.5 서비스 인력/장비요구사항이 식별되어 있는가. 취급장비, 차량, carts 등을 포함한다.
26.6 서비스 지수를 고려하여 설계되어 있는가.

27.0 사회적 요구사항(Societal Requirements)
27.1 사회적 필요성을 충족하고 있는 시스템인가.
27.2 시스템 사용시 운용 및 지원에 따른 사회적 효과가 평가되어 있는가.
27.3 시스템 적용, 운용 및 지원에 따른 사회적 역효과를 최소화하거나 제거하고 있는가.

28.0 소프트웨어(Software)
28.1 시스템 운용/유지보수기능에 대한 모든 시스템 소프트웨어 요구사항이 식별되어 있으며 시스템레벨 기능분석을 통해 개발되고 추적이 가능한가.
28.2 모든 소프트웨어가 대상범위와 규모를 고려하여 도출되어 있는가.
28.3 소프트웨어가 관련장비와 인터페이스 되어있는지 또는 운용 소프트웨어는 유지보수 소프트웨어

와 연계되어 있는지 나아가 다른 시스템요소는 어떤 관계가 있는가.
28.4 운용 소프트웨어와 유지보수 소프트웨어의 컴퓨터 언어 요건이 잘 연계되어 있는가.
28.5 모든 소프트웨어는 로지스틱스 기능흐름과 프로그램 코드를 문서화 하고 있는가.
28.6 소프트웨어는 정확성, 신뢰성 및 정비성에 대해 적합하게 시험되고 검증되어 있는가.

29.0 표준화(Standardization)
29.1 표준화된 상용 컴포넌트와 부품(효과도 요소와 일치되지 않는 품목제외)을 최대로 설계에 적용하고 있는가. 최대한의 표준부품사용이 바람직하다.
29.2 동일한 품목과 부품이 유사한 경우에 사용하고 있는가.
29.3 장비라벨이 식별되고 최대한으로 표준화되어 있는가.
29.4 장비 제어 패널 위치와 레이아웃은 여러 패널이 상호 비교기능을 제공할 때 동일하거나 유사하게 설계되어 있는가.

30.0 저장(Storage)
30.1 장비는 과도한 성능저하(규격제한을 초과)없이 최대한도로 연장하여 저장 가능한가.
30.2 저장 장비에 대한 계획유지보수 요구사항이 정의되어 있는가.
30.3 저장 장비에 대한 계획유지보수 요구사항이 제외되거나 최소화되어 있는가.
30.4 저장 장비 서비스에 요구된 유지보수자원이 식별되어 있는가.
30.5 저장환경은 정의되어 있는가.

31.0 지원가능성(Supportability)
31.1 예비/수리부품 요구사항은 가능한 한 최대로 최소화되어 있는가. 다양한 부품 형태를 최소화해야 한다.
31.2 예비/수리부품형태와 수량은 유지보수개념, LSA, 수리레벨분석자료와 일치되어 있는가.
31.3 예비/수리부품형태와 수량은 추정 요구량의 장소를 적절하게 제시하고 있는가. 너무 많거나 너무 적은 수리부품 수는 비용을 낭비할 수 있다.
31.4 예비/수리부품에 대한 분배 채널과 창고는 설정되어 있는가.
31.5 예비/수리부품요소(예, 교체빈도)는 신뢰성과 유지보수성추정을 직접 추적 가능한가.
31.6 특정 로지스틱스 공급시기가 효과적인 공급지원과 일치하고 있는가. 파이프라인 시간이 길수록 로지스틱스 지원에 엄청난 부담을 준다.
31.7 예비/수리부품의 사전운용지원활동(예, 중간생산자 또는 공급자지원, 시험프로그램)이 식별되고 규정화 하고 있는가.
31.8 시험승인절차는 예비/수리부품에 대하여 개발되어 있는가. 예비/수리부품은 주요 장비와 동등한 절차와 공정에 따라 생산 및 수락되어야 한다.
31.9 임무요구와 비용효과 항목으로 재고부족영향이 정의되어 있는가.
31.10 안전재고레벨이 정의되어 있는가.
31.11 공급 및 획득주기가 정의되어 있고 EOQ요소는 설정되어 있는가.
31.12 공급 가용성 요구사항이 설정되어 있는가.
31.13 시험 및 지원 장비요구사항이 각 정비레벨로 정의되어 있는가.
31.14 표준화된 시험과 지원 장비 품목이 선정되어 있는가. 신규설계 장비가 표준장비로 시험할 수 없을 경우, 이를 적용하지 않는 것이 바람직하다.
31.15 시험과 지원 장비 품목은 주요장비에 적합하게 선정되어 있는가.
31.16 시험과 지원 장비 요건은 정비개념, LSA 및 수리레벨분석 자료와 일치하는가.

31.17 시험과 지원 장비 요건(종류와 수량)은 최대한 최소화되어 있는가.

31.18 시험과 지원 장비의 신뢰성과 유지보수성은 주 장비 특징과 동등하게 일치하는가.

31.19 선정된 시험과 지원 장비에 대한 로지스틱스 지원요구사항이 정의되어 있는가. 유지보수업무, 정밀측정장비, 예비/수리부품, 요원훈련, 데이터 및 시설을 포함한다.

31.20 시험과 지원 장비 선정과정은 비용효과(예, 수명주기비용)를 기초로 수행하고 있는가.

31.21 시험/유지보수 소프트웨어 요구사항이 잘 정의되어 있는가.

31.22 운용 및 유지보수요원 요건(자질과 능력수준)이 정의되어 있는가.

31.23 운용 및 유지보수요원 요건은 가능한 한 최대로 최소화 되어 있는가.

31.24 운용 및 유지보수요원 요건은 LSA와 인간공학 자료와 일치하는가. 요원의 자질과 능력은 요구 데이터 상호간에 조정되어야 한다.

31.25 각 단계에서의 요원능력이 운용 및 유지보수업무에 의해 계획되어 있는가.

31.26 새로운 시스템에 대한 기존 요원 레벨을 최대한 사용토록 되어 있는가.

31.27 요원의 회전율은 설정되어 있는가.

31.28 요원의 효과요소(업무달성을 위한 허용시간 대 실제업무시간)는 정의되어 있는가.

31.29 운용 및 유지보수 훈련요구사항이 명시되어 있는가-초기교육과 보수교육을 함께 고려한다.

31.30 훈련의 형태, 빈도, 기간, 대상자목록 등 세부훈련 프로그램이 계획되어 있는가.

31.31 훈련 프로그램은 요원 능력레벨요건이 운용 및 유지보수업무달성과 연계되어 있는가.

31.32 훈련장비 요구사항이 정의되고 조달 가능한가.

31.33 훈련장비에 대한 유지보수조항은 계획되어 있는가.

31.34 훈련자료 요구사항이 정의되어 있는가.

31.35 운용 및 유지보수절차가 훈련프로그램에 가능한 한 최대로 이용되고 있는가.

32.0 지원 장비요구사항(Support Equipment Requirements)

질문 지원가능성 31.15부터 31.21을 참조

33.0 생존가능성(Survivability)

33.1 생존가능성 엔지니어링 계획은 종합적으로 준비되고 이행되고 있는가.

33.2 생존가능성 측정요소가 설정되어 있고 다른 TPMs과 적합하게 종합되어 있는가.

33.3 시스템 생존가능성에 대한 시험평가계획은 수립되어 있으며 이는 시험평가종합계획 (TEMP)에 포함되어 있는가.

34.0 시험가능성(Testability)

34.1 자기점검 장비가 적절한 장소에 설치되어 있는가.

34.2 고장진단장비(BITE)사용에 따른 신뢰성이 최소화 되어 있는가. BITE 성능이 시스템 신뢰성에 큰 영향을 주어서는 안 된다.

34.3 자기점검범위 또는 규모는 수리레벨분석과 일치하는가.

34.4 자기시험조항이 자동화되어 있는가.

34.5 직접 고장지시기(경고등, 소리신호 또는 고장인식 방법 등)가 준비되어 있으며 지속적인 상태검사장비가 적절한 장소에 설치되어 있는가.

34.6 시험 포인트는 자체 시험레벨과 별도로 점검과 하자규명으로 분명하게 분리되어 있는가. 조립단계의 하자규명시험 포인트는 중도에 조립을 중지시키도록 계획되어 있으면 안 된다. 따라서 시험 포인트 규정도 수리레벨분석과 일치되어야 한다.

34.7 점검 포인트가 주어져 있는가. 가용성은 유지보수 수행범위에 적합해야 한다. 운용자의 front

panel 점검 포인트는 창 정비에 포함되지 않는다.

34.8 점검 포인트는 연속시험(신호흐름), 유사기능시험 또는 통로제한 시 사용주기에 따라 수용 가능하도록 기능적으로 편리하게 식별되어 있는가.

34.9 점검 포인트는 모든 재생품목에 대하여 직접 시험가능 하도록 준비되어 있는가.

34.10 점검 포인트는 적합하게 라벨을 부착하고 있는가. 각 점검 포인트는 계량적으로 식별되어야 하고 신호 또는 측정출력은 점검조절이 표시된 라벨로 명시되어야 한다.

34.11 점검 포인트는 시험 수와 라벨 시그널 수치를 식별 가능하도록 충분한 조명이 이루어져 있는가.

34.12 모든 발생 가능한 부품 기능고장(규격 공차 범위 밖)은 시스템레벨 no-go표시를 통해 인식가능하며 허위 경보율은 최소화되어 있는가. 이는 철저한 시험측정방법이다.

34.13 유지보수 소프트웨어는 충분한 진단 내용을 준비하도록 규정화되어 있는가.

35.0 운반가능성(Transportability)

35.1 운반성과 취급요구사항이 정의되어 있는가.

35.2 온도, 진동, 충격, 습도 및 운반 요구사항이 장비설계에 고려되어 있으며 항공기, 지상차량, 선박 또는 철도 수송 시 장비성능저하 요인이 최소화되어 있는가.

35.3 장비는 쉽게 분해되고, 포장되고, 한 장소에서 다른 장소로 운반되고, 재결합되면서 성능과 신뢰성 저하요인이 최소화될 수 있는가.

35.4 컨테이너(보관용기) 요구가 정의되어 있는가.

35.5 지상 취급 장비에 대한 요구는 정의되어 있는가.

35.6 취급 장비 선정 시 비용효과를 우선적으로 고려하고 있는가.

36.0 품질(Quality)

36.1 전사적 품질관리(TQM)계획을 준비하여 이행하고 있으며 고객, 생산자, 공급자 관리와 인터페이스 되어 있는가.

36.2 공식적인 TQM 프로그램이 고객, 생산자, 공급자 조직 내에서 관리되고 있는가.

36.3 통계적 프로세스 통제(SPC)방법과 기법이 적절하게 적용되고 있는가.

36.4 품질 통제 요건이 모든 공급자에게 명시적으로 부과되고 있는가.

부록 II. CMMI 개발능력 평가자료

- O: 5개 영역, 8개 KPA 및 31개 실무영역

  조직 프로세스 관리영역(O) - 조직 프로세스 중점관리 (1)프로세스 개선 기회 결정
  조직 프로세스 관리영역(O) - 조직 프로세스 중점관리 (1)프로세스 개선 활동 계획/이행
  조직 프로세스 관리영역(O) - 조직 프로세스 정의 (2)조직 프로세스 자산 정립
  조직 프로세스 관리영역(O) - 조직 교육 관리 (3)조직 교육 역량 확립
  조직 프로세스 관리영역(O) - 조직 교육 관리 (3)필요한 교육 제공
  조직 프로세스 관리영역(O) - 조직 프로세스 성과 관리 (4)성과 베이스라인/모델 수립
  조직 프로세스 관리영역(O) - 조직 혁신 및 적용 관리 (5)개선사항 선정
  조직 프로세스 관리영역(O) - 조직 혁신 및 적용 관리 (5)개선사항 적용
- P: 8개 영역, 20개 KPA 및 72개 실무영역

  프로젝트 관리영역(P) - 프로젝트 계획 수립 (1)견적 수행
  프로젝트 관리영역(P) - 프로젝트 계획 수립 (1)프로젝트 계획 수립
  프로젝트 관리영역(P) - 프로젝트 계획 수립 (1)프로젝트 계획에 대한 합의
  프로젝트 관리영역(P) - 프로젝트 모니터링 및 통제 (2)프로젝트 계획서 기반 모니터링
  프로젝트 관리영역(P) - 프로젝트 모니터링 및 통제 (2)시정조치 활동 관리
  프로젝트 관리영역(P) - 공급업체 계약 관리 (3)공급업체와 계약 체결
  프로젝트 관리영역(P) - 공급업체 계약 관리 (3)공급업체와의 계약 내용 준수
  프로젝트 관리영역(P) - 통합 프로젝트 관리 (4)정의된 프로젝트 프로세스 사용
  프로젝트 관리영역(P) - 통합 프로젝트 관리 (4)이해관계자와 조정 및 협력
  프로젝트 관리영역(P) - 통합 프로젝트 관리 (4)프로젝트 비전 공유
  프로젝트 관리영역(P) - 통합 프로젝트 관리 (4)통합 제품 팀 조직
  프로젝트 관리영역(P) - 위험 관리 (5)위험 관리 활동 준비
  프로젝트 관리영역(P) - 위험 관리 (5)위험 식별 및 분석
  프로젝트 관리영역(P) - 위험 관리 (5)위험 완화
  프로젝트 관리영역(P) - 통합 제품 팀 관리 (6)팀 구성 결정
  프로젝트 관리영역(P) - 통합 제품 팀 관리 (6)팀 운영 관리
  프로젝트 관리영역(P) - 통합 공급업체 관리 (7)제품 공급업체 분석 및 선정
  프로젝트 관리영역(P) - 통합 공급업체 관리 (7)공급업체와 작업 조정
  프로젝트 관리영역(P) - 정량적 프로젝트 관리 (8)프로젝트를 정량적으로 관리
  프로젝트 관리영역(P) - 정량적 프로젝트 관리 (8)하부 프로세스 성과를 통계적으로 관리
- E: 6개 영역 15개 KPA 및 45개 실무영역

  엔지니어링(E) - 요구사항 관리 (1)요구사항을 관리
  엔지니어링(E) - 요구사항 개발 (2)고객 요구사항 개발
  엔지니어링(E) - 요구사항 개발 (2)제품 요구사항 개발
  엔지니어링(E) - 요구사항 개발 (2)요구사항 분석 및 검증
  엔지니어링(E) - 기술 솔루션 (3)제품 혹은 컴포넌트에 대한 솔루션 선정
  엔지니어링(E) - 기술 솔루션 (3)설계 작업 수행
  엔지니어링(E) - 기술 솔루션 (3)제품 설계 구현
  엔지니어링(E) - 제품 통합 (4)제품 통합 준비
  엔지니어링(E) - 제품 통합 (4)인터페이스 호환성 확보
  엔지니어링(E) - 제품 통합 (4)제품 컴포넌트 통합 및 제품 인도

엔지니어링(E) - 검증 (5)검증 준비
엔지니어링(E) - 검증 (5)동료 검토 수행
엔지니어링(E) - 검증 (5)선정된 작업 산출물 검증
엔지니어링(E) - 확인 (6)확인 준비
엔지니어링(E) - 확인 (6)제품 혹은 제품 컴포넌트 확인

- S: 6개 영역, 12개 KPA 및 36개 실무영역

지원(S) - 형상 관리 (1)베이스라인 설정
지원(S) - 형상 관리 (1)변경 추적 및 통제
지원(S) - 형상 관리 (1)완전성 확보
지원(S) - 프로세스 및 제품 품질 보증 (2)프로세스 및 작업 산출물에 대한 객관적 평가
지원(S) - 프로세스 및 제품 품질 보증 (2)객관적인 시각 제공
지원(S) - 측정 및 분석 (3)측정 및 분석 활동 정립
지원(S) - 측정 및 분석 (3)측정 결과 제공
지원(S) - 의사결정 분석 및 해결 (4)가능한 대안 평가
지원(S) - 조직 통합 환경 (5)통합 제품 및 프로세스 개발을 위한 기반구조 제공
지원(S) - 조직 통합 환경 (5)통합 개발을 위한 인력 관리 수행
지원(S) - 원인 분석 및 해결 (6)결함 원인 결정
지원(S) - 원인 분석 및 해결 (6)결함 원인 처리

- G: 4개 영역, 4개 KPA 및 17개 실무영역

일반 목적별 일반 프락티스(G) 특정 목표 달성
일반 목적별 일반 프락티스(G) 관리 프로세스 내재화
일반 목적별 일반 프락티스(G) 정의 프로세스 내재화
일반 목적별 일반 프락티스(G) 정량적으로 관리된 프로세스 내재화
일반 목적별 일반 프락티스(G) 최적화된 프로세스 내재화

상기 실무영역의 평가항목에 대하여 다음 도표와 같은 템플릿을 사용하여 조직에서 제시한 직접적인 작업산출물과 간접적인 입증자료 그리고 담당자와의 인터뷰를 통해 심사원이 판단하여 기록한다. 그 다음 모든 영역의 실사결과를 토대로 CMMI등급을 판단토록 한다.

<표 II.1> 실무영역 판단 기록 템플릿

O-1-SG1-SP1.1-1	조직 프로세스 관리 영역 (O) - 조직 프로세스 중점 관리 (1)프로세스 개선 기회 결정 (SG1) SP1.1-1 조직 프로세스 요구 및 목표를 기술하고 유지해야 한다.		
종류	직접적 작업 산출물	간접적 입증자료	인터뷰
조직이 제시한 입증자료			
심사원 기록			

- 조직 프로세스 관리영역(O) - 조직 프로세스 중점관리 (1)프로세스 개선 기회 결정

O-1-SG1-SP1.1-1: 조직 프로세스 요구 및 목표를 기술하고 유지해야 한다.

O-1-SG1-SP1.2-1: 조직 프로세스의 강·약점을 지속적으로 파악하기 위해 주기적으로 및 필요 시 조직 프로세스에 대한 평가를 실시하여야 한다.

O-1-SG1-SP1.3-1: 조직 프로세스 및 프로세스 자산에 대한 개선 사항을 식별해야 한다.

- 조직 프로세스 관리영역(O) - 조직 프로세스 중점관리 (1)프로세스 개선 활동 계획/이행

O-1-SG2-SP2.1-1: 조직 프로세스 및 프로세스 자산의 개선을 수행하기 위한 실행계획을 수립하고 이를 이행해야 한다.

O-1-SG2-SP2.2-1: 조직 전반에 걸쳐 프로세스 실행 계획을 이행해야 한다.

O-1-SG2-SP2.3-1: 조직 전반에 걸쳐 조직 프로세스 자산을 적용해야 한다.

O-1-SG2-SP2.4-1: 조직 프로세스 계획 및 수행 과정에서 얻은 프로세스 관련 작업 산출물, 측정치 및 개선 정보를 조직 프로세스 자산에 통합해야 한다.

- 조직 프로세스 관리영역(O) - 조직 프로세스 정의 (2)조직 프로세스 자산 정립

O-2-SG1-SP1.1-1: 조직 표준 프로세스를 수립하고, 이를 유지해야 한다.

O-2-SG1-SP1.2-1: 조직에서 승인된 수명주기모델을 기술하고. 기술문서를 유지해야 한다.

O-2-SG1-SP1.3-1: 조직 표준 프로세스에 대한 tailoring 기준 및 가이드라인을 수립하고. 이를 유지해야 한다.

O-2-SG1-SP1.4-1: 조직 측정 데이터베이스를 수립하고. 이를 유지해야 한다.

O-2-SG1-SP1.5-1: 조직 프로세스 자산 라이브러리를 수립하고, 이를 유지해야 한다.

- 조직 프로세스 관리영역(O) - 조직 교육 관리 (3)조직 교육 역량 확립

O-3-SG1-SP1.1-1: 조직의 전략적 교육 needs를 수립하고. 이를 유지해야 한다.

O-3-SG1-SP1.2-1: 요구되는 교육 중 조직이 담당해야 하는 교육과 개별 프로젝트나 지원 nf akw그룹이 담당해야 하는 교육을 결정해야 한다.

O-3-SG1-SP1.3-1: 조직 교육계획을 수립하고. 이를 유지해야 한다.

O-3-SG1-SP1.4-1: 조직 교육요구충족을 위한 교육역량을 수립하고, 이를 유지해야 한다.

- 조직 프로세스 관리영역(O) - 조직 교육 관리 (3)필요한 교육 제공

O-3-SG2-SP2.1-1: 조직 교육 계획에 따라 교육을 제공해야 한다.

O-3-SG2-SP2.2-1: 조직의 교육 기록을 정리하고, 이를 유지해야 한다.

O-3-SG2-SP2.3-1: 조직 교육 프로그램의 효과성을 평가해야 한다.

- 조직 프로세스 관리영역(O) - 조직 프로세스 성과관리 (4)성과 베이스라인 및 모델 수립

O-4-SG1-SP1.1-1: 조직표준 프로세스의 성과분석대상 프로세스와 요소를 선정해야 한다.

O-4-SG1-SP1.2-1: 조직 프로세스 성과분석을 위한 측정치를 정의하고 유지해야 한다.

O-4-SG1-SP1.3-1: 조직품질/프로세스에 대한 정량적 성과목표수립 및 유지해야 한다.

O-4-SG1-SP1.4-1: 조직의 프로세스 성과 베이스라인을 수립하고, 이를 유지해야 한다.

O-4-SG1-SP1.5-1: 조직표준 프로세스의 프로세스 성과모델 수립 및 이를 유지해야 한다.

- 조직 프로세스 관리영역(O) - 조직 혁신 및 적용 관리 (5)개선사항 선정

O-5-SG1-SP1.1-1: 프로세스 및 기술과 관련된 개선 제안을 수집하고 분석해야 한다.

O-5-SG1-SP1.2-1: 조직의 품질 및 프로세스 성과를 증대시킬 수 있는 혁신적인 개선사항을 식별하고 분석해야 한다.

O-5-SG1-SP1.3-1: 적용 개선사항을 선정하기 위해 식별된 프로세스 및 기술 개선사항을 시범 적용해야 한다.

O-5-SG1-SP1.4-1: 전체 조직에 적용할 프로세스 및 기술 개선사항을 선정해야 한다.

- 조직 프로세스 관리영역(O) - 조직 혁신 및 적용 관리 (5)개선사항 적용

O-5-SG2-SP2.1-1: 선정된 프로세스와 기술개선사항 적용계획을 수립하고 유지해야 한다.

O-5-SG2-SP2.2-1: 선정된 프로세스 및 기술 개선사항을 적용하는 활동을 관리해야 한다.

O-5-SG2-SP2.3-1: 적용된 프로세스 및 기술 개선사항의 효과를 측정해야 한다.

- 프로젝트 관리영역(P) - 프로젝트 계획 수립 (1)견적 수행

P-1-SG1-SP1.1-1: 프로젝트 범위를 견적하기 위해 상위수준 WBS를 작성해야 한다.

P-1-SG1-SP1.2-1: 작업 산출물 및 활동을 견적하고, 그 기록을 유지해야 한다.

P-1-SG1-SP1.3-1: 계획에 개략투입소요인력을 반영하기 위해 개발 수명주기상 단계를 정의해야 한다.

P-1-SG1-SP1.4-1: 견적 기준에 따라 작업 산출물과 작업을 위해 필요한 투입 인력 및 비용을 견적해야 한다.

- 프로젝트 관리영역(P) - 프로젝트 계획 수립 (1)프로젝트 계획 수립

P-1-SG2-SP2.1-1: 프로젝트 예산과 일정을 수립하고, 이를 유지해야 한다.

P-1-SG2-SP2.2-1: 프로젝트 위험요소를 식별하고, 이를 분석해야 한다.

P-1-SG2-SP2.3-1: 프로젝트 데이터를 관리하기 위한 계획을 수립해야 한다.

P-1-SG2-SP2.4-1: 프로젝트 수행 시 필요한 자원에 대해 계획해야 한다.

P-1-SG2-SP2.5-1: 프로젝트 수행 시 필요한 지식과 기술확보계획을 수립해야 한다.

P-1-SG2-SP2.6-1: 식별된 관련 이해관계자의 참여 계획을 수립해야 한다.

P-1-SG2-SP2.7-1: 전체적인 프로젝트 계획의 내용을 작성하고, 이를 유지해야 한다.

- 프로젝트 관리영역(P) - 프로젝트 계획 수립 (1)프로젝트 계획에 대한 합의

P-1-SG3-SP3.1-1: 프로젝트 계획에 대한 합의사항을 확인하기 위해, 프로젝트와 관련 있는 다른 모든 계획서를 검토해야 한다.

P-1-SG3-SP3.2-1: 필요 자원의 견적 결과와 현재 가용 자원의 차이를 반영하기 위해 프로젝트 계획서를 조정해야 한다.

P-1-SG3-SP3.3-1: 프로젝트 계획서에 기재된 내용을 수행 및 지원할 의무가 있는 관련 이해관계자들로부터 합의를 이루어야 한다.

- 프로젝트 관리영역(P) - 프로젝트 모니터링 통제 (2)프로젝트 계획서 기반으로 모니터링

P-2-SG1-SP1.1-1: 프로젝트 계획수립 시 사용된 실제 파라미터 값을 모니터링해야 한다.

P-2-SG1-SP1.2-1: 프로젝트 계획서에 정의된 인원의 합의사항을 모니터링해야 한다.

P-2-SG1-SP1.3-1: 프로젝트 계획서에 포함된 위험요소를 모니터링해야 한다.

P-2-SG1-SP1.4-1: 프로젝트 계획서에 포함된 데이터 관리활동을 모니터링해야 한다.

P-2-SG1-SP1.5-1: 프로젝트 계획서에 포함된 이해관계자 프로젝트 참여수준을 모니터링해야 한다.

P-2-SG1-SP1.6-1: 프로젝트 진도, 수행수준 및 이슈사항을 주기적으로 검토해야 한다.

P-2-SG1-SP1.7-1: 프로젝트 계획서에 정의된 주요 단계별로 완료 여부를 검토해야 한다.

- 프로젝트 관리영역(P) - 프로젝트 모니터링 및 통제 (2)시정조치 활동 관리

P-2-SG2-SP2.1-1: 이슈사항 (계획과 심각한 차이 발생)을 수집 분석하고, 이를 해결할 수 있는 시정 조치 활동을 결정해야 한다

P-2-SG2-SP2.2-1: 식별된 이슈사항에 대한 시정 조치 활동을 수행해야 한다.

P-2-SG2-SP2.3-1: 시정 조치가 완료될 때까지 시정 조치 활동을 관리해야 한다.

- 프로젝트 관리영역(P) - 공급업체 계약 관리 (3)공급업체와 계약 체결

P-3-SG1-SP1.1-1: 획득하고자 하는 제품 또는 컴포넌트의 획득 유형을 결정해야 한다.

P-3-SG1-SP1.2-1: 요구사항 및 공급업체 선정 기준을 충족시킬 수 있는 능력을 보유한 공급업체를 평가에 의해 선정해야 한다.

P-3-SG1-SP1.3-1: 공급업체와의 공식적인 계약을 수립하고, 이를 유지해야 한다.

- 프로젝트 관리영역(P) - 공급업체 계약 관리 (3)공급업체와의 계약 내용 준수

P-3-SG2-SP2.1-1: 후보 상용 제품이 공급업체와의 계약 내용에 기술되어 있는 요구사항을 충족하고 있는지 검토해야 한다.

P-3-SG2-SP2.2-1: 공급업체와 함께 계약서에 명기되어 있는 활동을 수행해야 한다.

P-3-SG2-SP2.3-1: 제품 승인을 위해 제품이 계약 내용을 만족시키는지 확인해야 한다.

P-3-SG2-SP2.4-1: 제품을 공급업체에서 프로젝트 팀으로 인수인계해야 한다.

- 프로젝트 관리영역(P) - 통합 프로젝트 관리 (4)정의된 프로젝트 프로세스 사용

P-4-SG1-SP1.1-1: 정의된 프로젝트 프로세스를 수립하고, 이를 유지해야 한다.

P-4-SG1-SP1.2-1: 프로젝트 활동을 견적하고 계획할 때 조직 프로세스 자산 및 측정치 데이터베이스를 사용해야 한다.

P-4-SG1-SP1.3-1: 정의된 프로젝트 프로세스를 기술하기 위해 프로젝트 계획서 및 프로젝트와 관련 있는 타 계획서를 통합해야 한다.

P-4-SG1-SP1.4-1: 프로젝트 계획서, 기타 관련 계획서 및 정의된 프로젝트 프로세스에 근거하여 프로젝트를 관리해야 한다.

P-4-SG1-SP1.5-1: 작업산출물, 측정치 및 문서화된 경험사례를 조직 프로세스 자산으로 반영해야 한다.

- 프로젝트 관리영역(P) - 통합 프로젝트 관리 (4)이해관계자와 조정 및 협력

P-4-SG2-SP2.1-1: 프로젝트 수행 시 관련 이해관계자의 참여를 관리해야 한다.

P-4-SG2-SP2.2-1: 관련 이해관계자와 함께 주요 의존 관계를 식별하고, 협의하고, 추적하기 위한 활동에 참여해야 한다.

P-4-SG2-SP2.3-1: 관련 이해관계자와 함께 이슈사항을 해결해야 한다.

- 프로젝트 관리영역(P) - 통합 프로젝트 관리 (4)프로젝트 비전 공유

P-4-SG3-SP3.1-1: 프로젝트 비전에 반영되어야 하는 기대사항, 제약사항, 인터페이스, 운영 조건 등을 식별해야 한다.

P-4-SG3-SP3.2-1: 프로젝트 비전을 수립하고, 이를 유지해야 한다.

- 프로젝트 관리영역(P) - 통합 프로젝트 관리 (4)통합 제품 팀 조직

P-4-SG4-SP4.1-1: 프로젝트 목표 및 제약사항을 가장 잘 충족시킬 수 있도록 통합 제품 팀 구조를 결정해야 한다.

P-4-SG4-SP4.2-1: 통합 제품 팀 내에서의 개별 팀에 요구사항, 책임 및 권한, 수행 작업, 인터페이스 등을 할당해야 한다.

P-4-SG4-SP4.3-1: 통합 제품 팀 내에서의 개별 팀을 구축하고, 이를 유지해야 한다.

- 프로젝트 관리영역(P) - 위험 관리 (5)위험 관리 활동 준비

P-5-SG1-SP1.1-1: 위험의 소스 및 분류 유형을 결정해야 한다.

P-5-SG1-SP1.2-1: 위험을 분석하고 분류하기 위해 위험 기준을 정의해야 하며, 정의된 위험 기준은 위험 관리 노력을 통제하기 위해 사용되어야 한다.

P-5-SG1-SP1.3-1: 위험 관리 전략을 수립하고, 이를 유지해야 한다.

- 프로젝트 관리영역(P) - 위험 관리 (5)위험 식별 및 분석

P-5-SG2-SP2.1-1: 위험을 식별하고, 식별한 내용을 문서화해야 한다.

P-5-SG2-SP2.2-1: 정의된 위험 분류 유형 및 위험 기준을 이용하여 식별된 위험을 평가하고 분류한 후, 우선순위를 결정해야 한다.

- 프로젝트 관리영역(P) - 위험 관리 (5)위험 완화

P-5-SG3-SP3.1-1: 위험관리 전략에 따라 프로젝트의 주요 위험완화계획을 수립해야 한다.

P-5-SG3-SP3.2-1: 주기적으로 개별 위험의 상태를 모니터링하여 필요한 경우에 위험 완화 계획을 실행해야 한다.

- 프로젝트 관리영역(P) - 통합 제품 팀 관리 (6)팀 구성 결정

P-6-SG1-SP1.1-1: 팀이 개발해야 하는 제품을 개발하기 위해 필요한 팀 내부의 작업을 식별하고 정의해야 한다.

P-6-SG1-SP1.2-1: 팀 작업수행에 필요한 지식, 기술, 기능관련 전문지식을 식별해야 한다.

P-6-SG1-SP1.3-1: 필요 지식 및 기술에 근거하여 적절한 인력을 팀에 배치해야 한다.

- 프로젝트 관리영역(P) - 통합 제품 팀 관리 (6)팀 운영 관리

P-6-SG2-SP2.1-1: 조직 비전과 일치하는 통합 제품 팀 내부의 공유된 비전을 수립하고, 이를 유지해야 한다.

P-6-SG2-SP2.2-1: 통합제품팀의 공유비전과 목표에 근거한 팀원칙수립 후 유지해야 한다.

P-6-SG2-SP2.3-1: 각 팀원의 역할 및 책임을 명확히 정의하고, 이를 유지해야 한다.

P-6-SG2-SP2.4-1: 통합 제품 팀의 운영 절차를 수립하고, 이를 유지해야 한다.

P-6-SG2-SP2.5-1: 관련 팀 간의 협력 관계를 수립하고, 이를 유지해야 한다.

- 프로젝트 관리영역(P) - 통합 공급업체 관리 (7)제품 공급업체 분석 및 선정

P-7-SG1-SP1.1-1: 프로젝트 요구사항을 충족시킬 수 있는 잠재 제품 공급업체를 식별하고 분석해야 한다

P-7-SG1-SP1.2-1: 주문 개발 제품 혹은 기성 제품을 사용할지를 결정하기 위한 공식 평가 프로세스를 활용해야 한다.

- 프로젝트 관리영역(P) - 통합 공급업체 관리 (7)공급업체와 작업 조정

P-7-SG2-SP2.1-1: 공급업체가 사용하는 프로세스를 모니터링하고, 분석해야 한다.

P-7-SG2-SP2.2-1: 주문 개발 제품의 경우, 공급업체의 작업 산출물을 평가해야 한다.

P-7-SG2-SP2.3-1: 상황 변동을 반영하기 위해 공급업체계약 혹은 관계를 갱신해야 한다.

- 프로젝트 관리영역(P) - 정량적 프로젝트 관리 (8)프로젝트를 정량적으로 관리

P-8-SG1-SP1.1-1: 프로젝트의 품질과 프로세스 성과목표를 수립하고, 유지해야 한다.

P-8-SG1-SP1.2-1: 과거 안정성 및 역량 데이터를 기반으로 정의된 프로젝트 프로세스에 포함될 하부 프로세스를 선정해야 한다.

P-8-SG1-SP1.3-1: 정의된 프로젝트 프로세스 중 통계적으로 관리되어야 할 하부 프로세스를 선정해야 한다.

P-8-SG1-SP1.4-1: 품질 및 프로세스 성과 목표의 달성 여부를 결정하기 위해 프로젝트를 모니터링하고, 필요 시 시정 조치 활동을 식별해야 한다.

- 프로젝트 관리영역(P) - 정량적 프로젝트 관리 (8)하부 프로세스 성과를 통계적으로 관리

P-8-SG2-SP2.1-1: 선정된 하부 프로세스를 통계적으로 관리하기 위한 측정치와 분석 기법을 선정해야 한다.

P-8-SG2-SP2.2-1: 선정된 측정치와 분석 기법을 이용하여 하부 프로세스의 성과 변동에 대한 이해방법을 수립하고, 이를 유지해야 한다.

P-8-SG2-SP2.3-1: 품질 및 프로세스 성과 목표를 충족시키기 위한 역량을 결정하기 위해 선정된 하부 프로세스의 성과를 모니터링하고, 필요 시 시정 조치 활동을 식별해야 한다.

P-8-SG2-SP2.4-1: 통계 관리 데이터를 조직 측정치 저장소에 기록해야 한다.

- 엔지니어링(E) - 요구사항 관리 (1)요구사항을 관리

E-1-SG1-SP1.1-1: 요구사항의 의미에 대해 고객과 공통의 이해를 가져야 한다.

E-1-SG1-SP1.2-2: 프로젝트 참여자로부터 요구사항에 대한 합의를 이루어야 한다.

E-1-SG1-SP1.3-1: 프로젝트 중 발생하는 요구사항 변경(변경뿐만 아니라 구체화도 포함)에 대해 관리해야 한다.

E-1-SG1-SP1.4-2: 요구사항과 프로젝트 계획, 작업 산출물 간의 순방향/역방향 추적성을 확보해야 한다.

E-1-SG1-SP1.5-1: 요구사항, 프로젝트계획, 작업산출물 간의 불일치사항을 식별해야 한다.

- 엔지니어링(E) - 요구사항 개발 (2)고객 요구사항 개발

E-2-SG1-SP1.1-1: 제품 수명주기 전반에 걸친 이해관계자의 요구, 기대, 제약요소 및 인터페이스 정보를 식별하고 수집해야 한다.

E-2-SG1-SP1.1-2: 제품 수명주기 전반에 걸친 이해관계자의 요구, 기대, 제약요소 및 인터페이스

정보를 도출해야 한다

E-2-SG1-SP1.2-1: 이해관계자의 요구, 기대, 제약요소 및 인터페이스 정보를 고객 요구사항으로 변환해야 한다.

- 엔지니어링(E) - 요구사항 개발 (2)제품 요구사항 개발

E-2-SG2-SP2.1-1: 고객 요구사항을 기초로 하여 제품 및 컴포넌트들에 대한 요구사항을 수립하고, 이를 유지해야 한다.

E-2-SG2-SP2.2-1: 컴포넌트에 대한 요구사항을 개별 컴포넌트에 할당해야 한다.

E-2-SG2-SP2.3-1: 인터페이스 관련 요구사항들을 식별해야 한다.

- 엔지니어링(E) - 요구사항 개발 (2)요구사항 분석 및 검증

E-2-SG3-SP3.1-1: 제품이나 서비스 등에 대한 초기 개념 설계와 같은 운용개념 및 운용 시나리오를 수립하고, 이를 유지해야 한다.

E-2-SG3-SP3.2-1: 요구 기능을 정의하고, 이를 유지해야 한다.

E-2-SG3-SP3.3-1: 개별요구사항의 필요성과 충분성을 확인하기 위해 요구사항을 분석해야 한다.

E-2-SG3-SP3.4-3: 이해관계자요구와 제약조건 간 균형을 위해 요구사항을 분석해야 한다.

E-2-SG3-SP3.5-1: 제품이 의도한 사용 환경에서 적절히 수행될 것임을 보장하기 위해 요구사항을 검증해야 한다.

E-2-SG3-SP3.5-2: 제품이 고객 운용환경에서 의도된 기능을 수행할 수 있는지를 확인하기 위해 다양한 기법을 사용하여 요구사항을 검증해야 한다.

- 엔지니어링(E) - 기술 솔루션 (3)제품 혹은 컴포넌트에 대한 솔루션 선정

E-3-SG1-SP1.1-1: 후보 솔루션 및 솔루션 선정 기준을 개발해야 한다.

E-3-SG1-SP1.1-2: 구체적인 후보 솔루션 및 솔루션 선정 기준을 개발해야 한다.

E-3-SG1-SP1.2-2: 개별 제품 컴포넌트에 대한 조건, 운용방식 및 운용상태를 설명하기 위해 운용개념, 운용 시나리오 및 환경 등을 구체화해야 한다.

E-3-SG1-SP1.3-1: 기준에 가장 부합하는 제품 컴포넌트의 솔루션을 선정해야 한다.

- 엔지니어링(E) - 기술 솔루션 (3)설계 작업 수행

E-3-SG2-SP2.1-1: 제품 혹은 제품 컴포넌트에 대한 설계 작업을 수행해야 한다.

E-3-SG2-SP2.2-3: 기술 데이터 패키지를 개발하고, 이를 유지해야 한다.

E-3-SG2-SP2.3-1: 제품 컴포넌트 인터페이스에 대한 솔루션을 개발하고 유지해야 한다.

E-3-SG2-SP2.3-3: 수립된 기준에 근거하여 종합적인 제품 컴포넌트 간의 인터페이스를 설계해야 한다.

E-3-SG2-SP2.4-3: 제품 컴포넌트 획득 방법을 자체 개발, 구매, 혹은 재사용의 3가지 방법 중에서 결정하기 위해 수립된 기준에 따라 평가를 수행해야 한다.

- 엔지니어링(E) - 기술 솔루션 (3)제품 설계 구현

E-3-SG3-SP3.1-1: 제품 컴포넌트의 설계를 구현해야 한다.

E-3-SG3-SP3.2-1: 최종 사용자가 사용할 문서를 개발하고, 이를 유지해야 한다.

- 엔지니어링(E) - 제품 통합 (4)제품 통합 준비

E-4-SG1-SP1.1-1: 제품 컴포넌트의 통합 순서를 결정해야 한다.

E-4-SG1-SP1.2-2: 제품 컴포넌트의 통합을 지원하는 데 필요한 환경을 수립하고, 이를 유지해야 한다.

E-4-SG1-SP1.3-3: 제품 컴포넌트의 통합 절차 및 기준을 수립하고, 이를 유지해야 한다.

- 엔지니어링(E) - 제품 통합 (4)인터페이스 호환성 확보

E-4-SG2-SP2.1-1: 인터페이스 기술서가 완전하게 작성되었는지 검토해야 한다.

E-4-SG2-SP2.2-1: 제품 및 제품 컴포넌트에 대한 내·외부 인터페이스의 정의, 설계, 그리고 이들의

변경을 관리해야 한다.

- 엔지니어링(E) - 제품 통합 (4)제품 컴포넌트 통합 및 제품 인도
  E-4-SG3-SP3.1-1: 통합 전에 통합 대상인 제품 컴포넌트가 적절히 식별되어야 하며, 명세서에 기술되어 있는 내용에 따라 기능 및 인터페이스가 준비되었는지 확인해야 한다
  E-4-SG3-SP3.2-1: 제품 통합 순서 및 절차를 준수하여 제품 컴포넌트를 통합해야 한다.
  E-4-SG3-SP3.3-1: 통합된 제품 컴포넌트의 인터페이스 호환성을 평가해야 한다.
  E-4-SG3-SP3.4-1: 통합된 제품 혹은 제품 컴포넌트를 패키지화하여 적절한 고객에게 인도해야 한다.
- 엔지니어링(E) - 검증 (5)검증 준비
  E-5-SG1-SP1.1-1: 검증 대상 작업 산출물 및 사용할 검증 방법을 선정해야 한다.
  E-5-SG1-SP1.2-2: 검증 작업에 필요한 지원 환경을 수립하고, 이를 유지해야 한다.
  E-5-SG1-SP1.3-3: 선정된 작업산출물에 대한 검증절차와 기준을 수립하고 유지해야 한다.
- 엔지니어링(E) - 검증 (5)동료 설계검토 수행
  E-5-SG2-SP2.1-1: 선정된 작업 산출물에 대한 동료 설계검토 활동을 준비해야 한다.
  E-5-SG2-SP2.2-1: 선정된 작업 산출물에 대한 동료 설계검토를 수행하고, 동료 검토 결과의 이슈사항을 식별해야 한다.
  E-5-SG2-SP2.3-2: 동료 설계검토준비, 수행, 결과 등과 관련한 데이터를 분석해야 한다.
- 엔지니어링(E) - 검증 (5)선정된 작업 산출물 검증
  E-5-SG3-SP3.1-1: 선정된 작업 산출물에 대한 검증 활동을 수행해야 한다.
  E-5-SG3-SP3.2-2: 모든 검증 활동의 결과를 분석하고, 시정 조치사항을 식별해야 한다.
- 엔지니어링(E) - 확인 (6)확인 준비
  E-6-SG1-SP1.1-1: 확인 대상 제품 및 제품 컴포넌트, 그리고 확인 방법을 선정해야 한다.
  E-6-SG1-SP1.2-2: 확인 활동에 필요한 지원환경을 수립하고, 이를 유지해야 한다.
  E-6-SG1-SP1.3-3: 확인 절차와 기준을 수립하고, 이를 유지해야 한다.
- 엔지니어링(E) - 확인 (6)제품 혹은 제품 컴포넌트 확인
  E-6-SG2-SP2.1-1: 선정된 제품 및 제품 컴포넌트에 대한 확인 활동을 수행해야 한다.
  E-6-SG2-SP2.2-1: 확인 활동 결과를 분석하고, 이슈사항을 식별해야 한다.
- 지원(S) - 형상 관리 (1)베이스라인 설정
  S-1-SG1-SP1.1-1: 형상관리항목, 컴포넌트, 관련 작업산출물을 식별해야 한다.
  S-1-SG1-SP1.2-1: 작업 산출물을 통제하기 위한 형상 관리 및 변경 관리 시스템을 구축하고, 이를 유지해야 한다.
  S-1-SG1-SP1.3-1: 고객에게 제공하거나 프로젝트 내부에서 사용하기 위해 베이스라인을 생성하고, 이를 제공해야 한다.
- 지원(S) - 형상 관리 (1)변경 추적 및 통제
  S-1-SG2-SP2.1-1: 형상 항목에 대한 변경 요청을 추적해야 한다.
  S-1-SG2-SP2.2-1: 형상 항목에 대한 변경을 통제해야 한다.
- 지원(S) - 형상 관리 (1)완전성 확보
  S-1-SG3-SP3.1-1: 형상 항목에 대한 기록을 수행하고, 이를 유지해야 한다.
  S-1-SG3-SP3.2-1: 베이스라인의 완전성을 유지하기 위해 형상 감사를 수행해야 한다.
- 지원(S) - 프로세스 및 제품 품질 보증 (2)프로세스 및 작업 산출물에 대한 객관적 평가
  S-2-SG1-SP1.1-1: 프로세스가 관련 있는 프로세스 기술서, 표준, 절차에 맞게 수행되었는지를 객관적으로 평가해야 한다.
  S-2-SG1-SP1.2-1: 지정된 작업 산출물 및 서비스가 관련 있는 프로세스 기술서, 표준, 절차에 맞게 수행되었는지를 객관적으로 평가해야 한다.

- 지원(S) - 프로세스 및 제품 품질 보증 (2)객관적인 시각 제공

S-2-SG2-SP2.1-1: 프로젝트 관리자 및 팀원은 품질 관련 이슈사항 및 부적합 사항을 서로 공유해야 하며 부적합 사항의 해결방안을 보장해야 한다.

S-2-SG2-SP2.2-1: 품질보증 활동을 기록하고, 이를 유지해야 한다.

- 지원(S) - 측정 및 분석 (3)측정 및 분석 활동 정립

S-3-SG1-SP1.1-1: 필요한 정보요구 및 목적에 따라 측정목표를 수립하고 유지해야 한다.

S-3-SG1-SP1.2-1: 측정 목표를 충족시킬 수 있는 측정 항목을 선정해야 한다.

S-3-SG1-SP1.3-1: 측정 데이터를 획득하고 관리하기 위한 방법을 결정해야 한다.

S-3-SG1-SP1.4-1: 수집된 측정 데이터를 분석하고 보고하는 방법을 결정해야 한다.

- 지원(S) - 측정 및 분석 (3)측정 결과 제공

S-3-SG2-SP2.1-1: 선정된 측정 항목에 대한 측정 데이터를 수집해야 한다.

S-3-SG2-SP2.2-1: 측정 데이터를 분석하고, 이를 해석해야 한다.

S-3-SG2-SP2.3-1: 측정 데이터, 측정치 명세서, 분석 결과를 저장, 관리해야 한다.

S-3-SG2-SP2.4-1: 측정 및 분석 결과를 모든 관련 이해관계자들과 공유해야 한다.

- 지원(S) - 의사결정 분석 및 해결 (4)가능한 대안 평가

S-4-SG1-SP1.1-1: 공식적인 평가 프로세스가 필요한 이슈를 결정하기 위한 가이드라인을 수립하고, 이를 유지해야 한다.

S-4-SG1-SP1.2-1: 가능한 대안들을 평가하기 위한 기준들의 가중치를 수립하고, 이를 유지해야 한다.

S-4-SG1-SP1.3-1: 이슈사항을 해결하기 위한 대안을 식별해야 한다.

S-4-SG1-SP1.4-1: 평가 방법을 선택해야 한다.

S-4-SG1-SP1.5-1: 수립된 기준과 방법에 따라 대안을 비교 평가해야 한다.

S-4-SG1-SP1.6-1: 평가 기준에 근거하여 대안으로부터 해결안을 선택해야 한다.

- 지원(S) - 조직 통합 환경 (5)통합 제품 및 프로세스 개발을 위한 기반구조 제공

S-5-SG1-SP1.1-1: 조직의 공유 비전을 수립하고, 이를 유지해야 한다.

S-5-SG1-SP1.2-1: 협동 및 동시 개발을 가능하게 하는 통합 작업 환경을 수립하고, 이를 유지해야 한다.

S-5-SG1-SP1.3-1: 통합 개발 환경을 지원하는 기술을 식별해야 한다.

- 지원(S) - 조직 통합 환경 (5)통합 개발을 위한 인력 관리 수행

S-5-SG2-SP2.1-1: 원활한 통합 개발이 가능하도록 다양한 계층의 사람들이 활용할 수 있는 리더십 절차를 수립해야 한다.

S-5-SG2-SP2.2-1: 조직 전반에 걸쳐 통합 및 협력 작업 적용에 대한 인센티브 방안을 수립하고, 이를 유지해야 한다.

S-5-SG2-SP2.3-1: 통합 제품 팀과 기존 팀 간의 책임 조율을 위한 조직의 가이드라인을 수립하고, 이를 유지해야 한다.

- 지원(S) - 원인 분석 및 해결 (6)결함 원인 결정

S-6-SG1-SP1.1-1: 분석을 위해 결함 데이터 및 기타 문제 데이터를 선정해야 한다.

S-6-SG1-SP1.2-1: 선정된 결함 및 기타 문제에 대해 원인 분석을 수행하고, 이를 해결하기 위한 활동을 제안해야 한다.

- 지원(S) - 원인 분석 및 해결 (6)결함 원인 처리

S-6-SG2-SP2.1-1: 원인 분석 과정에서 제안된 활동을 수행해야 한다.

S-6-SG2-SP2.2-1: 변경으로 인한 프로세스 성과상의 효과를 평가해야 한다.

S-6-SG2-SP2.3-1: 프로젝트 및 조직 전반에 걸친 원인 분석 데이터를 기록해야 한다.

- 일반 목적별 일반 프락티스(G) 특정 목표 달성

G-GG1-GP1.1: 작업산출물을 개발하기 위해 프로세스 영역의 기본 실행 규정을 수행하고, 프로세스 영역의 특정 목표를 달성하기 위한 서비스를 제공한다.

- 일반 목적별 일반 프락티스(G) 관리 프로세스 내재화

G-GG2-GP2.1: 00프로세스를 계획하고 수행하기 위한 조직정책수립하고 유지해야 한다.

G-GG2-GP2.2: 00프로세스를 수행하기 위한 계획을 수립하고, 이를 유지해야 한다.

G-GG2-GP2.4: 00프로세스를 수행하고, 작업 산출물을 개발하고, 00프로세스의 서비스를 제공하기 위한 책임과 권한을 배분해야 한다.

G-GG2-GP2.5: 00프로세스를 수행하거나 지원하는 인력을 교육시켜야 한다.

G-GG2-GP2.6: 적절한 형상관리레벨에서 계획된 프로세스 작업산출물을 관리해야 한다.

G-GG2-GP2.7: 계획에 따라 00프로세스의 관련 이해관계자를 식별하여 참여시켜야 한다.

G-GG2-GP2.8: 프로세스를 수행하기 위한 계획에 근거하여 00프로세스의 수행을 모니터링 및 통제해야 하며, 적절한 시정 조치 활동을 수행해야 한다.

G-GG2-GP2.9: 프로세스 기술서, 표준, 그리고 절차에 근거하여 00프로세스의 표준 준수 여부를 객관적으로 평가하고, 부적합 사항을 해결해야 한다.

G-GG2-GP2.10: 상위 관리자와 함께 00프로세스의 활동, 상태 및 결과를 검토하고, 이슈를 해결해야 한다.

- 일반 목적별 일반 프락티스(G) 정의 프로세스 내재화

G-GG3-GP3.1: 정의된 00프로세스의 기술문서를 수립하고, 이를 유지해야 한다.

G-GG3-GP3.2: 조직 표준 프로세스와 프로세스 자산의 활용 및 개선을 위해, 00프로세스를 계획하고 수행하면서 나오는 작업 산출물, 측정치, 측정 데이터 및 개선 정보를 수집해야 한다.

- 일반 목적별 일반 프락티스(G) 정량적으로 관리된 프로세스 내재화

G-GG4-GP4.1: 고객 요구 혹은 비즈니스 목적에 기초를 둔 품질 및 프로세스 성과를 나타내는 프로세스를 위한 정량적 목적을 수립하고, 이를 유지해야 한다.

G-GG4-GP4.2: 수립된 정량적 품질 및 프로세스 성과 목적달성프로세스 능력을 결정하기 위해, 하나 혹은 더 많은 하부 프로세스의 성과를 안정화해야 한다.

- 일반 목적별 일반 프락티스(G) 최적화된 프로세스 내재화

G-GG5-GP5.1: 조직의 관련 비즈니스 목적을 완수함에 있어서, 프로세스의 연속적인 개선을 확인해야 한다.

G-GG5-GP5.2: 프로세스 결함의 근본 원인 및 기타 문제를 식별하고 수정해야 한다.

부록 III. 업무분해구조(WBS)

III.1 업무분해구조의 목적

WBS 기본개념

프로젝트를 관리하기 위하여 사용되는 기획문서로서의 WBS 개념은 널리 알려져 있다. WBS는 사용목적에 적합하게 프로젝트 수행결과로 제시될 최종제품의 물리적 구조로 나타내는 계층구조식 분해구조이다. 제품과 연관하여 이에 필요한 용역과 중간제품이 WBS 제품구조의 내부 요소로 나타난다. WBS와 연관된 제품은 다음과 같은 요소의 업무권한, 업무성과 및 관리통제를 위한 프로젝트의 광범위한 구조로 활용된다.

- 비용
- 일정
- 제품품질
- 위험

WBS는 프로젝트를 통제 및 관리하기 위한 기초로 사용된다. 이제 보다 더 깊이 WBS의 특성과 이러한 특성을 충족시키기 위한 기법을 알아보자.

WBS 기초

WBS는 다음과 같은 요소를 제공하기 위하여 사용된다.

- 프로젝트 결과물을 얻기 위하여 직접적으로 연관된 업무를 정의하기 위한 구조
- 업무활동 성과에 대한 책임을 할당하는 구조
- 결과물과 연관된 업무활동과 중간제품에 관한 비용, 일정, 및 품질을 구분, 측정 및 통제하기 위한 구조
- 중간제품과 업무활동 하부계약 및 계약을 위한 구조
- 프로젝트 위협과 취약점 그리고 간접적인 위험을 분석하는 구조

WBS는 비용/일정 통제 시스템, 기술성능측정(TPM) 및 통합성과측정을 적용하기 위한 기법이다. 그리고 WBS는 다음과 같은 요소로 구성되어 있다.

- WBS 인덱스: 분해된 제품요소 이름의 구성목록이나 가계도 그래픽으로 표시
- WBS 사전: WBS 사전에 수록된 각 항목에 대하여 장차 수행될 모든 업무와 생산될 모든 제품을 적절한 관리목적에 부합되도록 각 WBS 요소범주를 기술; WBS 사전은 모든 제품이나 업무활동을 기술하지는 않는다. WBS 요소의 시간당 인력과 비용을 분명하게 기술할 필요가 있는 경우에 작성한다.

<그림 III.1>은 WBS 인덱스의 예를, <표 III.1>은 WBS 사전의 예를 나타내고 있다.

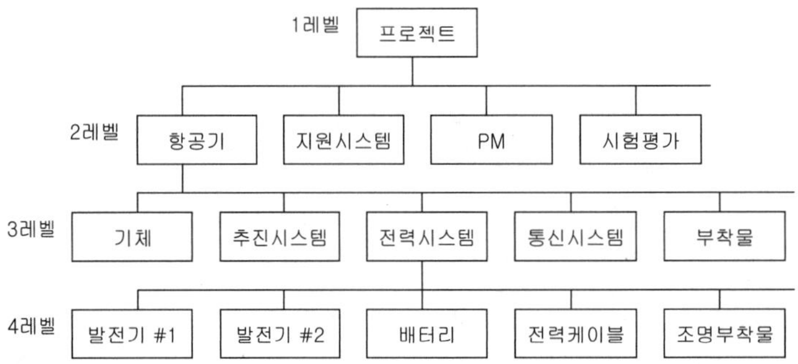

0 프로젝트
1 항공기
1.1 기체
1.1.x …………
1.2 추진하부시스템
1.2.x …………
1.3 전력/조명하부시스템
1.3.1 발전기 #1
1.3.2 발전기 #2
1.3.3 배터리
1.3.4 전력케이블
1.3.5 조명부착물
1.4 통신하부시스템
1.4.x …………
1.5 부착물
1.5.x …………
2 지원시스템
2.x ………..
3 프로젝트 매니지먼트
3.x …………
4 시험평가
4.x …………

<그림 III.1> WBS 인덱스 사례

비교적 기존기술을 사용하는 시스템의 경우, 프로젝트 기획 초기에 완전한 최종 WBS를 개발할 수 있다. 그러나 모르는 사항이 많이 포함되어 있는 시스템의 경우, 이는 세부단계로 진행해 가면서 WBS가 구체화 된다. 따라서 WBS는 성숙되었을 때 공식적으로 제시해야 한다. 이러한 레벨은 프로젝트에 따라 다르다.

또한 WBS는 프로젝트 비용 및 일정추정과 기획에 기본구조로 사용되기 때문에 프로젝트 통제에 승인된 요소와 기획목적으로 준비된 요소 사이에 WBS를 구분해서 사용하는 것이 바람직하다.

<표 III.1> WBS 사전 사례

프로젝트: 신규항공기	업무분해구조사전	WBS요소번호: 1.3
계약번호: xxxxxx	WBS Dictionary	페이지 번호: 1/1
검토자: 승인자:	요소 이름: 전력/조명 하부시스템 Power and Lighting Subsystem	수정번호: 최초 수정일자: 8/25/06
요소내용: 전력 및 조명 하부시스템은 회전운동을 항공기 엔진으로부터 전력으로 전환, 전기에너지 저장 및 전력을 다른 장비로부터 공급받지 못하는 항공기의 내부 및 외부 조명이 필요한 다른 요소에 분배하는 장비요소이다. 본 요소는 상기 장비와 전반적인 전력 및 조명 하부시스템을 설계, 개발, 통합 및 시험하는 모든 활동을 포함한다. 본 요소는 기체에 전력 및 조명 하부시스템을 설치하고 검사하는 활동은 제외된다.		
동일 레벨에서의 인터페이스 요소		
요소번호:	요소 제목	
1.1	기체	
1.2	추진	
1.4	통신	
1.5	부착물	
1.6	항공시스템 조립 및 통합	
다음 레벨의 부속 요소		
요소번호:	요소 제목	
1.3.1	발전기 #1	
1.3.2	발전기 #2	
1.3.3	배터리	
1.3.4	전력 케이블	
1.3.5	조명부착물	
1.3.6	전력 및 조명 하부시스템 설계	
1.3.7	전력 및 조명 하부시스템 통합	

III.2 바람직한 WBS 특성

제품중심 및 기능중심 WBS

제품중심의 WBS는 기본적으로 모든 하위레벨의 제품이나 용역을 수행하기 위해 필요한 제품, 자재, 및 용역을 포함해야 한다. <그림 III.2>에 제품중심의 WBS를, <그림 III.3>에 기능중심의 WBS를 보여주고 있다. 그 차이는 다음과 같다.

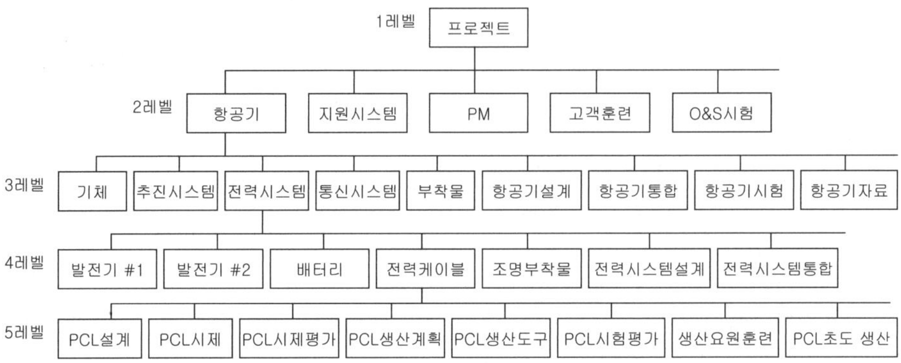

<그림 III.2> 제품중심 WBS 사례

- 제품중심 WBS의 한 부류에 속한 서로 인접된 요소는 부속요소 레벨에서 함께 수행해야 할 요소를 포함하고 있다. 그러나 기능중심 WBS는 이러한 관계가 없다.
- 제품중심 WBS의 한 부류에 속한 서로 인접된 요소는 개별 요소의 시작과 부속요소의 시작과 종료를 나타내는 일정계획수립에 있어서 논리적인 그룹이다. 그러나 기능중심 WBS는 이러한 관계가 없다.
- 부속요소의 요구사항은 각 포함요소의 요구사항을 반영한다. 제품중심 WBS는 최종결과에 요구사항을 반영하고 요구된 최종결과는 기능중심 WBS에서는 반영되지 않는다.
- 제품중심 WBS는 기술검토 프로그램 설계의 기초적인 구조를 제공한다. 기능중심 WBS는 이러한 구조를 제공하지 않는다.
- 제품중심 WBS는 내부적으로 공급자/고객 관계를 포함한 프로젝트 내의 공급자/고객 관계를 정의하기 위한 기초를 형성한다. 기능중심 WBS는 이러한 구조를 제공하지 않는다.

제품중심 WBS가 매우 중요하지만 다음과 같은 경우에 적용하는 것이 바람직하다.

- 순수한 제품중심 WBS는 WBS 요소가 적어 비용 효과적이지 못하다.
- 제품중심 WBS의 업무활동, 예를 들면 프로젝트 관리는 대부분의 레벨에서 반복적이다.
- 프로젝트 기간 및 단계가 길어 레벨 2에서의 요구된 결과물이 정의되기 때문에 이는 특성상 기능적 WBS로 분류된다.
- 프로젝트가 반복수행기능을 포함하고 있기 때문에 매우 적은 통합활동이 최종제품을 형성해야 할 기능 결과물 상호간에 이루어진다.

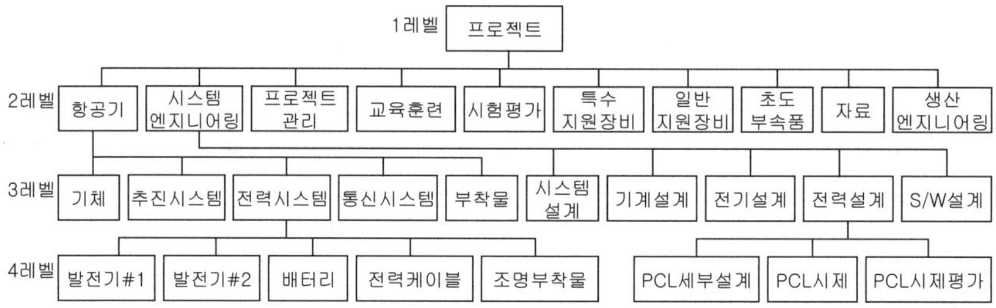

<그림 III.3> 기능중심 WBS 사례

기술 프로그램과 일치

WBS와 기술 프로그램은 항상 일치해야 한다. 만일 그렇지 않을 경우 다음과 같은 일이 발생한다.

- 비용, 일정, 및 품질 통제가 어렵거나 상실하게 된다.
- 시스템 통합을 위한 추가적인 단계와 규격서가 요구된다.
- 기술 프로그램이 지불일정 또는 계약형태에 따른 결과물을 제시하지 못한다.

WBS는 기술 프로그램 결정을 반영한다. 그러나 그 역은 성립하지 않는다. 수많은 프로젝트가 고객 또는 매니지먼트에 의해 틀린 WBS구조를 임의적으로 사용함으로써 실패해 왔다. 정부 고객이 이를 3레벨까지 한 번 잘 못 적용하게 되면 이에 대한 영향이 전 세계에 영향을 주기도 한다.

계약/프로젝트 결과물과 일치

제품중심의 WBS는 프로젝트에 정의된 결과물에 맞추어 작성하고 이를 연장하면서 보완해 간다. 이러한 WBS가 실제 요구사항이 시스템과 레벨 2에 나타난 기타 요소에 대한 특성요소를 정의한 것인데 이를 고객 입장에서 임의적으로 정의함에 따라 수많은 자원과 시간 낭비를 초래하고 있다.

III.3 프로젝트 적용을 위한 전형적인 WBS 요소

<그림 III.4>는 수십 억 원에 이르는 소규모 프로젝트에 대한 전형적인 WBS를 보여주고 있다. 각 프로젝트의 WBS는 WBS 설계기준에 의해 프로젝트 매니저가 만들어야 한다. 군사표준에 포함된 것과 같은 이미 제시된 WBS 구조는 사용하지 않는 것이 좋다.

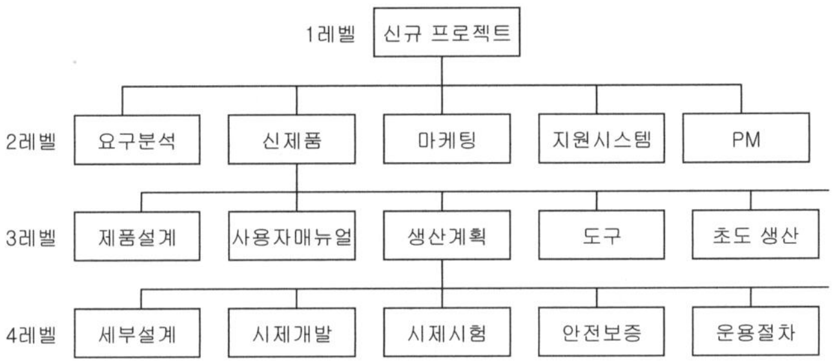

<그림 III.4> 전형적인 WBS 사례

III.4 WBS 세부설계

WBS 설계기법

WBS는 다음과 같은 요령에 의해 보다 쉽게 개발할 수 있다.

- 레벨 2에 분명하게 식별된 프로젝트 산출물을 넣는다. 이러한 프로젝트 산출물은 일반적으로 하나 또는 그 이상의 제품이나 시스템 및 하나 또는 그 이상의 지원시스템을 포함하고 있다.
- 프로젝트 결과로 납품해야 할 예를 들면 사용자 훈련과 같은 분명하게 식별된 용역을 레벨 2에 넣는다.
- 다른 레벨 2항목에 포함할 수 없지만 프로젝트 수행에 꼭 필요한 독립적인 용역(기능적)요소를 레벨 2에 넣는다. 그러한 경우는 드물다. 예를 들면, 프로젝트 매니지먼트와 같은 경우이다.
- 다른 레벨 2항목에 포함할 수 없지만 프로젝트 수행에 꼭 필요한 독립적인 물리적 요소를 레벨 2 하위레벨에 넣는다. 예를 들면, 생산공장, 설비 및 WBS의 하향개발에 필요한 요소이다.
- “요구사항을 충족시키고 기존 요소를 포함하기 위하여 이 WBS레벨에서 어떠한 제품과 용역이 요구되어야 하는가”라는 질문과 함께 레벨 2 하위레벨에 동일한 원칙에 의해 책임부서가 제품과 용역을 제시한다.

WBS 레벨

WBS 하위레벨의 규모는 다음과 같은 요소에 의해 결정된다.

- 프로젝트 규모
- 프로젝트 활동을 매니지먼트 규모 및 복잡도에 맞추어 시스템 설계 시 "통합 및 구분"과 시스템 통합 시 "통합 및 구분" 정도; WBS 레벨과 그 규모는 임의적으로 결정하는 것이 아니라 계획절차와 설계의 산물이다.
- 비용회계관리 책임부여
- 실제수행업무나 구매해야 할 제품 또는 용역을 나타내는 가장 최소단위의 업무패키지; 이는 일반적으로 비용회계레벨보다 낮다.

WBS 요소규모

Kerzner[1]는 WBS 요소규모를 전체 프로젝트예산의 0.5-2.5% 비용으로 추정되는 요소로 구성하는 것이 바람직하다고 제시했다. 따라서 그 규모는 40개에서 200개까지 분류된다. 1천억 원 아래 규모의 소형 프로젝트의 경우, 비용회계 코드 수가 그리 많지 않다. 반면에 수 조원에 이르는 대형 프로젝트의 경우, 그 수가 많아진다. 일반적으로 업무패키지 레벨 비용규모는 2백만 원에서 5천만 원까지이다.

WBS 요소규격

WBS요소는 관리목적상 WBS사전으로, 업무성과목적상 업무기술서(SOW)로 기술한다. 제품 또는 용역에 따라 WBS사전과 SOW는 시스템규격 및 중간제품규격으로 나타내도 좋다.

추적

추적의 목적은 수행된 모든 업무가 정당하고 프로젝트 요구사항을 충족하고 있는지를 확인함에 그 목적이 있다. 프로젝트 레벨에서 필요한 업무가 계획되지 않고 적용단계에서 비용지출이 발생하는 경우를 확인함에 있다. 가장 효과적인 요구사항 추적은 시스템엔지니어링 목적에 부합된 요구사항 추적 소프트웨어 패키지나 데이터베이스를 통합적으로 사용하는 것이 바람직하다.

[1] H. Kerzner, Project Management-A Systems Approach to planning, scheduling and controlling, fourth edition, Van Nostr and Reinhold, NewYork,1992.

부록 IV. 공급자 평가 체크리스트

공급자평가에 사용될 본 체크리스트는 맞춤식으로 사용할 수 있으며 앞서 부록 C1에 제시된 설계검토 체크리스트에 대한 보조형식으로 개발되었다. 모든 질문사항이 모든 프로젝트에 적용되진 않지만 해당 질문에 "yes"라고 답해야 원하는 결과를 가져올 수 있다.

IV.1 일반평가기준

1.1 획득제품에 대한 기술성능규격서(B형)가 작성되어 있고 본 규격서는 시스템규격서(A형)를 지원하고 추적할 수 있도록 작성되어 있는가.

1.2 제품이 설치 시 적용, 수정, 및 재보수가 필요 없는 상용품목(COTS)인가

1.3 COTS품목은 제품효과와 수명주기비용 항목으로 평가되어 있는가.

1.4 만일 제품이 COTS이고 설치 시 몇 가지 수정이 필요할 경우,

1) 수정 정도가 분명하게 정의되고 가능한 한 최소화 되어 있는가.
2) 수정 영향이 효과와 수명주기비용으로 평가되어 있으며 수명주기비용은 가능한 한 최소화되어 있는가.
3) 수정이 쉽게 수행할 수 있으며 상호 최소영향으로 가능한가.
4) 공통 및 표준부품, 재사용 소프트웨어, 재활용자재 등이 수정/인터페이스 패키지 또는 키트에 적용되어 있는가.

1.5 동일한 제품에 대하여 여러 공급대안 소스가 식별되어 있는가.

1.6 신규설계가 필요할 경우, COTS, 수정 COTS 및 기타 옵션이 타당하지 않다는 사실을 제시하고 있는가.

IV.2 제품설계특성

2.1 기술성능측정요소(TPM)

1) 제품은 기능적 성능규격서(예, 개발, 제품, 프로세스, 자재규격서)를 완전하게 일치하고 있는가.
2) 제품의 적용 임무 시나리오(또는 운용/사용 프로파일)가 정의되어 있는가.
3) 제품의 설계특성이 TPM우선순위로 제시되어 있고 그 설계는 가장 중요한 형태를 반영하고 있는가.
4) 설계특성이 QFD(또는 동등한 기법)를 사용하여 도출되어 있는가.
5) 성능 요구사항이 시스템 레벨에서 명시된 사항을 쉽게 추적 가능한가.
6) 성능 요구사항은 측정가능하며 검증 및 확인 가능한가.

2.2 기술적용

1) 설계는 기술현황을 참고하여 상용가능 기술을 활용하고 있는가.
2) 사용될 기술이 최소한 제품수명주기와 동등한 수명주기를 지니고 있는가.
3) 단기수명 기술은 제외되어 있거나 아니면 적용이 최소화 되어 있는가.
4) 개방 아키텍처(open-architecture) 방법을 설계에 적용함으로써 신기술 적용 시 다른 제품요소의 재설계 없이 가능한가.
5) 각 기술에 대한 대안 소스가 모두 식별되어 있는가.
6) 사용될 기술이 성숙/안정적으로 적용할 수 있는 단계인가

2.3 물리적 특성

1) 제품이 기능적 및 물리적으로 호환성이 있는가.
2) 제품은 물리적으로 유사품목을 교체할 때 추가적인 조정이나 정렬 없이 수행 가능하거나 아니면 상호작용 효과가 최소화 되어 있는가.
3) 제품설계는 기술규격서의 물리적 요구사항(예, 크기, 모양, 중량 등)을 충족하고 있는가.

2.4 효과도 요소
1) 적합한 효과도 요소(예, TPM)가 정의되고 기술규격서에 포함되어 있는가.
2) 효과도 요구사항이 시스템 레벨에서 명시된 요구사항을 추적하고 있는가
3) 공급자는 제품의 신뢰성 척도(예, R, 고장율, MTBF)를 제공하고 있으며 이러한 지수(FOM)는 실제 운용환경에 기초하고 있는가.
4) 적용 신뢰도 요구사항을 제품설계에 반영하고 있는가.
5) 공급자는 제품의 유지보수성 척도(예, MTBM, MLH/OH, Mct, Mpt, MDT 및 이와 동등한 요소)를 제공하고 있으며 이러한 지수(FOM)는 실제 운용환경에 기초하고 있는가.
6) 적용 유지보수성 요구사항이 제품설계에 반영되어 있는가.
7) 적용 인간요소 요구사항이 제품설계에 반영되어 있는가.
8) 적용 안전 요구사항이 제품설계에 반영되어 있는가.
9) 적용 지원가능성/서비스가능성 요구사항이 제품설계에 반영되어 있는가.
10) 적용 품질 요구사항이 제품설계에 반영되어 있는가.

2.5 생산성 요소
1) 제품은 생산성을 고려하여 설계되어 있는가.
2) 설계 데이터/문서는 설비/장비, 능력 및 경험을 지닌 다른 공급자도 규격서에 따라 제품제조가 가능하도록 설계되어 있는가.

2.6 폐기가능성 요소
1) 제품은 폐기가능 하도록 설계되어 있는가.
2) 공급자는 제품의 재활용 및 폐기를 위한 절차와 적절한 계획이 수립되어 있는가.

2.7 경제적 요소
1) 제품은 경제적 요소를 고려해서 설계되어 있는가.
2) 공급자는 제품의 수명주기비용 분석을 수행하고 그 결과는 신뢰할 만한가.

IV.3 제품 유지보수 및 지원 인프라 구조

3.1 유지보수 및 지원 요구사항
1) 공급자는 설정된 유지보수 및 지원 인프라 구조를 가지고 있는가.
2) 공급자는 제품의 유지보수 개념/계획을 수립해 두었는가.
3) 제품의 적절한 지원가능성 “metrics”(예, 반응시간, 회전시간, 유지보수 프로세스 기간, 시험장비 신뢰성 및 유지보수성 요소, 설비사용, 유지부품 소모량, 저장 레벨, 수송량 및 기간 등)가 설정되어 있는가.
4) 유지보수 개념/계획이 공급자 부품 책임 요구를 수용하고 있는가.
5) 제품의 예방정비 요구사항이 설정되어 있으며 이는 RCM(신뢰성 중심 유지보수) 분석을 통해 수립되어 있는가.
6) 제품의 유지보수 및 지원 자원(예, 예비, 수리부품, 창고; 소요인력, 숙련레벨, 및 교육훈련; 시험 및 지원 장비; 설비; 포장; 수송 및 취급; 기술 데이터; 및 컴퓨터 자원 등) 요구사항이 정의되어 있으며 시험 요구사항은 유지보수분석(MEA), 로지스틱스 지원분석(LSA) 또는 이와 동등한 분석이 되어 있는가.

3.2 데이터/문서화
1) 공급자는 컴퓨터를 응용한 유지보수 관리 데이터 능력을 갖추고 있으며 이 능력은 지속적인 제품/프로세스 향상 목적을 두고 효과적으로 사용되고 기 제품이 실 사용 시 어떻게 잘 수행되고 있는지를 알 수 있도록 제시하고 있는가.

2) 공급자는 필요한 시기에 신뢰성 데이터를 수집, 분석, 피드백, 및 수정보완 프로세스를 갖추고 있으며 제품고장은 적절하게 기록되고 그 원인을 추적할 수 있는가
3) 공급자는 예방정비 프로그램의 효과를 측정하고 모니터링하며 적절한 시기에 비용효과를 반영하기 위한 예방정비 요구사항을 수정할 수 있는가

3.3 품질보증조항
1) 제품의 품질보증 조항이 설정되어 있는가.
2) 설정된 보증조항은 계약절차에 따라 적절하게 정의되어 있는가.
3) 보증조항은 정의된 유지보수개념과 일치하는가.

3.4 고객 서비스
1) 공급자는 설정된 고객 서비스 능력을 가지고 있는가
2) 공급자는 생산자 공장이나 사용자 사이트에서 제품의 검사 및 설치지원을 제공할 것인가.
3) 공급자는 필요 시 on-site 실 운용 서비스 지원을 제공할 것인가.
4) 공급자는 필요 시 생산자 공장 또는 사용자 사이트에서 운용 및 유지보수 교육을 제공하는가.
5) 교육지원활동 시 공급자는 필요 데이터, 교육훈련 매뉴얼, 소프트웨어, 장비, 시뮬레이터, 등을 제공하고 교육훈련 자료의 적합한 수정보완을 제공할 것인가
6) 공급자는 교육훈련 효과를 위한 프로그램을 가지고 있는가.

3.5 경제적 요소
1) 제품지원 인프라 구조는 비용 효과적인가.
2) 요구사항은 수명주기비용 목표에 기초하고 있는가.

IV.4 공급자 자격인증

4.1 계획 및 절차
1) 공급자는 표준화된 정책/절차 매뉴얼/지침을 가지고 있는가.
2) 절절한 관리절차가 적합하게 문서화 되어 있으며 매일 기준에 의해 수행되고 있는가.
3) 절차/프로세스가 지속적인 프로세스 향상 목적에 맞추어 주기적으로 검토, 평가, 및 수정되고 있는가.
4) 공급자는 시스템엔지니어링 요구사항을 성공적으로 수행하기 위해 필요한 활동을 식별하고 있는가.

4.2 조직 요소
1) 공급자 조직은 활동, 책임, 인터페이스 요구사항 등에 의해 적합하게 정의되어 있는가.
2) 조직구조가 시스템의 전반적인 프로그램 활동을 지원하고 있으며 이는 생산자 조직과 일치하고 있는가.
3) 공급자는 시스템엔지니어링 활동 수행을 위해 책임지는 조직 요소를 식별하고 있는가.

4.3 가용인력 및 자원
1) 공급자는 계약활동을 수행하기 위한 가용 인력과 연관된 자원을 지니고 있으며 프로그램 수행기간 중 인력/자원 지원이 가능한가.
2) 책임을 진 인력이 그 일을 효과적으로 수행하기 위한 적합한 배경, 경험, 및 훈련을 구비하고 있는가.

4.4 설계 접근방법
1) 공급자는 시스템엔지니어링 프로세스를 제품설계에 적용하고 있는가.
2) 효과적인 설계 인터페이스가 설정되어 있고 생산자(주계약자)에 의해 설정된 시스템 레벨 데이터베이스와 일치하는가.

3) 공급자는 설계변경 통제 프로세스에 따른 형상관리 프로그램을 가지고 있으며 형상 "baseline" 접근방법을 제품개발 및 향상에 적용하고 있는가.
4) 공급자 설계 프로세스는 CAD, 시뮬레이션, 신속생산 등의 기법을 사용하여 수행되고 있는가.

4.5 제조 능력

1) 공급자가 잘 정의된 제조 프로세스를 가지고 있는가.
2) 프로세스는 최근 기술과 컴퓨터 응용 기법(로봇, CAD 또는 CIM 등)을 적용하고 있는가.
3) 유연한 프로세스와 lean 제조 프로세스를 적용하고 있는가.
4) 공급자는 자재요구계획(MRP), 능력계획(CP), 공장공정통제(SFC), JIT, 종합생산일정계획(MPS), 통계공정통제(SPC), 및 기타 제조공정기법 등을 활용하고 있는가.
5) 공급자는 ISO-9000에 의한 공식적인 품질 프로그램을 적용하고 있으며 ISO-9000을 인증 받아 결함수정을 위한 공식절차를 지니고 있는가.
6) 공급자는 자체 제조공장 내에 총생산 유지보수(TPM) 프로그램을 적용하고 있으며 효과에 대한 TPM 측정(예, OEE, 또는 전반적인 장비효과)방법이 설정되어 있는가.

4.6 시험평가 접근방법

1) 공급자는 제품에 대한 종합시험평가계획을 수립하고 있는가.
2) 시험 요구사항은 논리적으로 도출되고 시스템의 TPM과 일치하며 그 제품에 할당되어 있는가.
3) 공급자는 모든 시험 요구사항을 지원하기 위한 설비와 자원(예, 사람, 설비, 장비, 데이터)을 확보하고 있는가.
4) 공급자는 적기에 모든 시험활동에 대한 데이터 수집, 분석, 및 보고능력을 가지고 있는가.
5) 공급자는 필요 시 재시험 계획을 가지고 있는가.

4.7 통제관리

1) 공급자는 TPM, 비용측정, 및 일정기간에 따라 모니터링, 보고, 피드백 및 수정보완에 대한 통제방법을 가지고 있는가.
2) 공급자는 형상관리 능력을 지니고 있는가.
3) 공급자는 종합 데이터 관리능력을 지니고 있는가.
4) 공급자는 위헌관리계획을 지니고 있는가.

4.8 경험요소

1) 공급자는 본 제품에 대한 설계, 시험, 제조, 취급, 운송 및 지원에 대한 경험을 가지고 있는가.
2) 공급자는 과거 수행한 모든 프로젝트에 대하여 모드 요구사항을 충족시켰는가.
3) 공급자는 과거 주어진 비용범위 내에서 적기에 제품을 성공적으로 납품했는가.
4) 공급자는 신뢰할 만하며 고품질 제품을 납품했는가.
5) 공급자는 제품의 하자 발생 시 수정활동을 적기에 수행했는가.
6) 공급자는 모든 제품에 대한 품질을 보증하고 있는가.
7) 공급자 조직은 안정적이고 성장 및 높은 품질을 유지하고 있는가.
8) 공급자의 비즈니스에 대한 명성은 좋은가.
9) 공급자는 훌륭한 평판을 지니고 있는가.

4.10 성숙도

1) 공급자는 벤치마킹 프로세스를 설정하고 있는가.
2) 공급자는 조직평가 프로그램(예, CMMI 또는 이와 동등)을 적용하고 있는가.

4.11 경제요소

1) 공급자는 모든 기능, 제품, 프로세스 등에 대하여 수명주기비용 분석방법을 적용하고 있는가.
2) 공급자는 고비용 요소, 원인 및 영향도, 및 비용절감목적으로 유도하기 위하여 업무활동에 기초한 비용관리(ABC: Activity-Based Costing)접근방법을 적용하고 있는가.

용어

이 책에는 시스템엔지니어링과 시스템엔지니어링의 목표를 이해하기 위해 중요한 많은 용어와 정의가 있다. 이들 중 대부분이 본 책자에 잘 설명되어 있기 때문에 여기에서 반복하고 싶지는 않다. 그러나 최종 요약을 위해서 몇 개의 용어들에 대하여 간결하게 그 개념을 설명하였으며, 독자들로 하여금 주제의 이해를 돕기 위해 비교적 쉽게 정의하려고 노력하였다.

획득절차(Acquisition Process)

시스템을 획득하는 과정이다. 이는 개념형성 및 기본 시스템 설계, 세부설계 및 개발 그리고 생산 또는 건설의 단계가 포함된다. 이는 규정된 절차에 따라 요구 정의 단계로부터 사용자를 위한 시스템 폐기단계까지 전 과정이 포함된다.

할당(Allocation)

설계를 위한 입력 베이스라인을 제공하기 위해 필요한 레벨까지 하부시스템, 장비, 소프트웨어, 유닛 또는 그 이하까지 시스템레벨 요구를 할당하거나 하향식으로 분할하는 것을 말한다. 이 과정은 적절한 모든 시스템 레벨을 결정하기 위해 특별한 설계요구를 확증하는 체계적인 접근방법이다.

컴퓨터 응용 획득 및 로지스틱스 지원(CALS)

로지스틱스의 모든 분야에 컴퓨터 기술과 유용한 컴퓨터 소프트웨어를 적용하는 것이다. 이는 시스템 지원성에 대한 설계(CASE, CAE, CAD 활동의 통합), 로지스틱스 지원요구 결정에 있어서 로지스틱스 지원 분석 데이터 개발, 지원(수리부속, 시험 및 지원 장비)을 위한 확인된 요소 준비와 획득, 운용환경에서 시스템 지원능력평가에 있어서 컴퓨터 방법과 도구사용을 포함한다. CALS는 또한 기술교범의 개발 및 설계 자료나 디지털 자료를 처리하는 자동화 과정을 포함한다.

컴퓨터 응용 설계(CAD)

상세한 엔지니어링 설계활동을 지원하기 위한 컴퓨터 능력과 유용한 소프트웨어를 이용하는 과정이다. CAD는 주로 3차원 그래픽, 회로판 배치, 다양한 분야의 분석을 포함한다.

컴퓨터 응용 엔지니어링(CAE)

엔지니어링 설계활동 지원을 위해서 컴퓨터 능력과 유용한 소프트웨어를 이용하는 과정이다. CAE는 주로 CAD의 기능과 유사한 기술 분석과 하위레벨 설계활동을 주로 취급하는 경향이 있다.

컴퓨터 응용 제작(CAM)

컴퓨터 기능, 유용한 소프트웨어, 수치제어장비, 로봇, 자동화된 수단을 통해서 생산하는 것과 관련된 자원 이용 과정이다. CAM은 생산 공정계획, 자재 수송, 재고 통제 그리고 모든 관련 생산관리를 다루고 있다.

컴퓨터 응용 시스템엔지니어링(CASE)

효과적이고 효율적으로 시스템엔지니어링 기법을 수행하기 위한 방법으로서 시스템엔지니어링 개념과 구성, 컴퓨터 능력, 분석적인 방법의 이용, 유용한 소프트웨어를 통합하는 과정이다. .H. Eisner에 의하면 CASE는 CAD나 CAE보다 더 기능이 훨씬 뛰어난 최고 기술이라고 표현되어 있다.

컴퓨터 통합제작(CIM)

자동화된 수단을 통해서 생산품을 제조하기 위한 컴퓨터 능력과 유용한 소프트웨어를 이용하는 과정이다. CIM은 마이크로 컴퓨터와 일반적인 데이터베이스의 이용을 강조하는 것을 제외하면 CAM과 유사한 방법이다. CIM이 M. Hordeski는 더 좋은 기법으로 기술하고 있다.

동시공학(CE)

제조 및 자원을 포함한 제반 생산 및 관련 공정을 동시 설계에 의하여 통합하는 체계적인 접근방법이다. 이 접근방법은 개발자들이 사업 착수 시부터 품질, 비용, 계획 등의 사용자 요구조건을 포함하여 시스템 폐기단계까지 총 순기 동안에 일어나는 모든 요소를 동시에 고려하는 기법이다.

형상 베이스라인(Configuration Baseline)

이는 시스템 형상이 상세히 정의되는 시스템 설계 및 개발과정에 있어 나타나는 베이스라인을 말한다.

(1) 기능 베이스라인

시스템 형상은 운용요구사항 및 정비개념, 시스템 규격서(TYPE A), 개발가능성 연구 결과에 따라 정의된다.

(2) 할당 베이스라인

세부 형상은 개발, 공정, 생산, 규격서(TYPE B, C, D. E), 설계대안 분석보고, 시스템 및 하위시스템 설계자료 종합으로 정의된다.

(3) 제품 베이스라인

제품 형상은 공정, 생산, 규격서(TYPE C. D, E), 대안비교 연구 세부 설계자료(설계도면, 부품 목록), 공급 자료 등의 조합으로 정의된다.

형상통제(Configuration Control)

제안된 설계변경을 분류하고 통제하는 활동을 말한다. 1급 변경은 시스템 형상과 기능 및 적합성에 영향을 주는 사항이다. 2급 변경은 기타 비교적 사소한 사항이다. 주어진 형상 베이스라인에서 모든 변경은 기준이 명확하게 평가되고 통제되어야 한다.

형상통제위원회(CCB)

주어진 형상 베이스라인에 대한 변경 제안 시 이를 검토 및 승인하기 위하여 여러 기술 분야 전문가로 구성된 위원회를 말한다.

형상관리(CM)

수명주기 동안 품목의 기능적, 물리적 특성을 식별하고, 그 특성의 변경을 통제하며 변경처리 및 결과를 기록하고 보고하며 유지하는 활동을 말한다. 형상관리는 형상 식별, 형상 통제, 형상 관리 형상 감리 기능이 포함된다. 형상관리는 각종 설정된 베이스라인을 관리하는 개념으로 되어있다.

계약구조(Contract Structure)

고객과 계약자 또는 계약자와 공급자 사이의 계약협상형태를 말한다. 계약의 형태로서는 확정계약(FFP), 단계적 수정 고정계약, 인센티브 고정계약, 고정비용 추가계약(CPFF), 인센티브 비용 추가계약(CPIF), 비용분담계약, 시간 및 물자 계약 등이 있다. 계약 협상의 특징과 형태는 시스템엔지니어링 요구사항을 이행함에 있어서 주요 고려요소이다.

비용분해구조(CBS)

이는 기능별로 비용을 분해하는 구조를 말한다. 모든 예측 비용은 시스템 총 순기 단계로 나타낸다. 비용은 시스템 또는 연관 활동계획에 포함된 내용을 세부 레벨까지 상세하게 나누어 분해토록 한다.

비용 효과성(CE)

시스템의 기술적인 특징과 수명주기비용에 의하여 시스템효과를 측정하는 활동을 말한다. 기술적인 특징은 성능, 용량, 범위, 무게나 크기, 신뢰성, 유지보수성, 지원성, 생산성, 품질 그리고 관련된 요소 결합을 포함하고 있다. 수명주기비용은 연구, 설계 및 개발, 생산 또는 건설, 배분, 운영, 정비유지 및 지원, 도태, 폐기 및 필요시 장비 재순환 사용 등의 모든 예측 비용을 포함한다. 이런 기술적인 특징은 시스템 효과성 측정을 위한 방법과 연결된다. 비용효과성은 총 순기 비용에 대한 시스템 효과성의 비율로 나타난다.

설계검토(Design Review)

이는 특정 시점에서 공식적으로 시스템 형상을 검토하는 활동을 말한다. 공식 설계 검토에는 개념설계검토, 한 두 차례 기본 시스템 설계검토, 한 두 차례 장비 및 소프트웨어 설계 검토 및 최종 설계검토(CDR)등이 있다. 또한 시스템엔지니어링 기능 적용에 따른 "검토 및 균형"도 함께 포함된다.

설계목표비용(DTC: Design-to-Cost)

이는 개념 설계 기간에 요구 시스템에 맞추어 설계할 때 제시되는 목표비용을 가리키며, 시스템 A 규격서에 명시토록 한다. 물론 DTC는 총순기비용으로 제시되어야한다. 그리고 설계목표 단위획득비용과 설계목표 단위 운영유지비용으로 세분화할 수 있다. 기본적인 비용 범주는 무엇이 포함되고 제외되어져야 하는가를 먼저 정의해야 한다.

효과도(Effectiveness)

이는 기술특성에 따라 시스템을 측정한 결과를 말한다. 이러한 측정은 시스템 형태와 임무에 따라 차이가 있는데, 일반적으로 중량, 크기, 용량, 신뢰성, 유지보수성, 품질 등의 성능 요소로 구성되어진다.

타당성 분석(Feasibility Analysis)

이는 신규 시스템 형상의 필요성에 따라 기술 설계 가능성을 조기에 발견하고 연구하여 결정하는 분석활동을 말한다. 또한 추가적인 연구가 요구되는 분야의 응용연구 수행과 신규 기술 적용에 따른 비교평가 분석활동도 포함한다.

기능 분석(Functional Analysis)

이는 시스템 레벨 요구사항에 대하여 시스템 컴포넌트 개발을 위한 세부설계 기준을 설정해 나가는 절차를 말한다. 또한 시스템 운용요구사항과 정비개념이 설정된 다음 특정 요구로서의 “What"을 식별하여 기능적으로 시스템을 정의하는 활동을 말한다. 이는 기능 블록 다이어그램을 마련하여 수행한다. 운용 및 정비기능을 포함한 기능들은 하위 기능으로 세분화되어지고, 대안비교 연구가 인간요구, 장비요구, 소프트웨어, 자료, 설비 등의 항목으로 자원을 식별할 수 있도록 하위 기능 설정을 통하여 ”How"를 결정하게 된다. 이는 시스템 레벨 요구로부터 파생된 Top-Down 과정으로서 특정 설계요구를 식별함에 그 목표를 두고 있다.

인간요소(Human Factors)

시스템 설계는 이를 생산하고 운용하는 인간요소와 관련되어 있다는 사실이 특징이다. 설계 시 고려해야 할 사항은 인체측정 요소, 인간 감각 요소, 생리적 요소, 심리적 요소를 포함하고 있다.

통합 로지스틱스 지원(ILS)

고객은 성능요구사랑을 만족하며 계획된 수명주기 동안 신속하고 경제적으로 지원받을 수 있는 시스템이어야 한다. ILS는 이러한 제반 활동을 초기부터 계획하고 자원을 배분하며 이를 조종 통제하는 기능을 말한다. 기본계획 요소에는 로지스틱스 지원을 최초계획, 유지보수성을 위한 설계지원 및 관련된 다양한 요소 분석과 획득, 야전에서의 시스템 지원능력 평가까지 포함된다.

수명주기(Life Cycle)

수명주기란 최초 요구사항 식별로부터 시스템이 도태나 폐기까지의 계획된 수명주기를 말한다. 일반적으로 개념설계단계(개념형성), 시스템 기본 설계단계(데모 및 확인), 세부 설계 및 개발단계(전면 개발), 생산 또는 건설, 시스템 운용, 정비유지 및 지원 그리고 폐기단계를 포함한다. 비록 수명주기가 예산의 제한과 기술 진부화 등으로 변화하더라도 기본적으로 총 순기 개념에서 검토되어야 한다.

총순기비용(LCC)

이는 총 순기 동안에 계획되고 수행되어진 제반활동과 관련된 모든 비용을 말한다. 연구 개발, 설계, 생산 또는 건설, 운용, 정비 및 지원과 요구 분야의 응용연구수행과 신규 기술적용에 따른 비교평가 분석 활동 그리고 시스템 폐기비용까지 포함된다.

관리정보시스템(MIS)

계획 요구사항 수행에 있어서 관리를 지원하는 자료수집, 절차, 운용능력을 말한다. 시스템엔지니어링의 주된 목표는 계획의 신속한 평가와 신속한 방법으로 개선될 수 있도록 네트워크를 구축함에 있다.

유지보수성(Maintainability)

유지보수성이란 정비활동을 수행함에 있어서 보다 쉽고, 정확하게 그리고 경제적으로 다루고자 하는 설계의 특징을 말한다. 일반적으로 정비성과 관련이 있는 요소는 정비요구시간(Mct, MTTR, Mpt, M, MDT), 정비주기요소(MTBR, MTBM), 정비인원의 정비시간요소(MMH/OH, MMH/MA, MMH/MONTH, MLH/OH), 정비비용($/MA)등이 있다. 정비요구 시간만을 알고 있을 때 정비성은 정비가 지정된 각 정비 수준에서 인가된 절차와 물자를 사용하여 전문기술자에 의해 만족스런 운용 상태를 수행할 수 있도록 복구할 수 있는 확률로써 규정되어진다.

성능(Performance)

입출력 요구사항 즉 용량, 크기 및 무게, 거리, 정확도, 출력, 지정된 시간당 데이터 전송속도 등 측정 가능한 시스템 설계 특징을 말한다. 이 용어는 신뢰성, 유지보수성, 지원성, 인간요소, 품질 등을 제외하고 기술적 시스템 특징의 모든 부분에 사용된다.

생산성(Producibility)

요구 물량을 제작 생산함에 있어서 생산과 관련된 정확성, 경제성 등의 시스템 설계 특징을 말한다. 일차적인 목표는 기존의 제조 공정을 사용하여 대량 생산을 할 수 있는 산출물을 설계함에 있다.

신뢰성(Reliability)

특정 기간 동안에 시스템 능력 수행과 연관된 설계 특징을 말한다. 더욱더 분명하게는 시스템이나 제품이 일정한 운용조건 하에서 사용할 때 주어진 시간동안 만족스럽게 수행될 수 있는 확률로써 정의된다.

위험관리(Risk Management)

위험요소를 식별 및 처리, 위험의 처리를 위해 옵션을 선택하고 개발하기 위해 체계적으로 조직화된 방법을 말한다. 위험관리는 시스템엔지니어링 관리계획서에 포함되어야 하고 위험배분, 위험분석, 위험감소 기능을 포함하고 있다.

지원성(Supportability)

효과적이고 경제적인 방법으로 지원 가능한 시스템 능력을 나타내는 설계 특징을 말한다. 이 특징은 시스템의 주 장비뿐만 아니라 시험 및 지원 장비 설계, 보급지원능력, 훈련장비, 시설, 정비 소프트웨어 등이 관련된다. 신뢰성, 유지보수성, 인간요소 등 특수 엔지니어링 요소들이 포함된다.

시스템(System)

시스템이란 특정 요구에 의해 주어진 일반적인 목표를 달성하기 위해 요구기능을 수행하는 컴포넌트의 집합을 말한다. 이는 요구된 임무 및 시나리오를 수행하기 위해 복합적인 통합자원형태로 구성된다. 통합자원이란 인간, 물자, 장비, 소프트웨어, 시설, 데이터 등의 형태를 말한다. 시스템은 기능적으로 식별된 요구를 만족할 수 있는 목적을 가져야 하고, 비용 대 효과 면에서 시스템의 전반적인 목적을 달성할 수 있어야 한다.

시스템 분석(System Analysis)

진행되는 반복적인 시스템 분석과정은 시스템엔지니어링 과정의 한 부분으로써 설계 접근방법 평가, 비교분석수행 등이 포함되어 있다. 시스템분석은 문제해결(시뮬레이션, 큐잉이론, 선형 및 동적 계획법)을 지원하는 다양한 운용연구방법을 적절하게 사용하여 수행된다.

시스템엔지니어링(System Engineering)

요구사항 정의, 기능분석, 할당, 조합, 설계 최적화, 시험평가의 하향식 반복과정을 통하여 운용요구사항을 원하는 시스템 형상으로 변환시키는 과학적이고 기술적인 노력을 말한다. 이는 통합된 하향식 총 순기 접근방법을 활용하여 시스템을 만들어내는 기술적 과정을 말한다.

시스템엔지니어링 관리계획서(SEMP)

이는 시스템엔지니어링 계획 요구사항을 달성하기 위하여 문서화된 관리계획을 말한다. 이 계획은 개념형성단계 동안 마련되어, 지속적으로 계획을 수정•보완하여 총 순기관리의 차후 단계 전환을 위한 요구사항으로 발전시켜 나간다.

시스템 통합(System Integration)

설계 및 개발이 진행됨에 따라 이에 필요한 각종 설계 기법 및 기술지원요소들을 관리차원에서 통합하는 것을 말한다. 그리고 세부 설계 및 개발 이후 단계에서 최초의 기능요구사항과 일치할 때까지 다양한 부품을 하부시스템으로 조립하고, 하부시스템이 시스템으로 조립되는 상향식 접근방법을 말한다.

시스템 규격서(System Specification)

시스템 설계 및 개발을 위한 기본 요구사항을 정의한 최상위 레벨의 기술문서를 말한다.

시스템조합(System Synthesis)

가능한 시스템 형상을 나타내기 위하여 컴포넌트 결합 및 조립을 말한다. 이는 시스템 설계 및 개발 과정 동안 수많은 업무가 수행됨으로 어느 특수 조립 형상을 최종설계로 결정하지 않는다. 기본적으로 평가 가능한 형상을 정의하도록 요구하고 있다.

기술성능측정(TPM)

시스템엔지니어링 목표 달성을 위하여 중요한 시스템이나 이에 관련된 계획과 활동을 측정하는 요소를 말한다. 기본적으로 시스템 설계 특성을 반영하고 있는 양적 요소는 초기 시스템 규격에 명기된다. 설계 및 개발이 진행됨에 따라 이 요소는 최초 요구사항과 비교하여 주기적으로 일정 계획•설계 검토 과정을 거쳐 통합되어간다. 결국 시스템 평가는 최종 시스템 평가 및 시험활동을 통하여 이루어진다. TPM의 목표는 성능과 관련 있는 주요 요소를 식별함에 있다.

시험평가 종합계획서(TEMP)

이는 개념형성단계 동안에 마련되어, 전반적인 시스템 통합을 달성하고 요구사항을 시험하기 위한 주요계획문서이다. 이는 전반적으로 통합시험을 수행하기 위한 기본 문서이다.

전사적 품질관리(TQM)

총 순기에 걸쳐 전반적인 시스템 분류 시 각 레벨별 시스템 및 제품 품질에 접근할 수 있도록 전체적으로 통합 관리하는 품질활동을 말한다. 이는 품질 면에서 설계 및 개발 활동뿐만 아니라 생산품, 제작공정, 조립, 건설, 기타 관련 기능 전반을 대상으로 하고 있다. 또한 생산성을 위한 설계와 관련된 활동으로서 품질공학, 품질통제, 통계적 공정통제, 품질보증, 공급자 평가 및 통제를 포함하고 있다.

업무분해구조(WBS)

주어진 계획의 성공적인 완성을 위해 수행되어야만 하는 활동, 기능, 계획업무, 지원업무, 서비스 등을 식별할 수 있는 제품 중심 분해구조를 말한다. 이는 개발되어질 시스템을 도식하고 정의하며, 완성되어질 업무 요소를 세부적으로 나타낸다. 예를 들면 요약 업무분해구조(SWBS)는 업무의 상위 3레벨을 요약하여 제시한 구조이고, 계약업무분해구조(CWBS)는 계약협상 목적을 위해서 사용되는 업무분해구조이다.

약어

ACAT	Acquisition Category	획득범주
ACR	Alternative Concept Review	대안개념검토
AHP	Analytic Hierarchy Process	계층구조 분석 프로세스
AMSDL	Acquisition Management Systems Data List	획득관리시스템 데이터목록
APM	Association of Project manager	프로젝트 관리자 협회
ASR	Alternative Systems Review	대안시스템검토
ATCD	Advanced Technical Concept Demonstration	고도기술개념시연
AUPP	Average Unit Procurement Price	평균조달품목가격
AWP	Awaiting Parts	대기부품
BL	Baseline	베이스라인
BLRIP	Beyond Low Rate Initial Production	초도생산이후
BOM	Bill of Material	요구자재목록
C4ISR	Command, Control, Communications, Computers, Intelligence, and Reconnaissance	지휘,통제,통신,컴퓨터,정보 및 정찰
CAD	Computer-Aided Design	컴퓨터응용설계
CAE	Computer-Aided Engineering	컴퓨터응용엔지니어링
CAIV	Cost As an Independent Variable	독립비용변수
CALS	Continuous Acquisition and Life Cycle Support	연속획득 및 수명주기지원
CAM	Computer-Aided Manufacturing	컴퓨터응용제조
CASE	Computer-Aided Systems Engineering	컴퓨터응용 시스템엔지니어링
CATIA	Computer-Aided Three-Dimensional Interactive Application	컴퓨터응용 3차원 상호적용
CCB	Configuration Control Board	형상통제위원회
C4ISR	Command, Control, Communication< Computer & Information, Surveillance, Reconnaissance	지휘, 통제, 통신, 컴퓨터 & 정보, 수색, 정찰
CCR	Critical Change Review	중요변경검토
CDR	Critical Design Review	중요설계검토
CDRL	Contract Data Requirement List	계약데이터요구목록
CDS	Concept Design Sheet	개념설계도표
CE	Concept Exploration	개념탐색
CE	Concurrent Engineering	동시공학
CEO	Chief Executive Officer	최고경영자
CER	Cost Estimation Relationship	비용추정관계식
Cf	Consequence of Failure	고장발생결과
CI	Configuration Item	형상품목
Circular A-109	Major Systems Acquisitions	주요시스템획득
CM	Configuration Management	형상관리
CM	Control Manager	통제 관리자
COTS	Commercial Off-The-Shelf	상용품목
CPM	Critical Path Method	최단경로기법
CPFF	Cost Plus Fixed Fee	확정추가보상비용
CPIF	Cost Plus Incentive Fee	확정추가인센티브비용
CSCI	Computer Software Configuration Item	컴퓨터소프트웨어 형상품목
CSE	Common Support Equipment	공통지원장비
CWI	Continuous Wave Illumination	지속파 조사
DAU	Defense Acquisition University	국방획득대학교
DCMC	Defense Contract Management Command	국방계약관리사령부
DCS	Design Criteria Sheet	설계 기준서
DCF	Discounted Cash Flow	현금할인율

DDR	Detail Design Review	세부설계검토
DFARS	Defense Supplement to the Federal Acquisition Regulation	연방획득규정 국방부록
DID	Data Item Description	데이터항목기술서
DoD	Department of Defense	국방부
DoD 5000.2-R	Mandatory Procedures for Major Defense Acquisition Programs (MDAPs), and Major Automat Information System Acquisition Programs(MAIS)	중요국방획득 프로그램 및 중요자동정보시스템 획득 프로그램을 위한 의무절차
DoDISS	DoD Index of Specifications and Standards	국방규격서 및 표준서 인덱스
DSMC	Defence Systems Management College	국방시스템관리대학
DT	Developmental Testing	개발시험
DTC	Design To Cost	설계목표비용
DT&E	Developmental Test and Evaluation	개발시험평가
EC	Engineering Change	엔지니어링변경
ECP	Engineering Change Proposal	엔지니어링변경 제안서
EDI	Electronic Data Interchange	전자데이터교환
ELA	Electronic Industries Alliance	전자산업협회
ELA IS 632	Electronic Industries Association Interim Standard 632, on Systems Engineering	시스템엔지니어링에 관한 전자산업협회 표준 632
ELA IS-649	Electronic Industries Association Interim Standard 649, on Configuration Management	형상관리에 대한 전자산업협회 표준 649
EOA	Early Operational Assessments	조기운용평가서
FAR	Federal Aquisition Regulation	연방획득규정
FCA	Functional Configuration Audit	기능형상감사
FEO	Field Engineering Order	운용엔지니어링 오더
FFBD	Functional Flow Block Diagram	기능흐름블록선도
FFP	Firm Fixed Pricing	확정고정가격
FIPS	Federal Information Processing Standard	연방정보처리표준
FMCA	Failure Modes, Effects, and Criticality Analysis	고장모드효과 및 치명도 분석
FOM	Figure of Merit	장점 지수
FOT&E	Follow-On Operational Test and Criticality Analysis	후속운용시험 및 치명도 분석
FOR	Formal Qualification Review	공식품질자격검토
GFE	Government Furnished Equipment	정부관급장비
GFM	Government Furnished Material	정부관급물자
GSE	Ground Support Equipment	지상지원장비
HWCI	Hardware Configuration Item	하드웨어 형상품목
IBD	Invitation For Bid	입찰제안서
ICD	Interface Control Documentation	인터페이스통제문서
ICWG	Interface Control Working Group	인터페이스통제실무그룹
IDE	Integrated Digital Environment	통합디지털환경
IDEF	Integration Definition Function	통합정의기능
IDEF0	Integrated Definition for Function Modeling	기능모델링통합정의
IDEF1x	Integration Definition for Information Modeling	정보모델링통합정의
IEEE	Institute of Electrical and Electronics Engineers	전기/전자공학회
IEEE/EIA 12207	IEEE/EIA Standard 12207, Software Life Cycle Processes	IEEE/EIA 표준12207,소프트웨어 수명주기프로세스
IEEE P 1220	IEEE Draft Standard 1220, Application and Management of the Systems Engineering Process	IEEE 초안 표준1220,시스템엔지니어링프로세스 적용/관리
IFB	Invitation For Bid	입찰참가요청서

IIPT	Integrating Integrated Product Teams	통합제품팀 통합
ILS	Integrated Logistic Support	종합군수지원
IMS	Integrated Master Schedule	통합종합일정
IOC	Initial Operational Capability	초기운용능력
IOT&E	Initial Operational Test and Evaluation	초기운용시험평가
IPD	Integrated Product Development	통합제품개발
IPDT	Integrated Product Development Team	통합제품개발팀
IPPD	Integrated Product and Process Development	제품 및 프로세스통합개발
IPR	In-Progress/Process Review	진행/프로세스검토
IPT	Integrated Product Teams	통합제품팀
IRR	Internal Return Ratio	내부회수율
ISO	International Standard Organization	국제표준협회
IT	Information Technology	정보기술
JASSM	Joint Air-to-Surface Standoff Missile	합동공대지스탠드오프미사일
JIT	Just-In-Time	즉응생산
JROC	Joint Requirements Oversight Council	합동요구사항감독위원회
JTA	Joint Technical Architecture	합동기술아키텍처
KCOSE	Korean Council on Systems Engineering	한국 시스템엔지니어링 협회
KPPs	Key Performance Parameters	주요성과파라미터
LFT&E	Live Fire Test and Evaluation	실 운용시험평가
LRU	Line-Replaceable Unit	라인대체유닛
LRIP	Low Rate Initial Production	초도생산
M&S	Modeling and Stimulation	모델링 및 시뮬레이션
MAIS	Major Automated Information System	주요자동정보시스템
MAISRC	Major Automated Information Systems Review Council	주요자동정보시스템 검토위원회
MBA	Model Based Acquisition	모델 기반 획득
MBSE	Model Based Systems Engineering	모델기반 시스템엔지니어링
MBTF	Mean Time Between Failure	평균고장시간
MDA	Milestone Decision Authority	마일스톤의사결정부서
MDAP	Major Defense Acquisition Program	주요 국방획득프로그램
MI	Maintenance Improvement	정비향상
MIL-HDBK-61	Military Handbook 61, on Configuration Management	국방핸드북61,형상관리
MIL-HDK-881	Military Handbook 881, on Work Breakdown Structure	국방핸드북881,업무분해구조
MIL-STD 499A	Military Standard 499A, on Engineering Management	국방표준499A,엔지니어링관리
MIL-STD-961D	Military Standard 961D, on Standard Practice For Defense Specifications	국방표준961D,국방규격서 표준 프락티스
MIL-STD-962	Military Standard 962, on Format and Content of Defense Standards	국방표준962D,국방표준양식 및 내용
MIL-STD-973	Military Standard 973, on Configuration Management	국방표준973,형상관리
MIS	Management Information System	관리정보 시스템
MNS	Mission Need Statement	임무요구기술서
MOE	Measure of Effectiveness	효과도 척도
MOP	Measure of Performance	성과척도
MOS	Measure of Suitability	적합성척도
MP	Maintenance Preventive	예방정비

MPG	Mile Per Gallon	연비지수
MRP Ⅱ	Manufacturing Resource Planning Ⅱ	제조자원 계획 Ⅱ
MS	Milestone	마일스톤
MTTR	Mean Time To Repair	수리평균시간
NDI	Non-Developmental Item	기 개발품목
NIST	National Institute of Standards and Technology	국가표준 및 기술협회
NPV	Net Present Value	순 현재가치
NRTS	Not Repairable This Station	현 단계수리불가
OA	Operational Assessment	운용평가
OBS	Organization Breakdown Structure	조직분해구조
OIPT	Overarching Integrated Product Teams	최상위 통합제품팀
OMB	Office of Management and Budget	예산관리처
OPS	Operations	운용
ORD	Operational Requirements Document	운용요구문서
OT&E	Operational Test and Evaluation	운용시험평가
P3I	Preplanned Product Improvement	기 계획제품성능개량
PAR	Production Approval Reviews	생산승인검토
PCA	Physical Configuration Audit	물리적 형상감사
PCE	Peculiar Support Equipment	특정지원장비
PDM	Program Data Management	프로그램 데이터 관리
PDR	Preliminary Design Review	예비설계검토
PDRR	Program Definition and Risk Reduction	프로그램정의 및 위험감소
PEO	Program Management Office	프로그램관리부서
PERT	Program Evaluation & Review Technique	사업평가 및 검토기술
Pf	Probability of Failure	고장발생확률
PIPT	Program Integrated Product Team	프로그램 통합제품팀
PM	Program Manager	사업 책임자
PMBOK	Project Management Body of Knowledge	프로젝트 관리 지식기반체계
PME	Program/Project Manager-Electronics	프로그램/사업관리자-전자
PMI	Project Management Institute	프로젝트 관리협회
PMO	Program Management Office	프로그램관리부서
PMT	Program Management Team	프로그램관리팀
PPBS	Planning, Programming and Budgeting System	기획, 계획, 예산 시스템
PRR	Production Readiness Review	생산준비검토
QA	Quality Assurance	품질보증
QFD	Quality Function Deployment	품질기능전개
R&D	Research and Development	연구개발
RAS	Requirements Allocation Sheets	요구할당도표
RAMS	Reliability, Availability, Maintainability, Safety	신뢰성, 가용성, 유지보수성, 안전성
RCS	Radar Cross Section	레이더탐지면적
RCM	Reliability Centered on Maintenance	신뢰성 기준 정비
RDT&E	Research, Development, Test and Evaluation	연구개발, 시험평가
RFP	Request for Proposal	입찰제안서
ROI	Return on Investment	투자수익
ROM	Rough Order of Magnitude	개략추정
S&T	Science and Technology	과학기술
SBA	Simulation Based Acquisition	시뮬레이션기반획득
SBD	Schematic Block Diagram	도식블록선도
SD&E	System Development and Demonstration	시스템개발 및 데모

SDeFR	System Definition Review (as referred to in IEEE P1220)	시스템정의검토(IEEE P1220 참조)
SDR	System Design Review	시스템설계검토
SE	Systems Engineering	시스템엔지니어링
SEA	System Element Architecture	시스템 요소 아키텍처
SEBOK	Systems Engineering Body of Knowledge	시스템엔지니어링 지식기반체계
SE&IT	Systems Engineering & Integration Team	시스템엔지니어링 & 통합팀
Section L	Instructions to Offerors (Portion of Uniform Contract Format)	제안업체지침(일정한 계약 양식부분)
Section M	Evaluation criteria Portion of Uniform Contract Format)	평가기준(일정한 계약양식 부분)
SEDS	Systems Engineering Detail Schedule	시스템엔지니어링 세부일정
SEMS	Systems Engineering Master Schedule	시스템엔지니어링 종합일정
SEP	Systems Engineering Process	시스템엔지니어링 프로세스
SFR	System Functional Review	시스템기능검토
SI	Software Item	소프트웨어품목
SI&T	System Integration and Test	시스템통합 및 데모
SME	Subject Matter Expert	분야 전문가
SOI	System of Interest	대상시스템
SOO	Statement of Objectives	목표기술서
SOPP	Standard Operating Practices/Procedures	표준운용절차
SOW	Statement of Work	업무기술서
SPEC	Specification	규격서
SRR	System Requirement Review	시스템 요구사항 검토
SSA	Source Selection Authority	소스 선정부서
SSAC	Source Selection Advisory Council	소스 선정자문위원회
SSEB	Source Selection Evaluation Board	소스 선정평가위원회
SSP	Source Selection Plan	소스 선정계획서
SSR	Software Specification Review	소프트웨어규격검토
SRR	System Requirements Review	시스템요구사항검토
SRU	Shop-Replaceable Unit	창 교체품목
STD	Standard	표준
SVR	System Verification Review	시스템검증검토
SVT	System Verification Test	시스템검증시험
S/W	Software	소프트웨어
TAM	Total Asset Management	총자산관리
TAS	Timeline Analysis Sheet	시계열 분석표
T&E	Test and Evaluation	시험평가
TDP	Technical Data Package	기술데이터패키지
TEMP	Test and Evaluation Master Plan	시험평가 종합계획서
TLS	Timeline Analysis Sheet	시계열분석표
TOC	Team Operating Contract	팀 운용계약
TOC	Total Ownership Cost	총소유비용
TPM	Technical Performance Measurement	기술성능측정
TPM	Total Productive Maintenance	총 생산적 정비
TPP	Technical Performance Parameter	기술성능 파라미터
TPWG	Test Planning Work Group	시험계획실무그룹
TQM	Total Quality Management	총 품질관리
TRL	Technical Readiness Level	기술 준비레벨
TRR	Test Readiness Review	시험 준비검토
TRS	Test Requirement Sheet	시험 요구사항 도표
VV&A	Verification, Validation, and Accreditation	검증, 확인 및 인증
WBS	Work Breakdown Structure	업무분해구조
WIPT	Working-Level Integrated Product Team	업무레벨 통합제품팀

참고문헌

시스템 총괄(Systems, Systems Science)

1. Ackoff, R. L., S. K. Gupta, and J. S. Minas, Scientific Method: Optimizing Applied Research Decisions, John Wiley, New York,1962.
2. Armstrong, J. and A. Sage, An Introduction to Systems Engineering, John Wiley & Sons, Inc. 1999
3. Aslaksen, Erik & Belcher, Rod, Systems Engineering, Prentice Hall, 1992
4. Beam, W. R. Systems Engineering: Architecture and Design, McGraw-Hill, New York,1990.
5. Bingham, J. E. and G. P. Davis, A Handbook of Systems Analysis, 2nd Ed., McMillan, London, 1978.
6. Blanchard, B. S. and W. J. Fabrycky, Systems Engineering and Analysis, 2nd Ed., Prentice-Hall, Englewood Cliff, NJ,1990.
7. Blanchard, B. S., Systems Engineering Analysis-3rd Edition, Prentice Hall, 1998
8. Boardman, John, Systems Engineering: An Introduction, Prentice Hall, 1990
9. Blanchard, Benzamin S.. Systems Engineering Management, New York Wiley, 1998
10. Buede, D. M., The Engineering Design of Systems: Models and Methods, John Wiley, New York,2000.
11. Chase, W. P., Management of Systems Engineering, John Wiley, NewYork,1974.
12. Chestnut, H., Systems Engineering Methods, John Wiley, NewYork,1967.
13. Chestnut, H., Systems Engineering Tools, John Wiley, NewYork,1965.
14. Coutinho, J., Advanced Systems Development Management, John Wiley, New York, 1977.
15. Defense Systems Management College, Glossary-Defense Acquisition Acronyms and terms, 10th ed. DSMC, Defense Acquisition University Press
16. Defense Systems Management College, Systems Engineering Fundamentals., DSMC Ft. Belvoir, VA. 2001
17. Defense Systems Management College(DSMC), Systems Engineering Management Guide, DSMC, Fort Belvoir, Virginia 1990
18. Defense Systems Management College(DSMC), Test and Evaluation Management Guide, DSMC, Fort Belvoir, Virginia, 1998
19. Drew, D. R. and Systems Engineering Management, Cheng Yang Publishing Co., No. 4, Lane 20, Gong Yuan Road, Taipei, ROC, 1984.
20. Fisher, G. H., Cost Consideration in Systems Analysis, Rand Corp. Report, R-490ASD, American Elsevier, New York. 1971.
21. Goode, H. H. and R. E. Machol, Systems Engineering: An Introduction to the Design of Large Scale Systems, MaGraw-Hill, 1957
22. Goode & Machol, Systems Engineering, McGraw-Hill, 1957
23. Forrester, J. W., Principles of Systems, The MIT Press, Cambrige, MA,1968.
24. Gheorghe, A., Applied Systems Engineering, John Wiley, New York,1982.
25. Girault, Claude & Rudiger Valk, Petri Nets for Systems Engineering, Springer Verlag,

2002.
26. Haberfellner, N., B. Becker & von Massow, Systems Engineering: Methodology and Practice, Verlag Industrielle Organisation, 1999
27. Hall, A. D., A Methodology for Systems Engineering, D. Van Nostrand, Princeton ,NJ, 1962.
28. Hitchins, Derek K., Putting Systems to Work, Wiley, 1992
29. Hoban, F. T. & Lawbaugh, W. M., Readings in Systems Engineering, NASA, Washington, D.C., 1993
30. INCOSE, Systems Engineering Handbook: A "How to guide for all engineers', INCOSE, 1998
31. Jackson, Scott, Systems Engineering for Commercial Aircraft, Avebury, 1997
32. Jenkins, G. M. and P. V. Youle, Systems Engineering; a Unifying Approach in Industry and Society, C.A. Watts & Co., London,1971.
33. Jenkins, Gwilym M., Systems Engineering: A Unifying Approach in Industry and Society, C. A. Watts, 1991
34. Klir, G. J., An Approach to General Systems Theory, Vand Nostrand Reinhold, New York, 1969.
35. Kossiakoff, Alexander. and Sweet. William. N. 2003, Systems Engineering Principles and Practice, New York, Wiley-Inter Science.
36. Machol, R. E.(ED.), Systems Engineering Handbook, McGraw-Hill, New York,1965.
37. Majone, G. and E. S. Quade(Eds.), Pitfalls of Analysis, John Wiley, New York,1980
38. Martin, James N. & Bahill, Teryy A., Systems Engineering Guidebook: A Process for Developing Systems and Products, CRC press, 1996
39. Miles, R. F., Systems Concepts: Lectures on Contemporary Approaches to Systems, John Wiley, NewYork,1973.
40. MIL-STD-499A, Military Standard, "Engineering Management", Headquarters, U. S. Air Force/Air Force Systems Command, Andrews AFB, MD 20331.
41. Mitschele-Thiel, Andreas, Systems Engineering with SDL: Developing Performance -Critical Communications Systems, John Wiley and Sons, 2001.
42. NASA SP-6105, Systems Engineering Handbook
43. North Atlantic Treaty Organization, Systems Engineering, NATO Advisory Group for Aerospace R&D, Avionics Panel, 1989
44. Ostrofsky, B., Design, Planning and Development Methodology, Prentice-Hall, Englewood Cliffs, NJ.1977.
45. Rasmussen, Jens, Pejtersen, Mark Annelise & Goodstein, L. P., Cognitive Systems Engineering, Wiley, 1994
46. Reilly, Norman B., Successful Systems Engineering-For Engineers and Managers, Van Norstrand Reinold, 1993
47. Rouse, W. B., Systems Engineering Models of Human-Machine Interaction, Elsevier/North Holland, New York, 1980.
48. Sage A. P., Decision Support Systems Engineering, John Wiley & Sons, 1991
49. Sage A. P., Systems Engineering, John Wiley & Sons, 1992
50. Sage, A. P., Systems Engineering: Methodology and Applications, John Wiley and Sons,

1970
51. Sage, A. P., Economic System Analysis: Microeconomics for Systems Engineering, Engineering Management, and Project Selection, Elsevier Science ,New York,1983.
52. Sage, A. P., Methodology for Large Scale Systems, McGraw-Hill, New York,1977.
53. Sage, A. P. and W. B. Rouse, Handbook of Systems Engineering and Management, John Wiley & Sons, 1999.
54. Sandquist, G. M., Introduction to System Science, Prentice-Hall, Englewood Cliffs, NJ, 1985.
55. Shinners, S. M., A Guide to Systems Engineering and Management, Lexington Books, Lexington, MA, 1976.
56. Shishko, Robert & Chamberlain, Robert G., NASA Systems Engineering Handbook, NASA HQ, 1992
57. Silvern, Leonard C., Systems Engineering of Education: Systems Engineering Applied Training No. 20, Gulf Publishing, 1972
58. Singh, M. G.(Ed.), Systems and Control Encyclopedia: Theory, Technology, Applications, Pergamon Press, Elmsford, NY, 1989.
59. Stevens, R., P. Brook, K. Jackson & S. Arnold, Systems Engineering-Coping with Complexity, Prentice Hall,1998
60. Truxal, J. G., Introductory Systems Engineering, Mcgraw-Hill, New York,1972.
61. Van Bertalanffy, L., General Systems Theory, George Braziller, New York,1968.
62. Weinberg, G. M., An Introduction to General Systems Thinking, John Wiley, New York,1975.
63. Weaterman, Robert H., Systems Engineering Principals and Practices, Artech House, 2000.
64. Wymore, A, W., Systems Engineering Methodology for Interdisciplinary Teams, John Wiley, NewYork,1976.
65. Wymore, A. W., Model-Based Systems Engineering, CRC Press, Boca Raton Fl, 1993
66. 민성기외 2명, 시스템공학, 문원, 1995
67. 민성기. 시스템엔지니어링, 문원, 1996
68. 민성기, 자동차 V-CALS, 문원, 1999
69. 민성기외1명, 시스템엔지니어링 입문, 문원, 2002
70. 민성기외 1명, 시스템엔지니어링 실무, 시스템체계공학원, 2003
71. 민성기, 시스템엔지니어링 원론, 시스템체계공학원, 2004

운영분석(Operations Research)

1. Churchman, C. W., R. L. Ackoff, and E. L. Arnoff, Introduction to Operations Research, John Wiley, New York, 1957.
2. Fabrycky, W.J.,P.m. Ghare, and P. E. Torgersen, Applied Operations Research and Management Science, Prentice-Hall, Englewood Cliff, NJ, 1984.

3. Hiller, F. S. and G. J. Lieberman, Introduction to Operations Research, 5th Ed., McGraw-Hill, New York, 1990.
4. Taha, H. A. Operations Research: An Introduction, 3rd Ed., McMillan, New York, 1982.

컴퓨터 응용설계(Design, Computer-Aided Engineering)

1. Asimow, M., Introduction to Design, Prentice-Hall, Englewood Cliffs, NJ, 1962.
2. Beakley, G. C., D. L. Evans, and J. B. Keats, Engineering: An Introduction to A Creative Profession, 3rd Ed., Macmillan, New York,1986.
3. Boehm, B, W., Software Engineering Economics, Prentice-Hall, Englewood Cliff, NJ, 1981.
4. Buffa, E. S., Modern Production and Operation Management, 5th Ed., John Wiley, New York,1987.
5. Chapman, W. L., Bahill, A. T. and Wymore, A. W., Engineering Modeling and Design, CRC Press, Boca Raton, 1992
6. Defense Systems Management College (DSMC), Mission Critical Computer Resources Management Guide, DSMC, FortBelvoir, Virginia 22060.
7. Dieter, G. E., Engineering Design: A Materials and Processing Approach, McGraw-Hill, New York,1983.
8. DOD-STD-2167, Defense Standard, "Defense System Software Development," Department of Defense, Washington, D.C.
9. Eisner, H., Computer-Aided Systems Engineering, Prentice-Hall, Englewood Cliff, NJ, 1988.
10. Fairley, R., Software Engineering Concepts, McGraw-Hill, New York,1985.
11. Fey, Victor & Rivin, Eugene, the Science of Innovation, the TRIZ Group, 1997
12. General Electric Co., Software Engineering Handbook, McGraw-Hill, New York,1986
13. Hordeski, M., Computer Integrated Manufacturing, TAB Books, Blue Ridge Summit, PA, 1988.
14. Krick, E. V., An Introduction to Engineering and Engineering Design, 2nd Ed., John Wiley, New York,1969.
15. Krouse, J. K., What Every Engineer should Know about Computer-Aided Design and computer-Aided Manufacturing, Marcel Dekker, New York,1982.
16. Lipnack, Jessica & Stamps, Jeffrey, Virtual Teams-Reaching Across Space, Time and Organizations with Technology, John Wiley & Sons, 1997
17. MIL-HDBK-59, Military Handbook, "Computer-Aided Acquisition and Logistic Support (CALS) Program Implementation Guide", Department of Defense, Washington, D.C.
18. MIL-STD-1679A, Military Standard, "Software Development", Department of Defense, Washington, DC.
19. Moody, J. A., Chapman, W. L., Van Voorhees, F. D. and Bahill, A. T., Metrics and Case Studies for Evaluating Engineering Designs, Prentice Hall PTR, Upper Saddle River, NJ, 1997
20. Nevins, J. L. and D. E. Whitney, Concurrent Design of Products and Process, McGraw-Hill, New York,1989.
21. Pressman, R. S., Software Engineering: A Practitioner's Approach, McGraw-Hill, New

York, 1982
22. Salamatov, Yuri, TRIZ: The Right Solution at the Right Time, Insytec B. V. 1997
23. Shere, K. D. Software Engineering and Management, Prentice-Hall, Englewood Cliffs, NJ, 1988
24. Shooman, M., Software Engineering Design, Reliability and Management, McGraw-Hill, New York,1983
25. Singh, K. K. & G. Agnihortri, Systems Design through MATLAB, Control Toolbox and SIMULINK, Springer-Verlag, 2000
26. Starr, M. K., Operations Management, Prentice-Hall, Englewood Cliffs, NJ, 1978
27. Teicholz, E(Ed), CAD/CAM Handbook, McGraw-Hill,NewYork,1985
28. Vicks, C. R. and C. V. Ramamcorthy, Handbook of Software Engineering, Van Nostrand Reinhold, New York, 1984
29. Wieringa, R. J., Design Methods for Reactive systems, DA Information Services, 2002
30. Winner, R. L., J. P. Pennell, H. E. Bertland and M. M. G. Slusarczuk, The Role of Concurrent Engineering in Weapon Systems Acquisition, Institute of Defense Analysis(IDA) Report R-338, December 1988.
31. Woodson, T. T., Introduction to Engineering Design, McGraw-Hill, New York, 1966

요구사항(Requirement)

1. Cohen, Lou, Quality Function Deployment-How to make QFD work for you, Addison-Wesley Publishing Co. 1995
2. Grady, Jeffrey O., Systems Requirement Analysis, McGraw-Hill, USA, 1993
3. Hartley, H. & Pirbhai, Process for Systems Architecture and Requirements Engineering, Dorset House, 2000
4. IEEE Computer Society, RE '93-IEEE International Symposium on Requirement Engineering, IEEE Computer Society Press, 1993
5. Kowai, J. A., Behavior Models: Specifying User's Expectations, Prentice Hall, 1992
6. Loucopoulos, Pericles & Karakostas, Vassilios, System Requirements Engineering, McGraw-Hill Osborne Media, 1995
7. 민성기, 시스템요구관리, 시스템체계공학원, 2010

소프트웨어 공학(Software Engineering)

1. Gonen Turan, Engineering Economy for Engineering Managers-with computer Applications, John Wiley & Sons, 1990
2. Kruchten, Philippe, The Rational Unified Process-An Introduction, Addison Wesley Longman Inc, 1998
3. McCrone, John, The Ape and Spoke, Avon Books, 1992
4. Sager Michael, Managing Advanced Information Systems-An Introduction to frameworks and experience, Prentice Hall, 1990
5. Siau, K. & T. Halpin, Unified Modeling Language-Systems Analysis, Design and

Development Issues, Idea Group Publishing, 2000
6. Thome, Bernhard, Systems Engineering: Principals and Practices of Computer- Based Systems Engineering, John Wiley & Sons, 1992
7. Wilson, Brian, Soft Systems Methodology, John Wiley & Sons, 2003

로지스틱스 공학(Logistics engineering)

1. Ammer, D. S., Material Management and Purchasing, Richard D. Irwin, Homewood, IL, 1980.
2. Ballou, R. H., Basic Business Logistics, Prentice-Hall, Englewood, Cliffs, NJ, 1978.
3. Banks, J. and W. J. Fabrycky, Procurement and Inventory system Analysis, Prentice-Hall, Englewood Cliffs, NJ, 1987.
4. Beidenbender, Dick, Vryn, Florence & Eisman, John, The ILS Manager's LSA Toolkit Availability Engineering, McGraw-Hill Logistics series, 1993
5. Blanchard, B. S., Logistics Engineering and Management, 4th Ed., Prentice-Hall, Englewood Cliff, NJ, 1991.
6. Bleuel, W. H. and J. D. Patton, Service Management-Principles and Practices, Instrument Society of America, Pittsburgh, 1978.
7. Bowersox, D., D. Closs, and O. Helferich, Logistical Management, Macmillan, New York, 1986.
8. Council of Logistics Management, Journal of Business Logistics, 2803 Butterfield Road, Suite 380, Oak Brook, IL 60521.
9. Coyle, J. J., E. J. Bardi, and C. J. Langley, The Management of Business Logistics, 4th Ed., West Publishing Co., St.Paul, 1988.
10. Coyle, J. J., E. J. Bardi, and J. L. Cavinato, Transportation, West Publishing Co., St, Paul, 1982.
11. Davis, G.M. and S.W .Brown ,Logistics Management, Lexington Books, Lexington, MA, 1974.
12. Defense Systems Management College(DSMC) ,Integrated Logistics Support Guide, DSMC, Fort Belvoir, VA 22060.
13. DSMC, 1997, Acquisition Logistics Guide, 3rd ed. Ft. Belvoir, VA
14. DOD Directive 5000.39, "Acquisition and Management of Integrated Logistic Support for Systems and Equipment", Department of Defense, Washington, DC.
15. Rair, M. L. and E. W. Williams, Transportation and Logistics, Business Publications, Dallas,1981.
16. Green, L. L., New Dimensions In Logistics, John Wiley, New York,1990,
17. Green, L. L., Logistics Engineering, John Wiley & Sons, 1991
18. Hay, W. W., An Introduction to Transportation to Engineering, 2nd Ed., John Wiely, New York,1977.
19. Harper, D. V., Transportation in America: Users, Carriers, Government, 2nd Ed., Prentice-Hall ,Englewood Cliffs, NJ, 1982.
20. Heskett, J. L., N. A. Glaskowsky, and R. M. Ivie, Business Logistics, 2nd Ed., Ronald Press, New York, 1973.

21. Hutchinson, N. E., An Integrated Approach to Logistics Management, Prentice-Hall, Englewood Cliffs, NJ,1987.
22. Jones, J. V., Logistic Support Analysis Handbook, Tab Books, Blue Ride Summit, PA, 1989.
23. Jones, J. V., Integrated Logistics Support Handbook, McGraw-Hill, 1995
24. Magee, J. F., Industrial Logistics, McGraw-Hill, New York, 1968.
25. Magee, J. F., W. C. Copacino, and D. B. Rosefield, Modern Logistics Management, John Wiley, New York, 1985.
26. Now Land, F.S .and H.F .Heap, Reliability-CenteredMaintenance, United Airlines (MDA903-75-C0349), San Francisco, CA 94128,1978.
27. MIL-HDBK-59, Military Handbook "Computer-Aided Acquisition Logistic Support(CALS) Implementation Guide", Department of Defense, Washington, D.C.
28. MIL-HDBK-226, Military Handbook, "Application of Reliability-Centered Maintenance to Naval Aircraft, Weapon Systems, and Support Equipment", Department of Defense, Washington, D.C.
29. MIL-STD-1388-1, Military Standard, "Logistic Support Analysis", Department of Defense, Washington, DC.
30. MIL-STD-1388-2, Military Standard, "Department of Defense Requirements for A Logistic Support Analysis Record", Department of Defense, Washington, D.C.
31. MIL-STD-1840A, Military Standard, "Automated Interchange of Technical Information", Department of Defense, Washington, D.C.
32. MIL-D-28000, Military Standard, "Digital Representation for Communication of Product Data: IGES Subsets", Department of Defense, Washington, D.C.
33. O'Neil and Associates, Inc., Integrated Logistics Support, P.O.Box 520 ,Dayton, OH 45402.
34. Orsburn, D. K., Introduction to Spare Management, Academy Printing & Publishing Co, 16202 S. Orange Avenue, P. O. Box 560, Paramount, CA90723, 1985.
35. Patton, J. D., Jr., Logistics Technology and Management-The New Approach, the Solomon Press, New York,1986.
36. Peppers, J. G., History of United States Military Logistics-1935 to 1985, 438 Coronado Drive, Fairborn, OH 45324, 1987.
37. Rose, W., Logistics Management: Systems and Components, Wm. C. Brown Company, Dubuque, IA, 1978.
38. Sgapiro, R. D. and James L. Heskett, Logistics Strategy: Case and Concepts, West Publishing Co., St .Paul, 1985.
39. Society of Logistics Engineering (SOLE), Annals, 125 West Park Loop, Suite 201, Huntsville, AL 35806.
40. Society of Logistics Engineering (SOLE), Logistics Spectrum, 125 West Park Loop, Suite 201, Huntsville, AL 35806.
41. Society of Logistics Engineering, Proceedings, Annual Symposium, 125 West Park Loop, Suite 201, Huntsville, AL 35806.
42. Stock, James R. and Douglas M. Lambert, Strategic Logistics Management, 2nd Ed., Richard D. Irwin, Homewood, IL, 1987.

43. U.S.AirForce,AirForceJournalofLogistics,U.S.GovernmentPrintingOffice,Washington,D.C.
44. Logistics and Studies Program, Summary Proceeding, U.S.Air Force Coordinating Office for Logistics Research (AFCOLR), Wright-Patterson AFB, OH 45433 (Yearly Publication).
45. U.S.AirForce. Compendium of Authenticated System and Logistics Terms, Definitions, and Acronyms, Au-AFIT-LS-3-81, U.S. AirForce Institute of Technology, Wright-Patterson AFB, Dayton, OH, April 1981.
46. U.S.Army, Annual Department of Defense Bibliography of Logistics Studies and Related Documents, Defense Logistics Studies information Exchange(DLSIE), U.S.Army Logistics Management Center, Fort Lee, VA 23801.

품질공학(Quality Engineering)

1. Besterfield, D. H., Quality Control, 2nd Ed., Prentice-Hall, Englewood Cliffs ,NJ, 1986.
2. Crosby, P. B., Quality is Free, The New American Library, New York,1979.
3. Deming, W. E., Out of The Crisis, Massachusetts Institute of Technology Press, Cambridge, MA, 1986.
4. Duncan, A.J., Quality Control and Industrial Statistics, 5th Ed., Richard D. Irwin, Homewood, IL, 1986.
5. Feigenbaum, A. V., Total Quality Control, 3rd Ed., McGraw-Hill, New York, 1983.
6. Garvin, D. A., Managing Quality: The Strategic and Competitive Edge, the Free Press, Macmillan, New York,1988.
7. Grant, E. L. and R. S. Leavenworth, Statistical Quality Control, 6th Ed., McGraw-Hill, New York, 1988.
8. Ishikawa, K. guide to Quality Control, Unipub, New York,1984.
9. Juran, J. M.(Ed.), Quality Control Handbook, 3rd Ed., McGraw-Hill, New York,1979.
10. Juran, J. M. and F. M. Gryna, Quality Planning and Analysis: From Product Development through Use, 2nd Ed., McGraw-Hill, New York, 1980.
11. MIL-Q-9858A, Military Standard, "Quality Program Requirement", Department of Defense, Washington, D.C.
12. Pall, G. A., Quality Process Management, Prentice-Hall, Englewood Cliffs, NJ, 1987.
13. Ross, P. J., Taguchi Techniques for Quality Engineering, McGraw-Hill, New York, 1988.
14. Scherkenbach, W. W., the Deming Route to Quality and Productivity :Road Map and Roadblocks, CEE Press Books, George Washington University, Washington, D.C, 1986.
15. Taguchi, G., E. A. Elsayed, and T. C. Hsiang, Quality Engineering in Production Systems, McGraw-Hill, New York, 1989.

비용(Cost)

1. Berliner, C. and J. Brimson, Cost Management for Today's Advanced manufacturing The CAM-I Conceptual Design, Harvard Business School Press, Inc., Boston, MA, 1988.
2. Blanchard, B. s., Design and Manage to Life Cycle Cost, Matrix Press, 8437 Mayfield Road, Chesterland, OH 44026.

3. Brown, R. J. and R. R. Yanuck, Introduction to Life Cycle Costing, AEE Energy Books, Dept, 64, 4025 Pleasantdale Road, Suite 340, Atlanta, GA30324, 1985.
4. Canada, J .R. and W.G. Sullivan, Economic and Multi-attribute Evaluation of Advanced Manufacturing Systems ,Prentice-Hall, Englewood Cliffs, NJ, 1989.
5. DARCOM P700-6(Army), NAVMAT P5242(Navy), AFLCP/AFLCP 800-19(Air Force), Joint-Design-to-Cost Guide, Life Cycle Cost as a Design Parameter, Department of The Army/Navy/Air Force, Washington, DC.
6. Dhillon, B. S., Life Cycle Costing: Techniques, Models and Applications, Gordon and Breach, New York, 1989.
7. DOD Directive 4245.3, "Design to Cost", Department of Defense, Washington, DC.
8. DOD Guide LCC-1, Life Cycle Costing Procurement Guide, Department of Defense, Washington, D.C.
9. DOD Guide LCC-2, Casebook, Life Cycle Costing in Equipment Procurement, Department of Defense, Washington, D.C.
10. DOD-HDBK-706, Military handbook, "Design to Cost", Department of Defense, Washington, DC.
11. DOD-STD-337, Military Standard, "Design to Cost", Department of Defense, Washington, DC.
12. Earls, M. E., Factors, Formulas and Structures for Life Cycle Costing, 89 Lee Drive, Concord, Ma 01741.
13. English, J. M.(Ed.), Cost Effectiveness-The Economic Evaluation of Engineering Systems, John Wiley, New York,1968.
14. Fabrycky, W. J. and B. S. Blanchard, Life-Cycle Cost and Economic Analysis, Prentice-Hall, Englewood Cliffs, NJ, 1991.
15. Fabrycky, W. J. and G. J. Thuesen, Economic Decision Analysis, 2nd Ed., Prentice-Hall, Englewood Cliffs, NJ, 1991.
16. Fisher, G. H., Cost Considerations in System Analysis, Prentice-Hall, Englewood Cliffs, NJ, 1971.
17. Grant, E. L., W. G. Ireson, and R. S. Leavenworth, Principles of Engineering Economy, 7th Ed., Ronald Press, New York, 1982.
18. Jelen, F. C. and J. H. Black, Cost and Optimization Engineering, McGraw-Hill, New York, 1983.
19. Humphreys, K. K. and S. Katell, Basic Cost Engineering, Marcel, Dekker ,New York, 1981.
20. Michaels, J. V. and W. P. Wood, Design to Cost, John Wiley, New York, 1989.
21. MIL-HDBK-259, Military Handbook, "life Cycle Cost in Navy Acquisitions", Department of Defense, Washington, DC.
22. MIL-STD-1390B, Military Standard, "Level of Repair", Department of Defense, Washington, DC.
23. OMB Circular A-76, "Cost Comparison Handbook", Office of Management of The Budget, Washington, DC.
24. Ostwald, P. R., Cost Estimating, 2nd Ed., Prentice-Hall. Englewood Cliffs, NJ, 1994.
25. Riggs, J. L., Engineering Economics, 2nd Ed., McGraw-Hill, New York,1982.

26. Shillito, M. Larry & De Marle. David J., Value-Its Management, Design & Management, John Wiley & Sons, 1992
27. Stewart, R. D. and A. L. Stewart, Cost Estimating with Microcomputers, McGraw-Hill, New York, 1980.
28. Stewart, R. D., Cost Estimating, 2nd Ed., John Wiley, New York, 1990.
29. Stewart, R. D. and R. M. Wyskida, Cost Estimator's Reference Manual, John Wiley, New York, 1987.
30. Thuesen, G. J. and W. J. Fabrycky, Engineering Economy, 7th Ed., Prentice-Hall, Englewood Cliffs, NJ, 1989.

관리 및 지원(Management & Support)

1. Blanchard, B, S., Engineering Organization and Management, Prentice-Hall, Englewood Cliffs, NJ, 1976.
2. . Cleand, D.I. and W.R. King, Project Management Handbook,2nd Ed., Van Nostr and Reinhold, New York, 1989.
3. Carlzon, Jan 1987. Moments of Truth: New Strategies for Today's Customer Driven Economics New York, Harper and Row
4. Defense Systems Management College (DSMC), Manufacturing Management: Guide for Program Managers, DSMC, Fort Belvoir, VA 22060.
5. Dhillon, B. S., Engineering Management, Technomic Publishing Co., Lancaster, PA, 1988.
6. Eisner, Howard, Essentials of Project and Systems Engineering Management, John Wiley & Sons, 1997
7. GOODSTEIN, Leonard, Nolan, Timothy, and Pfeiffer, J. William. 1993, Apllied Strategic Planning, How to develop a plan that really works. New York, McGraw-Hill
8. Griffin,R.W.andG.Moorhead,OrganizationalBehavior,HoughtonMifflin,Boston,1986.
9. Johnson, R. A., F. E. Kast, and J. E. Rosensweig, The Theory and Management of Systems, 3rd Ed., McGraw-Hill, New York 1973.
10. Kerzner, H., Project Management: A System Approach to Planning, Scheduling, and Controlling, 8th Ed., John Wiley & Sons, 2003.
11. Koontz, H., C. O'Donnell, and H. Weihrich, Essentials of Management, 4th Ed., McGraw-Hill, New York, 1986.
12. Lacy, James A., Systems Engineering Management-Achieving Total Quality, McGraw-Hill, 1992
13. Morrisey, George L. 1996. A guide to Strategic Thinking, Building ypur Planning Foundation. San Franscjsco, Joesey-Bass
14. Rosenau, M. D., Successful Project Management, Lifetime Learning Publications, Belmont, CA, 1984.
15. Stewart, R. D. and A. L. Stewart, Proposal Preparation, John Wiley, New York, 1984.
16. Ullmann, J. E., D. A. Christman, and B. Holtje(Eds.), Handbook of Engineering Management, John Wiley, New York, 1986.
17. Wall, W. C., Proposal Preparation Guide, John Wiley, New York, 1990.

핸드북 및 지침서(Guides and Handbooks)

1. ANSI/EIA 632-1999 Standard, 1999. Processes for engineering systems. Electronic Industries Alliance (EIA), Arlington, VA
2. ANSI/AIAA G-043-1992, Guide for the Preparation of Operational Concept Documents
3. Concurrent Engineering & Integrated Product Development Handbook to Understanding and Implementation, Office of the Assistant Secretary of Defense (Production and Logistics) Wash., D.C. 20301-8000
4. Defense Acquisition Acronyms & Terms, DoD, Acquisition Policy Dept. Fort Belvoir, VA-5th Edition, Sept. 1991
5. Defense Manufacturing Management, Guide for Program Managers, 3rd Edition, DSMC, Fort Belvoir, VA, 1989
6. DoD 5000-59-M, 1998, DoD Modeling and Simulation (M&S) Glossary Washington, DC: Department of Defense.
7. EIA Interim Standard, Systems Engineering-EIA/IS-632, 1994
8. Electronic Industries Association. EIA Interim Standard, Systems Engineering EIA/IS-632
9. FM 770-78, 1979. Systems Engineering Field Manual. Washington, DC: Headquarters -Department of the Army.
10. Glossary, Defense Acquisition Acronyms and Terms, 10th ed. Defense management College (DSMC), 2001 Defense Acquisition University Press Ft. Belvoir, VA.
11. .IEEE Std 610.12-1900. IEEE Standard Glossary of Modelling and Simulation Terminology. Institute of Electrical and Electronics Engineers (IEEE) New York, NY
12. IEEE Trial-Use Standard for Application and Management of the Systems Engineering Process, 1995
13. IEEE 1220-1998. IEEE Standard for application and management of the systems engineering process. Institute of electrical and electronic engineers (IEEE), New York, NY
14. INCOSE - A Guide to the Systems Engineering Body of Knowledge (SEBOK)
15. INCOSE, Systems Engineering Handbook, V1.0 (1998), 2.0(2000) & 3.0(2004) DEF (Aust) 5664, Work Breakdown Structures for Defense Materiel Projects-Policy and Guidance; Standard
16. Institute of Electrical and Electronics Engineers, Inc. IEEE Std 1220-1994
17. Integrated Logistics Support Guide, DSMC, Fort Belvoir. VA
18. ISO/IEC 15288: 2002, Systems Engineering-Systems Life Cycle Processes. International Organization for Standardization (ISO). Geneva, Switzerland.
19. Metrics Guidebook for Integrated Systems and Product Development Systems Engineering Management Guide, 1990
20. MIL HDBK-470A 1997. Designing and Developing Maintainable Products and Systems, Washington, D.C. Department of Defense (DoD)
21. MIL-HDBK-881, 1998, Work Breakdown Structure, Department of Defense (DoD) Handbook, Washington, DC
22. MIL-HDBK-1908B, DoD Definitions of Human Factors Tertms, Washington, DC.

Department of Defense(DoD)
23. MIL-HDBK-11908B. 1999. DoD Definitions of Human Factors Terms. Washington, D.C. Department of Defense (DoD)
24. Military Handbook, Systems Engineering and Configuration Management Life Cycle Application-Draft, 1994
25. MIL-STD-480B (cancelled) 1988. Configuration Control-Engineering Changes, Deviations, and Waivers. Washington, D.C. Department of Defense (DoD)
26. Military Standard, Program Protection and System Security Engineering Management
27. Mission Critical Computer Resources Management Guide, DSMC, Fort Belvoir, VA
28. Risk Management; Concepts and Guidance, DSMC, FortBelvoir,VA
29. Shishko, Robert and R. G. Chamberlain, NASA Systems Engineering Handbook, Draft, 1992
30. Test and Evaluation Management Guide, DSMC, Fort Belvoir, VA
31. 민성기 외 2인, 시스템엔지니어링 핸드북, 시스템체계공학원, 2006

프로젝트 관리(Project Management)

1. Donald C. Kauffman, "Project Management and Systems Engineering: Where the Professions Intersect - Generate Synergy Not Conflict", Proceedings of the Eighth Annual International Symposium, INCOSE, 1998, pp.195-201.
2. PMI - A Guide to the Project Management Body of Knowledge (PMBOK, 2000)
3. Begg, David, Economics, McGraw-Hill
4. Meredith, J. and Samuel, J., Project Management-A Managerial Approach, Wiley
5. Meredith, J. and Samuel, J, Project Managerial Approach, Wiley
6. Mott, G, Investment Appraisal for Managers, Pan

시스템엔지니어링 관리

2022년 4월 21일 인쇄 발행

저　　자　민성기
발 행 인　송기수
발 행 처　도서출판 GS인터비전
인 쇄 처　GS인터비전
등록번호　제 25100-2016-000050 호
I S B N　979-11-5576-3988-8(93550)

주　　소 서울 은평구 증산로 15길 69 2층
전　　화 02-976-7898
팩　　스 02-6468-7898
홈페이지 gsintervision.co.kr
E-Mail gsinter7@gmail.com

정 가　40,000원